2차 수정판

최신 식품화학

손 종 연 저

도서출판 진 로

머 리 말

인간이 불을 발견한 이래, 식품의 조리방법, 식품의 보존, 가공방법의 비약적인 발전을 가져오게 되었다. 가열을 통한 식품의 가공처리는 식품성분간의 상호반응을 촉진하게 되어 새로운 식품기능을 갖게 하였다. 이와 같은 식품기능의 변화는 물리적(조직감), 화학적(색, 맛, 향기 등)변화라는 새로운 문제를 제기시켜 왔다. 또 식품의 영양기능을 비롯한 안전성, 기능성에도 영향을 주었다. 이 같은 추세를 바탕으로 식품과 건강의 개념으로부터 식생활의 중요성을 다시 인식하게 되었다. 식품은 본래 그 영양적 기능을 1차적 기능으로 하지만, 식품으로서의 물리, 화학적 기능 및 그 안전성을 무시할 수 없다.

식품화학은 식품에는 어떤 성분이 함유되어 있고 어떠한 특성과 기능성을 갖고 있는 가 등을 체계적으로 배우는 학문이고, 식생활에 관한 모든 학문의 기초가 된다고 해도 과언은 아니다. 식품은 모든 생체성분의 복잡한 혼합계이기 때문에 이것을 정확히 파악하기 위해서는 풍부한 생화학적, 유기화학적 지식을 갖추어 종합적으로 이해할 필요가 있다. 따라서 본서는 이 같은 점을 고려하여 식품기능화학을 중심으로 성분구조의 화학, 재료의 화학, 식품상호반응의 화학, 안전성의 화학에 관하여 논하였다.

본서는 식생활의 관심과 욕구 변화에 부응하여 식품에 대한 올바른 지식을 전달하고자 하였으며, 전문대학과 대학교에서 식품화학을 배우려는 대학생이나 대학원생, 식품분야에 종사하는 종사자들의 교재 또는 참고서로 쉽게 활용할 수 있도록 저술하고자 노력하였다.

식품의 성분에 관한 화학과 성분변화 등 기초적인 이론을 배우는 경우에도 실제 식품의 예를 참조하는 것이 이해하기 쉽기 때문에, 본서에서는 기초이론과 실제 식품의 예를 함께 하였다. 또 수분, 탄수화물, 지질, 단백질 등 각 성분의 단원마다 최근 부각되고 있는 생리활성 성분에 대한 내용을 삽입하여, 식품의 기능성에 대한 이해를 돕고자 하였다.

본서에서의 학습범위는 대단히 넓지만, 내용은 중요한 부분으로 초점을 압축하고, 설명은 가능한 한 쉽고 간단하게 그림이나 별도로 부가 설명 등으로 나타내었다. 또 가능한 한 영문용어는 식품과학용어사전(한국 식품과학회 편)을 기본으로 한글로 표기하려고 노력하였다.

2008년 초판 출판 후 5년이 경과했지만 그 동안 식품 분야는 크게 변화하여 왔다. 특히 식품의 안정성이 큰 사회적 문제가 되고, 범람하는 건강기능성 식품을 규제하는 법규가 새로이 신설되고 엄격해져 왔다.

본서 개정증보판에서는 초판 출판 후 특히 크게 진전되고 있는 식품의 기능성에 관한 내용을 보완하였다. 또한 초판에서는 한정된 시간과 지면으로 식품성분의 화학구조식은 최소 필요한 부분만을 기재하였으나, 개정증보판에서는 가능한 한 많은 성분의 화학구조식을 기재하였다.

아직도 저자의 역부족으로 미비한 점이 많을 것이라고 생각한다. 본서의 내용과 구성에 있어서의 미비한 점은 새로운 학문의 진보에 따른 지식의 추가와 함께 시정, 보완하고자 하니 독자들의 넓은 관용을 바라는 바이다.

끝으로 본서를 출판을 가능케 해 주신 도서출판 진로의 임종철사장님과 관련 직원 여러분께 진심으로 감사드리는 바이다. 또 원고정리에 많은 수고를 아끼지 않았던 국립 한경대학교 식품화학 실험실 학생 및 졸업생들에게도 깊은 사의를 표하는 바이다.

2013년 7월

저자 손 종 연

차 례

1장

식품이란

생명체는 외부로부터 물질을 섭취하여 체온유지, 호흡, 순환, 소화, 흡수, 배설, 운동 등의 생명현상을 유지하며, 이러한 생명유지 현상을 영양(榮養)이라고 하고, 생명유지를 위하여 섭취하는 물질을 '영양소'라고 한다. 간혹 '영양을 섭취한다' 라는 말을 쓰는 경우가 있는데, 이 말은 잘못된 말이다. 영양소는 물질이고, 영양은 몸 안의 생명현상을 뜻하기 때문이다.

영양소는 생명체의 성장, 발달 및 유지에 필수적인 물질이며, 이러한 영양소를 공급하는 것이 바로 식품이다. 영양소로는 단백질, 지방, 탄수화물, 비타민, 무기질의 5종류가 있으며, 이들을 5대영양소라고 한다.

이 밖에 물도 영양상 중요한 물질이지만, 물은 쉽게 공급되기 때문에 영양소라고 하지 않는다.

'식품'이라는 말은 영양소를 1종류 이상 함유하고, 보통의 사용범위에서 유해물이 존재하지 않고, 저항감 없이 먹을 수 있는 것을 말한다. 대부분의 식품재료는 동식물 등의 천연물을 이용하고 있지만, 마가린, 식물 단백질 등 인공적으로 제조 가공된 식품도 증가하고 있다.

또 식품과 기호품을 알맞게 배합하여 그대로 먹을 수 있도록 조리한 것을 '음식물'이라고 하여 식품과 구별하는 경우도 있지만, 본질적인 차이가 있는 것은 아니다. 식품과 비슷한 말로 '식량', '식료' 등이 있는데, 식량이나 식료는 생산 면을 중시하고, 식품이나 음식물은 소비 면을 중시했을 때에 쓰이는 것이 보통이다.

또한 영양소를 거의 함유하고 있지 않더라도, 식품에 맛과 향을 주어 식욕을 증가시키는 것을 '기호품'이라 한다.

이외에 본래 식품이 갖고 있는 맛이나 색을 변화시키지 않고 식품에 부족한 영양소를 첨가하여 영양가를 강화시킨 식품을 '강화식품(enriched foods)'이라고 한다. 마가린, 조제분유 등이 이에 속한다. 식품 강화제에는 비타민, 무기질, 필수 아미노산, 칼슘, 금속염류 등이 있으며, 대부분 화학적 합성품이 많다. 식품의 영양을 강화하는 식품강화제도 식품첨가물의 일종으로 보건복지부에 등록하도록 되어 있다.

1. 식품의 기능성

식품에는 1차 기능, 2차 기능 및 3차 기능의 3가지 기능이 있다. 식품은 생명을 유지하는 필수 영양소를 함유한다. 이 영양기능을 1차 기능이라고 한다. 2차 기능은 맛에 관계하는 기호 기능이다. 맛은 색, 형태 등의 시각, 혀의 미각세포에 의해 느끼는 미각, 식품의 향기성분이 코의 후각세포를 자극하여 느끼는 후각, 입안에서의 촉각, 입에 넣었을 때의 차가움과 따뜻함 등의 온도감, 식품을 구웠을 때 들리는 소리 등의 청각 등의 감각이 종합된 것이다. 종래에는 식품이 갖는 기능은 1차 기능과 2차 기능만을 언급해왔다.

그러나 근래 식품에는 생체방어, 신체 리듬조절, 질병예방, 질병회복, 노화억제 등의 건강 유지, 증진에 적극적으로 기여하는 중요한 기능이 있다는 것이 밝혀졌다(그림 1-1). 이것이 식품이 갖는 3차 기능이다. 식품의 기능성이란 식품의 3차 기능을 말한다. 근래에 혈압저하, 혈당치 억제, 면역증강, 알레르기 예방, 노화억제, 암 억제, 정장작용 등의 식품의 기능성이 연구되고 있다. 생체조절기능을 갖는 식품은 건강기능식품으로 허가되고 있다.

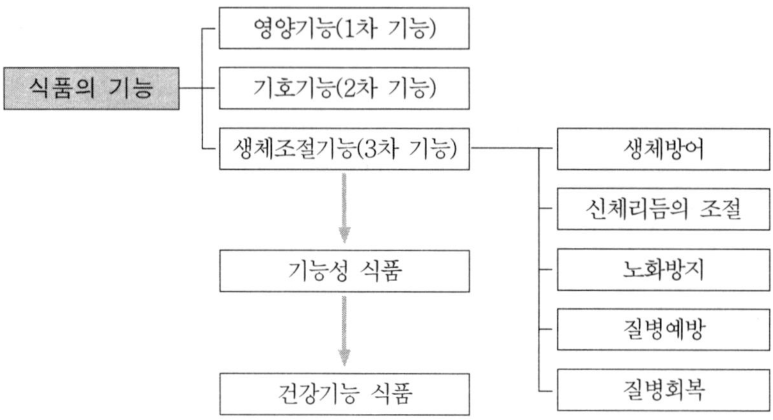

[그림 1-1] 식품의 기능

바이오테크놀로지(biotechnology, 생물공학)을 이용하여, 기능성을 강화한 신품종의 식물체의 개발도 가능하게 되었고, 또한, 새로운 식품소재의 개발과 특정 생체조절기능 갖는 식품 개발도 적극적으로 행해지고 있다. 그 결과, 우리가 섭취하는 식품은 점점 다양해지고 있다.

이러한 추세에 따라 '기능성식품(機能性食品)'이 탄생하게 되었다. 기능성식품이란 영양소를 공급하는 기능 이외에 생체 방어, 질병예방 및 회복, 신체리듬의 조절, 노화억제 등의 기능을 가진 식품을 말한다.

기능성식품이란 말은 1989년에 일본에서 법적으로 처음 사용하였으나, 기능성식품이라고 하여 기능성만을 강조할 때 식품의 기본기능이 무시되어 영양의 불균형을 초래할 것을 우려해서 '건강기능 식품'이라는 용어로 변경하였다.

건강기능 식품에서의 '기능'이란 식품의 기본적 기능 이상으로 건강에 유익한 기능을 말하지만, 건강에 유익한 기능이란 너무나 광범위하기 때문에 어디까지가 건강기능 식품인지를 판단하기가 매우 어렵다.

또한 의약품도 생리활성을 조절하여 건강에 유익한 영향을 주기 때문에 기능성을 엄밀히 구분하기는 쉽지 않다. 또 기능성식품은 말 그대로 건강에 좋은 기능효과만 소비자에게 강조되기 때문에 안전성의 문제에 소홀해지기 쉽다. 예를 들어, 우유를 500mL나 마시는 사람이 칼슘음료를 마시거나, 매일 어패류를 100g이나 먹는 사람이 DHA를 복용하는 것은 오히려 유해하다.

한편, 최근 환경오염은 물론 식품오염 문제가 대두되면서 '자연식품(organic food)'에 대한 관심이 높아지고 있다. 자연식품이란 넓은 의미로 착색제나 방부제를 사용하지 않은 순수한 식품을 말한다.

또 자연식품을 '유기식품' 또는 '유기농식품'이라고도 한다. 유기(有機, organic)는 무기(無機, inorganic)에 반대되는 개념으로, 농약이나 화학비료, 항생물질 등을 사용하지 않고 키운 농산물이나 축산물, 그리고 그것을 원료로 하며, 동시에 식품첨가물을 사용하지 않고 제조한 가공식품류를 '유기식품'이라 부르는 것이 일반적이었다.

이 같은 시대에 살고 있는 우리는 눈앞의 식품이 어떠한 기능을 갖고 있는지, 이용하는데 적합한지를 자신이 판단할 수 있는 정확한 지식을 갖는 것이 건강한 생활을 영위하는 데 중요하다.

2장 수 분

2.1. 식품중의 수분의 역할

수분은 식품의 중요한 성분으로, 그 함량에 따라 맛, 조직감, 식품구조, 미생물의 증식 등에 영향을 주는 인자이다. 특히 수분이 많은 식품들의 경우, 수분을 조절하여 조직감이나 저장성을 향상시킬 수 있다. 식품 중의 수분의 역할은 다음과 같다.

화학적 역할 : 식품 중의 성분은 식품 중의 여러 성분들을 용해하는 용매 또는 운반체로 작용하거나 직접 화학반응에 참여한다. 예를 들어, 수분은 지질의 가수분해, 효소반응, 갈변반응 등의 여러 화학적 반응에 관여하여 식품의 품질에 많은 영향을 미친다.

$$\text{Triglyceride} + 3H_2O \xrightarrow{\text{가수분해}} \text{glycerol} + 3\ \text{fatty acid}$$

$$\text{설탕} + H_2O \xrightarrow{\text{효소, 산, 가열}} \text{포도당} + \text{과당}$$

물리적 역할 : 식품 중의 수분은 탈수 또는 건조되는 경우, 조직감에 많은 변화를 초래하여 본래와는 다른 조직감을 나타내게 된다. 실제로 오징어나 북어와 같은 건조식품의 경우 탈수, 건조 과정에서 수축에 의한 물리적인 변형을 일으키며, 수축 변형된 건조식품에 다시 물을 가하여도 원래상태로 복원되지 않는다.

또한 식품 중의 성분들은 친수성 콜로이드 형태로 존재하는 경우가 많아

우유와 같은 현탁액상태 또는 젤리와 같이 일정형태를 유지하는데 큰 역할을 한다.

미생물학적 역할 : 식품 중의 수분은 부패를 일으키는 미생물이나 독성물질을 형성하는 미생물들의 성장에 직접적인 영향을 주기 때문에 식품의 저장성에 매우 중요하다.

영양학적 역할 : 물은 인체에서 각종 물질을 용해하여 체내 세포에서 여러 효소반응의 장을 제공하고, 혈액 성분으로서 영양성분을 공급하거나 불필요한 독성물질과 노폐물을 배출한다. 또한 물은 비열과 기화열이 크기 때문에 체온을 조절하는 역할을 한다.

1일 배출되는 체내수분	
뇨	1,300 mL
땀	500 mL
변	200 mL
호흡	500 mL
합계	2,500 mL

사람의 경우, 체내 수분함량은 60~70% 정도이며, 체내 수분함량이 1% 감소하면 갈증을, 2~3% 감소하면 피로를, 10% 감소하면 근육경련, 환각상태, 순환계 이상 등의 장애를 일으키며, 15% 감소하면 사망할 수 있다.

이와 같이 수분은 생명유지에 가장 중요한 성분의 하나로서, 매일 섭취하여야만 생명을 유지하고 활동할 수 있다. 성인의 경우 섭취된 물은 매일 소변으로 1.3ℓ, 땀, 호흡, 변 등을 통해 약 1.2ℓ가 배설된다. 따라서 1일 필요한 물은 2.5ℓ이며, 이 중에서 1ℓ는 식품, 1.5ℓ는 음료수로부터 섭취된다.

2.2. 식품의 수분함량

물은 모든 식품에 존재하며, 곡류, 두류 등의 일부 식품을 제외하고는 대부분 높은 수분함량을 갖는다(표 2-1).

곡류는 13~15%, 빵류는 30~40%, 육류나 어류는 60~80%, 과일과 채소류는 80~90% 정도의 수분함량을 갖는다.

특히, 채소와 과실의 수분함량은 90%를 넘는 것도 있고, 어류, 육류도 90%에 달하는 경우도 이다. 식품의 수분이 감소하면, 식품본래의 기능, 특성을 잃어버린다. 채소류에서 5%, 어류, 육류에서 3% 이상 수분이 감소하면, 신선도나 품질이 저하된다.

한편, 식품의 수분함량은 우리의 감각적 인식으로 어느 정도 판단할 수 있지만, 경우에 따라 감각과 큰 차이가 있을 수 있어 주의해야 한다.

[표 2-1] 주요 식품의 수분

식물성식품	수 분	동물성식품	수 분
채 소	85~97	어 류	65~81
과 일	80~90	조개류	78~90
버섯류	88~95	오징어, 문어	80~83
서 류	66~80	달 걀	73~75
두 류	12~16	우 유	85~89
곡 류	12~16	닭고기	65~70
식용유 종자	2~7	돼지고기	50~70
		소고기	50~72

예를 들어 해삼(90%), 수박(93%), 곤약묵(97%) 등의 고체 식품의 수분함량은 90% 이상으로, 액상인 우유(88%)보다 많다. 딸기잼(35%)이나 꿀(20%)의 수분 함량의 경우도 육류나 과실, 채소류보다 훨씬 적다. 또한 고체인 과일이나 채소의 수분함량은 액상의 과즙이나 채소즙과 큰 차이가 없다. 그 예로 사과의 수분함량은 84% 정도로 사과 주스의 87%와 큰 차이가 없다.

이러한 식품중의 수분의 기능, 형태를 이해하기 위해서는 물의 화학적, 물리적 특성을 알 필요가 있다.

2.3. 물 분자의 구조

물 분자는 1개의 산소원자와 2개의 수소원자가 비대칭적인 공유결합을 통한 H-O-H의 구조를 하고 있다.

입체적으로는 조금 변형된 사면체 구조이다(그림 2-1). 2개의 O-H결합의

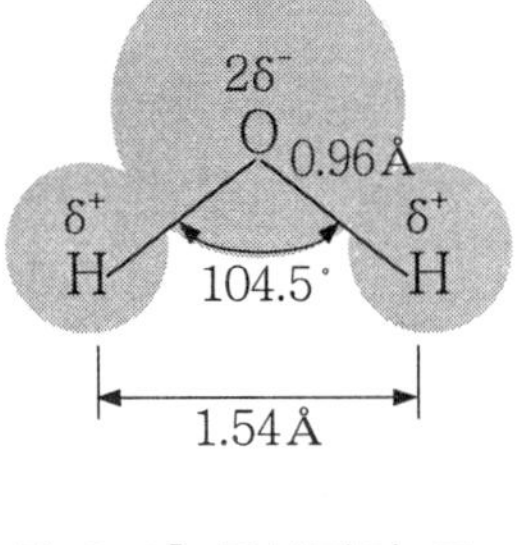

[그림 2-1] 물분자의 구조

각도는 104.5°이며, O-H간의 거리는 0.96 Å이다. 이러한 물 분자의 비대칭 구조는 강한 극성을 갖게 하며, 메탄(CH_4)과 같이 대칭구조를 가진 분자들과는 다른 특이적 성질을 나타낸다.

2.4. 물의 비등점과 증발열

물의 융점은 0℃, 비등점은 100℃로, 물 분자와 비슷한 분자량의 화합물보다 비등점이 훨씬 높다(표 2-2).

물과 비슷한 분자량의 화합물들은 모두 상온에서 기체로 존재하며, 100℃에서 기체가 되는 화합물은 물밖에 없다. 예를 들어 분자량이 100.2인 헵탄의 비등점은 98.4℃에 불과하다.

또 물은 증발열이 크고(539 kcal/g, 9.71 kcal/mole), 표면장력도 크다. 이러한 사실은 물분자간 인력이 다른 수소화합물에 비해 강하다는 것을 의미하며, 이는 물분자간의 수소결합에 기인된다.

[표 2-2] 수소화합물의 융점과 비등점

물 질 명	분 자 량	융 점(℃)	비등점(℃)	증발열 (kcal/mole)
메탄(CH_4)	16.04	-184	-161	2.20
암모니아(NH_3)	17.03	-78	-33	5.55
불화수소(HF)	20.01	-92	19	7.22
물(H_2O)	18.02	0	100	9.71
헵탄(n-C_7H_{16})	100.02	-90.7	98.4	-

2.5. 물 분자의 수소결합

물 분자의 수소원자는 부분적으로 양전하(+)를 띄고 있어, 인접하는 다른 물 분자 중의 음전하(-)를 띄는 산소원자와 느슨한 결합을 한다. 이러한 결합을 수소결합이라고 한다.

수소결합의 해리에너지는 3~8 kcal/mole 정도이며, 액체 물 분자의 수소결합의 해리에너지는 4.5kcal/mole, 얼음 형태의 물 분자의 수소결합의 해리에너지는 5 kcal/mole이다. 이는 공유결합(80~150 kcal/mole), 이온결합(60~100 kcal/mole)보다 약하다. 그럼에도 불구하고 물 분자가 특이적 성질을 갖는 것은 많은 물분자가 수소결합에 의해 고분자와 같은 구조를 형성하기 때문이다.

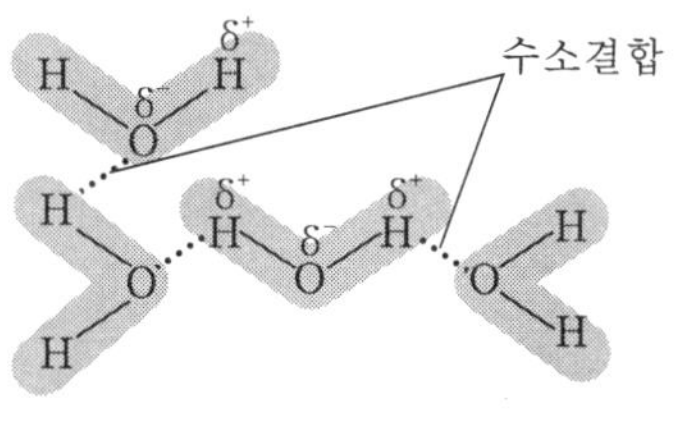

[그림 2-2] 물 분자의 수소결합 (········· 수소결합)

2.6. 물 분자와 식품 성분과의 수소결합

식품 중의 물분자는 물분자끼리의 수소결합 이외에 -OH기, -NH기, 카보닐기(-C=O)의 구조를 갖는 다른 식품 성분과의 수소결합도 할 수 있다.

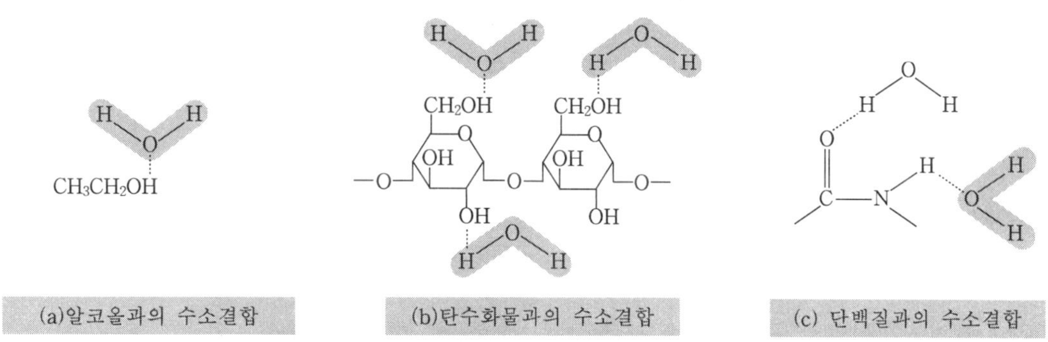

[그림 2-3] 물 분자와 식품성분과의 수소결합

예를 들면, 설탕과 알코올이 물에 잘 녹는 이유는 이들 분자 내의 OH기가 물의 수소원자와 수소결합을 하기 때문이다.

또 독한 술을 마시면 순간적으로 혀가 타는 것과 같이 느껴지는 것은 물분자와 알코올분자가 수소결합을 하면서 발생하는 열 때문이다.

일반적으로 수소결합의 크기는 -OH > -C=O > -NH의 순서인 것으로 알려져 있다.

이외에도 카복실기(-COOH), 아미노기($-NH_2$), 셀프하이드릴기(-SH)도 수소결합을 한다. 식품 중의 당류, 유기산, 단백질, 펩타이드, 단백질, 핵산은 이들 관능기를 갖고 있기 때문에 물 분자와 수소결합을 할 수 있다.

한편, 물 10㎖와 에탄올 5㎖를 혼합하면 부피는 14.6㎖로 전체의 부피가 감소한다. 물과 에탄올은 에탄올 분자의 -OH기와 물분자의 -H사이의 수소결합으로 잘 혼합되지만, 이 수소결합만으로는 부피의 감소를 설명할 수 없다.

이것은 물분자 사이의 수소결합은 항상 끊어졌다 이어졌다 함으로서 약 5Å의 빈 구멍을 생성하고, 이 빈 구멍으로 에탄올의 소수성그룹($-CH_3CH_2$)이 들어가 부피가 감소하기 때문이다.

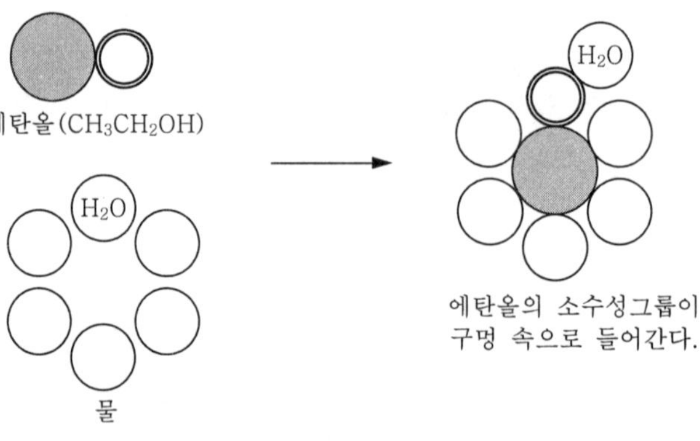

[그림 2-4] 물과 에탄올 혼합시의 부피감소

2.7. 물 분자의 유전항수와 수화

소금과 같은 염류는 물에 잘 녹는다. 이것은 물이 다른 용매에 비해 월등히 유전항수가 크기 때문이다(표 2-3).

[표 2-3] 대표적인 용매의 유전항수(dielectric constants)

용매의 종류	유전항수	비등점(℃)	용매의 종류	유전항수	비등점(℃)
n-pentane	1.8	36.1	ethyl acetate	6.0	77.2
n-hexane	1.9	68.8	dichloromethane	8.9	39.7
cyclohexane	2.0	80.8	pyridine	12.3	115.3
carbon tetrachloride	2.2	76.8	2-propanol	18.3	82.4
benzene	2.3	80.1	acetone	20.7	56.2
toluene	2.4	10.6	ethanol	24.3	78.3
trichloroethane	3.4	86.9	methanol	32.6	64.7
ethyl ether	4.2	34.6	acetonitrile	37.5	81.6
chloroform	4.7	61.3	water	80.2	100.0

* 유전항수(dielectric constant) : 이온화합물의 해리정도를 나타내는 척도

어떤 용매에서 화합물이 해리(이온화)하는 데 필요한 에너지 F는 다음 식에 의해 표시된다.

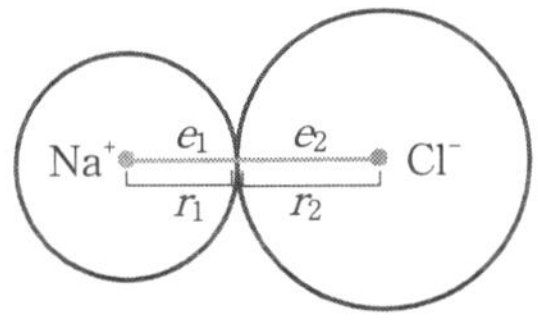

$$F = \frac{1}{\varepsilon} \cdot \frac{e_1 \times e_2}{(r_1 + r_2)^2}$$

여기서 해리에너지 F는 전하가 각각 e_1, e_2이며, 반경이 r_1, r_2인 이온을 해리하는 데 필요한 에너지이며, ε는 그 용매의 유전항수이다. 이온화합물이 용매에 얼마나 잘 녹는가는 해리에너지가 얼마나 적은가에 달려있다.

해리에너지 F는 용매의 유전항수 ε와 반비례하기 때문에 이온화합물은 물과 같이 유전항수가 큰 극성 용매에 잘 용해되고, 펜탄(pentane)이나 헥산(n-hexane)과 같이 유전항수가 적은 비극성 용매에는 잘 녹지 않는다.

이러한 이유로 무기물(식염, 칼륨, 칼슘, 마그네슘 등)은 유전항수가 큰 물에 의해 해리이온으로 존재하게 된다. 양이온은 4개의 물 분자와, 음이온은 6개의 물 분자와 결합한다(그림 2-5).

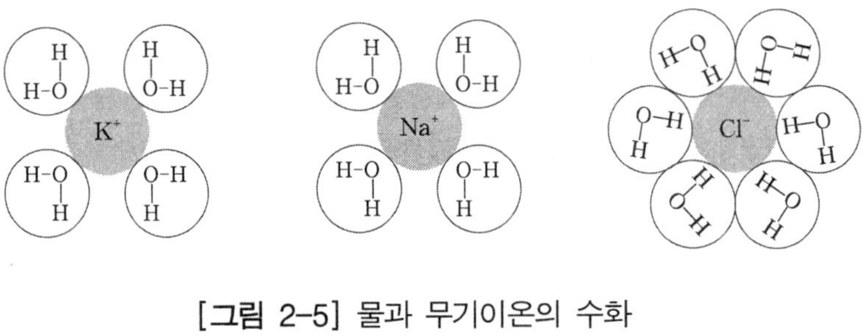

[그림 2-5] 물과 무기이온의 수화

물 분자가 용질의 이온(Na^+, Cl^- 등)이나 분자($-COO^-$, $-NH_3^+$ 등)에 결합하는 것을 수화(hydration)라고 한다. 식염이 물에 잘 녹는 이유는 Na^+는 물 분자의 산소이온에 의해, Cl^-는 물 분자의 수소이온에 의해 끌어당겨져 결국, Na^+와 Cl^-사이의 이온결합이 끊어져 용해되기 때문이다.

한편, 해리에너지 F는 용질의 이온반경(r_1, r_2)과도 반비례하기 때문에 이온 반경이 큰 용질일수록 물에 잘 녹는다. 예를 들어 염화칼륨(KCl)의 경우 염화나트륨(NaCl)보다 물에 잘 녹는 이유는 K(1.33 Å)와 Cl(1.81 Å)의 이온반경의 합이 Na(0.95 Å)와 Cl(1.81 Å)의 이온반경의 합보다 크기 때문이다.

2.8. 식품 중의 물의 존재상태(자유수와 결합수)

식품 중의 물은 열역학적으로 자유로이 운동하는 자유수(free water)와 식품성분과 결합된 결합수(bound water)로 존재한다.

결합수는 식품표면에 1개의 물 분자층으로 결합되어 있는 단분자막 층(A)과 그 위에 2~3층으로 결합된 복수분자막(B)으로 존재하며, 이들은 전체수분의 약 10~30%에 해당한다. 또 복수분자층의 외측에 존재하는 순수한 물과 같은 성질의 물 층(C)을 자유수라고 한다(그림 2-6).

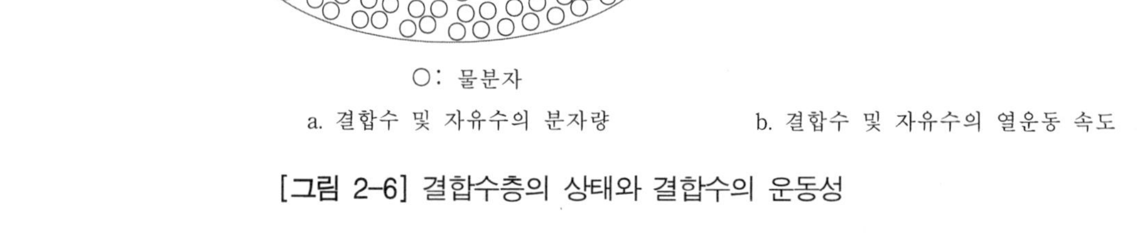

[그림 2-6] 결합수층의 상태와 결합수의 운동성

이와 같이, 식품은 단분자막층의 결합수, 복수분자막층의 결합수 및 자유수의 3중으로 둘러 싸여있다.

자유수는 순수한 물과 같은 성상을 갖으며, 열역학적인 운동이 자유로운 물이다. 자유수는 0℃에서 얼고, 식품을 건조할 때 쉽게 제거된다. 또한 식품의 품질저하에 관여하는 미생물의 번식과 효소작용에 이용되고, 비효소적 갈변과 지질산화도 촉진한다.

결합수는 식품성분과 수소결합이나 기타 분자간의 인력에 의해 열역학적인 운동이 제한되는 물이다. 자유수의 열운동속도에 비해 단분자막 층의 결합수는 100만분의 1, 복수분자막층의 결합수는 1,000분의 1이나 늦다(그림 2-6).

복수분자막층의 결합수는 -10℃, 단분자막층의 결합수는 -80℃ 이하에서 얼게 된다. 이와 같이 0℃ 이하에서 얼지 않는 물을 부동수라고 한다. 결국, 결합수는 전해질을 녹이거나 운반할 수 없게 되고, 화학반응, 효소반응, 곰팡이나 세균 번식에도 이용되지 않는다.

결합수는 100℃에서 건조해도 쉽게 제거되지 않는다. 단분자막 층에서는 이온결합에 의해, 복수분자막층에서는 수소결합에 의해 결합수를 형성하며, 단분자막층의 이온결합력은 복수분자막층의 수소결합력보다 강하다.

[표 2-4] 자유수와 결합수의 성질

자 유 수	결 합 수
- 용매로 작용 - 0℃ 이하에서 쉽게 동결 - 100℃ 이상의 가열, 건조로 쉽게 제거 - 미생물의 생육, 증식에 이용 - 화학반응에 관여	- 용매로 작용 못함 - 0℃ 이하에서도 얼지 않음 - 가열, 건조, 압착에도 잘 제거되지 않음 - 미생물의 생육, 증식에 이용 못함 - 화학반응에 관여 못함

2.9. 수분활성도(water activity ; Aw)

식품보존에 문제가 되는 것은 미생물과 효소에 의한 변질이며, 이러한 변질은 식품의 수분함량에 의해 크게 좌우된다. 일반적으로 수분함량이 많은 식품일수록 변질이 빠르지만, 같은 수분함량의 식품일지라도 보존성이 다른 경우가 있다. 이는 식품에 존재한 물의 형태가 다르기 때문이다. 즉, 같은 수분함량의 식품이라도 미생물이 이용할 수 있는 자유수로 존재하는가, 미생물이 이용할 수 없는 결합수로 존재하느냐에 따라 보존성이 달라진다.

이와 같이 실제로 미생물이 이용할 수 있는 수분의 양은 수분활성도(Aw)에 의해 알 수 있다.

수분활성도는 어떤 임의의 온도에서의 식품의 수증기압(P)에 대한 순수한 물의 수증기압(Po)의 비율로 정의된다.

$$Aw = \frac{P(\text{식품의 수증기압})}{P_0(\text{순수한 물의 수증기압})}$$

이 의미는 그림 2-7과 같이 생각하면 이해하기 쉽다. 밀폐된 2개의 용기에 각각 물과 식품을 넣었다고 가정해 보자. 물을 넣은 밀폐용기(1)에서는 물 분자는 자유로이 이동하여 용기내부는 물 분자(수증기)로 충진된다. 이때의 수증기압은 일정온도에서 항상 일정하게 된다.

순수한 물의 Aw는 1이며, 식품의 수증기압은 순수한 물의 수증기압 보다 작으므로 Aw < 1이다.

또 식품을 넣은 밀폐용기(2)에서는 식품중의 자유수는 자유로이 이동할 수 있지만, 식품성분에 결합된 결합수는 자유로이 이동할 수 없기 때문에 결국 식품의 수증기압(P)은 (1)의 순수한 물의 수증기압(P_0)보다 낮아진다($P_0 > P$).

이와 같이, 식품 중의 결합수가 많을수록 식품의 수증기압(P)은 낮아지고, 결국 수분활성도의 저하로 미생물 번식이 어려워진다. 즉, 수분활성도가 낮은 식품일수록 미생물 번식이 어려워지고, 보존성도 좋아지게 된다.

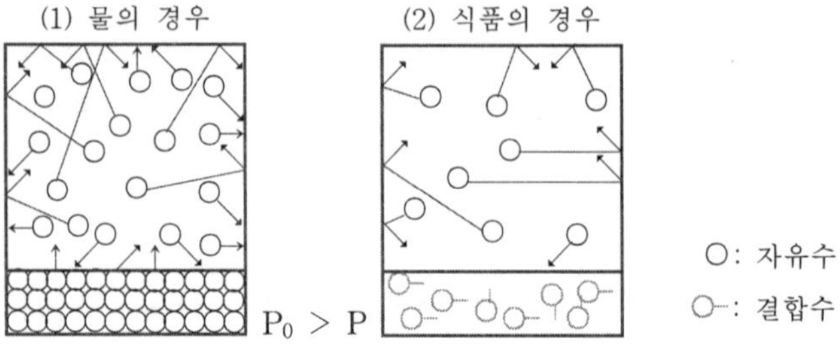

[그림 2-7] 물의 수증기압과 식품의 수증기압

1. 건조, 당절임, 소금절임과 수분활성도

건조식품은 자유수를 감소시켜 수분활성도를 저하시키는 방법이며, 소금절임이나 당절임은 식품 중의 자유수를 결합수로 바꾸어 수분활성도를 저하시키는 방법이다.

소금과 설탕은 모두 결합수를 만들지만, 동일 중량을 첨가했을 때 소금은 설탕보다 수분활성도의 저하 효과가 더 크다(표 2-5). 이는 설탕은 많은 수산기를 갖고 있어 수소결합에 의한 물과의 결합력이 크지만, 그보다 식염의 나트륨(Na^{+})이나 염소(Cl^{-})이온의 물과의 결합력(수화)이 훨씬 높기 때문이다.

[표 2-5] 식염, 설탕, 글리세롤 첨가에 따른 수분활성도의 변화

수분활성도	수용액(%)		
	식 염	설 탕	글리세롤
0.95	8	44	22
0.90	15	59	35
0.85	22	66	45
0.75	35(포화)	-	59
0.70			64
0.60			73
0.50			81
0.40			86

또 소금 1몰은 58.5 g이고, 설탕 1몰은 342 g이기 때문에 동일 중량에서의 식염의 분자 수가 설탕보다 많기 때문이다.

게다가 식염은 수용액에서 Na^{+}과 Cl^{-}로 완전 해리되어 분자 수가 2배로 증가되어 수분활성도의 저하 효과는 2배 더 커진다. 식품을 보존할 때 소금 절임을 많이 하는 것은 이러한 이유 때문이다.

한편, 글리세롤은 식염보다는 약하지만, 설탕보다는 강한 수분활성도 저하 효과를 갖는다. 글리세롤은 식품에 이용되지 않지만, 그 보수성을 이용하여 화장품에 사용된다.

2. 용질의 종류, 농도와 수분활성도

앞서 말한바와 같이 식품의 수증기압은 식품의 수분에 녹아있는 용질의 종류와 양에 의해서 영향을 받는다. 용액의 용질농도를 증가시키면 용매분자의 농도가 저하되기 때문에 증기압도 저하되어 결국, 수분활성도가 저하된다.

이와 같은 용액의 농도와 증기압의 변화에 관해 라우르(Raoult, F. M.)는 이상적인 용액에서는 용매분자에 의한 증기압 P는 용매의 몰 분자율에 비례한다는 것을 실험적으로 나타내었다(라우르의 법칙).

$$Aw = \frac{P}{P_o} = \frac{n_1}{n_1 + n_2}$$

P : 용액의 증기압
Po : 용매가 순수한 상태에 있을 때의 증기압
n_1 : 용액 중의 용매의 몰수
n_2 : 용액 중의 용질의 몰수

예를 들면, 25%의 수분(분자량: 18)과 20%의 설탕(분자량: 342)을 함유한 식품의 수분활성도는 다음 식과 같이 계산 할 수 있다.

$$Aw = \frac{\frac{25}{18}}{\frac{25}{18} + \frac{20}{342}} = \frac{1.389}{1.389 + 0.058} = 0.960$$

또 같은 식에서 25%의 수분과 20%의 포도당(분자량: 180)을 함유한 식품의 수분활성도는 0.926이 된다. 이상의 결과에서 포도당은 설탕보다 수분활성도를 더 효율적으로 감소시킴을 알 수 있다. 이것은 분자량이 적은 당질을 사용할수록 수분활성도의 저하 효과가 크다는 것을 의미한다.

3. 식품의 수분함량과 수분활성도

수분함량이 높으면(60% 이상) 수분활성도 0.97 이상으로 높으며, 그 수치의 차이는 거의 없다. 그러나 수분함량이 60% 이하로 낮아지면 수분활성도는 크게 낮아지고, 그 수치간의 차이도 커진다(표 2-6).

일반적으로 수분함량이 적은 곡류, 두류의 수분활성도는 0.60~0.70, 수분함량이 많은 어패류나 채소류의 경우는 0.97~0.99, 수분함량이 50% 이상이면 대부분 0.9 이상이다.

[표 2-6] 식품의 수분함량과 수분활성도

식　　품	수분함량(%)	수분활성도
채소, 과일, 육류, 생선, 우유, 달걀	60~90	0.97~0.99
빵, 잼, 치즈, 건포도	20~60	0.75~0.97
쌀, 보리, 대두	13~15	0.60~0.70
크래커	2~10	0.10~0.60

4. 미생물의 증식과 수분활성도

식품을 저장 또는 보관할 때, 미생물에 의해 부패가 일어난다. 식품의 보관이나 저장 중에 일어나는 미생물의 증식은 수분함량과는 직접적인 관계가 없지만, 수분활성도와는 밀접한 관계가 있다(그림 2-8, 2-9).

미생물의 성장, 번식에 필요한 수분활성도는 미생물의 종류에 따라 다르지만, 일반적으로 세균은 0.90 이상, 효모 0.85 이상, 곰팡이는 0.80 이상이다.

따라서 미생물의 증식은 보통 수분활성도가 0.65 이하로 되면 일어나지 않는다.

곡류, 두류 등의 수분활성도는 0.60~0.70으로 미생물의 번식이 어려워, 보존성이 높다. 건조식품의 수분활성도는 0.6 이하가 많아 보존성이 매우 좋다(그림 2-8).

그러나 일부 내건성 곰팡이(xerophilic fungi)의 경우에는 0.65 이하의 수분활성도에서도 성장할 수 있다.

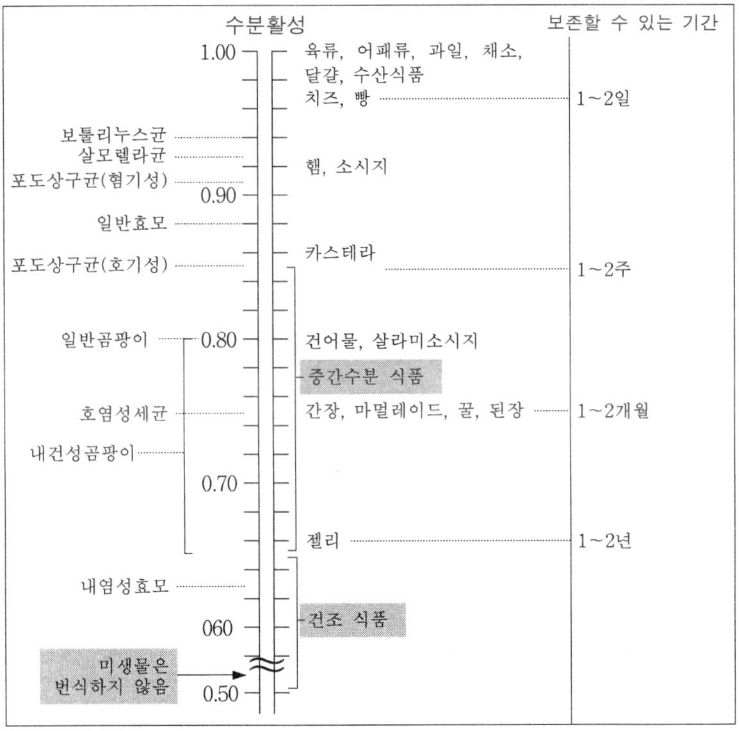

[그림 2-8] 식품의 수분활성도와 미생물의 발육

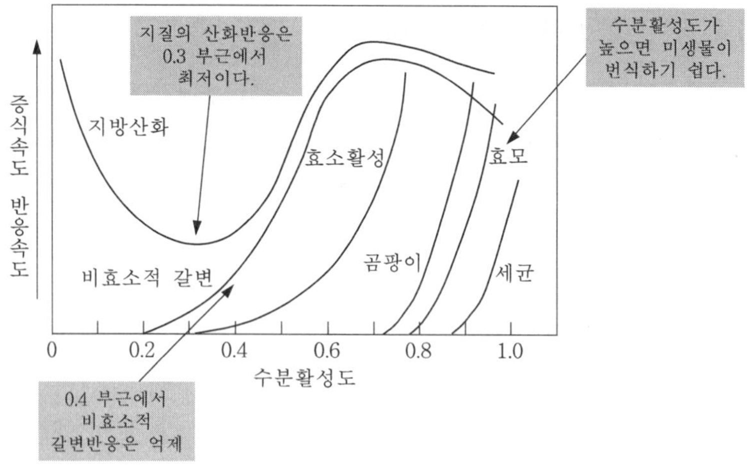

[그림 2-9] 수분활성도와 미생물의 번식, 식품의 변화

5. 효소활성, 갈변 및 지질 산화와 수분활성도

수분활성도는 식품 보관 중에 일어나는 여러 변화와도 밀접한 관계를 갖고 있다. 효소활성이나 갈변반응(아미노-카보닐반응)은 수분활성도가 낮을수록 저하된다. 즉, 수분활성도가 0.4 부근이 되면 효소활성이 정지하며, 비효소적 갈변반응도 정지된다.

한편, 지질의 산화는 0.3 부근에서 최저이지만, 0.3 이상 또는 그 이하에서는 지질의 산화가 증가된다.

6. 중간수분식품(IMF, Intermediate Moisture Food)

중간수분식품이란 수분활성도는 0.65~0.85이며 수분은 20~40% 정도로 하여, 미생물의 생육을 억제할 수 있는 수준까지 낮추고, 고유의 조직감은 그대로 유지시킨 식품을 말한다. 중간수분식품은 냉장이나 냉동하지 않고 비교적 장기간 보존할 수 있어 냉동이나 통조림보다 경제적이다. 또 건조식품과 달리 그대로 먹을 수 있는 장점이 있다. 중간수분식품으로는 곶감, 육포, 양갱, 젤리, 잼, 건포도, 시럽 등이 있다.

그러나 비효소적 갈변반응이나 지질의 산화는 이들 수분활성도에서 최대치를 나타내므로, 주의해야 한다.

2.10. 등온흡습(탈습)곡선

식품을 어느 일정온도에서 서서히 건조시켰을 때의 수분 함량과 상대습도(또는 수분활성도)의 관계를 나타낸 그래프를 등온탈습곡선이라고 하며, 반대로 건조식품에 수분을 흡습시켰을 때의 수분 함량과 수분활성도의 관계를 나타낸 그래프를 등온흡습곡선이라고 한다.

등온 흡습(탈습)곡선은 식품의 최적 수분함량을 구할 때 이용되며, 특히 건조식품을 제조할 때 매우 중요하다.

식품의 수분함량은 환경의 습도에 따라 변한다. 즉, 습도가 높은 환경에서는 수분의 흡수(흡습)가 일어나고, 반대로 습도가 낮은 환경에서는 수분의 방출(탈습)이 일어난다.

일부 염류의 포화용액은 일정온도에서 일정한 상대습도를 나타내기 때문에 단분자막 수분함량 측정에 이용된다.

상대습도(%) = 수분활성도 × 100

포화염용액과 상대습도

포화 염용액	상대습도 (% RH)
염화리튬	12.0
초산칼슘	22.5
탄산칼슘	43.7
질산암모늄	63.5
염화나트륨	75.8

1. 등온흡습 및 탈습곡선의 각 영역별 성질

대부분의 등온흡습 및 탈습곡선은 2개의 굴곡점을 갖는 S자형 곡선을 나타내며, 2개의 굴곡점을 기준으로 A영역, B영역 및 C영역으로 나누어진다. 즉, A영역은 물이 단분자막형태로 식품에 결합되는 영역, B 영역은 복수분자막 형태로 결합되는 영역, C영역은 자유수의 형태로 존재하는 영역이다.

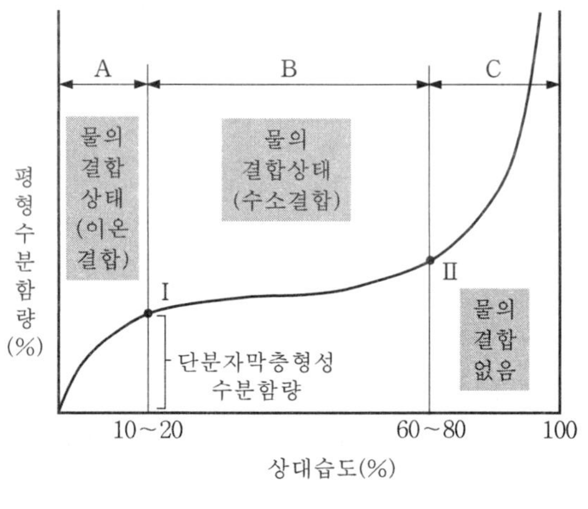

[그림 2-10] 등온흡습곡선

A 영역 : 단분자막 형성 수분함량보다 적은 수분함량을 가진 영역으로, A 영역의 수분함량으로 건조시킨 건조식품의 저장성은 B 영역보다 안정성이 낮다.

B 영역 : 복수분자막 형성 수분함량을 나타내는 영역으로 건조식품의 경우 가장 안정한 큰 최적 수분함량 영역이다. 또 지질의 산화도 가장 적게 일어나는 영역이다. 이는 단분자막층의 물 분자가 지질과 산소의 접촉을 막고, 또 지질의 산화생성물인 과산화물과 수소결합하여 분해를 억제하고, 산화촉진제인 금속을 수화시켜 금속수화물로 만들기 때문이다.

따라서 단분자막형성 수분함량 이하의 과도한 건조식품(예 동결건조식품 등)의 경우는 지질 산화가 일어나기 쉽기 때문에 진공포장이나 탈산소제를 이용하는 것이 좋다.

C 영역 : 주로 자유수로 존재하는 영역으로, 식품의 품질을 저하시키는 화학반응이나 효소반응이 촉진되고 미생물 증식이 활발한 영역이다.

2.11. 히스테리시스 현상 (hysteresis effect, 이력현상)

대부분의 식품에 있어서 등온흡습곡선과 탈습곡선이 일치하지 않으며, 이러한 현상을 히스테리시스 현상이라고 한다. 즉, 건조식품이 흡습할 때보다 습기에 찬 식품이 탈습할 때, 같은 수분활성도에서의 수분함량이 더 많게 되는 현상이다(그림 2-11).

예를 들어, 식품보존을 위하여 탈습곡선에 따라 최적수분함량(M)으로 건조시키는 과정에서 잘못되어 M_1까지 건조되면, 수분함량은 A영역에 있게 되어 식품의 품질변화가 일어나게 되므로 수분함량을 M_2까지 증가시킬 필요가 있다. 이때 탈습곡선에 따라 수분함량을 M_2까지 증가시킬 경우, 히스테리시스 현상에 의해 식품의 수분함량은 B영역이 아닌 C영역에 있게 되어 미생물에 의한 변질이 일어날 수 있다. 따라서 건조식품에 수분을 재흡수시킬 때는 흡습곡선에 따라 가장 안정성이 큰 수분함량을 구해야 한다.

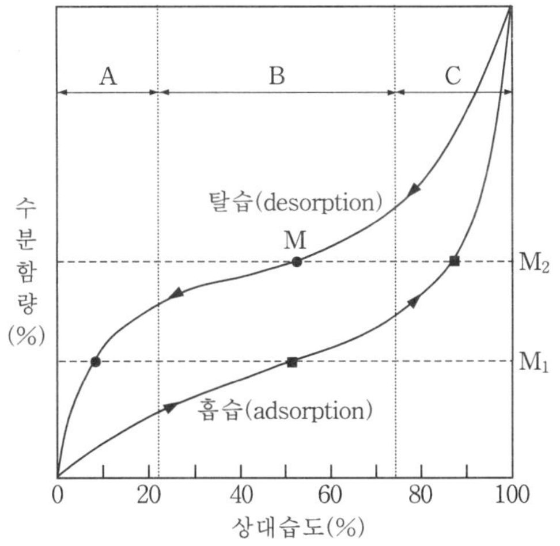

[그림 2-11] 히스테리시스현상을 나타내는 등온흡·탈습곡선

히스테리시스는 건조식품의 제조 또는 저장 중에 큰 영향을 줄 수 있는 현상이다. 이러한 현상은 탈습과정 중 조직을 형성하고 있는 분자조직체의 수축에 의해 흡착표면에서 이용할 수 있는 흡착장소의 수가 감소되어 수분의 가역적 흡수가 불가능해지기 때문인 것으로 알려지고 있다.

2.12. 냉동과 물

1분자의 물은 수소원자 2개와 산소 원자의 비공유결합 전자대 2개를 갖고 있어 최대한 4개의 수소결합을 할 수 있다. 그러나 물 1분자는 최대 3개의 수소결합을 만들 수 있다.

그러나 얼음의 물 분자는 4개의 물 분자와 수소결합을 하여 규칙적으로 배열하여, 다이아몬드형의 결정격자구조를 형성한다(그림 2-12). 그 결과, 얼음은 내부에 큰 공간이 생겨 물의 부피보다 9% 증가하게 되고, 결국 얼음의 밀도(0.917)는 물보다 작아져 물에 뜨게 된다.

밀도가 가장 높은 것은 4℃의 물이다.

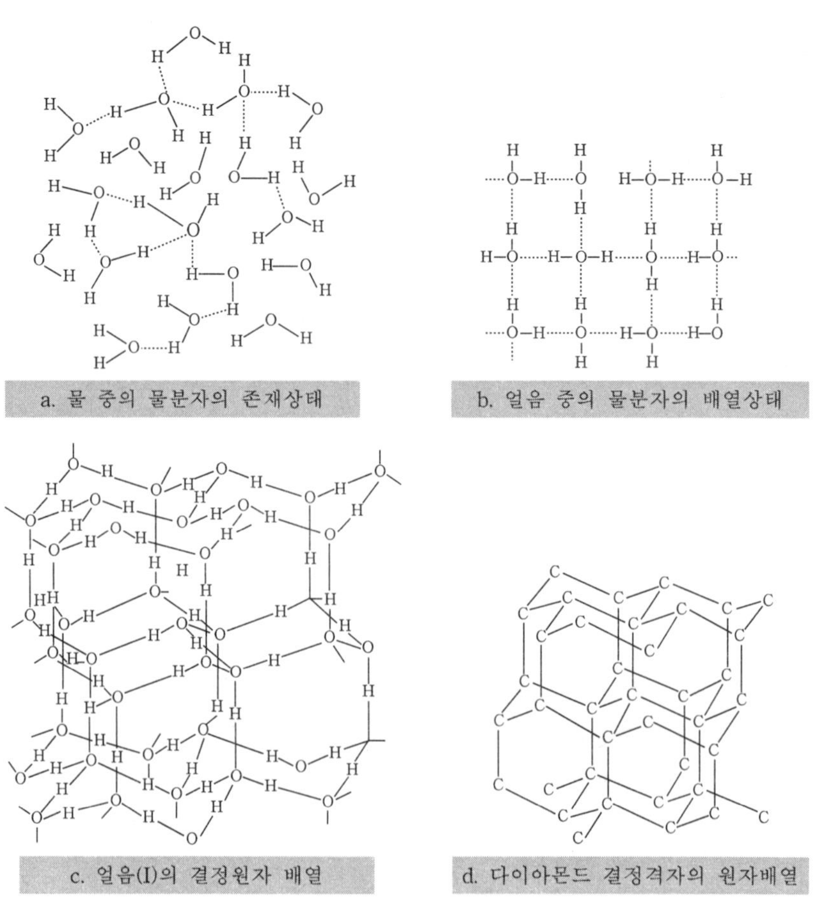

[그림 2-12] 얼음 및 물중의 물 분자의 배열

1. 식품의 냉장 및 냉동 보관

수분활성도가 0.7 이상의 식품의 경우에는 보통 냉장, 냉동보관 한다. 냉장은 5~6℃에서 수일간의 보존에 유효하며, 식품중의 수분상태도 상온의 물과 크게 다르지 않다. 따라서 식품을 냉장 보관할 경우, 상온 보관의 경우보다 보존성이 좋은 것은 저온에 의한 미생물의 억제효과에 기인된다.

그러나 냉동하면 식품 중의 자유수가 얼면서 결국, 결합수의 비율이 증가하게 된다. 냉동식품의 우수한 보존성은 저온에 의한 미생물 억제 효과 이외에 수분활성도의 저하효과에도 기인된다. 장기간 보존에는 -20~-60℃의 저온이 사용된다.

2. 식품의 냉동과 품질저하

일반 가정에서는 -20℃의 냉동보존이 많지만, 이 정도의 저온에서는 미생물의 번식은 막을 수 있더라도 유지의 산화 등의 성분 변화를 완전히 막을 수는 없다. 따라서 가정에서 식품을 냉동보관 할 때는 1개월 이내로 하는 것이 바람직하다

냉동시의 가장 큰 문제점은 동결에 의한 품질저하이다. 물을 얼려 얼음으로 변화하면 체적이 증가하고 밀도가 작아진다. 식품의 물도 마찬가지로 얼면 체적이 증가한다. 이렇게 생긴 얼음결정이 식품의 조직을 파괴한다.

식품의 조직이 파괴되면 입안에서의 식감이 나빠진다. 또 육류를 냉동한 경우, 해동할 때 조직 내의 육즙(drip)이 유출되어 맛과 영양적인 면에서 손실이 일어난다. 얼음결정은 -1~-5℃의 온도대에서 가장 크게 생성되며, 이 온도를 최대 얼음결정 생성대(zone of maximum ice crystal formation)라고 한다(그림 2-13).

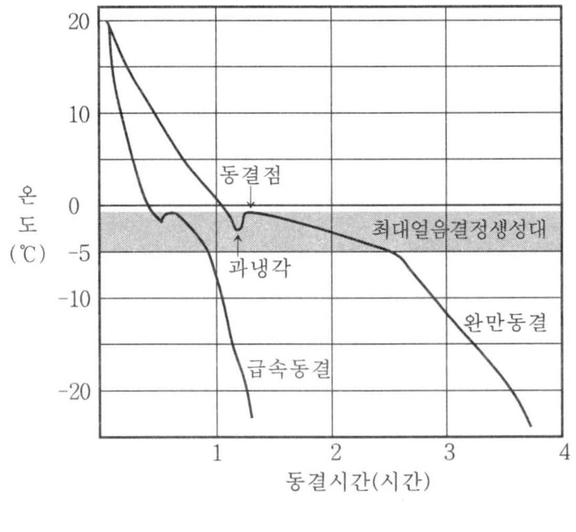

[그림 2-13] 식품의 동결온도곡선

(1) 급속 냉동

냉동시 동결에 의한 품질저하를 방지하기 위해서는 최대 얼음생성 생성온도대를 가급적 짧게 하고(30분 이내), -40℃ 이하에서 급속냉동하여 가능한

한 세포의 파괴를 막는 것이 중요하다. 즉 급속 냉동시킬수록 세포내의 얼음이 미세한 결정상태로 되어 세포파괴를 억제하게 된다. 이 같은 보존방법을 급속냉동법이라고 한다.

그러나 아무리 급속냉동을 하더라도 세포파괴를 완전히 막을 수 없기 때문에 동결, 해동을 반복하지 않는 것이 좋다. 단, 가공, 조리식품은 이미 세포가 파괴되어 있기 때문에 급속냉동을 하지 않아도 품질변화는 크지 않다.

냉동식품의 해동 : 냉동식품을 해동할 때는 10℃ 부근에서 완만 해동하는 것이 좋다. 그 이유는 냉동식품의 표면과 내부가 균일하게 녹아 부분적 변질이 일어나지 않고, 세포조직의 재배열형성을 위함이다.

(2) 부분동결

근래에는 부분동결(partial freezing)이라는 보존방법이 이용되고 있다. 이것은 -3℃부근에서 냉동과 냉장의 중간정도의 보관 방법으로, 이온도에서는 얼음결정이 부분적으로만 생기고, 온도가 낮기 때문에 신선도가 좋은 식품을 보존할 수 있다. 생선 등의 보존에 적합한 방법이다.

(3) 글레이징(glazing)

글레이징이란 냉동식품에 찬물을 뿌리거나 찬물에 담가 표면에 얇은 얼음막을 형성시키는 처리이다. 냉동식품과 공기의 접촉을 막아 건조되거나 산화되는 것을 막기 위한 처리이다.

과도한 냉동을 하면 지질이 산화되기 쉽기 때문에 진공포장이나 탈산소제를 이용하지만, 냉동생선의 경우에는 글레이징(glazing)처리를 한다.

2.13. 물의 끓는점오름 및 어는점내림

1. 기압과 끓는점

기압과 물의 비등점	
0.006기압	0℃
0.012기압	10℃
0.3기압	70℃
1기압	100℃
2기압	122℃

물의 끓는점(비등점)은 1기압(760 mmHg)에서 100℃이지만, 기압이 낮아지면 끓는점은 내려간다. 반대로 기압이 올라가면 끓는점도 증가한다.

예를 들어, 높은 산에서 밥을 하면 기압이 낮기 때문에, 낮은 온도에서 물이 끓어 쌀이 잘 익지 않게 된다. 반대로, 압력밥솥은 약 2기압 정도로 물의 끓는점이 122℃로 높아져, 쌀이 빨리 익게 된다.

또, 냉장실내의 채소는 빨리 건조되는데, 이는 냉장실과 같이 온도가 낮은 밀폐된 공간에서는 기압이 낮아져 수분이 빨리 증발하기 때문이다. 또한 냉동고에 식품을 보관할 때도 승화현상에 의해 고체의 얼음이 액화를 거치지 않고 기체로 증발되어 식품이 건조되고 색, 향기, 조직감 등의 품질 저하가 일어난다. 따라서 냉장실이나 냉동고에 식품을 보관할 때는 밀폐용기나 폴리비닐 백에 보관하는 것이 좋다.

2. 용질과 끓는점

물의 끓는점은 물에 녹아 있는 용질의 양이 증가함에 따라 높아진다. 이러한 현상을 끓는점오름(비점상승)이라고 한다. 물의 끓는점은 용질의 몰농도에 비례하여 0.52℃씩 증가한다. 즉, 물의 끓는점은 100℃이지만, 1몰의 용질이 녹아 있으면 끓는점이 0.52℃ 높아지고, 2몰의 용질이 녹아 있으면 1.04℃ 높아진다.

예를 들어, 1몰의 설탕물(342 g/1 ℓ)의 경우, 100.52℃에서 끓게 된다. 그러나 소금의 경우, 물에 2개의 이온으로 해리되기 때문에 끓는점도 설탕의 2배로 증가하여 101.04℃가 된다. 염화칼슘은 3개의 이온으로 해리되어 끓는점은 설탕의 3배로 증가하여 101.56℃가 된다(표 2-7).

[표 2-7] 1몰농도의 설탕·소금·염화칼슘용액의 끓는점 및 어는점

	설탕용액	소금용액	염화칼슘용액
분자량	342	58.4	110.99
끓는점(℃)	100.52℃	101.04℃	101.56℃
어는점(℃)	-1.86℃	-3.72℃	-5.58℃

3. 용질과 어는점

물에 소금이나 설탕을 넣으면 어는점이 0℃ 이하로 내려간다. 이러한 현상을 어는점내림(빙점강하)이라고 한다. 물의 어는점은 끓는점과 같이 용질의 몰농도에 비례하여 낮아진다(표 2-7). 예를 들어 1몰의 설탕물(342 g/1 ℓ)은 -1.86℃에서 얼게 되고, 1몰의 소금물(58.4 g/1 ℓ)은 물에 2개 이온으로 해리되기 때문에 설탕의 2배인 -3.72℃에서 얼게 된다.

얼음에 소금을 뿌리면 빙점강하현상으로 얼음이 빨리 녹게 되고, 그 과정 중에 얼음은 주위의 융해열을 빼앗아 주변온도가 급강한다. 예전에는 이 원리를 이용하여 아이스크림을 만들었다.

2.14. 마이크로파(micro wave)와 물

전자레인지(microwave oven)는 마이크로파를 이용하여 식품을 가열, 조리하는 기구이다. 즉, 전자레인지 내부에 있는 마그네트론(magnetron)에서 발생된 마이크로파는 식품내부의 물분자를 급속히 진동, 회전시키고, 이 진동, 회전된 물분자 간의 마찰에 의해 식품을 가열시키는 것이 전자레인지이다. 전자레인지는 915 MHZ 또는 2,450 MHZ의 마이크로파가 사용되며, 2,450 MHZ의 마이크로파는 물분자가 1초에 24억5천번 진동하는 것을 의미한다. 마이크로파의 주파수가 클수록 깊이 침투하지 못하지만 전체적으로 균일하게 가열된다.

메가헤르츠(megahertz) 전자기파의 주파수의 단위. 1초에 100만 헤르츠의 진동수를 의미하며, MHZ로 표시.

따라서 식품 외부로부터 내부로 가열시키는 오븐 등과는 달리, 마이크로파는 식품내부에서 열을 발생시켜 가열시키기 때문에 가열속도가 매우 빠르고, 표면이 타지 않으며, 갈변현상도 일으키지 않는다.

전자레인지 사용 시 주의 점 : 밀폐된 용기나 계란 등의 식품을 직접 전자레인지로 가열하면, 내부에서 급속히 기화된 수증기에 의해 폭발하는 경우가 있다.

또한 마이크로파는 수분이 있는 식품의 경우, 식품의 온도가 100℃ 이상으로 올라가지 않는 반면, 수분이 없는 식품의 경우에는 가열되지 않는다.

또 수분함량이 매우 적은 식품의 경우, 가열시간(10초 단위로)에 주의하지 않으면 완전히 건조될 수 있다.

한편, 마이크로파는 공기, 유리, 종이, 플라스틱은 투과하지만, 금속, 알루미늄은 반사하는 특성을 가지고 있다. 따라서 금속용기, 알루미늄용기를 사용하면 마이크로파를 반사시켜 전자레인지 내부의 마이크론을 손상시킬 수 있으므로 주의해야 한다.

2.15. 주목받고 있는 물의 기능성

1. 이온수(전해수)

화학적, 물리적 처리를 하여 이용성을 높인 물을 기능수라고 한다. 기능수는 물을 전기, 원적외선, 초음파, 자장, 압력 등의 에너지로 처리하여 만들어진다.

이온수는 격막을 설치한 전해조(電解槽)에서 물을 전기분해하여 양극(+)과 음극(-)쪽에서 각각 얻어진 기능성 물이다(그림 2-14).

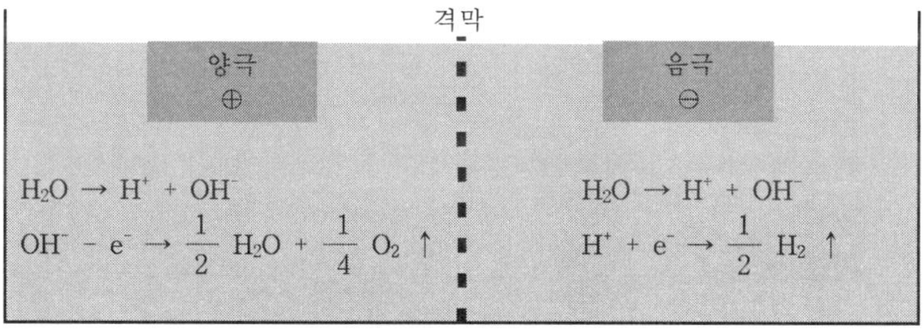

[그림 2-14] 물의 전기분해에 의한 이온수의 제조

물을 전기분해하면 양극(+)쪽은 수소이온이 많은 물이 되고, 음극(-)쪽은 수산이온이 많은 물이 된다. 즉, 양극(+)쪽에는 약산성 이온수(pH 3~6)가, 음극(-)쪽에서는 약알칼리성 이온수(pH 8~10), 즉 알칼리 환원수가 생성된다.

전해보조제로 식염(NaCl)을 첨가하여 전기분해하면 양극(+)은 차아염소산(HOCl)과 HCl이 생성하여 강산성 이온수(pH 2.3~2.7)가 된다.

차아염소산(hypochlorous acid) : 염소산($HClO_3$)에서 산소 2원자가 떨어져 나간 상태의 산.
차아염소산수는 유효염소 농도(200ppm) 이하에서 살균소독제로 사용

$Cl_2 + H_2O \rightarrow HOCl + HCl$

이온수의 용도 : 약산성 이온수는 조리, 식품가공 및 화장품용으로 이용되고, 약알칼리성 이온수는 조리, 식품가공, 음료용으로 이용된다. 그러나 과잉 섭취 시 위장장애, 안구자극 등을 유발할 수 있으므로 주의해야 한다.

강산성 이온수는 제균, 살균성이 강하여 각종세척에 이용되고 있다. 음극

(-)쪽에서 생긴 강알칼리성 이온수(pH 10.5~12)는 절단한 채소 세척(신선도 유지)에 사용된다.

2. 해양심층수

수심 200m을 넘으면 태양광선이 도달하지 못한다. 이보다 깊은 곳에 있는 물을 해양심층수라고 한다. 해양심층수는 질소화합물, 인산, 규산(SiO_2) 등 무기염이 풍부한 비중이 큰물이다. 고압 하에서 유동성도 느리고, 오염이 적은 청정한 물이 된다. 음료, 식품가공용으로 이용되고 있다. 심층해양수는 역삼투압법에 의해 탈염하여 시판된다.

역삼투압법 : 삼투현상이란 농도가 다른 두 액체를 반투막을 사이에 두고 방치했을 때 농도가 낮은 쪽에서 높은 쪽으로 용매가 이동하여 농도가 같아지는 현상을 말하며, 이 때 두 액체 사이에 생기는 압력의 차이를 삼투압이라고 한다.

역삼투란 농도가 높은 쪽에 큰 압력을 가하면 반투막을 통해 낮은 쪽으로 물이 이동하는 현상을 말하며, 이때의 압력을 역삼투압이라고 한다. 역삼투압법은 바닷물을 담수화하는데 사용하며, 과즙을 농축하거나 폐수액을 처리하는 데도 응용된다.

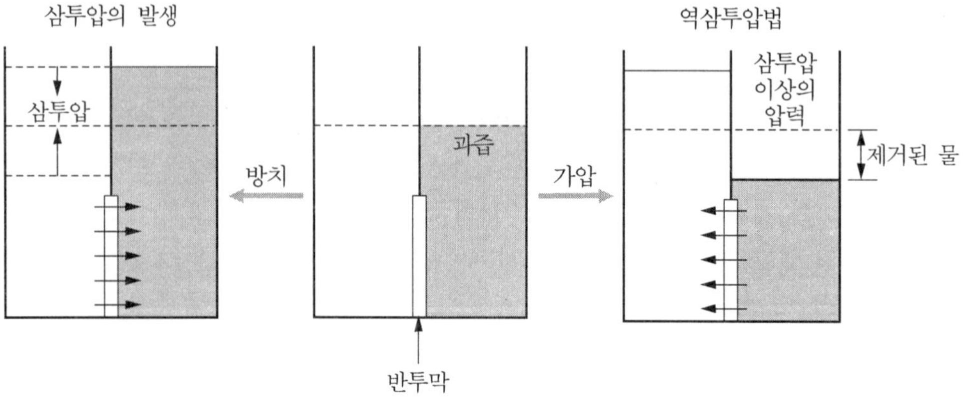

[그림 2-15] 역삼투압의 원리

3장 탄수화물(당질)

탄수화물은 포도당이나 설탕, 전분, 셀룰로오스 및 이들에 관련된 물질의 총칭이다.

탄수화물(carbohydrate)은 일반적으로 탄소(C), 수소(H), 산소(O)로 구성되어 있고, 일반식 $C_m(H_2O)_n$으로 표시할 수 있기 때문에 "탄(C)수(H_2O)화물"이라고 한다.

예를 들어, 포도당($C_6H_{12}O_6$)은 $C_6(H_2O)_6$, 설탕($C_{12}H_{22}O_{12}$)은 $C_{12}(H_2O)_{11}$로 표시될 수 있다.

그러나 일반식에 맞지 않는 탄수화물과 질소(N), 황(S)을 함유하는 탄수화물도 있고, 또 일반식에는 맞지만 탄수화물이 아닌 것도 있다.

예를 들면, 람노오스(rhamnose, $C_6H_{12}O_5$)는 일반식에 맞지 않으나 탄수화물이며, 초산(acetic acid, $C_2H_4O_2$)이나 락트산(lactic acid, $C_3H_6O_3$)은 일반식에 맞지만 탄수화물이 아니다.

따라서 탄수화물이란 명칭은 엄밀히 말해 정확한 것이 아니며, 탄수화물은 당질이라고 해야 하지만, 현재에도 관용적으로 사용하고 있다. 단, 식품성분 분석표에는 탄수화물을 당질(에너지원이 되는 것)과 섬유질로 나누어 표시한다.

- 탄수화물
  - 당 질 – 인체의 소화효소로 분해, 흡수되어 에너지원이 되는 탄수화물 (포도당, 과당, 설탕, 전분 등)
  - 섬유질 – 인체의 소화효소로 대부분 분해, 흡수되지 않는 탄수화물(셀룰로오스, 헤미셀룰로오스, 펙틴 등)

탄수화물의 기본적 화학구조 : 탄수화물의 기본적인 화학구조는 '다가알코올의 카보닐유도체 및 그 축합물'이다. 다가알코올이란 1분자내에 2개 이상의 수산기(-OH, 알코올기)를 갖는 알코올을 말한다. 즉 탄수화물은 카보닐기(C=O)와 2개 이상의 수산기(-OH)를 갖는 화합물이며, 카보닐기가 알데하이드(-CHO)인 경우는 알도오스(aldose), 케톤(-C=O)인 경우는 케토오스(ketose)라고 한다(그림 3-1).

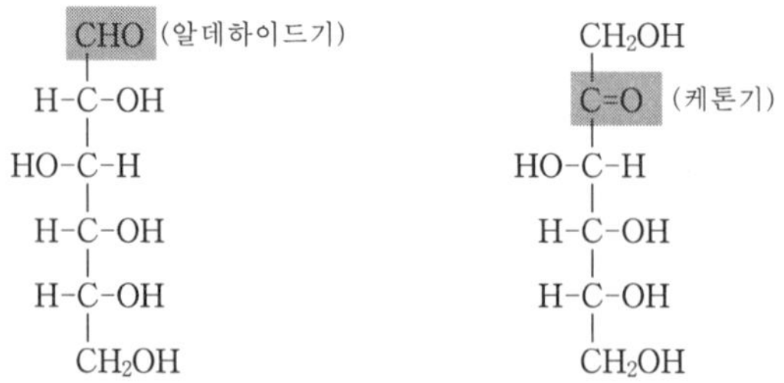

알도오스(D-포도당) 케토오스(D-과당)

[그림 3-1] 대표적인 알도오스와 케토오스의 예

탄수화물의 분류 : 탄수화물은 크게 단당류, 올리고당, 다당류로 나누어진다(표 3-1).

[표 3-1] 탄수화물의 분류

분 류	종 류	예
단당류 (기본적인 당)	삼탄당(triose) 사탄당(tetrose) 오탄당(pentose) 육탄당(hexose)	글리세알데하이드 에리쓰로오스 자일로오스, 라이보오스, 아라비노오스 포도당, 과당, 갈락토오스
올리고당(소당류) (몇 개의 당으로 구성된 당)	이당 삼당 사당	설탕, 맥아당, 유당 래피노오스 스타키오스
다당류 (다수의 단당과 유도당으로 구성된 당)	단순다당 복합다당	전분, 셀룰로오스, 이눌린, 글라이코젠 곤약만난, 펙틴, 알진산
당유도체 (단당 구조의 일부가 변화한 당)	우론산 당알코올 아미노당 데옥시당 유황당	갈락투론산, 글루쿠론산 솔비톨, 자일리톨, 만니톨 글루코사민, 갈락토사민 데옥시라이보오스, 람노오스 싸이오글루코오스

3.1. 탄수화물의 역할 및 분포

탄수화물의 가장 중요한 역할은 에너지원과 아미노산, 지방산 등의 생체 구성성분을 만드는 것이다.

포도당, 과당, 설탕 등의 단당류나 이당류는 단맛을 나타내는 감미료가 된다. 또 셀룰로오스, 펙틴, 한천 등은 영양소는 아니지만 정장작용을 갖고 있으며 펙틴, 한천, 전분은 식품에 점탄성을 부여한다.

탄수화물은 주로 식물성식품에 분포하며, 곡류, 두류, 서류에서는 전분, 채소에서는 셀룰로오스, 과실에서는 포도당, 과당, 설탕 등, 해조류에서는 한천, 알진산, 카라기난 등이 존재한다.

동물성식품의 경우 육류, 어육, 갑각류, 연체류에서는 포도당, 글라이코젠 등의 형태로, 우유에서는 유당의 형태로 존재한다.

3.2. 단당류

1. 단당류의 기본구조

단당류는 탄수화물의 기본이 되는 당으로, 탄소의 수에 따라 삼탄당(triose), 사탄당(tetrose), 오탄당(pentose), 육탄당(hexose)으로 분류된다(그림 3-2).

이 중에서 식품에 많이 함유되어 있는 것은 오탄당과 육탄당이며, 육탄당이 가장 중요하다.

가장 탄소수가 적은 단당류는 삼탄당(triose)인 글리세알데하이드(glyceraldehyde)이다. 글리세알데하이드는 자연계에 거의 존재하지 않으며, 육탄당의 중간 대사산물로 존재한다.

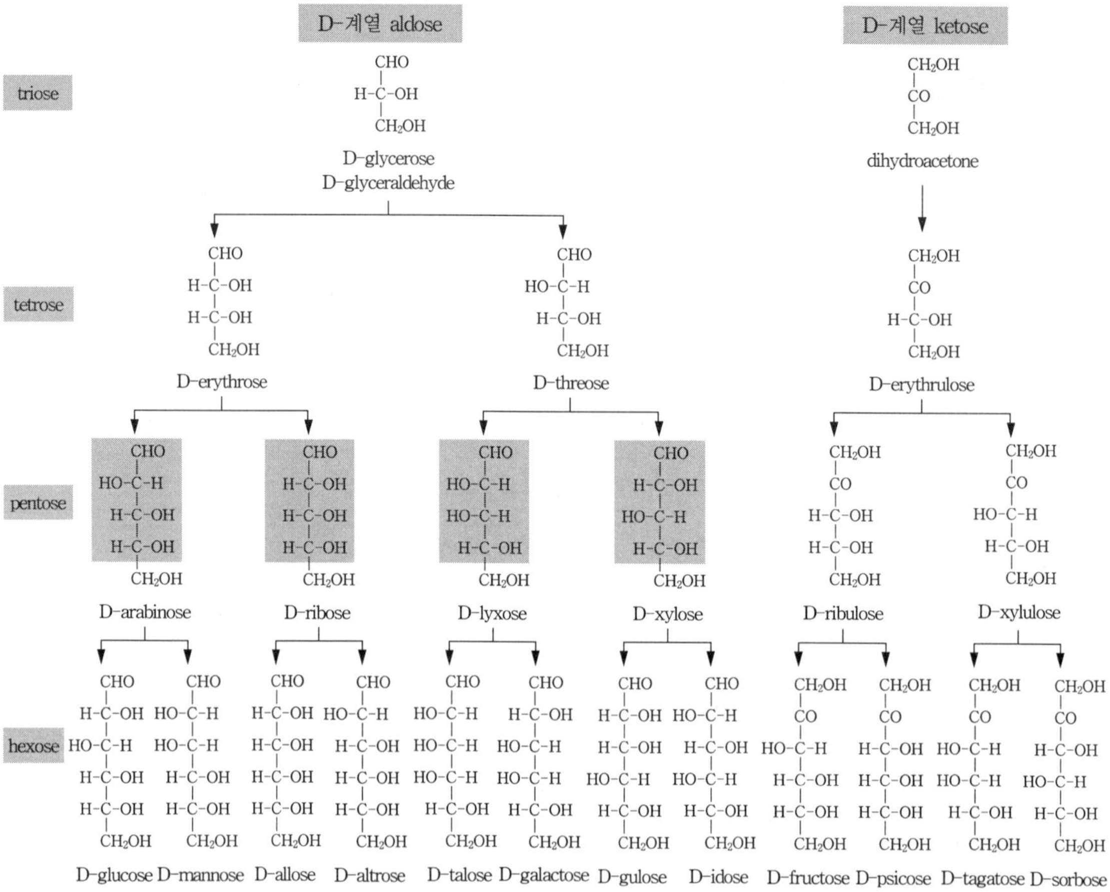

[그림 3-2] 단당류

입체이성질체(D형, L형) : 단당에는 적어도 1개의 부제탄소((4개의 다른 치환기를 갖는 탄소)를 갖는다. 예를 들어, 삼탄당인 글리세알데하이드의 경우, 2번 위치에 부제탄소를 갖고 있어, 부제탄소에 결합된 OH기의 위치에 따라 입체적으로 다른 이성질체가 존재할 수 있다. 이 때 부제탄소에 결합된 OH기가 오른쪽에 있으면 D형, 왼쪽에 있으면 L형이라고 한다.

그러나 사탄당, 오탄당, 육탄당과 같이 여러 개의 부제탄소가 존재하는 경우는 카보닐기로 부터 가장 멀리 떨어져 있는 부제탄소에 결합된 OH기가 오른쪽에 있으면 D형, 왼쪽에 있으면 L형이라고 한다.

자연계에 존재하는 단당류의 대부분은 D형이다. 자연계에 L형으로 존재하는 단당은 L-갈락토오스(L-galactose)만이 알려져 있다.

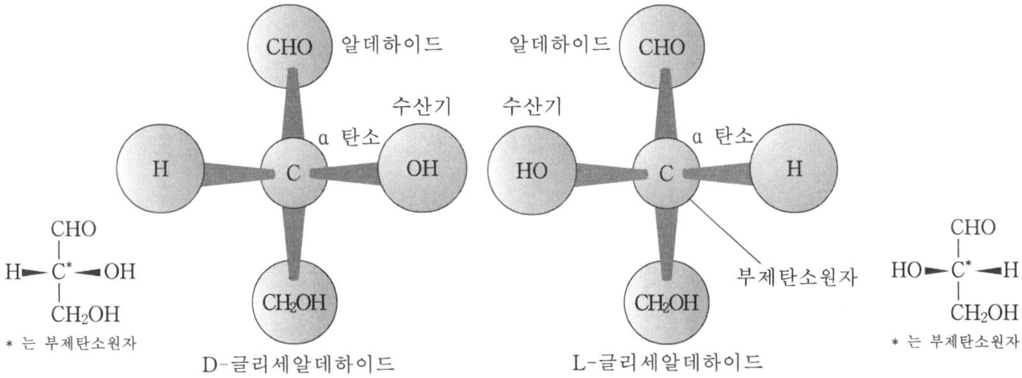

[그림 3-3] 글리세알데하이드(glyceraldehyde)의 입체이성체

단당 중의 CHO를 위에, CH_2OH를 아래에 쓸 때, CH_2OH에 인접하는 C의 OH가 오른쪽에 붙은 것을 D형, 왼쪽에 붙은 것을 L형이라고 한다. 그 입체이성체는 공간적으로 다르기 때문에 거울상이성체라고도 한다.

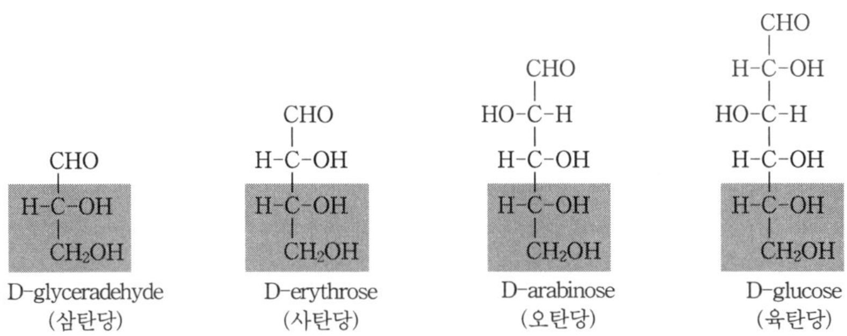

[그림 3-4] D-포도당에 관련된 D계열의 알도오스

에피머(epimer) : 단당류에서 n의 부제탄소가 존재하면 2^n개의 이성질체가 생긴다. 예를 들어 포도당은 4개의 부제탄소를 갖고 있으므로, $2^4 = 16$개의 입체이성질체를 갖는다.

케토오스는 사탄당부터 입체이성질체를 가지며, 부제탄소수는 탄소수가 동일한 알도오스보다 1개 적다.

D형, L형을 결정하는 부제탄소가 아닌 다른 탄소에 결합한 OH기의 위치 차이에 의해 생기는 입체이성질체는 별도의 다른 당이 된다.

그 중에서 1개의 위치만 다른 이성질체를 에피머(epimer)라고 한다. D-포도당과 D-만노오스, D-갈락토오스는 에피머의 관계에 있다(그림 3-5).

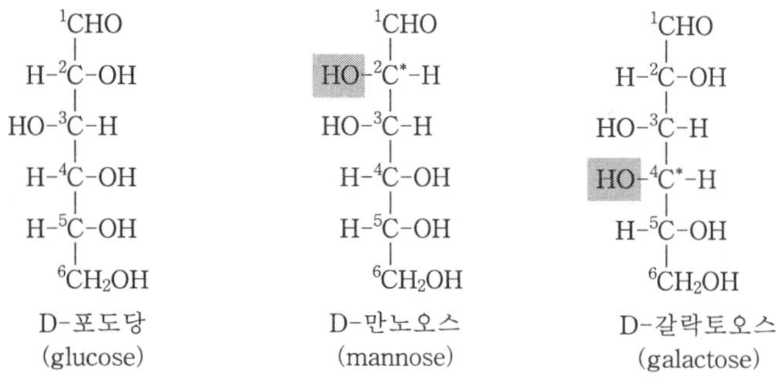

[그림 3-5] D-포도당에 관련된 에피머(epimer)

헤미아세탈(hemiacetal)
알데하이드기 또는 케톤기와 알코올의 결합에 의해 형성되는 화합물

단당류의 환상구조 : 지금까지 설명한 단당류의 구조는 사슬상구조로 나타내었지만, 실제로 사슬상구조로 존재하는 것은 삼탄당과 사탄당이며, 오탄당이나 육탄당의 단당류의 경우 사슬상구조로 존재하는 것은 극히 일부이고, 대부분 환상구조로 존재한다. 이것은 카보닐기와 4번 또는 5번 탄소의 -OH기가 헤미아세탈(hemiacetal)결합하여 후라노오스(5원자환, furanose)나 피라노오스(6원자환, pyranose)구조를 만들기 때문이다.

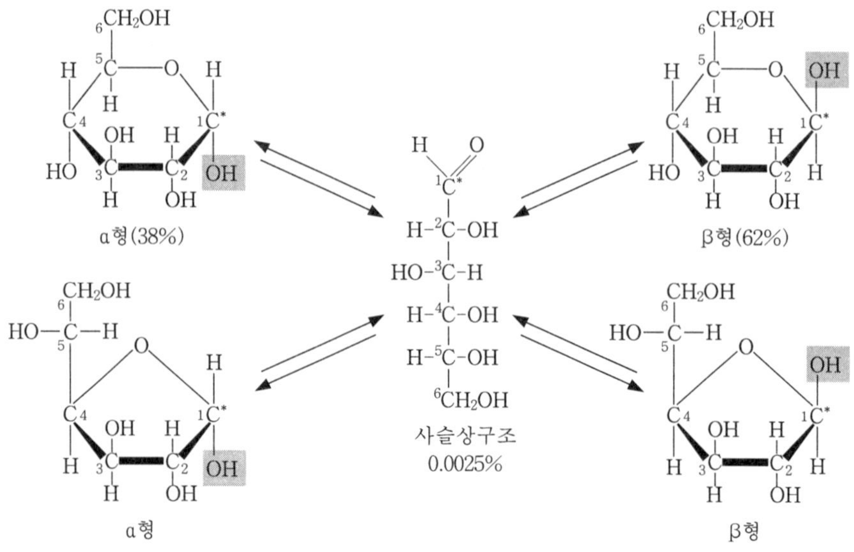

* 사슬상 구조에서는 카보닐기의 탄소이지만, 환상구조가 되면 부제탄소가 된다. 이 때문에 α형과 β형의 이성질체가 생긴다.

▒ : 아노머 OH기(배당체성 OH기)는 다른 당과도 결합한다.

[그림 3-6] D-포도당의 환상구조

또 수용액상태에서는 이들의 평형화합물상태로 존재한다. 예를 들어, D-포도당의 경우 수용액에서 사슬상 구조는 0.0025% 정도이며, 대부분 환상형의 피라노오스 구조로 존재하며, 후라노오스 구조(0.3%)는 약간 존재한다.

아노머(anomer) : 단당류가 환상구조로 되면, 사슬상 구조 중의 카보닐기에 있는 탄소(C_1)에 OH기가 결합하여 새로운 부제탄소가 형성된다. 이 때문에 OH기의 입체위치에 따라 α형과 β형 이성체가 생성되며, 이를 아노머(anomer)라고 한다. 또한 환상구조가 되면서 생긴 부제탄소(C_1)에 붙은 OH기를 배당체(glycoside)성 OH기 또는 아노머 OH기라고 한다.

즉, 오탄당과 육탄당은 수용액에서 사슬상 구조, 피라노오스구조의 α-, β-형 및 푸라노오스구조의 α-, β-형이 평형상태로 존재하게 된다.

단당류의 구조식 : α, β형을 구별 할 때는 탄소원자와 수소원자를 생략하고, 수산기(OH)기의 위치로 나타내기도 한다(그림 3-7의 II), 또 α, β형을 구별 하지 않을 때는 그림 3-7의 (III)과 같이 표시한다.

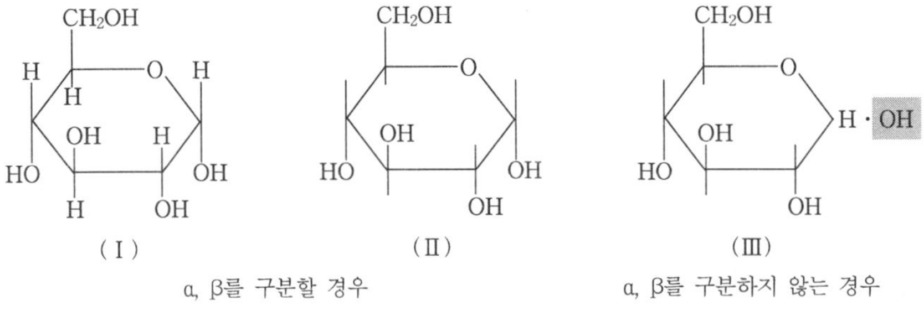

[그림 3-7] α-D-포도당의 구조식

2. 식품에 존재하는 단당류

식품에 함유되어 있는 단당류 중 주요 오탄당과 육탄당을 표 3-2 및 표 3-3에 나타내었다.

1) 오탄당(pentose)

오탄당은 자연 그대로도 존재하지만, 대부분 펜토산(pentosan)이라는 고분자 탄수화물의 주요 구성성분으로 존재한다. 대표적인 오탄당으로는 자일로오스(xylose), 아라비노오스(arabinose), 라이보오스(ribose) 등이 있다(표 3-2)

[표 3-2] 식품 중에 함유되어 있는 주요 오탄당

명칭과 구조	주요 소재 및 성질
D-자일로오스(α-D-xylose) 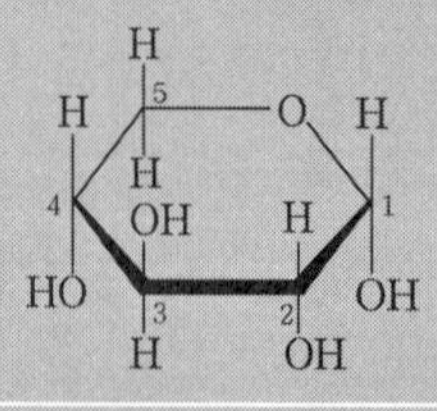	-목재, 볏짚 등에 함유되어 있는 다당류인 자일란(xylan)의 구성 성분. -자일로오스의 4번위치의 H와 OH가 반대인 것이 아라비노오스이다. -Sucrase 저해작용을 당뇨병치료에 이용
D-아라비노오스(α-D-arabinose) 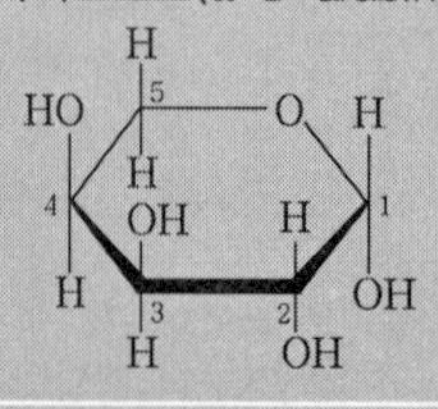	-식물세포에 존재하는 아라반(araban)은 아라비노오스의 중합체 -Sucrase 저해작용을 당뇨병치료에 이용
D-라이보오스(β-D-ribose) 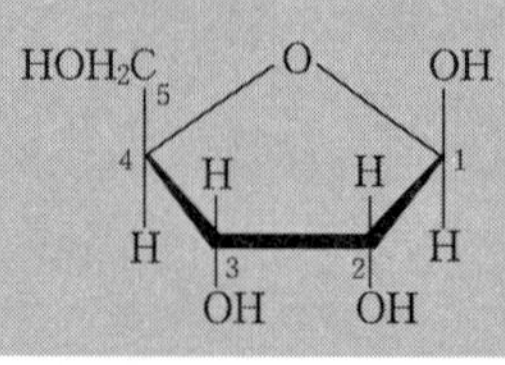	-분포량은 적지만, 핵산(RNA), 각종 효소 등 생리적으로 중요한 성분(β-D-ribose) -2번 위치의 OH가 H로 되면 데옥시라이보오스(핵산, DNA의 성분)가 된다. -비타민 B_2제조의 중간원료로 사용

2) 육탄당(hexose)

육탄당은 각종 식품에 널리 분포되어 있으며, 대체로 강한 단맛을 갖고 있어 가공이나 저장 중에 중요한 역할을 하는 단당류이다. 고분자 탄수화물의 주요 구성성분이기도 하다.

대표적인 육탄당으로는 글루코오스(glucose), 만노오스(mannose), 갈락토오스(galactose), 프럭토오스(fructose) 등이 있다(표 3-3)

[표 3-3] 식품 중에 함유되어 있는 주요 육탄당

명칭과 구조	주요 소재 및 성질
D-글루코오스(α-D-glucose, 포도당) 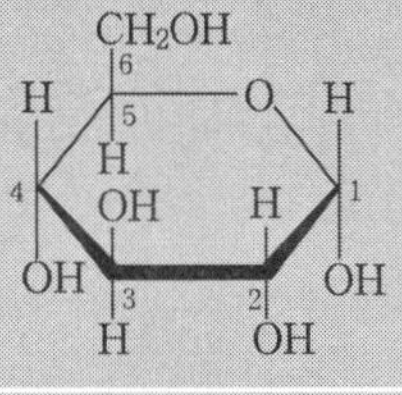	-과일(특히 포도), 꿀 등에 존재. -혈액에 약 0.1% 존재. -올리고당, 다당류, 배당체로서 널리 존재.
D-만노오스(β-D-mannose) 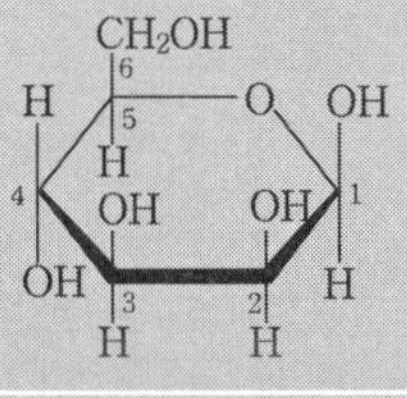	-β-D-만노오스는 곤약의 글루코만난(glucomannan), 구아검이나 로커스트콩검의 갈락토만난(galactomannan)의 구성성분
D-갈락토오스(α-D-galactose) 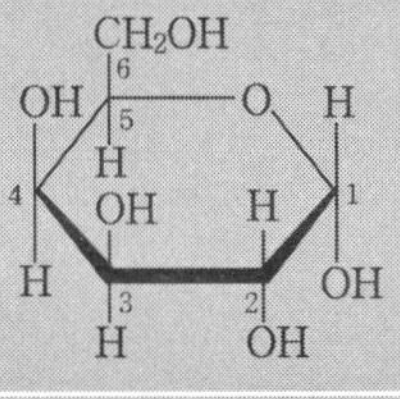	-올리고당(유당, 래피노오스)의 구성 성분 -해조류에 존재하는 갈락탄(galactan)은 갈락토오스의 중합체 -당지질인 세레브로사이드(cerebroside)의 구성성분
D-프럭토오스(α-D-fructose, 과당) 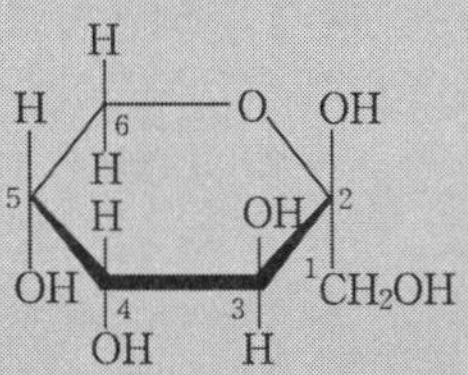 (β-D-fructopyranose, 유리형) 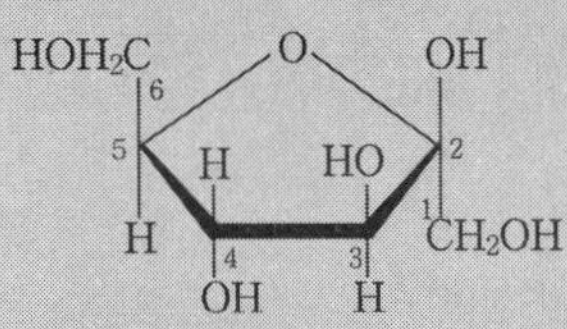 (β-D-fructofuranose, 결합형)	-수용액(20℃)에서 약 80%가 피라노오스(pyranose)형이며, 설탕, 올리고당, 다당의 구성당으로 결합할 경우는 푸라노오스(furanose)형이 된다. -과일, 꿀 등에 함유되어 있다. -포도당과 결합하여 설탕을 만든다. -돼지감자, 우엉 등에 존재하는 다당 이눌린은 과당중합체이다. -케토오스(ketose)의 대표적인 당이다.

3. 단당류의 성질

1) 용해도

단당류는 분자 중에 -OH가 많기 때문에 물에 잘 녹지만, 알코올, 유기용매에는 잘 녹지 않는다.

2) 감미도

대부분의 단당류는 단맛을 갖고 있고, 특히 D-과당은 가장 단맛이 강하다. 단맛의 강도는 아노머 이성체(α-형, β-형)에 따라 다르고, 수용액의 온도에 따라 그들의 평형상태가 달라지기 때문에 감미도의 강도도 변화한다. 저온에서 포도당은 α-형이 많고, 과당은 β-형이 많아진다(10장 식품의 맛 참조).

3) 환원작용

단당은 알칼리성 용액 중에서 Cu^{2+}(펠링 반응)과 Ag^{+}(은경반응)를 산화구리(Cu_2O)와 금속은(Ag)으로 각각 환원시키고, 당자신은 카복실산(R-COOH)으로 산화된다. 이러한 당을 환원당이라고 한다. 모든 단당류는 환원성을 갖고 있어 모두 환원당이다.

이 성질은 환원당의 정성 및 정량분석법이 이용되고 있다.

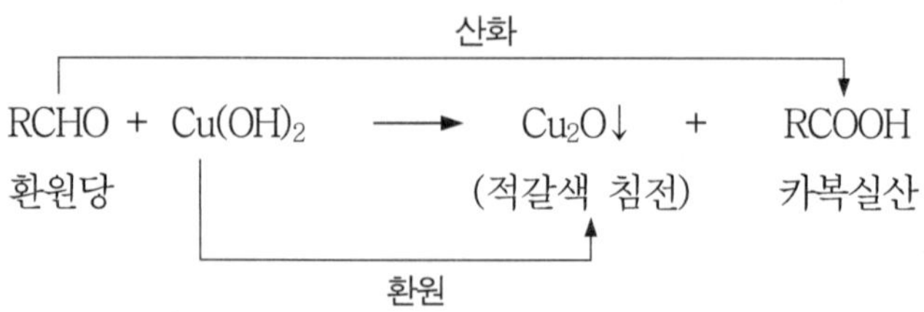

> **에스터(ester)**
> 알코올과 카복실산이 반응하여 탈수 축합한 화합물
> R-OH + R-COOH → RCOOR + H_2O

4) 에스터화

당의 수산기는 산과 반응해서 에스터를 생성한다. 생체 내에 당질 대사중간물인 인산에스터로서 많이 존재한다. 또한 당의 지방산에스터는 식품유화제로 이용되고 있다.

5) 배당체

단당의 아노머 OH기는 반응성이 강하여, 다른 OH기, 페놀, 아미노기 등과 쉽게 결합한다. 이 같이 단당이 당 이외의 유기화합물과 결합한 것을 배당체(glycoside)라고 하며, 이 때문에 아노머 OH기를 배당체성 OH기라고 한다.

α형의 아노머 OH기가 결합한 것을 α-배당체, β형의 아노머 OH기가 결합

한 것을 β-배당체라고 한다. 또 당 이외의 부분을 아글리콘(aglycone)이라고 한다.

배당체는 청산배당체, 사포닌(11장 식품 속의 독성물질 참조), 플라보노이드, 타닌 등의 형태로 식물체에 많이 존재하며, 대부분이 β-배당체이다.

6) 갈변반응

당을 100℃ 이상으로 가열하면 중합에 의해 갈색물질인 캐러멜색소를 형성한다. 또 환원당의 카보닐기는 단백질, 펩타이드, 아미노산 등의 아미노기와 반응하여 갈색물질인 멜라노이딘(melanoidin) 색소를 생성한다.

7) 탈수반응

알도오스를 강산과 함께 가열하면 퍼퓨랄(furfural)을 형성한다. 형성된 퍼퓨랄은 페놀(phenol), 레소신올(resocinol), 오르신올(orcinol) 등과 정색반응을 나타내기 때문에 당류의 정성 및 정량분석에 널리 이용된다.

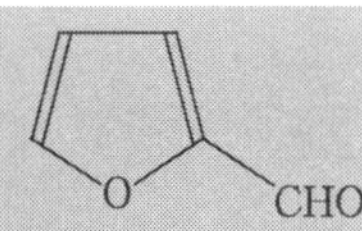

퍼퓨랄(furfural)

4. 당유도체

당의 일부가 변화하여 생긴 당을 당유도체라고 한다. 식품 중에 함유되어 있는 주요 당유도체는 우론산(uronic acid), 알돈산(aldonic acid), 당알코올(sugar alcohol), 아미노당(amino sugar), 데옥시당(deoxysugar) 및 유황당(thiosugar) 등이 있다.

1) 우론산(uronic acid)

알도오스의 6번 탄소의 CH_2OH가 산화되어 -COOH로 변화한 당을 우론산이라고 한다. 우론산은 식품 다당의 구성성분으로 존재하거나 동물체내에서 해독작용에 관여한다.

우론산의 명칭은 구성단당의 어미 -ose를 -uronic acid로 바꾸어 붙인다. 예를 들면 포도당(glucose)의 6번 탄소의 $-CH_2OH$가 산화되어 -COOH로 변한 것을 글루쿠론산(glucuronic acid)이라고 한다.

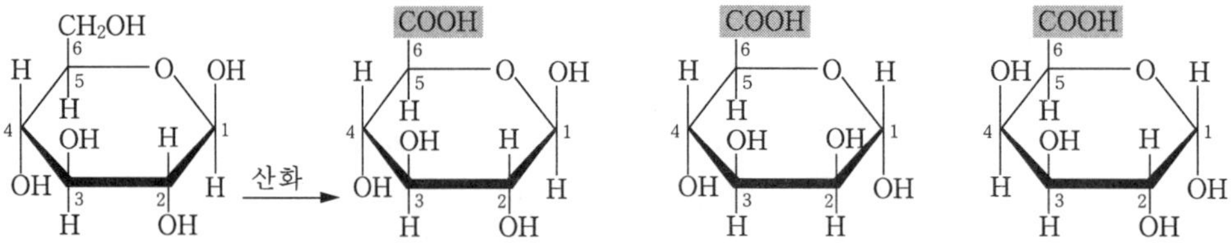

β-D-글루코스 (β-D-glucose) | β-D-글루쿠론산 (β-D-glucuronic acid) | D-만누론산 (D-mannuronic acid) | D-갈락투론산 (D-galacturonic acid)

(1) 글루쿠론산(glucuronic acid)

포도당의 산화로 얻어지는 글루쿠론산은 히알루론산, 콘드로이틴황산염 등의 뮤코다당류(mucopolysaccharide)의 구성성분으로 존재한다.

글루쿠론산은 동물체내에서는 페놀성 독성물질과 결합하여 무독성의 접합 글루쿠론산(conjugated glucuronide)를 형성하여 소변으로 배출시키는 작용을 한다.

(2) 갈락투론산(galacturonic acid)

갈락투론산은 과실 등에 존재하는 다당류인 펙틴의 구성성분으로 존재한다.

(3) 만누론산(mannuronic acid)

만누론산은 갈조류(미역, 다시마 등)의 다당류인 알진산(alginic acid)의 구성성분이다.

2) 알돈산(aldonic acid)

알도오스(aldose)의 1번 탄소의 알데하이드(-CHO)가 산화되어 -COOH로 변화한 당을 알돈산(aldonic acid)라고 한다. 알돈산은 우론산과 같이 자연에 존재하지 않고 인공적으로 만든 화합물이다.

알돈산의 명칭은 구성단당의 어미 -se를 -nic acid로 바꾸어 붙인다.

예를 들어, D-포도당(glucose)의 1번 탄소의 $-CH_2OH$가 산화되어 -COOH로 변한 것을 글루콘산(gluconic acid)이라고 한다.

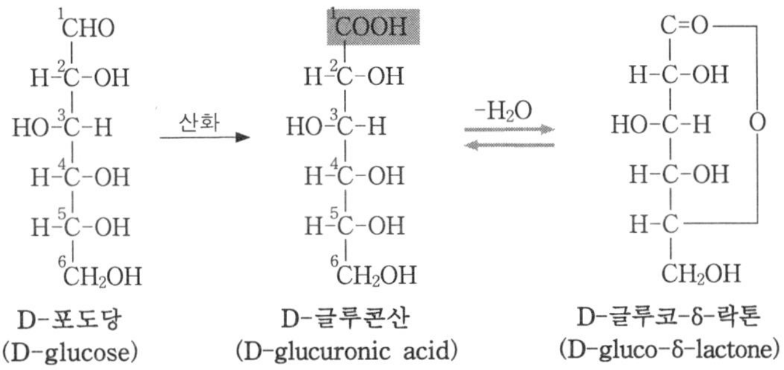

용도 : D-포도당으로 부터 만들어진 글루콘산(gluconic acid)은 글루콘산 칼슘형태로 산도조절제나 칼슘강화제, 의약품(소염, 지혈제 등) 등에 사용된다. 또 글루콘산마그네슘, 글루콘산아연, 글루콘산칼륨 등의 형태로 영양강화제로 사용되기도 한다. 한편 D-글루코-δ-락톤은 두부제조에 사용된다.

3) 당알코올(sugar alcohol)

당알코올은 단당의 1번 탄소의 카보닐기를 알코올기로 환원시킨 당이다.

당알코올은 카보닐기가 없어 갈변이 어렵고, 흡습성이 좋기 때문에 착색이 되어서는 안 되는 식품의 감미료로 적합하다.

또한 저칼로리용, 충치예방용 감미료로 사용된다. 자일리톨, 솔비톨(sorbitol, 또는 sorbit), 말티톨(maltitol), 에리쓰리톨(erythritol), 만니톨(mannitol, 또는 mannit), 라이비톨(ribitol) 등이 있다(10장 식품의 맛 참조).

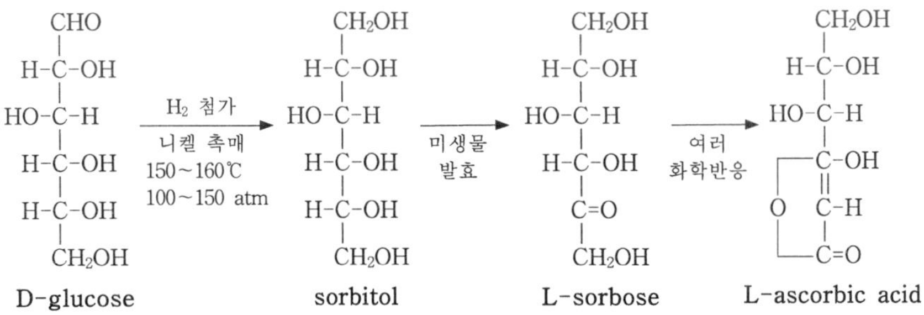

[그림 3-8] 포도당으로부터의 솔비톨, 아스코브산(비타민 C)의 합성

[표 3-4] 당알코올의 종류 및 구조

명칭 및 구조	주요 소재 및 특성	명칭 및 구조	주요 소재 및 특성
에리쓰리톨 (D-erythritol) CH_2OH H-C-OH H-C-OH CH_2OH	-버섯, 와인, 간장에 존재 -저칼로리 감미료	솔비톨(D-sorbitol) CH_2OH H-C-OH HO-C-H H-C-OH H-C-OH CH_2OH	-곶감, 과일(1~2%)에 널리 존재[1] -D-포도당을 환원. 비타민 C 합성원료 충치예방 감미료
자일리톨 (D-xylitol) CH_2OH H-C-OH HO-C-H H-C-OH CH_2OH	-자일로오스를 환원 -충치예방 감미료	만니톨(D-mannitol) CH_2OH HO-C-H HO-C-H H-C-OH H-C-OH CH_2OH	-다시마, 곶감, 버섯 등에 존재. -만노오스를 환원 -점착방지제로 껌, 물엿 등에 사용
라이비톨(ribitol) CH_2OH H-C-OH H-C-OH H-C-OH CH_2OH	-비타민 B_2의 구성성분	둘시톨(D-dulcitol) CH_2OH H-C-OH HO-C-H HO-C-H H-C-OH CH_2OH	-갈락토오스를 환원
마이오이노시톨 (myoinositol) 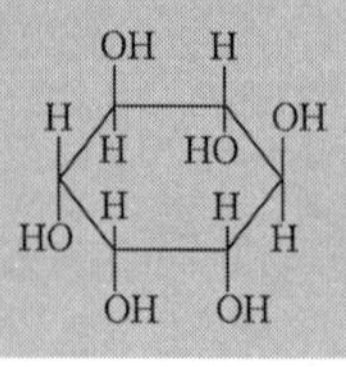	-이노시톨의 OH기가 인산에스터기가 된 것이 파이트산이다.	말티톨(maltitol) 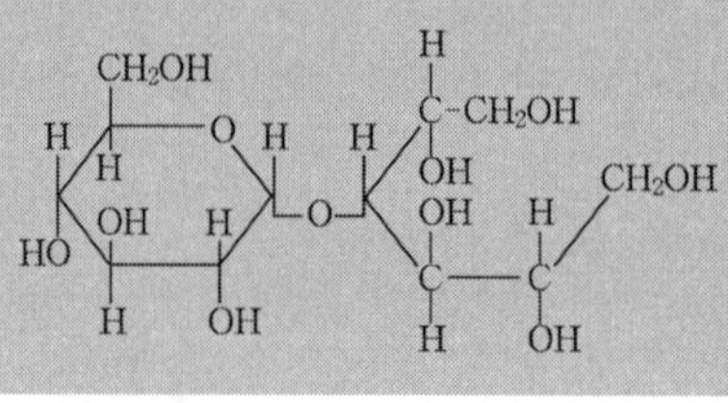	-맥아당을 환원 -저칼로리 감미료

1) 솔비톨은 소보오스(*Sorbus aucuparia*)열매(10%, 건조중량) 및 일부 홍조류(*Bostrychia scorpides*, 13%)에 많이 함유

이노시톨(inositol, inosit) : 이노시톨은 당의 직접적인 유도체는 아니지만, 당알코올과 비슷한 구조를 갖는 것으로, 6개의 탄소로 구성된 환상의 당알코올이다.

이노시톨에는 9개의 이성질체가 있으나, 그중에서 천연에는 발견되는 대표적인 이노시톨은 마이오이노시톨(myoinositol)과 파이트산(phytic acid)이다.

마이오이노시톨은 메조이노시톨(mesoinositol)이라고도 하며, 동식물체에

널리 존재한다. 동물의 경우, 유리형태로 근육에 존재하거나 간, 뇌에 인지질인 포스파티딜이노시톨의 구성성분으로 존재한다.

파이트산(phytic acid), 파이틴(phytin) : 마이오이노시톨의 6개의 -OH기가 모두 인산에스터로 되어있는 6-인산마이오이노시톨을 파이트산(phytic acid)이라고 하며, Ca, Mg, K 등의 혼합염 형태로 된 것을 파이틴(phytin)이라고 한다. 파이틴은 곡류, 콩류 등에 많이 존재하며, 특히 쌀겨(7~8%) 등에 많으며, 물에는 녹지 않고, 소화, 흡수되지 않는다. 또한 파이트산과 파이틴은 칼슘, 철, 아연 등과 결합하여 체내의 흡수율을 저하시킨다.

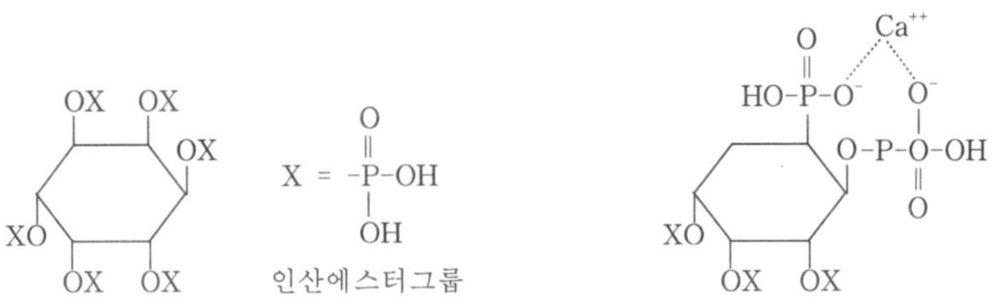

[그림 3-9] 파이트산(phytic acid)의 구조 및 금속복합체 형성

4) 아미노당(aminosugar)

단당의 2번 탄소의 -OH기가 아미노기(-NH_2)로 치환된 당으로, 염기성을 나타낸다.

천연의 존재하는 대표적인 아미노당은 글루코사민과 갈락토사민이다. 동식물과 미생물의 다당류, 점액다당류, 당단백질의 구성 성분이다. 글루코사민은 게, 새우 등의 갑각류에 함유되어 있는 다당인 키틴(Chitin)의 구성성분이며, 갈락토사민은 연골, 힘줄 등에 함유되어 있는 콘드로이틴황산(chondroitin sulfate)의 구성성분이다.

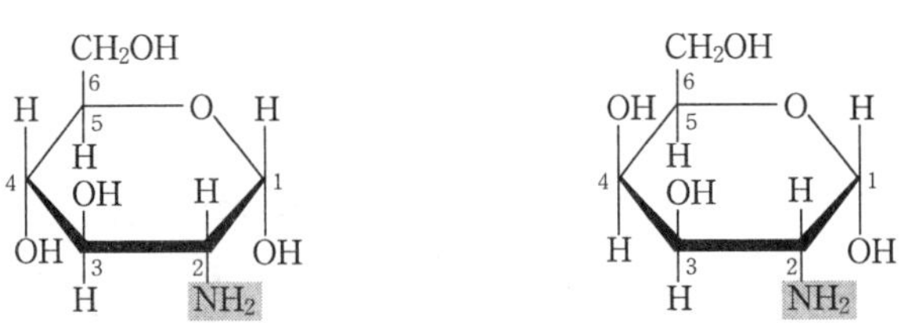

5) 데옥시당(deoxysugar, methyl pentose)

단당의 -OH 1개가 환원되어 수소(H)로 치환된 당이다. 특히 육탄당(hexose)의 경우, 6번 탄소의 OH기가 수소원자와 치환된 것을 6-데옥시헥소오스(6-deoxyhexose)라고 하며, 메틸펜토오스(methylpentose)라고도 한다.

(1) 데옥시라이보오스(deoxyribose)

라이보오스의 2번 탄소의 -OH가 H로 환원된 것으로, 세포핵 중의 DHA의 구성성분으로 동식물에 존재한다.

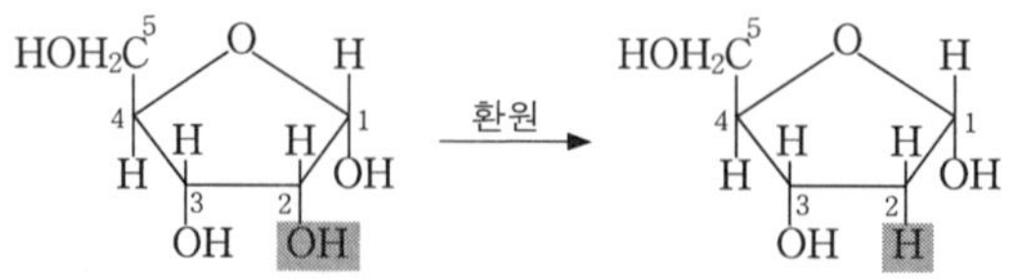

(2) 람노오스(rhamnose)

만노오스의 6번탄소의 -OH기가 H로 환원되어 메틸펜토오스(methyl pentose)의 형태로 된 것으로, 6-데옥시만노오스(6-deoxymannose)라고도 한다.

람노오스는 α-, β-형이 모두 자연계에 존재하나, α-형은 주로 유리형으로, β-형은 플라보노이드 등과 결합되어 배당체형태로 식물성 색소성분으로 많이 존재한다.

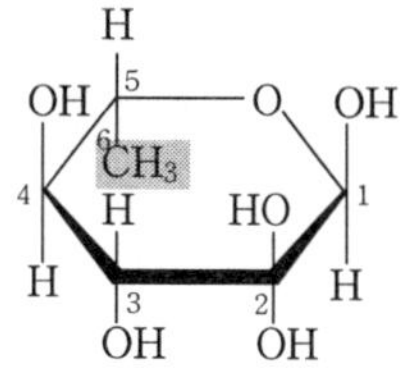

L-람노오스(β-6-deoxy-L-mannose)

(3) 푸코오스(fucose)

갈락토오스의 6번 탄소의 -OH기가 H로 환원되어 메틸펜토오스의 형태로 된 것으로, 6-데옥시갈락토오스(6-deoxygalactose)라고도 한다. 푸코오스는 해조류, 특히 갈조류(미역, 다시마 등)의 성분인 푸칸(fucan)의 구성성분이다. 단맛은 없다.

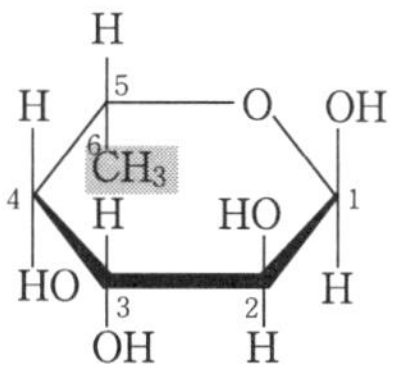

L-푸코오스(β-6-deoxy-L-galactose)

6) 유황당(thiosugar)

유황당은 단당분자 내 카보닐기의 O가 S로 치환된 것이다. 대표적인 유황당으로는 싸이오글루코오스(thioglucose)로 겨자의 매운맛 성분인 시니그린(sinigrin)의 구성당이다.

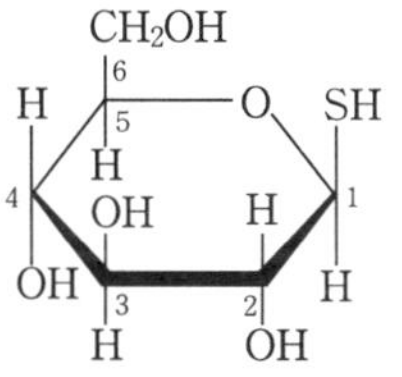

싸이오글루코오스(thioglucose)

3.3. 올리고당(소당류)

1. 올리고당의 종류와 결합구조

올리고당의 'oligo'는 '작다'를 의미하며, 소당류라고도 한다.

올리고당은 단당이 2~10개 결합된 당으로, 단당의 결합수에 따라 이당류, 삼당류, 사당류 등으로 분류된다.

올리고당은 단당의 배당체성 OH기와 다른 당의 OH기가 결합한 당이다(그림 3-10).

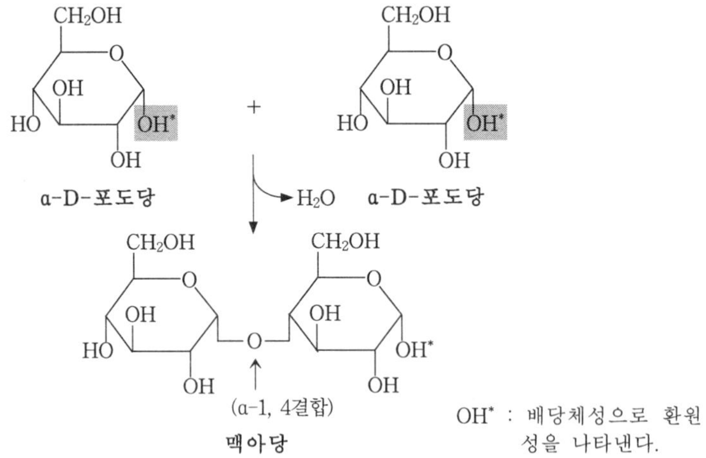

[그림 3-10] 맥아당의 결합양식과 구조

[표 3-5] 자연계에 존재하는 주요 올리고당

종 류	명칭과 구성하는 단당
이당류	맥아당(maltose) : 포도당-포도당
	설탕(sucrose) : 포도당-과당
	유당(lactose) : 포도당-갈락토오스
삼당류	래피노오스(raffinose) : 포도당-과당-갈락토오스
사당류	스타키오스(stachyose) : 포도당-과당-갈락토오스-갈락토오스

2. 식품 중의 주요 이당류(disaccharides)

이당류는 2개의 단당류가 배당체성 결합을 한 것이다. 이당류는 결합하는 단당류가 α형인가, β형인가에 따라, 또는 어떤 위치의 수산기와 결합하는가에 따라 많은 이성체가 존재하게 된다. 예를 들어, 맥아당(maltose)은 α-포도당의 1번 위치의 수산기가 α-포도당의 4번위치의 수산기와 결합(α-1,4 결합)한 것이고, 아이소말토오스(isomaltose)는 α-포도당의 1번의 수산기가 α-포도당의 6번의 수산기가 결합(α-1,6 결합)한 것이다. 또 설탕(sucrose)은 α-포도당의 1번의 수산기가 β-과당의 2번의 수산기와 결합(α, β-1,2 결합)한 것이다.

식품 중에 존재하는 주요 이당류는 맥아당(maltose), 유당(lactose), 설탕(sucrose) 등이 있다. 식품 중에 유리형 또는 배당체로 존재하며, 다당류를 산이나 효소로 가수분해하여 얻을 수 있다.

1) 맥아당(maltose, malt sugar)

α-포도당과 α- 또는 β-포도당과 α-1,4 결합된 이당류로 환원당이다. α형, β형의 이성질체를 갖는다.

맥아당은 전분의 구성단위이기 때문에 전분을 분해하여 만드는 물엿, 식혜 등에 많이 함유되어 있는 주요 감미물질이다. 이외에 맥아나 발아 곡류 등에도 비교적 많다.

맥아의 용도 : 맥아(malt, 엿기름)는 아밀레이스 활성이 높기 때문에 식혜나 물엿 제조에 사용되며, 맥주제조에서는 전분을 당화시키는 목적으로 사용된다. 한편, 공업적으로는 전분을 β-아밀레이스로 가수분해하면 β-맥아당이 얻는다.

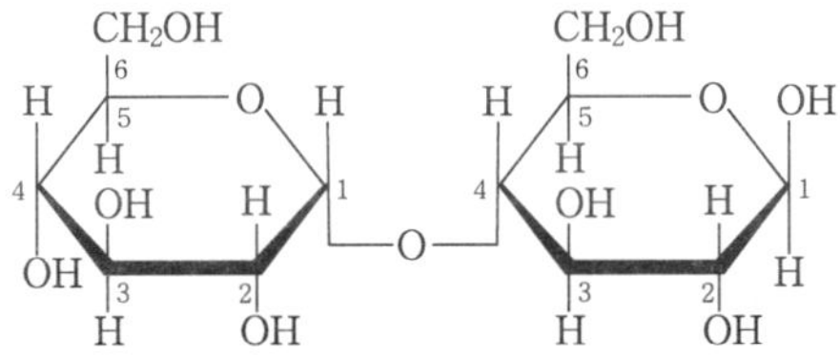

β-맥아당(maltose)
(O-α-D-glucopyranosyl-(1→4)-β-D-glucopyranose)

2) 아이소말토오스(isomaltose)

α-포도당과 α- 또는 β-포도당과 α-1,6 결합된 이당류이다. 청주, 식혜, 꿀, 물엿에 함유되어 있으며, 전분을 가수분해하여 얻어진다.

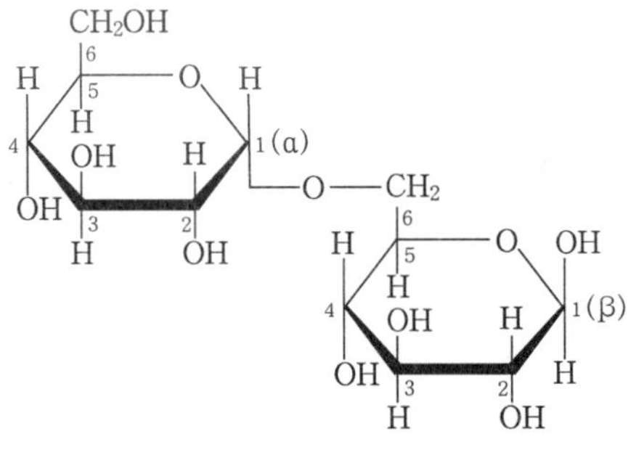

아이소말토오스(β-isomaltose)
(O-α-D-glucopyranosyl-(1→6)-β-D-glucopyranose)

3) 셀로바이오스(cellobiose)

β-포도당 2분자가 β-1,4 결합한 이당류이다. 자연계에 유리상태로 존재하지 않으며, 셀룰로오스의 구성성분으로만 존재한다.

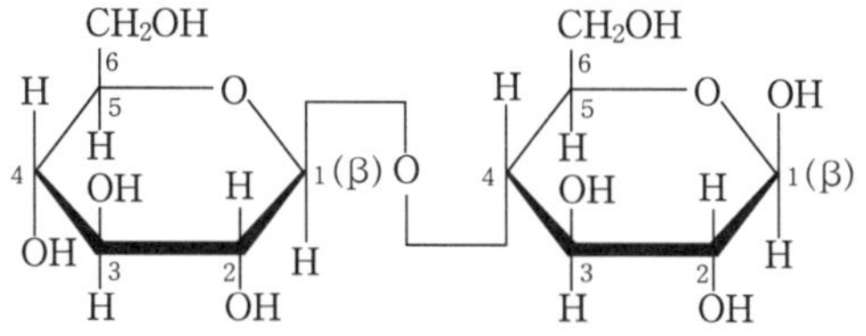

셀로바이오스(cellobiose)
(O-β-D-glucopyranosyl-(1→4)-β-D-glucopyranose

4) 유당(lactose, milk sugar)

유당은 β-갈락토오스에 α- 또는 β-포도당이 1,4결합된 이당류이며, 환원당이다.

포유류의 젖에 존재하며, 식물계에는 존재하지 않는다. 또한 우유(약 4.5%)보다는 모유(약 7%)에 유당함량이 높다. 그 이유는 사람은 신체 성장 속도에 비해 뇌의 발달속도가 매우 빠르기 때문에 뇌, 신경의 발육에 필수적인 유당의 함량이 높은 것으로 생각된다.

α-유당 및 β-유당 : β-갈락토오스에 α-포도당이 1,4결합된 것을 α-유당이라고 하며, β-갈락토오스에 β-포도당이 1,4결합된 것을 β-유당이라고 한다.

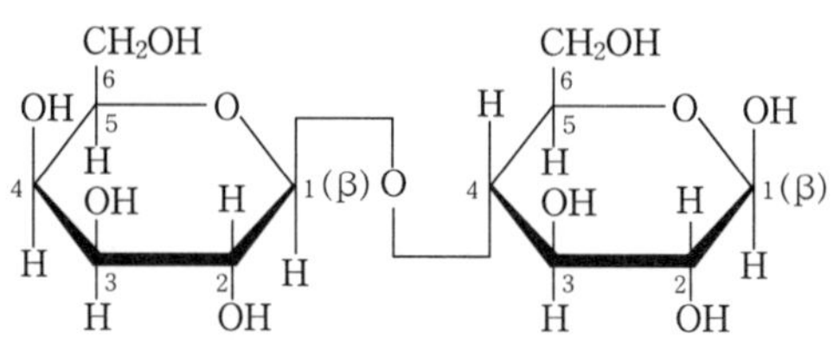

β-유당(β-lactose)
(O-β-D-galactopyranosyl-(1→4)-β-D-glucopyranose)

유즙 중의 α-유당과 β-유당의 비율은 2:3이며, β-유당은 α-유당보다 물에 잘 녹고, 단맛이 강하다. 또 β-유당은 장내 악성발효와 설사의 원인도 적다. 분유는 흡습 시 β-유당이 α-유당으로 변하여 결정이 되며, 이때 분유 중의 지질이 표면으로 방출하여 비수용성 피막을 형성한다. 따라서 분유는 수분함량 7~8%로 유지하여 보관하는 것이 좋다.

유당불내증(lactose intolerance) : 우유 중의 유당은 체내에 그대로 흡수되지 않고, 소장의 상피세포에 존재하는 락테이스(lactase)에 의해 포도당과 갈락토오스로 분해되어 흡수된다. 그러나 사람에 따라 락테이스의 활성이 낮거나 거의 없을 때는 유당을 분해하지 못하고, 대장으로 내려와 설사나 복통을 일으키게 된다. 이것을 유당불내증이라고 한다.

한국인 10명 중 1~2명은 유당불내증이라고 한다. 유아의 경우는 모유가 필수적이기 때문에 유당불내증이 거의 없으며, 모유섭취가 끝난 후에 락테이스의 활성이 점차 낮아진다. 유당불내증은 연령이 증가함에 따라 증가하여 30~40대에 가장 많다. 또 유당불내증은 인종에 따라 차이가 있으며, 우유섭취가 적은 황색인종이나 흑인종에 많고, 우유섭취가 많은 백인종에는 적다.

이러한 유당불내증이 있는 사람을 위하여 유당을 분해하여 제조한 락토오스분해우유가 시판되고 있다. 또한 치즈나 요구르트는 그 제조과정에서 유산균에 의해 유당이 젖산(lactic acid)로 전환되기 때문에 유당불내증이 있는 사람이 먹어도 설사를 일으키지 않는다.

5) 설탕(sugar, sucrose, cane sugar, saccharose, 자당)

α-포도당과 β-과당이 α, β-1,2결합된 이당류로 비환원당이다. 과실이나 채소에 널리 분포되어 있으나, 특히 사탕수수(sugar cane, 10~16%), 사탕무(sugar beet, 13~17%)에 함량이 많다.

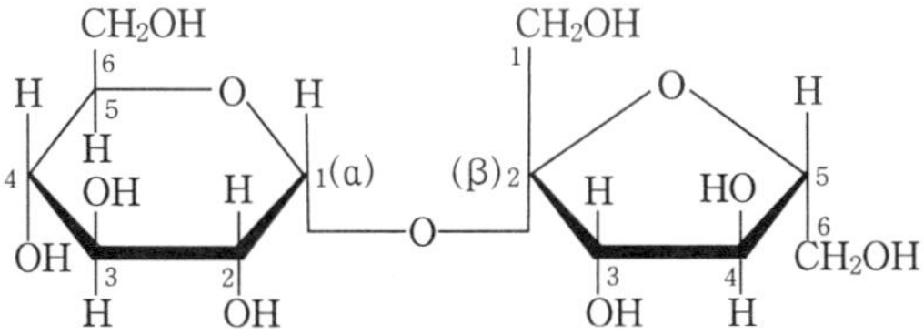

설탕(sucrose)
(O-α-D-glucopyranosyl-(1→2)-β-D-fructofuranoside)

설탕의 제조 : 설탕의 원료는 사탕수수, 사탕무, 사탕옥수수, 사탕단풍 등

이 이용되지만, 이중 60%는 사탕수수에서 얻어진다. 사탕수수를 롤러분쇄기로 압착하여 얻어진 즙에 불순물을 제거하여 설탕을 제조한다.

6) 트레할로오스(trehalose)

α-포도당 2분자가 α-1,1결합된 이당류로 비환원당이다. 주로 버섯, 해조류, 곤충 등에 존재하여 버섯당(mushroom sugar)라고도 한다.

특성 : 트레할로오스는 보수성이 좋고, 전분 노화의 억제효과가 우수하며, 식품을 냉동, 냉장, 건조할 때 단백질 변성의 억제효과도 있어, 식품, 화장품, 의약품 등에 이용되고 있다. 단맛은 설탕의 0.45배이다.

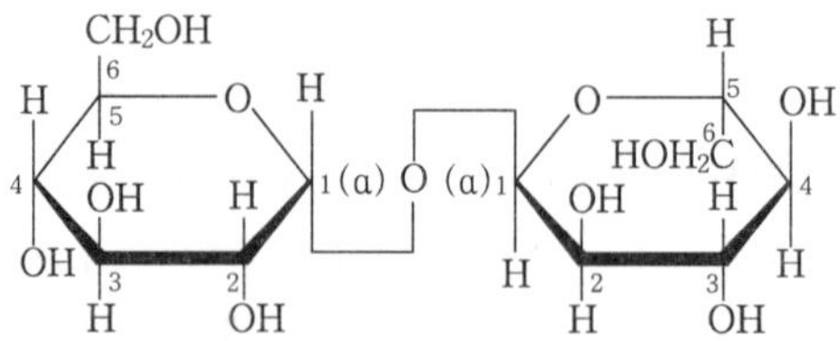

트레할로오스(trehalose)
O-α-D-glucopyranosyl-(1→1)-α-D-glucopyranoside)

3. 식품 중의 삼당류 및 사당류

1) 래피노오스(raffinose)

설탕을 구성하고 있는 포도당의 6번 탄소와 갈락토오스가 α-1,6결합한 삼당류이다. 면실, 사탕수수, 특히 대두에 많이 들어 있는 비환원당이다. 약간의 단맛을 동반한 쓴맛이 있다.

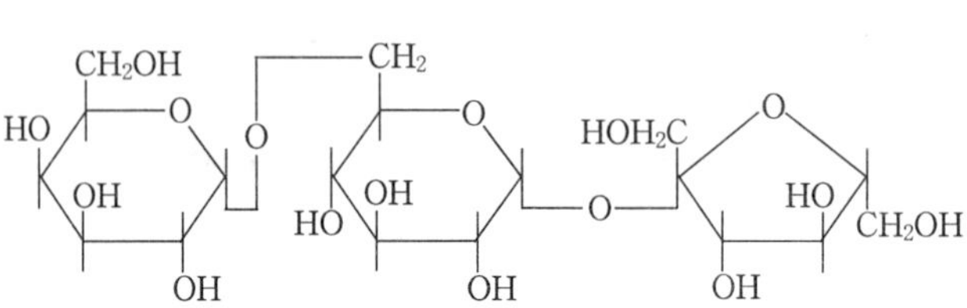

갈락토오스　　포도당　　과당
래피노오스(raffinose)

2) 스타키오스(stachyose)

래피노오스를 구성하고 있는 갈락토오스의 6번 탄소에 1분자의 갈락토오스가 α-1,6결합한 사당류이다. 대두 등에 존재하는 비환원당이다.

래피노오스와 스타키오스는 대두올리고당의 주성분으로 소화효소에 의해 분해되지 않고, 대장에서 비피더스균을 증식시켜 정장작용을 한다(10장 식품의 맛 참조).

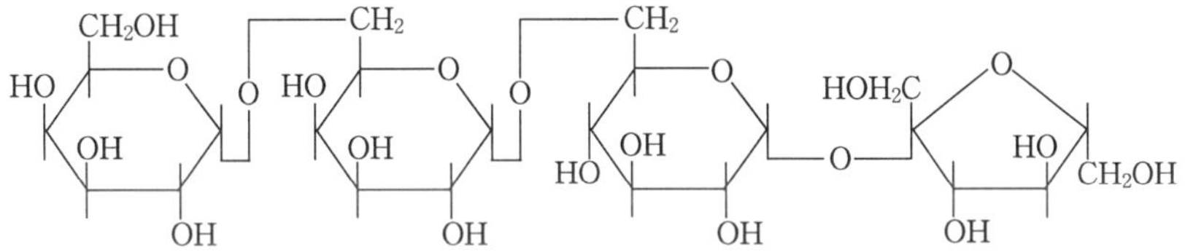

갈락토오스 갈락토오스 포도당 과당

스타키오스(stachyose)

4. 식품재료로서 개발된 올리고당

1) 사이클로덱스트린(cyclodextrin)

보통 6~8개의 D-포도당이 α-1,4결합하여 환상으로 결합된 비환원성의 환상올리고당이다. 전분에 미생물의 효소(cyclodextrin glucanotransferase)를 작용시켜 α-1,4결합의 절단과 재결합으로 제조된다.

종류 : 6개, 7개, 8개의 포도당이 α-1,4결합한 화합물로 각각 α-사이클로덱스트린(α-CD), β-사이클로덱스트린(β-CD), γ-사이클로덱스트린(γ-CD)이라고 한다(그림 3-11).

특성 : 도넛모양의 구조를 갖고 있으며, 외부는 친수성을, 내부는 소수성(비극성)을 나타낸다.

이 때문에 내부에 비극성물질을 포접하여 포접화합물을 만드는 성질이 있다. 포접된 화합물은 빛, 열, 산화 등에 안정하다.

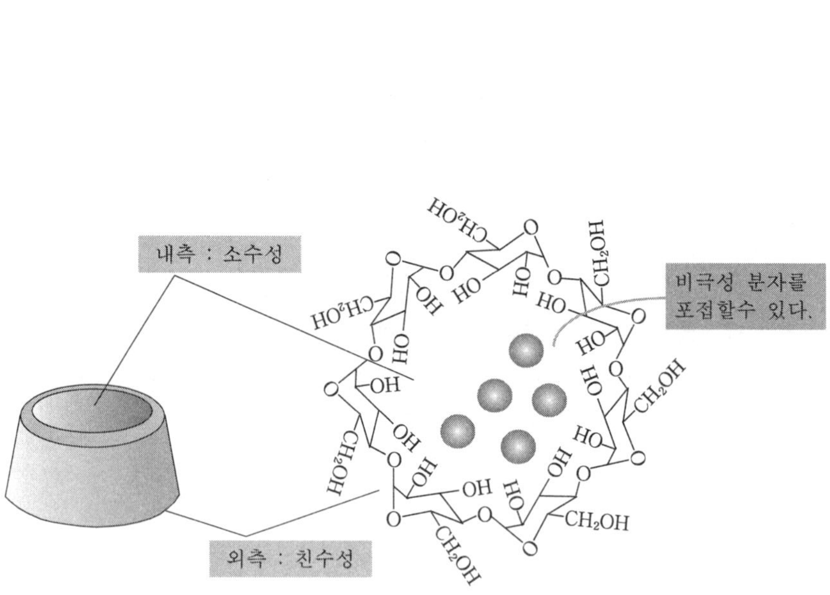

[그림 3-11] β-사이클로덱스트린(cyclodextrin)의 구조

용도 : 식품의 유화, 향미물질, 지방산, 비타민, 색소의 안정화, 분말유지 제조, 쓴맛이나 불쾌취의 마스킹(masking) 등에 이용된다.

3.4. 다당류(polysaccharides)

다당류는 단당 또는 그 유도체가 10분자 이상(일반적으로 100분자 이상) 결합한 고분자 화합물로 자연계의 탄수화물은 대부분 다당류로 존재한다.

대부분의 다당류는 사람이 소화하여 에너지원으로 이용할 수 없으며, 에너지원으로 이용할 수 있는 것은 전분과 글라이코젠(glycogen)이다.

1. 다당류의 분류

다당류는 1종류의 단당으로 구성된 단순다당(homoglycan)과 2종류 이상의 단당이나 그 유도체로 구성된 복합다당(heteroglycan)으로 분류된다.

α-글루칸(α-glucan)
α-포도당이 α-1,4 또는 α-1,6 결합한 중합체

β-글루칸(β-glucan)
β-포도당이 β-1,2 또는 β-1,3, β-1,4 결합한 중합체

단순다당의 명칭 : 구성단당의 어미 -ose를 -an으로 바꾸어 붙인다. 예를 들면 포도당(glucose)으로 구성된 다당은 글루칸(glucan), 과당(fructose)로 구성된 다당은 프럭탄(fructan), 만노오스(mannose)로 구성된 다당은 만난(mannan)이라고 한다.

대표적인 단순다당 : α-포도당만으로 구성된 α-글루칸(α-glucan, 예: 전분의 아밀로오스, 아밀로펙틴, 글라이코젠 등)과 β-포도당만으로 구성된 β-글루칸(β-glucan, 예: 셀룰로오스), 과당으로만 구성된 프럭탄(fructan, 예: 이눌린) 등이 있다.

대표적인 복합다당 : 글루코만난, 갈락토만난 등이 있으며, 일부 복합다당은 항암, 면역증강 및 혈당강하작용이 있는 것으로 알려져 있다.

2. 단순다당(homoglycan)

1) 전분

(1) 저장 전분의 합성

> **녹말**
> 옛날에 전분을 녹두가루로 만들었기 때문에 생긴 말이다.

전분은 광합성을 하는 녹색식물이 합성하는 단순다당으로, 곡류, 서류, 두류의 저장조직에 축적되는 저장전분이다.

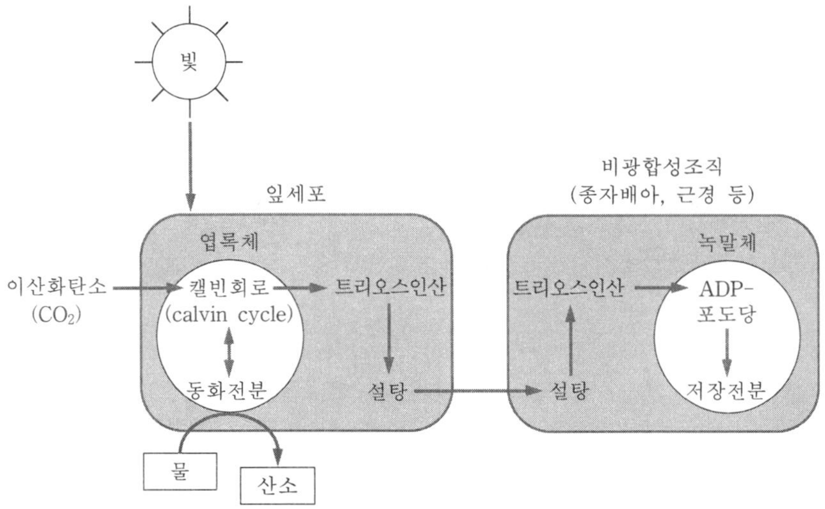

[그림 3-12] 광합성과 전분의 합성

식물은 낮에는 잎의 엽록체(chloroplast)내에서 전분을 합성하여 일시적으로 축적한다(동화전분). 밤에는 전분을 분해하여 설탕의 형태로 종자, 과실,

줄기, 뿌리 등으로 수송한다. 그리고 세포내의 저장조직 내에 있는 녹말체(amyloplast)에서 새로이 전분을 합성하여 축적한다. 이 전분을 저장전분이라고 한다.

전분은 물보다 무거우며(비중 1.65), 물속에서 백색 분말상으로 침전하기 때문에 전분(澱粉)이라고 한다. 서류에 15~25%, 곡류에 70~80 % 함유하고 있다.

(2) 전분의 입자크기 및 형태

전분입자의 크기나 형상은 식물의 종류에 따라 다르지만, 보통 곡류전분(지상전분)의 입자는 작고, 균일하다(2~20 μm). 반면 서류전분(지하전분)의 입자는 크고, 불균일하다(5~150 μm).

일반적으로 서류전분은 곡류전분에 비하여 호화가 빠르며, 점성이 매우 큰 특징을 가진다. 당면제조에는 보통 점성이 큰 고구마전분이 이용된다.

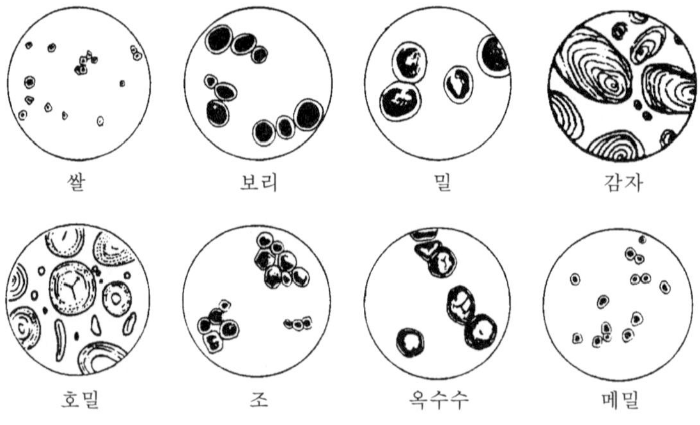

[그림 3-13] 전분입자의 크기 및 형태

(3) 전분의 구조

전분은 α-포도당이 다수 결합한 고분자화합물이며, 결합양식에 따라 아밀로오스와 아밀로펙틴으로 나누어진다. 대부분의 전분은 약 20~30%의 아밀로오스와 약 70~80%의 아밀로펙틴에 의해 구성되어 있다. 그러나 찹쌀과 찰옥수수전분은 거의 아밀로펙틴만으로 구성되어 특유의 끈기를 나타낸다.

한편, 종자개량을 통해 아밀로오스 함량이 75~80%인 옥수수전분 등이 생산되어 물엿제조에 이용되고 있다.

[표 3-6] 각종 전분입자의 형태와 특성

전분의 종류	입자 모양	입자 직경 (μm)	아밀로오스함량 (%)	호화온도 (℃)
멥 쌀	다각형	5	25	61~78
보리, 밀	구 형	2(소)	25	62~75
	원반형	35(대)		
옥수수	구형, 다각형	15	25	62~72
찰옥수수	구형, 달걀형	15	>1	63~72
감 자	달걀형	33	24	56~69
타피오카	구 형	20	17	52~64

아밀로오스(amylose) : 포도당이 α-1,4결합을 통해 수백 개 결합한 것으로, 중합도는 10^2~10^3 units이며, 분자량은 10^5 정도이다. 아밀로오스 분자는 포도당 단위간의 수소결합에 의해 나선형(helical form)구조를 갖고 있다.

포도당 6개가 나선형의 한 주기(週期)를 형성한다. 아밀로오스의 나선형구조의 내부공간에는 지방산분자이나 요오드(I_2)분자가 들어가 복합체를 형성할 수 있다.

실제로 전분 중에는 미량성분으로 지질을 함유하고 있으며, 그 일부는 아밀로오스와 복합체를 형성하여 전분의 호화나 노화에 큰 영향을 미친다.

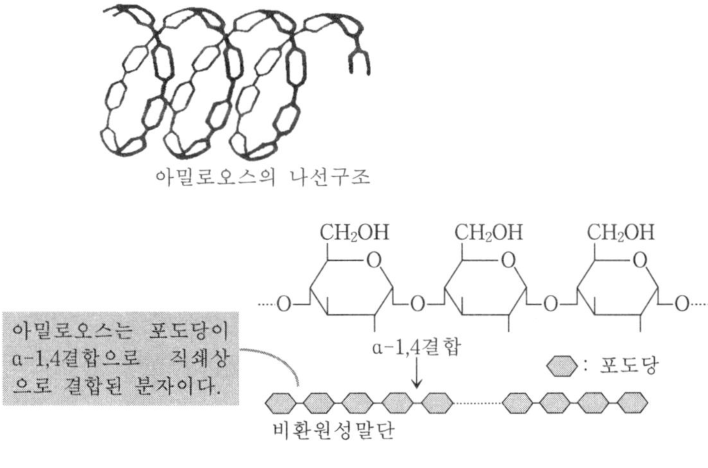

[그림 3-14] 아밀로오스의 구조

아밀로오스와 요오드와의 반응 : 전분은 요오드와 반응 시 청색을 나타내는데 이것은 전분 중의 아밀로오스분자 내부공간에 요오드분자가 들어가 복합체를 형성하기 때문이다.

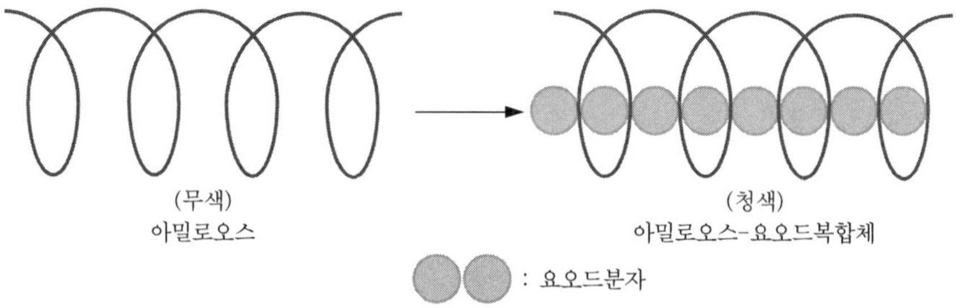

[그림 3-15] 전분과 요오드(I_2)와의 반응

전분의 요오드와 정색반응은 아밀로오스의 사슬이 길어질수록 청색(포도당 잔기 45개 이상)이 강하고, 짧아지면 자색(35~45개), 적색(20~30개), 갈색(12~15개), 무색(12개 이하)이 된다.

가열하면 무색이 되는 것은 아밀로오스의 열운동에 의해 나선구조가 붕괴되기 때문이다.

따라서 멥쌀 전분은 요오드반응에서 청색을 나타내지만, 아밀로펙틴으로만 구성된 찹쌀은 청색반응을 하지 않고 자색을 나타낸다.

멥쌀 전분은 요오드와 반응 시 청색을, 찹쌀 전분은 적갈색을 나타낸다.

전분중의 아밀로오스의 함량은 청색 값(blue value)을 측정하여 알 수 있다. 즉, 청색 값(blue value)은 특정 전분이 요오드와 결합하여 나타내는 청색 복합체의 형성정도를 나타내는 값으로서 보통 아밀로오스는 0.8~1.2 정도이고 아밀로펙틴은 0.15~0.22 정도이다.

청색 값(blue value)이 클수록 아밀로오스 함량은 많으며, 청색 값(blue value)이 작으면 아밀로오스 함량은 적은 것을 의미한다.

아밀로펙틴(amylopectin) : α-포도당이 α-1,4결합 이외에 α-1,6결합을 통해 결합한 것으로, 중합도는 10^3~10^4 units(분자량은 10^7~10^8 정도)이며, 측쇄의 평균 포도당 단위는 30이다.

고도로 분지(分枝)된 분자구조를 가지기 때문에 요오드와 청색반응을 하지 않아 자색을 나타낸다.

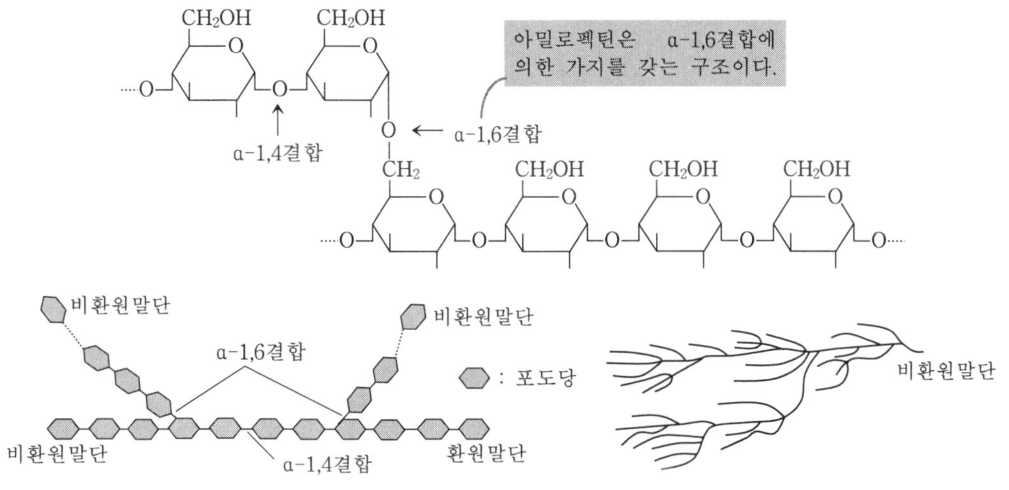

[그림 3-16] 아밀로펙틴의 구조

(4) 전분의 호화

전분입자는 아밀로오스와 아밀로펙틴 분자 중의 OH기가 수소결합하여 규칙적으로 집합된 결정성 영역(마이셀, micelle)과 비결정성영역으로 형성되어 있다.

결정성영역은 아밀로펙틴분자가 이중나선구조를 형성하여 배열되어 있으며, 비결정성영역은 아밀로오스와 아밀로펙틴의 분지부분이 소량의 수화수를 함유하여 상호간의 수소결합으로 형성되어 있다.

따라서 상온에서 생전분에 물을 가해도 대부분 변화하지 않고, 가역적으로 물을 흡수(25~30%)한다. 흡수된 물은 쉽게 증발하여 건조된다. 쌀의 경우, 보통 30분 정도 물에 침지하면 20~30%의 물이 흡수된다.

그러나 생전분에 물을 가하고 가열(70~80℃)하면, 먼저 비결정영역의 수소결합이 절단되어 물이 침투하여 수화한다. 그 후 열에너지에 의한 분자의 진동으로 인한 수소결합의 불안정으로 결정성(마이셀)부분에도 물이 흡수되어 팽윤(swelling)한다.

팽윤된 전분을 더 가열하면 마이셀구조가 붕괴하여 콜로이드용액 즉, 풀이 된다(그림 3-17). 이러한 현상을 호화(糊化, gelatinization)라고 한다. 호화된 전분은 투명도가 증가하고, 점도도 증가된다.

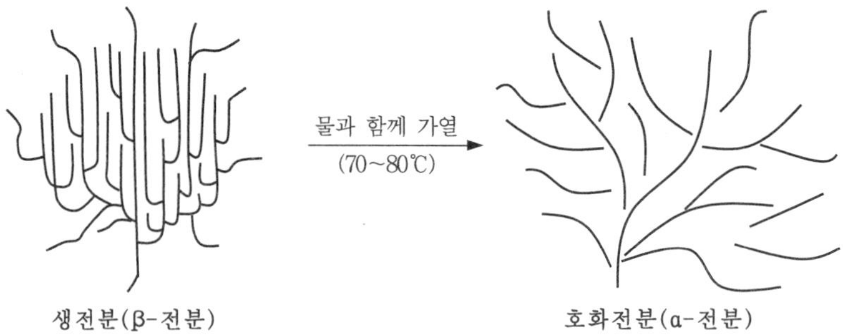

[그림 3-17] 전분의 호화

전분의 결정성 : 전분의 결정성은 전분의 종류에 따라 X-선 회절도로 명확히 구별된다.

X-선 회절도를 보면, 전분의 부분적인 결정성으로 뚜렷한 동심원을 볼 수 있다. 결정성 부분의 비율은 대략적으로 20~40% 정도이다.

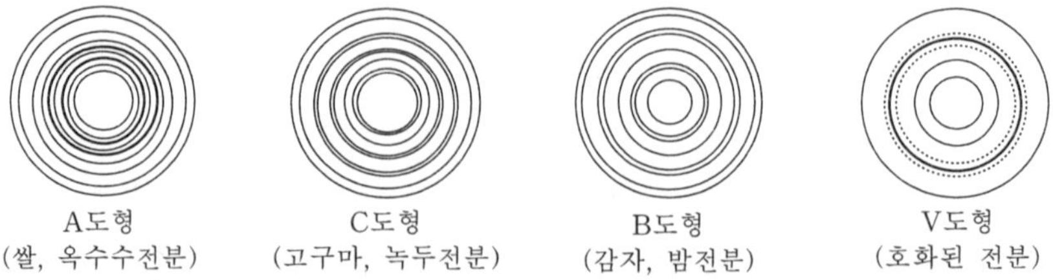

[그림 3-18] 각종 전분의 결정성

생전분의 경우는 식물의 전분입자의 결정성의 차이에 따라 A도형, B도형 및 C도형의 3종류로 나누어진다. A도형은 곡류전분(쌀, 옥수수 등), B도형은 감자, 밤, 바나나, C도형은 A와 B의 중간형으로 고구마, 칡, 녹두 등의 두류 전분에서 나타난다.

이들 도형은 결정성구조에 근거하기 때문에 전분이 호화되면, 결정성이 모두 소실되어 무정형의 V도형을 나타낸다.

즉, 생전분은 A, B 또는 C도형을 나타내며, 호화된 전분은 모두 V도형을 나타낸다. 이와 같이 A, B, C도형을 나타내는 전분을 β-전분, V도형을 나타내는 전분을 α-전분이라고 한다.

β-전분(생전분) ——α-화 (호화 또는 젤화)——→ α-전분(호화전분)

A, B, C도형의 X-선회절도의 전분 　　　　 V도형의 X-선 회절도의 전분

α-전분 및 β-전분의 소화율 : β-전분(생전분)은 마이셀구조가 안정하여 물 분자나 효소(amylase)의 작용을 받기 어렵기 때문에 소화되기 어렵다. 반면, α-전분(호화전분)은 마이셀구조가 붕괴되어 효소의 작용을 받기 쉬워 소화율이 좋아지고, 물성이나 식미도 개선된다. β-전분의 경우 α-아밀레이스 및 β-아밀레이스의 가수 분해율은 20~30% 정도인 반면, α-전분의 경우는 가수 분해율이 100% 임이 실험을 통해 알려지고 있다.

전분 젤(starch gel) : 호화된 유동성의 전분액(sol)을 냉각하면 점도가 증가하면서 반고체상의 전분 젤을 형성한다. 이는 전분분자들이 다시 수소결합하여 망상구조를 형성하고 그 내부에 물 분자가 갇히게 되기 때문이다. 이러한 원리를 이용한 것이 묵과 과편이다. 묵이나 과편은 다시 가열해도 원래의 졸(sol)상태로 돌아가지 않는 비가역적 젤이다. 한편 사골국이나 생선조림액에서 냉각시 생성되는 젤라틴 젤은 가역적 젤이다.

전분 젤은 모든 호화전분에서 일어나는 것은 아니며, 도토리, 녹두, 메밀, 동부 등의 경우 전분 젤이 잘 형성된다. 일반적으로 아밀로오스 함량이 높은 전분일수록 잘 일어나며, 아밀로펙틴만으로 구성된 전분은 전분 젤이 잘 형성되지 않는다.

전분 젤의 강도는 아밀로오스 함량이 높을수록, 전분의 농도가 높을수록 잘 형성되며, 보통 8~10%의 농도를 사용한다.

(5) 전분의 호화에 영향을 주는 요인

① 전분의 결정화도 : 일반적으로 서류 전분(고구마, 감자 등)이 곡류전분(쌀, 옥수수)보다 호화가 빠르다. 이는 전분의 결정도에 관계되는 것으로 생각된다. 즉, 결정화도가 낮은 고구마, 감자전분(B형이나 C형)이 결정화도가 큰 곡류 전분(A형)보다 호화가 빠르다.

예) 결정화도가 낮은 감자전분은 끓는 물을 가하여 휘젓는 것만으로도 호

화가 되지만, 옥수수전분은 가열해야만 호화된다. 또 멥쌀전분은 충분히 호화하기 위해서는 쌀을 물에 20~30분간 담근 후 98℃, 20분간 가열해야 한다. 또한, 찹쌀, 찰옥수수와 같이 아밀로펙틴이 많은 전분은 호화가 잘 일어나지 않는다.

② **수분함량** : 전분은 수분함량이 높을수록 호화가 빠르다. 이 때문에 수분이 적은 빵이나 비스킷을 구울 때에는 보다 높은 온도가 필요하다.

예) 밥은 100℃에서 20분간의 가열로 호화되지만, 빵의 경우는 200~260℃의 온도가 필요하다. 또 수분이 많은 죽은 밥보다 호화가 빠르다.

③ **온도** : 호화개시온도는 60~70℃ 정도로, 호화 온도가 높을수록 호화가 잘 일어난다.

예) 쌀의 경우 70℃에서 2~4시간, 100℃에서 20분이면 호화된다.

④ pH : 알칼리성에서는 호화가 촉진된다. 알칼리용액이나 다이메틸설파이드(dimethylsulfoxide) 용액 중에서는 수소결합이 절단되기 쉬워, 이들 용액에 실온에서 전분을 침지하는 것만으로 완전히 호화한다. 한 예로 전분현탁액에 농도가 큰 NaOH를 가하면 가열하지 않아도 호화시킬 수 있다.

⑤ **공존물질** : 전분의 호화는 공존하는 지질, 무기염류, 당류 등에 의해 영향을 받는다.

지질 : 전분입자에 함유되어 있는 지질은 0.1~0.7% 정도이며, 곡류전분에 많고, 서류전분 등에 적다. 대부분 장쇄지방산이며, 아밀로오스의 나선구조 내부 공간(소수성영역)으로 들어가 열에 안정한 전분-지질복합체를 형성한다. 이 같은 복합체의 형성은 아밀로오스의 용해를 저해하여 호화를 억제한다.

염류 : 일부 염류는 전분입자들의 팽윤을 촉진하여 호화를 빠르게 하며, 이와 같은 작용을 갖는 것은 팽윤제(swelling agent)라고 한다.

염류가 약간 존재하면 팽윤이 쉬워지지만, 농도가 높아지면 역으로 호화가 어려워진다.

일반적으로 음이온(anions)들이 평윤제로서의 작용이 크며, 그 순서는

$OH^- > SCN^- > I^- > Br^- > Cl^-$이다.

단, 황산염들은 호화를 억제한다. 예를 들어 황산마그네슘($MgSO_4$)의 진한 용액에서의 전분은 115℃로 가열해도 호화되지 않는 것으로 알려져 있다.

당류 : 당의 농도가 낮을 때는 호화에 거의 영향을 주지 않지만, 농도가 20% 이상이 되면 호화를 억제한다. 따라서 전분식품에 설탕 등의 당류를 첨가할 때는 전분을 미리 호화시킨 후 당류를 첨가하는 것이 좋다. 당의 종류에 따른 호화억제 작용의 순서는 설탕 > 포도당 > 과당으로 알려져 있다.

(6) 전분의 노화

호화전분(α-전분)을 방치하면 부분적으로 수소결합으로 마이셀구조를 형성하여 β-전분(생전분)의 상태로 돌아가며 이를 전분의 노화(retrogradation) 또는 β화라고 한다.

예) 전분 풀을 방치하여 천천히 냉각하면 불투명하게 되거나 침전이 일어난다. 또 따뜻한 밥을 방치하면 점착성이 저하되어 밥맛이 떨어지는 것은 이러한 전분의 노화 때문이다. 또한 전분이 노화되면 소화효소의 작용을 받기 어려워 소화율도 저하된다. 이 때 전분의 망상구조가 수축하면서 전분내부에 갇혀 있던 물 분자가 빠져나오면서 시너레시스(syneresis)현상이 발생한다.

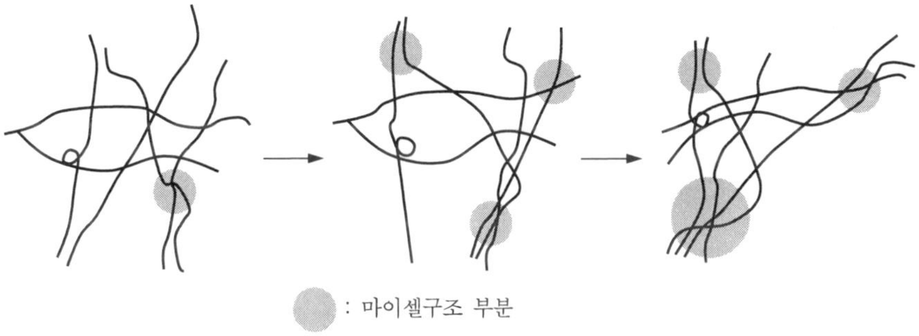

[그림 3-17] 전분의 노화

(7) 전분의 노화에 영향을 주는 요인

① **전분의 종류** : 곡류 전분이 서류전분보다 노화가 빠르다. 즉, 밀, 옥수수 전분은 노화되기 쉬우며, 감자, 고구마, 타피오카 전분은 잘 노화되지 않는다.

② **아밀로오스 및 아밀로펙틴의 함량** : 전분의 노화는 아밀로오스함량이 높을수록 빠르고, 아밀로펙틴 함량이 높을수록 느리다. 즉, 찹쌀떡, 찰옥수수와 같이 아밀로펙틴이 많은 전분은 노화가 어렵다. 반면, 소맥 전분 등은 아밀로오스함량이 많을수록 노화가 빠르다.

이는 아밀로오스는 직쇄상의 분자구조를 갖고 있어 쉽게 호화되지만, 호화된 후에도 불안정하여 노화되기 쉽기 때문이다. 반대로 아밀로펙틴은 분지구조를 갖고 있어 분자간의 수소결합형성이 억제되어 거의 노화가 일어나지 않는다.

(8) 전분의 노화 억제 방법

전분의 노화를 방지하는 방법으로 여러 가지가 사용되고 있으나 중요한 것들로는 다음과 같은 방법이 있다.

① **온도** : 0~5℃부근에서 노화가 가장 빠르게 일어난다. 예를 들어 냉장보관한 식빵은 실온에서 보관한 식빵보다 노화가 빠르게 일어난다.

그러나 0℃ 이하이거나 60℃ 이상에서는 노화가 억제된다. 특히 -20℃ 이하에서는 노화가 거의 일어나지 않는다.

따라서 호화전분의 노화를 억제하기 위해서는 -20℃ 이하로 급속냉동하거나 60℃ 이상으로 하는 것이 바람직하다.

예) 냉동밥, 냉동빵, 냉동식빵 등은 해동하는 것만으로 호화상태로 먹을 수 있다. 또한 보온밥통은 밥의 노화를 방지하기 위해 보온온도를 70~75℃ 정도로 하고 있다.

② **수분** : 전분의 수분함량이 30~60% 사이에서 노화가 가장 빠르며, 30% 이하 또는 60% 이상에서 노화가 억제된다. 특히 수분함량 10% 이하에서는 거의 노화가 일어나지 않는다.

전분의 노화를 방지하기 위해서는 호화전분을 호화온도인 60℃ 이상에서 건조하거나 동결건조로 수분을 급속히 제거하면, 호화상태 그대로 건조되기 때문에 노화가 일어나지 않는다.

예) 비스킷(수분함량 5%), 인스턴트라면, α화미, 팽윤미 등은 호화상태에서 건조한 식품이다. α화미는 쌀을 호화(α화)한 후 열풍건조하여 수분함량을 8% 이하로 한 것이다.

③ pH : pH가 낮을 때 진행이 빠르고 알칼리성에서는 노화가 억제된다.

④ **공존물질** : 전분의 노화는 공존하는 염류, 당류, 유화제 등에 의해 억제된다.

염류 : 대부분의 염류는 노화를 억제한다. 예를 들어, 염화칼슘($CaCl_2$), 염화아연($ZnCl_2$) 등의 염화물과 Na^+, K^+ 등의 이온들은 노화를 억제한다.
단, 황산마그네슘($MgSO_4$)과 같은 황산염은 노화를 촉진한다.

당류 : 설탕 등의 첨가도 노화를 억제하는 효과가 있으며 당의 농도가 클수록(40% 이상), 그 효과는 크다. 당은 팽윤한 전분입자에 들어가 전분의 수화를 안정화시키기 때문에 전분끼리의 수소결합을 억제한다.
예) 양갱이나 케이크는 이러한 당의 노화억제를 이용한 제품이다.

유화제 : 전분의 노화방지제로서 설탕지방산에스터나 모노글리세라이드가 빵 제조에 이용된다. 이는 안정된 지방산-아밀로오스복합체를 형성하여 전분 분자들의 부분적인 결정성 부분의 형성을 억제하여 노화를 억제시키기 때문이다.

(9) 전분의 가수분해물

덱스트린(호정, dextrin) : 전분을 산, 효소, 열(200℃ 이상 습열 가열) 등으로 가수분해하면 배당체의 일부가 절단되어 가수분해물이 생성되는데 이를 덱스트린화(호정화)라고 한다. 또, 이때 포도당과 맥아당을 제외한 모든 가수분해 생성물을 덱스트린(호정)이라고 한다.
전분이 덱스트린화되면 용해도가 증가하여 물에 잘 녹게 된다. 또 점성이 약해지고, 단맛이 증가한다.
또 물엿에도 포도당과 맥아당 이외의 각종 덱스트린이 함유되어 있다. 덱스트린은 곡류를 팽화시키거나(예: 팝콘, 콘플레이크), 빵을 구울 때에도 전분의 부분적인 가수분해로 생성된다.

예) 미숫가루는 덱스트린화된 전분식품으로, 수분함량이 적어 저장성이 좋고, 노화되지 않으며, 물만 부으면 호화된 상태 그대로 먹을 수 있다.

가수분해 정도에 따른 덱스트린 : 덱스트린은 가수분해정도에 따라 표 3-7과 같이 분류할 수 있다.

말토덱스트린은 포도당과 맥아당으로 가수분해되기 직전의 덱스트린으로, 일반적으로 식품첨가물로 사용되는 덱스트린을 말한다.

erythro = red
achromo = colorless

[표 3-7] 덱스트린의 종류와 그 성질

덱스트린의 종류	요오드반응	침전에 필요한 알코올
아밀로덱스트린(amylodextrin)	청 색	40% 알코올로 침전
에리쓰로덱스트린(erythrodextrin)	적갈색	65% 알코올로 침전
아크로모덱스트린(achromodextrin)	무 색	70% 알코올에 녹음
말토덱스트린(maltodrxtrin)	무 색	70% 알코올에 녹음

덱스트린의 용도 : 전분보다 분자량이 작아 물에 잘 녹고, 점성이 낮으며, 노화하기 어렵기 때문에 즉석스프, 분유, 인공감미료의 감미조정제, 빵의 노화방지, 약의 부형제 등에도 이용된다. 또 풀, 우표 등의 접착제로도 이용하고 있다.

(10) 변성전분(modified starch)

변성전분은 전분의 OH기를 아세틸기나 인산기, 하이드록시프로필기 등으로 치환하여 변성시킨 것으로, 호화온도의 저하, 호화액의 투명성, 점탄성 등을 개선한 전분이다.

대표적인 변성전분으로는 초산전분, 인산전분, 하이드록시프로필전분 등이 있다. 보통 우동, 라면, 메밀국수 등의 면발개선, 떡, 빵, 만두피, 어묵 등의 점탄성 개선 등에 이용된다.

변성전분의 특징
① 호화온도 저하(냉수에 용해) ② 점탄성, 투명성 개선 ③ 가열처리 중의 호화억제(일정점도 유지) ④ 교반, 가압에 의한 호화억제 ⑤ 냉장 또는 장기보존 중의 노화억제

변성전분의 성질은 부가되는 관능기와 관능기의 치환도(DS, degree of substitution)의 정도에 따라 다르다. 전분 중의 포도당 한 분자는 최대한 3개가 치환될 수 있고, 3개 모두가 치환되면 DS(치환도)는 3이 된다. 그러나 실용화되고 있는 것은 대부분 0.01~0.1 정도이다. 즉, 100개의 포도당에 1~10개의 관능기가 치환되는 정도이다.

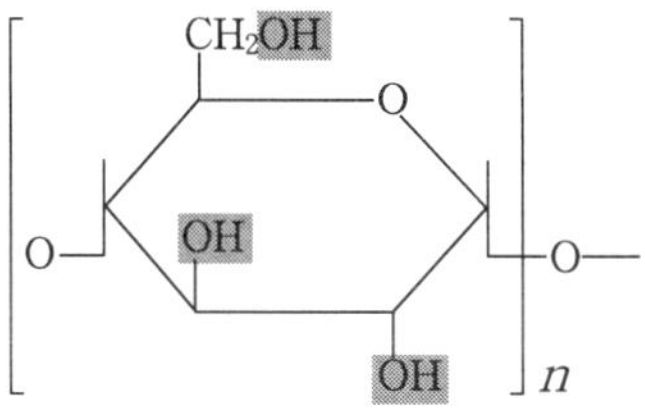

[그림 3-18] 전분 중의 포도당 한분자당 치환될 수 있는 수산기(OH)의 위치

초산전분 : 초산전분은 가장 일반적인 변성전분으로, 알칼리현탁액에 무수초산이나 초산비닐을 반응시켜 만든다. 전분에 아세틸기가 도입되면, 호화온도가 낮아져 열에 쉽게 분산된다.

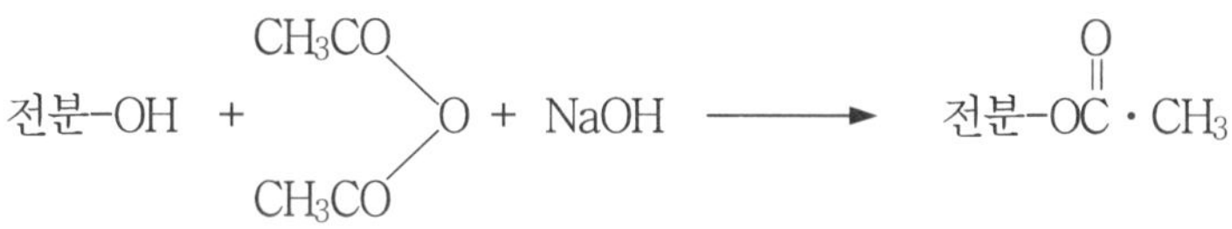

무수초산 초산전분

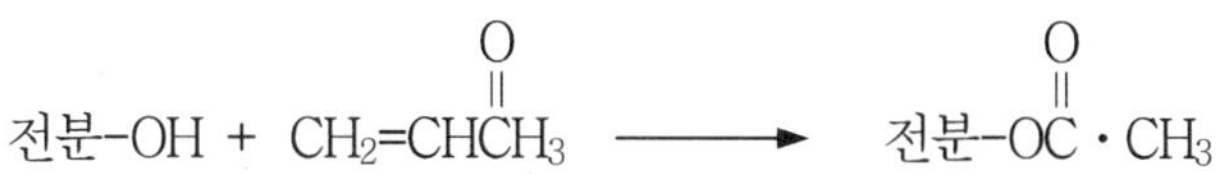

초산비닐 초산전분

예를 들어 DS 0.04의 옥수수 초산전분의 호화온도는 약 6℃ 낮아지고, DS 0.08의 옥수수 초산전분은 호화온도가 14℃ 낮아진다. 호화온도의 저하효과는 DS가 높을수록 크다.

그러나 DS가 높아질수록 탄력이 떨어지고, 점착성이 강해지기 때문에 용도나 사용목적에 따라 DS를 선택한다.

라면에는 일반적으로 밀가루에 감자전분, 감자초산전분, 타피오카초산전분 등을 혼합하여 만든다. 감자 초산전분이나 타피오카 초산전분은 다른 전분에 비해 호화개시 온도가 낮고, 보수성, 점탄성이 좋아, 식감을 향상시킨다. 즉, 라면의 면발을 쫄깃쫄깃하게 하고, 덜 풀어지게 한다.

인산전분 : 인산전분에는 모노에스터형과 다이에스터형의 2가지 타입이 있다.

① 모노에스터형 인산전분 : 모노에스터형 인산전분은 제일인산나트륨염(NaH_2PO_4)용액을 전분에 분산시키고, 수분을 10%까지 예비건조하여 130~160℃에서 2~6시간 가열하여 만든다.

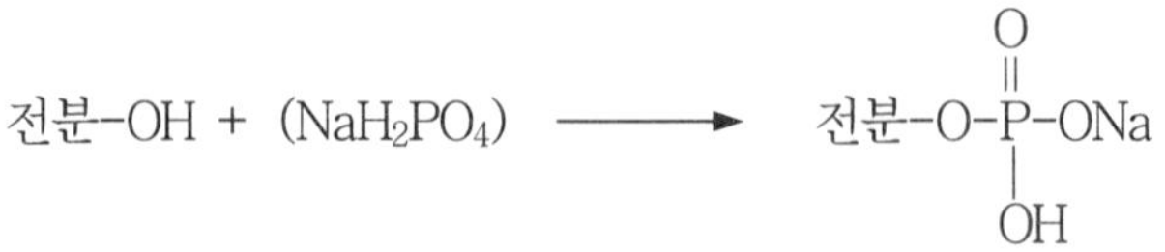

제일인산나트륨염 모노에스터형 인산전분

DS가 클수록 호화가 용이하고, DS 0.05부근에서 냉수에 호화된다. 호화액은 높은 점성을 나타내며 투명하다. 또 보수성이 강하여 노화가 잘 일어나지 않고, 동결, 해동에도 강하여 냉동식품에 적합하다.

그러나 전해질이기 때문에 식염이나 산의 영향을 받기 쉬워 식품용으로의 이용은 적다.

레토르트식품(retort food) 레토르트파우치에 가공, 조리한 식품을 넣어 수증기 살균(100℃ 이상)한 식품

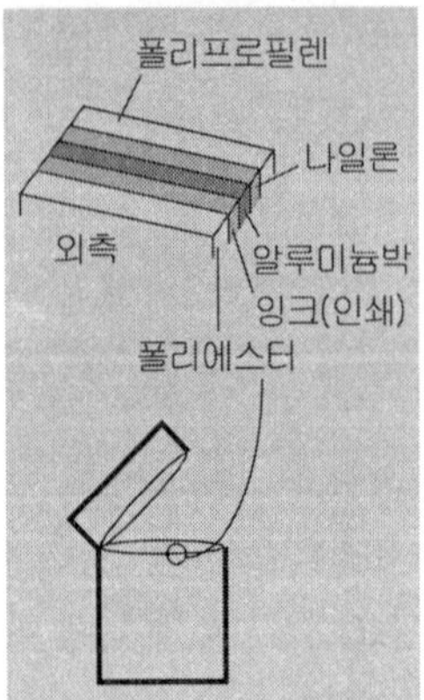

레토르트파우치의 구조

② 다이에스터형 인산전분 : 식품에 이용되는 다이에스터형 인산전분은 주로 옥시염화인($POCl_3$)이나 트리메타인산나트륨을 이용하여 만든다.

다이에스터형 인산전분은 가교결합 때문에 모노에스터형 인산전분과는 반대로 가열시 호화가 억제되고, 액은 불투명하게 된다. 또 호화액의 격렬한 기계적 교반에도 안정하고, 고온살균시의 점도저하도 적다. 또 내산성도 우수하여 pH 4~9범위에서 안정하다.

따라서 레토르트식품과 산성식품의 점도 증진 및 식감을 유지하는데 이용할 수 있다.

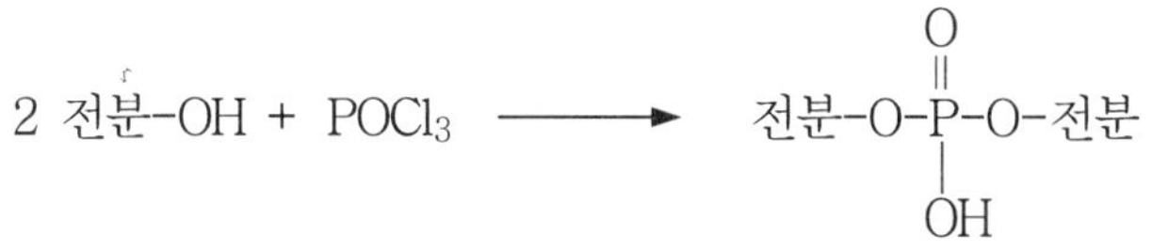

옥시염화인 다이에스터형 인산전분

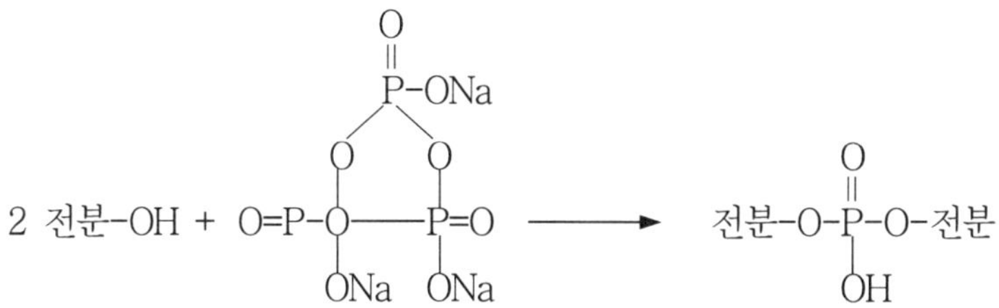

트리메타 인산나트륨 다이에스터형 인산전분

하이드록시프로필전분 : 프로필렌옥사이드를 전분에 반응시켜 만든다. 전분에 하이드록시프로필기를 치환하기 때문에 친수성이 증가하고, 이로 인해 DS 0.1에서 호화온도가 약 10℃ 저하된다. 가열하면 전분입자가 쉽게 붕괴되어 균일한 호화액이 된다.

따라서 호화액의 점도안정성, 보수성, 투명성, 필름성이 좋다. 가공식품 제조에 널리 이용되고 있다. 예를 들어 만두피를 만들때 하이드록시프로필 전분을 첨가하면, 보수성이 좋고, 투명한 만두피를 만들 수 있다.

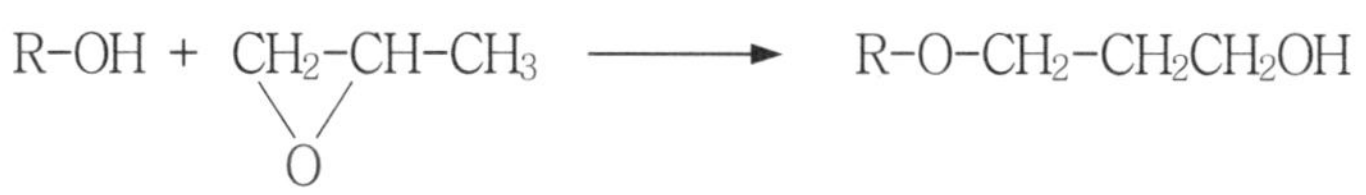

전분 프로필렌옥사이드 하이드록시프로필전분

2) 글라이코젠(glycogen)

동물 체내에 존재하는 저장 다당류이며, 간장(2~8%), 근육(0.5~1.0%), 조개류(5~10%) 등에 많으며, 효소 등에도 존재한다.

구조 및 특성 : 아밀로펙틴과 비슷하지만, 아밀로펙틴보다 α-1,6결합의 가지가 더 많고, 사슬길이가 짧기 때문에 요오드반응에서 아밀로펙틴과 같이 적자색을 나타낸다. 이 때문에 동물성 전분이라고도 한다.

그러나 전분과 같이 호화현상은 없다. 아밀로펙틴과 같이 마이셀(micelle) 구조를 형성하고, 물에 잘 분산되어 콜로이드 용액이 된다. 또 효소의 작용을 받기 쉽다.

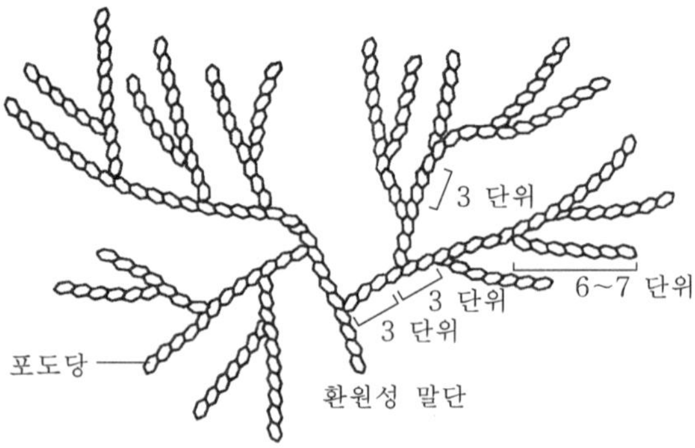

[그림 3-19] 글라이코젠(glycogen)의 구조

간의 글라이코젠 : 간에 저장된 글라이코젠의 농도는 2~8%(성인은 22~100 g)이며, 당질을 최대로 섭취했을 때는 10% 이상이 된다. 절식 때에는 거의 0 까지 감소하지만 식사를 섭취하면 급속히 증가한다.

3) 셀룰로오스(cellulose, 섬유소)

식물의 세포벽을 구성하는 성분으로, 식물체의 1/2~1/3을 차지하고, 지구상에서 가장 많이 존재하는 탄수화물이다. 식물체에서는 셀룰로오스와 헤미셀룰로오스가 함께 존재한다.

구조 및 특성 : D-포도당이 β-1,4결합한 직쇄상의 단순다당류이다. 셀룰로오스는 다당류 중 가장 큰 분자량을 가지며, 알칼리에는 비교적 강하지만, 산에는 약하다.

한편, 초산균이 생산하는 셀룰로오스는 특이한 물성을 갖는 젤이 되어 디저트과자의 나타드코코((nata de coco)로도 이용된다.

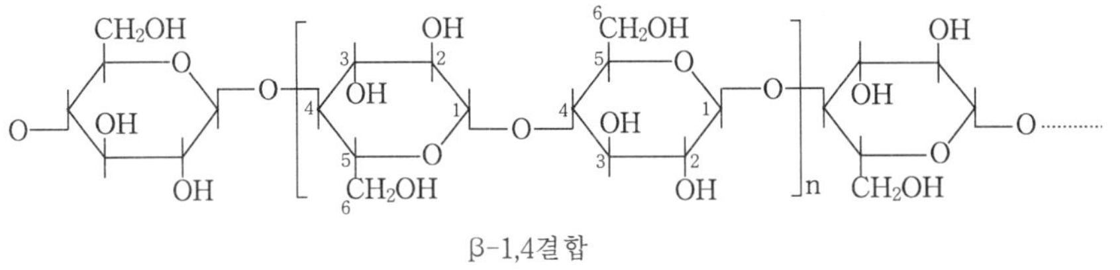

[그림 3-20] 셀룰로오스의 구조

사람은 β-1,4결합을 분해할 수 있는 효소를 갖고 있지 않다.

셀룰로오스의 난소화성 : 포유동물은 셀룰레이스(cellulase)를 갖고 있지 않기 때문에 셀룰로오스를 소화하여 에너지원으로 이용할 수 없다. 균류, 세균, 연체동물은 셀룰레이스를 갖고 있다. 초식동물(소, 양, 염소)은 위에 기생하는 미생물이 셀룰로오스를 분해하기 때문에 에너지원으로 이용할 수 있다.

셀룰로오스의 결정성 : 셀룰로오스는 전분에 비해 결정성이 매우 강하다. 솜에서 얻어지는 셀룰로오스 섬유의 경우, 약 70%가 결정성 부분이며, 30%가 비결정성 부분으로 되어 있다. 결정성 부분은 직물의 강도에 관여하며, 비결정성 부분은 솜의 물 흡습성이나 섬유의 유연성에 관여한다.

- 건조채소가 질긴 이유는 건조 시 비결정성 부분이 결정성 부분으로 바뀌기 때문이다.

셀룰로오스의 유도체들 : 셀룰로오스를 가공한 카복시메틸셀룰로오스(CMC)와 메틸셀룰로오스(MC)는 안정제, 증점제로서 아이스크림, 잼 등의 식품에 이용된다. 이들 유도체들은 셀룰로오스로 우선 알칼리셀룰로오스를 만든 후 제조된다.

$$\underset{\text{셀룰로오스}}{ROH} + \underset{\text{알칼리}}{NaOH} \longrightarrow \underset{\text{알칼리셀룰로오스}}{RONa} + H_2O$$

(1) 메틸셀룰로오스(methyl cellulose)

알칼리셀룰로오스에 메틸클로라이드(CH_3Cl)를 반응시켜 만든다.

$$\underset{\text{알칼리셀룰로오스}}{RONa} + CH_3Cl \longrightarrow \underset{\text{메틸셀룰로오스}}{ROCH_3} + NaCl$$

셀룰로오스를 구성하고 있는 β-포도당의 C_2, C_3, 및 C_6 위치의 -OH기가 모두 메틸기로 치환되었을 때의 치환도(degree of substitution, DS)는 3이 된다(그림 3-21).

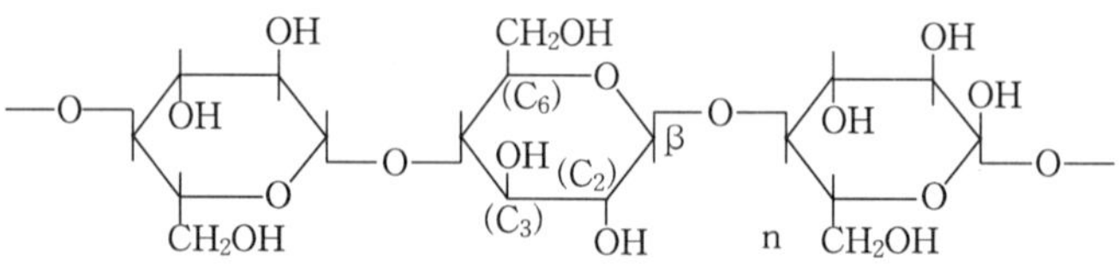

[그림 3-21] 셀룰로오스를 구성하고 있는 β-포도당의 C_2, C_3, 및 C_6위치의 -OH기

메톡실기($-OCH_3$)의 치환도에 따라 용해도가 달라진다. 메톡실기 27~37% 함유한 것은 수용성이며, 38~43%인 것은 유기용매에 녹는다.

> **친수성 콜로이드**
> 물에 분산하여 안정된 콜로이드(교질)를 만들어 젤을 형성하는 물질. 점착제(빵, 과자), 결착제(소시지), 결정억제제(아이스크림), 거품안정제(맥주), 젤화제(젤리), 안정제, 조밀제(마요네즈, 소스)로 이용.

용도 : 친수성 콜로이드(hydrocolloid)를 형성하여, 식품의 안정제로 사용되며, 또 흡습성이 강하여, 식품의 수분 유지가 필요할 때 사용한다. 유화안정제로 아이스크림, 샐러드드레싱에 이용되며, 햄, 소시지 등에 축합인산염과 병용하면 보수성, 결착성을 증진시킬 수 있다.

또 글루텐과 유사작용을 하여 빵의 부피팽창에 효과가 있다. 감귤통조림에 첨가하면 헤스페리딘의 석출을 방지할 수 있기 때문에 백탁 방지제로 액즙에 첨가(10~30ppm)하기도 한다.

(2) 하이드록시프로필 셀룰로오스(hydroxypropyl cellulose, HPC)

알칼리 셀룰로오스에 프로필렌 옥사이드(propylene oxide)를 반응시켜 만든다.

용도 : MC와는 달리 수분을 잘 흡습하지 않아, 분말식품(분말주스 등)의 건조를 유지하는 데 이용된다.

$$\underset{\text{알칼리셀룰로오스}}{RONa} + \underset{\text{프로필렌 옥사이드}}{CH_2\text{-}CH\text{-}CH_3 \;(\text{-}O\text{-})} \longrightarrow R\text{-}O\text{-}CH_2\text{-}\underset{|\atop ONa}{CH}\text{-}CH_3$$

$$R\text{-}O\text{-}CH_2\text{-}\underset{|\atop ONa}{CH}\text{-}CH_3 + HCl \longrightarrow \underset{\text{하이드록시프로필 셀룰로오스}}{R\text{-}O\text{-}CH_2\text{-}\underset{|\atop OH}{CH}\text{-}CH_3} + NaCl$$

(3) 카복시메틸 셀룰로오스(carboxymethyl cellulose, CMC)

알칼리 셀룰로오스에 모노클로로초산(monochloroacetic acid)을 반응시켜 만든다.

카복시메틸기로 40% 이상 치환하면 수용성으로 변하여 안정한 콜로이드 용액이 된다. 보통 CMC의 나트륨염으로 시판된다.

$$\underset{\text{알칼리셀룰로오스}}{RONa} + ClCH_2COOH \longrightarrow \underset{\text{카복시메틸 셀룰로오스}}{ROCH_2COOH} + NaCl$$

용도 : 식품안정제, 증점제로서 아이스크림, 토마토케찹, 잼, 청량음료에 사용된다. 예로써, 우유나 발효유에 유기산이 존재하면 우유단백질이 응고하여 침전분리되는데, 이때 CMC를 첨가하면, 보호콜로이드(protective colloid) 작용에 의해 균일하게 분산된다.

> **보호콜로이드**
> 친수성 콜로이드가 소수성 콜로이드를 안정화시켜 응고 침전을 막아주는 작용

아이스크림의 안정제로 0.15~0.18% 사용하며, 보통 알진산나트륨과 병용한다. 식품의 증점제로는 잼, 케첩에 0.5~1.0%, 진한소스, 라면스프 등에는 1.0~2.0%를 사용한다. 또 소맥분에 0.1%를 첨가하면 빵의 수분증발이나 노화를 방지할 수 있다. 이 외에 분말주스, 인스턴트커피, 고형스프의 과립안정제로 이용된다.

4) 그 외의 단순다당

(1) 이눌린(inulin)

돼지감자(10~12%), 우엉 뿌리, 다알리아 뿌리, 백합 뿌리 등에 존재하며, 30~35개의 과당이 β-1,2결합한 저장다당이다.

이눌린은 전분과 달리 70℃ 온수에서도 잘 녹는다.

사람의 효소로는 분해되지 않지만, 산이나 이눌레이스(inulase)에 의해 과당으로 분해된다.

기능성 : 이눌린은 혈압강하작용, 이뇨작용, 당분해를 억제하여 혈당을 안정화하는 생리기능이 있는 것으로 알려져 있다.

용도 : 산, 효소(inulase)로 가수분해하여 과당 및 프락토올리고당, 알코올 제조에 이용.

(2) 덱스트란(dextran)

유산균(*Leuconostoc mesenteroides*)과 같은 일부 미생물이 설탕을 발효하여 만드는 단순다당류이다. 주로 D-포도당이 α-1,6결합되어 있고, 이외에 α-1,3, α-1,4결합으로 중합되어 있다. 덱스트란의 평균분자량은 약 400만이다.

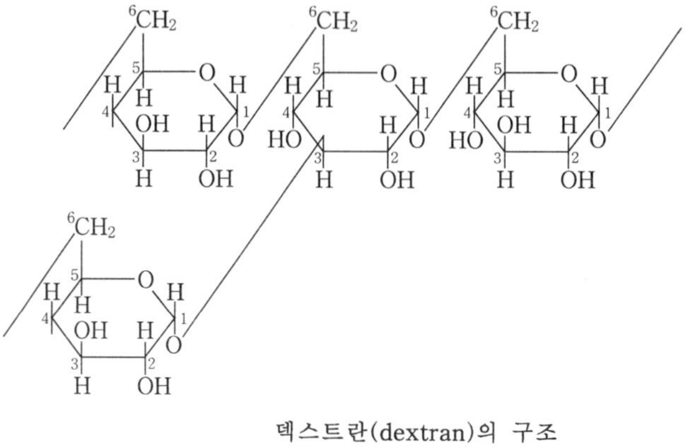

덱스트란(dextran)의 구조

용도 : 덱스트란의 부분 가수분해물(평균 분자량 7.7만)은 혈장 대용품이나 아이스크림 증점제로 사용되고 있다.

(3) 풀루란(pullulan)

흑색효모(*Aureobasidium pullulans*)가 세포 밖으로 분비하는 단순다당으로, α-1,4결합 2개와 α-1,6결합 1개를 구성단위로 규칙적으로 연결되어 있다.

기능성 : 동물의 소화효소로는 분해되지 않고, 장내세균에 의해 분해되는 수용성 식이섬유이다.

용도 : 수용성으로 증점제, 결착제, 가식용 필름으로 이용.

3. 복합다당

1) 펙틴질(pectic substance)

펙틴은 식물의 세포막과 세포간의 충진물질의 구성성분으로, 과일(특히, 감귤류, 사과), 채소에 많이 존재한다. 펙틴(pectin)이란 명칭은 그리스어 pectus(젤리화)에서 유래하였다. 펙틴 물질에는 프로토펙틴(protopectin), 펙트산(pectic acid), 펙틴산(pectinic acid), 펙틴(pectin)이 있다.

① **프로토펙틴** : 펙틴의 모체가 되는 불용성 물질이다. 미숙 과일에는 프로토펙틴으로 존재하며, 과실이 익어감에 따라 효소(protopectinase)에 의하여 수용성 펙틴으로 되고 과숙과실에서는 펙트산으로 부분적인 분해가 일어난다.

$$\text{불용성 프로토펙틴} \xrightarrow{\text{프로토펙티네이스}} \text{수용성 펙틴}$$

② **펙트산** : D-갈락투론산(galcturonic acid)이 α-1,4결합한 폴리갈락투론산

③ **펙틴산** : 펙트산을 구성하고 있는 갈락투론산내의 일부 카복실기

(-COOH)가 메틸에스터(-$COOCH_3$)화 된 폴리갈락투론산

④ **펙틴** : 펙트산을 구성하고 있는 폴리갈락투론산 내의 일부 카복실기 (-COOH)가 유리형태(-COO^-) 또는 나트륨, 칼슘염, 메틸에스터화된 형태.

[표 3-8] 과실의 숙성도와 펙틴류의 변화

숙도 (熟度)	과육의 성질	펙틴류의 성질			
		종 류	구 조	용해성	젤화특성
미숙	대단히 단단함	프로토펙틴 (protopectin)	대단히 크다	불용	젤화하지 않음
성숙	적당한 경도	펙틴(pectin)	단당류가 약 1,000개	가용	설탕과 유기산의 첨가로 젤화
과숙	대단히 부드러움	펙트산 (pectic acid)	작다	불용	젤화하지 않음

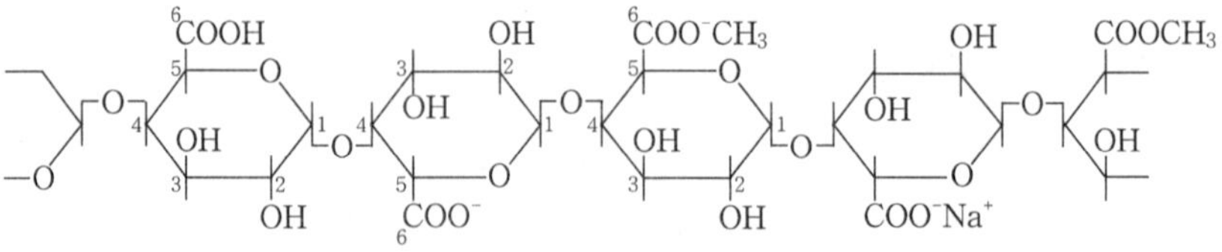

[그림 3-22] 펙틴의 구조

α-D-갈락투론산이 α-1,4결합으로 연결된 직쇄상 고분자이며, α-나선상의 형태(α-helical form)를 갖고 있다. 각 카복실기는 유리형태 또는 나트륨, 칼슘염, 메틸에스터 등의 형태를 갖는다.

용도 : 잼과 젤리 등에 널리 사용되며, 증점제, 안정제로도 사용된다. 또한 펙틴은 중요한 수용성 식이섬유로 정장작용, 해독작용, 담즙산의 재흡수 억제 등의 작용이 있다.

(1) 고메톡실펙틴과 저메톡실펙틴

펙틴 중의 메틸에스터의 함량, 즉, 메톡실기(-OCH_3)의 함량은 펙틴의 크기 및 성질에 매우 큰 영향을 준다.

$$\% \text{ 메톡실기 함량} = \frac{\text{펙틴분자내의 메톡실기 수} \times CH_3O}{\text{펙틴분자내의 갈락투론산의 수} \times C_7H_{10}O_6} \times 100$$

이론상, 갈락투론산의 카복실기 모두가 메틸에스터로 되어 있는 펙틴의 메톡실기(methoxyl group, $-OCH_3$)함량은 16.32%이지만, 실제 과실이나 채소에서 얻어지는 펙틴의 메톡실기 함량은 0~14%이다.

$$\frac{n \times CH_3O}{n \times C_7H_{10}O_6} \times 100 = \frac{31}{190} \times 100 = 16.32\%$$

메톡실기 7% 이상은 고메톡실 펙틴, 메톡실기 함량이 7% 미만은 저메톡실 펙틴이라고 한다.

성숙기의 과실 펙틴의 메톡실기 함량은 7~13%의 것이 많다. 과실의 성숙, 효소 작용에 의해 펙트산(petic acid)로 분해되어 감소한다.

(2) 펙틴의 제조

잼과 젤리용 펙틴은 사과, 감귤류, 사탕무 등의 가공후의 찌꺼기에서 추출한다. 펙틴은 알코올, 아세톤에 녹지 않고 솜털같이 침전하는 성질이 있어 이를 이용하여 펙틴을 분리한다.

감귤류 중의 껍질에서 얻어진 펙틴이 사과에서 얻어진 펙틴보다 젤 형성 능력이 크다

한편, 저메톡실펙틴은 고메톡실펙틴에 산, 알칼리, 효소 등을 작용시켜 만든다.

(3) 고메톡실펙틴(high methoxyl pectin)의 젤리형성

고메톡실펙틴을 유기산, 설탕과 함께 가열하면 젤리가 된다. 이 원리를 이용하여 만든 것이 잼(jam)이나 마멀레이드(marmalade)이다.

고메톡실펙틴의 젤리형성 기작은 다음과 같다.

① **고메톡실펙틴** : 펙틴 분자내의 유리카복실기($-COO^-$)가 물과 수화하여 친수성 콜로이드를 형성한다.

② **유기산의 첨가** : 유기산에서 해리된 수소이온(H^+)이 펙틴분자 중의 유리카복실기($-COO^-$)와 결합하여 펙틴분자간의 수소결합으로 침전되기 쉬운 상태로 된다.

③ **설탕의 첨가** : 펙틴분자에 결합되어 있는 물 분자가 당과 결합하여 펙틴분자와 결합된 물이 제거된다. 결국, 펙틴분자간의 수소결합에 의해 망상구조의 젤리를 형성한다.

젤리제조의 최적 조건 : 펙틴 1%, pH 3.2, 설탕 65%이다. pH 3.6 이상에서는 젤리가 형성되지 않으며, pH 2.7에서는 펙틴의 가수분해로 젤리형성이 안된다. 또한 설탕 70% 이상에서는 설탕결정이 석출된다.

(4) 저메톡실펙틴의 젤리형성

저메톡실펙틴은 유기산과 당의 첨가에서는 젤을 형성하지 않고, 2가 금속이온(Ca^{2+}, Mg^{2+} 등)에 의해 젤을 형성한다. 즉, 저메톡실펙틴 분자들의 카복실기($-COO^-$)가 Ca^{2+} 등의 이온과 횡적인 이온결합을 하여 3차원적 망상구조의 젤리를 형성한다(그림 3-23).

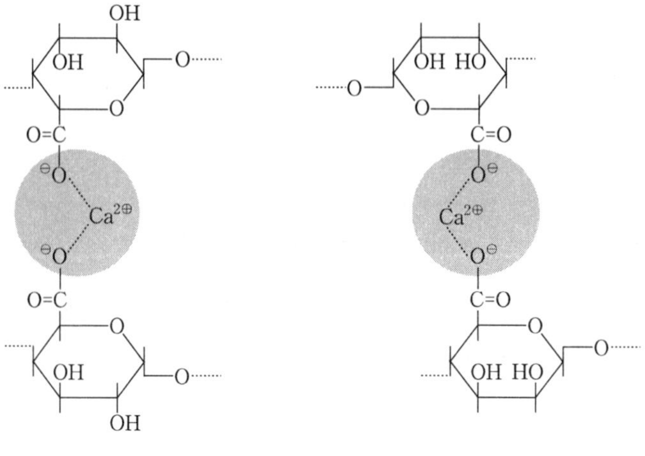

[그림 3-23] 저메톡실 펙틴과 칼슘이온의 가교결합에 의한 젤리형성

알진산도 같은 기작에 의해 칼슘과 가교결합 한다.

이와 같이 저메톡실펙틴은 당이나 유기산이 없이도 젤리를 형성할 수 있기 때문에 pH 3.2~6.8의 넓은 범위에 젤리를 형성할 수 있으며, 당 농도가 낮은 잼이나 젤리 제조에 이용되고 있다.

한편 Na^+이온과 같은 1가 이온이 존재하면 칼슘이온과 같은 2가 이온과 대체되어 횡적인 이온결합을 억제한다.

[표 3-9] 고메톡실 펙틴 및 저메톡실 펙틴의 특성

		고메톡실 펙틴	저메톡실 펙틴
메톡실기의 함량		7% 이상	7% 미만
젤화의 필요 조건	pH	산성(pH 2.7~3.5)	산성~중성(pH 3.2~6.8)
	설탕	55~70%	-
	미네랄류	-	칼슘, 마그네슘 등 (펙틴에 대하여 1.5~3.0%)
	수용성고형분	60% 이상	8~85%
사용 예		잼, 마멀레이드, 산미가 강한 젤리, 요구르트	인스턴트푸딩, 젤리, 셔벗, 다이어트용잼

(5) 펙틴관련 분해효소

펙틴의 분해효소는 일반적으로 과실이나 채소조직의 연화를 초래하기 때문에 바람직하지 않다. 토마토 농축액의 경우, 고체성분과 액체성분의 분리(시너레시스, syneresis)를 방지하기 위해 가공초기에 가열처리로 펙틴 분해효소들을 불활성화한다. 그러나 일부 과즙의 경우 펙틴에 의한 혼탁을 억제하는데 사용되기도 한다.

펙틴 에스터레이스(pectin esterase) : 펙틴의 메틸에스터를 가수분해하여 펙트산(pectic acid)과 메탄올을 형성하는 효소로 펙틴메톡실레이스(pectin methoxylase) 또는 펙테이스(pectase)라고도 한다.

펙티네이스(pectinase) : 펙틴의 α-1,4결합을 가수분해하는 효소로 폴리갈락투로네이스(polygalacturonase) 또는 폴리메틸갈락투로네이스라고도 한다. 이 효소가 작용하면 과실이나 채소가 연화된다. 김치가 물러지는 현상도 호기성 미생물이 분비하는 펙티네이스에 기인된다.

이 효소활성은 공기와의 접촉을 막으면 억제할 수 있다. 식품공업에서는 과즙의 청등화에 이용된다.

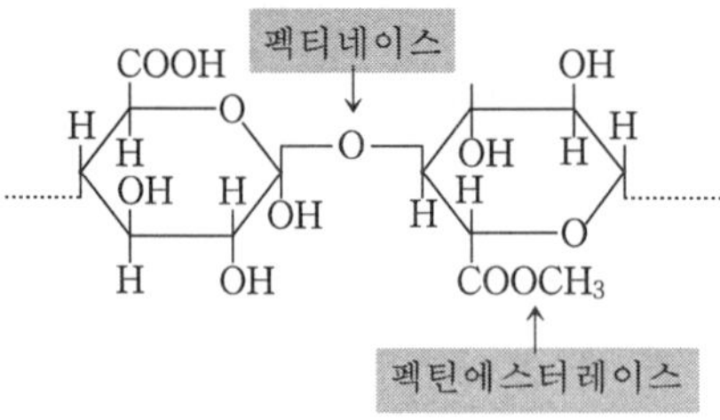

[그림 3-24] 펙틴(pectin) 분해효소의 작용

2) 헤미셀룰로오스(hemicellulose)

헤미셀룰로오스는 셀룰로오스, 리그닌 등과 함께 식물 세포막의 구성성분으로 널리 존재한다.

구조 : 셀룰로오스와 달리 그 분자구조나 크기 등이 일정치 않은 다당류의 혼합물을 말하며, 그 성분 및 구조 등이 확실히 밝혀지지 않고 있다. 헤미셀룰로오스의 헤미(hemi)는 그리스어로 절반을 의미한다. 즉, 헤미셀룰로오스는 분자량이 셀룰로오스의 절반 정도이며, 셀룰로오스와는 아무런 관련이 없고 그의 물리적, 화학적 성질도 다르다. 헤미셀룰로오스는 셀룰로오스처럼 섬유상(결정형)으로 존재하지 않으며, 대부분 비결정형으로 존재한다.

일반적으로 자일로오스(xylose), 글루쿠론산(glucuronic acid), 갈락투론산(galacturonic acid), 4-메틸글루쿠론산(4-methyl-D-glucuronic acid) 등이 주요 성분이며, 이 외에 오탄당(arabinose, rhamnose)등과 육탄당(glucose, galactose, mannose) 등으로 되어 있다.

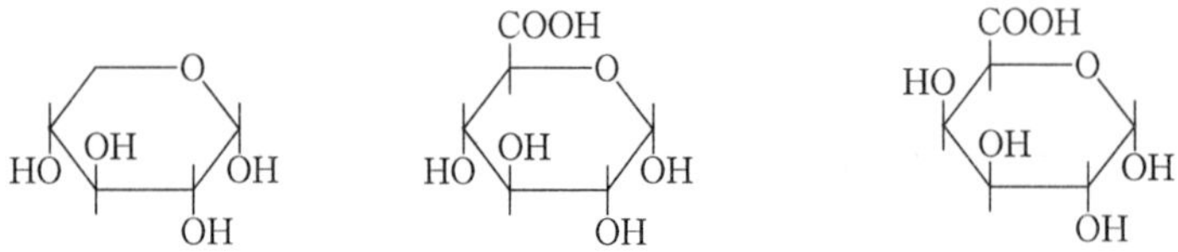

자일로오스 (α-D-xylose)　　글루쿠론산 (α-D-glucuronic acid)　　갈락투론산 (α-D-galacturonic acid)

[그림 3-25] 헤미셀룰로오스의 구성성분

채소나 과일의 연화 : 헤미셀룰로오스는 셀룰로오스에 비해 산이나 효소에 의해 쉽게 가수분해되며, 특히 알칼리에 의해 잘 녹는다. 이는 헤미셀룰로오스의 구성성분인 글루투론산이나 갈락투론산들이 알칼리에 용해되어 수용성염을 형성하기 때문인 것으로 알려져 있다.

따라서 과실이나, 채소, 두류를 삶을 때 조리수에 탄산수소나트륨 등의 알칼리(0.2% 정도)를 첨가하면 헤미셀룰로오스나 펙틴의 분해로 쉽게 연화시킬 수 있다. 그러나 너무 많은 알칼리를 사용하면 연화가 심해져 질감이 나빠지고, 알칼리에 약한 비타민 B_1의 파괴를 초래하므로 주의해야 한다.

• 복숭아 통조림 제조시 껍질은 알칼리박피법을, 밀감통조림은 산박피법과 알칼리박피법을 이용하여 제거한다.

채소의 연화 방지법 : 염화칼슘과 같은 염류는 헤미셀룰로오스나 펙틴과 결합하여 조직의 연화를 막아주는 작용을 한다.

예를 들어, 오이지나 피클의 숙성 중에는 펙틴분해효소의 작용으로 조직이 연화되어 품질이 저하된다. 이때는 보통 오이를 소금물에 담그기 전에 효소 불활성화를 위한 열처리로 연화현상을 방지하지만, 염화칼슘($CaCl_2$)을 첨가하여 조직의 연화를 방지할 수도 있다.

3) 글루코만난(glucomannan)

글루코만난은 구약감자(곤약감자)의 주성분으로, 곤약만난(konjac mannan) 이라고도 한다.

구조 : D-포도당과 D-만노오스가 결합된 복합다당류이다. 즉, β-포도당의 2중합체와 β-만노오스의 4중합체가 β-1,4결합되고 여기에 β-포도당과 β-만노오스가 β-1,4결합된 2중체가 반복단위로 연결된 구조이다. 포도당과 만노오스의 구성비율은 1 : 2~3 : 5이다.

기능성 : 사람의 소화효소에는 만네이스(mannase)가 없기 때문에 고점도를 유지하면서 위, 소장을 통과하여 식이섬유로서의 생리작용을 나타낸다.

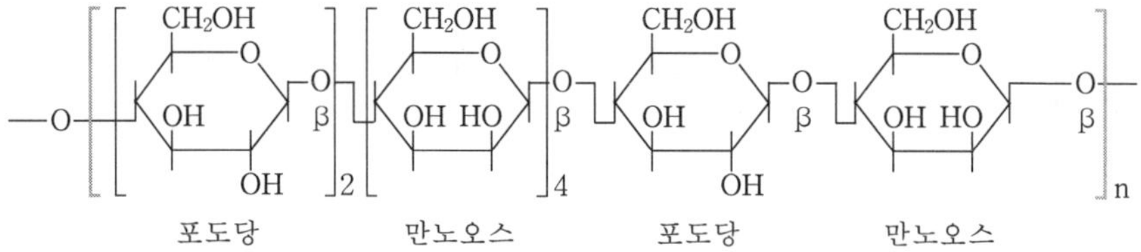

글루코만난(glucomannan)의 구조

곤약묵 : 글루코만난은 친수성과 보수성이 크기 때문에 물을 첨가하면, 50배 정도 팽윤하여 점성이 강한 콜로이드용액을 형성한다. 여기에 알칼리성 염류인 수산화칼슘($Ca(OH)_2$)을 가하면, 칼슘이온과 가교결합하여 탄력성이 있는 비가역성의 젤 즉, 곤약묵이 된다. 곤약묵의 97%는 수분이고, 2%는 글루코만난이며, pH는 11 정도이다.

용도 : 곤약묵, 곤약젤리 곤약국수, 곤약쌀 등으로 시판되고 있다. 만난은 혈당치와 콜레스테롤을 저하시키는 작용이 있다.

4) 뮤코다당류(mucopolysaccharide)

동물의 피부, 힘줄, 연골에 함유되어 있는 점성물질의 성분이다.

뮤코다당은 아미노당(글루코사민, 갈락토사민 등)과 우론산(글루쿠론산 등)이 결합된 다당이며, 황산기가 결합된 것도 있다.

대표적인 뮤코다당으로는 키틴, 히알루론산, 콘드로틴황산염 등이 있다.

이들 물질은 관절연골의 구성성분으로, 관절염의 치료제로 사용하기도 하지만 식품성분으로의 중요성을 그다지 크지 않다. 식품첨가물로 증점제, 안정제로 사용되기도 한다.

(1) 키틴(chitin)

키틴은 게, 새우 등의 갑각류 등에 함유되어 있는 난소화성 복합다당류이다. 또한 키틴은 동물의 피부나 관절부위의 연골을 구성하는 성분이기도 하다.

포유동물의 골격조직은 단백질인 콜라겐(collagen)의 망상조직에 인산칼슘($Ca_3(PO_4)_2$)가 채워져 단단한 구조를 형성하고 있지만, 새우나 게와 같은 갑각류의 껍질은 키틴(chitin)의 망상조직에 탄산칼슘($CaCO_3$)이 채워져 단단한 형태를 유지하고 있다.

새우, 게 껍질을 염산(HCl)에 담가 탄산칼슘을 녹여 제거한 후, 묽은 알칼리, 알코올, 에테르 등으로 세척, 정제하면 백색 펄프상의 키틴이 얻어진다.

키틴(chitin))의 구조 : 키틴은 N-아세틸-D-글루코사민(N-acetyl-D-glucosamine)이 β-1,4결합한 직쇄상구조의 불용성 다당류이다. 즉, 셀룰로오스 구조에 아세틸아민이 추가된 구조이다. 이 때문에 키틴은 동물성 식이섬유라고도 한다.

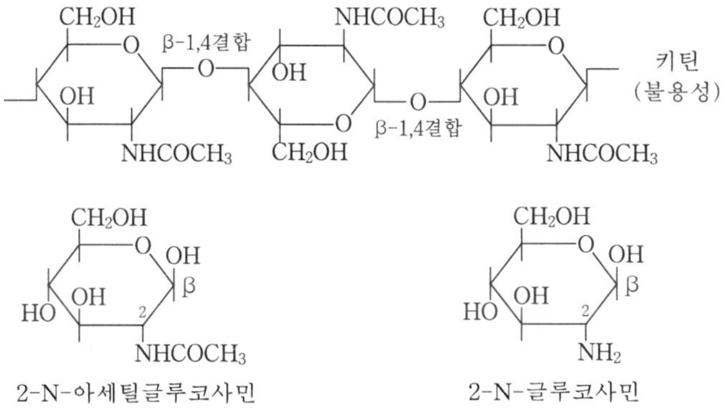

[그림 3-26] 키틴(chitin)의 구조

키토산 및 키토산올리고당의 제조 : 키토산(chitosan)은 키틴을 알칼리 또는 키티네이스(chitinase) 효소처리하여 탈아세틸화하여 얻어진다. 즉, 키토산(chitosan)은 글루코사민의 중합체이다.

키토산 올리고당(chitosan oligosaccharide)은 키토산을 산 또는 키토사네이스(chitosanase) 효소처리하여 글루코사민이 2~10개 결합되도록 만들어 용해성과 흡수성을 높인 것이다.

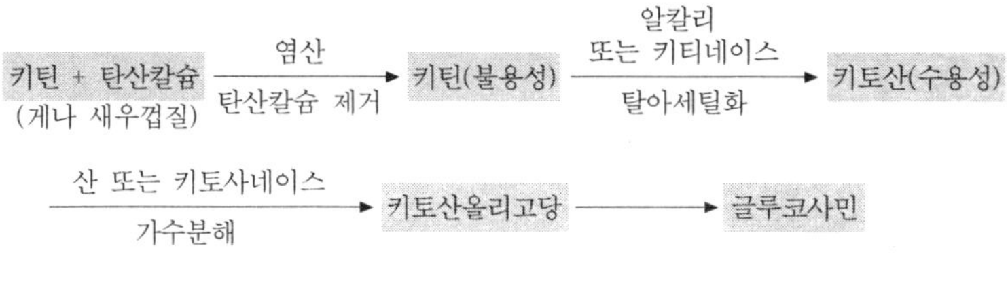

[그림 3-27] 키토산 및 키토산올리고당의 제조 과정

키틴, 키토산의 기능성 : 키토산은 담즙산과 결합하여 체외로의 배출을 촉진하여 혈중 콜레스테롤 저하효과를 갖고 있는 것으로 알려져 있다. 이외에 고혈압, 비만, 동맥경화, 관절염 등에 효과를 나타낸다. 또한 키토산은 항균성을 갖고 있어 보존료로도 사용된다. 수용성인 키토산은 불용성인 키틴보다도 그 효과가 더 크다.

(2) 히알루론산

히알루론산은 동물의 피부, 연골조직, 결체조직, 눈의 수정체 등에 존재하는 뮤코다당이다.

히알루론산이란 처음 소의 눈의 수정체에서 분리된 성분으로, 히알루론산의 명칭은 소의 수정체(hyaloid)에서 발견된 우론산(uronic acid)이란 의미이다.

구조 : N-아세틸-D-글루코사민과 D-글루쿠론산이 결합되어 있다.

용도 : 히알루론산은 관절염 치료주사제로 사용된다. 또 피부조직에 콜라겐, 엘라스틴과 함께 존재하며, 보습효과가 우수하여 보습제나 화장품, 음료 등에 사용되고 있다.

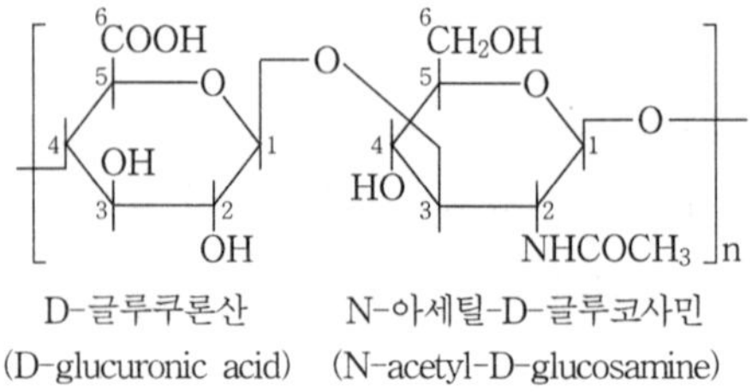

히알루론산(hyaluronic acid)의 구조

(3) 콘드로이틴 황산염

동물의 연골, 피부, 점막, 결체조직 등에 함유되어 있는 뮤코다당이다. 특히 동물 연골에는 건조중량의 20~40% 함유되어 있으며, 상어지느러미, 해삼, 달팽이의 점액성분 등에도 함유되어 있다.

구조 : D-글루쿠론산과 N-아세틸-D-갈락토사민이 결합된 콘드로이틴에 황산이 결합되어 있다. 우론산의 종류나 황산기의 결합위치에 따라 A, B, C, D, E형 등으로 분류된다. 콘드로이틴황산 A는 황산기가 N-아세틸-D-갈락토사민의 6번 탄소에 결합되어 있다.

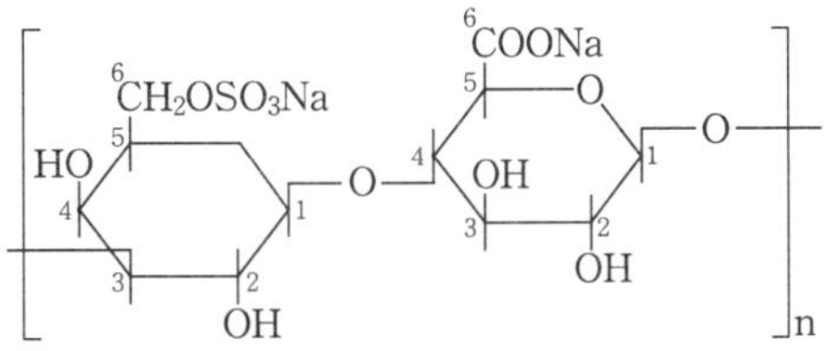

N-아세틸-D-갈락토사민 (N-acetyl-D-galactosamine)　　D-글루쿠론산 (D-glucuronic acid)

콘드로이틴황산염(chondroitin sulfate) A의 구조

기능성 : 콘드로이틴황산은 히알루론산과 함께 관절연골에 존재하여 관절의 탄성과 원활성을 준다. 또 피부 등의 조직에 콜라겐과 함께 보수성과 탄력성을 주고, 영양성분의 소화, 흡수, 대사에 관여한다. 이러한 이유로 피부노화 방지, 관절염 치료에 이용되고 있다.

5) 식품에 젤화제(gelling agent)로 이용되는 복합다당류

자연계에는 많은 다당류가 존재하고, 식품 가공에 널리 이용되고 있다. 다당류는 특이적 점성, 젤화성, 단백질, 전분, 유지 등과 상호작용을 갖고 있어 다양한 식품 제조 및 품질유지에 이용된다.

특히 한천, 알진산, 카라기난 등의 복합다당류는 쉽게 젤화되기 때문에, 젤화제, 증점제, 유화안정제 등으로 널리 이용된다. 다당 분자간의 상호작용의 대부분은 분자내의 -OH기의 수소결합에 의하지만, 카복실기(-COOH) 등의 음전하에 의한 이온결합도 관여한다.

(1) 한천(agar)

우뭇가사리 등의 홍조류의 세포벽 구성성분으로, 뜨거운 물에 추출되는 복합다당류이다.

우뭇가사리를 가열한 후 냉각하여 굳힌 식품이 우무(우무묵)이다.

구조 : 아가로오스(agarose)와 아가로펙틴(agaropectin, 약 30%)로 구성되어 있으며, 아가로오스와 아가로펙틴의 구성 비율은 70 : 30이다.

아가로오스는 이당류인 아가로비오스(agarobiose)가 반복적으로 α-1,3결합된 나선형의 직쇄상 다당류이다(그림 3-27).

아가로펙틴은 아가로오스구조에 황산기(3~10%), 피루빈산(약 1%), 글루쿠론산(소량)이 결합된 다당류이다. 아가로펙틴 분자에 존재하는 황산기(SO_3^-)는 칼슘이온이 존재할 때, 이온결합을 통해 저메톡실펙틴처럼 가교결합된다(그림 3-28).

실제로 아가로펙틴 중의 황산기는 칼슘이온과 이온결합을 통하여 결합되어 있다.

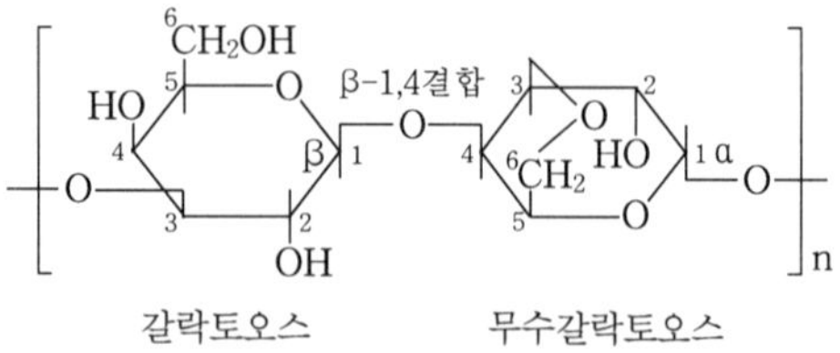

아가로비오스(agarobiose)의 단위

[그림 3-27] 한천(agar)의 구성성분인 아가로오스의 기본구조

아가로비오스 자체는 β-D-갈락토오스와 α-L-3,6-무수갈락토오스가 β-1,4결합된 이당류이다. 이 아가로비오스가 반복적으로 α-1,3결합되어 있다.

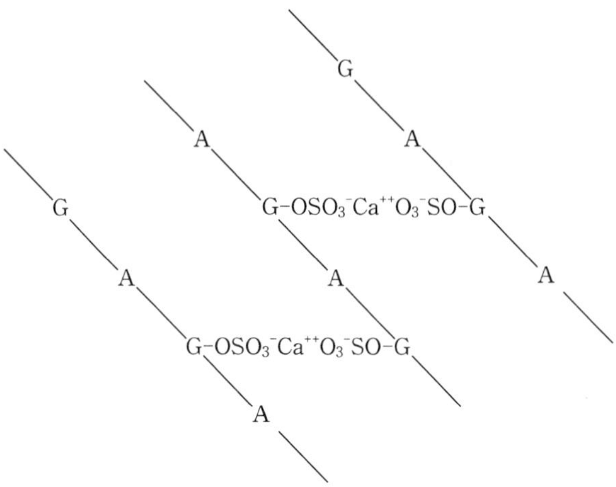

[그림 3-28] 한천의 구성성분인 아가로펙틴(agaropectin)의 구조

아가로펙틴을 구성하고 있는 갈락토오스의 황산기가 칼슘과 이온 결합되어 있다.

특성 : ① 한천에 물을 가하여 가열하면 80℃ 이상에서 콜로이드상태로 녹고, 30 ℃ 이하로 냉각하면 젤화한다. 이것은 가열에 의해 생성된 무작위 상태의 분자(a)가 냉각에 의해 분자간의 이중나선구조(b)를 형성하고, 이들 이중나선구조가 더 회합하여 젤(c)이 단단해지기 때문이다(그림 3-29).

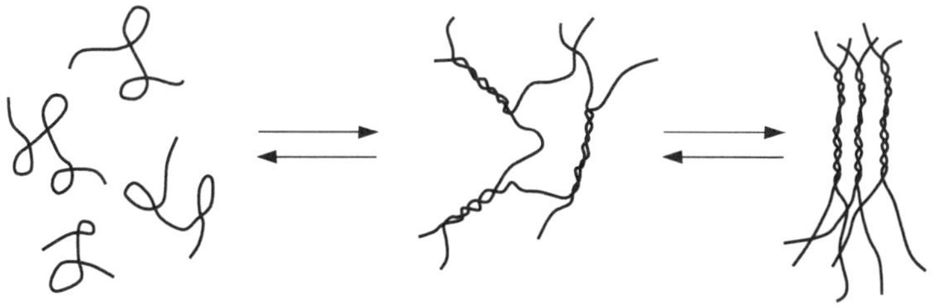

[그림 3-29] 한천의 졸(sol)-젤(gel)의 전이

② 일단 형성된 젤은 85℃ 이하에서는 녹지 않은 특이한 성질 갖고 있다. 이러한 성질을 이용하여 미생물의 배양배지 등에 이용한다. 한천 분해효소를 가진 균들이 매우 적다는 이유도 있다. 또한 한천은 젤화와 용해를 반복해도 원래의 한천 젤의 특성은 변하지 않는다.

한천 젤 : ① 젤 형성은 한천의 농도 0.2~0.3%에서 시작되며, 1~2%의 농도에서는 단단한 젤을 형성한다.

[표 3-11] 설탕의 농도와 한천 젤의 강도(단위 : g/cm^2)

설탕농도(%)	A	B	설탕농도(%)	A	B
0	203	203	40	357	388
10	212	-	50	422	459
20	247	265	60	498	530
30	289	314	70	606	647

A : 한천과 물만 넣고 25분, 설탕을 넣고 5분 가열
B : 한천, 물, 설탕을 모두 넣고 30분 가열

② 한천 젤은 투명하기 때문에 착색이 용이하다. 당(설탕, 포도당 등)의 첨

가에 의해 광택을 띄며, 당 농도가 높을수록 젤의 강도가 강해지며, 당 농도가 40% 이상이 되면 투명도도 높아진다(표 3-11).

③ 한천은 산에 약하여 산미가 강한 과즙을 첨가하고 가열하면 젤리화가 잘 안된다. 따라서 산미가 강한 과즙을 넣는 경우에는 한천을 충분히 가열하여 어느 정도 굳은 후에 신속히 과즙을 첨가해야 한다.

용도 : 양갱, 우무(우무묵), 한천젤리제조에 이용된다. 또한 37℃에서도 녹지 않고 반고체 상태를 유지하기 때문에 미생물의 고체배지 제조(1.5%)에도 이용된다. 한천은 저칼로리성이며, 전분의 노화를 방지하는 작용이 있다.

(2) 알진산(alginic acid)

미역, 다시마 등의 갈조류의 세포벽(건물의 10~ 47%)에 존재하는 다당류이다. 뜨거운 알칼리성 수용액으로 추출한 후 산성에서 침전시켜 얻는다.

구조 : 만누론산(β-D-mannuronic acid)과 글루론산(α-L-gluronic acid)으로 구성되어 있다.

즉, 알진산은 만누론산 중합체(β-1,4결합), 글루론산 중합체(α-1,4결합) 및 만누론산과 글루론산의 중합체를 구성단위로 교대로 연결되어 있다.

한편 알진산을 추출하여 나트륨염의 형태로 한 것을 알진산나트륨이라고 한다.

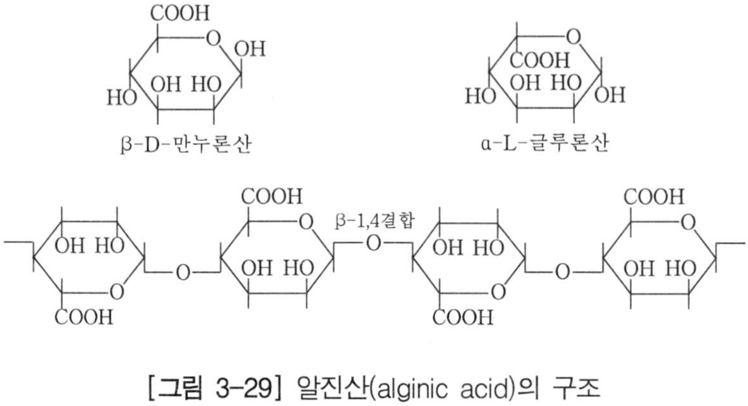

[그림 3-29] 알진산(alginic acid)의 구조

D-만누론산(D-mannuronic acid)이 β-1,4결합된 구조.
알진산나트륨은 알진산의 나트륨염 형태이다.

특성

① **용해성** : 알진산은 물에 녹지 않지만, 알진산나트륨염은 물에 녹아 높은 점성을 나타낸다. 이 때문에 알진산나트륨염은 아이스크림이나 드레싱의 안정제, 마요네즈의 증점제 등으로 사용된다.

② **칼슘과의 반응** : 알진산나트륨은 칼슘이온과 반응하여 젤을 형성한다. 이와 같은 칼슘이온과의 반응은 저메톡실펙틴의 기작과 같이 가교결합에 의해 이루어진다. 예를 들어 아이스크림 제조시 첨가(0.2~0.3%)하면 우유 중의 칼슘과 가교결합하여 아이스크림 중의 얼음결정을 미세화하고, 조직을 부드럽게 해준다.

또 인공연어알은 이러한 원리를 이용하여 만들어진다. 즉, 염화칼슘($CaCl_2$, 1%)에 알진산나트륨염(1~2%)를 조금씩 넣으면, 염화칼슘용액 중의 칼슘이온과 알진산나트륨이 가교결합하여 안쪽은 액체이고, 표면은 막을 형성한다.

③ **산성용액에서의 반응** : 산성용액에서 물을 잘 흡수하여 반고체의 젤을 형성한다. 이 때문에 과즙, 과즙주스, 청량음료 등에는 사용할 수 없다. 마른 다시마를 물에 불릴 때 소량의 산을 넣어 주면 단시간에 부드럽게 되는 것도 이 때문이다.

용도 : 높은 점성으로, 아이스크림, 드레싱 등의 식품안정제, 인공연어알, 천사채, 미역국수 등의 제조에 이용된다.

(3) 카라기난(carrageenan)

한천과 같이 홍조류의 세포벽에 존재하며, 구조는 한천과 비슷하나 분자 내에 황산기를 갖고 있는 산성 다당류이다. 뜨거운 물이나 뜨거운 알칼리성 수용액에서 추출한다.

구조 : β-D-갈락토오스, α-3,6 무수-D-갈락토오스 및 황산기(SO_3^-)로 구성되어 있으며, 구조 중의 황산기의 위치나 수에 따라 κ-, ι- 및 λ-카라기난으로 분류된다.

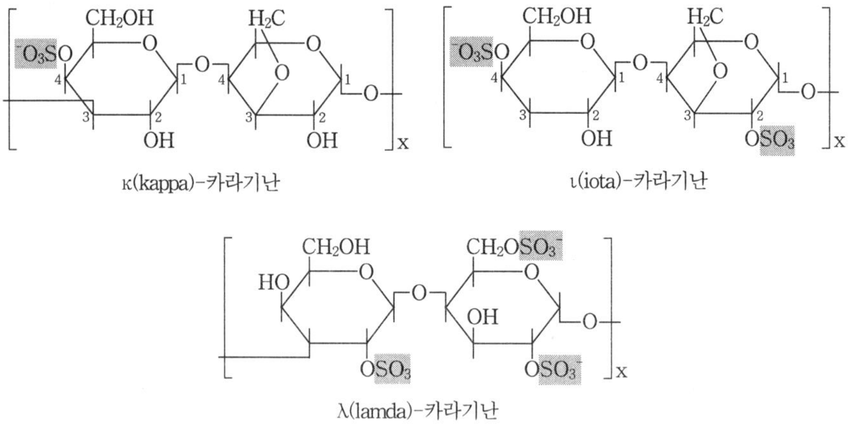

[그림 3-30] 카라기난의 구조

특성 : ① κ-와 ι-카라기난은 젤 형성능력과 열가역성이 우수하여 젤리 등의 젤화제로 사용된다.

또한 무기질(Ca, Mg, K)이나 단백질이 존재하면 더 단단한 젤을 형성하는 특성이 있다.

λ-카라기난은 젤을 형성하지 않지만, 증점성이 있어 현탁안정제, 기포안정제로 이용된다.

② 한천에 비해 낮은 온도에서 투명성이 높은 젤을 형성한다. 방치 후에도 이수(離水)가 적고 식감과 투명성이 좋다.

[표 3-15] 카라기난의 종류와 특성

종 류	특 성	용 도
κ(kappa)형	- 무기질(K, Ca, Mg 등) 또는 단백질(특히 우유 카세인)에 의해 젤화.	- 과일젤리 등 디저트 젤리, 잼 - 방향제, 소취제의 젤화제 - 어묵, 햄, 소시지, 게맛살의 조직개량제
ι(iota)형	- 무기질(주로 Ca)에 의해 젤화. - 이수(離水)가 적고, 동결해도 같은 상태로 돌아옴	
λ(lambda)형	- 젤화력이 없다. - 물에 녹으면 강한 점성의 액체가 된다. - 보수성이 좋다.	- 초콜릿우유, 두유의 현탁 안정제 - 휘핑크림의 기포안정제 - 냉동식품의 얼음결정억제제 - 소스, 치약

용도 : 젤화제, 아이스크림 등의 식품안정제 등으로 사용한다. 3종류의 카라기난을 혼합 사용하면 다양한 식감의 젤리를 만들 수 있다.

(4) 로커스트콩검(locust bean gum, 메뚜기콩검)

지중해 지역의 콩과식물의 종자 배유에서 얻어지는 점액질 물질이다.

구조 : D-만노오스가 β-1,4결합된 중합체에 갈락토오스가 결합된 갈락토만난구조를 구성단위로 연결된 복합다당류로, 분자량은 30만 정도이다. 만노오스와 갈락토오스의 구성비율은 4~5 : 1이다.

특성 : ① 냉수에 녹지 않고, 70~90℃에서 투명하게 완전 용해된다.
② 젤을 형성하지 않지만, 매우 높은 점성과 열안정성이 있다. 용액의 점도는 비교적 안정하나 부패하기 쉽고, 부패하면 점도가 급격히 저하된다.
③ 한천이나 카라기난과 함께 사용하면, 한천이나 카라기난의 젤 탄력성을 크게 증가시키는 성질이 있어 이를 이용한 다양한 젤화제, 안정제가 개발되어 있다.

용도 : 증점제나 안정제로 사용한다. 특히, 크림치즈, 연질치즈 등의 낙농제품이나 아이스크림 등의 냉동제품에 사용한다.
크림치즈나 연질치즈 등에서는 응고를 촉진하며, 수율을 높이고, 커드(curd) 분리를 용이하게 한다. 또 아이스크림에서는 얼음의 재결정을 억제한다.

(5) 구아검(guar gum)

구아나무 종자에서 얻어지는 점액질 물질이다. 로커스트콩검과 마찬가지로 배유부분에서 얻어진다.

구조 : 로커스트콩검과 마찬가지로 갈락토만난이 연결된 구조이지만, 당의 구성비율이 다르다. 만노오스와 갈락토오스의 구성비율은 2 : 1이다.

특성 : ① 냉수에도 잘 녹아 안정한 고점도의 수용액이 되며, 천연 검류 중에서 가장 점도가 크다.
② 젤을 형성하지 않지만, 한천, 카라기난, 잔탄검 등과 함께 사용하면 탄

성이 있는 젤을 형성한다.

용도 : 아이스크림의 안정제, 소스류 등에 사용되며, 고순도 정제품은 화장품(로션, 크림 등), 계면활성제의 증점제로도 이용된다.

(6) 잔탄검(xanthan gum)

잔탄검은 미생물(*Xanthomonas campestris*)들의 발효과정에서 생산되는 점도가 매우 큰 검질 물질이다. 구조는 포도당, 만노오스, 글루쿠론산 등으로 구성되어 있다.

특성 : ① 냉수에 녹아 높은 점성을 나타내고, 산성에서도 점성변화를 일으키지 않고, 열안정성이 크다. 또한 염, 효소에 대해서도 내성을 갖는다.
② 로커스트콩검과 혼합 사용하면 강한 탄력성의 젤을 형성하고, 구아검과 혼합사용하면 높은 점성을 나타내는 특성이 있다.

용도 : 마요네즈, 케찹, 치킨소스 등의 산성이 강한 식품의 증점제로 이용된다. 또한 열에 강하여 레토르트식품에 사용한다.

(7) 아라비아검(gum arabic)

콩과 식물(Acacia senegal)의 수액에 함유되어 있는 다당류로, 인위적으로 줄기에 상처를 내어 얻는다.

구조 : L-아라비노오스(30%), L-갈락토오스(37%), D-포도당(14%), L-람노오스(11%)로 구성되어 있다. 주로 β-갈락토오스의 1,3결합으로 구성되어 있으며, 이외에 L-아라비노오스, L-람노오스, L-글루쿠론산이 β-1,6결합되어 있다.

특성 : 보통 검질 물질은 점도가 매우 크기 때문에 5% 이상에서 잘 용해되지 않지만, 아라비아검은 물에 매우 안정하고, 점도가 낮다. 5% 이상의 농도에서도 잘 녹으며, 최고 50%까지 용해된다. 50%의 아라비아검 수용액은 전분 젤과 비슷한 성질을 갖는다.

용도 : 지질성분과의 유화 분산 목적이나 당류 및 얼음의 결정화방지에 이용된다.

(8) 카라야검(gum karaya)

카라야검은 인도에서 자라는 나무(*Sterculia urens*) 수액에서 얻어지는 검질 물질이다.

구조 : 구조는 확실히 알려져 있지 않지만, D-갈락토오스, L-람노오스, D-갈락투론산으로 구성되어 있으며, 일부 아세틸기를 함유하고 있다.

특성 : 구조 중의 아세틸기로 인하여 물에 녹지 않으나, 물에 매우 빨리 팽윤하여 낮은 농도에서도 점성이 크고, 불투명한 콜로이드 용액을 형성한다.

용도 : 소스, 드레싱, 냉동 디저트 등의 분산, 현탁 등의 증점제

(9) 젤라틴(gelatin)

다당류는 아니지만 동물조직에서 추출되는 물질 중에도 친수성 콜로이드 용액이나 젤을 형성하는 물질이 있다. 실제로 널리 이용되는 것이 콜라겐을 가수분해하여 얻어지는 젤라틴이다.

특성 : ① 젤라틴은 35℃ 이상에서 콜로이드상태로 용해하고, 35℃ 이하로 냉각하면 단단한 반고체상의 젤을 형성하기 때문에 젤리 제조에 사용된다.

② 젤리화는 먼저 젤라틴을 물에 불린 후(30분~1시간) 물을 넣어 가열해야 한다. 마른 젤라틴에 물을 넣고 가열하면 표면에만 물이 흡수되어 점성이 생기기 때문에 물이 내부까지 흡수되지 못한다. 이 때문에 내부는 마른 상태로 남아있게 되고, 결국 젤리화가 잘 되지 않는다.

즉, 젤라틴은 40~50℃에서 녹여야 하며, 가열하여 녹이면 성질이 변하여 젤리화가 어렵게 된다.

③ 젤라틴은 pH가 4 전후로 되면 등전점이 되어 젤리화가 잘 안된다. 따

과실 중에 함유되어 있는 단백질 분해효소
파파야의 파파인(papain), 파인애플의 브로멜라인(bromelain), 무화과의 피신(ficin), 키위의 액티니딘(actinidin)

• 파인애플의 브로멜라인은 콜라겐, 엘라스틴 등의 경단백질을 잘 분해하여 식육의 연화에 사용.

라서 신맛이 강한 과즙이나 과일을 넣어 젤리를 만들 때는 어느 정도 굳은 후 과즙을 가해야 한다.

④ 파인애플, 파파야, 키위, 무화과 등의 과육을 섞어 젤라틴 젤리를 만들면 젤리화가 되지 않는데, 이는 과육 중의 단백질 분해효소에 의해 젤라틴이 분해되기 때문이다.

파인애플, 키위 등을 넣을 때는 과육이나 과즙을 가열하여 단백질분해효소를 불활성화시킨 후 사용하거나, 가열처리된 통조림을 사용해야 한다.

[표 3-12] 일부 젤화제의 특성비교

종 류		젤라틴	한 천	카라기난	펙 틴	
					고메톡실	저메톡실
추출방법		열수	열수	열수	열수	
용해 시 예비준비		물에 담가 팽윤	물에 담가 흡수	설탕과 잘 혼합	설탕과 잘 혼합	
용해온도		40~45℃	90~100℃	60~100℃	90~100℃	
젤리화조건	농도	2~4%	0.5~1.5%	0.5~1.5%	0.5~1.5%	
	온도	냉장(10℃ 이하)	실온에서 굳힘	실온에서 굳힘	실온에서 굳힘	
	pH	산에 약함 (pH 3.5~)	산에 매우 약함 (pH 4.5~)	산에 약간 약함 (pH 3.2~)	산에 매우강함 (pH 2.7~3.5)	산에 약간강함 (pH 3.2~6.8)
	기타	단백질분해효소 없을 것	-	종류에 따라 칼슘, 칼륨에 의해 젤화	다량의 설탕 (55~80%)	칼슘 등(펙틴의 1.5~3.0%)
젤리의 특성	보수성	○ 보수성 우수	× 이수 용이	△ 약간 이수	△ 최적조건 벗어나면 이수	
	열안정성	× 여름철에 부서지기 쉽다.	○ 실온에서 안정	○ 실온에서 안정	○ 실온에서 안정	
	냉동내성	× 냉동보존 안됨	× 냉동보존 안됨	○ 냉동보존 가능	○ 냉동보존 가능	
	소화흡수	○ 소화, 흡수	× 소화 안됨	× 소화 안됨	× 소화 안됨	
	칼로리 (100 g 당)	338 kcal	0 kcal	0 kcal	0 kcal	

용도 : 아이스크림의 안정제, 햄 · 소시지의 결착제, 고체배지, 약용캡슐제 등으로 이용되고 있다. 또, 마시멜로(marshmallow)를 만드는데 이용된다. 마시멜로는 설탕과 물엿을 물에 넣어 졸인 후 젤라틴, 달걀흰자를 넣어 2~3배 부풀려 만든다.

젤라틴은 타닌과 결합하여 불용성 복합체를 형성하기 때문에, 과즙, 포도주를 혼탁시키는 타닌 제거에도 이용된다.

젤라틴 + 타닌 ——→ 젤라틴-타닌 복합체

1. pH 4.5
2. 가급적 낮은 온도
3. 젤라틴과 타닌의 중량비 2:3
4. 타닌의 분자량이 클수록 복합체 형성이 용이

4. 다당류의 기능과 식품으로의 이용

이상 설명한 다당류 이외에도 자연계에는 많은 다당류가 존재하고, 식품가공에 널리 이용되고 있다. 식품의 제조 및 품질유지 등에 이용되고 있는 예를 표 3-13과 같다.

[표 3-13] 다당류의 기능과 식품으로의 이용

기능	목적	효과	응용	다당류
증점성	농후화 분산, 현탁	바디감 부여	잼, 소스, 음료, 스프, 드레싱 소스, 초콜릿시럽, 무지방드레싱	펙틴, 카라기난, 구아검 잔탄검, 구아검, 카라야검
젤화성	젤화	젤 조직감의 다양화	잼, 푸팅, 젤리, 곤약	펙틴, 한천, 곤약, 카라기난, 알진산(젤라틴)
결정생성 방지	품질유지	얼음결정 방지 당결정 방지	아이스크림	로커스트콩 검, 구아검 아라비아 검 외 다수
물과의 결합성	건조속도 조절	증산 방지 보습, 보수성 부여	냉동식품, 소시지 케이크, 양념소스	구아검, 잔탄검, 알진산 등 카라기난, 구아검, 로커스트콩검
필름형성능	코팅 캡슐화	광택 향상 향료의 안정화	조미김, 절임류, 캔디 분말향료	구아검, 잔탄검 카라기난, 알진산, 아라비아검, 펙틴
단백질과의 반응성	혼탁, 현탁 결착 거품 유지	고형물의 현탁 탄력, 보수성 향상 균일 분산	넥타, 과일쥬스, 유산균음료 햄, 소시지, 햄버거, 빵, 면 밀크쉐이크, 휘핑크림	카라기난, 구아검, 펙틴 카라기난, 잔탄검, 곤약 등 카라기난, 잔탄검
전분과의 상호작용	품질유지 이형성 개선 성형성 개선	노화 방지 깨짐 방지	제과, 제빵, 면 전분젤리 쌀과자	카라기난, 구아검, 곤약 젤란검 잔탄검, 구아검
유지와의 상호작용	유화성 단백질과의 반응	유화안정성 유화안정성	드레싱, 커피, 크림, 마가린 치즈, 아이스크림, 마요네즈, 버터크림, 초코밀크	잔탄검, 아라비아검, 카라기난, CMC 카라기난, 펙틴, 잔탄검 등

5. 식이섬유(dietary fiber)

식이섬유는 "사람의 소화효소로 소화되지 않는 식품 중의 난소화성 성분의 총칭"으로 정의된다. 식물성 식이섬유는 주로 탄수화물로서, 식물 세포벽을 구성하는 셀룰로오스와 펙틴, 헤미셀룰로오스와 검질물질, 리그닌, 이눌린 등이 있으며, 동물성 식이섬유로는 키틴이 있다.

식이섬유는 일반적으로 불용성 식이섬유와 수용성식이섬유로 분류한다(표 3-14).

[표 3-14] 식이섬유의 분류

용해성	명칭	소재
불용성	셀룰로오스 헤미셀룰로오스 리그닌 불용성 펙틴 키틴	식물 세포벽 식물 세포벽 식물 세포벽 과실, 채소 새우, 게껍질
수용성	수용성 펙틴 글루코만난 알진산 한천 식물검	과실, 채소 곤약 해조류 해조류 나무껍질

수용성 식이섬유는 표 3-14에 나타난 것 이외에도 카복시메틸셀룰로오스(CMC), 폴리덱스트로스(polydextrose, PD)와 같은 화학처리된 다당류나 난소화성의 올리고당인 대두올리고당, 아이소말토올리고당, 프락토올리고당 등도 있다(10장 식품의 맛 참조).

1) 폴리덱스트로스(polydextrose)

미국에서 개발되어 1981년 미국 FDA의 허가를 받아 많은 저칼로리음료 등에 이용되고 있는 합성 수용성 식이섬유이다.

D-포도당, 솔비톨, 구연산을 89 : 10 : 1의 비율로 혼합하여 고온(135~300 ℃), 감압하에서 중합시켜 만들며, 포도당의 β-1,6결합을 주로 하는 중합체를 주성분으로 한다.

특성 : 사람의 소화효소로는 분해되지 않지만, 장내세균에 의해 일부 분해

되어 1g당 1kcal의 저칼로리 식이섬유이다. 백색~담황색의 비결정성 분말 또는 덩어리로 무미, 무취 또는 약간의 산미가 있고, 냉수에 녹는다. 폴리덱스트로스를 먹인 쥐의 동물실험에서 칼슘의 흡수 증가와 뼈 경질화의 촉진이 확인되고 있다.

2) 식이섬유의 생리적 작용

식이섬유는 에너지원으로 이용되지 않지만, 생리적 작용(표 3-15)이 있어, 중요한 물질이다. 특히, 수용성 식이 섬유의 생리적 작용이 강한 것으로 알려져 있다.

[표 3-15] 식이섬유의 생리작용과 예방효과

생 리 작 용	주요 예방효과
- 씹는 횟수 증가, 만복감 부여.	충치, 비만 예방
- 콜레스테롤, 담즙산 흡착, 배설하여 혈중 콜레스테롤 억제	동맥경화, 혈전 예방
- 변의 양을 증가, 소화관활성화에 의한 정장작용	변 비 예방
- 나트륨과 결합, 배출하여 NaCl 농도 상승 억제	고혈압 예방
- 당흡수 억제로 인한 혈당치 상승 억제	당뇨병 예방
- 대장내 발암물질을 흡착, 배출	대장암 예방
- 비피더스균증식, 장내환경개선	대장암 예방

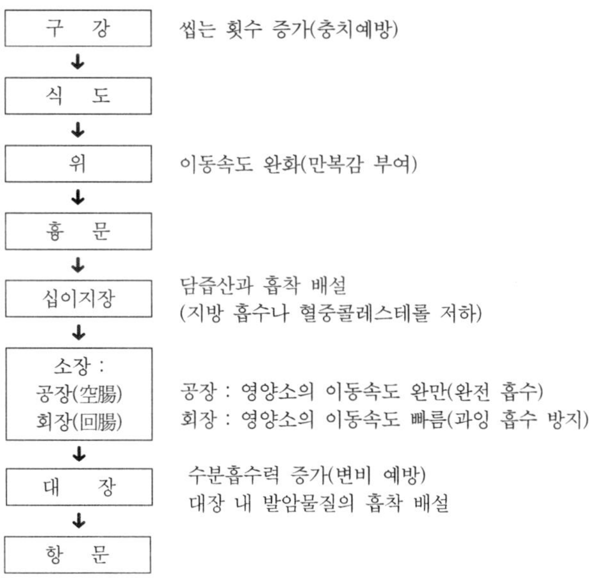

[그림 3-31] 식이섬유의 체내 작용

식이섬유의 1일 섭취량은 20~25g으로 되어 있으나 근래 1일 섭취량은 평균 15g으로 보다 많은 식이섬유의 섭취가 필요하다.

표 3-16에 주요 식품 중의 식이섬유량을 나타냈다.

그러나 과잉섭취는 설사증상을 일으키고, 그 결과, 무기질(칼슘, 아연 등) 등의 유용한 성분까지도 배설되기 때문에 주의를 요한다.

[표 3-16] 식품 중의 주요 식이섬유

식 품 명	함량(g/가식부위 100g)			식 품 명	함량(g/가식부위 100g)		
	수용성	불용성	총 함량		수용성	불용성	총 함량
해조(건물)				**서류**			
한천	-	-	74.1	고구마	1.8	0.5	2.3
녹미채	-	-	43.3	토란	1.5	0.8	2.3
미역	-	-	32.7	판곤약	2.1	0.1	2.2
다시마	-	-	27.1	감자	0.7	0.6	1.3
버섯류				**채소류**			
건목이버섯	0.0	57.4	57.4	무말랭이	17.1	3.6	20.7
건표고버섯	3.0	38.0	41.0	우엉	3.4	2.3	5.7
팽이버섯	0.4	3.5	3.9	쑥갓	2.4	0.8	3.2
곡류				콜리플라워	2.5	0.4	2.9
보리(압맥)	6.0	3.6	9.6	호박	2.1	0.7	2.8
오트밀	3.2	6.2	9.4	당근	2.0	0.7	2.7
현미	0.7	2.3	3.0	양배추	1.4	0.4	1.8
식빵	0.4	1.9	2.3	**과실류**			
정백미	Tr	0.5	0.5	곶감	12.7	1.3	14.0
두류				아보가드	3.6	1.7	5.3
강낭콩	3.3	16.0	19.3	레몬	2.9	2.0	4.9
팥	1.2	16.6	17.8	키위	1.8	0.7	2.5
청국장	1.8	15.3	17.1	사과	1.2	0.3	1.5
대두	2.3	4.4	6.7	바나나	1.0	0.1	1.1
두부	0.1	0.3	0.4				
종실류							
참깨	1.6	9.2	10.8				
땅콩	0.4	7.0	7.4				
삶은 밤	0.3	6.3	6.6				

4장 지 질

4.1. 지질의 종류와 구조

지질은 물에 녹지 않고, 에테르, 헥산, 클로로포름, 아세톤 등의 유기용매에 녹는 물질의 총칭이다. 지질에는 유지 이외에 왁스, 지용성색소, 지용성비타민, 콜레스테롤 등의 여러 물질이 포함된다. 지질의 구성성분에 따라 단순지질, 복합지질, 유도지질, 기타 지질로 크게 분류된다(표 4-1).

[표 4-1] 지질의 분류

종 류	구성성분 (지방산, 알코올, 기타 성분)	지질의 예
단순지질		
중성지질(유지)	지방산, 글리세롤	대두유 등의 식용유
왁스	지방산, 1가 고급알코올	밀납(蜜臘), 경납(鯨臘)
복합지질		
인지질		
글리세롤인지질	지방산, 글리세롤, 인산, 염기	포스파티딜콜린(레시틴)
스핑고인지질	지방산, 스핑고신, 인산, 염기	스핑고마이엘린
당지질		
글리세린당지질	지방산, 글리세롤, 당	다이갈락토실다이아실글리세롤
스핑고당지질	지방산, 스핑고신, 당	갈락토세레브로사이드
유도지질		
지방산		
스테롤		콜레스테롤
기타 지질		
탄화수소		스쿠알렌
지용성비타민		비타민 A, D, E, K
지용성 색소		카로테노이드, 클로로필

단순지질은 지방산과 알코올이 에스터 결합한 것을 말하며, 복합지질은 지방산, 알코올 이외에 인산, 당 등이 결합한 것을 말한다. 또 유도지질은 단순지질에서 유도되어 생긴 것을, 기타 지질은 단순지질, 복합지질 이외의 지용성성분을 말한다.

4.2. 단순지질

1. 트리아실글리세롤 (트리글리세라이드, 유지, 중성지질, 중성지방)

> **아실기**(acyl group)
> R-COOH의 OH를 제거한 잔기. R-CO

3가 알코올인 글리세롤에 3분자의 지방산이 에스터 결합한 것을 트리아실글리세롤(triacyl glycerol)라고 하며, 동·식물 중에 널리 분포하고 있다.

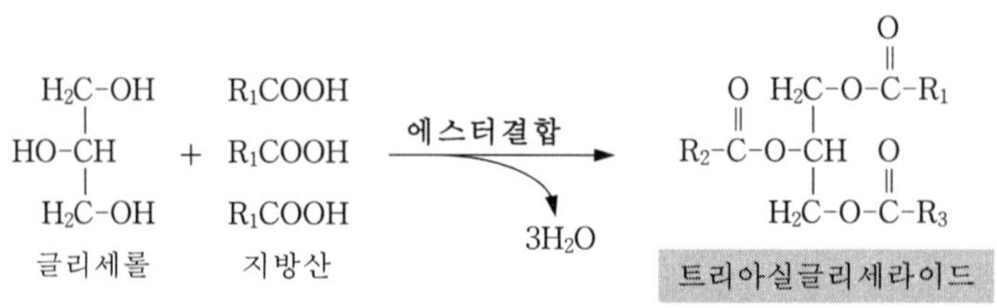

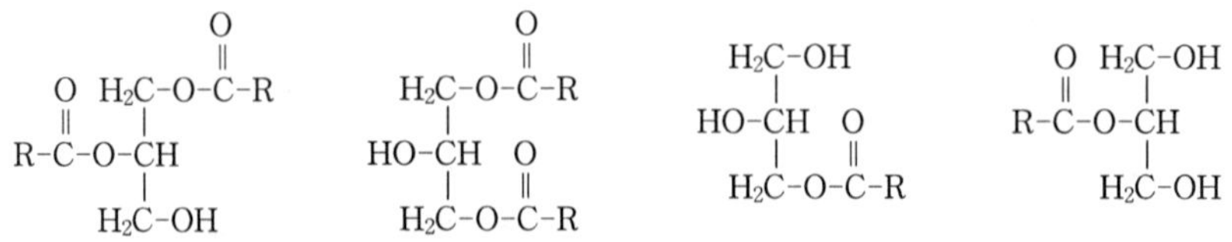

1,2-다이글리세라이드 1,3-다이글리세라이드 1-모노글리세라이드 2-모노글리세라이드

다이아실글리세롤 모노아실글리세롤

[그림 4-1] 트리아실글리세롤, 다이아실글리세롤, 모노아실글리세롤의 구조

모노아실글리세롤, 다이아실글리세롤 : 글리세롤에 지방산이 1분자 결합한 것을 모노아실글리세롤(또는 모노글리세라이드), 2분자 결합한 것을 다이아실글리세롤(또는 다이글리세라이드)이라고 하며, 식용유지 중에는 미량 존재한다.

그러나 모노아실글리세롤과 다이아실글리세롤은 식품유화제로 널리 이용된다.

1) 유화제(emulsifier, emulsifying agent)

물과 기름은 서로 혼합되지 않지만, 유화제를 이용하면 한쪽은 미세 입자가 되어 다른 한쪽에 안정하게 분산시킬 수 있다. 이것을 유화라고 한다. 또 서로 혼합되지 않는 두 액체를 안정한 분산상태, 즉 유화상태로 만드는 물질을 유화제라고 한다.

O/W형 유화 및 W/O형 유화 : 유화에는 물 중에 유지입자가 분산한 O/W형(수중유적형, oil in water) 유화와 유지 중에 물이 분산한 W/O형(유중수적형, water in oil)유화가 있다.

우유, 아이스크림, 마요네즈는 O/W형의 유화식품이며, 버터, 마가린은 W/O형의 유화식품이다.

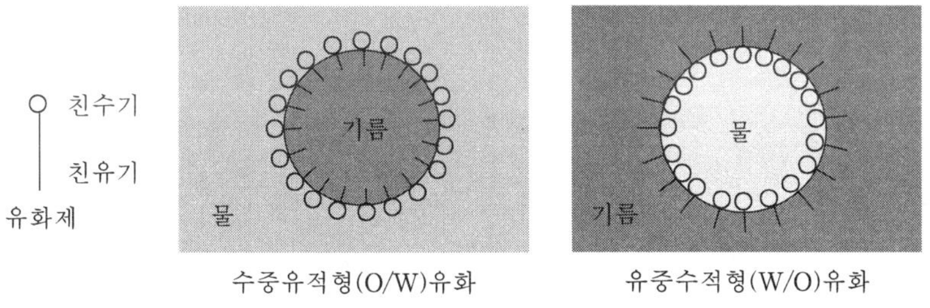

[그림 4-2] O/W형 및 W/O형 유화의 형태

O/W형 유화가 되거나 W/O형 유화가 되는 것은 유화제의 종류에 따라 좌우된다. 즉, 친수성이 강한 유화제를 사용하면 O/W형 유화가 되고, 친유성이 강한 유화제를 사용하면 W/O형의 유화가 된다.

유화제로는 모노글리세라이드, 다이글리세라이드, 레시틴(포스파티딜콜린), 설탕지방산에스터, 솔비탄지방산에스터 등이 있다. 또 전분, 한천, 펙틴, 덱스트린, 알진산, 아라비아검 등은 유화안정제로 이용되고 있다.

모노글리세라이드, 다이글리세라이드의 유화작용 : 모노글리세라이드를 구성하는 지방산부분은 극성이 낮아, 물에는 잘 안 녹고, 기름이나 유기용매에는 잘 녹는 성질을 갖는다. 이 같은 성질을 친유성(소수성, hydrophobic)이라고 한다. 반면에 OH기 부분은 극성이 강하여 물에는 잘 녹고, 기름이나 유기용매에는 잘 녹지 않는 성질을 갖는다. 이러한 성질을 친수성(hydrophilic)이라고 한다.

모노글리세라이드나 다이글리세라이드는 분자 내에 친유성기와 친수성기를 모두 갖고 있어 유화작용을 나타낸다. 즉, 모노글리세라이드를 물과 기름의 혼합액에 넣으면 친수성기(-OH기)는 물에 작용하고, 친유성기(지방산부분)는 기름에 작용하여 물과 기름을 분산시킨다.

2) 지방산

지방산은 탄화수소사슬의 말단에 카복실기(-COOH)를 갖는 화합물로 단순지질, 복합지질의 구성성분으로서 존재한다(표 4-2). 일반식으로는 R-COOH로 표시한다.

식품에 존재하는 지방산의 탄소수는 짝수의 14~22개가 많다. 탄화수소에 이중결합을 갖지 않는 지방산을 포화지방산, 이중결합을 갖는 지방산을 불포화지방산이라고 한다.

포화지방산의 성질 : 포화지방산은 탄소수가 많을수록 융점이 높다. 탄소수 10개 이하는 휘발성이며 액체이지만, 탄소수 12개 이상은 고체이다.

대표적인 포화지방산으로는 라우르산(C 12 : 0), 팔미트산(C 16 : 0), 스테아르산(C 18 : 0)이 있으며, 돈지, 우지, 팜유 등의 고체유지의 주성분이다. 이들 지방산은 실온에서 고체이고, 이 때문에 이들 지방산이 많은 돈지, 우지 팜유는 고체이다.

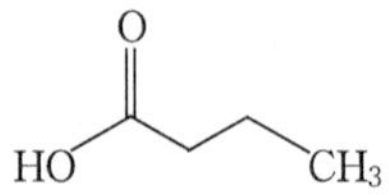

부티르산(탄소수 4, 이중결합 0)
(4 : 0) : 융점 -7.9℃

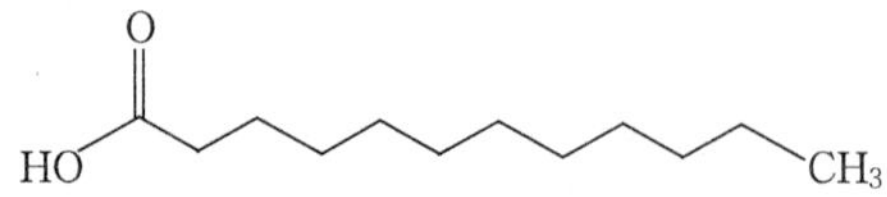

라우르산(탄소수 12, 이중결합 0)
(12 : 0) : 융점 44.2℃

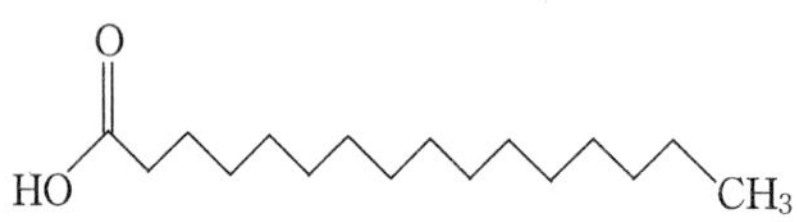

팔미트산(탄소수 16, 이중결합 0)
(16 : 0) : 융점 63.1℃

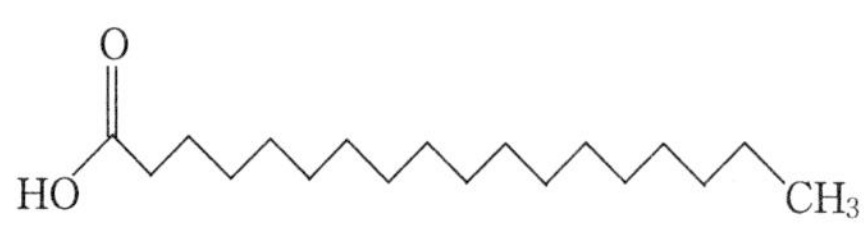

스테아르산(탄소수 18, 이중결합 0)
(18 : 0) : 융점 69.6℃

포화지방산은 직쇄상 구조를 갖고 있어 치밀하게 모이기 쉬워 융점이 높다.

[그림 4-5] 포화지방산의 구조 및 융점

예를 들면, 라우르산(C 12 : 0)의 융점은 44.2℃인 반면, 부티르산(C 4 : 0)의 융점은 -7.3℃이다. 또한 탄소수가 많을수록 친유성을 갖는다. 즉, 탄소수가 길수록 물에 잘 녹지 않는다.

[표 4-2] 주요 포화 지방산과 융점

관 용 명	탄소수: 이중결합수	IUPAC 통칭	융 점
부티르산 (butyric acid)	C 4 : 0	부타노산 (butanoic acid)	-7.9
카프로산 (caproic acid)	C 6 : 0	헥사노산 (hexanoic acid)	-3.4
카프릴산 (caprylic acid)	C 8 : 0	옥타노산 (octanoic acid)	16.7
카프르산 (capric acid)	C 10 : 0	데카노산 (decanoic acid)	31.6
라우르산 (lauric acid)	C 12 : 0	도데카노산 (dodecanoic acid)	44.2
미리스트산 (myristic acid)	C 14 : 0	테트라데카노산 (tetradecanoic acid)	53.9
팔미트산 (palmitic acid)	C 16 : 0	헥사데카노산 (hexadecanoic acid)	63.1
스테아르산 (stearic acid)	C 18 : 0	옥타데카노산 (octadecanoic acid)	69.6
아라키드산 (arachidic acid)	C 20 : 0	에코사노산 (eicosanoic acid)	75.3
베헨산 (vehenic acid)	C 22 : 0	도코사노산 (docosanoic acid)	79.9
리그노세르산 (lignoceric acid)	C 24 : 0	테트라코사노산 (tetracosanoic acid)	84.2
세로트산 (cerotic acid)	C 26 : 0	헥사코사노산 (hexacosanoic acid)	87.7

불포화지방산의 성질 : 불포화지방산은 1분자 중에 1~7개의 이중결합을 갖으며, 포화지방산보다 융점이 낮아 액체로 존재한다.

지방산의 탄소수가 많을수록 융점이 높고, 같은 탄소수의 경우 이중결합의 수(불포화도)가 많을수록 융점이 낮다.

예를 들어 올레산의 융점(C 18 : 1, 융점 13℃)은 스테아르산의 융점(C 18 : 0, 융점 69.6℃)보다 낮다. 또한 같은 탄소수의 지방산이라도 이중결합수가 많을수록 융점은 낮아진다.

대표적인 불포화지방산으로는 올레산(C 18 : 1), 리놀레산(C18 : 2), 리놀렌산(C 18 : 3)이 있으며, 유지 전체에 널리 분포하고 있으나, 식물성 유지에 많이 함유되어 있다. 이들 지방산은 융점이 낮아, 실온에서 액체이다.

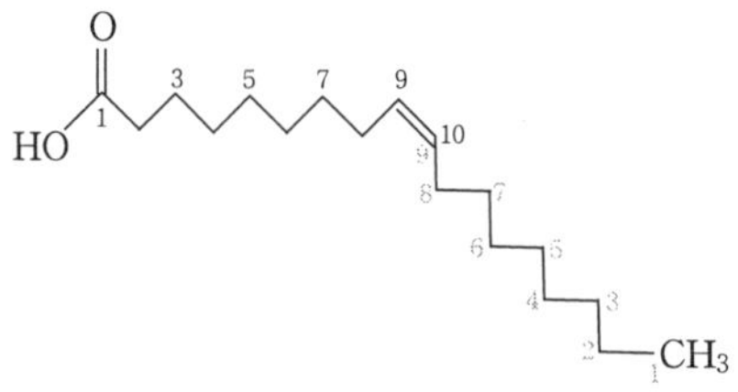

올레산(탄소수 18, 이중결합 1)
(18 : 1) : 융점 13℃

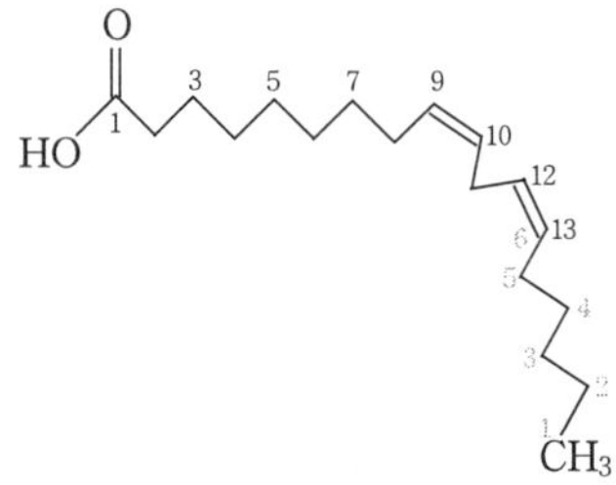

리놀레산(탄소수 18, 이중결합 2)
(18 : 2) : 융점 -5.8℃

불포화지방산은 이중결합의 존재로 치밀하게 모이기 어려워 융점이 낮다.

[그림 4-4] 불포화지방산의 구조 및 융점

[표 4-3] 주요 불포화 지방산과 융점

관용명	탄소수: 이중결합수	IUPAC 통칭	융점
일가 불포화 지방산			
미리스트올레산 (myristoleic acid)	C 14:1	cis-9-테트라데센산 (cis-9-tetradecenoic acid)	
팔미트올레산 (palmitoleic acid)	C 16:1	cis-9-헥사데센산 (cis-9-tetradecenoic acid)	2.0
올레산 (oleic acid)	C 18:1(n-9)	cis-9-옥타데센산 (cis-9-octadecenoic acid)	13
엘라이드산 (elaidic acid)	C 18:1	trans-9-옥타데센산 (trans-9-octadecenoic acid)	46.5
에루스산 (erucic acid)	C 22:1	cis-13-도코세노산 (cis-13-dococenoic acid)	33.5
다가불포화지방산			
리놀레산 (linoleic acid)	C 18:2(n-6)	9,12-옥타데카다이에노산 (9,12-octadecadienoic acid)	-5.8
α-리놀렌산 (α-linolenic acid)	C 18:3(n-3)	9,12,15-옥타데카트리에노산 (9,12,15-octadecatrienoic acid)	-11
γ-리놀렌산 (γ-linolenic acid)	C 18:3(n-6)	6,9,12-옥타데카트리에노산 (6,9,12-octadecatrienoic acid)	
아라키돈산 (arachidonic acid)	C 20:4(n-6)	5,8,11,14-에이코사테트라에노산 (5,8,11,14-eicosatetraenoic acid)	-49.5
EPA (에이코사펜타엔산)	C 20:5(n-3)	5,8,11,14,17-에이코사펜타에노산 (5,8,11,14,17-eicosapentaenoic acid)	
DHA (도코사헥사엔산)	C 22:6(n-3)	4,7,10,13,16,19-도코사헥사에노산 4,7,10,13,16,19-docosahexaenoic acid	

한편, 불포화지방산은 이중결합이 1개의 모노엔산(monoenic acid, 1가불포화지방산), 또한 이중결합이 증가함에 따라 2개의 다이엔산(dien acid), 3개의 트리엔산(trienic acid), 4개의 테트라엔산(tetraenic acid), 5개의 펜타엔산(pentaenic acid)과 같이 이중결합의 수에 따라 분류된다.

특히 2개 이상의 불포화지방산을 폴리엔산(polyenic acid, 다가불포화지방산) 또는 고도불포화지방산이라 부른다.

트랜스지방산 : 불포화지방산은 1개의 이중결합에 대해 입체학적으로 다른 두 종류의 구조가 존재할 수 있다. 이중결합에 붙어 있는 수소가 서로 반대쪽으로 있는 형을 트랜스(trans)형 지방산, 같은 쪽으로 있는 형을 시스(cis)형 지방산이라고 한다(그림 4-5).

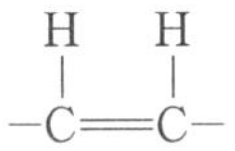
시스형(cis form)

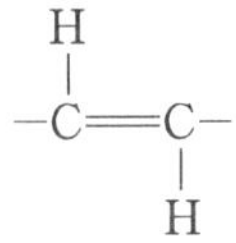
트랜스형(trans form)

[그림 4-5] 시스형과 트랜스형

식용유지를 구성하고 있는 천연 지방산은 모두 시스형이며, 식용유지에 수소 첨가하여 마가린이나 쇼트닝을 제조하는 과정 또는 가열에 의해 일부 트랜스형으로 전환된다. 트랜스형은 시스형보다 안정성이 높고, 융점도 높지만, 생체에서 대사되기 어렵다.

3) 식용유지를 구성하는 지방산

천연유지의 물리화학적 성질은 구성지방산 조성에 크게 영향을 받는다(표 4-4). 예를 들면, 우지, 돈지와 같이 포화지방산과 1가불포화지방산이 많은 유지는 융점이 높고, 실온에서는 고체이다. 대두유와 같은 식물성유지는 2가불포화지방산이 많고, 실온에서 액체이다.

한편 어유에는 다가불포화지방산이 많아 융점이 낮고, 실온에서 액체이다.

식물성유지는 불포화지방산을 많이 함유.

[표 4-4] 주요 식용유지의 융점 및 주요 지방산의 조성

유 지 류	융점 (℃)	포화 (%)	불포화(%)		포화지방산(g/100 g)[*1]								불포화지방산(g/100 g)[*1]						
			1가	다가	4:0	6:0	8:0	10:0	12:0	14:0	16:0	18:0	16:1	18:1	18:2 n-6	18:3 n-3	20:4 n-6	20:5 n-3	22:6 n-3
대두유	-20~0	14.8	24.5	60.6							10.3	3.8	0.1	24.3	52.7	7.9			
채종유 (저엘루스산[*2])	-20~0	6.5	60.9	32.6							4.0	1.7	0.2	58.6	21.8	10.8			
옥수수기름	-20~0	13.3	34.7	52.0							11.2	2.1		34.7	50.5	1.5			
참기름	-20~0	15.1	39.4	45.4							9.0	5.3	0.2	39.0	44.8	0.3			
홍화유		9.9	13.4	76.6							7.3	2.6		13.4	76.4	0.2			
올리브유		13.1	75.7	11.2							9.9	3.2	0.7	75.0	10.4	0.8			
면실유	-5~5	23.4	19.1	57.4						0.7	20.0	2.4	0.6	18.4	56.9	0.5			
팜유	27~50	50.3	39.7	9.9					0.2	1.0	44.2	4.5	0.3	39.3	9.6	0.3			
버터	28~36	68.8	27.9	3.3	3.2	2.3	1.4	3.1	3.7	12.0	29.6	11.1	1.9	24.6	2.6	0.7			
돈지	33~46	41.4	47.7	10.8						2.0	26.5	12.1	3.7	42.5	9.8	0.7	0.3		
우지	40~50	47.8	48.5	3.6						3.0	25.6	17.6	3.3	43.0	3.3	0.3			
정어리기름	약-4	31.9	32.7	35.2						7.9	19.0	3.3	7.7	13.0	2.6	1.0	0.9	13.0	10.7
고등어기름	약-4	29.3	40.0	30.6						4.0	18.5	4.9	5.1	26.5	1.4	0.8	1.4	9.0	13.2
대구기름	-0.5~0	23.8	19.3	56.8						1.2	17.3	4.3	2.7	12.7	0.5	0.2	3.5	16.7	32.9
마가린(소프트)		22.7	41.4	34.7					0.1	0.3	16.2	6.1	0.4	41.0	32.0	2.7			
마가린(하드)		28.0	42.2	28.7					1.4	0.8	19.6	6.2	0.5	41.7	26.2	2.5			

*1 ; 각지방산은 지방산 총량 100g당의 지방산 함량(g)
*2 ; 에루스산이 낮은 채종유

동물성지방은 포화지방산을 많이 함유.

어유는 EPA(20:5), DHA(22:6) 등의 다가 불포화지방산을 함유

2. 왁스(wax, 납)

저급지방산은 탄소수가 12개 이하의 지방산을, 고급지방산은 탄소수가 14개 이상의 지방산을 말한다.

왁스는 고급지방산과 고급 지방족 알코올의 에스터를 말한다. 식물의 잎, 과일의 표피, 동물의 피부, 새의 깃털의 보호물질로서 함유되어 있다. 왁스류의 융점은 인간이 소화시킬 수 있는 식용유지의 한계인 43℃ 보다 훨씬 높기 때문에 소화되지 않는다.

따라서 식품으로의 가치는 없지만, 과일 표피 등에 광택을 주어 기호성을 높이는 효과가 있다.

[표 4-5] 왁스의 종류와 특징

종 류	원 료	융점(℃)	주 성 분	용 도
밀납 (bees wax)	벌집	62~67	미리실 팔미테이드 (myricyl palmitate)	양초, 광택제, 고약, 밀납인형
경납 (spermaceti)	고래	41~46	세틸팔미테이트 (cetyl palmitate)	고약, 화장품
양모지 (lanolin)	양털	36~42	세릴 올레이트 (ceryl olate)	화장품, 의약품, 기호제
카나바 왁스 (carnauba wax)	카나바잎	84~86	미리실 팔미테이트 (myricyl plamitate)	양초, 광택제, 화장품

4.3. 복합지질(complex lipid)

복합지질이란 분자내에 알코올과 지방산 이외에 인산, 당질 등을 함유하고 있는 지질을 말하며, 세포막, 뇌, 신경조직의 구성성분으로 존재한다. 복합지질은 함유하는 성분에 따라 인지질과 당지질로 분류된다.

1. 인지질(phospholipid)

인지질은 알코올에 지방산, 인산, 염기가 결합된 지질이다. 알코올의 종류에 따라 글리세로인지질과 스핑고인지질로 분류된다.

1) 글리세로인지질(glycerophospholipid)

글리세로인지질은 글리세롤에 2개 지방산과 인산, 질소를 함유한 염기가 결합된 인지질이며, 동물성, 식물성 식품에 함유되어 있다(그림 4-5).

질소를 함유한 염기의 종류에 따라 포스파티딜콜린(레시틴), 포스파티딜에탄올아민(세파린), 포스파티딜세린 등이 있다. 포스파티딜(phosphatidyl)은 글리세롤에 2개 지방산과 인산이 결합된 구조를 말한다.

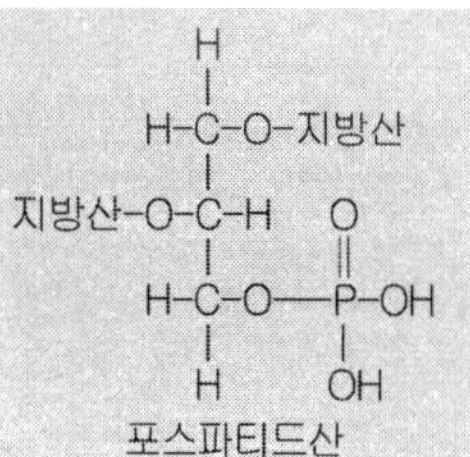

포스파티드산 (phosphatidic acid)

2) 스핑고인지질(sphingophospholipid)

스핑고인지질은 스핑고신에 지방산, 인산, 염기가 결합된 인지질이며, 동물성 식품에 함유되어 있다. 대표적인 스핑고인지질로는 스핑고마이엘린(sphingomyelin)이 있다. 주로 뇌, 신경조직, 신장, 난황 등에 들어있으며, 세포막의 중요한 구성성분이다.

스핑고신(sphingosine) 탄소수 18개의 아미노알코올

글리세로인지질 스핑고인지질

염기		글리세로인지질	스핑고인지질
콜린(choline)	$-CH_2CH_2N^+(CH_3)_3$	포스파티딜콜린 (레시틴)	스핑고마이엘린
에탄올아민(ethanol amine)	$-CH_2CH_2NH_2$	포스파티딜에탄올아민 (세팔린, cephalin)	
세린(serine)	$-CH_2CH(COOH)NH_2$	포스파티딜세린	

[그림 4-5] 대표적인 인지질의 구조(R : 지방산)

인지질의 이용 : 인지질은 친유성 그룹인 지방산과 친수성 그룹인 인산과 염기를 갖고 있어 천연유화제로 이용된다. 특히 대두, 난황에 많이 함유되어 있는 포스파티딜콜린(레시틴)은 유화성이 우수하여 유화제로 널리 사용되고 있다. 마요네즈는 난황의 레시틴을 이용한 것이다. 또한 레시틴은 식용유지에 대한 산화방지제로도 이용되고 있다.

2. 당지질(glycolipid)

당지질은 알코올에 지방산과 당(포도당, 갈락토오스 등)이 결합한 지질이며, 알코올의 종류에 따라 글리세로당지질과 스핑고당지질로 나누어진다(그림 4-9).

1) 글리세로당지질(glycoglycerolipid)

글리세롤, 지방산, 당이 결합한 당지질이다.

주요 글리세로당지질로는 모노갈락토실다이아실글리세롤과 다이갈락토실아실글리세롤이 있다. 고등식물의 엽록체에 많이 존재한다.

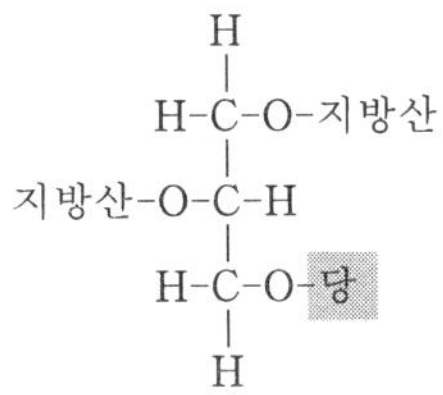

글리세로당지질

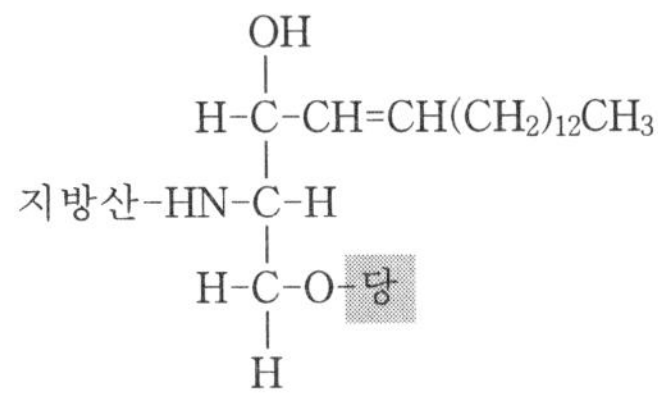

스핑고당지질

모노갈락토실다이아실글리세롤
(monogalactosyl diacyl glycerol)
당 : 갈락토오스 1분자

다이갈락토실다이아실글리세롤
(digalactosyl diacyl glycerol)
당 : 갈락토오스 2분자

세레브로사이드
(cerebroside)
당 : 갈락토오스 1분자

강글리오사이드
(ganglioside)
당 : 올리고당, 시알산(sialic acid)

[그림 4-6] 대표적인 당지질의 구조

2) 스핑고당지질(glycospingolipid)

스핑고신, 지방산, 당이 결합한 당 지질이다. 즉, 세라마이드(ceramide)에 당이 결합한 당지질이다.

주요 스핑고당지질로는 세레브로사이드와 강글리오사이드가 가장 잘 알려져 있다.

> 세라마이드(ceramide)
> 스핑고신의 아미노기에 지방산이 산아마이드결합된 것.

세레브로(cerebro-, 뇌, 대뇌), 강글리오(ganglio-, 신경절)의 이름에서도 알 수 있듯이 주로 동물의 뇌, 신경조직에 존재한다.

4.4. 유도지질 및 기타 지질

유도지질은 주로 단순지질에서 유도된 것으로, 지방산이외에 스테롤, 지방산알코올이 있다. 기타 지질로서는 탄화수소, 지용성 비타민, 지용성색소가 있다. 지용성 비타민과 지용성색소에 관해서는 각각 7장과 8장에서 논한다.

1. 스테롤(sterol)

스테롤은 스테로이드(steroid) 구조에 OH기가 결합된 구조를 갖는 물질의 총칭이다. 보통 OH기는 탄소 3번 위치에 있고, 탄소 17번에 탄화수소 측쇄를 갖는다.

스테롤은 이중결합의 위치나 탄화수소 측쇄의 차이에 따라 많은 종류가 있다.

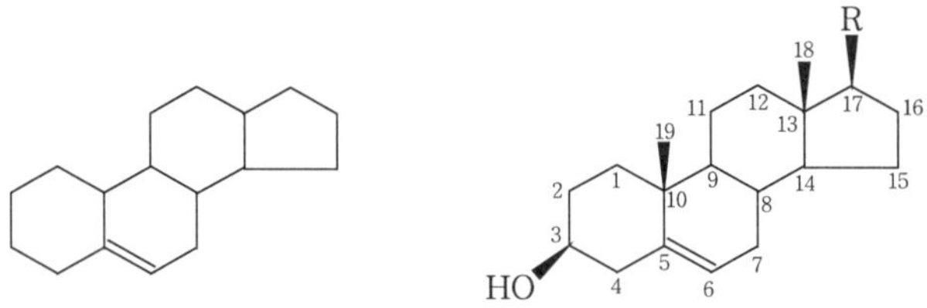

스테로이드 골격 　　　　　　　　 스테롤의 골격

[그림 4-7] 스테로이드와 **스테롤**의 기본 구조

1) 동물성 스테롤

(1) 콜레스테롤

콜레스테롤의 콜레(chole)는 담즙을, 스테레오스(stereos)는 고체를 의미하는 그리스어에서 유래되었으며, 올(-ol)은 알코올을 의미한다.

콜레스테롤에서는 탄소 3번위치의 OH기에 지방산이 결합된 스테롤에스터도 존재한다.

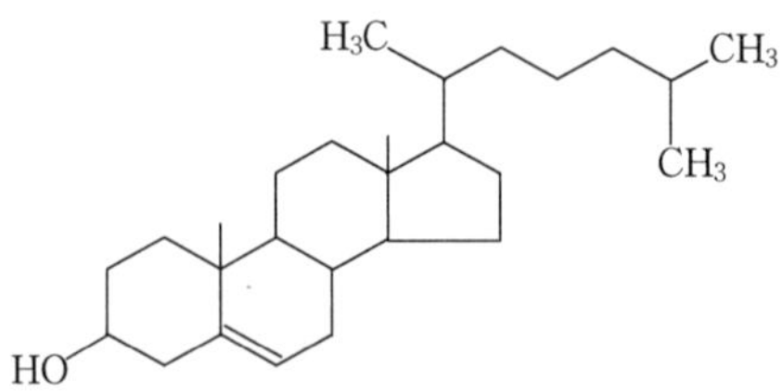

콜레스테롤(cholesterol)의 구조

작용 : 체내에서 세포막의 구성성분으로, 스테로이드 호르몬, 담즙산, 비타민 D를 합성하는 등의 중요한 작용을 한다. 그러나 식품으로부터 과잉섭취하면 혈관에 침착되어 동맥경화의 원인이 된다.

콜레스테롤이 많은 식품 : 콜레스테롤은 동물성 식품에 존재하는 스테롤로서, 달걀(난황), 오징어, 간, 버터 등에 많이 존재하며, 식물성 식품에는 거의 존재하지 않는다.

[표 4-6] 식품 중의 콜레스테롤 함량

식　품	함유량(mg/100 g)	식　품	함유량(mg/100 g)
달걀(난황)	1,300	전　복	135
마른 오징어	980	새　우	130
달　걀	470	닭(날개)	116
메추리알	470	우　지	100
닭(간)	358	돈　지	100
명태알	340	문　어	90
주꾸미	301	낙　지	88
오징어	294	치　즈	80
돼지(간)	250	전지분유	78
소(간)	246	꽁　치	69
마요네즈	212	돼지(목살)	66
버　터	200	돼지(삼겹살)	64
뱀장어	196	고등어	48

2) 식물성 스테롤

식물성 스테롤(phytosterol)에는 캄페스테롤(campesterol), 스티그마스테롤(stigmasterol), β-시토스테롤(β-sitosterol) 등이 있다. 식물성 스테롤은 콜레스테롤과는 반대로 혈중 콜레스테롤을 저하시키는 작용이 있다.

phyto = plant
sito = grain

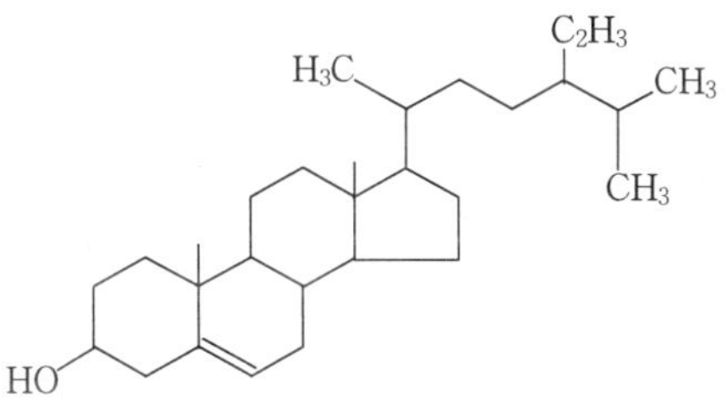

β-시토스테롤(β-sitosterol)

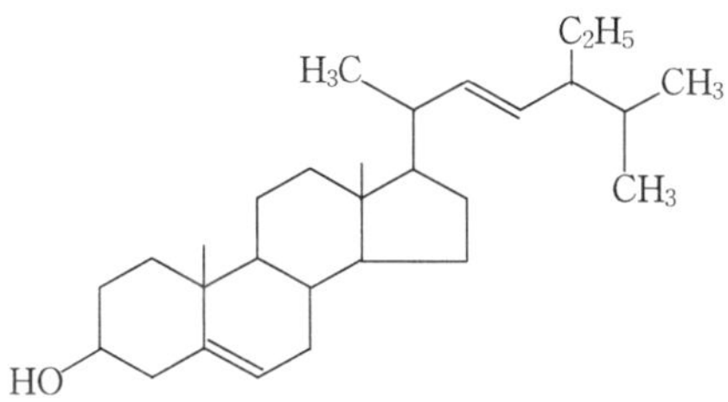

스티그마스테롤(stigmasterol)

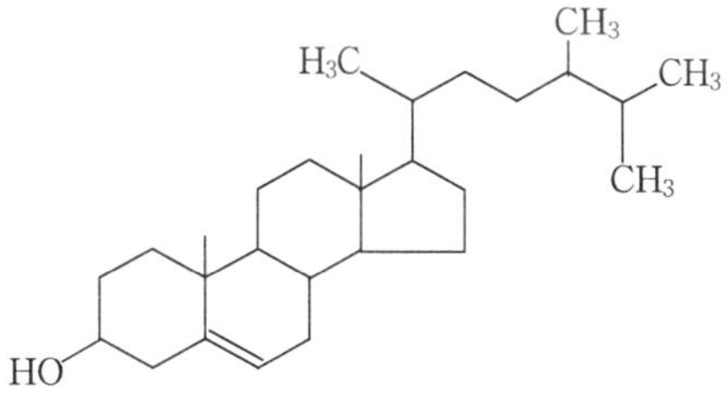

캄페스테롤(campesterol)

[그림 4-8] 주요 스테롤의 구조

3) 미생물 스테롤

어고스테롤(orgosterol)은 각종 곰팡이, 효모, 버섯류 등에서 존재하는 가장 대표적인 미생물 스테롤이다. 자외선 조사를 받으면 비타민 D를 형성한다.

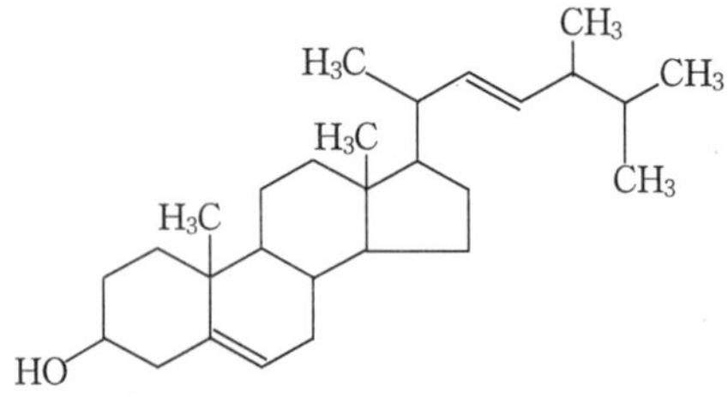

어고스테롤(ergosterol)의 구조

2. 스쿠알렌(squalene)

탄화수소의 일종인 스쿠알렌은 상어간유에 많이 함유되어 있다. 식물 중에서는 올리브유에 비교적 많이 함유하고 있다(0.68%). 예로부터 중동지방에서는 올리브유를 식품이나 상처회복을 위한 외용제로 널리 사용해 왔다.

스쿠알렌(squalene)
기름상어과(squalidae)에 많다고 하여 스쿠알렌이라고 한다.

스쿠알렌은 아이소프렌 단위(isoprene unit) 6개로 구성된 트리터펜(triter-pene)화합물이며, 분자식은 $C_{30}H_{60}$이다. 콜레스테롤을 비롯한 각종 스테롤의 선구물질로 알려져 있다.

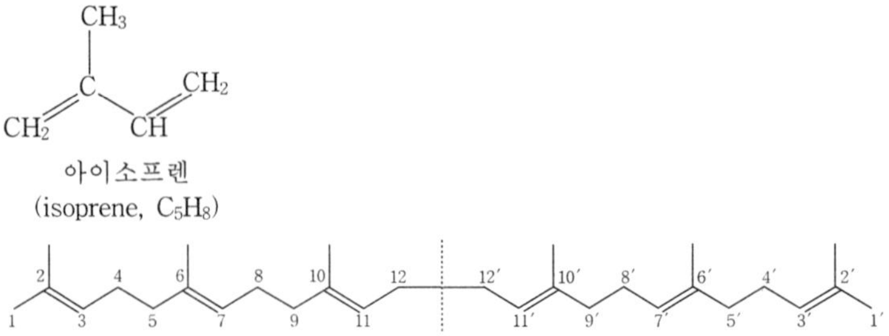

[그림 4-9] 스쿠알렌(squalene)의 구조

4.5. 유지의 성질

유지의 성질은 물리적 성질과 화학적 성질로 분류된다. 물리적, 화학적 성질은 유지의 식별, 순도의 조사, 변조 등의 검출에 이용된다.

1. 물리적 성질

유지의 물리적 성질을 조사하는 시험 항목으로는 융점(melting point), 비중(specific gravity), 굴절률(refractive index), 점도(viscosity), 발연점(smoke point), 색(color) 등이 있다.

물리적 성질 중에 융점, 비중, 굴절률 등은 유지를 구성하는 지방산의 분자량, 불포화도에 의해 다르기 때문에 유지의 종류를 판별하는데 이용할 수 있다. 또 굴절률, 점도, 발연점 등의 물리적 성질은 유지의 산화에 따라 변하기 때문에 유지의 품질을 판단하는 지표로써 이용되고 있다.

1) 융점

식용유지의 융점은 구성 지방산에 의해 크게 영향을 받는다.

일반적으로 저급지방산이나 불포화지방산이 많은 유지는 융점이 낮고, 포화지방산이 많은 유지는 융점이 높아진다.

식물성유지는 불포화지방산을 많이 함유하고 있어 상온에서 액체이고, 동물성유지는 포화지방산을 많이 함유하고 있어 상온에서 고체이다.

그러나 식용유지는 많은 글리세라이드로 구성되어 있다. 예를 들어, 한 유지의 구성 지방산이 2개라고 가정하면 트리글리세라이드의 수는 6개가 된다. 구성지방산이 10개인 경우 트리글리세라이드의 수는 550개가 된다.

구성지방산의 수를 n이라고 할 때, 가능한 트리글리세라이드의 수 N은 다음 식에 의해 나타낼 수 있다.

$$N = 1/2(n^3 + n^2)$$

이와 같이 유지는 융점이 다른 여러 지방산으로 구성되어 있기 때문에 일정한 융점이 없다(표 4-7).

[표 4-7] 일부 식용유지의 융점

종 류	융점(℃)	종 류	융점(℃)
팜 유	27~50	우 지	40~50
팜핵유	24~42	돈 지	33~46
코코넛유	23~28	유지방	28~36
카카오버터	30~35	양기름	44~55

또한 유지의 융점은 구성지방산이 같더라도 글리세롤에 결합하고 있는 지방산의 배열에 의해서도 다르다. 예를 들면, 카카오버터와 양기름의 지방산조성은 매우 유사하지만, 카카오버터의 융점은 33℃ 부근인 반면, 양기름의 융점은 40~50℃로 상당히 다르다. 그 이유는 양기름은 많은 종류의 트리글리세라이드로 구성된 반면, 카카오버터는 80% 정도가 동일한 트리글리세라이드로 구성되어 있기 때문이다.

따라서 다른 유기 화합물과는 달리 융점을 측정하여 유지의 종류를 식별할 수 없다.

2) 비중(specific gravity)

비중은 식용유지를 구성하는 지방산의 종류에 따라 다르다. 보통 식용유지의 비중(25℃)은 0.90~0.95 정도이다.

일반적으로 불포화지방산, 저급지방산, 하이드록시지방산의 함량이 많을수록 비중이 높다.

[표 4-8] 대표적인 식용유의 비중(specific gravity, 25℃에서)

종 류	비 중	종 류	비 중
대 두 유	0.916~0.922	땅콩기름	0.909~0.916
옥수수기름	0.915~0.921	올리브유	0.908~0.914
채 종 유	0.906~0.920	고추씨기름	0.917~0.928
미 강 유	0.916~0.922	팜 유	0.900~0.907(40°/25°)
참 기 름	0.914~0.921	팜 핵 유	0.900~0.913(40°/25°)
들 기 름	0.920~0.933	코 코 넛 유	0.907~0.917(40°/25°)
홍 화 유	0.919~0.924	우 지	0.893~0.904(40°/20°)
해바라기씨유	0.915~0.920	돈 지	0.894~0.906(40°/20°)
면 실 유	0.916~0.922		

* (40°/25°) : 기름의 40℃의 밀도/물의 25℃의 밀도
* (40°/20°) : 기름의 40℃의 밀도/물의 20℃의 밀도

그러나 식용유지들 사이의 비중의 차이는 그다지 크지 않기 때문에 실제로 이용가치는 크지 않다.

유지의 비중은 보통 25℃에서 측정하지만, 융점이 높은 고체 유지의 경우에는 40℃ 또는 45℃에서 측정한다.

3) 굴절률

유지의 굴절률은 측정방법이 간단, 신속, 정확하기 때문에 유지의 종류 판별에 매우 유용한 물리적 성질이다.

일반적으로 불포화지방산, 고급지방산, 하이드록시지방산의 함량이 많을수록 증가한다.

굴절률을 측정 할 때는 일반적으로 아베 굴절계(Abbe refractometer)를 사용하며, 측정범위는 보통 1.3000~1.7000이다.

용도 : 굴절률은 유지의 종류 판별 이외에 튀김유의 산패 정도, 수소첨가유를 제조할 때 수소첨가 정도가 클수록 굴절률이 감소하기 때문에 수소첨가 정도를 측정하는데 이용할 수 있다. 또 유지의 산패가 클수록 점도증가로 인하여 굴절률이 증가하기 때문에 산패 정도를 측정하는데도 이용된다.

[표 4-9] 대표적인 식용유의 굴절률(refractive index, 25℃에서)

종 류	굴절률	종 류	굴절률
대 두 유	1.471~1.475	땅콩기름	1.468~1.471
옥수수기름	1.470~1.474	올리브유	1.466~1.469
채 종 유	1.470~1.474	고추씨기름	1.472~1.476
미 강 유	1.470~1.473	팜 유	1.453~1.459(40℃)
참 기 름	1.471~1.474	팜 핵 유	1.449~1.452(40℃)
들 기 름	1.475~1.482	코 코 넛 유	1.447~1.450(40℃)
홍 화 유	1.472~1.476	우 지	1.448~1.460(40℃)
해바라기씨유	1.471~1.475	돈 지	1.448~1.461(40℃)
면 실 유	1.470~1.472		

4) 비열

식용유지의 비열(0.47)은 물(1.0)보다 낮다. 이 때문에 식용유지는 물보다 온도 상승이 빠르다. 즉, 기름의 비열이 물보다 1/2 정도 낮다는 것은 가열할 때 물보다 2배 정도 빨리 상승하고, 냉각할 때 2배 빨리 저하됨을 의미한다.

비열(specific heat) : 물질의 온도를 1℃ 올리는데 필요한 열량. 물의 비열은 1이다.

따라서 튀김 시 한꺼번에 너무 많은 튀김물을 넣으면 튀김온도가 급격히 저하되어 튀김유의 흡유량이 증가하고, 튀김이 눅눅해지게 된다.

또 튀김 시 이러한 온도변화를 막기 위해서는 가능한 충분한 양의 기름을 사용하고, 두꺼운 금속으로 된 지름이 좁은 팬을 사용하는 것이 좋다.

한편 구리 용기는 철이나 알루미늄 용기보다 빨리 뜨거워지는데, 이는 구리의 비열(0.09)이 철(0.11)이나 알루미늄(0.21)보다 낮기 때문이다.

5) 발연점, 인화점, 연소점

식용유지를 강하게 가열하면 기름표면에서 푸른 연기가 발생하는데 이때의 온도를 발연점(smoke point)이라고 한다. 또 발생한 연기가 공기와 접촉하여 순간적으로 발화하는 온도를 인화점(flash point)이라고 하며, 유지가 지속적으로 연소하는 온도를 연소점(fire point)이라고 한다. 일반적으로 발연점이 낮으면 인화점, 연소점도 낮다.

발연점에서 발생하는 연기는 고온에서 유지를 가열할 때 유지의 분해로 생성되는 것으로, 튀김식품에 흡수되어 나쁜 맛과 이취(off-flavor)를 나타내므로 가능한 한 발연점이 높은 식용유지를 사용하는 것이 좋다.

(1) 각종 식용유지의 발연점

일반적으로 식용유지의 발연점은 200℃ 이상이며, 인화점은 300℃ 이상이다.

그러나 발연점은 식용유지의 종류 및 구성 지방산에 따라 다르다. 즉, 구성 지방산의 사슬길이가 짧으면 발연점은 낮아진다(표 4-10).

[표 4-10] 각종 식용유지의 발연점

식용유지	발연점(℃)	식용유지	발연점(℃)
채종유(카놀라유)	244~248	땅콩기름	229~256
대두유	236~249	팜 유	226~237
옥수수유	223~237	팜올레인	227~242
홍화유(고리놀레산)	246~253	참기름	147~224
해바라기유(고리놀레산)	234~238	올리브유	177~208
면실유	232~241	버 터	208
현미유(쌀겨유)	210~244	돈 지	190

예를 들어 팔미트산(C 16 : 0)의 함량이 많은 돼지기름은 리놀레산(C 18 : 2)의 함량이 많은 식물성 유지에 비해 상대적으로 발연점이 낮다.

(2) 발연점에 영향을 주는 요인

① 유리지방산의 함량

발연점은 유지 중의 유리지방산함량이 많을수록 낮아진다. 예를 들어 유리지방산의 함량이 0.04%인 쇼트닝의 발연점은 218℃이지만, 유리지방산의 함량이 1.0%로 증가하면 발연점은 160℃로 60℃나 저하한다(표 4-11).

[표 4-11] 일부 식용유의 유리지방산 함량 및 정제도에 따른 발연점, 인화점, 연소점의 변화

구 분		발연점(℃)	인화점(℃)	연소점(℃)
쇼트닝의 유리지방산 함량(%)	0.04	218	327	366
	0.10	199	313	363
	1.00	160	307	360
대두유	정제 안한 기름	210	317	354
	정제한 기름	256	326	356
옥수수기름	정제 안한 기름	178	294	346
	정제한 기름	227	326	359

정제가 잘 안된 유지는 유리지방산과 이물질의 함량이 높기 때문에 발연점이 낮고, 오래 사용한 튀김유나 튀김횟수가 많은 튀김유일수록, 유리지방산의 함량이 증가하여 발연점이 점차 낮아진다(표 4-12).

따라서 압착올리브유나 압착참기름과 같이 정제되지 않은 기름은 발연점이 낮기 때문에 튀김유로 사용하지 않는 것이 좋다.

[표 4-12] 대두유의 가열에 의한 발연점의 변화

튀김시간	발연점(℃)	튀김시간	발연점(℃)
5 분	240	5 시간	200
30 분	235	10 시간	180
60 분	220	15 시간	180
		20 시간	160

② 튀김물 중의 미세입자상의 이물질

튀김 재료(밀가루 등) 중에 의해 튀김 중에 생성되는 미세한 입자 찌꺼기

가 많이 축적될수록 튀김유의 산화분해, 가수분해 등이 촉진되어 발연점이 저하된다.

따라서 발연점의 저하를 막기 위해서는 튀김 중의 생성되는 미세한 입자 찌꺼기를 제거하는 것이 바람직하다.

③ 불검화물(비비누화물), 모노글리세라이드 등의 유화제의 함량이 많을수록 낮아진다.

모노글리세라이드의 유화제를 함유한 식용유지는 발연점이 낮기 때문에 튀김유에 사용하지 않는 것이 좋다.

2. 화학적 성질

유지의 화학적 성질을 측정하면 유지의 종류판별과 유지의 특성을 알 수 있다. 화학적 성질의 측정방법에는 비누화값, 요오드가, 라이헤르트-마이슬가, 폴렌스케가 등이 있다.

1) 비누화값(saponification value, 검화가)

유지 1 g을 비누화하는데 필요한 KOH(수산화칼륨)의 mg수로 표시하며, 비누화값으로 부터 유지의 분자량, 유지로부터 얻어진 지방산의 평균분자량과 수량, 글리세롤의 수량을 계산할 수 있다.

그림 4-10에서 트리글리세라이드 1몰(mole)을 비누화하는 데는 KOH 3몰 (56.1 g × 3)이 필요하다.

즉, KOH는 56,100 mg × 3 = 168,300 mg이 필요하다.

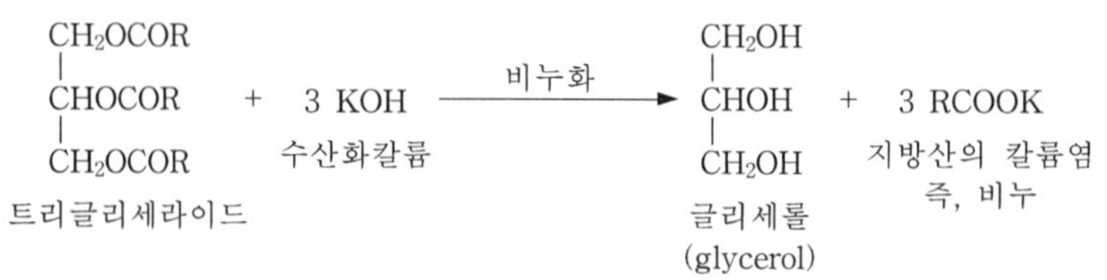

[그림 4-10] 식용유지(트리글리세라이드)와 알칼리와의 반응

따라서 유지 1 g을 비누화하는데 필요한 KOH의 mg수(비누화값)를 알면 다음 식에 의해 유지의 평균분자량을 알 수 있다.

비누화값 : 1 g = KOH분자량(56.1) × 3 : 유지 분자량

즉, 비누화값 = 168,300 mg/유지분자량

위의 식에서 비누화값은 유지분자량이 작을수록, 즉 저급지방산을 많이 함유할수록 크다는 것을 알 수 있다. 실제로 저급지방산인 라우르산(C 12 : 0)을 많이 함유(45~50%)한 코코넛유, 팜핵유는 고급지방산인 리놀레산(C 18 : 2)을 많이 함유한 대두유보다 비누화값이 높다(표 4-13).

[표 4-13] 일부 식용유지의 비누화값(saponification value)

식 용 유 지	비누화값	식 용 유 지	비누화값
땅콩기름(peanut oil)	188~196	돈지(lard)	192~203
참기름(sesame oil)	186~195	미강유(ricebran oil)	180~195
대두유(soybean oil)	188~195	들기름(perilla oil)	189~195
채종유(rapeseed oil)	169~195	홍화유(safflower oil)	186~194
해바라기씨유(sunflower oil)	188~194	우지(beef tallow)	190~202
옥수수기름(corn oil)	187~195	팜유(palm oil)	190~209
고추씨기름	180~191	팜핵유(palm kernel oil)	204~257
면실유(cottonseed oil)	190~197	버터(butter fat)	210~230
올리브유(olive oil)	184~196	코코넛유(coconut oil)	246~264

비누를 만드는데 필요한 NaOH의 양

예 1) 비누화값 190인 대두유 1 kg으로 비누를 만드는 데 필요한 KOH의 양은?

대두유(검화가 190) 1 g을 비누화에 필요한 KOH는 190 mg
따라서 대두유 1 kg을 비누화하는 데 필요한 KOH의 양은 190 g이다.

예 2) 비누화값 190인 대두유 1kg으로 비누를 만드는 데 필요한 NaOH의 양은?

비누화에 필요한 KOH(분자량 56.1)의 양을 NaOH(분자량 40)로 환산한다.
즉, NaOH = 40/56.1 = 0.713
따라서 대두유 1 kg을 비누화하는 데 필요한 NaOH의 양은 190 g × 0.713 = 135 g이다.

2) 요오드가(iodine value)

유지 100 g에 흡수되는 요오드의 g수를 요오드가라고 한다. 요오드는 불포화지방산 내의 이중결합과 부가반응을 하기 때문에, 흡수되는 요오드의 양

으로부터 유지의 불포화도를 알 수 있다. 즉, 식용유지의 불포화도가 높을수록 요오드가가 높아진다(표 4-14).

[표 4-14] 대표적인 식용유지의 요오드가

종 류	요오드가	종 류	요오드가
대 두 유	123~142	고올레산홍화씨	80~100
옥수수기름	103~130	고올레산해바라기유	75~88
채 종 유	95~127	올 리 브 유	75~94
미 강 유	92~115	고추씨기름	120~139
참 기 름	103~118	팜 유	44~60
들 기 름	192~209	팜 핵 유	14~22
홍 화 유	140~150	코 코 넛 유	7~11
해바라기유	120~142	우 지	32~50
면 실 유	102~120	돈 지	45~70
땅 콩 기 름	84~103		

불건성유, 반건성유, 건성유 : 식물성유지에서는 요오드가 100 이하를 불건성유, 100~130을 반건성유, 130 이상을 건성유라고 분류하고 있다.

불건성유에는 올리브유, 땅콩기름이 있고, 반건성유에는 참기름, 채종유, 면실유 등이 있다. 불건성유와 반건성유는 식용유로 이용되고 있다.

한편, 건성유에는 들기름, 아마인유, 동유(桐油) 등이 있으며, 이들은 리놀레산, 리놀렌산이 많아, 공기 중의 산소에 의해 쉽게 산화되어 피막을 형성한다. 이 때문에 건성유는 식용유로 적합하지 않으며, 식용유로 사용할 때는 산화에 주의해야 한다. 보통 페인트, 인쇄 잉크 등의 원료로 이용된다.

3) 라이헤르트-마이슬가(Reichert-Meissl value)

라이헤르트-마이슬가는 유지 5g 중에 함유되어 있는 수용성이고 휘발성인 지방산을 중화하는 데 필요한 0.1N 알칼리용액(KOH 또는 NaOH)의 mℓ수로 정의된다. 즉, 유지중에 함유되어 있는 부티르산(butyric acid, C 4 : 0)과 카프로산(caproic acid, C 6 : 0)의 함량을 나타낸 수치이다.

용도 : 원래 우유지방에 다른 기름을 섞어 만든 버터 중의 우유지방의 함량을 정량적으로 알아보기 위해 만들어진 방법이다.

예를 들면 버터의 라이헤르트-마이슬가는 보통 18~22(20 이상 규격), 인조버터인 마가린은 0.5~5.5로서 버터와 마가린을 구별할 수 있다.

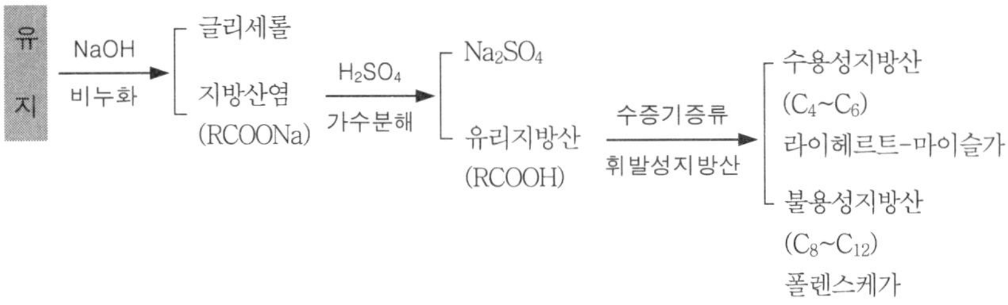

[그림 4-11] 라이헤르트-마이슬가와 폴렌스케가의 측정

[표 4-15] 일부 식용유지의 라이헤르트-마이슬가

종 류	라이헤르트-마이슬가	종 류	라이헤르트-마이슬가
대두유	-	야자유	5.5~9.0
면실유	0.4~1	정어리기름	-
옥수수유	0.3~2.5	우 지	0.25~0.5
참기름	1.2	돈 지	0.3~1.0
올리브유	0.3~0.6	버 터	17~35
팜 유	0.5~2.0	마가린	0.5~5.5

4) 폴렌스케가(Polenske value)

폴렌스케가는 유지 5g 중에 함유되어 있는 물에 녹지 않고 휘발성이 있는 지방산을 중화하는 데 필요한 0.1 N 알칼리용액(KOH 또는 NaOH 용액)의 mℓ수로 정의된다. 즉, 유지 중에 함유되어 있는 카프릴산(caprylic acid, C 8 : 0), 카프르산(capric acid, C 10 : 0), 라우르산(lauric acid, C 12 : 0), 미리스트산(miristic acid, C 14 : 0)의 함량을 나타낸 수치이다.

용도 : 폴렌스케가는 버터 중의 코코넛유나 팜핵유의 혼합여부를 판정하는데 이용된다.

[표 4-16] 일부 식용유지의 폴렌스케가

종 류	폴렌스케가	종 류	폴렌스케가
버 터	2~4	팜핵유	10~12
팜 유	0.2~0.5	코코넛유	14~18

4.6. 지질의 영양생리적 역할

지질의 영양적 역할은 에너지의 공급, 필수지방산의 공급, 지용성 비타민의 용매로서의 기능 등이 있지만, 콜레스테롤이나 지방산과 혈관계 질환과의 관계 등도 중요한 문제이다.

1. 에너지 공급원

지질의 에너지는 1g당 9kcal이다. 이것은 탄수화물이나 단백질(4kcal)의 2배 이상으로 효율이 좋은 에너지원이다. 그러나 과잉 섭취는 비만 동맥경화, 유방암, 대장암 등의 원인이 되기 때문에 지질 섭취의 억제를 권장되고 있다.

지질의 소요량 : 지질의 소요량은 총에너지 섭취량에 대한 지방에너지 섭취량의 비율로 나타내며, 성인(18~69세)의 경우, 20~25%의 지질 에너지 비율이 바람직하다.

2. 콜레스테롤과 지방산

혈중 콜레스테롤 농도가 증가하면 동맥경화를 일으키기 쉽기 때문에 허혈성 심장질환 등의 예방을 위해서는 혈청콜레스테롤 수치를 낮출 필요가 있다.

포화지방산이 많은 동물성 지방은 혈중 콜레스테롤을 상승시키고, 다가불포화지방산이 많은 식물성유와 어유는 저하시킨다. 따라서 적절한 다가불포화지방산과 포화지방산의 비율의 섭취가 중요하다.

한편 1가 불포화지방산(주로 올레산)은 혈중 콜레스테롤 수치에 영향을 주지 않는 것으로 알려져 왔으나, 근래 리놀레산과 같은 정도의 저하효과가 있는 것으로 밝혀지고 있다. 그러나 아직 바람직한 섭취비율은 정해져 있지 않다.

다가불포화지방산과 포화지방산의 비율(P/S 비) : 성인병예방을 위한 적당한 P/S 비는 1~2로 권장되고 있다. 육류, 버터, 초콜릿 등의 포화지방산이 많은 식품에서 1일 섭취하는 지질을 절반이하로 억제하고, 나머지 지질을 어류나 식물성유지에서 섭취하는 것이 바람직하다.

3. 필수지방산(essential fatty acid)

불포화지방산은 이중결합이 9번 탄소위치에 있는 올레산계열(n-9), 6번 탄소위치에 있는 리놀레산계열(n-6), 3번 탄소위치에 있는 α-리놀레산계열(n-3)로 분류된다. n-6계열에는 리놀레산, 아라키돈산이, n-3계열에는 α-리놀렌산, EPA, DHA 등이 있다.

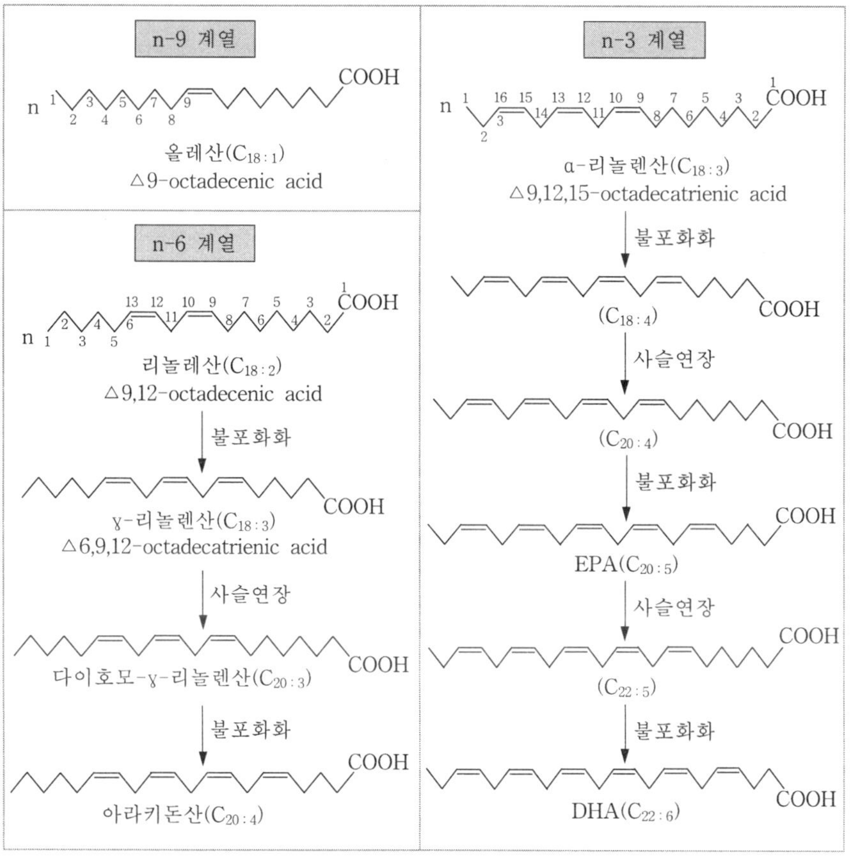

[그림 4-12] 불포화 지방산의 이중결합의 위치와 계열

식물은 모든 계열의 지방산을 합성할 수 있지만, 동물은 n-3계와 n-6계

지방산을 합성할 수 없다. 즉 이들 지방산은 식품으로 섭취해야 하는 필수지방산이다.

필수지방산의 역할 : 필수지방산은 생체막을 구성하는 인지질의 주요성분이며, 콜레스테롤대사에 관여하여 콜레스테롤의 동맥 축적 및 혈중 콜레스테롤의 상승을 억제한다.

반면에 필수지방산은 불포화도가 높기 때문에 생체 내에서 과산화지질을 형성하여 건강장애를 일으키기 때문에 과산화지질의 생성을 억제하는 비타민 C와 비타민 E를 동시에 섭취하는 것이 중요하다.

n-3계 불포화지방산과 n-6계 불포화지방산 : n-3계와 n-6계 불포화지방산의 섭취비율이 매우 중요하다. n-3계와 n-6계 지방산은 에이코사노이드(eicosanoid)라는 프로스타글란딘(prostaglandin), 트롬복산(thromboxane), 루코트리엔(lucotrien) 등의 생리활성 물질을 생성한다.

그러나 n-3계나 n-6계 지방산에서 생성되는 에이코사노이드는 혈소판 응집과 응집억제, 혈관확장 및 수축작용, 기관지 이완과 수축 등의 길항작용을 갖는다. 이 밸런스가 나쁘면 고혈압, 동맥경화, 심근경색 등을 유발하는 원인이 된다.

또 n-3계 지방산은 혈중 중성지질 저하작용, 항알쯔하이머증 효과가 있는 것으로 알려져 있다. 이러한 질병의 예방을 위해서 n-3계와 n-6계 지방산의 적절한 섭취가 필요하다.

n-6계와 n-3계 지방산의 섭취비율 : 4 : 1의 비율을 권장하고 있다. 지금의 식생활에서는 n-3지방산의 섭취가 부족한 실정이다. n-3계 지방산은 대두유, 들기름, 어유 등에 많이 함유되어 있다.

4. 그 밖의 생리작용

1) 지용성비타민의 흡수촉진

비타민 A, D, E, K, 프로비타민 A인 카로테노이드 등은 지용성으로 유지에 녹기 때문에 흡수를 촉진하는 작용을 한다. 또한 지질은 위액의 분비억제, 음식물의 위에서의 체류시간을 연장하여 공복감을 억제하고, 만복감을 지속시킨다. 따라서 적당량의 지방섭취는 다이어트에도 도움이 된다.

2) 비타민 B_1의 절약효과

또 당질과 지질의 대사에는 비타민 B_1을 필요로 하지만, 지질의 대사에서 비타민 B_1을 필요로 하는 반응이 당질에 비해 적기 때문에, 결과적으로 비타민 B_1의 절약효과도 있다.

4.7. 유지의 산패(rancidity)

시판 식용유지, 땅콩, 라면 등의 지방질식품은 저장, 가공 중에 산화되어 불쾌한 냄새(off flavor라고 함), 맛, 색의 변화를 일으키며, 이것을 유지의 산패라고 한다. 이는 공기 중의 산소에 의해 지질이 산화되어 산화물을 형성하고, 그 산화물은 더욱 분해되어 저분자화합물을 생성하기 때문이다. 또 산화 생성물과 공존하는 식품성분과 반응하면 물성의 변화도 일어난다.

보통 감자튀김이나 닭튀김의 경우, 유지의 함량이 15~25%로, 미생물에 의한 부패를 제외하면 유지의 산패가 품질저하에 가장 큰 영향을 준다. 또 유지의 함량이 0.5% 정도인 쌀의 경우도 미생물에 의한 부패를 제외하면 유지의 산패가 쌀의 품질에 가장 큰 영향을 준다.

산패(rancidity)
라틴어 rancidus(악취가 나는, 썩은 냄새가 나는)에서 유래

부패와 변패
식품 미생물에 의한 바람직하지 않은 변화를 부패라 한다.
또 식품 변질을 일으키는 주성분이 단백질인 경우, 좁은 의미의 부패라고 하며, 당질과 지질의 경우 변패라고 한다.

1. 산패의 분류

식용유지의 산패는 크게 1) 냄새 흡수에 의한 산패, 2) 가수분해에 의한 산패, 3) 산화에 의한 산패로 분류되며, 이중에서 산화에 의한 산패가 가장 중요하다.

1) 냄새 흡수에 의한 산패

식용유지나 지방질식품은 냄새를 잘 흡수하는 성질이 있다. 특히, 버터, 마가린, 우유, 달걀노른자, 육류지방 등과 같이 포화지방산의 함량이 높은 유지의 경우, 냄새를 흡수하는 성질이 강하다. 이와 같이 식용유지가 외부의 바람직하지 않은 냄새나 맛을 흡수하여 일어나는 산패를 냄새흡수에 의한 산패라고 한다.

예를 들어, 냉장고에 버터를 생선과 함께 보관하면 버터에 생선 비린내가 흡수되기 때문에 잘 밀봉하여 보관해야 한다.

2) 가수분해에 의한 산패

가수분해에 의한 산패는 보통 화학적인 가수분해와 효소적 가수분해에 의한 산패로 분류된다.

(1) 화학적 가수분해에 의한 산패

화학적 가수분해에 의한 산패는 수분과의 접촉으로 일어나는 산패이기 때문에 수분함량이 큰 지방질 식품(우유나 유제품 등)의 경우 매우 중요하다.

예를 들면, 수분함량이 많은 버터(약 15%)나 치즈(약 30~40%)는 가수분해에 의한 산패가 일어나기 쉽다. 특히, 우유나 유제품의 경우, 다른 동물성 지방이나 식물성 유지에 비해 휘발성이 강하고, 불쾌취를 나타내는 저급지방산의 함량이 크기 때문에 중요하다.

(2) 효소적 가수분해에 의한 산패

일부 식물성유, 특히 현미유, 팜유, 올리브유 등은 착유할 때 조직파괴에 의해 혼입되는 라이페이스(lipase)에 의한 산패가 일어난다. 정제하지 않은 원유(crude oil) 중에 유리지방산의 함량이 높은 것은 이러한 이유 때문이다. 또한 어유 중의 라이페이스도 활성이 강하여 착유한 원유나 어육내의 지방도 가수분해에 의한 산패가 일어나기 쉽다.

3) 산화에 의한 산패

산화에 의한 산패는 식용유지나 지방질식품의 품질에 가장 큰 영향을 주는 산패이다. 산화에 의한 산패로는 ① 자동산화, ② 가열산화, ③ 광증감산화가 있다.

① 자동산화(autoxidation) : 유지가 가열됨 없이 산소를 흡수하여 일어나는 활성 래디칼반응

② 가열산화(thermal oxidation) : 가열반응과 자동산화가 복합적으로 일어나는 산화반응

③ 광증감산화반응(photosensitized oxidation) : 빛에 의해 활성화된 광증감물질과 공기 중에 산소와의 반응에 의해 생성된 일중항산소에 의한 산화반응

2. 유지의 자동산화

식용유지를 공기 중에 방치하면 서서히 산화되어 불쾌취를 발생한다. 이것을 유지의 자동산화라고 하며, 이는 공기 중의 산소와 유지의 불포화지방산과 결합하여 일어나는 반응이다. 식품 중에 함유된 지질도 식품가공과 조리과정 중에 자동산화를 일으키기 때문에 식품의 품질저하 원인이 된다.

1) 유도기간(induction period)

식용유지를 공기 중에 방치하면 초기에는 산소흡수가 거의 일어나지 않고, 일정기간이 지난 후 급속히 산소를 흡수한다. 이와 같이 산소의 급속히 증가하는 시점을 전후로 유지의 물리화학적 변화가 급격히 일어난다. 이와 같이 산소흡수가 급격히 증가하는 시점까지의 기간을 유도기간이라고 한다.

유도기간이 지나면 과산화물의 함량이 증가하며, 생성된 과산화물은 빠르게 분해하기 시작하여 2차 생성물(카보닐화합물, 알코올, 에폭사이드 등)을 생성한다. 또한 중합체를 생성하여 현저한 점도 상승을 나타낸다.

자동산화는 식용유지에 국한된 것이 아니며, 석유제품, 자동차연료, 고무제품, 비누, 화장품, 의약품, 향료, 지용성 비타민 등에서도 일어나는 매우 보편적인 화학반응이다.

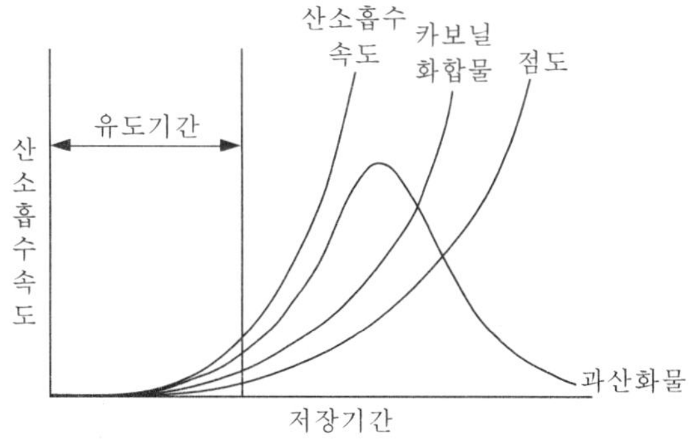

[그림 4-12] 식용유지의 유도기간과 유도기간 전・후의 물리 화학적 변화

2) 자동산화의 기구

자동산화의 기본적인 과정은 활성래디칼에 의한 연쇄반응으로, 초기, 중간(연쇄반응) 및 종결단계로 나누어진다.

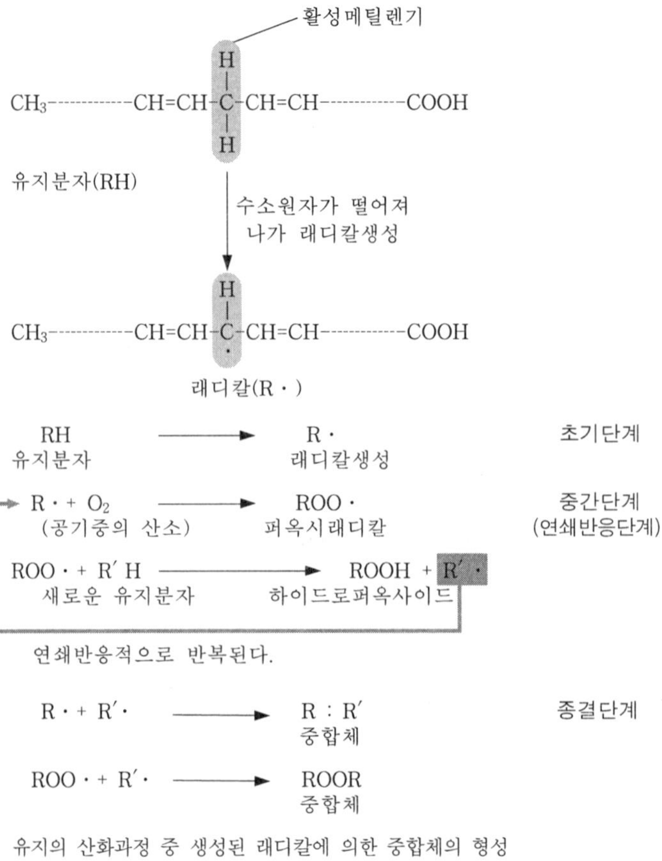

[그림 4-13] 유지의 자동산화 중의 과산화물의 형성 기구

초기단계 : 유지를 구성하는 불포화지방산은 이중결합 사이에 메틸렌기(-CH=CH-CH_2-CH=CH-, methylene group)를 갖는다.

이 메틸렌기위치의 수소는 반응성이 크기 때문에, 빛, 열, 방사선, 금속이온 등에 의해 수소 래디칼(·H)의 형태로 떨어져 나가고, 결국, 래디칼(-CH=CH-$\dot{C}$H-CH=CH-)을 생성하게 된다.

중간단계(연쇄반응단계) : 초기단계에 생성된 래디칼은 공기 중의 산소와 반응하여 과산화 래디칼을 형성한다. 과산화 래디칼은 다른 새로운 유지분자의 메틸렌기로부터 수소 래디칼(·H)을 빼앗아 과산화물(ROOH)을 생성함과 동시에 새로운 래디칼을 생성한다.

따라서 연쇄적으로 반응하여 1차 산화생성물인 과산화물을 축적한다. 이 반응은 비교적 늦기 때문에 유도기간이 생기게 된다.

종결단계 : 종결단계에서는 과산화물의 중합, 분해에 의해 중합체와 카보닐화합물와 같은 2차 산화생성물을 형성한다.

(1) 중합체의 생성

중간단계에서 생성된 래디칼들은 래디칼끼리 중합하여 이중체(dimer), 삼중체(trimer) 등의 중합체(polymer)를 형성한다. 래디칼들이 중합되어 소멸되면 연쇄반응은 정지된다.

생성된 중합체들은 식용유지의 점도를 증가시키고, 체내의 소화, 흡수를 어렵게 하기 때문에 영양학적으로도 큰 문제가 된다.

중합체(polymer)
두 개 이상의 분자가 결합하여 형성된 분자량이 큰 화합물)

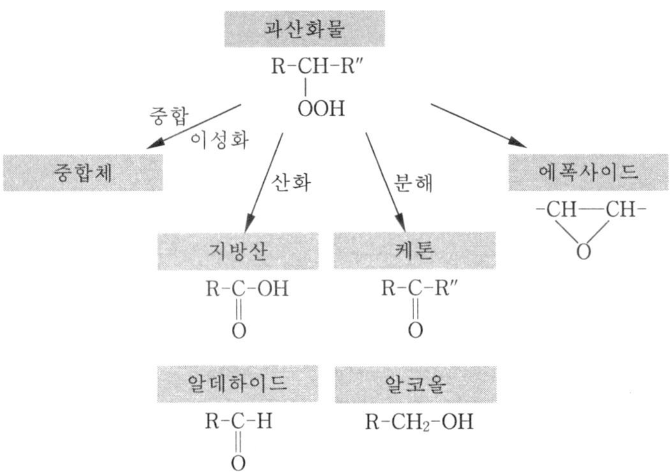

[그림 4-14] 과산화물의 변화

(2) 휘발성 카보닐화합물의 생성

중간단계에서 생성된 과산화물은 불안정하여 계속 산화가 진행되면 분해되어 휘발성의 저분자 카보닐화합물을 생성한다. 이들 카보닐화합물 특히 알데하이드류는 산패취의 원인물질이며, 소량만 존재해도 문제가 된다.

주요 물질로는 2,4-다이엔알(2,4-dienal)과 2-엔알(2-enal) 등이 있다.

산패취는 극미량으로도 감지할 수 있는 자극취이지만, 향신료를 첨가한 식품에서는 인식하지 못하는 경우도 있다.

올레산, 리놀레산, 리놀렌산으로부터 생성된 알데하이드류를 표 4-17과 같다.

[표 4-17] 과산화물의 분해에 의해 생성되는 알데하이드류

종 류	-OOH 위치	-C=C- 위치	생성되는 알데하이드
올레산 하이드로퍼옥사이드	8	9,10	$C_8H_{17}CH{=}CHCHO$
	9	10,11	$C_7H_{15}CH{=}CHCHO$ (2-decenal)
	10	8, 9	$C_8H_{17}CHO$
	11	9,10	$C_7H_{15}CHO$
리놀레산 하이드로퍼옥사이드	9	10,11 12,13	$C_5H_{11}(CH{=}CH)_2CHO$ (2,4-decadienal)
	13	9,10 11,12	$C_6H_{13}CHO$
리놀렌산 하이드로퍼옥사이드	9	10,11 12,13 15,16	$C_2H_5CH{=}CHCH_2(CH{=}CH)_2CHO$
	12	9,10 13,14 15,16	$C_2H_5(CH{=}CH)_2CHO$
	13	9,10 11,12 15,16	$C_2H_5CH{=}CHCH_2CHO$
	16	9,10 12,13 14,15	C_2H_5CHO

3) 자동산화의 속도

불포화지방산의 이중결합은 포화지방산의 단일결합에 비해 화학적으로 불안정하여 산화되기 쉽다. 즉 지방산 중의 이중결합의 수가 많을수록 산화가 빠르다.

특히, 어유에는 EPA와 DHA(이중결합 6)을 함유하고 있기 때문에 다른 식용유지에 비해 산화속도가 매우 빠르다.

[표 4-18] 지방산의 자동산화속도와 유도기간(25℃)

지방산	이중결합의 수	유도기간(시간)	산화속도(상대속도)
스테아르산(18 : 0)	0	-	1
올레산(18 : 1)	1	82	100
리놀레산(18 : 2)	2	19	1200
리놀렌산(18 : 3)	3	1.34	2500

4) 지질의 산화생성물의 반응

과산화물은 활성산소의 하나로 대단히 반응성이 높다. 과산화물은 분해, 중합반응을 일으켜 불쾌취, 착색, 맛의 변화 등의 품질 저하를 초래하고, 독성물질을 생성한다. 또 생체 내에서는 조직과 유전자 등에 손상을 일으켜 동맥경화, 발암, 노화 또는 많은 질병의 원인이 된다.

한편 지질의 산화생성물은 다른 식품성분과 반응하여 식품의 품질을 저하시키는 경우가 많다. 지질 래디칼은 단백질과 중합반응을 일으키는 동시에 라이신, 히스티딘, 메싸이오닌, 시스테인 등의 아미노산잔기를 분해시킨다. 한편 건조 상태에서는 단백질의 펩타이드 결합을 절단하여 저분자화하는 경우도 있다. 또 산화생성물 중의 알데하이드류는 단백질 중의 아미노기와 반응하여 불용화한다(Shiff 염기형성)

$$\underset{\text{아미노기}}{RNH_2} + \underset{\text{알데하이드}}{OHC-CH_2-R} \longrightarrow \underset{\text{Shiff 염기}}{R-N=CH-CH_2-R}$$

이와 같이 단백질과의 반응에서 중합이나 불용화된 단백질은 소화성의 감소와 아미노산의 변질 등에 의해 영양가를 감소시킨다. 산화생성물은 카로테노이드나 클로로필색소와도 반응하기 때문에 식품을 퇴색시키는 원인이 된다.

3. 효소(리폭시제네이스)에 의한 산화

리폭시제네이스(lipoxygenase)는 불포화지방산을 산화하여 과산화물을 형성하는 효소이다. 각종 채소(토마토, 가지)나 곡물종자(소맥 등) 특히, 대두와 같은 두류에 많이 존재한다.

리폭시제네이스는 시스,시스-1,4-펜타다이엔(pentadiene)구조를 갖는 리놀레산, α-리놀렌산, 아라키돈산 등을 특이적으로 산화시켜 과산화물을 형성한다(그림 4-15).

$R-CH_2-CH=CH-CH_2-CH=CH-CH_2-R$(시스,시스-1,4-펜타다이엔구조)

$+O_2$ ↓ 리폭시제네이스

$R-CH_2-CH=CH-CH=CH-\underset{\displaystyle COOH}{\underset{|}{CH}}-CH_2-R$(하이드로퍼옥사이드 형성)

$+O_2$ ↓ 리포하이드로퍼옥시데이스

휘발성 카보닐화합물 생성(두유의 콩비린내)

[그림 4-15] 리폭시제네이스 및 리포하이드로퍼옥시데이스의 작용

생성한 과산화물은 리포하이드로퍼옥시데이스(lipohydropeoxidase)에 의해 분해되어 휘발성 알데하이드를 생성한다. 이들 물질은 신선한 채소의 향기 생성, 카로테노이드의 산화 분해 등에 관여하지만, 두유 등의 대두제품의 콩 비린내의 원인이 되기도 한다.

리폭시제네이스에 의한 산화억제 : 리폭시제네이스에 의한 산화는 가열에 의한 효소의 불활성(브렌칭)으로 억제할 수 있다. 예를 들어 두유제조시 대두를 뜨거운 물(70~80℃)로 마쇄하면 리폭시제네이스의 불활성화로 콩비린내를 억제할 수 있다.

또한 콩이나 콩나물을 삶을 때 뚜껑을 열면 콩비린내가 발생하는데 이 또한 콩나물 중의 리폭시제네이스 작용에 의한 것이다. 따라서 콩나물을 삶을 때는 뚜껑을 닫아 산소를 차단하고, 조리수의 온도를 빨리 증가시켜 효소를 불활성화시키면 콩비린내를 방지할 수 있다. 이 때 조리수에 소금을 첨가하면 효율적이다.

4. 변향(flavor reversion, 냄새의 복귀현상)

대두유와 같은 식용유지는 정제과정을 통해 원래의 풀냄새나 콩 비린내가 제거된다. 그러나 저장 후 얼마 지나지 않아 이 같은 냄새를 도로 갖게 되는데, 이러한 현상을 변향(flavor reversion) 또는 냄새의 복귀현상이라고 한다.

변향은 산패가 발생하기 전에 나타나는 냄새로 산패취와 구분된다.

변향의 원인 : 변향은 리놀렌산의 함량이 큰 기름, 예를 들어 대두유, 아마인유, 어유등에서 일어나기 쉽고, 또한 수소가 첨가된 기름 중 아이소리놀레산의 함량이 큰 기름에서 잘 일어나기 때문에, 이들 지방산의 자동산화초기에 생성되는 카보닐화합물에 기인되는 것으로 알려지고 있다.

변향의 원인물질 : 3-시스-헥센알(3-cis-hexenal)이 잘 알려져 있으며 이외에 2-펜틸후란(2-pentyl furan) 등의 다수의 화합물이 발견되고 있다. 이들 화합물이 대두샐러드유 등에 일어나기 쉬운 변향취 성분이 되고, 유지의 저장 초기부터 감지된다.

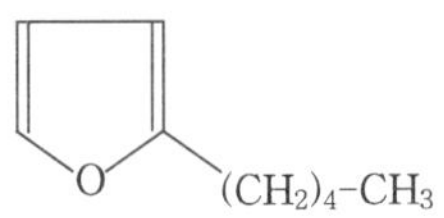

2-펜틸후란(2-pentylfran)

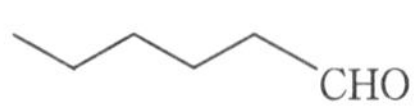

헥산알(hexanal)

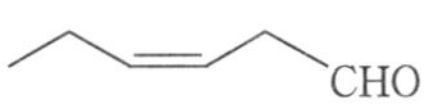

3-시스-헥센알(3-cis-hexenal)

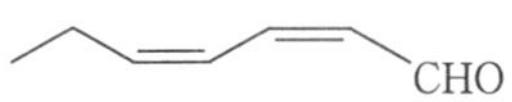

2,4-부타다이엔알(2,4-butadienal)

[그림 4-16] 변향의 원인물질

1) 변향의 억제 방법

(1) 저장 온도

유지의 저장온도는 변향이 발생하는 시기에 매우 큰 영향을 준다. 예를 들어, 5℃의 암소에서 대두유를 저장한 경우, 수개월간 변향을 일으키지 않으나, 실온에 저장된 경우, 10~14일 후에 변향을 일으켰다는 보고가 있다. 따라서 변향을 억제하기 위해서는 가능한 한 낮은 온도에서 저장하는 것이 중요하다.

(2) 광선

변향을 촉진하는 광선은 자외선이나 가시광선의 청자색 부분이다. 따라서 식용유지를 암소에 보관하는 것이 바람직하다

(3) 금속

변향은 금속이온의 존재에 의해서도 영향을 받는다. 특히 구리(Cu), 철(Fe), 코발트(Co), 아연(Zn) 등은 촉진작용이 강하다. 따라서 변향을 억제하기 위해서는 금속의 오염을 방지하거나 금속제거제를 사용하는 것이 바람직하다.

5. 광증감산화반응

광선 조사에 의해 활성화된 광증감물질(photosensitizer)와 공기 중의 산소분자(삼중항산소, $^3O_2$)의 작용으로 생성된 활성이 강한 일중항산소($^1O_2$)에 의해 식용유지가 산화되는 반응을 광증감산화반응라고 한다.

광증감물질 : 클로로필과 그 분해물, 로즈벤갈(rosebengal)과 에리쓰로신(erythrosine) 등의 타르계 합성색소, 라이보플라빈(비타민 B_2) 등이 있다.

1) 광증감산화반응의 종류

광증감산화반응은 ① 클로로필류나 타르색소에 의한 광증감산화반응과 ② 라이보플라빈에 의한 광증감반응의 2종류가 있다

(1) 클로로필류나 타르색소에 의한 광증감산화반응

클로로필류와 타르색소 등의 광증감물질은 광에너지를 흡수하여 활성화된 상태(불안정한 삼중항상태)로 된다. 활성화된 광증감물질은 에너지를 삼중항산소($^3O_2$)에 주어 일중항산소($^1O_2$)를 생성하고, 자신은 원래의 기저상태로 되돌아간다.

생성된 일중항산소는 유지내의 불포화 지방산과 반응하여 과산화물을 형성하거나 식품단백질을 구성하는 메싸이오닌, 시스테인, 히스티딘, 트립토판 등을 손상시킨다.

대부분의 식물성 유지에는 클로로필이나 그 분해물을 함유하고 있어 빛에 노출되면 일중항산소를 발생하여 산화되기 쉽다. 또 클로로필의 분해산물인 페오포바이드(pheophorbide)는 광증감산화반응에 의해 광과민증을 일으킬

수 있다.

클로로필에 의한 광증감반응 속도는 라이오보플라빈에 의한 광증감반응의 1,000배 이상이다.

(2) 라이보플라빈에 의한 광증감 반응

라이보플라빈(riboflavin)은 광에너지를 흡수하여 활성화된 상태로 된 후, 에너지를 기질(지질, 단백질, 핵산 등)에 주어 기질 래디칼를 생성한다. 이 기질과 삼중항산소가 반응하여 과산화물(기질이 지질의 경우)을 형성한다.

또 우유나 맥주를 햇빛에 쪼일 때 일어나는 이취의 발생은 라이보플라빈의 광증감반응작용에 의한 단백질이나 지질의 분해에 기인하는 것으로 알려져 있다. 빛에 의해 일어나는 우유와 맥주의 이취를 일광취(sun light flavor)라고 한다.

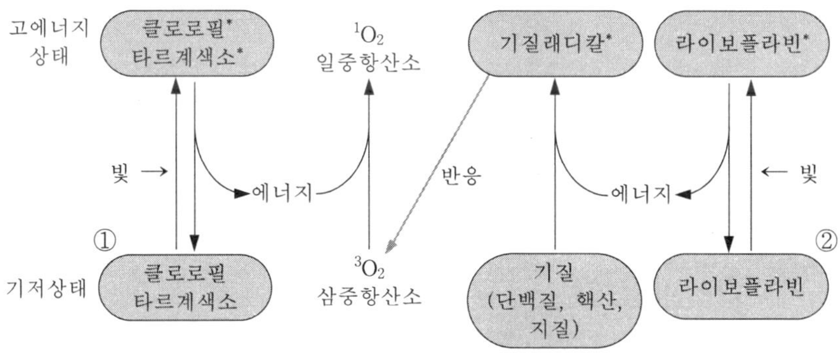

[그림 4-17] 광증감산화반응

* 는 빛 에너지를 받아 활성화된 상태를 표시

2) 일중항 산소에 의한 리놀레산의 산화

식물성 기름에 소량 함유되어 있는 클로로필류나 첨가된 합성색소가 광증감물질로 작용하여 일중항산소를 생성한다. 이 일중항산소는 자동산화와 달리 이중결합에 직접 부가반응하여 과산화물을 형성한다.

일중항산소에 의한 산화속도는 자동산화의 1,000배 이상인 것으로 알려져 있다. 이와 같이 형성된 과산화물의 구조는 자동산화에서 형성된 과산화물과 다소 다르며, 따라서 과산화물의 분해로 생성되는 카보닐화합물, 알코올, 유기산 등의 이차생성물의 구조도 달라진다. 일중항산소가 리놀레산에 부가하면 4종의 과산화물이 거의 동량씩 생성된다.

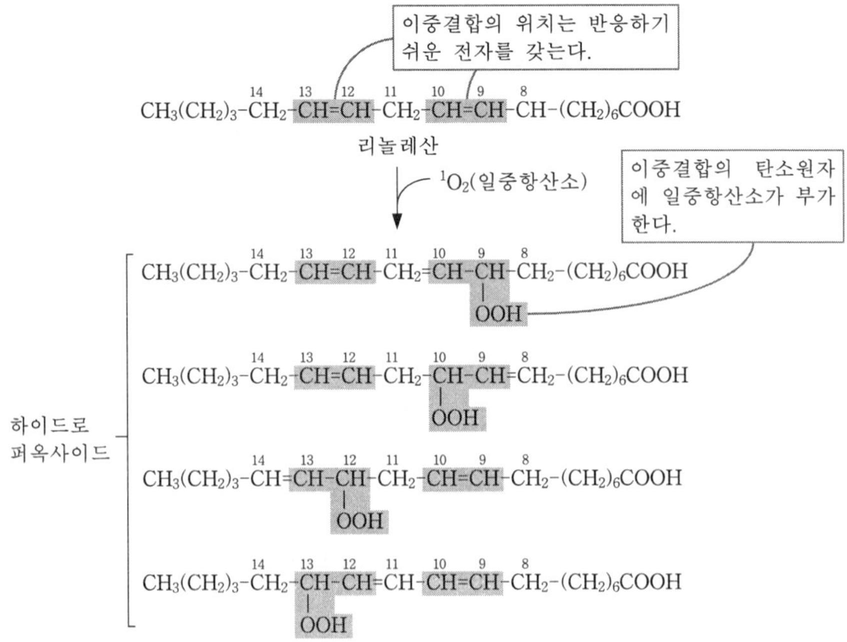

[그림 4-18] 일중항 산소에 의한 리놀레산의 산화

6. 유지의 가열산화

튀김 온도(140~200℃)에서 유지를 장시간 가열하는 경우, 산화반응은 자동산화와 같이 활성 래디칼에 의한 연쇄반응으로 과산화물을 생성한다. 그러나 생성된 과산화물은 자동산화와 같이 축적되지 않고, 열에 의해 바로 분해, 중합되어 중합체를 형성하거나, 저분자 화합물로 분해한다. 특히, 230℃(발연점 이상)의 고온에서 가열하면 급격한 열분해가 일어난다.

가열산화 중의 변화 : 가열시간과 함께 이중결합의 감소(요오드가의 감소), 평균분자량의 증가가 나타나며, 거품형성, 점성의 증가, 산, 알코올, 알데하이드 등의 휘발성 물질이 생성된다(표 4-19).

한편 가열에 의해 생성된 과산화물은 160℃ 이상의 고온에서는 생성되어 즉시 분해되기 때문에 가열 중의 과산화물의 함량이 낮게 된다. 이 때문에 과산화물의 함량을 튀김유의 품질 지표로 하는 것은 적합하지 않다.

[표 4-19] 가열에 의한 옥수수유의 변화(200℃)

가열시간	요오드가	비누화값	과산화물가	산가	점도
0	115	186	1.1	0.20	0.65
8	112	196	1.6	0.42	0.85
16	108	200	1.7	1.23	1.25
24	102	200	2.0	1.44	3.00
48	90.9	-	-	1.66	7.55

1) 유지의 가수분해에 의한 유리지방산의 증가

식용유지의 가열산화 중의 두드러진 변화 중의 하나는 가열온도가 증가함에 따라 유리 지방산의 함량이 증가하는 현상이다. 유리지방산의 함량 증가는 자동산화에 의해서도 일어나지만, 주로 유지분자의 열분해에 의해 일어난다.

튀김을 할 때는 튀김유가 고온의 수증기와 접촉하여 가수분해를 일으켜 유리지방산을 생성한다.

또, 튀김물 중에 함유되어 있는 유기산이나, 시판 튀김가루 중에 함유되어 있는 알칼리성의 탄산수소나트륨($NaHCO_3$)은 튀김 중에 식품에서 나온 수분과 반응하여 유지를 지방산과 글리세롤로 가수분해한다. 이렇게 생성된 유리지방산들은 발연점을 급격히 저하시켜 튀김식품의 품질을 저하시키는 요인이 된다.

탄산수소나트륨(베이킹파우더)은 튀김 중 탄산가스를 발생하여 튀김물을 바삭하게 하지만, 튀김유의 산패와 영양소의 파괴를 촉진시킨다.

2) 아크롤레인(acrolein)의 생성

유지를 장시간 가열하면 가수분해에 의해 생성한 글리세롤 1분자에서 2분자의 물이 빠져 아크롤레인(-CH_2=CH-CHO)을 생성한다.

아크롤레인은 강한 독성과 자극취를 갖고, 식욕을 감퇴시키는 원인 물질이다(11장 유해물질 참조)

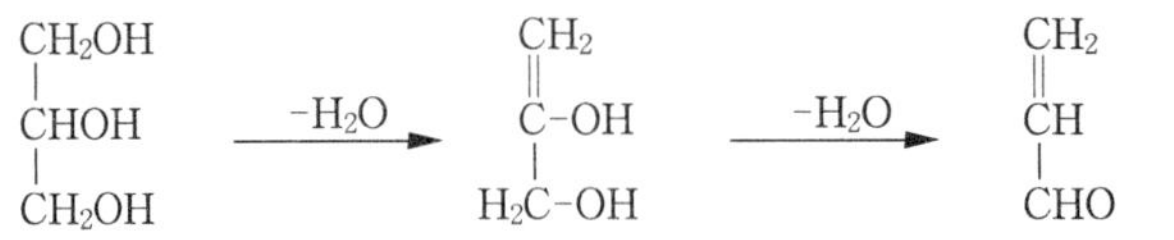

글리세롤 아크롤레인

또한 아크롤레인은 발암성의 아크릴아마이드(acrylamide)를 생성하는 유

아크릴아마이드
비닐중합체의 단량체로서, 인체에 독성과 자극성이 있고 중추신경계를 마비시킨다.

해성분이기도 하다.

튀김을 하는 경우에는 기름의 온도조절에 유의하여 발연점을 방지하거나, 발연점이 높은 기름을 사용하는 것이 좋다. 또 장시간 튀김 작업 시에는 반드시 환풍기를 이용하여 배기할 필요가 있다.

3) 가열중합반응에 의한 중합체 형성

가열된 유지에서는 자동산화 과정에서 생성된 활성래디칼의 결합에 의한 중합반응 이외에 디일즈-알더부가반응(Diels-Alder addition reaction)으로 알려진 가열중합반응도 함께 일어난다. 이러한 부가반응은 공액이중결합을 가진 유지분자와 이중결합을 갖는 유지 분자사이의 부가반응에 의해 일어나기 때문에, 특히, 불포화도가 높은 기름에서 잘 일어난다.

공액이중결합(conjugated double bond)
유기화합물에서 단일결합 한 개를 사이에 두고 서로 이어지는 이중결합

이와 같이 생성된 중합체들은 효과적으로 소화되지 못하기 때문에 기름의 영양가는 급속히 감소한다. 또한 점도의 증가로 인하여 튀김 시 튀김물의 수분과 기름의 교체가 어려워져 표면부착유가 증가하고, 결과적으로 튀김물 상태가 불량하게 된다.

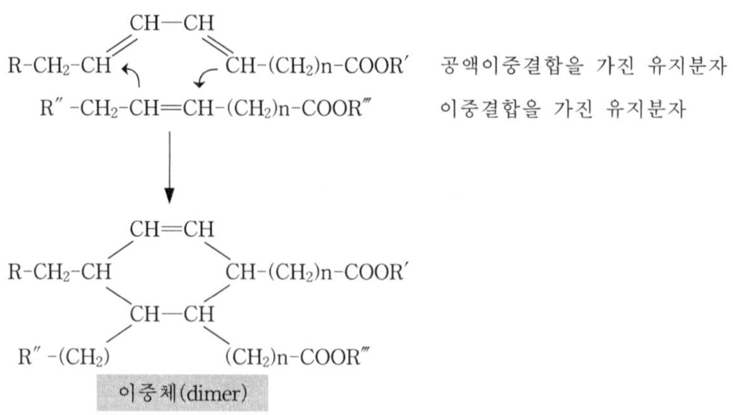

[그림 4-19] 튀김 중의 디일즈-알더부가반응에 의한 중합체 형성

4) 지속성 발포현상

튀김할 때 식품중의 수분이 증발하여 일시적으로 발포(거품)현상이 일어난 후 곧 가라앉는다. 그러나 장시간 튀김의 사용한 기름은 발포현상이 계속적으로 일어나게 되며, 이러한 현상을 지속성 발포현상이라고 한다.

이러한 현상은 튀김유의 점도 증가, 튀김재료 중의 인지질, 고무질물질에 관련이 있는 것으로 알려져 있다.

지속적 발포현상의 원인은 가열 산화 중에 형성된 중합체들이 점도를 증가시키며, 튀김재료에서 발생하는 수증기나 공기가 외부로 증발되는 것을 억제하고, 또 튀김재료 중의 인지질의 유화작용으로 수증기의 증발을 억제하기 때문인 것으로 생각된다.

지속적 발포현상의 억제법 : 지속적 발포현상은 실리콘 수지(silicone resin)의 첨가로 억제할 수 있다. 실리콘수지는 튀김유에 첨가할 때 계면장력을 증가시켜 거품의 형성과 안정성을 저하시킨다.

실리콘수지(silicone resin)
거품제거제, 유화제로 이용
dimethyl polysiloxane
Siloxane : -Si-O-Si-O-

5) 향미 및 변색

튀김유는 본래 무미, 무취이지만 곧 튀김유의 독특한 튀김 향미와 색을 갖게 되고, 상당기간 바람직한 향미를 유지한다. 그러나 튀김 횟수가 길어지거나 사용기간이 길어지면 특유의 향미를 잃고 바람직하지 않은 향미와 색을 나타낸다. 이는 튀김재료 중의 단백질이나 당성분에 의한 아미노-카보닐반응에 기인되지만, 튀김유의 산화에 의해 생성된 카보닐 화합물도 관여한다.

4.8. 유지의 산패 측정법

1. 산가(acid value)

유지 1g 중에 함유되어 있는 유리지방산을 중화하는데 필요한 KOH의 mg 수로 나타낸다. 산가는 유지의 가수분해에 의해 형성된 유리지방산 함량의 척도이다.

따라서 정제가 되지 않거나 정제상태가 불량한 유지, 오래 사용하거나 저장된 유지, 산패된 기름에서 높다. 식품공전에는 정제식용유는 0.6 이하, 유탕처리 식품은 2.0 이하로 되어 있다.

[표 4-19] 일부 지방질 식품의 산가 규격

종 류	산 가	종 류	산 가
일반식용유	0.6 이하	압착 올리브유	2.0 이하
참기름(압착)	4.0 이하	정제 올리브유	0.6 이하
추출참깨유	0.2 이하	혼합 올리브유	2.0 이하
들 기 름	5.0 이하	쇼 트 닝	0.8 이하
추출들깨유	0.2 이하	마 가 린	1.0 이하
압착고추씨기름	3.0 이하	유탕처리식품	2.0 이하
유지함유식품	2.5 이하	버 터	2.8 이하

2. 과산화물가(peroxide value)

과산화물가는 유지시료 1 kg에 함유되어 있는 과산화물의 밀리당량수(milliequivalent)로 표시된다. 과산화물가는 유지의 자동산화에 의해 생기는 과산화물의 함량을 나타낸 것으로 유지가 정제되어 신선할 때는 거의 0이다.

유지함유식품의 과산화물가는 50 이하이며, 가공유지의 과산화물가는 3.0 이하 이다.

과산화물가 측정시 문제점 : 과산화물의 함량은 어느 시기에 최고치에 도달한 후, 그 분해속도가 생성속도보다 커져 감소된다. 따라서 산패가 너무 많이 된 식용유지는 오히려 낮은 과산화물가를 나타낼 수 있다. 또한 고온에서는 과산화물의 축적없이 곧바로 분해되기 때문에 과산화물의 함량이 매우 적은 경우가 있다. 따라서 아주 오래된 기름이나 튀김유의 경우, 과산화물가를 산패측정방법으로 사용하는 것은 적당치 않다.

$$ROOH + 2I^- + 2H^+ \longrightarrow ROH + I_2 + H_2O$$

$$I_2 + 2Na_2S_2O_3 \longrightarrow 2NaI + Na_2S_4O_6$$

3. 카보닐가(carbonyl value)

유지 1kg 중의 카보닐화합물의 밀리당량수로 표시한다. 유지의 산패에 의해 형성되는 카보닐화합물 전체량을 정량하는 방법이다. 이 방법은 유지나 지방질 식품의 산패에 의해 형성된 전체 카보닐 화합물을 2,4-다이나이트로페닐하이드라진(2,4-dinitrophenylhydrazine)과 반응시켜 2,4-다이나이트로페닐하이드라존(2,4-dinitrophenylhydrazone)으로 전환시킨 후, 흡광도(430~460 nm)를 측정하여 전체 총 카보닐 화합물의 함량을 측정하는 방법이다.

카보닐가 측정시 문제점 : 페닐하이드라진 유도체의 형성이 정량적으로 진행되지 않으며, 또한 카보닐화합물들이 같은 복합체를 형성하지 않아 형성된 색깔도 안정하지 않다는 결점이 있다.

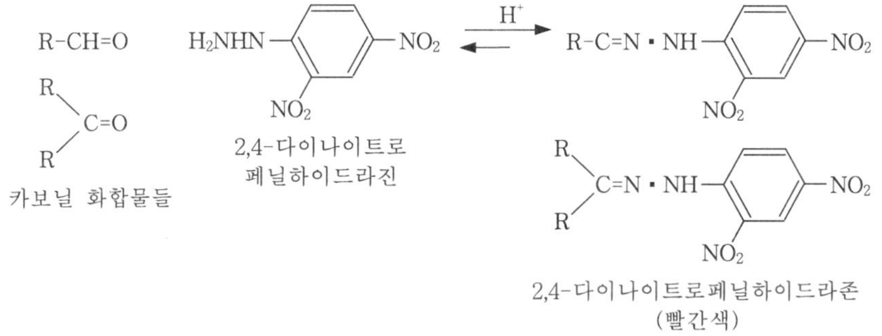

[그림 4-20] 카보닐가의 측정과정

4. TBA가(thiobarbituric acid value)

과산화물이 분해하여 생성한 말론알데하이드(malonaldehyde) 등이 TBA와 반응하여 생성하는 적색색소의 양을 측정한다.

TBA가는 산화된 유지에 형성된 특정 카보닐 화합물의 하나인 말론알데하이드가 산성조건하에서 2-TBA(2-thiobarbituric acid)와 빨간색 복합체를 형성하며, 이 빨간색의 강도(432~435 nm)는 말론알데하이드의 형성량과 비례적으로 증가한다는 사실에 근거한다. 유지, 육류, 생체조직의 산화정도의 지표로서 널리 이용된다.

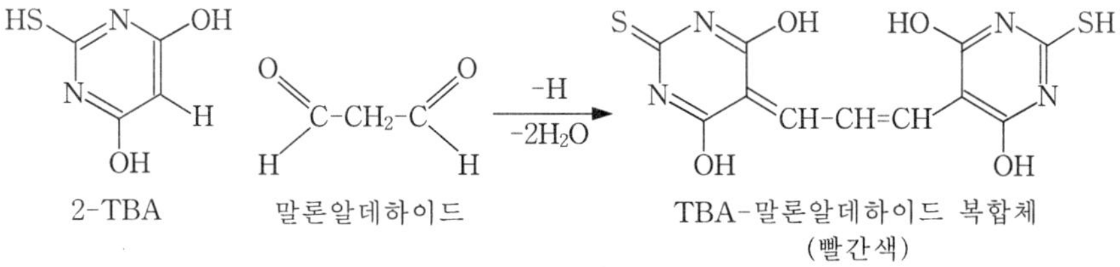

[그림 4-21] TBA-말론알데하이드 복합체의 형성과정

TBA가 측정시 문제점 : TBA가는 육류와 같은 지방질식품의 산패도 측정에 널리 사용되고 있으나 그 응용범위는 제한되어 있다.

예를 들면, 절임육류 등에 존재하는 아질산염(nitrites)은 육류의 TBA가를 감소시키며, 따라서 아질산염이 첨가된 육류가공제품의 경우에는 산패의 정확한 척도가 되지 못한다.

또, 식용유지의 구성 지방산에 따라 말론알데하이드의 형성량이 다르기 때문에, 다른 종류의 식용유지의 TBA가를 비교하는 것은 의미가 없다.

4.9. 유지의 산화촉진 요인 및 억제 방법

유지의 산화에 영향을 주는 인자로는 온도, 빛, 공기, 금속 등을 들 수 있다. 산화를 방지하기 위해서는 이들 산화촉진인자들을 제거할 필요가 있다.

유지의 산화를 억제하는 방법으로는 저온에서 저장하거나 암소에 두어 광선을 차단하거나 산소나 금속이온을 제거하는 방법 등이 있다.

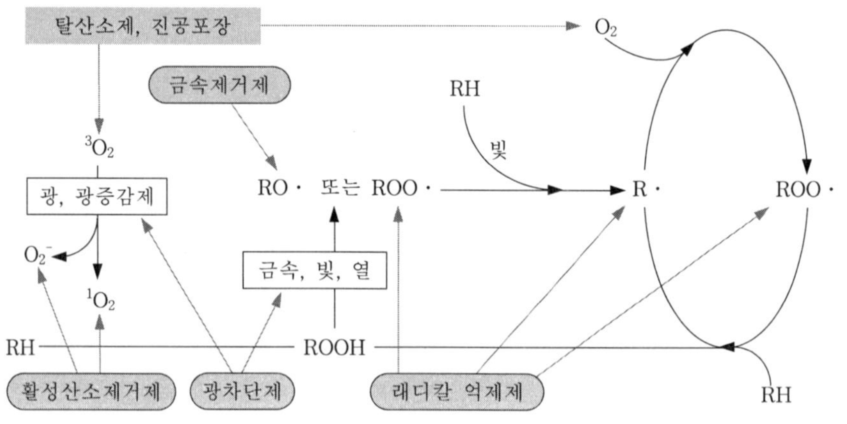

[그림 4-22] 유지의 자동산화, 광증감산화반응의 억제

1. 금속 또는 금속이온

철이나 구리 등의 금속은 미량만 존재해도 촉매로 작용하여 산화를 촉진한다.

즉, 금속이온이 자동산화 초기단계에 유리 래디칼의 형성을 촉진하거나

(1), 과산화물의 분해를 하여 알콕시래디칼(RO·)과 퍼옥시래디칼(ROO·)을 생성하여 자동산화를 촉진한다(2).

(1) 활성 유리래디칼 형성 촉진과정

$$M^{n+1} + R:H \longrightarrow M^{n} + R\cdot + H^{+}$$

(유리래디칼)

$$M^{n} + O_2 \longrightarrow M^{n+1} + O_2^{-}\cdot$$

(수퍼옥사이드)

$$^{3}O_2 \xrightarrow[\text{광증감제, 금속이온}]{\text{광선}} {}^{1}O_2$$

삼중항산소 일중항산소

(2) 과산화물분해과정

$$M^{n} + ROOH \longrightarrow M^{n+1} + RO\cdot + OH^{-}$$

$$M^{n+1} + ROOH \longrightarrow M^{n} + ROO\cdot + H^{+}$$

또한, 수퍼옥사이드($O_2^{-}\cdot$)는 식품성분과 직접 반응하는 일은 없으나, 수퍼옥사이드의 환원에 의해 생성되는 과산화수소(H_2O_2)에 금속이온(특히 철 이온)이 작용하여 하이드록시래디칼(·OH)을 형성하여 산화를 촉진시킨다(3).

(3) 수퍼옥사이드로 부터의 하이드록시래디칼형성 과정

$$O_2^{-}\cdot \xrightarrow{e^{+},\ 2H^{+}} H_2O_2 \xrightarrow{Fe^{2+}} \cdot OH + OH^{-} + Fe^{3+}$$

(수퍼옥사이드) (과산화수소) (하이드록시래디칼)

금속의 산화 촉진작용의 크기는 금속의 종류에 따라 다르며, 일반적으로 Cu > Fe > Ni > Sn > Zn의 순이며, 특히 구리와 철의 산화촉진작용이 매우 중요하다.

철은 2가 철(Fe^{2+})과 3가 철(Fe^{3+})이 모두 산화촉진 작용이 있지만, 2가 철의 촉진작용이 더 크다.

이러한 금속의 산화 촉진작용은 구연산 등의 금속킬레이트제를 첨가하여 억제할 수 있다.

2. 광선

광선은 수소 래디칼의 이탈, 과산화물의 분해 등에 의해 래디칼을 생성하여 산화를 현저히 촉진시킨다.

특히 유지에 클로로필과 같은 색소가 존재하는 경우에는 광증감반응에 의해 생성된 활성산소에 의해 빠르게 과산화물을 형성한다.

광선의 파장에 따른 산화촉진작용 : 각종 파장의 광선이 모두 산화촉진작용을 갖고 있으나, 파장이 짧을수록 산화촉진작용이 크다.

즉, X-선이나 이온화 방사선 > 자외선 > 가시광선의 순으로 산화촉진작용이 강하다. 일사광선은 강력한 자외선을 함유하고 있어 산화촉진작용이 매우 크다.

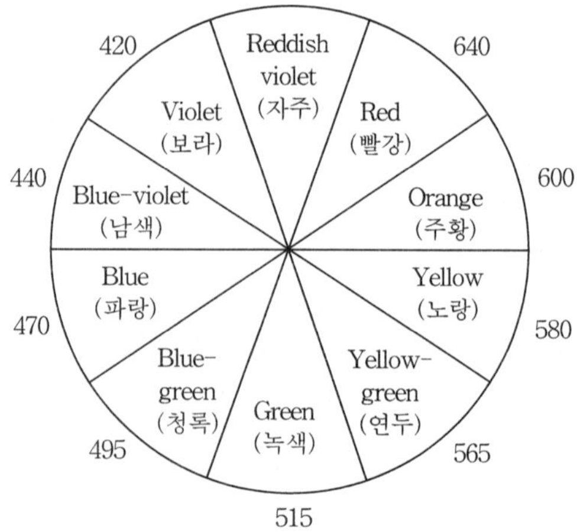

[그림 4-23] 분광의 파장에 따른 색깔원(단위 : nm)

일반적으로 일사광선 > 살균등 > 형광등 > 백열등의 순으로 산화촉진 작용이 강한 것으로 알려져 있다.

한편, 가시광선 중에서는 파장이 가장 짧은 보라색, 남색이 파장이 긴 빨간색보다 산패가 빠르다.

> **보색**(complementary color)
> 혼합하면 무색이 되는 두 색. 빨강과 초록, 주황과 파랑은 서로 보색이다.

광선을 차단하는 방법 : 식용유지는 빛에 노출되지 않도록 암소에 보관하거나, 캔이나 착색된 병에 보관하는 것이 좋다.

포장재에 자동산화와 광증감산화를 유발하는 자외선과 가시광선의 흡수제를 넣는 시도도 있다. 그러나 가시광선을 흡수할 수 있는 포장 재료는 흡수파장에 특유의 색을 나타내기 때문에, 사용가능한 식품은 제한되어 있다. 자외선을 흡수하는 물질은 각종 플라스틱에 첨가하여 사용된다.

3. 온 도

유지의 산화는 일반적인 화학반응과 같이 온도가 높을수록 산화속도가 빠르기 때문에 유지는 가능한 낮은 온도에서 보관할 필요가 있다. 일반적으로 유지의 산패속도는 10℃ 상승할 때마다 2~3배 정도 증가하는 것으로 알려져 있다.

예를 들면 유지의 저장온도를 0℃에서 40℃로 올렸을 때 산패속도가 2배라면 2^4, 즉 16배로 산패속도가 빨라진다.

4. 산소

유지는 공기와 접촉하는 것만으로 자동산화를 일으키기 때문에 공기와의 접촉 면적을 가능한 한 작게 할 필요가 있다. 특히, 스낵식품(감자칩 등)과 같은 다공질식품은 공기와 유지의 접촉 면적이 넓어 산화되기 쉽기 때문에 포장에 주의해야 한다.

가정용의 경우도 개봉하여 사용 후에는 잘 밀봉해야 한다.

산소제거 방법 : 진공포장, 질소가스충진, 산소제거제, 산소투과성이 적은 포장재료 등을 이용하여 산소를 제거하는 것이 산화에 의한 품질변화를 막는 가장 좋은 방법이다.

① 진공포장 : 보통 5~10Torr로 탈기하여 포장한다.

② 가스치환법 : 포장안의 공기를 질소나 이산화탄소로 치환하는 방법이다. 분유 등과 같이 지방의 함량이 많은 식품은 질소충진하여 포장한다.

또한 유지의 산화는 공기 중의 산소뿐만 아니라 유지 중의 용존산소도 자동산화의 원인이 된다. 유지회사에서는 정제유를 보관하는 탱크를 질소로 충진하여 산화를 억제하는 조작을 일반적으로 이용한다.

③ 탈산소제 : 산소흡수제라고도 하며, 탈산소제를 식품과 함께 포장재로

밀봉하여 내부의 산소를 제거하는 것으로 철분을 원료로 한 것이 많다.

철분은 분말상태로 만들어 표면적을 넓혀 산화되기 쉬운 상태로 하고, 용기 중의 식품과 혼합됨을 방지하기 위해 산소는 통과하나 철분은 통과되지 않는 주머니에 넣어 사용한다. 이 방법은 포장내부의 산소를 거의 제거(산소농도 0.01%)하여 장기간 보존이 가능하다.

$$4Fe + 3O_2 \longrightarrow 2Fe_2O_3$$

④ 포장용기 : 유지제품의 포장용기로서, 업무용은 금속용기가, 가정용은 플라스틱용기가 이용되고 있다. 금속용기나 유리용기는 기체투과성이 없지만, 플라스틱용기는 약간 투과성이 있어 유지제품의 보존성에 큰 영향을 준다. 차광성을 포함한 저장성의 관점에서는 금속용기가 바람직하다.

플라스틱용기의 재질로는 PE(polyethylene), PET(polyethylene terephtalate)가 많이 이용된다. 기체차단효과는 PET가 우수하지만, PE도 기체투과성이 낮은 나일론 등을 사이에 넣어 기체투과성을 낮게 한 제품이 이용되고 있다.

5. 헤마틴화합물(hematin compounds)

냉장 중의 생육 지질의 산화속도는 크지 않지만, 가열한 육류의 지질은 급속히 산화되는데 이는 헤마틴화합물의 촉진작용에 기인된다.

마이오글로빈, 헤모글로빈 등의 헴화합물의 철(Fe^{2+})이 산화되어 형성된 헤마틴 화합물(Fe^{3+})은 과산화물을 분해하여 알콕시 래디칼(alkoxy radical, RO・)을 생성함과 동시에 유지분자로부터 수소를 빼앗아 알킬래디칼(R・)을 생성한다(그림 4-24). 이와 같이 1개의 과산화물로부터 2분자의 래디칼을 생성하기 때문에 자동산화의 촉진작용은 매우 강하다.

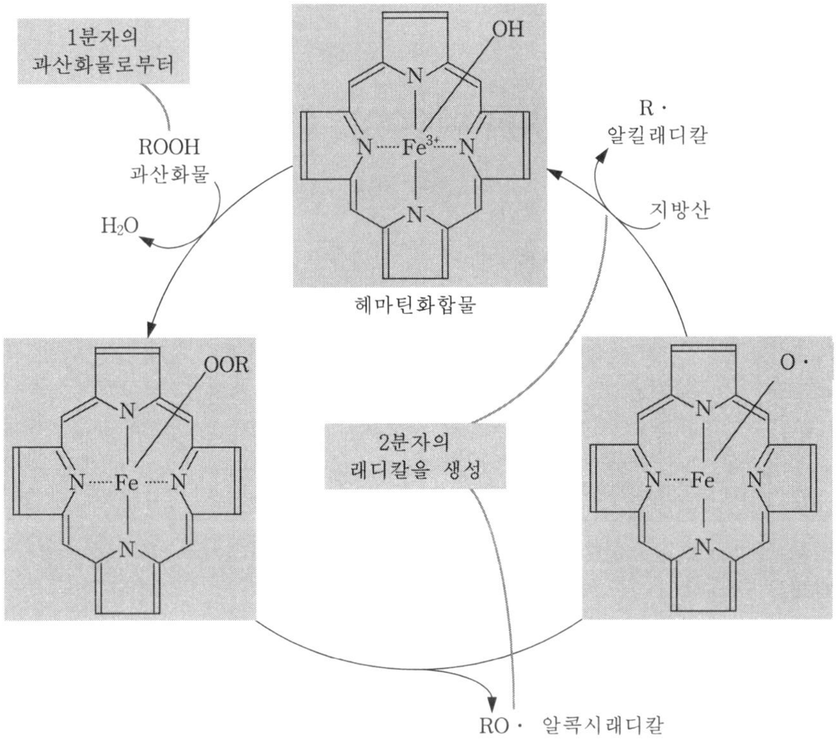

[그림 4-24] 헤마틴(hematin) 화합물의 자동산화 촉진작용

가열한 육류 및 건어물 : 가열한 육류에는 주로 인지질의 산화가 크게 일어나는데, 이는 육류 중의 인지질은 불포화지방산의 함량이 높기 때문이다.

건어물의 경우에도 마이오글로빈의 함량이 많은 붉은살 생선은 흰살 생선보다 유지의 산화가 더 빠르다. 이는 붉은 살생선에는 흰살 생선보다 고도불포화지방산의 함량이 더 많기 때문이지만, 헴화합물의 촉진작용도 관여한다.

육류나 육류가공품 등은 냉동상태에서도 지질의 산패가 일어나며, 이것도 헴화합물의 촉진작용에 기인된다.

헤마틴화합물에 의한 산패 억제방법 : 헤마틴에 의한 촉진작용은 금속킬레이트제로는 산화를 방지할 수 없다. 그러나 연쇄반응을 차단하는 항산화제를 첨가에 의해 산화반응을 억제할 수 있다.

한편, 식육(소시지, 햄 등)의 색 고정을 위해 아질산염과 반응한 마이오글로빈은 산화질소 마이오글로빈(nitrosomyoglobin)이 되어 헴화합물의 철이 고정되기 때문에 촉진작용은 하지 않는다.

4.10. 항산화제(antioxidant, 산화방지제)

식용유지의 산화를 억제하여 품질저하를 방지하는 물질을 항산화제(anti-oxidant) 또는 산화방지제라고 한다. 항산화물질은 동식물 모두에 함유되어 있지만, 식물기원이 압도적으로 많다. 식물이 광합성을 행할 때에는 클로로필에 의해 활성산소와 래디칼이 생성된다. 식물이 갖는 항산화제는 이들에 의한 막지질의 과산화물을 억제하기 위한 방어기구로 생각된다.

항산화제의 작용기작 : 래디칼의 억제, 금속제거, 과산화물의 제거 활성산소의 소거 등 여러 가지가 있지만, 일반적으로 항산화제라고 하면 래디칼 억제제를 말한다.

래디칼억제제(radical inhibitor) : 래디칼억제제는 자동산화반응에서 생성되는 활성래디칼에 우선적으로 수소를 주어 안정된 분자로 만들고, 자신은 활성이 없는 안정된 래디칼로 되는 물질이다. 일반적으로 항산화제 또는 산화방지제라고 하면, 이들은 보통 래디칼억제제를 말한다.

$$\underset{\text{활성래디칼}}{R\cdot} + \underset{\text{래디칼억제제}}{AH} \longrightarrow RH + A\cdot$$

$$\underset{\text{퍼옥시래디칼}}{ROO\cdot} + \underset{\text{래디칼억제제}}{AH} \longrightarrow ROOH + A\cdot$$

래디칼억제제로 작용하는 물질로는 페놀성 OH기를 갖는 화합물이 가장 많다.

1. 천연항산화제

1) 토코페롤(tocopherol)

토코페롤은 천연 항산화제로 가장 많이 사용되고 있는 천연 래디칼 억제제이다. 대부분의 식물에 함유되어있으며, 정제유에도 항산화효과를 나타내는데 충분한 양을 함유하고 있다.

α-, β-, γ- 및 δ-토코페롤의 4종류가 있으며(7장 비타민 참조), 이들의 항산화효과는 δ > γ > β > α-토코페롤의 순이다.

또한 토코페롤은 일중항산소의 소거작용도 있어 광증감산화 방지에도 효과가 있다.

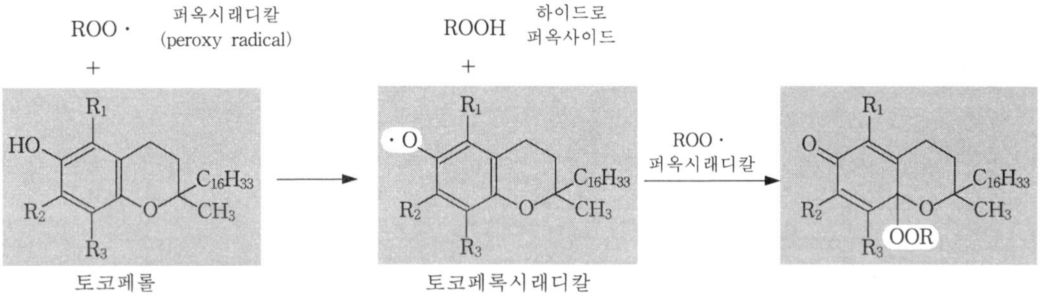

[그림 4-25] 지질산화에 대한 토코페롤의 래디칼억제작용

2) 아스코브산(ascorbic acid)

아스코브산은 래디칼억제제로서 또는 산소제거제로서 유지의 산화를 억제할 수 있으나, 식용유지에 녹지 않는 단점이 있다. 이러한 단점을 개선하기 위하여 아스코브산에 팔미트산을 결합시켜 만든 것이 아스코빌팔미테이트(ascorbyl palmitate)이다(그림 4-26). 산화방지 및 비타민의 강화목적으로 사용되고 있다.

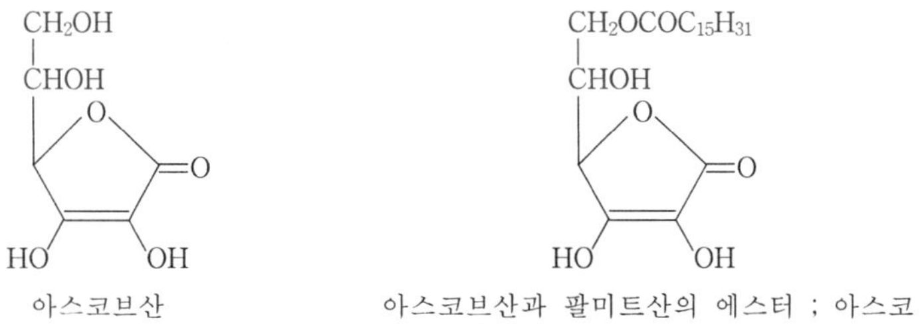

[그림 4-26] 아스코브산과 아스코빌팔미테이트의 구조

3) 그 밖의 천연 항산화제

참깨의 세사몰(sesamol), 향신료 중의 페놀성 화합물(유제놀, 티몰 등), 녹차의 에피카테킨, 플라보노이드(퀘르세틴, 루틴 등) 등이 있으며, 식물에 배당체의 형태로 널리 존재한다.

식품을 훈제할 때는 목재의 폴리페놀화합물인 리그닌이 연소에 의해 비휘발성 페놀류로 변하면서 식품표면에 흡착하여 항산화작용을 나타낸다. 그 밖에 인지질과 아미노-카보닐반응의 반응생성물들도 항산화작용을 갖는다.

특히 녹차의 카테킨과 로즈마리추출물은 천연항산화제로 시판되고 있다.

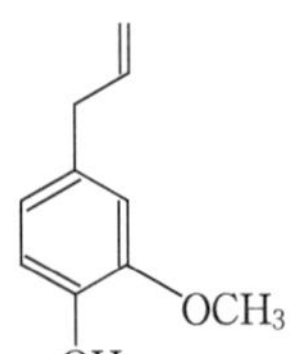

유제놀(eugenol)

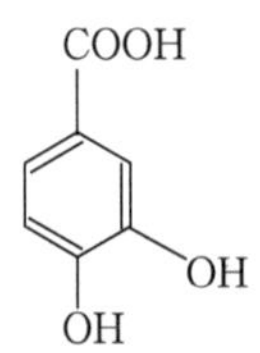

프로토카테추산
(protocatechuic acid)

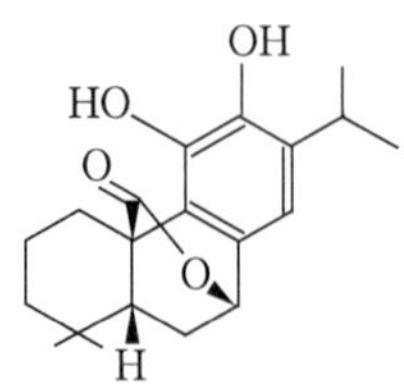

카노솔(carnosol)
(세이지, 로즈마리)

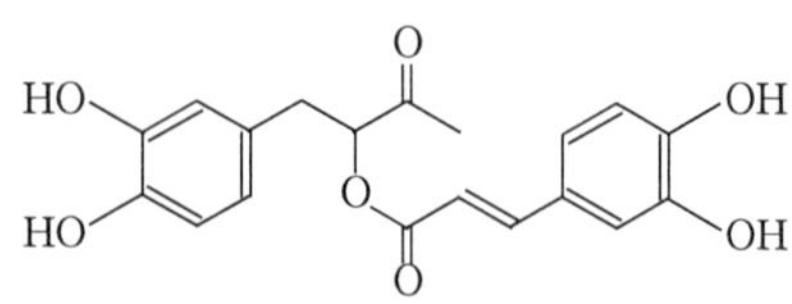

로즈마린산(rosemarinic acid)
(오레가노, 로즈마리)

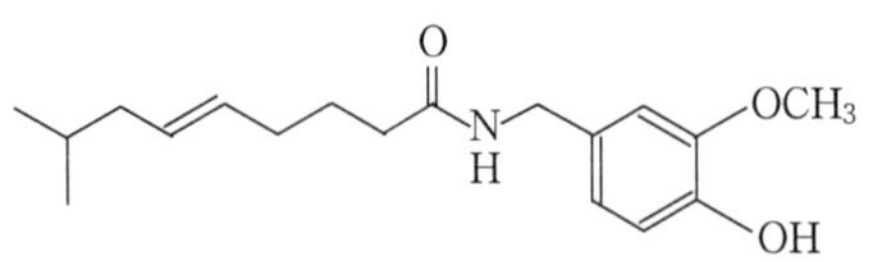

캡사이신(capsaicin)(고추)

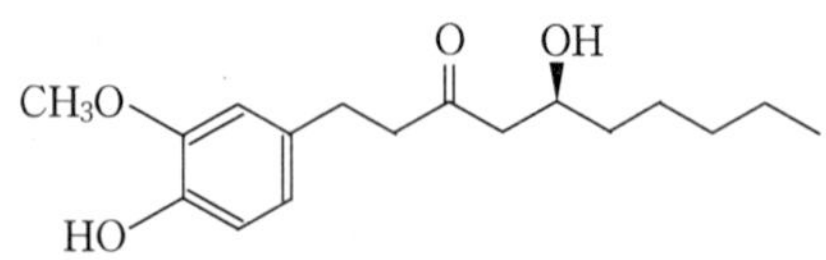

진저롤(gingerol)(생강)

[그림 4-27] 향신료에 함유되어 있는 항산화물질

플라보노이드류 (식품 중에는 배당체로 함유된 것이 많다.)

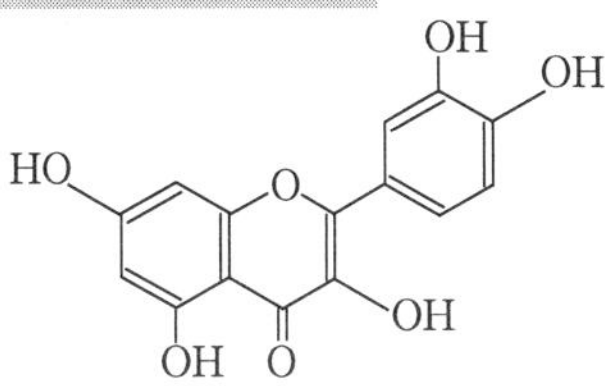

퀘르세틴(quercetin)
(양파, 메밀)

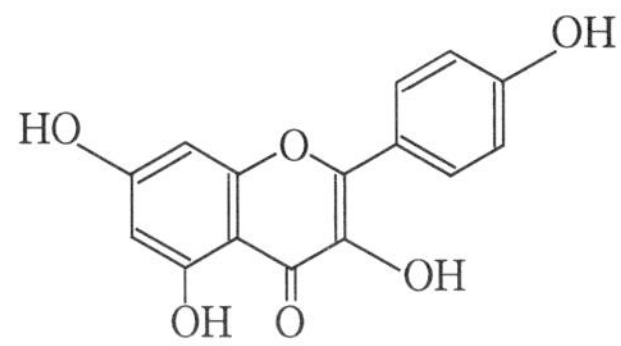

캄페올(kaempferol)
(딸기, 고사리)

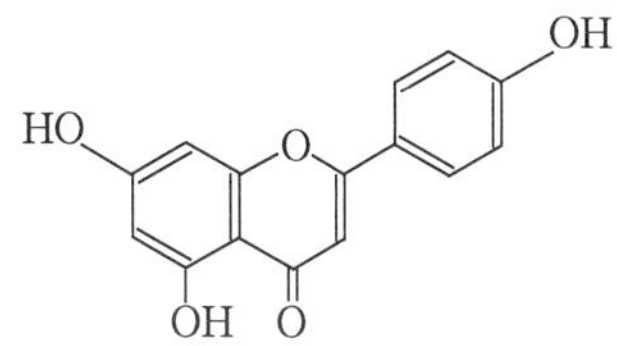

아피제닌(apigenin)
(파슬리, 셀러리)

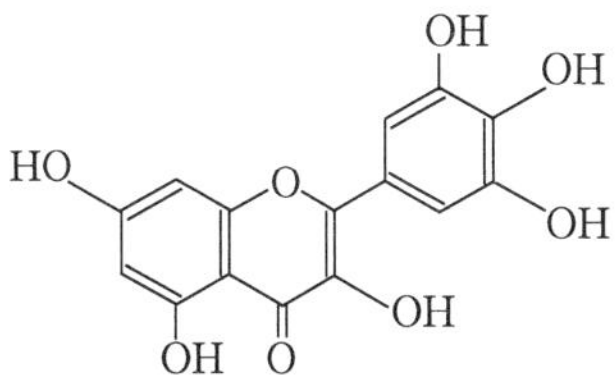

미리세틴(myricetin)
(소귀나무)

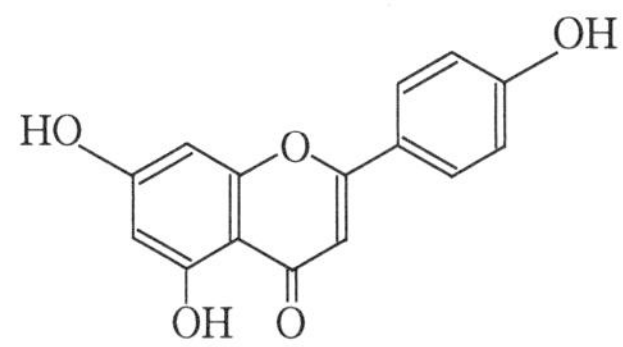

나린제닌(naringenin)
(감귤류)

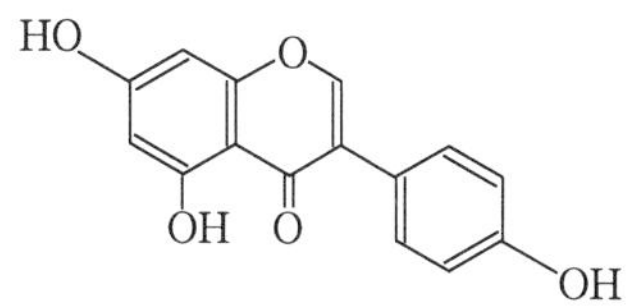

다이제인(daidzein)
(대두, 콩 발효식품)

리그난류

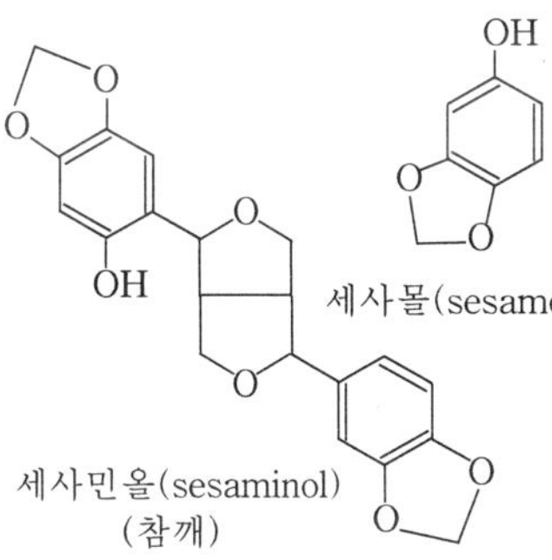

세사몰(sesamol)

세사민올(sesaminol)
(참깨)

클로로겐산 및 관련 폴리페놀류

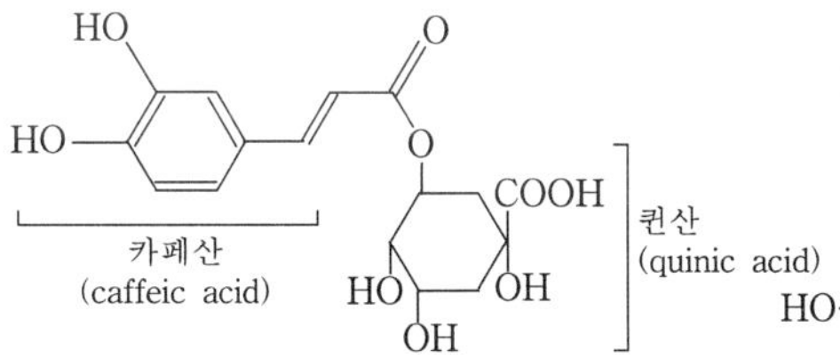

클로로젠산(chlorogenic acid)
(커피콩, 사과 등 채소와 과일 전반)

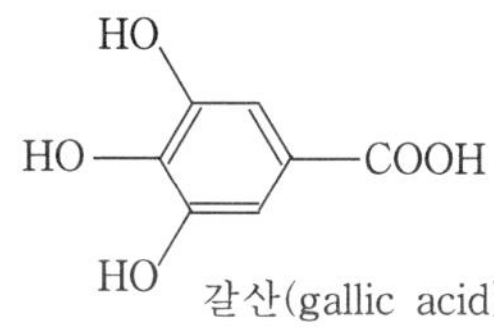

갈산(gallic acid)(채소)

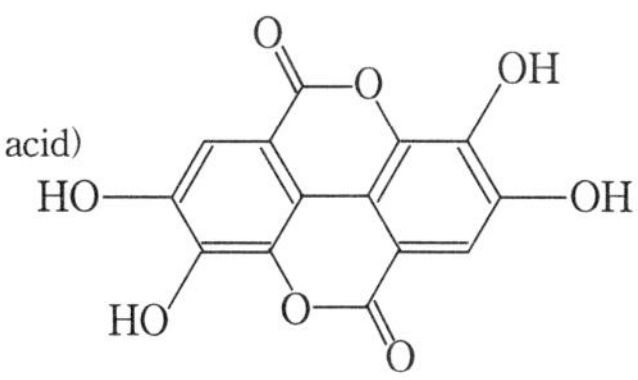

에락산(ellagic acid)
(커피, 채소, 발효식품)

프로시아니딘 및 축합형 탄닌류

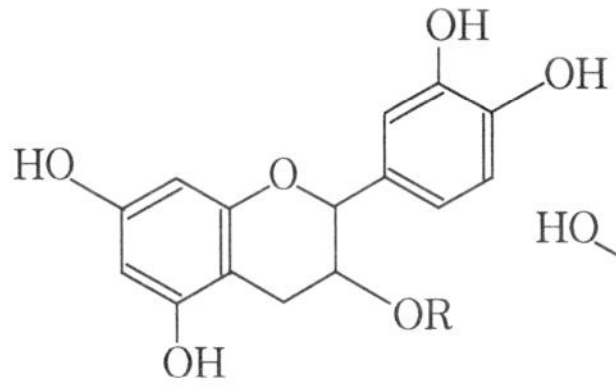

카테킨류(catechins)

2분자(또는 3분자)축합 →

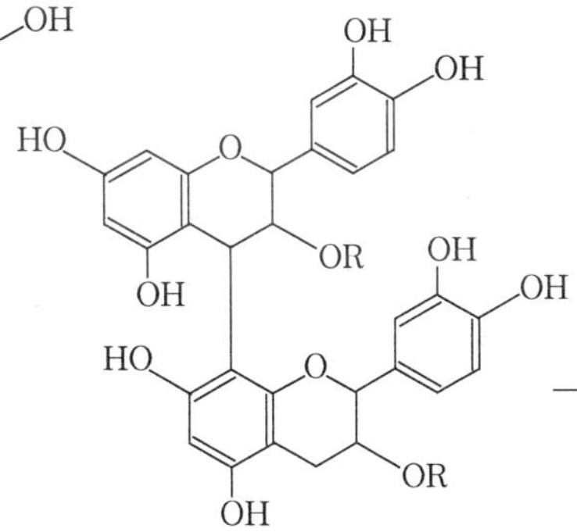

프로시아닌딘류(procyanidins)
(와인, 포도과피)

고분자화 →

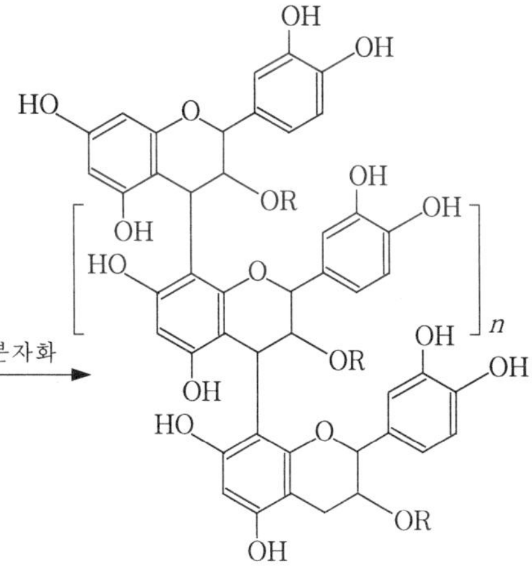

축합형 타닌류

[그림 4-28] 대표적인 천연 항산화물질

2. 합성항산화제

합성항산화제는 고무제품, 합성수지제품, 자동차, 비행기연료 등의 석유제품과 화장품 등에 널리 사용되고 있다.

합성항산화제는 크게 페놀계, 아민계 및 유황계 합성항산화제로 분류된다.

페놀계 항산화제

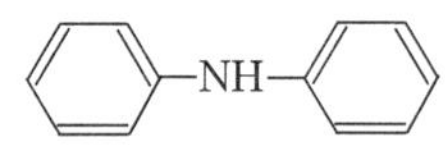

아민계 항산화제

그러나 독성이 강한 아민계 합성항산화제와 특유의 냄새를 주는 유황계 합성항산화제는 식품 항산화제로 사용되지 않고, 식품항산화제로 이용되는 것은 일부 페놀계 항산화제이다.

식용유지에 사용할 수 있는 합성항산화제의 조건으로는 ① 독성이 없을 것, ② 저농도에서 항산화작용을 나타낼 것, ③ 유지 표면에 농축할 것, ④ 보통의 식품가공과정에서 안정할 것 등을 들 수 있다.

이러한 조건을 만족하는 합성항산화제로는 BHA, BHT, PG, TBHQ 등이 있다.

합성항산화제의 문제점 : 합성항산화제는 천연 항산화제에 비해 항산화효과는 강하지만, 약한 발암성 등 안전성의 문제가 지적되어 사용이 제한되고 있다. 특히 BHA에 대해서는 쥐에 위암을 일으킨다는 연구보고가 있어 안전하고, 항산화효과가 우수한 천연 항산화제의 개발이 활발히 진행되고 있다.

1) BHA, BHT

BHA 및 BHT의 융점

종 류	융점(℃)
BHA	57~65
BHT	70

BHA(butylated hydroxyanisole)는 BHT(butylated hydroxytoluene)와 함께 가장 널리 이용되고 있는 합성항산화제이다. 시판되고 있는 BHA는 보통 2-BHA와 3-BHA의 혼합물이다.

특성 : 3-BHA가 2-BHA보다 1.5~2배 정도 항산화력이 강하다. 항산화효과는 첨가되는 식용유지의 종류에 따라 다르며, 식물성유지보다는 동물성 유

지에 효과적인 것으로 알려져 있다.

또한 강한 이행성을 갖고 있어, 버터 등의 포장지 안쪽에 도포할 경우 버터에 항산화효과가 옮겨진다. 그러나 낮은 융점으로 휘발성이 크다. 따라서 튀김유와 같이 고온에서 사용하는 경우, 그 함량이 급격히 감소한다.

용도 : 식용유지, 버터, 껌, 건어물, 어류염장품, 어류냉동품의 침지액(고래고기 등) 등에 사용한다.

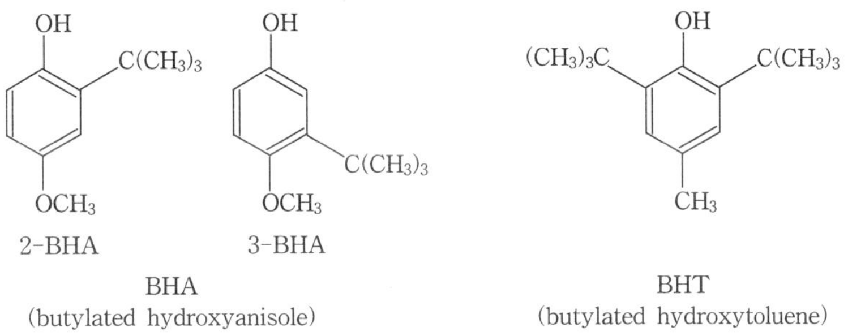

[그림 4-29] BHA와 BHT의 구조

2) PG(propyl gallate)

갈산(gallic acid)에 프로필알코올이 에스터결합한 것으로, 물에 약간 녹는다.

특성 : 갈산의 유기산기에 붙어 있는 알코올의 탄소수가 증가할수록 물에 대한 용해도가 낮아지고, 반면 항산화효과와 열에 대한 안정성은 증가한다. 다른 항산화제나 구연산과 병용하여 사용하면 상승효과를 나타낸다.

철분과 수분이 존재할 때는 청색으로 정색되므로 달걀제품, 육류제품에 사용할 때는 주의하여야 한다. 이행성은 없다.

용도 : 버터 등에 사용한다.

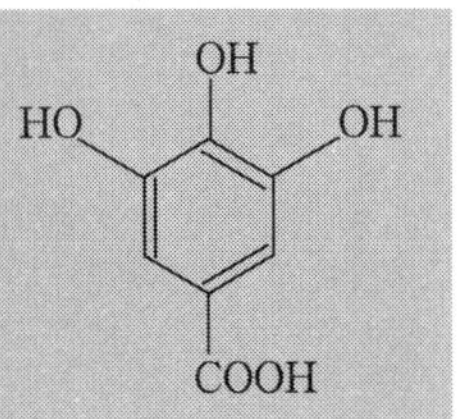

갈산(gallic acid)

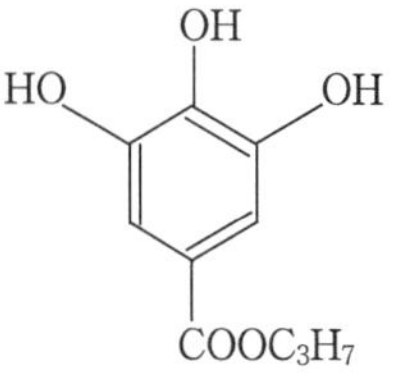

PG
(propyl gallate)

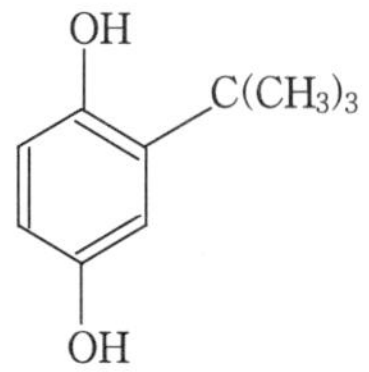

TBHQ
(tertiary butylhydroquinone)

[그림 4-30] PG와 TBHQ의 구조

3) TBHQ(tertiary butylhydroquinone)

TBHQ는 BHA나 BHT보다 극성구조(OH^-)를 더 갖고 있어 물에는 약간 녹으나, 유기용매에는 잘 녹지 않는다.

특성 : BHA와 BHT보다 항산화효과가 강하며, 특히 불포화도가 높은 식물성유나 어유에 대하여 매우 효과적이다. 열에도 비교적 안정하여, 튀김유에서의 사용이 가능한 합성 항산화제이다.

4.11. 상승제(synergist)

자신은 항산화작용이 없거나 미약하지만 항산화제와 함께 사용될 때 항산화제의 작용을 크게 상승시켜주는 물질을 상승제라고 하며, 시너지스트라고도 한다. 아스코브산이 그 대표적인 예이며, 특히, 토코페롤이나 페놀계 항산화제와 강한 상승효과를 나타내는 것으로 알려져 있다(그림 4-31).

이외에 합성항산화제인 BHA와 BHT도 상승효과를 나타낸다(표 4-20).

또 구연산과 같은 금속제거제도 넓은 의미에서 상승제에 포함시키기도 한다.

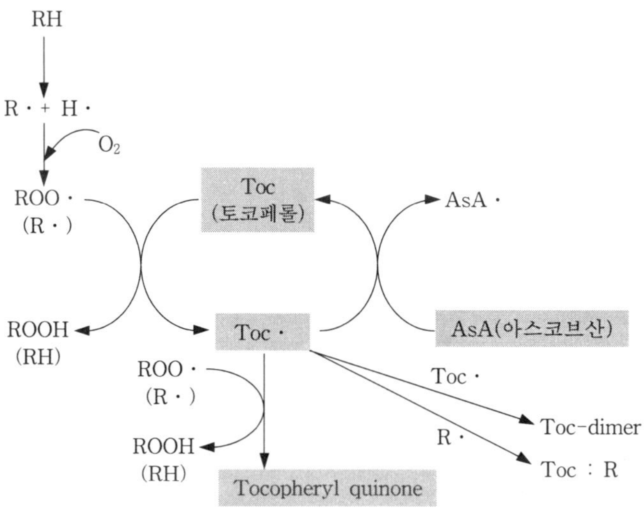

[그림 4-31] 토코페롤에 대한 아스코브산의 상승작용

[표 4-20] 돼지기름에 대한 BHT와 BHA의 상승효과

항산화제 및 상승제	유도기간[1]
무첨가	11 hr
0.02% BHT	64
0.02% BHA	53
0.01% BHT + 0.01% BHA	102
0.01% BHT + 0.005% BHA	80

1) AOM법에 의한 유도기간

AOM(active oxygen method)법
유지를 97.8℃에서 2.33 ml/min의 속도로 공기를 주입시키면서 시간에 따른 과산화물가의 변화를 측정하는 방법

4.12. 금속킬레이트제(금속제거제)

구연산, 주석산, 사과산 등의 유기산, 인산, 파이트산(이노시톨의 인산에스터), 플라보노이드 등의 폴리페놀화합물 등은 식용유지의 산화촉진제인 철, 구리와 같은 금속과 결합하여 산화촉진작용을 억제해 준다. 그 대표적인 것으로는 구연산이 있으며, 실제로 많은 식용유에 첨가되고 있다.

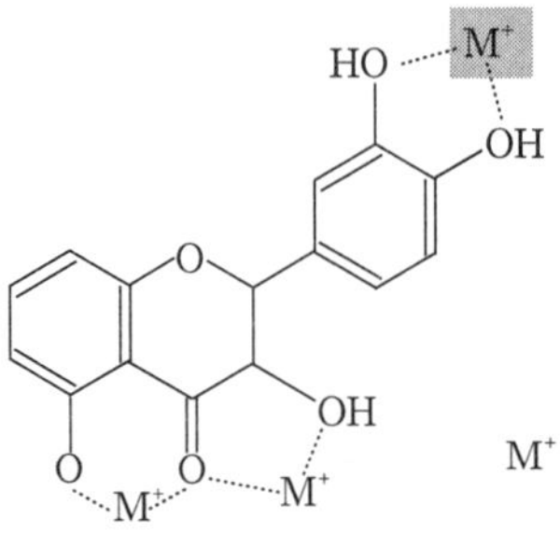

[그림 4-32] 플라보노이드 화합물인 퀘르세틴(quercetin)의
금속 킬레이트작용

표 4-21은 금속제거제의 작용을 보여주는 한 예이다. 예로서 돼지기름에 구리(Cu)가 0.02 ppm 첨가된 경우 AOM법에 의해 유도기간은 0.8시간이었으나, 여기에 구연산이 첨가된 경우 유도기간은 2.2시간, 라우릴갈레이트와 구연산이 함께 첨가된 경우는 33.0시간이었다.

[표 4-21] 돼지기름에 대한 금속과 금속제거제의 효과

금속제거제	Cu 0.02 ppm	Fe 0.2 ppm	금속무첨가
무첨가	0.8 hr[1]	0.5	7.0
0.01% 구연산	2.2	4.5	7.0
0.01% 라우릴 갈레이트[2]	6.5	0.7	51.0
0.01% 라우릴 갈레이트 + 0.01% 구연산	33.0	40.0	56.0

[1] AOM법에 의한 유도기간

[2] 라우릴 갈레이트(lauryl gallate) : PG(propyl gallate)의 동족체

5장

단백질

단백질은 아미노산이 다수 결합한 펩타이드 사슬을 기본구조로 하는 고분자 질소화합물이다. 탄수화물(당질), 지질과는 달리 질소를 평균 16% 정도 함유하고 있다.

단백질(protein)의 어원
단백은 중국어로 난백을 의미. protein은 그리스어 proteios에서 유래하며, 생체 중에서 가장 중요한 것이라는 의미이다.

단백질의 작용 : 인체의 구성성분 중 15~20%가 단백질로, 근육과 골격, 내장 등을 구성한다. 또 혈액과 각종 조직에도 존재하며, 생체반응에 필수적인 효소, 호르몬도 단백질로 만들어진다.

혈액, 간장, 위장, 장기의 단백질 반감기는 2~10일간, 적혈구의 헤모글로빈은 약 30일, 근육단백질은 180일간, 콜라겐(피부, 골격 등에 함유되어 있는 단백질)은 약 1,000일이다.

성인의 경우, 하루 체중 1kg당 1.2g의 단백질이 분해, 합성된다. 단백질의 분해로 생기는 아미노산의 1/4는 산화, 분해되기 때문에 식품형태로 단백질을 보충해야만 한다. 또 분해된 아미노산의 절반가량은 필수아미노산이기 때문에 이들을 적정량 함유한 식사를 매일 섭취할 필요가 있다.

질소량과 단백질함량 : 식품 중의 단백질함량은 일반적으로 식품 중의 질소량을 구하여 여기에 100/16 = 6.25(질소계수)를 곱하여 산출한다.

그러나 식품 중에는 단백질 이외에 비단백질 질소화합물(암모니아, 아민, 핵산 등)도 함유되어 있기 때문에 정확한 수치가 아니다. 따라서 이 수치를 조단백질함량이라고 한다.

5.1. 아미노산(amino acid)

1. 아미노산의 구조

아미노산이란 1분자 내에 아미노기($-NH_2$)와 카복실기(-COOH)를 갖는 화합물를 말한다.

카복실기(-COOH)는 물에 용해되어 수소이온(H^+)을 생성하는 산이다.

$$-COOH \longrightarrow -COO^- + H^+$$

또 아미노기($-NH_2$)는 물에 용해되어 수산화이온(OH^-)을 생성하는 염기(알칼리)이다.

$$-NH_2 + H_2O \longrightarrow -NH_3^+ + OH^-$$

즉, 아미노산은 1개 분자 내에 산과 염기를 모두 갖으며, 이러한 물질을 양성화합물이라고 한다.

2. α-, β-, γ-아미노산

아미노기와 카복실기의 위치관계에 따라 α-, β-, γ-아미노산으로 분류된다. 즉, 카복실기가 붙어 있는 α-탄소 위치에 아미노기($-NH_2$)가 결합된 아미노산을 α-아미노산이라고 하며, 그 옆의 탄소(β-위치)에 아미노기가 결합된 아미노산을 β-아미노산, 또 그 옆의 탄소(γ-위치)에 아미노기가 결합된 아미노산을 γ-아미노산이라고 한다(그림 5-1).

식품 단백질을 구성하는 아미노산은 모두 α-아미노산이다.

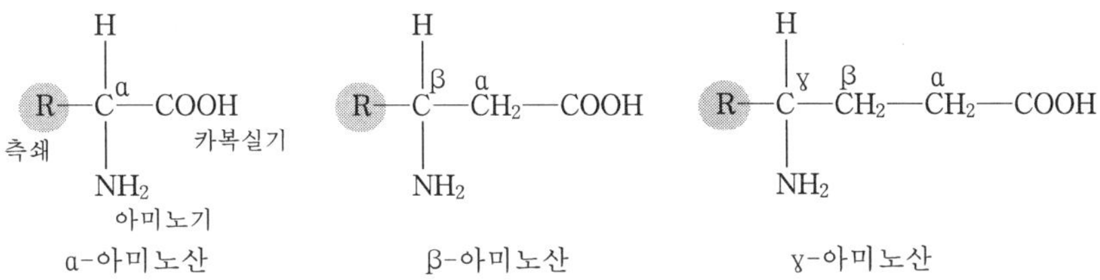

[그림 5-1] α-, β-, γ-아미노산의 구조

3. D형, L형 아미노산

α-아미노산의 α-탄소는 아미노기, 카복실기, 수소 및 측쇄(R)의 4개 치환기를 갖는 부제탄소이다. 따라서 4개의 치환기는 탄소원자 주위에 2종류의 다른 입체배치를 취할 수 있으며, 이 때문에 입체이성질체인 L-형 아미노산과 D-형 아미노산이 존재한다.

식품 단백질을 구성하는 아미노산은 모두 L형이다. 즉, 식품 단백질을 구성하는 아미노산은 모두 α, L형이기 때문에 α, L를 생략하여 나타낸다.

단, 글라이신은 측쇄부분(R)이 수소(H)로 되어 있기 때문에 이성질체가 없다.

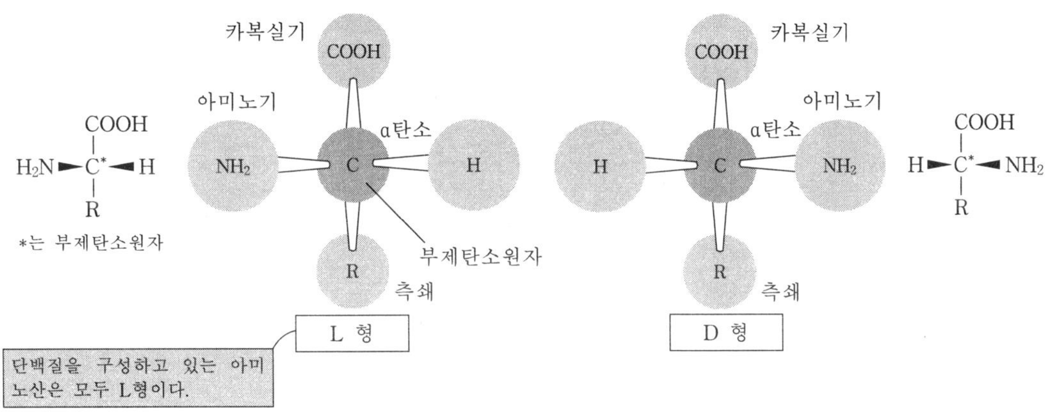

[그림 5-2] 아미노산의 입체이성질체

COOH기를 위에 놓았을 때 α-위치의 탄소에 붙은 아미노기가 왼쪽에 있으면 L형, 오른쪽에 있으면 D형이다.

D형 및 L형 아미노산과 맛 : 아미노산은 단맛, 쓴맛, 감칠맛, 무미 등의 다양한 맛을 나타내며, D형, L형에 따라 다른 맛을 나타낸다. 예를 들어, L

형의 발린, 루신, 아이소루신, 메싸이오닌, 히스티딘, 라이신, 알지닌, 페닐알라닌, 트립토판은 쓴맛을 나타내지만, D형의 이들 아미노산은 단맛을 나타낸다. 특히, D형의 알라닌, 페닐알라닌, 트립토판은 강한 단맛을 나타낸다.

한편, L형 글루탐산은 감칠맛을 갖고 있어, 조미료로 사용되고 있다.

[표 5-1] 아미노산의 맛

아미노산	L형	D형	아미노산	L형	D형
글라이신	단맛(0.9)				
알라닌	단맛(1)	강한 단맛(3)	히스티딘	쓴맛	단맛
세 린	미약한 단맛	강한 단맛	라이신	쓴맛	약한 쓴맛
쓰레오닌	미약한 단맛	약한 단맛	알지닌	약한 쓴맛	약한 단맛
발 린	쓴맛	약한 단맛	페닐알라닌	약한 쓴맛	강한 단맛(5)
루 신	쓴맛	약한 단맛	트립토판	쓴맛	강한 단맛(35)
아이소루신	쓴맛	단맛	아스파라진	무미	단맛
메싸이오닌	쓴맛	단맛	글루탐산	감칠맛	신맛

( )안의 수치는 설탕을 1로 했을 때의 감미도

4. 단백질을 구성하는 아미노산

식품에 함유되어 있는 아미노산은 대부분 단백질의 구성성분으로 존재한다. 천연에 존재하는 아미노산은 700여종이 있지만, 그 중에서 단백질을 구성하는 것은 20종이다.

1) 단백질을 구성하는 아미노산의 분류

단백질을 구성하는 아미노산은 측쇄의 화학구조를 기초로 하여 지방족, 염기성, 방향족 및 함황 아미노산 등으로 분류한다(그림 5-2).

한편, 측쇄의 화학적 성질을 근거로 소수성 아미노산, 친수성 아미노산으로 분류하거나, 또는 산성, 중성, 염기성 아미노산으로 분류하기도 한다.

[표 5-2] 단백질을 구성하는 주요 아미노산(L형), 굵은 글자는 필수아미노산(9종)

분류	아미노산	측쇄 R의 구조	맛	용해도
	COOH H_2N-C-H R	아미노산의 공통부분		
지방족 아미노산	glycine (Gly, G)	$-H$	단맛	24.99
	alanine (Ala, A)	$-CH_3$	단맛	16.65
	valine (Val, V)	$-CH(CH_3)CH_3$	쓴맛	8.85
	leucine (Leu, L)	$-CH_2-CH(CH_3)CH_3$	쓴맛	2.43
	isoleucine (Ile, I)	$-CH(CH_3)-CH_2-CH_3$	쓴맛	4.12
	serine (Ser, S)	$-CH_2OH$	단맛	4.22
	threonine (Thr, T)	$-CH(OH)-CH_3$ (H-C-OH, CH_3)	단맛	1.32
산성 아미노산과 그의 아마이드	aspartic acid (Asp, D)	$-CH_2-COOH$	신맛	0.50
	glutamic acid (Glu, E)	$-CH_2-CH_2-COOH$	감칠맛	0.86
	asparagine (Asn, N)	$-CH_2-CONH_2$	무미	2.85
	glutamine (Gln, Q)	$-CH_2-CH_2-CONH_2$	쓴맛 신맛	0.72 (35℃)
염기성 아미노산	**lysine (Lys, K)**	$-CH_2-CH_2-CH_2-CH_2-NH_2$ 가장 중요한 필수아미노산의 하나. 곡류에 적고 육류, 우유 단백질에 많다.	쓴맛	73.90
	arginine (Arg, R)	$-CH_2-CH_2-CH_2-CH_2-NH-C(NH)NH_2$	쓴맛	85.56
	histidine (His, H)	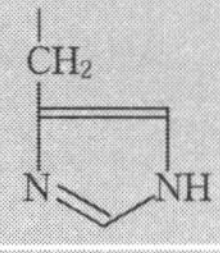 탈탄산반응에 의해 히스타민(histamin)형성	쓴맛	4.18
방향족 아미노산	**phenylalanine (Phe, F)**	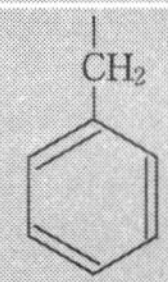	신맛	2.79
	tyrosine (Tyr, Y)	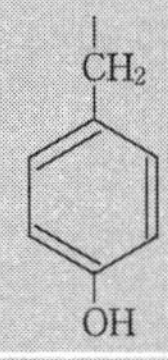	무미	0.04
함황 아미노산	cystein* (Cys, C)	$-CH_2-SH$	무미	-
	methionine (Met, M)	$-CH_2-CH_2-S-CH_3$ 시스테인과 메싸이오닌은 황(S)을 함유	쓴맛	5.62
복소환식 아미노산	**tryptophan (Trp, W)**	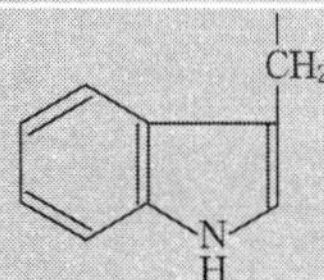	쓴맛	1.14
	proline (Pro, P)	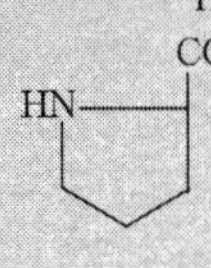 프롤린의 구조식에는 아미노산의 공통부분은 없다.	단맛 쓴맛	160.00

* 폴리펩타이드상에서는 시스테인 2분자가 다이설파이드결합하여 시스틴(cystine)이 되는 경우가 많다(그림 5-5 참조).

(1) 친수성 및 소수성 아미노산

친수성 및 소수성 아미노산은 측쇄에 친수성 관능기를 갖는가, 소수성 관능기를 갖는가에 따라 친수성과 소수성 아미노산으로 분류된다.

즉, 친수성 아미노산은 측쇄에 친수성(-OH, -COOH, $-NH_2$) 관능기를 갖는 아미노산을 말하며, 소수성 아미노산은 측쇄에 소수성(탄화수소, 방향족 탄화수소) 관능기를 갖는 아미노산을 말한다.

예를 들어, 측쇄에 탄소수가 많은 탄화수소를 갖는 발린, 루신, 아이소루신이나 측쇄에 방향족 탄화수소를 갖는 페닐알라닌은 소수성 아미노산이다.

일반적으로 친수성 아미노산은 물에 잘 녹고, 소수성 아미노산은 물에 잘 녹지 않는다.

(2) 산성, 중성 및 염기성 아미노산

산성, 중성, 염기성 아미노산은 측쇄에 카복실기나 아미노기 등의 해리성 관능기의 존재 유무에 따라 분류된다. 즉, 측쇄에 해리성 관능기가 없는 것은 중성아미노산, 카복실기와 같은 산성 관능기를 갖는 것을 산성아미노산, 아미노기와 같이 염기성 관능기를 갖는 것을 염기성 아미노산이라고 한다,

5. 단백질을 구성하지 않는 아미노산

천연에는 단백질을 구성하지 않고, 유리형태나 특수한 화합물의 구성성분으로 존재하는 아미노산이 많다.

이들 아미노산은 비타민의 구성성분, 신경전달물질, 혈압강하 등의 생리활성물질, 감칠맛 성분, 마늘 등의 향기성분의 전구체 등의 성분으로 매우 중요하다.

식품에 관련된 것으로는 시트룰린(citrulline), β-알라닌(β-alanine), 알리인(alliin), 타우린(taurine), 테아닌(theanine), 싸이록신(thyroxine) 등이 잘 알려져 있다(표 5-3).

[표 5-3] 단백질을 구성하지 않는 주요 아미노산

일반명	구조식	소재 및 역할
β-알라닌(β-alanine)	CH_2-CH_2-COOH $\vert$ NH_2	자연계에 존재하는 유일한 β-아미노산, 수용성비타민인 판토텐산의 중요한 성분
시트룰린(citrulline)	O $\Vert$ $H_2N-C(CH_2)_3-CH-COOH$ $\vert$ NH_2	수박 과즙에 존재, 독성의 암모니아와 결합하여 무독성 요소로 변환시켜 간을 보호, 이뇨작용
오니틴(ornithine)	$H_2N-C(CH_2)_3-CH-COOH$ $\vert$ NH_2	시트룰린과 함께 요소생성에 관여
dihydroxyphenylalanine (DOPA)	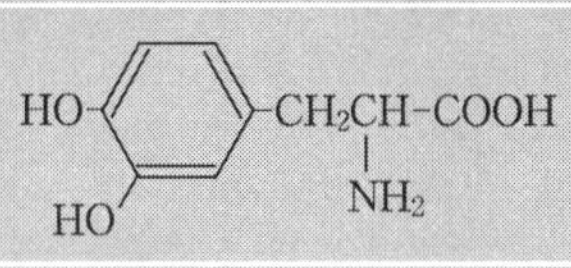	타이로신산화로 생성된 멜라닌색소의 중간생성물
ɣ-아미노부티르산 (ɣ-aminobutyric acid) (GABA)	$CH_2-CH_2-CH_2-COOH$ $\vert$ NH_2	포유동물의 뇌, 메밀, 녹차, 뽕잎, 발아미에 많다. 글루탐산으로부터 탈탄산 효소에 의해 생성, 혈압강하작용, 뇌세포 대사촉진
알리인(alliin)	$CH_2=CH-CH_2-S-CH-COOH$ $\vert$ NH_2	마늘냄새성분인 알리신(allicin)의 전구물질
타우린(taurine)	$H_2N-CH_2-CH_2-SO_3H$	오징어, 새우, 굴 등의 근육에 존재. 시스테인으로부터 합성. 말린 오징어 표면의 흰색분말성분. 유아의 두뇌발달, 혈압강하작용, 피로회복, 간세포 재생
테아닌(theanine)	$CH_3CH_2-NH-CO-CH_2-CH_2-CH-COOH$ $\vert$ NH_2	녹차의 감칠맛 성분. 특히 옥로차에 많다.
싸이록신(thyroxine)	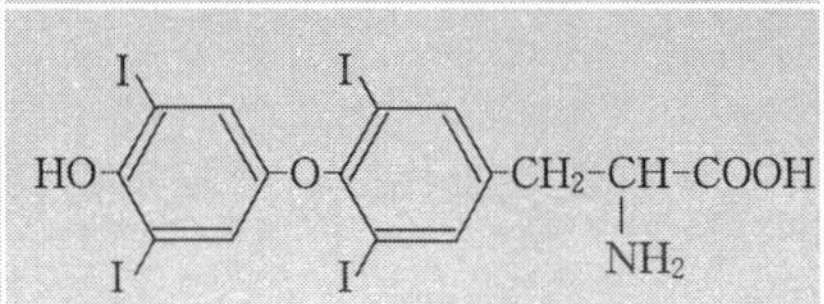	갑상선호르몬, 체내신진대사 기능. 소아의 경우, 성장 및 발육에 필수적인 호르몬

6. 아미노산과 등전점

양성화합물인 아미노산은 물에 녹으면 아미노기는 양이온인 NH_3^+, 카복실기는 음이온인 COO^-로 해리하여 양(+)과 음(-)의 양쪽 전하를 갖는다(그림 5-3).

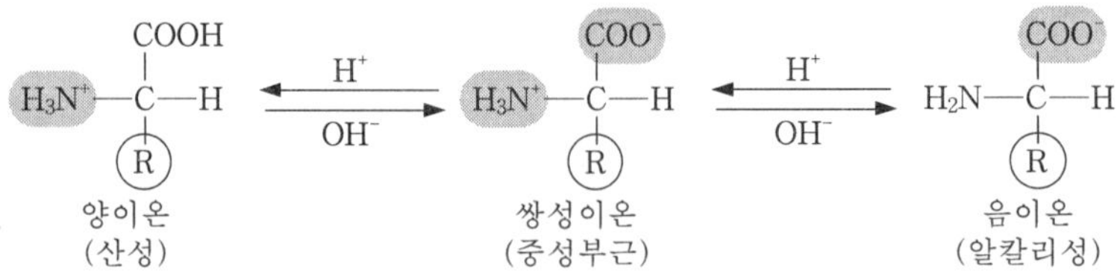

[그림 5-3] 수용액 중의 아미노산의 이온

산성에서는 H^+가 증가하기 때문에 COO^-가 없어지고, 양이온(NH_3^+)이 많아지게 된다. 역으로 알칼리성에서는 OH^-가 증가하기 때문에 NH_3^+가 감소하고 음이온(COO^-)이 많아지게 된다.

그러나 어떤 일정 pH에서 단백질이나 아미노산의 양전하(+)와 음전하(-)의 농도가 같게 되어 전하가 0가 된다. 이때의 pH를 등전점(isoelectric point)이라고 한다. 등전점은 단백질의 분리, 정제에 이용된다.

등전점이 산성인 아미노산을 산성아미노산, 알칼리성인 아미노산을 염기성아미노산, 중성부근인 아미노산을 중성아미노산이라고 한다. 중성 아미노산의 등전점은 6~7, 염기성아미노산의 등전점은 9~11, 산성아미노산의 등전점은 1~3이다. 각각의 아미노산은 고유의 등전점을 갖고 있다(표 5-4).

[표 5-4] 아미노산의 등전점

분 류	아미노산	등전점	분 류	아미노산	등전점
지방족 아미노산	글라이신 알라닌 발린 루신 아이소루신 세린 쓰레오닌	5.97 6.00 5.97 5.98 6.02 5.68 6.16	염기성 아미노산 방향족 아미노산 함황 아미노산	라이신 알지닌 히스티딘 페닐알라닌 타이로신 시스테인 메싸이오닌	9.74 10.76 7.59 5.48 5.67 5.02 5.06
산성 아미노산	아스파트산 글루탐산 아스파라진 글루타민	2.98 3.22 5.41 5.70	복소환 아미노산	트립토판 프롤린	5.88 6.30

5.2. 펩타이드

1. 펩타이드 결합

펩타이드 결합이란 아미노산의 카복실기와 다른 아미노산의 아미노기로부터 물이 빠져 생기는 결합이다. 이 결합에 의해 아미노산이 연결된 것이 펩타이드(peptide)이다. 모든 단백질은 아미노산들의 펩타이드결합에 의해 이루어진다.

C말단과 N말단 : 펩타이드를 구성하고 있는 아미노산을 아미노산잔기라고 한다. 펩타이드결합을 하지 않은 아미노기가 유리되어 있는 말단의 아미노산잔기를 아미노말단(N말단), 카복실기가 유리되어 있는 말단의 아미노산 잔기를 카복실말단(C말단)이라고 한다. 일반적으로 펩타이드의 구조는 N말단을 왼쪽에, C말단을 오른쪽에 나타낸다.

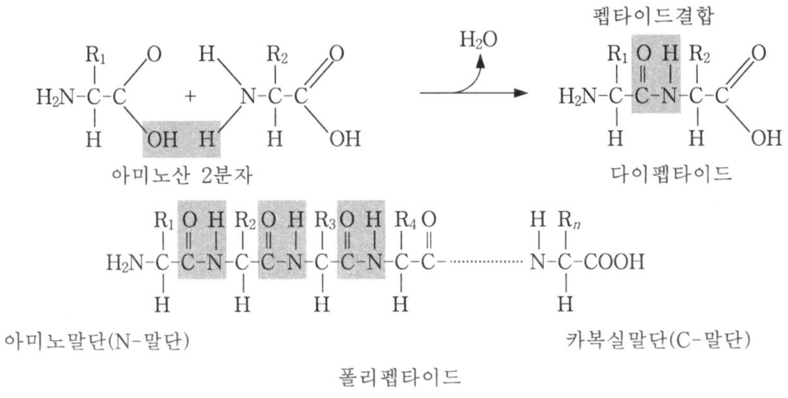

[그림 5-4] 펩타이드 구조

2. 펩타이드의 분류

아미노산이 2개 결합된 것을 다이펩타이드(dipeptide), 3개 결합된 것을 트리펩타이드(tripeptide)라고 한다. 또 2~10개의 아미노산으로 된 펩타이드를 올리고펩타이드(oligopeptide)라고 한다. 또 많은 아미노산이 결합된 것을 폴리펩타이드(polypeptide)라고 한다.

폴리펩타이드와 단백질의 명확한 정의는 없지만, 대략 50개 이하의 아미노산이 결합된 것을 폴리펩타이드라고 하며, 50개 이상(또는 분자량 1만 이상)의 아미노산이 결합된 것을 단백질이라고 한다.

3. 생리활성을 갖는 펩타이드

생물의 체내에는 다양한 펩타이드가 발견되고, 각각의 생리작용을 갖고 있다.

1) 글루타싸이온(glutathion)

글루타싸이온(glutathion)은 글라이신, 글루탐산, 시스테인의 3개 아미노산이 결합된 트리펩타이드(tripeptide)이다. 동식물조직에 환원형으로 널리 존재하며, 특히 동물의 간, 미생물의 효모체내에 다량 존재하며, 생체산화환원, 효소활성에 관여하는 SH화합물이다.

작용 : 간에서 생산되는 가장 강력한 수용성 항산화제로서, 해독작용, 항암 및 노화방지 작용이 있다.

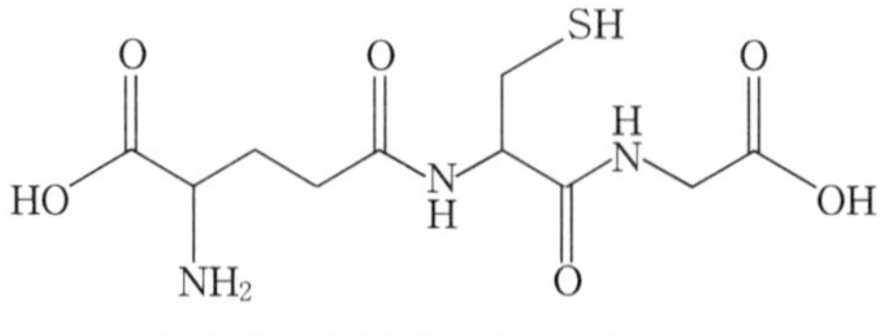

글루타싸이온(glutathion)의 구조

2) 안세린(anserine)

안세린은 β-알라닌과 메틸히스티딘이 결합된 다이펩타이드로, 근육조직의 대사과정 중에 생성되는 물질이다. 육류, 어육에 많이 함유되어 있으며, 특히, 참치 등의 회유성 어류에 많이 함유되어 있다(600~1,200 mg/100 g).

작용 : 회유어는 시속 60 km로 헤엄치기 때문에 근육에 수소이온(H^+)과 젖산이 축척되어 근육이 산성화(피로)된다. 안세린은 산성화된 근육을 중화하는 작용을 갖는다. 또 안세린은 항산화작용, 지방의 연소를 촉진하는 작용이 있다.

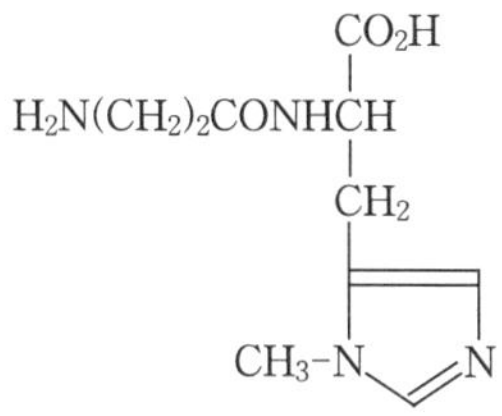

안세린(anserine, β-alanyl-1-methylhistidine)의 구조

3) 카노신(carnosine)

카노신은 β-알라닌과 히스티딘이 결합된 다이펩타이드이다.

작용 : 안세린과 같이 산성화된 근육을 중화하는 완충작용을 갖는다. 육류추출물 중의 가장 중요한 질소성분으로, 생고기 중에 100~500 mg/100 g 정도 함유되어 고기추출액의 지표화합물이 된다.

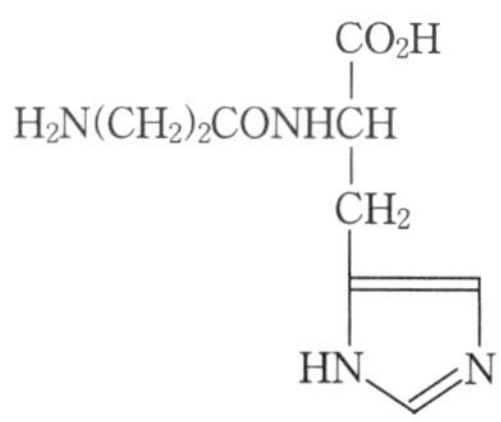

카노신(carnosine,(β-alanyl-L-histidine))의 구조

5.3. 단백질의 구조

1. 단백질의 1차 구조

단백질의 아미노산의 결합 순서를 아미노산배열이라고 한다. 각종 단백질은 아미노산배열에 의해 자연적으로 펩타이드 형태가 결정되고, 단백질의 기능도 결정된다. 이러한 아미노산의 직쇄상의 배열순서를 단백질의 1차구조(primary structure)라고 한다.

[그림 5-5] 단백질의 1차 구조

2. 단백질의 2차 구조

1차 구조의 펩타이드결합(-C=O-NH-) 중의 카보닐기(-C=O)의 O와 아미노기(>NH)의 수소(H)가 수소결합한 입체구조를 2차구조라고 한다.

이 수소결합은 약한 결합(8~29kcal/mol)이지만, 많은 수소결합에 의해 안정화한다.

2차 구조에는 α-나선구조, β-구조 및 불규칙구조가 있다.

단백질은 α-나선구조나 β-구조의 1가지만으로 결합되는 경우는 거의 없으며, 전체 중에서 일부 영역에 이들 구조들이 포함되어 있다.

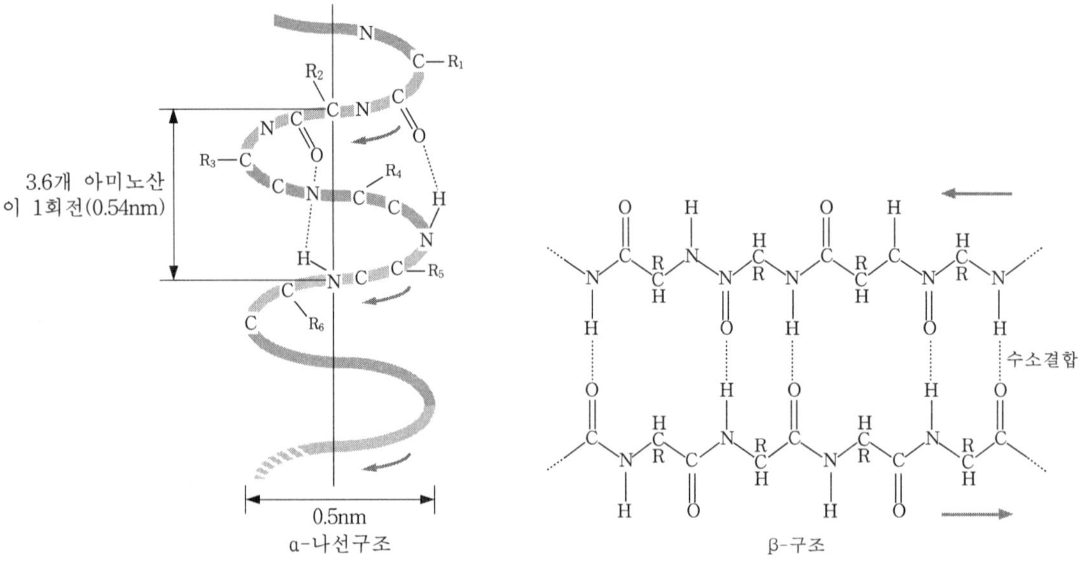

[그림 5-6] 단백질의 2차구조

마이오신(myosin)
액틴과 함께 근원섬유를 구성하는 단백질.

피브린(fibrin)
혈액응고 시 생기는 불용성 단백질.

페리틴(ferritin)
체내 철저장 단백질.

케라틴(keratin)
상피조직 구성단백질(모발, 털 등)

1) α-나선구조(α-helix)

아미노산 잔기 3.6개에 1 회전하는 나선구조의 폴리펩타이드 사슬을 α-나선구조(α-helix)라고 한다. α-나선구조는 펩타이드결합 중의 카복실기의 산소원자가 4개 잔기 후의 아미노산기의 수소원자와 수소결합하여 나선구조를 안정화한다. 각 측쇄는 나선의 외측으로 향하고 있다.

α-나선구조는 증기로 가열하면서 당기면 펼 수 있다(예; 모발이나 양모 단백질). α-나선구조를 갖는 대표적인 단백질은 마이오신(myosin), 피브린

(fibrin), 페리틴(ferritin), 케라틴(keratin) 등의 섬유상 단백질이며, 이들을 α-단백질이라고도 한다.

2) β-구조(주름상 구조, 병풍구조)

평행 또는 역평행으로 늘어선 2개의 폴리펩타이드사슬 사이에서 마주하는 카복실기의 산소원자와 아미노기의 수소원자가 수소결합하여 β-구조가 된다(예: 실크의 fibroin).

2개의 폴리펩타이드가 같은 방향으로 된 것을 평행 β-구조, 역방향으로 된 것을 역평행 β-구조라고 한다.

3) 불규칙 구조(랜덤 코일구조)

단백질 분자 중에 α-나선구조나 β-구조와 같이 규칙적인 구조를 취하지 않는 부분도 많이 존재하며, 이것을 불규칙구조라고 한다.

3. 단백질의 3차 구조

2차 구조의 α-나선구조와 β-구조는 단백질의 부분적인 구조이며, 2차구조가 더 치밀하게 결합되어 고도의 입체구조를 형성한 것을 3차 구조라고 한다(예: 마이오글로빈).

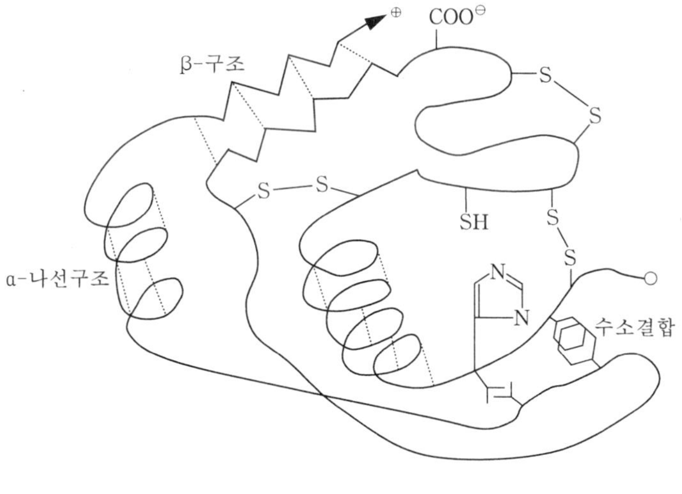

[그림 5-7] 단백질의 3차 구조

3차 구조에는 다이설파이드결합, 이온결합, 수소결합, 소수결합 등의 많은 결합이 관여한다.

3차 구조는 대단히 치밀하여 내부에 물 분자가 거의 들어 갈수 없다. 또 소수성 측쇄는 분자의 내부로 모이고, 친수성기는 표면에 노출되어 분자량이 큰 단백질이라도 물에 용해되기 쉽다.

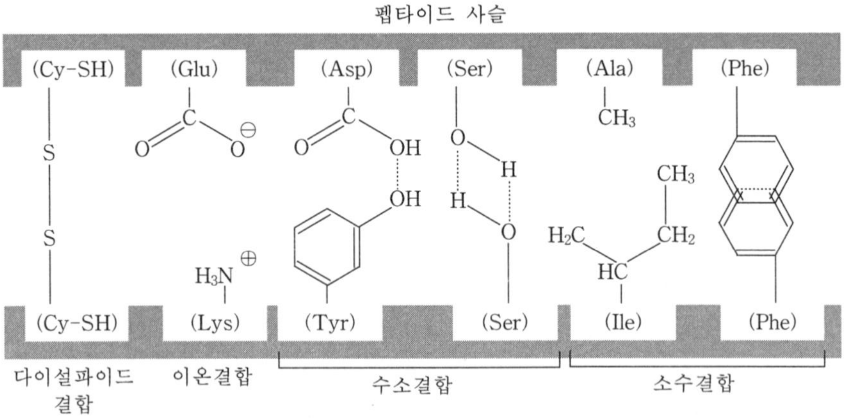

[그림 5-8] 단백질의 3차 구조에 관여하는 결합의 종류

(1) 이온결합 : 양이온(+)과 음이온(-)간의 인력에 의한 결합
(2) 수소결합 : 산소(O), 질소(N) 등과 수소간의 결합
(3) 소수결합 : 2개의 소수성그룹간의 결합. 이온결합, 수소결합보다 상당히 약한 결합
(4) 다이설파이드결합 : 2개의 시스테인 측쇄의 -SH의 탈수소에 의해 생기는 S-S결합

4. 단백질의 4차 구조

단백질은 보통 1개의 폴리펩타이드로 되어있지만, 분자량이 수십만, 수백만인 단백질은 2개 이상의 폴리펩타이드사슬이 결합하여 한개의 단백질을 만든다. 이것을 단백질의 4차구조라고 한다.

이들 각각의 폴리펩타이드사슬을 subunit라고 하며, subunit가 2개 모인 것을 이량체(二量體), 3개모인 것을 삼량체(三量體)라고 한다.

예를 들면 혈액에 존재하는 헤모글로빈은 α-사슬 2개와 β-사슬 2개가 회합하여 사량체(四量體)를 형성한다(8장 식품의 색 참조). 헤모글로빈은 사량체 형성에 의해 효소결합능을 조절하는 기능을 갖는다.

2차, 3차, 4차구조를 모두 고차구조(高次構造)라고 하며, 일차구조와 구별하는 경우도 있다.

단백질의 용해성, 효소활성 등은 고차구조에 의존하고 있다.

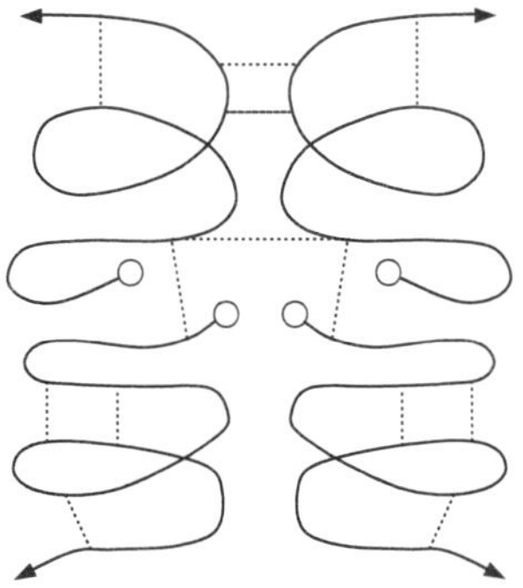

[그림 5-9] 단백질의 4차 구조

[표 5-5] 단백질 구조와 결합의 종류

종류	분자의 형태	결합의 종류
1차구조	사슬상 : 아미노산의 배열순서	공유결합
2차구조	α-helix, β-구조 : 폴리펩타이드사슬의 기본적인 공간배치	수소결합
3차구조	구상, 섬유상 : 2차구조를 취한 폴리펩타이드사슬의 입체적인 배치	수소결합, 소수결합 이온결합, 다이설파이드결합
4차구조	회합체 : 3차구조의 폴리펩타이드사슬(subunit)의 회합	

5.4. 단백질의 분류

1. 단백질의 조성에 따른 분류

단백질은 조성 및 물리적, 화학적 성질에 따라 폴리펩타이드 사슬만으로 결합된 단순단백질, 폴리펩타이드 사슬에 당, 인 등이 결합된 복합단백질, 그리고 이들 단백질이 물리적, 화학적 작용을 받아 생긴 유도단백질로 분류된다.

[표 5-6] 단순단백질의 용해도에 따른 분류

분 류	용해성(+ : 가용, - : 불용)				기타 성질	주요 단백질과 소재
	물	묽은 염류	묽은 산	묽은 알칼리		
알부민 (albumin)	+	+	+	+	열에 응고 70~80% 알코올에 불용 황산암모늄 포화용액에 침전	ovalbumin(난백) lactoalbumin(우유) 혈청 albumin
글로불린 (globulin)	-	+	+	+	열에 응고 70~80% 알코올에 불용 황산암모늄 반포화용액에 침전	ovaglobulin(난백) myosin, actin(근육) glycinin(대두)
프롤라민 (prolamin)	-	-	+	+	70~80% 알코올에 가용	zein(옥수수) gliadin(소맥) holdein(보리)
글루텔린 (glutelin)	-	-	+	+	열에 응고 안됨 70~80% 알코올에 불용	glutenin(소맥) oryzenin(쌀)
히스톤 (histone)	+	+	+	-	진한 알칼리에 가용 70~80% 알코올에 불용	적혈구의 globin
프로타민 (protamin)	+	+	+	-	열에 응고 안됨 70~80% 알코올에 불용	salmin(연어 이리) clupeine(청어 이리)
경단백질	-	-	-	-	보통의 용매에 불용 효소에 의해 분해되지 않음	keratin(손톱, 털, 뿔) elastin(힘줄) 콜라겐(뼈, 가죽)

* 난백, 우유, 육류 단백질은 물에 용해, 곡류단백질은 물에 잘 용해되지 않는다.

1) 단순단백질

단순단백질은 물, 염류, 알칼리, 알코올, 암모니아용액 등에 대한 용해도에 따라 알부민, 글로불린, 프롤라민, 글루텔린, 히스톤, 경단백질로 분류된다(표 5-6).

이들의 용해성을 이용하여 각 단백질을 분리하거나 정제하는데 이용할 수 있다.

2) 복합 단백질

복합단백질은 폴리펩타이드 사슬 이외에 인, 당, 지질 등의 비단백질성 물질이 결합된 단백질이다.

비단백질 부분의 종류에 따라 인단백질, 당단백질, 리포단백질, 색소단백질로 분류된다(표 5-7).

[표 5-7] 복합단백질의 분류

분 류	성 질	주요 단백질과 소재
인단백질	인산과 에스터결합. 산성단백질	카세인(우유), 비텔린(난황), 비텔레인(난황)
당단백질	당을 함유. 점성단백질	오보뮤코이드(난백), 오보뮤신(난백), 뮤신(타액)
리포단백질	레시틴, 세파린 등의 지질을 함유	리포비텔레인(난황), 리포비텔린(난황)
색소단백질	철, 구리 등을 함유한 색소와 결합	헤모글로빈(혈액), 마이오글로빈(근육), 헤모시아닌(새우)[1], 파이코시아닌(김)
핵단백질	핵산과 단백질의 복합체	동식물세포의 핵, 바이러스

[1] 헤모시아닌은 무색이지만, 산소와 결합하면 청색이 된다. 새우, 조개, 문어, 오징어 등에는 헤모글로빈 대신 헤모시아닌이 존재한다.

3) 유도단백질

유도단백질은 단순단백질이나 복합단백질이 산, 알칼리, 효소, 가열 등의 물리적, 화학적 작용을 받아 변성이나 분해된 것으로, 그 변화정도에 따라 제1차 유도단백질과 제2차 유도단백질로 분류된다.

(1) 제1차 유도단백질

산, 알칼리, 효소 및 가열 등에 의해 약간 변성된 것으로, 변성단백질이라고도 한다.

대표적인 제1차 유도단백질로는 응고단백질, 파라-카세인(κ-casein), 젤라틴(gelatin), 프로테안(protean), 메타프로테안(metaprotean) 등이 있다.

① 응고단백질 : 열, 자외선, 교반, 알코올 등에 의한 것
② 파라-카세인 : 레닌(rennin)에 의한 카세인의 분해물
③ 젤라틴 : 콜라겐을 물에 넣고 가열하여 만든다. 따뜻한 물에 가용
④ 프로테안 : 수용성단백질이 산, 효소 등으로 불용화 된 것
⑤ 메타프로테안 : 산, 알칼리에 의한 변성단백질

(2) 제2차 유도단백질

단백질이 제1차 유도단백질보다 더 변화되어 아미노산으로 분해되기 전까지의 중간생성물을 말하며, 분해단백질이라고도 한다.

가수분해 정도에 따라 프로테오스(proteose), 펩톤(peptone), 펩타이드(peptide) 등으로 구별된다.

① 프로테오스 : 물에 가용, 열응고 안함, 황산암모늄 포화용액에서 석출

② 펩톤 : 물에 가용, 타닌 등에 침전

③ 펩타이드 : 아미노산이 여러 개 결합한 것

2. 단백질의 형태에 따른 분류

단백질은 형태에 따라 구상 단백질(globular protein)과 섬유상 단백질(fibrous protein)으로 분류한다.

1) 구상 단백질

폴리펩타이드 사슬이 구부러져 공이나 타원 모양을 한 단백질로, 친수성이 강하여 물에 잘 녹는다. 식품단백질의 대부분이 구상 단백질이다.

2) 섬유상 단백질

폴리펩타이드 사슬이 선상 또는 나선상으로 규칙적인 배열을 한 단백질이다. 섬유상 단백질의 대부분은 불용성 단백질이다.

[표 5-8] 식품 중의 구상단백질과 섬유상 단백질

분 류	주요단백질 및 소재	분 류	주요 단백질 및 소재
구상 단백질	카세인(우유) 락토알부민(우유) 오브알부민(달걀) 헤모글로빈(혈액) 인슐린 효소 단백질	섬유상 단백질	마이오신(근육) 옥수수의 제인(zein) 글루테닌(밀) 콜라겐(피부, 뼈, 연골) 엘라스틴(힘줄) 케라틴(모발)

5.5. 단백질의 성질

1. 용해도

단백질은 분자 내에 친수성기(-COOH, NH_2, -NH, -CO)를 갖고 있기 때

문에, 물과 수화하여 용해된다.

한편, 단백질의 용해도는 염류의 함량에 따라 달라지는데, 이러한 현상을 염용(salting in), 염석(salting out)이라고 한다.

1) 염용(salting in)

단백질용액에 등전점이 변하지 않는 범위에서 소량의 염류(식염, 황산암모늄, 황산나트륨 등)를 가하면 단백질의 용해도가 증가하는데, 이러한 현상을 염용(salting in)이라고 한다. 이는 염류 이온이 단백질 분자의 이온화된 기능기와 작용하여 단백질 분자간의 인력을 감소시키기 때문이다.

예를 들어, 어묵, 햄, 소시지 제조할 때, 소량의 소금을 첨가하면, 단백질의 용해도가 증가되어 제품의 보수성을 좋게 한다.

2) 염석(salting out)

단백질용액에 고농도의 염류를 가하면 단백질이 침전되는데, 이러한 현상을 염석(salting out)이라고 한다. 이는 단백질을 수화하는데 필요한 물 분자가 염이온과 수화하여 경쟁적으로 빼앗기기 때문이다.

황산암모늄(ammonium sulfate)은 염석효과가 크기 때문에 단백질 분리, 정제에 이용된다.

2. 등전점

단백질을 구성하고 있는 아미노산의 측쇄에는 아미노기와 카복실기와 같은 많은 이온성 관능기를 갖고 있다. 이 때문에 단백질도 아미노산과 같이 양성화합물이며, 등전점을 갖는다(표 5-9).

단백질의 종류에 따라 이온성 관능기의 위치나 수가 다르기 때문에, 각각의 단백질은 고유의 등전점을 갖는다. 등전점에서는 용해도가 낮아져 침전하기 쉬워진다. 단백질을 등전점에서 침전시키는 것을 등전점 침전이라 하며, 이러한 조작은 단백질의 분리, 정제에 이용된다(예: 탈지대두박에서의 대두단백질의 분리). 요구르트도 단백질의 등전점 침전을 이용한 것이다.

[표 5-9] 주요 단백질의 등전점

단백질	등전점	단백질	등전점
글리시닌(glycinin)	4.3	α-락토알부민	4.6
글루테닌(glutenin)	4.4~4.5	β-락토알부민	5.4
카세인(casein)	4.6	마이오신(myosin)	6.8
오브알부민	4.6	헤모글로빈(hemoglobin)	12.0~12.4
프로타민(protamin)	5.2		

산성아미노산인 글루탐산, 아스파트산을 많이 함유하여 등전점이 낮다.

염기성아미노산인 알지닌을 많이 함유하여 등전점이 높다.

3. 자외선 흡수 스펙트럼

단백질은 280 nm 부근에서 극대, 250 nm 부근에서 극소를 나타내는 강한 자외흡수 패턴을 갖는 특징이 있다. 이것은 주로 단백질 중의 트립토판, 타이로신, 페닐알라닌 등의 방향족 아미노산에서 유래한다. 그 때문에 간단한 방법으로 단백질 농도를 280 nm의 흡광도에 의해 구할 수 있다.

5.6. 단백질의 변성

단백질은 물리적, 화학적 작용에 의해 고차구조를 유지하고 있는 수소결합, 이온결합, 소수결합 등이 끊어져 성질이 변화하는데, 이러한 단백질의 구조적 변화를 단백질변성이라고 한다.

단백질 변성은 단백질의 고차구조가 변화하여 천연상태와 다른 위치에 소수결합이나 다이설파이드결합을 형성한 상태이며, 1차 구조는 변하지 않는다. 즉, 펩타이드결합의 붕괴를 동반하는 단백질의 분해와는 구별된다.

이 때문에 조리, 가공 중에 볼 수 있는 단백질의 구조변화는 대부분 변성을 동반한 변화이다.

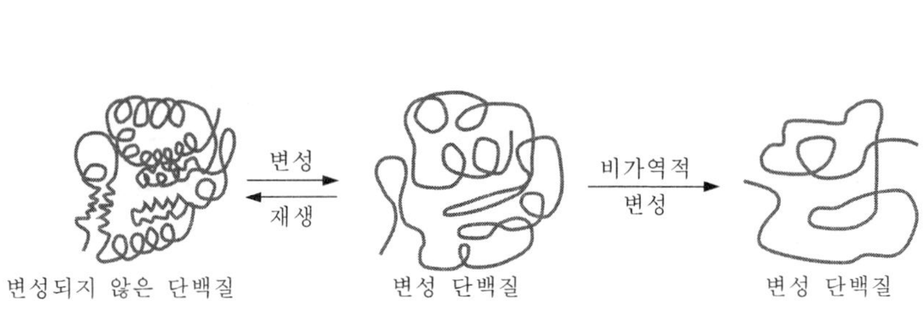

[그림 5-9] 단백질의 변성

1. 가역적 변성과 비가역적 변성

단백질 변성은 기본적으로 가역적 변화이며, 변성요인을 제거하면 원래 상태로 돌아간다. 이러한 변성을 가역적 변성이라고 한다. 그러나 변성요인의 작용이 지속적으로 하거나 강하게 할 때는 응고, 침전 등과 같은 비가역적 변성을 일으킨다. 일반적으로 보통 식품 중에서는 단백질의 농도가 높아 비가역적 변성이 많다.

예를 들면, 삶은 달걀의 경우, 단백질농도가 높기 때문에 변성단백질간의 상호작용으로 변성요인을 제거해도 원래의 상태로 돌아가지 않는다.

2. 변성단백질의 성질

변성단백질은 변성전의 단백질과 다른 성질을 나타낸다. 단백질은 일반적으로 소수성기가 구조 내부에 있으나, 변성되면 소수성기가 분자표면으로 노출된다. 이로 인하여 용해도가 감소하고, 보수성도 떨어지며, 또한, 변성 단백질 내부에 빈 공간이 생겨 소화효소작용을 받기 쉽다. 이외에도 변성단백질은 침전, 응고, 점성 증가 등을 일으킨다.

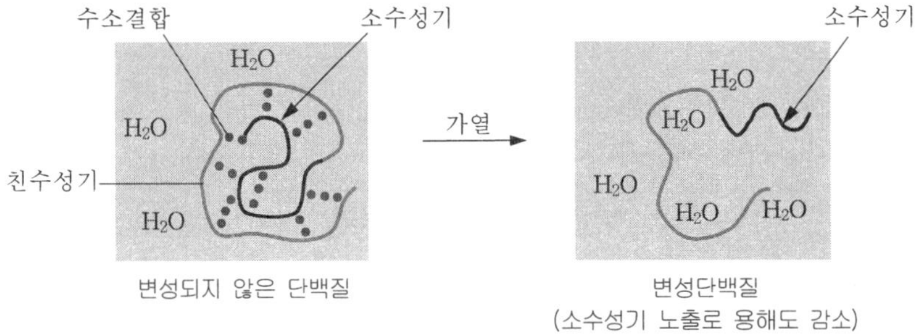

[그림 5-10] 변성단백질의 구조 변화

3. 단백질 변성에 영향을 주는 요인

단백질의 변성요인으로는 물리적 요인과 화학적 요인으로 크게 분류된다. 물리적 요인으로는 가열, 동결, 가압, 교반 등이 있다. 화학적 요인으로는 산, 알칼리, 염류, 유기용매, 산화제 등이 있다.

1) 물리적 요인에 의한 변성

(1) 가열

가열변성은 식품조리와 가공 중에서 가장 일반적으로 일어나는 변성이다.

대부분의 식품 단백질이 열에 의해 응고되며, 변성온도는 보통 60~80℃이다.

그러나 단백질의 종류, 공존물질에 따라 변성온도가 달라진다. 또 등전점 부근에서는 열변성이 빠르기 때문에 변성온도도 낮아진다.

① 육류, 생선, 달걀 등은 쉽게 열 응고되며, 이는 육류, 생선, 달걀을 구성하는 단백질이 쉽게 가열 응고되는 알부민과 글로불린이기 때문이다.

② 조리 과정 중에 열탕에 달걀을 풀어 넣을 때 식초를 가하면 난백단백질이 등전점에 근접하여 빨리 응고된다.

한편 가용성 단백질은 가열변성에 의해 불용성으로 응고되며, 반면 불용성 단백질은 가용성으로 변한다.

③ 삶은 달걀의 응고는 가용성 단백질의 가열변성에 의해 불용화된 것이다. 반면에 생선조림을 냉각하면 조리액이 굳는 것은 생선껍질 중의 콜라겐(불용성)이 젤라틴(가용성)으로 가열 변성되기 때문이다.

(2) 동결

대부분의 단백질은 동결에 의해 변성되지 않지만, 어육이나 육류 단백질은 동결 변성되기 쉽다. 특히 장기간 육류를 냉동하면 동결변성으로 불용성 단백질이 된다. 이는 물이 동결되어 단백질들이 접근하여 결합되고, 용존하는 염류의 농도가 증가하여, 결국, 염석에 의해 변성되기 때문이다.

동결에 의한 변성은 어육의 경우 -1~-5℃, 소고기 -1.5~-3℃에서 가장 변성이 크게 일어나며, -20℃에서 가장 변성이 적게 일어난다.

따라서 육류는 급속 냉동하여 보관하면 단백질변성을 최소화할 수 있다.

(3) 건조

건조에 의한 변성은 가열 변성과 상당히 다르다. 육류어육을 건조시키면 염석 등에 의한 단백질변성으로 원래의 상태로 복원되지 않는다.

예를 들어, 마른 오징어나 북어 등은 물을 흡수시켜도 원래의 상태로 복원되지 않는다. 그러나 동결건조식품은 거의 변성을 일으키지 않아 흡수성이 좋고 복원성이 좋다.

(4) 기타 물리적 변성

교반, 가압에 의해서도 변성이 일어난다.

난백을 강하게 저으면 기포를 형성하는데, 이는 교반에 의한 변성에 기인된다. 또, 듀럼밀(durum wheat)의 세몰리나(semolina)를 고압에서 압축, 성형하여 건조한 스파게티는 가압에 의한 변성을 이용한 것이다.

2) 화학적 요인에 의한 변성

(1) 산

단백질에 산을 가하여 등전점 부근으로 하면 단백질이 변성하여 응고한다.

산에 의한 변성은 식품의 가공, 조리에도 많이 이용된다. 요구르트나 크림치즈, 생선 초절임은 산에 의한 단백질의 변성을 이용한 것이다.

(2) 알칼리

알칼리(pH 12 이상)에서도 단백질의 응고를 촉진한다. 알칼리성의 간수를 넣어 만드는 중화면이나 피단(pidan)은 알칼리에 의한 변성을 이용한 식품이다.

피단은 생석회와 탄산나트륨 등을 혼합한 점토를 오리알에 발라 껍질로부터 침투되는 알칼리에 의해 단백질을 응고시킨 것이다. 또한 알칼리작용에 의한 황화수소(H_2S)의 생성으로 독특한 향미를 갖는다.

(3) 염류

앞에서 설명한 바와 같이, 소량의 염류는 단백질의 용해도를 증가시키고(염용), 과량의 염류는 단백질을 응고, 침전시킨다(염석). 염류 중에서도 2가 또는 3가 이온이 1가 이온보다 염석효과가 더 크다.

① 두부는 염류에 의한 변성을 이용한 식품이다. 두부는 두유에 첨가하는 염화마그네슘($MgSO_4$) 등의 염류에 의한 단백질의 변성, 응고를 이용한 것이

다.

② 고기를 구울 때 소금을 뿌리면 단백질의 응고를 촉진하여 고기 내부의 감칠맛성분의 유출을 막아준다. 그러나 식염을 미리 뿌려두면 육류단백질과 함께 감칠맛 성분도 유출되므로 굽기 직전에 뿌리는 것이 좋다. 생선의 경우 30분~1시간 전에 뿌리는 것이 좋으며, 소금의 양은 육류는 1%, 생선은 2%가 적당하다.

또 소금은 특급 정제염보다는 1%의 간수성분을 함유 한 식염이 좋다.

이는 단백질의 응고촉진 작용이 소금(NaCl)보다 불순물 중에 함유되어 있는 Mg과 K이 더 강하기 때문이다.

(4) 유기용매

알코올이나 아세톤은 탈수작용에 의해 단백질의 변성, 응고를 일으키며, 이 반응은 등전점 부근에서 가장 잘 일어난다.

① **단백질의 제거 또는 분리** : 유기용매의 단백질 변성작용을 이용하여 단백질 제거나 정제에 이용한다. 즉, 단백질은 에탄올이나 아세톤과 혼합하면 변성을 일으켜 침전한다.

그러나 저온(-10℃ 이하)에서 단백질과 에탄올이나 아세톤과 섞으면 단백질 변성없이 침전시킬 수 있다.

② **우유의 알코올 테스트** : 오래된 우유에 동량의 70% 알코올을 가하면 응고한다. 이는 변질에 의한 산도(보통 0.21% 이상) 증가로 인하여 pH가 등전점 부근으로 되어 응고되기 때문이다. 그러나 신선한 우유(산도 0.14~0.18%)는 70% 알코올에 응고하지 않는다. 이것을 이용하여 우유의 신선도를 판정할 수 있다.

(5) 산화제

단백질에 일어나는 특징적인 산화반응으로 S-S결합이 있다(그림 5-11). 이것은 단백질의 시스테인잔기(-SH)가 산화제에 의해 산화되어 S-S결합을 형성하는 반응으로, 식품의 물성에 큰 영향을 준다.

예를 들어, 빵의 반죽개량제로 사용되는 브롬산칼륨($KBrO_3$)은 소맥단백질의 시스테인잔기(-SH)를 산화시켜 S-S결합을 형성하여 반죽의 점탄성을 증가시킨다. 또한, 반죽의 물성개량에는 시스테인잔기 산화반응과 함께 SH/S-S교환반응도 관계한다.

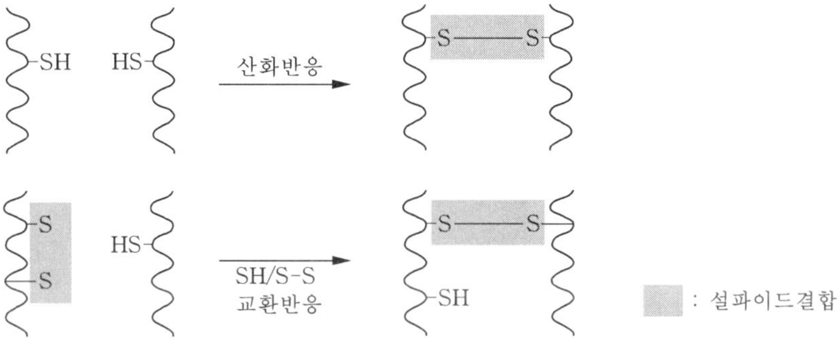

[그림 5-11] 단백질의 다이설파이드결합의 형성

4. 단백질 변성을 이용한 식품

많은 식품들이 단백질의 변성을 이용하여 가공, 조리하고 있다. 단백질 변성을 이용한 식품들의 예를 표 5-10에 나타내었다.

[표 5-10] 단백질 변성을 이용한 식품 등의 예

변성의 원인	변성방법	변성의 요인	이용 예
물리적 원인	가열 동결 장력 전단력 표면장력 탈수	삶기, 구이 동결 장력, 전단력 기포형성, 교반 건조	삶은 달걀, 어묵, 생선구이, 유바(두부피) 동결(얼린)두부, 장기간 육류 냉동 대두단백질섬유(인조육), 스파게티 아이스크림, 스펀지 케이크 마른오징어
화학적 원인	산 알칼리 염류 효소 유기용매 S-S결합 생성	초산, 젖산 NaOH, 생석회 식염, Ca염, Mg염 레닌 알코올, 아세톤 반죽, 산화제	요구르트, 크림치즈, 생선초절임 피단, 중화면 어묵, 두부, 단백질침전분리 치즈 우유의 알코올 테스트 밀가루 반죽

5.7. 단백질의 영양

단백질이 중요한 영양소인 이유는 사람이 생합성할 수 없는 필수 아미노산의 공급원이기 때문이다. 단백질에는 20종의 아미노산이 함유되어 있지만, 이 중에서 동물이 스스로 합성하지 못하고 식품으로부터 섭취해야만 하는 아미노산을 필수 아미노산이라고 한다.

단백질의 영양가는 얼마나 효율적으로 필수아미노산을 공급하는가에 따라 결정된다. 필수아미노산이 결핍되면 콰시오커(Kwashiokor)증과 같은 단백질 결핍증이 발생한다.

콰시오커(Kwashiokor) : 단백질 섭취부족으로 생기는 영양불량으로 주로 1~3세의 유아에서 발생한다. 빈혈, 부종(edema), 심한 복부팽창, 모발의 탈색 등을 유발한다.

1. 단백질의 영양평가

생물값(biological value, BV)
체내 흡수된 질소량에 대한 체내 보유 질소량의 백분율

단백질의 영양가를 평가하는 방법으로는 생물값과 같은 생물학적 평가법과 화학적 평가법이 있지만, 여기에서는 화학적 평가법인 아미노산값을 설명한다.

1) 아미노산값(amino acid score)

아미노산값은 식품단백질의 필수아미노산 조성을 사람의 필수아미노산 필요량 패턴과 비교하여 산출한다.

사람의 필수아미노산 필요량 패턴은 FAO/WHO가 1973년 제안한 아미노산평점 패턴이나 1985년 FAO/WHO/UNU에 의해 개선된 아미노산 평점패턴을 이용한다(표 5-11).

FAO
국제연합식량농업기구

WHO
세계보건기구

UNU
유엔대학

아미노산값은 식품 단백질 중에 필수아미노산이 어느 정도 부족한 지를 나타내는 지표이고, 아미노산값이 100에 가까울수록 양질의 단백질이라고 할 수 있다.

[표 5-11] 아미노산 평점표 패턴

아미노산	필수 아미노산(mg/g 질소)	
	1973년[1](일반용)	1985년[2](2~5세)
히스티딘	-	120
아이소루신	250	180
루 신	440	410
라이신	340	360
메싸이오닌 + 시스테인	220	160
페닐알라닌 + 타이로신	380	380
쓰레오닌	250	250
트립토판	60	70
발 린	310	220

1) : FAO/WHO에 의한다. 2) : FAO/WHO/UNU에 의한다.

모든 필수아미노산이 100 이상의 식품의 아미노산값은 100이 된다.

아미노산값은 식품단백질의 각 필수아미노산함량(mg/g 질소)을 아미노산 평점패턴의 각 수치(mg/g 질소)로 나누어 %를 구한다.

$$\text{아미노산값}(\%) = \frac{\text{식품단백질중의 각 아미노산(mg/g 질소)}}{\text{아미노산 평점표 패턴의 동일 아미노산함량(mg/g 질소)}} \times 100$$

제1제한 아미노산 : 식품단백질의 모든 필수아미노산 조성을 아미노산 패턴과 비교 했을 때, 가장 낮은 아미노산값을 나타내는 아미노산을 제1제한 아미노산이라고 라며, 제1제한 아미노산의 수치를 그 식품의 아미노산값으로 한다. 또 제1제한 아미노산값 다음으로 낮은 것을 제2제한 아미노산이라고 한다.

동물성식품과 식물성식품의 아미노산값 : 주요 식품의 아미노산값을 표 5-11에 나타내었다. 1985년 제안된 아미노산 패턴을 권장하고 있으나, 1973년 제안된 것과 거의 차이가 없기 때문에, 양쪽의 아미노산 패턴을 영양가 평가에 이용하고 있다.

일반적으로 식물성 단백질은 제한 아미노산을 갖는 것이 많다. 특히, 곡류는 라이신의 아미노산값이 낮다. 그러나 육류, 생선, 우유, 달걀 등의 동물성

단백질은 제한아미노산이 없다. 이 때문에 식물성 단백질은 저품질의 단백질로 불리며, 동물성단백질은 고품질 또는 양질의 단백질로 불리고 있다.

[표 5-11] 주요 아미노산값과 제1제한 아미노산

식품	1973년[1]		1985년[2]	
	아미노산값	제1제한 아미노산	아미노산값	제1제한 아미노산
식물성식품				
식빵	44	라이신	42	라이신
현미	68	라이신	64	라이신
정백미	65	라이신	61	라이신
메밀(전층분)	92	아이소루신	100	-
대두	86	함황아미노산 (Met + Cys)	100	-
호박	68	쓰레오닌	73	루신
오이	56	쓰레오닌	66	루신
감귤	50	루신	51	쓰레오닌
동물성식품				
달걀	100	-	100	-
우유	100	-	100	-
소고기	100	-	100	-
돼지고기	100	-	100	-
닭고기	100	-	100	-
전갱이	100	-	100	-
정어리	100	-	100	-
참치	100	-	100	-
새우	74	발린	77	쓰레오닌

[1] : FAO/WHO에 의한다. [2] : FAO/WHO/UNU에 의한다.

2. 고품질 단백질의 추천 비율

고품질 단백질(동물성 단백질)의 섭취비율은 경우에 따라 다르지만, 일반적인 비율은 다음과 같다.

1) 일반성인은 섭취 단백질의 1/2 이상을 동물성 단백질로 섭취하는 것이 바람직하다

2) 임신기, 수유기 여성이나 치료를 받는 환자는 섭취 단백질의 1/2~2/3 정도를 동물성 단백질로 섭취하는 것이 바람직하다

3) 소년기, 청년기에는 섭취 단백질의 2/3~3/4 정도를 동물성 단백질로 섭취하는 것이 바람직하다.

3. 단백질의 보족효과

일반적으로 식품성식품의 아미노산값이 낮고, 동물성식품은 높다. 그러나 몇 개의 식품을 동시에 섭취하면 서로 부족한 필수아미노산을 보충할 수 있으며, 이를 보족효과라고 한다.

일반적으로 곡류에는 라이신, 두류에는 메싸이오닌이 부족하므로, 우유, 육류, 달걀 등의 완전 단백질과 함께 섭취함으로써 부족한 단백질을 보충할 수 있다(예 : 곡류와 우유, 빵과 육류, 빵과 달걀).

또 곡류(+메싸이오닌, -라이신)는 콩(-메싸이오닌, +라이신)이나 감자(-메싸이오닌, +라이신)와 함께 섭취하여 단백질의 효율을 증가시킬 수 있다.

5.8. 식품 단백질

식품단백질은 그 출처에 따라 식물성단백질과 동물성 단백질로 크게 분류한다.

1. 식물성 단백질

식물성식품의 단백질은 식품의 주요한 구성 성분으로, 곡류와 두류에 상당한 양의 단백질이 함유되어 있다. 그러나 채소(2~3%)나 과실류(1% 내외)에는 그 함량이 매우 적다. 따라서 식물성 단백질은 곡류단백질과 두류 단백질로 분류한다.

[표 5-13] 식품 중의 단백질함량

식 품	함량(g/100 g)	식 품	함량(g/100 g)
대 두	36.2	고등어	20.2
밀	13.2	꽁 치	19.5
메 밀	11.5	소고기	19.3
귀 리	11.4	닭고기	19.0
현 미	7.6	치 즈	18.3
백 미	6.4	돼지고기	17.8
감 자	2.8	달 걀	11.8
고구마	1.4	우 유	3.2

1) 쌀 단백질

현미는 7.6%의 단백질을 함유하며, 특히 쌀겨와 배아 부분에 많고, 중심부에는 적다. 도정에 의해 백미는 6.4%의 단백질을 함유하여, 현미보다는 단백질 함량이 낮다.

전체적으로 쌀의 단백질 함량은 밀(13.2%)보다 낮지만, 아미노산값은 65로 다른 곡류에 비해 양질의 단백질을 함유한다.

주요단백질 : 쌀 단백질은 알부민, 글로불린, 프롤라민, 글루텔린으로 구성되어 있으며, 이중에서 글루텔린(오리제닌)이 80%를 차지한다.

2) 밀 단백질

밀 단백질함량은 13.2%로, 곡류 중에서 가장 높으며, 단백질의 70%는 배유에 존재한다.

주요 단백질 : 밀단백질은 알부민, 글로블린, 프롤라민, 글루텔린으로 구성되어 있으며, 이 중 가장 중요한 단백질은 프롤라민에 속하는 글리아딘(gliadin)과 글루텔린에 속하는 글루테닌(glutenin)으로, 전체 단백질의 80%를 차지한다.

글리아딘과 글루테닌의 성질 : 글리아딘과 글루테닌은 빵이나 국수의 성질에 큰 영향을 주는 중요한 단백질이다. 글리아딘은 반죽의 신장성과 점착성을 주며, 글루테닌은 견고성과 탄력성을 준다.

[표 5-14] 곡류의 단백질함량과 그 조성

종류	전체단백질함량	전체 단백질 중의 비율(%)			
		알부민	글로불린	프롤라민	글루텔린
정백미	6~7	15		5	oryzenin(80)
밀	5~18	11	3.4	gliadin(33)	glutenin(47)
보 리	10~16	5	15	holdein(40)	holdenin(40)
오트밀	8~14	–	80	15	5
옥수수	7~13	–	5	zein(50)	45
메 밀	10~13	5	50	5	40

(1) 글루텐

밀가루의 주요 단백질인 글리아딘과 글루테닌은 물에 녹지 않지만, 물을 가하여 반죽하면 서서히 물을 흡수하면서 글리아딘과 글루테닌이 결합하여 망목구조를 형성하여 점탄성을 나타내는데 이러한 두 단백질의 혼합물을 글루텐(gluten)이라고 한다. 즉, 글루텐은 밀가루에 함유되어 있는 2개의 단백질과 물에 의해 형성된 변성단백질의 일종이다.

이렇게 형성된 글루텐은 빵, 케이크, 국수, 과자의 성질에 큰 영향을 준다.

글루텐과 유사작용을 갖는 물질 : 글루텐과 같은 작용은 카복실메틸셀룰로오스(CMC), 알진산나트륨염, 대두레시틴이나 모노글리세라이드와 같은 유화제도 할 수 있다.

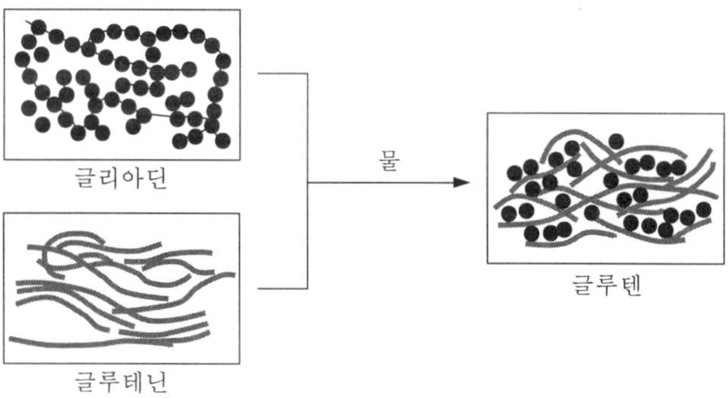

[그림 5-12] 밀 단백질의 종류와 글루텐 형성

활성 글루텐(vital gluten) : 글루텐은 밀가루에 물을 가하고 반죽한 후 물로 세척하여 분리한다. 분리된 글루텐을 건조한 것을 활성 글루텐이라고 한다.

글루텐은 분말상, 페이스트, 섬유상으로 제조되어, 빵과 면류의 품질개량제(1~3%), 소시지, 어묵 등의 탄력성, 보수성 및 결착력 등의 개량제(2~10%)로 이용되고 있다. 이외의 인조육의 하나인 밀고기 제조에 이용하기도 한다.

(2) 글루텐형성에 영향을 주는 요인

① 밀가루의 종류 : 단백질함량이 많은 강력분은 단백질함량이 적은 박력

분보다 글루텐을 많이 형성한다. 따라서 강력분은 제빵에, 중력분은 국수제조에, 박력분은 과자제조에 사용한다. 과자나 튀김용에 박력분을 사용하는 것은 가능한 한 글루텐의 형성을 억제하기 위해서이다.

단백질을 완전히 수화시키기 위해서는 글루텐의 2배정도의 물이 필요하다. 따라서 강력분을 반죽하는데 더 많은 물과 반죽시간을 필요로 하다. 물은 조금씩 가하여 반죽하면 더 많은 글루텐을 형성한다.

[표 5-15] 밀가루의 종류와 용도

	박력분	중력분	강력분	세몰리나
글루텐 함량	6~9%	9~11%	11~13%	11~14%
글루텐 성질	약함	강하고 잘 늘어남		매우 강하나 잘 안 늘어남
반죽방법	그다지 안함	반죽한다.	잘 반죽한다.	진공에서 반죽
주요 용도	과자, 튀김가루, 카스텔라, 케이크	우동, 즉석면, 중화면, 비스킷	식빵, 바게트	마카로니, 스파게티
원료 밀	연질 밀	연질밀과 경질밀 혼합	경질 밀	듀럼밀

② **반죽온도** : 반죽온도가 높으면 글루텐의 생성속도가 증가하며, 반대로 반죽온도가 낮으면 글루텐의 형성이 억제된다. 이 때문에 튀김옷을 만들 때는 얼음물 등을 사용한다.

③ **반죽의 치대는 정도** : 단백질의 함량이 높은 강력분이라도 그대로 두면 글루텐은 형성되지 않는다. 반죽을 충분히 치대어야만 글루텐이 형성된다. 글루텐이 충분히 형성된 반죽은 표면이 매끄럽고 광택이 있다.

④ **소금** : 소금은 글루텐의 망상구조를 치밀하게 결착시킨다. 우동이나 건면에 소금을 사용하는 것은 이 작용을 이용한 것이다. 밀가루를 반죽할 때 소금을 첨가하면 질기고 단단해진다. 보통 1~2% 정도를 첨가한다.

⑤ **비타민 C** : 반죽 중의 글루텐의 형성을 촉진하여 반죽의 견고성을 강하게 하는 작용이 있다. 따라서 바게트(baguette) 등의 소박한 재료로 만드는 빵에는 식염과 비타민 C를 첨가되고 있다. 이외에 칼슘염, 마그네슘염도 글루텐의 견고성을 강하게 한다.

⑥ **알칼리** : 글루텐은 식염수에는 녹지 않지만, 알칼리에는 녹는다. 알칼리는 글루텐에 작용하여 신장성과 탄력성을 증가시킨다. 예를 들어, 탄산나트륨과 탄산칼슘의 혼합물인 알칼리제(간수)를 1~2% 첨가하여 제조하는 중화면은 일반 국수보다 신장성이 강하고 탄력성이 좋다.

⑦ **설탕** : 설탕은 흡습성이 있어 단백질의 수화를 감소시켜 글루텐의 형성을 억제한다.

⑧ **유지** : 유지는 글루텐표면을 둘러싸 글루텐의 성장을 억제하기 때문에 반죽을 부드럽고 연하게 한다. 그러나 다량의 유지는 글루텐과 글루텐사이에 막을 형성하여 파이와 같이 층을 형성한다.

3) 대두 단백질

대두 단백질은 곡류에 부족하기 쉬운 라이신을 함유하고 있어 영양학적으로 우수한 단백질이다. 또 글루탐산을 많이 함유하고 있어 조미료로 가공된 경우도 감칠맛을 나타낸다(간장, 된장 등).

주요 단백질 : 주요 대두단백질은 글로불린에 속하는 글리시닌(glycinin)과 β-콘글리시닌(β-conglycinin)으로, 전체 단백질의 85%를 차지한다. 이들 단백질은 pH 4.3으로 하거나 염(Ca염, Mg염)을 가하면 불용화하여 응고한다. 이러한 성질을 이용하여 만든 것이 두부이다.

한편 글리시닌과 β-콘글리시닌은 장내 콜레스테롤과 결합하여 재흡수를 억제하고, 배설을 촉진시켜 혈중 콜레스테롤을 저하시키는 작용이 있다.

트립신 저해제와 사포닌 : 대두단백질에는 트립신의 작용을 억제하는 트립신 저해물질(trypsin inhibitor, 알부민의 일종)이 함유되어 있다. 또 적혈구의 응고를 촉진하는 헤마글루티닌(hemaglutinin, 뮤코단백질)이 존재하여 단백질의 흡수를 저해한다. 단 이들 물질은 100℃에서 5분간 가열하면 불활성화되어 단백질의 소화율이 향상된다.

한편, 대두에는 사포닌이 존재하여 물에 담그거나 두부 제조시 거품을 형성한다. 거품은 소량의 기름이나 소포제를 첨가하면 억제할 수 있다.

(1) 식품 가공에 이용되는 대두단백질의 성질

① **추출** : 대두는 물에 침지하여 마쇄 후 가열하면 단백질의 약 90%가 열수에 의해 추출된다. 그 대부분이 글로불린(globulin)이다. 글로불린은 본래 물에 녹지 않지만 열수처리에 의해 녹아나온 대두중의 무기염류에 의해 추출된다. 이것을 여과하여 비지를 분리한 것이 두유이다.

② **두부의 응고** : 두유 중의 단백질은 2가 이온(Ca^{2+}, Mg^{2+})이나 산에 의해 응고한다. 이러한 응고 성질을 이용한 것이 두부이다.

ⓐ **염류에 의한 응고** : 대두 단백질은 Ca^{2+}, Mg^{2+} 등의 2가 이온에 의해 응고한다. 이것은 Ca^{2+}, Mg^{2+} 등의 2가 이온이 대두단백질 중의 글루탐산, 아스파트산 등의 산성아미노산의 카복실기(-COOH)나 파이트산의 인산기와 이온결합을 하기 때문이다. 또한 분자간의 소수성 결합, S-S결합 등이 생겨 두유 전체가 응고되어 두부가 된다.

응고제 : 두부의 응고제로는 종래에는 바닷물에서 식염을 제조할 때 생기는 간수(주성분은 염화마그네슘과 황산마그네슘)을 이용하였으나, 지금은 황산칼슘, 염화마그네슘, 염화칼륨, GDL((gluco-δ-lactone)이 사용된다.

응고제의 종류에 따라 두부의 굳기 등에 영향을 준다. 황산칼슘($CaSO_4$)으로 만든 두부는 염화마그네슘($MgCl_2$)보다 부드럽고, 수분함량이 많으나 품질이 떨어진다.

[표 5-15] 두부 제조에 이용되는 응고제의 종류 및 특성

응고제의 종류	특 징
황산칼슘($CaSO_4$)	- 부드럽고, 수율이 좋다. 맛이 떨어짐
염화마그네슘($MgCl_2$)	- 응고속도가 빠르고, 두부가 단단하다. 맛이 좋다.
염화칼슘($CaCl_2$)	- 응고속도가 빠르고 두부가 단단하다. 염화마그네슘보다 맛이 떨어진다. 유부제조에 사용
GDL(gluco-δ-lactone)	- GDL이 글루콘산으로 변하면서 응고. 연두부, 순두부 등 부드러운 두부제조에 이용

* 응고제의 응고온도는 80℃ 내외이며, 첨가량은 2% 내외.

ⓑ **산에 의한 응고** : 두유에 산을 첨가하여 등전점인 pH 4.3 정도로 되면 단백질이 응고된다. 이러한 산에 의한 응고에는 GDL(gluco-δ-lactone)이 사용된다.

두유에 GDL을 첨가하면 GDL의 환구조가 개열되면서 글루콘산(gluconic acid)이 되고, 이로 인하여 등전점 부근으로 pH가 저하되면서 응고된다.

이러한 GDL에 의한 응고 작용을 이용하여 순두부를 만든다.

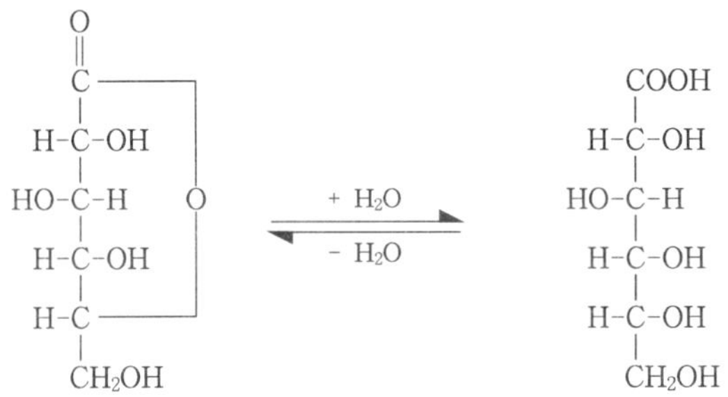

GDL(gluco-δ-lactone)　　　　글루콘산(gluconic acid)

③ **변성(동결변성, 열변성)** : 두유 중의 단백질은 동결에 의해 탈수 변성한 상태로 얼음결정 사이에 갇히고, 마른젤(xerogel)이라는 새로운 젤(gel)을 형성한다(그림 5-13). 해동, 건조 후에도 그대로의 상태를 유지하기 때문에, 이 같은 성질을 이용하여 동결두부를 제조한다.

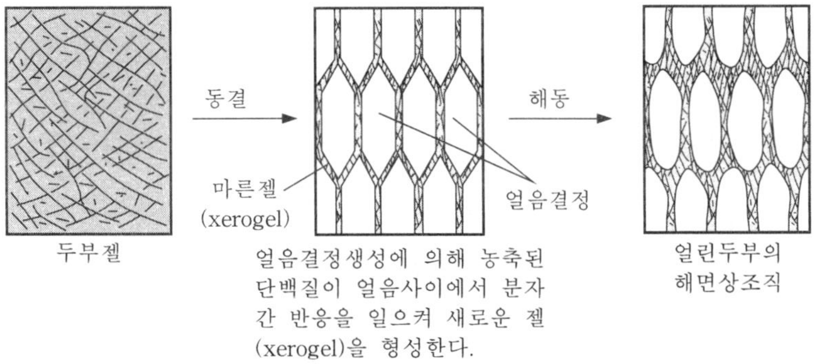

[그림 5-13] 동결에 의해 동결두부의 구조

또 두유를 100℃ 부근에서 가열하면 열변성한 단백질의 소수성(친유성)

부분이 액면으로 노출되어, 점차적으로 막을 형성한다. 이것을 건조한 것이 유바이다.

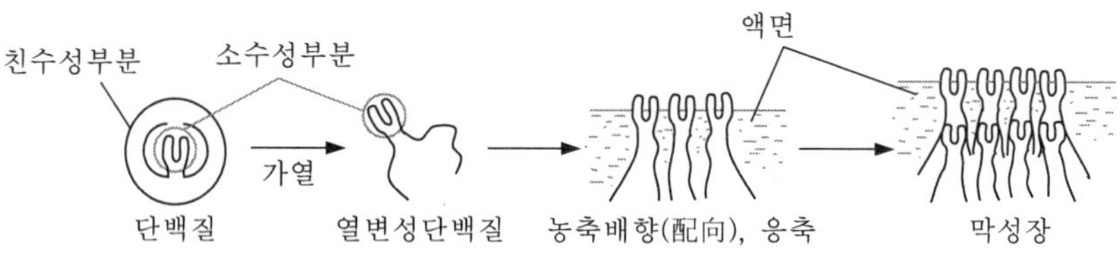

[그림 5-14] 대두단백질의 열변성에 의한 막 생성기구

④ **대두 단백질의 분리** : 대두 단백질의 대부분은 알칼리용액(pH 7~9)에서 추출되며, pH 4.3 부근에서 등전점 침전을 일으킨다. 이 성질을 이용하여 섬유상 단백질, 농축단백질, 분리단백질 등이 만들어진다. 이것은 보수성, 유화성, 점조성, 기포성, 흡유성(吸油性), 반죽형성력 등의 기능성을 갖고, 여러 가공식품에 응용된다.

대두 가공식품의 하나인 인조육은 식물성 단백질원료(대두가루, 대두박)을 알칼리 추출하여 만든 대두 단백질을 방적기를 이용하여 섬유상 단백질로 만든 후, 여기에 지방, 착색제, 착향료 등을 혼합, 가열하여 만든다.

2. 동물성 단백질

1) 육류 단백질

동물의 조직은 근육조직, 결체조직, 지방조직으로 구성되며, 이 중에서 근육조직이 육류로서 식용에 이용된다.

(1) 육류의 근육조직

소고기, 돼지고기, 닭고기의 근육조직은 기본적으로 같은 구조를 갖는다. 육류조직은 민무늬근(평활근)과 가로무늬근(횡문근)으로 분류된다.

민무늬근은 주로 내장, 혈관을 구성하며, 가로무늬근은 골격근을 구성한다. 식육으로 이용하는 부분이 가로무늬근이다.

근육조직의 구조 : 근육조직의 최소단위는 근원섬유이다. 근원섬유가 다수 모여 근섬유가 되며, 근섬유가 다시 수십~수백개 모여 근속(근섬유의 다발)

을 만든다.

근속사이에는 혈관, 림프관, 신경조직, 지방이 결합하여 근육을 형성한다.

근원섬유 : 근원섬유는 마이오신(myosin)과 액틴(actin)이라는 단백질로 구성되며, 근육의 수축, 이완에 관여한다. 또한 근원섬유는 고기의 품질(보수성, 결착성)에도 중요한 역할을 한다.

근원섬유는 어두운 A 띠와 밝은 I 띠가 교대로 나타나는 가로무늬구조를 갖고 있다(그림 5-15). A 띠의 중앙에는 H영역이 있고, I 띠의 중앙에는 Z선이 있다. Z선과 Z선 사이를 근절(sarcomere)라고 하며, 근원섬유의 최소 단위이다. 근절은 마이오신(굵은 필라멘트)와 액틴(가는 필라멘트)으로 만들어진다.

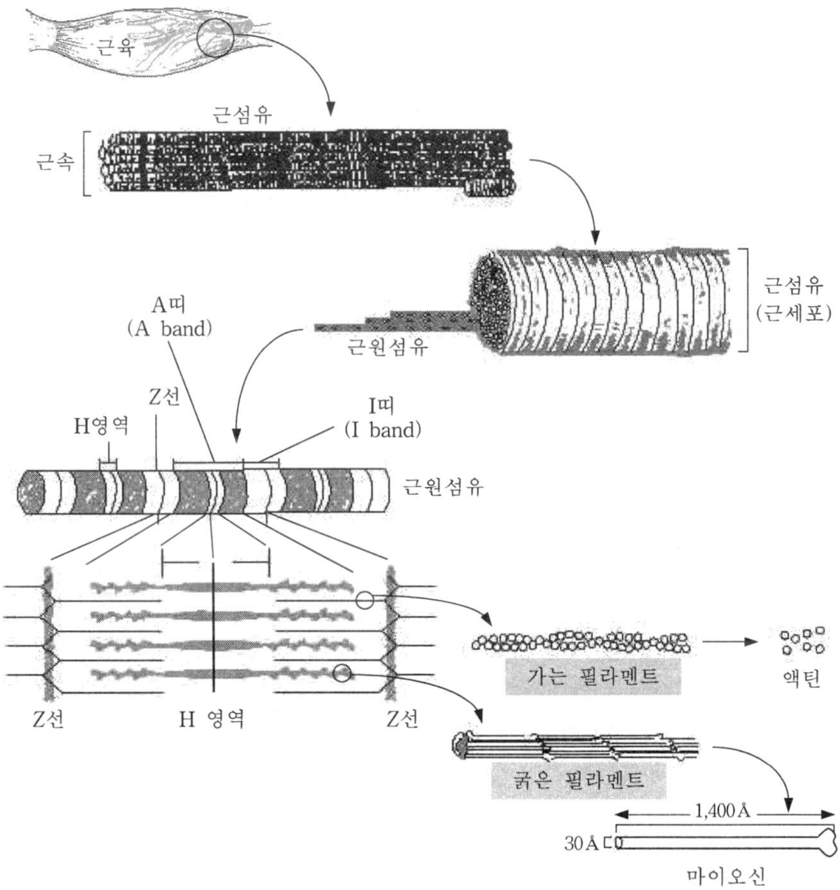

[그림 5-15] 근육의 구조

근육의 이완, 수축 : 근육의 수축은 액틴이 마이오신사이로 미끄러져 들어가면서 일어난다. 즉, 근육의 수축신호가 신경계에서 전달되면 마이오신과 결합되어 있는 ATP가 ATPase에 의해 분해되어 그 때 생성된 에너지에 의해 액틴이 마이오신사이로 미끄러져 들어가 액토마이오신(actomyosin)을 형성하여 근육이 수축하게 된다.

근육의 수축신호가 정지되면 ATPAse의 활성이 억제되어 ATP의 농도는 증가되고, 결국, 증가된 ATP이 마이오신과 결합하고, 액틴은 마이오신으로부터 떨어져 원래의 상태로 돌아간다. 이것이 근육의 이완이다.

실제로 근육의 수축 이완을 조절하는 것은 칼슘이온(Ca^{2+})이다. 칼슘농도가 높아지면 ATPase가 활성화되어 근육이 수축하고, 칼슘농도가 낮아지면 ATPase 활성이 억제되어 근육이 이완된다.

(2) 육류의 결체조직

결체조직의 주성분으로는 콜라겐과 엘라스틴이 있다.

육질과 결체조직 : 결체조직이 발달한 고기는 육질이 질기고, 단백질 분해효소에 의해 분해되기 어려워 소화율도 떨어진다. 결체조직은 연령이 높거나 운동량이 많은 부위에 많다. 예를 들어, 목심이나 사태, 양지머리, 꼬리 부위는 결체조직이 많아 질기며, 안심, 등심 부위는 연하다.

콜라겐 : 피부, 가죽, 힘줄, 뼈, 관절연골, 생선껍질 등의 결체조직에 존재하는 대표적인 천연 단백질이다.

① 기본구조 : 콜라겐은 약 1,000개의 아미노산이 결합된 폴리펩타이드 3개가 나선구조로 결합된 트로포콜라겐(tropocollagen)을 기본구조로 갖는다. 이들이 다시 복합체를 형성하여 거대한 3차원적 분자를 이룬다. 또한 삼중나선구조의 양 끝은 비나선구조의 텔로펩타이드(telopeptide)가 붙어있다.

② 영양학적 중요성 : 콜라겐은 결합력이 강한 나선상구조를 갖기 때문에 체내에서 소화, 흡수되기 어렵다. 또한, 콜라겐의 구성아미노산은 글라이신(glycine)이 전체아미노산의 1/3을 차지하고, 프롤린(proline)과 하이드록시

[그림 5-16] 콜라겐(collagen)의 트로포콜라겐 구조

프롤린(hydroxyproline)도 1/4를 차지하여 영양학적으로 중요하지 않다.

③ **콜라겐의 열변성** : 콜라겐을 물과 함께 가열하면 나선구조가 붕괴되어 수용성 젤라틴이 얻어진다. 젤라틴은 다시 냉각하면 젤화된다. 족편은 젤라틴의 젤화를 이용한 식품이다.

정제도가 높은 젤라틴은 젤화제로 젤리제조에 이용된다(3장 탄수화물 참조). 한편 불순물이 포함된 저품질의 젤라틴을 아교라고 한다.

한편, 콜라겐은 열에 의해 쉽게 변성되어 수축하는 성질이 있다. 오징어를 굽거나 삶을 때, 껍질 쪽으로 수축되는데 이는 껍질 쪽이 안쪽보다 콜라겐이 더 많기 때문이다.

④ **인체내 역할** : 콜라겐은 칼슘의 접착제의 기능으로 칼슘과 함께 뼈에 존재하며, 주름의 원인이 되는 피부 진피층, 모발의 구성성분으로 중요하다. 콜라겐은 체단백질의 30~40%를 차지하며, 얼굴 피부의 70%, 연골의 50%를 차지한다.

콜라겐의 생산은 18세부터 감소하기 시작하여 40세가 되면, 절반이하로 감소하여 뼈, 관절, 혈관, 모발에 영향을 준다.

엘라스틴(elastin) : 엘라스틴은 펩타이드사슬이 코일상으로 불규칙하게 엉켜져 있는 구조를 가지고 있으며, 고무와 같은 탄력성을 갖는다. 혈관벽, 인대 등에 존재하며, 산, 알칼리 또는 단백질분해효소에 의해 잘 분해되지 않는다.

(3) 사후경직 및 식육의 숙성

사후경직(rigor mortis) : 도살직후의 동물근육은 부드럽지만, 시간이 지남에 따라 근육이 단단해지는데, 이러한 현상을 사후경직이라고 한다.

도살직후의 육류의 pH는 중성(7.0~7.4)이지만, 도살 후에는 산소공급이 차단되어 혐기적 해당작용에 의해 근육내의 글라이코겐을 분해하여 젖산을 생성한다. 그 결과 pH는 5,5로 저하된다.

이와 같이 젖산이 축적되어 육류의 pH가 산성이 되면, 미생물의 번식이 어려워져 저장성이 향상된다. 따라서 가축을 도살하기 전에 체내에 가급적 많은 양의 글라이코젠을 남기는 것이 좋다.

그러나 pH가 5.5로 저하되면 효소 ATPase의 작용에 의해 ATP가 ADP로 분해된다(그림 5-17).

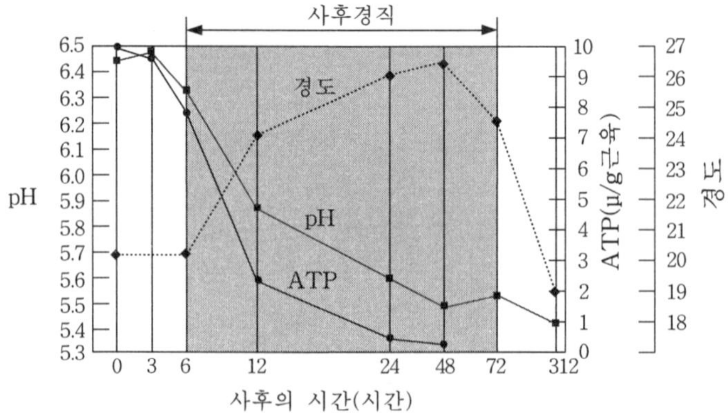

[그림 5-17] 도살 후 식육의 생화학적 변화와 특성

이 때 생성된 에너지에 의해 근원섬유의 액틴과 마이오신이 결합하여 액토마이오신(actomyosin)을 형성하고, 근육은 수축하여 경직된다(그림 5-18). 경직된 고기는 육질이 단단하고, 보수성이 떨어져 식육으로 적합하지 않다.

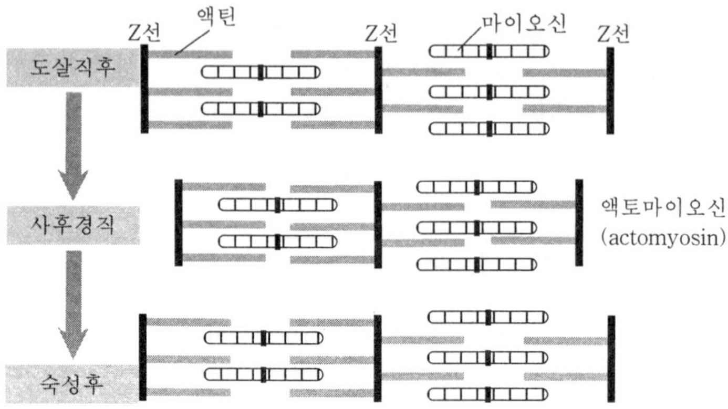

[그림 5-18] 식육의 사후 변화

식육의 숙성 : 도살 후 식육을 일정 기간 저장해 두면, 사후경직에 의해 단단해진 고기는 점차 연화한다(경직해제 또는 해경). 이 사이에 pH는 상승하고, 향미도 좋아지고, 보수성도 높아져 감칠맛도 생긴다. 이같이 식육을 일정 기간 저장해 두는 것을 식육의 숙성이라고 한다.

도 살 → 사후경직 → 경직해제 → 자가소화 → 변 질 → 부 패

글라이코젠의 분해 ATP 감소 식육의 숙성

[그림 5-19] 사후경직과 육류의 숙성

[표 5-17] 육류의 최대 사후경직 시기 및 숙성 기간

종류	최대 사후경직 시기	숙성(2~4℃)
소, 말	24시간	10일
돼 지	12시간	3~5일
닭	6시간	2일
생 선	1~4시간	10~24시간

고기의 감칠맛은 근육단백질의 자기소화에 의한 펩타이드, 아미노산의 생성, ATP의 분해에 의한 5′-IMP(5′-inosinic acid)의 생성에 의한다.

자기소화가 진행되면 세균번식이 용이하여 부패되기 쉽기 때문에 보통 0~5℃에서 저장한다. 숙성기간은 육류의 종류에 따라 다르다. 양고기(lamb)는 숙성기간 없이 즉시 먹는 것이 좋으며, 소는 2~4℃ 저장에서 10일, 돼지는 3~5일, 닭은 2일간 숙성한다.

(4) 육류의 보수성에 영향을 주는 요인

보수성이란 육류조직이 가지고 있던 수분이나 첨가된 수분을 그대로 유지하는 능력을 말한다. 육류단백질 중에서 액틴과 마이오신과 같이 염용액에 녹는 단백질은 유화제로 작용하여 지방입자와 유화하고, 다량의 수분을 유지한다. 그러나 사후경직에 의한 액토마이오신(actomyosin)의 형성으로 보수성이 떨어진다.

육류의 보수성은 육류의 품질에 직접적인 영향을 준다. 보수성에 영향을 주는 요인으로는 pH, 기계적 마쇄, 효소, 인산염, 지방 등이 있다.

① **pH** : 육류는 도살직후 가장 높은 보수성을 보이고, 24~48시간에 걸쳐 감소된다. 이는 사후 젖산의 축적으로 pH가 육류단백질의 등전점(pH 5.0)에 근접하면서 보수성이 감소되는 것으로 생각된다. 알칼리 또는 알칼리염으로 pH를 증가시키면 보수성이 좋아진다.

② **기계적 마쇄** : 육류를 마쇄하면 보수성이 증가한다. 이는 마쇄에 의해 육류단백질 중의 극성기가 노출되어 물과 결합되거나 물과 단백질이 결합할 수 있는 접촉표면적을 증가시키기 때문이다.

③ **효소** : 육류를 장기간 저장할 경우, 육류의 보수성이 증가한다. 이는 저장 중에 단백질 분해효소들이 펩타이드 결합을 분해하여 유리 극성그룹(유리카복실기, 유리아미노산 등)을 증가시키기 때문이다.

④ **소금** : 액토마이오신(actomyosin)의 용해도를 높여 보수성을 향상시키고, 보존성과 맛을 좋게 한다. 또한 칼륨(K)은 보수성을 증가시키나, 칼슘(Ca), 마그네슘은 보수성을 감소시킨다.

⑤ **중합인산염** : 중합인산염은 음전하(-)의 증가에 의해 보수성이 증가한다. 이는 육류중의 칼슘(Ca^{2+})이 중합인산의 음전하(-)와 복합체를 형성하고, 이들 복합체들이 강하게 물과 결합하여 수화됨으로써 육류의 보수성을 증가시키기 때문이라고 생각된다.

실제로 중합인산염(sodium polyphosphate, 예: $Na_2P_2O_7$, $Na_5P_3O_{10}$)은 보수성증가를 위해 육류, 햄, 소시지, 어묵 등에 첨가되고 있다.

⑥ **지방** : 지방은 보수성을 감소시킨다.

2) 우유단백질

우유의 일반성분

성 분	함량(%)
수 분	88
지 질	3.2
단백질	3.2
당 질	4.7

우유에는 약 3.2%의 단백질을 함유하고 있다. 우유 단백질은 크게 카세인(casein)과 유청 단백질(whey protein)로 크게 나누어진다. 카세인은 전체 단백질의 80%를 차지한다. 이들 단백질은 소화가 쉽고, 매우 우수한 단백질이다.

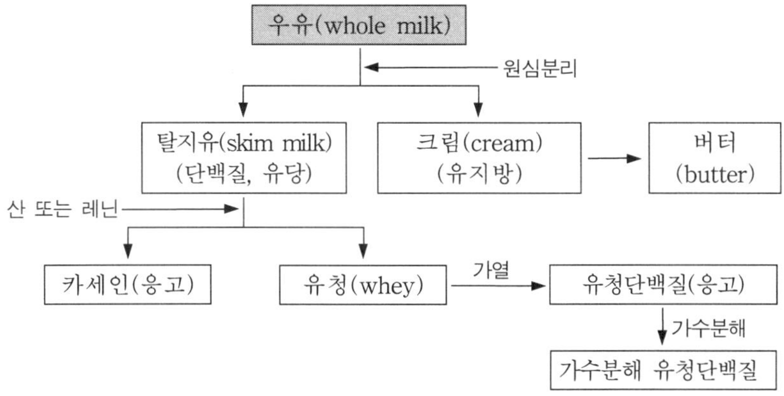

[그림 5-20] 우유 단백질의 분류

(1) 카세인(casein)

카세인은 보통 가열에 의해 응고되지 않는 인단백질이지만, 카세인의 등전점인 pH 4.6에서 응고하여 침전된다. 카세인은 100℃에서 12시간, 135℃에서 1시간 가열하면 응고된다.

종류 : 카세인은 α_s-카세인, β-카세인, γ-카세인, κ-카세인의 4종류가 있다. α_s-카세인과 β-카세인은 칼슘에 의해 응고, 침전하지만, κ-카세인은 칼슘에 응고, 침전하지 않는 특성을 갖고 있다.

카세인의 종류 및 비율

종 류	비율(%)
α-카세인	48.0
β-카세인	36.0
κ-카세인	13.0
γ-카세인	3.0

카세인마이셀 : 카세인은 우유 중의 칼슘과 결합하여 인산칼슘복합체 형태로 존재하며, 이것을 카세인마이셀(micelle)이라고 한다(그림 5-21).

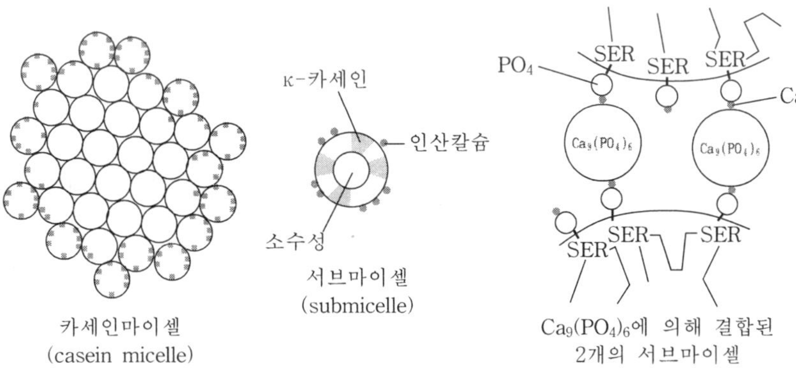

[그림 5-21] 카세인마이셀(casein micelle)의 구조

카세인마이셀은 많은 κ-카세인으로 둘러 싸여 있다. 이 때문에 카세인마이셀은 우유 중의 칼슘에 의해 응고되지 않고, 안정한 콜로이드를 유지하게 된다. 우유가 백색을 나타내는 것도 이 때문이다.

산에 의한 카세인의 응고 : 카세인은 보통 pH 6.6 전후에서 카세인마이셀을 형성하여 안정한 콜로이드상태로 존재한다. 그러나 산의 첨가 또는 유산균발효에 의해 pH 5.2 이하가 되면 인산칼슘이 떨어져 응고, 침전을 시작한다. 계속하여 pH 4.6(등전점)으로 되면, 칼슘이 카세인마이셀에서 분리되어 완전히 응고, 침전된다. 이 성질은 요구르트, 크림치즈제조에 이용된다.

레닌(rennin)
어린 송아지의 제4위에서 물로 추출한 조효소제품. 단백질분해효소인 카이모신(chymosin)을 약 90% 함유

가공치즈
자연치즈를 주원료로 하여 다른 식품 또는 식품첨가물을 넣어 유화시킨 치즈

응유효소에 의한 카세인의 응고 : 카세인은 응유효소인 레닌(rennin)의 작용으로 응고한다. 레닌은 카세인마이셀을 안정화시키고 있는 κ-카세인만을 선택적으로 공격하여 파라카세인과 마크로펩타이드(macropeptide)로 분해시킨다. 그 결과, 펩타이드가 떨어져 나간 부분을 통해 카세인마이셀 내부의 αs-카세인과 β-카세인이 밖으로 노출되게 된다. α-카세인과 β-카세인은 칼슘이온과 응고, 침전하는 성질을 갖고 있기 때문에, 우유 중의 칼슘이온과의 이온 결합하여 응고, 침전하게 된다.

수용성 카세인 —레닌(rennin)→ 수용성 파라카세인 + 마크로펩타이드 (수용성)

수용성 파라카세인 + Ca^{2+} —pH 6.0~6.4→ 칼슘 파라카세인 (불용성)

[그림 5-22] 응유효소 레닌에 의한 우유의 응고

2) 유청단백질

우유단백질의 약 20%를 차지하며, 종류로는 β-락토글로불린, α-락토알부민, 면역글로불린 등이 있으며, 주성분은 β-락토글로블린이다. 산에 의해 응고하지 않고, 60℃ 이상의 열에 의해 변성한다.

[표 5-18] 경도에 따른 치즈의 분류

분 류	수분 함량	종 류
연질 치즈	50~ 80%	크림치즈(비숙성), 모짜렐라(비숙성), 브리(흰곰팡이 숙성), 카망베리(흰곰팡이 숙성)
반경질 치즈	40~50%	고다(젖산균 숙성)
경질 치즈	30~40%	체더(젖산균 숙성), 에멘탈(프로피온산 숙성), 에담(젖산균 숙성)
초경질 치즈	30% 미만	파마산 치즈(젖산균 숙성)

유청단백질의 응고 : 우유를 데울 때 뚜껑을 덮지 않고 산소에 노출시키면 얇은 막이 형성되는데, 이것은 유청단백질인 β-락토글로불린, α-락토알부민이 변성, 응고하여, 지방과 소량의 유당, 무기질이 흡착되어 일어나는 현상이다. 이러한 현상은 중탕기를 이용하여 가열 온도를 서서히 높이면서 계속 저어주면 막을 수 있다.

우유의 가열취 : 우유를 80℃ 정도로 가열하면 가열취가 발생한다. 이것은 가열에 의해 β-락토글로불린 중의 시스틴으로부터 유리된 설프하이드릴기(-SH)가 분해되어 생성되는 황화수소(H_2S) 때문이다.

용도 : 유청 단백질은 위산에 의해 응고되지 않기 때문에 소화, 흡수가 용이하다. 식품의 단백질 강화 목적으로 조제분유, 이유식, 단백질 보충제 및 각종 건강식품에 이용되고 있다.

종류로는 ① 농축유청단백질(WPC, whey protein concentrate 70~80%), ② 분리유청단백질(WPI, whey protein isolate; 95% 이상), ③ 가수분해유청단백질(WPH, whey protein hydrolysate) 등이 있다.

3) 달걀단백질

달걀은 약 12%의 단백질을 함유하고 있으며, 보통 난백단백질과 난황단백질로 분류된다. 난백단백질은 오브알부민(ovalbumin), 콘알부민(conalbumin), 오보뮤코이드(ovomucoid), 글로불린(globulin), 오보뮤신(ovomucin), 아비딘(avidin)으로 구성되어 있다.

달걀의 무게에 따른 분류
왕란 : 68 g 이상
특란 : 60~68 g 미만
대란 : 52~60 g 미만
중란 : 44~52 g 미만
소란 : 44 g 미만

[표 5-19] 달걀의 영양성분

	에너지 (Kcal)	수분 (g/100 g)	단백질 (g/100 g)	지질 (g/100 g)	탄수화물 (g/100 g)	콜레스테롤 (mg/100 g)
달 걀	138	78.2	11.8	8.2	2.8	470
난 백	49	87.7	9.8	0.0	1.8	0.0
난 황	353	51.4	15.3	29.8	1.8	1,300

(1) 난백단백질

난백은 외측으로부터 외수양(外水樣)난백, 농후(濃厚)난백, 내수양(內水樣)난백의 3층으로 나누어진다. 신선한 달걀일수록 농후단백이 많다.

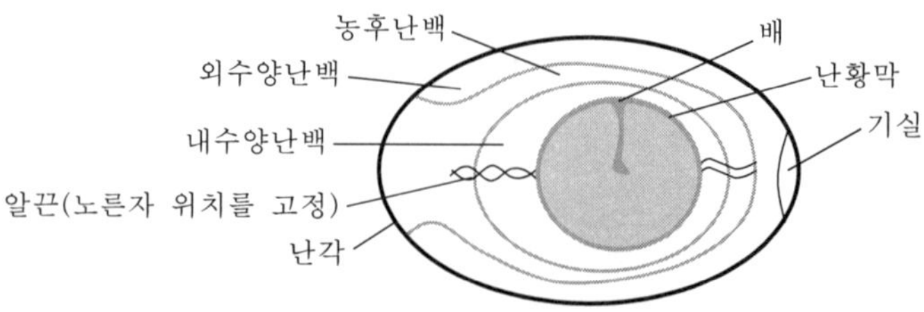

[그림 5-23] 달걀의 구조(외수양난백, 농후난백, 내수양난백)

난백단백질의 저장 중 변화 : 신선 달걀의 농후단백의 함량은 60%이지만, 저장 중에 pH의 상승에 따라 수양화 단백으로 변화하면서 감소한다. 달걀을 30℃에서 2주간 저장하면 농후단백이 절반이상 수양화된다고 한다(그림 5-24).

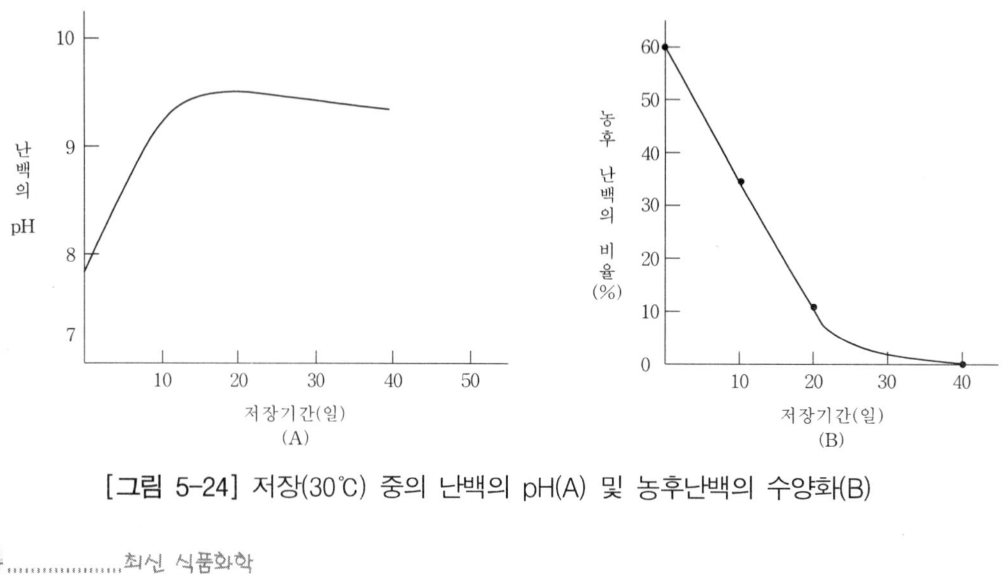

[그림 5-24] 저장(30℃) 중의 난백의 pH(A) 및 농후난백의 수양화(B)

농후단백이 수양화되면, 난황을 보호하고 있는 난백구조의 변화로 비중이 가벼운 난황이 떠올라 미생물에 오염되기 쉬워진다. 이 같은 변화는 온도가 높을수록 현저히 일어나기 때문에 달걀은 냉장 보관하는 것이 바람직하다.

[표 5-20] 주요 난백단백질

단백질명	함량(%)	등전점	분자량	성 질
오브알부민	54	4.5	45,000	인단백질, 쉽게 변성, SH기 함유
콘알부민	12	6.1	77,000	Fe, Cu, 비타민 B_{12}와 결합
오보뮤코이드	11	4.1	28,000	당단백질, 트립신억제제*
오보뮤신	3.5	5	$18x10^3$~ $72x10^3$	라이소자임과의 작용으로 농후단백 형성
라이소자임	3.4	10.7	14,300	용균성
G2글로불린	4	5.5	49,000	용균성
G3글로불린	4	4.8	49,000	용균성
ovoinhibitor	1.5	5.1	49,000	세린프로테아제저해
아비딘	0.05	10	68,300	바이오틴결합성

* 사람의 트립신에 대해서는 저해작용 없음

오브알부민(ovalbumin) : 난백 단백질 중의 절반 이상을 차지하며, 열에 의해 응고되는 인단백질이다. 분자내의 인 함량에 따라 A_1(인 2개), A_2(인 1개), A_3(인 없음)으로 분류된다.

콘알부민(conalbumin) : 콘알부민은 난백 단백질 중 가장 열에 민감하여 50~60℃에서 쉽게 응고한다. 이러한 응고는 난백의 기포성을 저하시킨다.

한편, 콘알부민은 Fe, Cu, Al, Zn 등의 금속과 결합하면 안정화되어 열에 대한 저항성이 커진다. 따라서 열응고에 의한 난백의 기포성 저하에 대한 대책으로 알루미늄을 첨가하는 방법이 고려되고 있다.

오보뮤코이드(ovomucoid) : 만노오스, 글루코사민 등의 당을 함유하는 당단백질이다. 트립신 저해물질로 알려져 있다.

반숙, 완숙달걀의 소화율 : 생달걀의 소화율은 50~70%이지만, 반숙이나 완숙달걀은 가열에 의한 오보뮤코이드의 변성으로 소화율(96%)과 영양가가 증가된다. 그러나 완숙달걀은 지나친 단백질 변성으로 반숙달걀보다 영양가가 떨어진다.

오보뮤신(ovomucin) : 갈락토사민, 황산에스터기, 시알산(sialic acid) 등을 함유한 당단백질로, 점성이 강한 단백질이다. 라이소자임과 함께 농후단백을 형성한다. 또, 난백 기포의 안정성에 기여한다.

한편, 오보뮤신 분자내의 시알산은 인플루엔자 바이러스와 결합하여 인플루엔자 바이러스의 적혈구 및 혈액의 응고작용을 억제한다. 즉, 바이러스에 의한 감염을 억제하는 작용이 있다.

라이소자임(lysozyme) : 라이소자임에는 세균의 세포벽을 파괴하는 용균작용을 갖고 있어, 세균으로 생체를 지키는 역할을 한다. 산란 후 미생물이 기공을 통해 들어와도 달걀내에 증식하기가 어렵다. 비교적 수분이 많은 달걀이 신선도를 유지할 수 있는 것도 라이소자임의 존재 때문이다.

라이소자임은 달걀흰자, 이외에, 콧물, 침, 눈물, 혈장에도 존재한다. 치즈, 포도주, 소시지, 멸균우유 등의 식품 보존제로의 이용이 검토되고 있다.

아비딘(avidin) : 난백에 극소량 함유된 단백질로, 수용성 비타민인 바이오틴과 결합하여 체내에서 흡수를 저해하는 특성이 있다. 대량의 생달걀을 먹으면 바이오틴의 결핍을 일으킬 수 있다. 그러나 이 성질은 열변성에 의해 쉽게 상실된다.

달걀의 알레르기 항원 : 달걀은 대표적인 알레르기식품의 하나이며, 난백의 오보알부민, 오보뮤코이드, 라이소자임이 주요한 알레르기 항원인 것으로 보고되고 있다.

(2) 난황단백질

난황에는 단백질이 약 15%, 지질이 약 30% 함유하고 있으나, 대부분 단백질과 지질이 결합된 리포단백질의 형태로 되어 있다. 난황의 수분함량은 49%이다. 이들 리포단백질은 유화성이 강하고, 특히 인단백질(레시틴)의 유화력이 가장 크다.

난황 단백질의 주성분은 리포비텔린과 리포비텔리닌으로서 모두 지방과 결합한 리포단백질의 형태로 존재한다.

리포비텔린(lipovitellin) : 17% 정도의 지방질과 인을 함유한 인지질인 동시에 리포단백질(lipoprotein)이다. 전체 난황 단백질의 36% 가량으로, 80% 알코올용액에 추출된다.

리포비텔리닌(lipovitellinin) : 레시틴을 주성분으로 하는 지방질을 약 40% 정도 함유하고 있으며, 지방질과 인을 함유한 인지질인 동시에 리포단백질이다. 전체 난황 단백질의 22% 가량이며, 80% 알코올용액에 추출된다.

(3) 식품가공에 이용되는 달걀의 물리적 성질

응고성 : 달걀은 쉽게 열에 응고되며, 난백과 난황의 응고 온도는 각각 다르다. 난백은 60℃ 전후에서 응고가 시작되어, 62~65℃에서 젤화되지만(반숙상태), 완전히 응고되는 것은 80℃ 이상이다. 난황은 65℃에서 젤화가 시작되어 70℃에서 완전히 응고된다.

[표 5-21] 난백과 난황의 응고온도(℃)

	응고시작온도	반숙온도	완숙온도
난 백	60	62~65	80
난 황	65	-	70

온천달걀 : 온천달걀은 난백과 난황의 응고온도의 차이를 이용하여 만들 수 있다. 즉, 70℃에서 30분간 가열하면 난백은 반숙상태가 되고 난황은 완전 응고된 온천달걀이 된다. 가정에서는 82℃ 물에 30분간 담가두면 온천달걀을 만들 수 있다.

달걀의 열응고성에 영향을 주는 요인

① pH : 달걀단백질의 pH를 등전점 부근으로 하면 열 응고성이 최대로 된다. 즉, 산을 첨가하면 응고온도를 낮추어 준다.

② 소금 : 난백단백질의 응고를 촉진한다. 소금 이외의 염류도 달걀의 촉진하며, 염류의 원자가가 클수록 효과가 더 크다.

③ 설탕 : 설탕은 응고를 억제한다. 이때 응고된 응고물은 부드럽고 탄력

성을 가지며, 기공이 적다. 난백 100 g에 설탕 90 g을 첨가하면 응고온도는 10℃ 상승한다.

④ 온도 : 달걀의 응고는 온도가 높을수록 증가하고, 조직감도 더 단단하고 질겨진다. 따라서 달걀찜은 소량의 설탕을 첨가하거나 100℃보다 낮은 온도(85℃ 정도)에서 만들면 더 부드러운 달걀찜을 만들 수 있다.

기포성 : 달걀을 강하게 교반하면 안정된 기포(거품)를 형성하는데, 이는 난백단백질에 의한 것이다. 즉, 달걀을 교반하면 공기가 액체 속에서 분산되고, 그 분산된 공기표면에 교반에 의해 변성된 단백질이 얇은 막(불용성)을 형성하여 안정된 기포를 만든다.

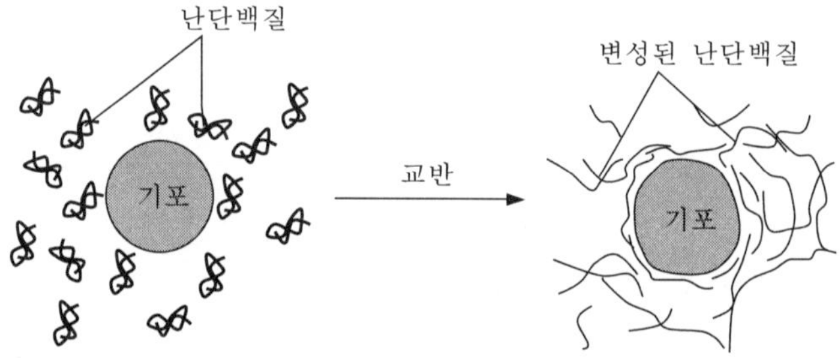

[그림 5-23] 교반에 의한 난백의 형성과정

오래된 달걀은 농후단백의 수양화에 의해 점도가 낮기 때문에 거품생성력은 좋으나 거품안정성은 낮다. 설탕을 첨가하면 점도가 증가하여 안정성이 증가한다.

한편, 샐러드유나 버터 같은 유지는 난백의 기포를 파괴하는 작용을 갖고 있다. 난황이 난백과 같이 기포성이 없는 이유는 난황 중의 지방이 기포성을 저해하기 때문이다.

난백의 기포성을 이용한 식품

① 스펀지 케이크(sponge cake)는 거품을 낸 달걀에 밀가루와 설탕을 넣어 스펀지 상태로 구운 케이크로, 달걀의 기포성을 이용한 것이다. 마가린이나 버터를 넣어 만든 케이크보다 가볍고 섬세하다.

② 난백은 사탕제조시에 설탕의 결정성을 조절한다. 설탕을 가열(113℃)

하면 결정의 형성이 빠르게 일어나지만, 거품을 낸 난백을 첨가하여 가열하면 결정형성이 완만해진다.

유화성 : 난황의 유화성은 주로 리포단백질에 의한 것으로 난황레시틴 단독으로보다도 훨씬 강하고 안정하다. 난백도 유화성을 갖고 있으며, 그 유화력은 난황의 1/4, 전란(全卵)은 난황의 1/2 정도이다. 난황은 O/W형의 안정한 유화를 만들기 때문에 마요네즈, 아이스크림제조에 유화제로 사용되고 있다.

(4) 삶은 달걀의 흑변

달걀을 15분 이상 고온에서 삶으면 난황 표면과 난백의 경계면이 암녹색으로 된다. 이것은 난백 중의 시스테인, 시스틴이 열분해하여 생성된 황화수소(H_2S)가 난황 중의 철(Fe)과 결합하여 황화 제1철(암녹색)을 형성하기 때문이다. 이 반응은 알칼리성에서 급속히 일어난다. 오래된 달걀은 단백질이 분해하여 알칼리성을 갖기 때문에 반응이 쉽게 일어난다. 또 온도가 높고 가열시간이 길수록 흑변이 심하게 일어난다.

완숙달걀의 가열온도와 시간

응고온도(℃)	시간(분)
98~100	12
85~90	25~35
70	90

* 반숙은 100℃, 8분 가열

삶은 달걀을 바로 냉수에 담그면, 표면온도와 내부수증기압의 저하로 생성된 황화수소가 달걀의 표면을 향하여 이동하기 때문에 철과의 반응을 막을 수 있다.

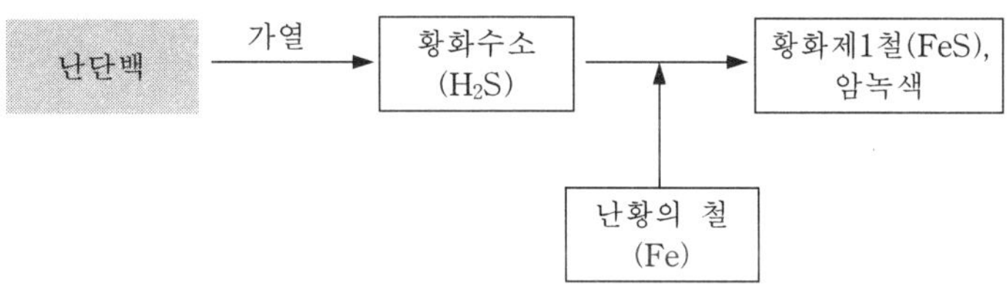

[그림 5-24] 삶은 달걀의 흑변

6장 무기질

무기질(mineral)은 인체에 존재하는 원소 중, 탄소(C), 수소(H), 산소(O), 질소(N)를 제외한 원소의 총칭이다. 탄소(C), 수소(H), 산소(O), 질소(N)는 인체를 구성하거나 생체기능을 수행하는 물질의 구성원소이지만, 무기질이라고 하지 않는다.

무기질은 체내에서 합성되지 않고, 매일 땀, 소변, 분변으로 배설되기 때문에 식품으로부터 섭취해야만 한다.

6.1. 무기질의 종류

인체의 구성성분 중 무기질은 4~6%를 차지하며, 약 20여종이 있다. 생체를 구성하는 무기질은 크게 다량 무기질과 미량 무기질로 분류된다.

① **다량 무기질** : 1일 필요섭취량이 100 mg 이상의 원소를 말하며, 칼슘(Ca), 인(P), 마그네슘(Mg), 나트륨(Na), 염소(Cl), 칼륨(K), 황(S)의 7원소가 있으며, 전체 무기질의 99% 이상을 차지한다.

② **미량 무기질** : 1일 필요섭취량이 10 mg 이하의 원소를 말하며, 철(Fe),

아연(Zn), 구리(Cu), 요오드(I), 망간(Mn), 코발트(Co), 불소(F), 셀레늄(Se), 몰리브덴(Mo), 크롬(Cr) 등이 있으며, 전체 무기질의 0.5% 이하이다.

③ **유해원소** : 비소(As), 카드뮴(Cd), 수은(Hg) 등이 있으며, 이들은 오염경로를 통해 식품에 함유된다.

[표 6-1] 인체 중의 무기질

무기질	존재(%)	무기질	존재(%)
칼슘(Ca)	50.8	나트륨(Na)	2.9
인(P)	29.4	마그네슘(Mg)	1.1
칼륨(K)	6.7	미량원소	
황(S)	5.1	철분(Fe)	0.2
염소(Cl)	3.7	기 타	0.1

6.2. 회분과 무기질

회분(ash)이란 식품을 550℃에서 회화하여 남은 재의 양을 말한다. 식품성분표의 회분함량은 식품의 무기질함량을 나타내는 데 널리 이용된다.

그러나 회분에는 무기질이 회화 중에 휘발되어 소실되거나, 산화물이나 염의 형태로 남기도 하고, 유기물의 불완전연소로 탄소가 회분 중에 남는 경우도 있다.

따라서 식품 중의 무기질함량은 회분의 함량과 정확히 일치하지는 않기 때문에 이를 조회분(crude ash)이라고 한다.

그러나 회분은 측정이 간단하여 식품의 대략적인 무기질함량을 나타내는 데 이용되고 있다.

6.3. 무기질의 생리적 역할

무기질의 주요한 생리적 역할은 다음과 같다.

① **뼈와 치아의 구성성분** : 난용성염으로 뼈, 치아의 강도에 관여한다(Ca, P, Mg).

② **생체기능의 조절** : 세포내액과 세포외액 중에 이온으로 존재하여 삼투

압 및 pH 조절, 신경자극전달, 근육수축, 이완 등의 역할을 한다(Na, Cl, K, Ca, P, Mg 등).

③ **효소의 보조인자** : 효소의 활성화나 구성성분으로 기능한다(Mg, Zn, Cu 등). Mg은 300개 이상, Zn은 200개 이상, Cu는 15개의 효소의 보조인자가 된다.

④ **생체 유기화합물의 구성성분** : 단백질, 효소, 핵산, 호르몬, 비타민의 구성성분으로 작용한다(P, Fe, Co, I 등). 예를 들어, 인단백질과 인지질의 인(P), 헤모글로빈의 철(Fe), 비타민 B_{12}의 코발트(Co), 갑상선호르몬의 요오드(I) 등이 있다.

6.4. 무기질의 섭취기준 및 흡수율

무기질이 부족 또는 과잉되면 각종 질병이 발생한다. 따라서 적당한 섭취량은 건강 유지와 질병예방을 위해 중요하며, 무기질섭취에는 1일 섭취량과 상한섭취량이 정해져 있다.

[표 6-2] 무기질 흡수에 영향을 주는 주요 요인

흡수촉진요인	흡수저해요인
유당 난소화성 올리고당(프락토올리고당 등) 아미노산, 펩타이드 유기산(단쇄지방산) 비타민 C(주로 Fe) 비타민 D(주로 Ca)	파이트산 폴리페놀 화합물(Fe) 식이섬유(Ca, Mg, Fe 등) 길항하는 무기질(Ca와 P, Ca와 Fe, Zn과 Cu) 제산제 일부 항생물질, 항균제 연령

무기질의 흡수율 : 무기질의 흡수율과 이용효율은 영양소 중에서 가장 나쁘다. 대부분의 무기질은 소장 상부에서 흡수되며, 흡수율은 Na와 K(거의 100%) 이외에는 매우 낮으며, 특히, Fe의 흡수율이 가장 낮다.

또 식물성식품 중의 무기질은 동물성식품보다 이용효율이 낮다.

그러나 이들의 흡수율은 연령, 무기질의 화학형태, 무기질 또는 식품성분 간의 상호작용 등에 따라 달라진다.

6.5. 무기질의 작용과 급원

1. 칼슘(calcium, Ca)

칼슘은 무기질 중 가장 많다. 칼슘의 99%는 뼈와 치아 등에, 나머지 1%는 혈액과 근육 등에 존재한다.

뼈는 비결정형의 인산칼슘($Ca_3(PO_4)_2$)과 결정형인 하이드록시 아파타이트(hydroxy appatite, $Ca_{10}(PO_4)_6(OH)_2$)형태로, 콜라겐과 뮤코다당류에 침착하여 존재한다.

작용 : 뼈 형성과 뼈 흡수, 혈액응고, 신경전달물질의 조절, 막 투과성, 효소의 활성화, 근육수축(5장 단백질 참조)등 다양한 기능을 조절한다.

① **항상성** : 혈액의 칼슘은 일정농도(9~11 mg/100 mℓ)로 유지되며, 이를 칼슘의 항상성이라고 한다. 그 유지를 위해 뼈는 칼슘의 저장고 역할을 한다. 즉, 혈액의 칼슘농도가 저하되면 뼈 흡수(뼈를 녹여 칼슘을 혈액으로 방출)로 일정농도를 유지한다.

성장기에는 뼈 형성이 뼈 흡수보다 크며, 최대량에 도달한 후 뼈 형성과 뼈 흡수의 평형상태가 된다. 그 후 뼈 형성보다 뼈 흡수가 더 커져 뼈의 양도 감소한다.

- **부갑상선 호르몬, 칼시토닌(calcitonin)** : 혈액의 칼슘농도가 너무 낮아지면 부갑상선 호르몬이 분비되어 칼슘농도를 상승시키고, 반대로 혈액의 칼슘농도가 너무 높아지면 칼시토닌(calcitonin)이 분비되어 칼슘농도를 저하시킨다.

② **혈액응고** : 혈액응고 과정은 3 단계로 진행된다. 즉, ① 먼저 혈액이 출혈되면, 혈소판의 파괴로 트롬보플라스틴(thromboplastin)이 생성되고, ② 이것이 칼슘이온과 함께 혈장 프로트롬빈(prothrombin)을 트롬빈(thrombin)으로 바꾼다. ③ 트롬빈은 혈장내 피브리노젠(fibrinogen)을 부분적으로 분해하여 출혈부위에 불용성 피브린(fibrin)을 형성하여 응고한다(그림 6-1).

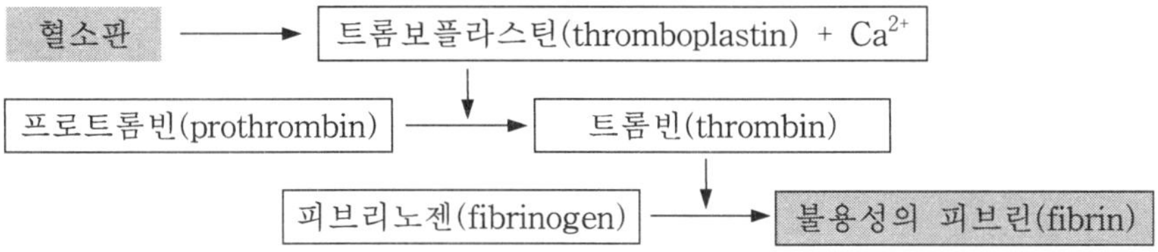

[그림 6-1] 혈액의 응고기구

③ **신경전달물질의 조절** : 칼슘은 신경전달 물질인 아세틸콜린의 방출을 촉진하여 신경흥분작용을 억제하기 때문에 신경예민이나 불면증을 해소하는 데 효과적이다.

결핍 및 과잉 : 폐경 후 여성호르몬의 감소로 칼슘흡수율이 저하되고, 결국, 뼈 흡수가 진행되어 골다공증을 일으킨다. 이 때문에 여성의 골다공증 발생률이 남성에 비해 4~5배 높다. 여성호르몬의 감소는 혈 중 콜레스테롤의 증가를 유발시키기도 한다.

한편, 과잉 섭취시에는 신장결석, 고칼슘 혈증을 일으키고, 철이나 아연 흡수의 저해한다.

- **골다공증** : 주로 노인이나 폐경기의 여성에게 나타나며, 칼슘의 흡수율 저하로 뼈의 석회성분이 감소하고, 뼈에 구멍이 생겨 골절되기 쉬운 증상.
- **구루병** : 주로 어린이에게 나타나며, 칼슘의 섭취부족, 비타민 D 부족으로 등뼈가 굽어지거나 다리가 휘는 증상.

흡수율 : 칼슘의 흡수율은 칼슘 섭취량이 많으면 감소하고, 적으면 증가한다. 또 나이가 들수록 흡수율은 저하한다.

식품에 따른 흡수율 : 칼슘의 흡수율은 식품에 따라 다르다. 우유나 유제품은 칼슘을 다량 함유하며, 흡수되기 쉬운 형태로 되어 있어, 칼슘의 좋은 공급원이다.

우유나 유제품의 흡수율은 30~40%인 반면에, 시금치는 약 5%, 멸치나 채소류는 10~20%이다.

칼슘 흡수를 촉진하는 성분

① **유당, 비타민 D, 양질의 단백질** : 유당, 비타민 D, 양질의 단백질도 칼슘의 흡수를 촉진한다. 우유 칼슘이 다른 식품에 비해 칼슘 흡수율이 높은 것은 우유에 함유되어 있는 유당과 단백질의 흡수촉진효과도 한 요인이 된다.

시판되는 고칼슘우유의 경우, 일반 우유에 비해 1.5~2배의 칼슘을 함유하면서 칼슘의 흡수촉진을 위해 비타민 D_3를 첨가한다.

② **카세인포스포펩타이드(CPP, casein phosphopeptide)** : CPP는 트립신(trypsin) 등의 단백질 가수분해효소에 의해 생성된 α_{s1}-이나 β-카세인(casein)의 가수분해물이며, 각각 α-CPP와 β-CPP라고 한다.

일반적으로 칼슘은 알칼리성인 소장에서 인산 음이온(P^-)와 결합하여 불용화되기 때문에 흡수가 어렵다. 그러나 가용성인 CPP는 칼슘이온과 가용성 복합체를 형성하여 소장에서의 칼슘흡수를 촉진시킨다(그림 6-2).

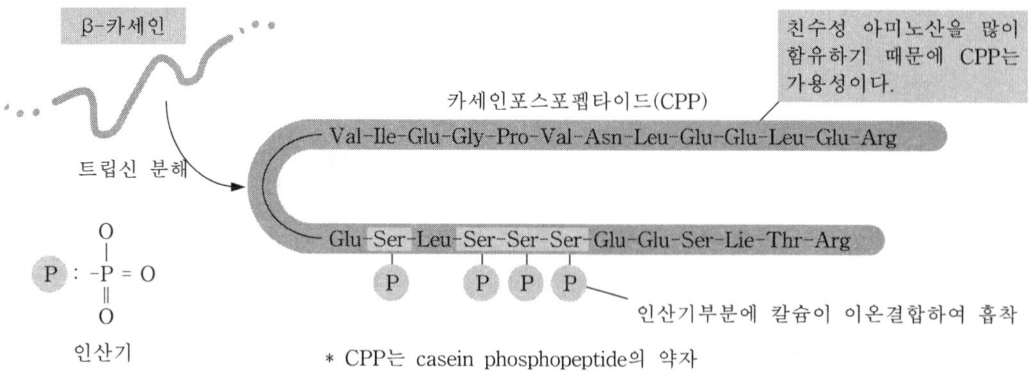

[그림 6-2] 카세인포스포펩타이드(CPP)의 생성

한편, CPP는 파이트산과 식이섬유에 의한 무기질의 흡수저해를 방지하고, 철의 흡수를 촉진하는 작용도 있다.

③ **구연산사과산칼슘(CCM, calcium-citric acid-malic acid)** : 탄산칼슘에 구연산과 사과산을 일정 비율로 반응시킨 것으로, 칼슘의 용해도를 높여 흡수를 촉진시킨다. 즉, 칼슘은 알칼리성에서는 불용화되지만,

CCM은 넓은 pH 범위(pH 2~10)에서 쉽게 용해한다. 한편 일반적으로 칼슘은 철이나 아연의 흡수를 저해하는 것으로 알려져 있다. 특히 철의 흡수를 저해한다. 그러나 CCM 중의 칼슘은 철의 흡수를 저해하지 않는다.

④ **프락토올리고당** : CPP와 CCM이 소장에서 작용하는 것에 반해, 프락토올리고당은 대장에서 비피더스균을 활성화하여 pH를 저하시켜 장관 환경을 변화시켜 칼슘의 흡수를 촉진시킨다. 이외에도 철, 마그네슘의 흡수를 촉진한다.

칼슘의 흡수를 저해하는 성분

① **인(p)** : 뼈와 치아의 칼슘은 인산칼슘의 형태로 존재하기 때문에, 칼슘과 인을 적절한 비율로 섭취해야 한다. 인(P)을 과다섭취하면, 인과 칼슘이 결합하여 칼슘의 흡수가 저해된다.

인체의 칼슘과 인의 비율은 1 : 1 정도이므로, 섭취비율은 1 : 1 정도가 바람직하다.

② **식품 중의 인산, 인산염** : 인산은 콜라 등의 청량음료에 청량감을 위해 산미료로 사용되며, 중인산염(폴리인산염)은 햄, 소시지 등에 점착제, 단무지, 어묵 등의 탄력성 개선을 위해 이용되고 있는 식품첨가물이다. 이들 인산 및 인산염은 체내에서 인으로 분해되어 칼슘과 결합하여 칼슘의 흡수를 저해한다.

따라서 적절한 비율의 칼슘과 인을 섭취하기 위해서는 인산염이 첨가된 식품의 과다한 섭취를 피해야 한다.

③ **옥살산, 파이트산** : 시금치에 존재하는 옥살산이나 밀기울, 밀, 콩 등에 존재하는 파이트산(phytic acid)은 칼슘과 불용성염을 형성하여 흡수를 저해한다.

청즙 원료인 케일의 칼슘 흡수율이 40%에 달한다는 연구보고가 있다. 일반적으로 채소의 칼슘 흡수율이 낮은 것은 옥살산이나 파이트산의 함유량이 높기 때문이지만, 케일은 이들의 함량이 낮기 때문에 칼슘의 흡수율이 높다고 생각된다.

권장량 : 1일 권장량은 1일 700 mg이지만, 성장기나 임산부의 경우에는 더 많이 섭취할 필요가 있다. 상한섭취량은 2,500 mg이다.

칼슘이 풍부한 식품 : 멸치, 해조류, 녹황색채소, 대두, 우유 및 유제품 등이 있다. 칼슘은 부족하기 쉬운 무기질이기 때문에, 칼슘이 많은 식품을 적극적으로 섭취할 필요가 있다.

칼슘 영양강화제 : 구연산칼슘, 탄산칼슘, 글루콘산칼슘 등이 사용된다. 구연산칼슘은 탄산칼슘에 비해 흡수율과 생체 이용률이 좋고, 위장장애가 있는 경우 복용하면 좋다.

[표 6-2] 식품중의 칼슘의 함량(mg/100 g)

식물성 식품	함 량	동물성 식품	함 량
참깨(흰깨)	1,260	멸치(자건품, 대)	1,910
미역(건조)	960	탈지분유	1,250
김(건조)	320	멸치(자건품, 소)	900
케 일	280	전지분유	880
대 두	250	가공치즈	500
깻 잎	210	우 유	110
목이버섯	170	모 유	27
시금치	40	요구르트(전지무당)	110

2. 인(phosphous, P)

체내의 인은 약 80%가 칼슘과 결합하여 뼈와 치아에 존재한다. 나머지는 근육, 뇌, 신경 등에 핵산, ATP, 인지질, 인단백질, 파이틴(phytin) 등의 구성성분으로 존재한다.

결핍 및 과잉 : 인은 대부분의 식품에 함유되어 있고, 특히 어류, 육류, 우유 및 유제품, 곡류, 대두 등에 많아 부족한 일은 없다. 오히려 가공식품에 첨가되는 인산이나 인산염 등에 의한 과잉섭취가 문제가 된다. 인의 과잉섭취는 칼슘의 흡수를 나쁘게 한다.

권장량 : 성인의 1일 권장량은 남녀 모두 700 mg이며, 상한권장량은 4,000 mg이다.

3. 철(iron, Fe)

체내의 철은 약 65%는 헤모글로빈(혈색소)으로, 5%는 마이글로빈(근육색소)으로 존재한다. 나머지 30%는 철의 저장단백질인 페리틴(ferrtin)이나 카탈레이스(catalase), 퍼옥시데이스(peroxidase) 등의 구성성분이 된다.

페리틴(ferritin)
간, 비장, 골수 등에 존재하는 철 저장단백질. 한 분자에 철원자 4,000개가 결합할 수 있다.

헤모시데린(hemosiderin)
난용성 철분저장 단백질. 체내 철이 페리틴으로 저장되고 남은 철의 저장형태

트랜스페린(transferrin)
혈액에 존재하는 철 운반 단백질.

작용 : 철은 산소운반이나 산화환원반응 등에 관여한다. 식품에 존재하는 철은 크게 헴철과 비헴철로 분류된다. 헴철은 주로 헤모글로빈이나 마이오글로빈의 구성성분으로 산소를 운반하는 역할을 한다. 비헴철은 페리틴과 헤모시데린(hemosiderin)의 형태인 저장철로 존재하며, 혈장의 트랜스페린(transferrin)과 결합하여 각 조직으로 운반된다.

모유에 많은 철결합단백질인 락토페린은 항균성이 있고, 유아의 생체 방어기능을 갖는다.

흡수율 : 철의 흡수는 철의 형태에 따라 다르다. Fe^{2+}는 Fe^{3+}보다 흡수율이 높다. 또 Fe^{2+}는 흡수를 저해하는 식품성분의 영향을 거의 받지 않는다.

한편, 헴철은 비헴철보다 흡수율이 높다. 헴철의 흡수율은 20~40%로, 비헴철(5~10% 정도)보다 2배 이상 높다. 이러한 이유는 헴철에는 흡수가 빠른 Fe^{2+}형태로 많이 존재하고, 비헴철에는 침전하기 쉬운 Fe^{3+}형태로 존재하기 때문이다.

또, 동물성식품(육류, 생선 등)의 철이 식물성식품(채소, 곡류 등)보다 흡수율이 좋은 이유는 동물성식품은 헴철이 많이 함유되고, 식물성식품은 비헴철이 많이 함유되기 때문이다.

철의 흡수를 촉진하는 성분

① **비타민 C** : 비헴철은 헴철보다 흡수되기 어렵지만, 비타민 C와 함께 섭취하면 흡수율을 높일 수 있다. 식품으로부터 섭취되는 철의 90%는 Fe^{3+}형태의 비헴철이며, 비타민 C는 Fe^{3+}형태를 흡수되기 쉬운 Fe^{2+}형태로 환원시킨다.

따라서 식품성 식품에서 철분을 섭취할 때는 비타민 C가 풍부한 과일과 함께 먹으면 철분의 흡수를 증가시킬 수 있다.

② **동물성 단백질** : 비헴철의 흡수율은 비타민 C 이외에 동물성단백질과 같은 양질의 단백질도 철의 흡수를 촉진시킨다.

철의 흡수를 저해하는 성분

① **칼슘, 인, 아연** : 칼슘, 인, 아연은 길항작용에 의해 철의 흡수를 저해한다. 특히 칼슘은 헴철과 비헴철 모두에 대해 강한 흡수저해 작용이 있다.

햄버거에 칼슘을 첨가한 경우, 헴철의 흡수가 40%나 저해된다고 한다. 또 철분제를 우유와 함께 마시면 철의 흡수가 저하된다.

② **폴리페놀화합물** : 커피, 적포도주, 채소에 함유되어 있는 폴리페놀 화합물(타닌, 클로로젠산 등)도 비헴철과 결합하여 이용률을 저하시킨다. 그러나 헴철은 폴리페놀류 등에 대한 흡수 저해작용을 받지 않는다.

③ **파이트산, 인산염, 식이섬유** : 철과 불용성 화합물을 형성하여 흡수를 저해한다.

결핍 및 과잉 : 철이 부족하면 적혈구 생성이 적어져 빈혈이 일어난다. 특히 여성(특히 임신부)은 남성보다 소요량이 많고, 저장철이 적기 때문에 철 부족성 빈혈이 많다. 사춘기를 비롯한 성인여성의 약 10%가 철결핍성 빈혈이다.

권장량 : 철은 성인의 체내에 4 g 정도로 극히 적은 양을 함유하고 있지만, 칼슘과 함께 부족하기 쉬운 무기질이다. 성인의 1일 권장량은 남자 12 mg, 여자 18 mg이지만, 임신, 출산 때에는 보다 많은 철분을 섭취해야 한다.

1회의 임신, 출산으로 약 1,000 mg의 철이 소실되기 때문에, 임신 전반기에는 1일 26 mg, 임신 후반기에는 30 mg, 수유기 중에는 20 mg을 권장하고 있다. 상한섭취량은 45 mg이다

철을 많이 함유한 식품 : 간, 육류, 조개 등의 헴철은 흡수율이 우수한 철의 급원이며, 식물성식품으로는 해조류(김, 미역 등), 두류 등에도 비교적 많다.

[표 6-4] 식품 중의 철 함량(mg/100 g)

식물성 식품	함 량	동물성 식품	함 량
클로렐라(건조)	73.4	조개(제첩)	21.0
김(건조)	17.6	돼지(간)	18.0
밀(배아)	9.4	멸치(자건품, 대)	16.2
미역(건조)	9.1	바지락	13.3
고들빼기	6.6	모시조개	11.9
대 두	6.5	소(간)	8.0
다시마(건조)	6.3	멸치(자건품, 대)	5.5
톳(녹미채)	3.9	굴	3.8
		소고기	3.6

4. 마그네슘(magnesium, Mg)

체내의 마그네슘의 대부분은 칼슘과 함께 인산염(인산마그네슘), 탄산염(탄산마그네슘)형태로 뼈에 존재(약 60%)하며, 그 외는 근육(20%), 장기(20%), 혈액(1%)에 존재한다.

작용 : 마그네슘은 근육과 체내 중에서는 ATPase를 비롯한 300종 이상의 많은 효소활성화에 관계하여 에너지 생산 및 3대 영양소 대사에 중요한 역할을 한다.

또한 신경을 안정시키고, 근육을 이완시키는 작용을 한다. 따라서 마그네슘은 마취제나 항경련제의 성분으로 이용되기도 한다.

흡수율 : 마그네슘의 흡수는 칼슘의 섭취량이 많아지면 억제된다. 즉, 칼슘의 섭취량이 많으면 마그네슘의 필요량도 증가한다. 따라서 칼슘보충제를 섭취할 때는 마그네슘의 보충이 필요하다.

결핍 및 과잉 : 보통의 식생활에서는 거의 결핍증이 없지만, 당뇨병환자의 경우 저마그네슘혈증이 되는 일이 있다. 결핍시 흥분성이 증가하여 신경과민, 흥분, 우울증, 눈꺼풀 떨림, 근육경련을 일으킨다. 만성적인 마그네슘 결핍증은 심장혈관의 장해, 당뇨병을 초래한다.

마그네슘의 과잉 섭취는 설사 등을 유발시키는데, 이는 식품유래의 마그네슘이 아닌 의약품(제산제, $Mg(OH)_2$) 중의 마그네슘이 원인이다.

권장량 : 성인의 마그네슘의 1일 권장량은 남자 310 mg, 여자 250 mg, 상한 섭취량은 700 mg이다.

마그네슘을 많이 함유한 식품 : 마그네슘은 식물체의 엽록체를 구성하는 원소로서 채소에 많이 함유되어 있다. 이외에 견과류, 두류, 코코아, 인스턴트커피 등에 많다.

5. 나트륨(sodium, Na), 염소(chloride, Cl)

> **세포외액**
> 혈액, 조직액, 임파액 등으로 체중의 약 20%를 차지하며, 나트륨(Na^+), 염소(Cl^-)이온이 많다.

생체내의 나트륨은 주로 세포외액 중에 양이온의 형태로 존재하여, 체액의 pH(완충용액) 및 삼투압조절(수분량의 조절) 등의 역할을 한다. 또 당의 흡수, 신경흥분의 조절, 근육의 수축에도 관여한다.

한편, 식염의 형태로 섭취되어 분해된 염소(Cl)은 염산(HCl)으로 되어 위액 중에 위산으로 대량 분비된다. 염소(Cl)의 섭취가 적으면 위산의 산도가 낮아져 소화불량, 식욕부진 등을 일으키며, 너무 많으면 위산과다증을 유발시킨다.

결핍 및 과잉 : 저나트륨식을 계속하면 피로감, 두통, 식욕부진 등의 증상을 유발하지만, 한국인의 식생활에서는 오히려 과잉섭취가 문제가 된다.

식염은 혈액, 체액 중에 수화된 Na^+형태로 존재하여 수분이 체내 밖으로 나가는 것을 억제하여, 혈압상승(고혈압), 체중증가, 신장과로 등을 유발한다. 이러한 증상을 예방하기 위해서는 식염뿐만 아니라 나트륨을 함유한 식품첨가물의 섭취를 줄여야 한다.

식품첨가물 중의 나트륨 : 나트륨염은 물에 잘 녹기 때문에 글루탐산나트륨(조미료), 알진산나트륨(젤화제), 탄산수소나트륨(팽창제), 아질산나트륨(발색제), 보존료(안식향산나트륨) 등의 식품첨가물에 많다.

또한 알칼리제(간수)는 칼륨, 나트륨의 탄산염, 중탄산염, 인산염 등의 혼합물로 면 특유의 물성을 주기 때문에 중화면 제조에 사용되고 있다.

권장량 : 세계보건기구(WHO)의 나트륨 1일 권장량은 2,000 mg(식염함량으로 5.0 g) 이하이지만, 간장, 된장, 젓갈 등 식염섭취가 많은 우리나라에서는 1일 섭취량을 5 g 이하로 하는 것은 어렵다.

저나트륨소금 : 나트륨에 의한 고혈압 등을 예방하기 위하여 나트륨 함량을 40% 낮추고, 염화칼륨(KCl)을 넣어 동일한 짠맛을 내는 저나트륨소금이 시판되고 있다.

그러나 칼륨의 과잉섭취는 고칼륨혈증을 유발하여 호흡곤란, 근육마비 등을 일으킬 수 있기 때문에 신장장애가 있는 사람이나 어린이는 주의해야한다.

나트륨 함량과 식염 상당량 : 혈압 등에 대한 식염의 작용이 주로 나트륨에 기인되기 때문에 나트륨 함량으로 표시한다. 그러나 식염상당량으로 표시하면 섭취량을 판단하는데 편리하기 때문에 식염상당량으로 많이 표시한다. 식염 상당량은 원자흡광법으로 구한 나트륨 함량에 2.54를 곱하여 산출한다.

$$\text{식염상당량} = \text{나트륨 함량} \times 2.54$$
$$\text{단, } 2.54 = NaCl/Na = (23 + 35.5)/23$$

예를 들어, 나트륨 함량이 2,000 mg인 식품의 식염 상당량은 2,000 × 2.54 = 5,080 mg 즉, 5.08 g이다.

[표 6-5] 식품 중의 나트륨함량(mg/100 g)

식물성 식품	함 량	동물성 식품	함 량
미역(건조)	6,100	젓갈(새우)	6500
간 장	5,860	자반고등어	1,800
된 장	4,990	치 즈	1,130
국수(건조)	2,200	소시지	840
김(건조)	1,290	버 터	730
팝 콘	780	소고기	260
당 근	30	대 구	119
토마토	5	꽁 치	80
사 과	3	고등어	75
바나나	2	돼지고기	17

나트륨을 많이 함유한 식품 : 자연식품 중에서는 육류 중에 나트륨이 함량이 높으며, 채소나 과일 중에는 낮다. 그러나 자연식품을 통해 섭취는 전체의 10% 정도에 불과하며, 대부분 조리 중에 짠맛을 내기 위해 첨가되는 식염이나 가공식품 중에 첨가되는 나트륨염이다.

6. 칼륨(potassium, K)

세포내액
체중의 약 50%를 차지하며, 칼륨(K^+), 인(P^-)이온이 많다.

세포 내액의 pH 유지, 근육수축, 신경 흥분성의 조절 등에 관여한다. 또, 칼륨은 혈압을 강하시키는 작용이 있다.

결핍 및 과잉 : 결핍되면 근육 수축작용이 원활하지 않게 되어 심하면 근육마비가 일어난다. 식물성식품에 많이 존재하여, 보통의 식생활에서는 부족하지 않지만, 나트륨의 배설량이 증가하면, 칼륨의 배설량도 증가한다.

따라서 나트륨의 섭취가 많은 경우에는 칼륨도 많이 섭취하여야 한다. 칼륨과 나트륨의 이상적인 비율은 K : Na = 1 : 1이다.

권장량 : 성인의 1일 권장량은 남녀 모두 2,000 mg이지만, 고혈압 예방을 위해서는 3,500 mg이 바람직하다.

칼륨을 많이 함유한 식품 : 동물성식품보다는 식물성식품에 많이 함유되어 있다. 채소, 과일, 해조류, 어류 등에 많다.

[표 6-6] 식품 중의 칼륨함량(mg/100 g)

식물성 식품	함 량	동물성 식품	함 량
다시마(건조)	7,500	분유(전지)	1,720
미역(건조)	5,500	노가리(건조)	1,230
김	3,500	황 태	1,210
붉은 고추(건조)	2,930	멸치(자건품, 대)	1,140
대 두	1,340	대 구	420
쑥	1,100	소고기	280
감 자	490	우 유	150
당 근	400	달 걀	140

7. 아연(zinc, Zn)

생체내에서 DNA 및 RNA 폴리메레이스(polymerase), 알코올 데하이드로제네이스(alcohol dehydrogenase), 수퍼옥사이드디스무테이스(SOD) 등 200종 이상의 효소의 보조인자로서, 단백질합성, 호르몬조절, 유전정보의 전달, 정상적인 세포분열, 면역기능 등에 관여한다.

또 맛을 인지하는 미뢰에 아연을 함유한 효소가 존재하기 때문에 아연이 부족하면 미각감각이 저하된다. 성호르몬(testosterone)을 활성화하여 성기능에도 관여한다.

흡수 저해성분 : 곡류(소맥, 밀기울, 현미빵 등)의 파이트산, 식품첨가물의 인산염, EDTA 등은 아연의 흡수를 저해한다.

결핍 및 과잉 : 결핍시 빈혈, 미각장애, 성장지연, 성기능장애 등을 초래한다. 식물성 식품의 아연은 흡수율이 낮기 때문에 채식주의자들은 결핍될 우려가 있다. 또 모유에는 충분한 양의 아연이 함유되어 있지만, 유아용분유에는 적기 때문에 아연의 첨가가 인정되고 있다.

한편, 아연의 과잉섭취시는 철분이나 구리의 흡수를 저해하여 빈혈을 유발할 수 있다.

권장량 : 성인의 아연 1일 권장량은 남성 9~10 mg, 여성 8 mg이며, 상한섭취량은 35 mg이다.

아연이 풍부한 식품 : 육류, 조개류, 대두, 견과류, 해조류, 곡류에 비교적 많으며, 특히 굴에 많다.

[표 6-7] 식품 중의 아연함량(mg/100 g)

식물성 식품	함 량	동물성 식품	함 량
소맥배아	15.0	굴	40.0
참 깨	7.1	돼지(간장)	6.9
김(건조)	5.1	소(넙적다리)	4.6
아몬드	4.8	돼지(넙적다리)	2.9
대 두	3.2	소 라	2.2
땅 콩	3.0	조개(바지락)	2.1

8. 구리(cupper, Cu)

구리는 타이로시네이스(tyrosinase), 수퍼옥사이드디스무테이스(superoxide dismutase)와 같은 산화환원효소의 구성성분이다. 또한 철과 함께 헤모글로빈 합성에 관여하며, 콜라겐합성에도 한다.

결핍 및 과잉 : 결핍시 타이로시네이스의 활성저하에 의한 모발과 피부의 탈색, 빈혈 등을 초래하다.

구리결핍은 보통 보이지 않지만, 인공미숙아, 장기간 구리 무첨가의 고칼로리수액투여 환자 등에서 결핍이 일어난다. 인공영양의 미숙아의 경우, 간장의 불충분한 구리축적, 우유의 구리함량이 모유보다도 적은 것 등이 문제가 된다.

권장량 : 성인의 1일 권장량은 0.8 mg이며, 상한 섭취량은 10 mg이다.

구리가 풍부한 식품 : 조개류, 갑각류, 간장, 두류 등이다.

[표 6-8] 식품 중의 구리함량(㎍/100 g)

식물성 식품	함 량	동물성 식품	함 량
참 깨	1,500	소(간장)	5,300
아몬드	1,200	굴	3,500
대 두	980	꼴뚜기	3,000
소맥배아	840	돼지(간장)	990
땅 콩	690	소 라	530
정백미	220	조개(바지락)	420

9. 요오드(Iodine, I)

요오드는 싸이로신(thyroxine, T_4), 삼요오드싸이로닌(triiodothyronine, T_3) 등의 갑상선 호르몬의 주성분으로, 약 80%가 갑상선에 존재한다.

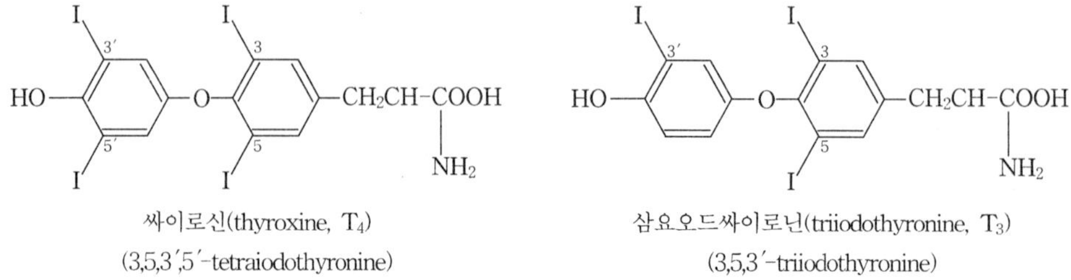

[그림 6-3] 갑상선호르몬의 구조

작용 : 갑상선호르몬은 태아와 어린이의 발육, 성장 및 두뇌, 중추신경의 발달을 촉진하며, 모든 영양소의 대사과정을 조절한다.

결핍 및 과잉 : 결핍되면 성인의 경우 갑상선종을 일으키며, 어린이의 경우, 성장지연과 인지기능의 손상 등을 유발한다. 특히 임신기에 심한 요오드 결핍은 태아에 크레틴병(cretinism)을 초래할 수 있다.

겨자나 고추냉이 등의 매운맛성분인 아이소싸이오시아네이트(isothiocyanate)은 갑상선호르몬의 형성을 억제하여 갑상선종을 유발시킬 수 있다.

반면, 갑상선기능항진증이 있는 경우, 특정 상황에서 요오드를 과잉섭취하면 갑상선비대증, 갑상선암을 유발할 수 있다.

- 크레틴병(cretinism) : 임신 중의 요오드부족에 의해 발생하는 증상. 태아의 기초대사율이 저하하고 성장발육과 지능발달이 떨어진다. 출생 직후 치료하면 회복 가능하다.
- 갑상선종 : 요오드결핍에 의해 갑상선이 비대해지는 증상. 즉, 식이 중 요오드가 부족하면 갑상선호르몬의 정상적 생성을 못해 더 많은 요오드 흡수를 위해 갑상선이 비대해지는 증상.
- 갑상선기능항진증 : 갑상선호르몬이 지나치게 생성되어 갑상선이 비대해 지는 증상.

  신경과민, 허약, 빠른 심장박동, 안구의 돌출 등의 증상을 보인다. 또 기초대사율이 증가하고 식욕이 왕성해져 식품의 섭취량이 증가하나 오히려 체중은 감소한다. 이런 증상을 바세도우병(Basedow)이라고 한다.

권장량 : 성인의 1일 권장량은 150 μg이며, 상한 섭취량은 3 mg이다.

요오드가 많이 함유된 식품 : 미역, 다시마 등의 해조류에 많이 함유되어 있다. 한국인은 해조류의 섭취가 많기 때문에 대개의 경우, 부족하지 않다.

해조류의 섭취가 적은 미국 등에서는 요오드화나트륨(NaI)을 첨가한 소금을 판매하여 결핍되지 않도록 하고 있다.

10. 셀레늄(selenium, Se)

셀레늄은 글루타싸이온퍼옥시데이스(glutathion peroxidase)의 구성성분이다. 이 효소는 세포내의 과산화수소와 과산화물을 환원하기 때문에 셀레늄은 생체 내 항산화반응에 중요한 역할을 한다. 그 외에 셀레늄을 함유한 단백질은 각종 생체반응에 관계한다. 또 갑상선호르몬을 활성화한다.

결핍 및 과잉 : 과잉 섭취시에는 독성을 유발한다. 하루 1 mg 이상을 만성적으로 섭취시 손톱, 발톱의 변형, 피부발진, 탈모 등의 독성을 나타내는 것으로 보고되고 있다. 이러한 과잉증상은 영양제의 형태로 섭취하는 경우에 일어난다.

권장량 : 성인의 1일 권장량은 55 μg이며, 상한섭취량은 400 μg이다.

셀레늄이 많이 함유된 식품 : 간, 어패류(정어리, 가자미, 굴), 달걀, 육류, 유제품 등이 있지만, 재배지나 사육지에 따라 크게 다른 것으로 알려져 있다.

11. 불소(fluorine, F)

체내에 소량이지만, 불화칼슘(CaF_2)의 형태로 뼈와 치아에 존재하여 강도를 증가시킨다.

미량의 불소는 치아의 에나멜(enamel)층을 보호하고, 충치에 대한 저항력을 높인다. 이러한 충치예방효과로 미국에서는 음료수에 불소를 혼입하고 있다.

결핍 및 과잉 : 소량의 불소는 충치를 예방하지만, 과잉의 불소는 치아와 뼈에 장애를 일으켜 좋지 않다. 과잉의 불소는 치아에 반상치를 일으킨다. 불소를 1일 6 mg 이상 섭취시 반상치를 일으키며, 20 mg 정도 섭취시는 치아구조가 약해지는 불소증을 일으킨다. 어린이의 경우 불소가 들어간 치약을 삼키지 않도록 주의하는 것이 좋다.

- 반상치(斑狀齒) : 치아의 발육기간 중에 불소의 과잉섭취로 치아표면에 백색반점이 생기는 현상

권장량 : 1일 권장량은 1.0 mg(독일)~2.5 mg(미국)이다.

6.6. 무기질의 식품에 있어서의 역할

1) 식품의 색과 무기질

녹색채소의 색소인 클로로필은 마그네슘, 육색소인 마이오글로빈은 철을 함유하고 있다. 식품의 보존, 조리, 가공에 있어서 색소의 변화에는 이들 무기질의 이탈, 산화 등이 관여하고 있다.

검은 콩, 가지의 안토시아닌 색소는 철, 알루미늄 등의 금속과 결합하면 색이 변화하여 안정된다(8장 식품의 색 참조).

2) 젤과 무기질

두유에 2가 이온인 Ca^{2+}(황산칼슘 등), Mg^{2+}를 가하면 대두 단백질간의 가교결합으로 두부가 된다. Ca^{2+}이나 Mg^{2+}를 저메톡실펙틴이나 알진산에 가하면 젤화되어 젤리를 형성한다. 이 경우도 2가 양이온에 의한 분자 간 사슬 간의 가교를 이용하고 있다(3장 탄수화물 참조).

3) 식품성분의 산화와 무기질

철, 구리 등의 금속이온은 유지, 아스코브산 등의 산화를 촉진하여 식품을 저하시킨다. 식품성분의 산화를 방지하기 위해서는 이러한 금속이 식품에 혼입하는 것을 막거나, 구연산, 인산 등의 금속을 킬레이트하는 물질을 공존시키는 것이 좋다.

4) 물의 경도와 식품

물에 함유되어 있는 칼슘, 마그네슘, 나트륨 등의 각종 무기질이 녹아 있

는 양과 조성의 차이에 의해 경수 또는 연수라고 한다. 즉, 무기질의 함량이 많은 물을 경수, 무기질의 함량이 적은 물을 연수라고 하며, 물의 경도와 물의 성질을 판단하는 척도가 된다.

물의 경도 : 물의 경도란 물에 함유되는 칼슘이온과 마그네슘이온의 양을 말하며, 탄산칼슘($CaCO_3$)의 양으로 환산한 값을 ppm(mg/ℓ)로 표시한다. 일반적으로 경도 0~60 mg/ℓ의 물을 연수라고 하고, 100 mg/ℓ 이상의 물을 경수라고 한다. 60~100 mg/ℓ의 물을 표준수라고 한다.

조리 및 식품가공과 물의 경도 : 조리에 있어서 스프에는 경수가 적합하고, 다시마와 말린 가다랑어로 다시를 낼 경우나 녹차, 홍차를 끓일 때는 연수가 좋다.

식품의 제조에 사용되는 물은 제조식품의 품질을 좌우하는 직접적인 요인이며, 특히 물의 경도에 주의해야 한다.

1) 제빵에 사용되는 물은 발효나 반죽 특성뿐만 아니라 제품의 품질에도 큰 영향을 미친다. 연수는 글루텐을 약화시켜 반죽을 연하고, 끈적거리게 만든다. 따라서 제빵에는 경수(120~180 mg/ℓ)를 사용하는 것이 좋다. 연수를 사용하는 경우에는 효모와 소금의 사용량을 늘려야 한다.

2) 맥주의 양조에는 경도 100~200의 경수가 적당하다. 경도가 낮은 경우에는 황산칼슘($CaSO_4$)을 이용하여 칼슘이온(Ca^{2+})을 보충해 준다.

그러나 맥주양조에 고경수를 사용하면 pH가 상승하여 맥아즙의 청등과 색에 영향을 준다. 또, 탄산염농도가 높은 물은 호프와 작용하여 불쾌한 맛을 초래한다.

6.7. 산성 식품과 알칼리성 식품

식품을 550℃로 회화하고 남은 회분을 물에 용해하여 산성을 나타내는 것을 산성식품이라 하고, 알칼리성은 나타내는 것을 알칼리성 식품이라고 한다.

산성식품에는 음이온(P, S, Cl 등)의 무기질을 많이 함유하고, 알칼리성 식품에는 양이온(Na, K, Mg, Ca 등)의 무기질을 많이 함유되어 있다.

일반적으로 곡류나, 육류, 어류, 달걀, 치즈 등 동물성 식품은 산성식품이며, 채소, 과일, 해조류, 콩 등의 식물성 식품은 알칼리성 식품이다(단, 일부 두류제외). 육류와 어류는 단백질과 지방함량이 높고, 그 구성성분인 함황아미노산(S)과 인지질(P)함량도 높아 산성식품이다. 과실은 유기산함량이 높아 그 자체는 산성이지만 체내에서 이산화탄소와 물로 분해되고, 유기산염의 형태로 있던 Na, K 등의 알칼리 생성 원소만 남아 알칼리성식품이다.

[표 6-9] 산성식품과 알칼리성 식품

산 성 식 품	알 칼 리 성 식 품
곡　류 : 메밀가루, 백미, 대맥, 소맥분 어패류 : 말린 오징어, 참치, 문어, 도미, 굴, 연어, 장어, 새우 육　류 : 닭고기. 돼지고기, 소고기 달　걀 : 난황 두　류 : 땅콩, 잠두콩, 청대콩, 완두콩 해조류 : 말린 김 유제품 : 치즈 기호식품 : 맥주, 청주	채소류 : 시금치, 상치, 당근, 순무, 우엉, 호박, 오이, 가지 과실류 : 건포도, 바나나, 딸기, 감귤, 사과, 감, 배, 포도, 수박 두　류 : 강낭콩, 대두, 팥, 해조류 : 다시마, 미역 유제품 : 우유 기호식품 : 차, 커피, 포도주

식품의 산도 및 알칼리도 : 식품의 산도(알칼리도)는 식품 100g을 회화하여 얻은 회분을 중화하는데 소비되는 1N NaOH(또는 HCl)의 ㎖수를 말한다. 즉, 일정량의 식품을 회화시켜 얻은 회분을 1N 염산 용액에 용해시키고, 0.1N NaOH 표준용액으로 중화시켜 이때 소비된 0.1N NaOH 용액의 양으로부터 산도(알칼리도)를 계산한다.

인체의 혈액은 알칼리성(pH 7.4)이기 때문에, 알칼리성 식품을 섭취하는 것이 바람직하다. 혈액이 산성으로 되면 산중독증(acidosis)이 되어 여러 질병을 유발한다.

따라서 산성식품인 곡류나 육류의 지나친 섭취를 억제하고, 알칼리성인 채소 또는 우유와 함께 섭취하는 것이 바람직하다.

[표 6-10] 일부 식품의 알칼리도, 산도

식　품	알칼리도	식　품	산　도
다시마	40	백　미	4.3
감　귤	3.6	소고기	12~13
사　과	3	치　즈	4.3
우　유	3		

7장

비타민

비타민은 단백질, 탄수화물, 지방 등의 영양소가 체내에서 충분한 기능을 발휘할 수 있도록 작용하는 미량 영양소이다. 즉, 단백질, 탄수화물, 지방의 대사를 조절하는 작용을 하지만, 그 자체는 에너지원이나 생체구성성분이 되지 않는 물질이 비타민이다. 또 비타민은 체내에서 합성되지 않거나 합성되어도 불충분하여 식품형태로 섭취해야 하는 중요한 필수영양소이다. 비타민이 부족하면 결핍증을 일으킨다.

비타민과 호르몬의 차이점 : 호르몬은 체내에서 합성되지만, 비타민은 외부로부터 섭취해야만 한다는 것이다. 따라서 체내 합성 여부에 따라 어떤 동물은 비타민이 되고, 어떤 동물은 호르몬이 될 수 있다.

잠재적 비타민 결핍증 : 결핍증을 나타내는 정도는 아니지만, 섭취량이 장기간 약간 부족하게 되면 피로감, 권태감, 저항력 저하 등을 나타내는데, 이를 잠재적 비타민 결핍증이라고 한다. 과도한 다이어트의 경우, 잠재적 비타민결핍증을 유발할 위험성이 높다.

약과 비타민 결핍증 : 치료약 중에는 비타민 B_6와 엽산의 작용을 저해하여 결핍증과 대사 장애를 일으키는 것들이 있다.

① **비타민 B_6** : 항결핵제(isonicotinyl hydrazine), 항파킨슨약(L-DOPA), 항윌슨병약(penicillamine) 등

② **엽산** : 항암제(methotrexate), 항말라리아약(pyrimethamine), 경구피임약 등

- **윌슨병** : 몸속의 구리가 배설되지 않고 간이나 뇌에 축적되어 발생하는 유전성 질병.

또한, 비타민 중에는 장내세균에 의해 합성되는 경우도 있다(비타민 B_2, B_6, B_{12}, K, 판토텐산, 엽산, 바이오틴 등). 그러나 항생물질을 복용하면 장내세균의 번식이 억제되어 결핍되기 쉽다.

7.1 비타민의 명칭

비타민은 처음에 질소를 함유한 성분(비타민 B_1)이 발견되어 생명에 필요한 아민(amine)이란 의미로 vita(그리스어로 생명을 의미) amine으로부터 vitamin으로 명명되었다.

비타민의 종류에 대한 명칭은 A, B, C, D, E‧‧‧‧‧‧ 등과 같이 발견 순서에 따라 알파벳 대문자를 붙이거나, 비타민 K와 같이 기능을 나타내는 단어의 첫 글자를 붙였다. 비타민 B군의 경우도 발견순서에 따라서 B_1, B_2, B_3로 명명되었다.

그러나 이들 명칭은 통일성이 없고 또 비타민이나 비타민 유사물질이 증가하면서 혼란되기 때문에 현재는 화학명의 사용을 원칙으로 한다(예: thiamine, riboflavin 등).

단, 같은 생리적 효과를 갖는 일련의 화합물을 총칭하는 경우 또는 비타민의 효과와 결핍증 등(예: 비타민 A 활성, 비타민 A 결핍 등)을 나타낼 때는 알파벳의 대문자를 사용한다.

7.2 비타민의 분류와 작용

비타민은 크게 지용성 비타민(4종)과 수용성 비타민(9종)으로 분류된다. 지용성비타민에는 비타민 A, D, E, K의 4종이 있으며, 수용성 비타민에는 비타민 B_1, B_2, 나이아신(B_3), B_6, 판토텐산(B_5), 바이오틴(B_7, B_8), 엽산(비타민 B_9), 비타민 B_{12} 및 비타민 C의 9종으로, 총 13종이 있다.

수용성 비타민은 대부분 보효소로 작용한다. 반면에 지용성 비타민은 반드시 보효소는 아니며, 생리활성물질로서 체내에서 작용하는 것이 많다.

[표 7-1] 주요한 비타민 작용과 결핍증(수용성 비타민)

비타민(화학명)	생리작용	1일 소요량(18~29세)	결핍증
비타민 B_1 (싸이아민)	당질의 산화분해	남 : 1.2 mg 여 : 1.1 mg	각기병, 다발성신경염, 식욕감퇴, 소화불량, 피로, 권태감
비타민 B_2 (라이보플라빈)	당질, 지질, 단백질의 대사(주로 산화)	남 : 1.5 mg 여 : 1.2 mg	성장정지, 구각염, 설염(舌炎), 결막염
나이아신 (비타민 B_3)	당질, 지질, 단백질의 대사(주로 산화)	남 : 16 mgNE* 여 : 14 mgNE (NE: 나이아신당량)	펠라그라(pellagra)
비타민 B_6 (피리독신 등)	아미노산대사에 관여	남 : 1.5 mg 여 : 1.4 mg	피부염, 설염, 성장저하, 빈혈
비타민 B_{12} (cobalamin)	적혈구생성에 관여	남녀 : 3 μg	악성빈혈
엽산 (비타민 B_9)	핵산합성, 아미노산대사, 단백질합성에 관여	남녀 : 400 μg	악성빈혈(거적혈구성 빈혈)
판토텐산 (비타민 B_5)	CoA성분으로 초산, 호박산, 지방산의 활성화	남녀 : 5 mg	식욕부진, 말초신경장해, 현기증, 불면증, 우울증
바이오틴 (비타민 B_8)	카복실기의 고정 및 전이에 관여	남녀 : 30 μg	피부염, 식욕감퇴, 탈모
비타민 C (아스코브산)	항산화작용, 콜라겐합성, 싸이아민대사	남녀 : 100 mg	괴혈병

* NE(나이아신당량) : 1 나이아신 당량은 1 mg의 니코틴산, 1 mg의 니코틴산아미이드, 또는 60 mg의 트립토판 이다.

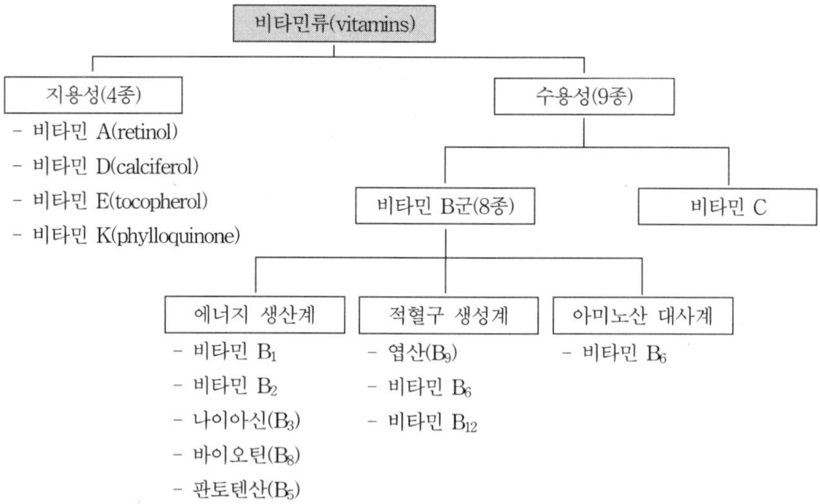

[그림 7-1] 비타민의 분류

7.3. 지용성 비타민

지용성 비타민은 유지에 녹지만, 물에 녹지 않아 간장이나 지방조직에 침착되기 쉽다. 이 때문에 지용성 비타민을 과량 섭취하면 간, 지방조직에 축적되어 과잉증을 일으킨다. 따라서 지용성 비타민의 경우, 과잉섭취의 부작용을 방지하기 위해 상한섭취량이 정해져 있다.

[표 7-2] 주요한 비타민 작용과 결핍증(지용성 비타민)

비타민(화학명)	생리작용	1일 소요량(20~49세)	결핍증
비타민 A (레틴올)	시력유지(암소), 피부, 점막상피의 보호	남녀 : 700RE 임신후반 : 800RE (RE : 레틴올 1μg)	야맹증, 각막건조증, 각막연화증, 피부점막상피의 각질화
비타민 D (칼시페롤)	칼슘의 흡수이용, 뼈, 치아 형성	남녀 : 5.0μg	구루병, 뼈연화증
비타민 E (토코페롤)	항산화작용, 과산화방지	남여 : 10mg α-TE α-TE: α-토코페롤당량	(실험동물에서 불임증)
비타민 K (필로퀴논)	혈액응고, 칼슘결합 단백질의 생성	남 : 65μg 여 : 55μg	혈액응고지연, 간 장해, 유아의 하혈과 내출혈

1. 비타민 A(레틴올, retinol)

비타민 A는 일반적으로 레틴올(retinol)이라고 하지만, 정확히 말하면 비타민 A는 레틴올과 동일한 생리작용을 갖는 화합물의 총칭이다.

레틴올(retinol)
망막(retina)에 있는 알코올(-ol)의 의미

종류 : 비타민 A_1(retinol), A_2(3-dehydroretinol), 레틴알(retinal), 레티노산(retinoic acid)이 있다(표 7-2). 그러나 비타민 A_2(3-dehydroretinol)는 생리활성이 낮고, 담수어 등 그 분포가 제한되어 있기 때문에 일반적으로 비타민 A라고 하면 레틴올(A_1)을 말한다.

프로비타민 A : 비타민 A 활성은 없지만, 체내에서 레틴올로 전환되는 물질을 프로비타민 A라고 한다. 프로비타민 A에는 α-, β-, γ-카로틴과 크립토잔틴(cryptoxanthin)과 같은 카로테노이드가 있다.

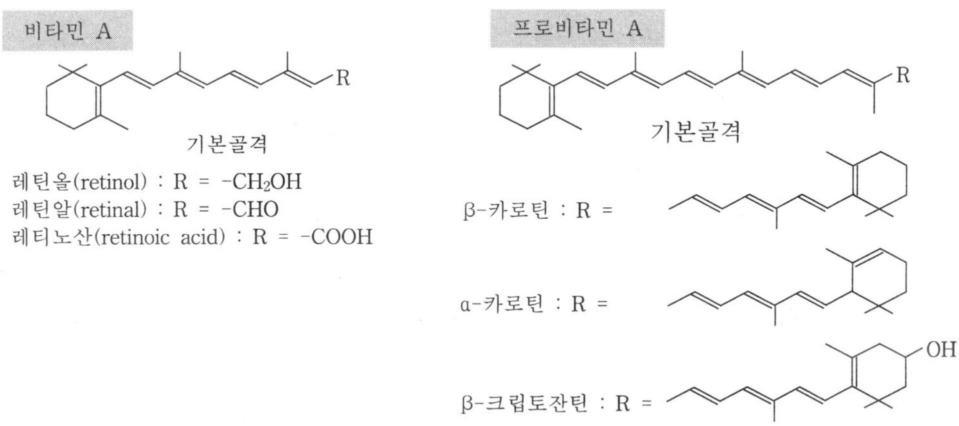

[그림 7-2] 비타민 A

작용 : 야맹증의 예방인자로 발견되었지만, 현재에는 피부각질화, 세균감염의 예방 등의 다양한 기능이 밝혀지고 있다.

① **로돕신(rhodopsin)의 생성** : 비타민 A는 로돕신(rhodopsin, 시홍)의 구성성분으로, 안구 망막에서 암순응반응에 관여한다. 즉, 밝은 곳에서 어두운 곳으로 들어가면 눈에 로돕신이 생성되어 어두운 곳에 적응하게 되는데 이를 암순응반응이라고 한다. 다시 밝은 곳으로 나오면 로

돕신이 분해되어 빛에 적응하게 된다. 로돕신은 레틴올과 단백질 옵신(opsin)이 결합하여 형성하며, 레틴올(비타민 A)이 결핍되면 암순응반응이 늦어져 야맹증을 일으킨다.

② **콘드로이틴황산의 생성** : 비타민 A는 콘드로이틴황산 생성에 관여한다. 콘드로이틴황산은 점막을 보호하는 점액의 주성분으로, 비타민 A가 부족하면 점막이 약해져 피부나 점막상피의 각질화가 일어난다. 또 세균의 저항력도 떨어져 병원균에 감염되기 쉽다.

안정성 : 구조 중에 많은 이중결합을 갖고 있기 때문에 산화되기 쉽다. 특히, 빛, 열, 금속이온, 산화효소 등이 존재하면 매우 불안정하다.

그러나 비타민 E와 같은 항산화제가 공존하여 안정성이 증가한다. 이 때문에 마가린 등에 영양 강화 목적으로 비타민 A를 첨가하는 경우는 항산화제(비타민 E 등)를 첨가하여 산화를 방지하고 있다.

한편, 일반 가열조리 과정 중에는 비교적 안정하여 조리 중의 소실은 거의 없다. 이는 조리시간이 짧고, 조리 식품 중에 천연 항산화제가 존재하거나 공기와의 접촉이 적기 때문이다.

결핍 및 과잉 : 결핍증으로는 야맹증, 피부의 각질화, 안구 건조증, 세균 감염에 대한 저항성 저하, 성장장애, 생식장애, 감각이상 등이 있다.

그러나 과잉섭취하면 피로감, 권태감, 식욕부진, 두통을 일으키며, 심하면 간 기능장애 등을 일으키기 때문에 상한 섭취량이 정해져 있다. 비타민제를 여러 개 복용하는 경우, 특히 비타민 A의 과잉섭취에 주의해야 한다.

권장량 : 성인 1일 권장량은 남자 750㎍ RE, 여자 650㎍ RE이며, 상한 섭취량은 2,700㎍ RE이다.

비타민 A의 활성 : 비타민 A의 효력을 나타낼 때 종래에는 IU(international unit)를 사용했으나, 지금은 레틴올당량(RE, retinol equivalent)을 사용한다.

한편, β-카로틴의 흡수율은 레틴올의 1/3이고, 레틴올로 전환되는 비율은 1/2로 간주하여, β-카로틴의 활성은 $1/2 \times 1/3 = 1/6$로 계산한다. 이외의 카로테노이드는 β-카로틴의 활성에 1/2로 계산하고 있다.

$$
\begin{aligned}
1\ \text{RE} &= 1\,\mu g\ \text{retinol} \\
&= 6\,\mu g\ \beta\text{-carotene} \\
&= 12\,\mu g\ \text{기타 다른 carotenoid} \\
&= 3.33\,\text{IU retinol}
\end{aligned}
$$

비타민 A가 풍부한 식품 : 주요 공급원으로 동물성식품의 레틴올과 식물성식품의 카로테노이드이다.

① **동물성 식품** : 동물성식품에 존재하는 비타민 A는 레틴올의 형태로 간, 장어, 버터, 난황 등의 동물성 식품에 많이 존재한다.

레틴올은 소장점막에서 흡수되어 레틴올지방산에스터(주로 팔미트산에스터)형태로 간장으로 운반되어 저장조직에 저장되며, 필요에 따라 혈액으로 방출된다. 동물의 경우, 이러한 저장조직이 간장에만 존재하지만, 장어는 근육에도 존재하기 때문에 비타민 A가 풍부하다.

② **식물성식품** : 식물성식품에는 레틴올이 존재하지 않으며, 녹황색 채소 등에 프로비타민 A인 카로테노이드를 많이 함유하여 비타민 A 공급원이 된다(8장 식품의 색 참조).

비타민 A 영양강화제 : 레티닐 팔미트산염(retinyl palmitate)나 레티닐 아세트산염(retinyl acetate)이 이용된다.

[표 7-3] 식품 중의 비타민 A 함량(μg Re/100 g)

식물성 식품	함 량	동물성 식품	함 량
김	3,750	돼지(간)	10,120
깻 잎	1,520	소(간)	9,470
당 근	1,270	아귀(간)	7,510
아 욱	1,140	장어(간)	6,000
마가린	1,700	장 어	1,050
시금치	480	난 황	460
쑥 갓	460	버 터	420
		가공치즈	240

2. 비타민 D(칼시페롤, calciferol)

항구루병인자로 발견된 비타민으로, 체내에서 합성되는 유일한 비타민이다. 칼슘대사에 관여하는 비타민이라고 의미로 칼시페롤(calciferol)이라고도 한다.

종류 : D_2~D_7의 6종류 정도가 알려져 있다. 이중에서 콜레칼시페롤(D_3)과 어고칼시페롤(D_2)이 가장 중요하며, 이들의 생리활성은 거의 동일하다.

일반적으로 비타민 D라고 하면 비타민 D_3를 말한다. 비타민 D_1은 비타민 D_2와 D_3의 혼합물에 대해 잘못 사용된 말이다.

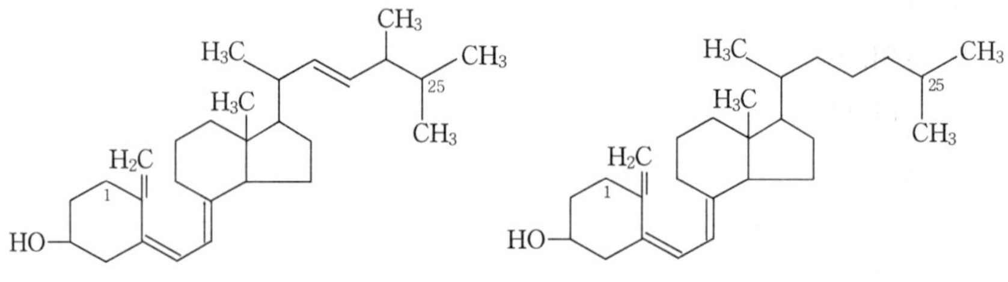

비타민 D_2 비타민 D_3

[그림 7-3] 비타민 D

작용 : 칼슘의 흡수를 촉진하여 뼈와 치아의 형성을 돕는다.

프로비타민 D

① **비타민 D_2(ergocalciferol)** : 버섯이나 효모에 많이 함유되어 있는 어고스테롤은 자외선에 의해 어고칼시페롤(D_2)로 변환된다.

이러한 이유로 햇빛에 건조된 버섯은 생 버섯보다 비타민 D_2의 함량이 더 높다. 또 버섯류의 경우, 30분 정도 햇빛을 조사하면, 비타민 D_2가 100배 이상 증가한다고 한다.

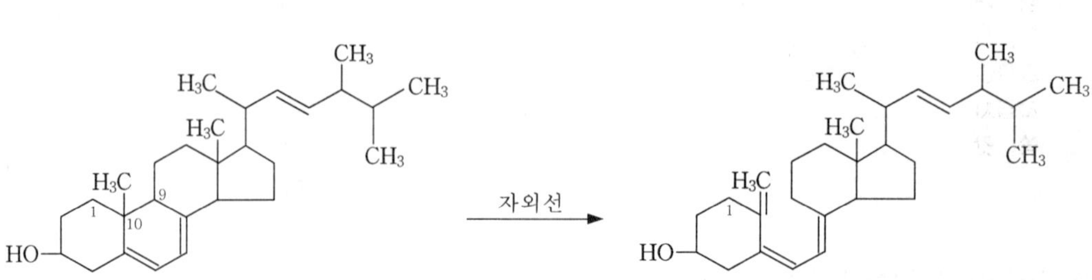

어고스테롤(ergosterol) 비타민 D_2(ergocalciferol)

[그림 7-4] 어고스테롤로부터의 비타민 D_2 형성

② 비타민 D_3(cholecalciferol) : 사람은 충분히 햇빛을 받는 생활을 하는 한 비타민 D의 결핍은 일어나지 않는다. 이는 피부표면에 비타민 D_3의 프로비타민인 7-데하이드로콜레스테롤이 합성되기 때문이다. 콜레스테롤부터 생합성된 피부표면의 7-데하이드로콜레스테롤은 햇빛 중의 자외선에 의해 콜레칼시페롤(D_3)로 변환되어 흡수되기 때문이다.

따라서 비타민 D_3는 사람의 체내에서도 자외선을 받으면 생합성되기 때문에 비타민 D는 엄밀히 말해 비타민이 아닌 호르몬이라고 할 수 있다. 그러나 발견 경위나 햇빛을 받는 일이 적은 경우, 결핍되기 때문에 비타민으로 취급한다.

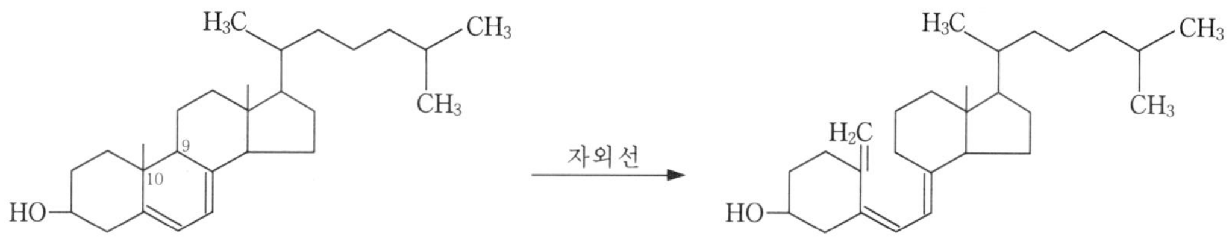

7-데하이드로콜레스테롤
(7-dehydrocholesterol)

비타민 D_3
(cholecalciferol)

[그림 7-5] 7-데하이드로콜레스테롤로부터의 비타민 D_3 형성

결핍 및 과잉 : 결핍되면 유아, 소아의 경우 구루병을, 성인의 경우 골연화증을 일으킨다. 일조가 적은 환경에 있는 사람이나 자외선 차단성 화장품을 사용하는 사람, 피부에서의 비타민 D 변환능력이 저하된 고령자들은 비타민 D가 풍부한 식품을 섭취해야 한다.

한편, 과잉섭취하면 동맥에 축척되어 동맥경화를 유발하거나 신장에 침착되어 신장결석을 초래할 수 있다.

권장량 : 성인의 1일 권장량은 남녀 모두 5㎍이며, 상한섭취량은 50㎍(2,000IU)이다. 비타민 D 1IU는 0.025㎍이다.

비타민 D가 풍부한 식품 : 비타민 D의 공급원은 대부분 동물성 식품이며, 채소나 과일 등의 식물성 식품에는 버섯류를 제외하고는 거의 없다. 비타민 D는 생선과 생선가공품, 간 등에 많다. 버섯에는 프로비타민 D인 어고스테롤을 많이 함유한다.

[표 7-4] 식품 중의 비타민 D 함량(μg/100 g)

식물성 식품	함 량	동물성 식품	함 량
목이버섯(건조)	440	아귀(간)	110
표고버섯(건조)	17	쥐 치	43
송이버섯(생)	4	연 어	32
느타리버섯	3	까나리	21
표고버섯(생)	2	장 어	18

* 예전에는 IU(international unit)로 표시했으나 지금은 μg으로 표시한다.
1 IU = 0.025μg

3. 비타민 E(토코페롤, tocopherol)

비타민 E는 쥐의 항불임인자로 발견된 것으로, 토코페롤(tocopherol)이라고도 한다. 토코페롤은 toco(아기), pher(출산), ol(알코올)을 의미한다. 즉 출산에 관련된 알코올기(OH기)를 갖는 물질이라는 의미이다.

종류 : 천연에는 토코페롤과 토코트리엔올이 존재하며, 이들 모두 α, β, γ, δ의 동족체를 갖고 있다. 토코페롤과 토코트리엔올의 차이점은 토코트리엔올의 경우 3'-, 7'- 및 11'-탄소에 이중결합을 갖고 있다는 점이다.

식품 중에는 α- 이외에 β-, γ-, δ-토코페롤도 많지만, 생체내에서는 90% 이상이 α-토코페롤이다. 따라서 식품에서 섭취된 토코페롤 중 α-토코페롤이 우선적으로 체내에 수송되어 기능한다.

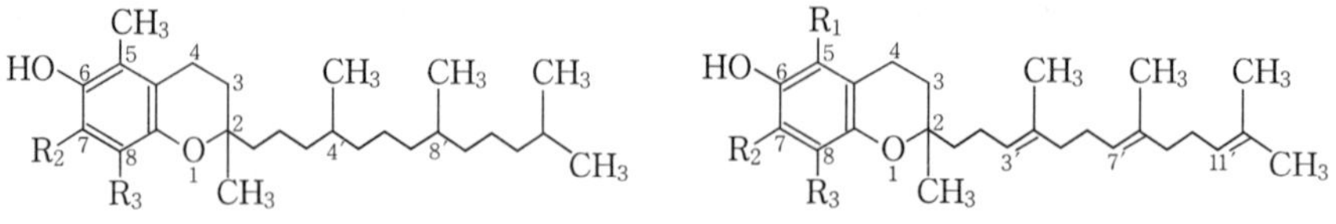

	토코페롤	토코트리엔올
$R_1=R_2=R_3=CH_3$	α	α
$R_1=R_3=CH_3$, $R_2=H$	β	β
$R_1=H$, $R_2=R_3=CH_3$	γ	γ
$R_1=R_2=H$, $R_3=CH_3$	δ	δ
$R_1=R_2=R_3=H$	토콜	토코트리엔올

* 자연계에는 존재하지 않는다.

[그림 7-6] 토코페롤과 토코트리엔올의 구조

작용 : 쥐는 불임을 일으키지만, 사람에서는 분명하지 않다. 비타민 E의

가장 중요한 생리작용은 항산화제로서의 작용이다.

비타민 E의 생리활성은 생체내의 지질, 특히, 생체막을 구성하고 있는 불포화지방산의 산화를 방지하는 작용에 의한 것으로 생각된다.

식용유지와 비타민 A, β-카로틴 등의 산화를 방지하는 작용이 있어, 버터, 마가린, 샐러드유 등에 천연항산화제로 이용된다.

항불임증에 대한 토코페롤의 생리활성은 α>β>γ>δ의 순이며, 토코트리엔올의 생리활성은 토코페롤보다도 약하다. 유지에 대한 항산화효과는 생리활성과는 반대로 δ>γ>β>α의 순이다.

안정성 : 토코페롤, 토코트리엔올 모두 산화되기 쉬운 불안정한 물질이다. 또 과산화물의 존재, 자외선 조사, 알칼리성조건에서 산화되기 쉽다.

결핍 및 과잉 : 비타민 E는 곡물, 특히, 배아와 식물성유지, 녹황색채소 등에 풍부하여, 보통의 식이에서는 부족되는 일은 거의 없다. 그러나 비타민 E는 비교적 독성은 낮아 1일 100~800 mg의 비타민 E 보충제를 섭취해도 과잉증은 없고, 각종 효과를 기대할 수 있기 때문에 소요량보다 많은 섭취를 권장하고 있다.

권장량 : 성인의 1일 권장량은 남자 12 mg, 여자 10 mg이며, 상한섭취량은 800 mg이다.

[표 7-5] 식품 중의 비타민 E 함량(mg/100 g)

유지식품	함 량	식물성식품	함 량
해바라기씨유	39.2	아몬드	31.2
면실유	31.1	붉은 고추(건조)	30.7
홍화씨유	27.6	아귀(간)	13.8
대두유	17.6	대 두	3.6
마가린	5.1	아보가도	3.4
우 지	0.6	시금치	0.6
돈 지	0.3	바나나	0.2
해바라기씨	34.5		

비타민 E가 풍부한 식품 : 식물성 유지, 아몬드, 해바라기씨에 많다. 육류, 생선, 동물성기름, 채소, 과일에는 거의 함유되어 있지 않다.

비타민 E 영양강화제 : α-토코페릴 아세트산염(d-α-tocopheryl acetate) 등이 사용된다.

4. 비타민 K(필로퀴논, phylloquinone)

동물의 항출혈성 인자로 발견된 비타민으로, 혈액응고를 의미하는 독일어 Koagulation에서 비타민 K라고 명명되었다.

종류 : 필로퀴논(phylloquinone, 비타민 K_1), 메나퀴논(menaquinone, 비타민 K_2) 및 메나다이온(menadione, 비타민 K_3)이 있다(그림 7-7).

필로퀴논은 식물성식품(채소)에, 메나퀴논은 육류, 생선기름 등 동물성식품과 청국장에 존재한다. 메나디온은 합성물로서 비타민 K의 전구체이다. 동물은 비타민 K_3를 K_2로 전환시켜 이용한다. 비타민 K_3는 비타민 K_1보다 활성이 크기 때문에 비타민제로 이용되고 있다.

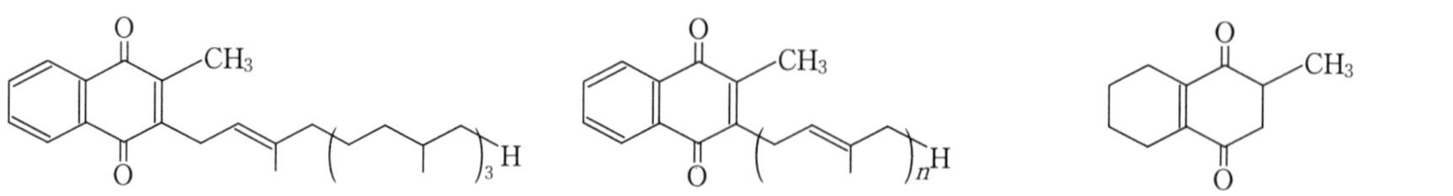

필로퀴논(phylloquinone, 비타민 K_1)
고등식물 유래

메나퀴논(menaquinone, 비타민 K_2)
미생물, 동물 유래

메나다이온(menadione, 비타민 K_3)
합성

[그림 7-7] 비타민 K

식품에 함유된 비타민 K_2는 n=4의 메나퀴논-4가 많지만 청국장에는 n=7의 메나퀘논-7이 많다.

작용

① **혈액응고** : 비타민 K는 혈액응고반응에 관여하는 프로트롬빈(prothrombin)의 생합성에 관여한다. 혈액응고 반응은 복잡하여 12인자가 관여하지만(6장 무기질 참조), 그 중에 프로트롬빈과 몇 가지 인자들은 비타민 K 의존성을 갖기 때문에 혈액응고에 비타민 K가 필요하다.

② **뼈 형성 촉진** : 칼슘대사에 관여하여 뼈 형성을 촉진하는 작용이 있다. 이 때문에 골다공증치료제로도 사용된다.

결핍 및 과잉 : 비타민 K는 동물성과 식물성식품에 모두에 풍부하고, 장내

세균에 의해 필요량의 절반이상 생산되기 때문에 보통 결핍은 일어나지 않는다.

결핍시 혈액응고시간이 지연되어 출혈이 잘 멈추지 않는다. 특히, 신생아와 유아의 경우, 장내세균에 의한 생산이 적기 때문에 결핍에 의한 소화관 출혈을 일으키므로 비타민 K의 보급이 필요하다. 또 성인의 경우, 항생제의 장기간 사용과 식사제한이 가중된 경우는 장내세균에 의한 비타민 K의 합성이 감소하여, 결핍증을 일으킬 수 있다.

반면, 혈전증 있는 사람은 특히 비타민 K 함량이 많은 식품(예 청국장 등) 섭취에 주의할 필요가 있다.

권장량 : 성인 1일 권장량은 남자 75 ug, 여자 65 ug이다.

비타민 K가 풍부한 식품 : 김, 미역 등의 해조류, 시금치, 양배추 등의 채소, 청국장 등이 있다. 채소에는 필로퀴논이 주요형태이고, 청국장에는 메나퀴논이다.

[표 7-6] 식품 중의 비타민 K 함량(mg/100 g)

식품	함 량	식품	함 량
녹차(가루차)	4,000	시금치	270
김	2,600	케일	210
파슬리	850	브로콜리	160
미역	660	미나리	160
쑥	340	양배추	150
냉이	330	난황	40

7.4. 수용성 비타민

수용성 비타민에는 비타민 B군(8종)과 비타민 C가 있다. 비타민 B군은 모두 보효소로 작용하는 것은 분명하나, 결핍증에 대해서는 불분명한 점이 많다.

수용성 비타민은 다량 섭취해도 필요량 이상은 소변으로 배설되기 때문에 과잉증은 거의 없다. 그러나 체내에 저장되지 않기 때문에 매일 필요량을 섭취해야만 한다. 또 수용성 비타민은 조리나 가공할 때에 조리수 등으로 이행

보효소(coenzyme)
효소의 단백질부분인 아포효소와 가역적으로 결합하여 효소작용을 돕는 저분자 유기화합물

되어 손실되기 쉽다.

대부분의 수용성 비타민(B_2, B_6, 판토텐산, 바이오틴 등)은 장내 세균에 의해 합성되기 때문에 보통의 식사에서는 필요량이 충분히 흡수된다고 생각된다. 그러나 식품 중의 이들 비타민들이 충분히 함유되어 있더라도 소화기질환(만성설사 등)이 있는 사람, 과도한 음주를 하는 사람의 경우나 항생제 복용으로 장내세균에 의한 비타민 합성이 부족한 경우에는 적절한 섭취가 필요하다

운동과 비타민 B군 : 비타민 B군의 결핍은 운동능력을 저하시킨다. 운동을 위한 에너지생산에 관여하는 비타민은 무산소운동에서는 나이아신, 유산소운동에서는 비타민 B_1, B_2, 나이아신, 판토텐산이 있다. 따라서 운동에는 비타민 B군의 섭취가 동시에 필요하다.

1. 비타민 B_1(싸이아민, thiamin)

비타민 B_1은 항각기병 인자로, 쌀겨에서 분리되어 비타민발견의 시초가 된 비타민이다. 싸이아민(thiamin)은 thio(S, 황), amine(아민)을 의미한다. 식품 중에는 주로 인산이 에스터결합된 형태로, 단백질과 결합하거나 전분에 흡착되어 존재한다(그림 7-8).

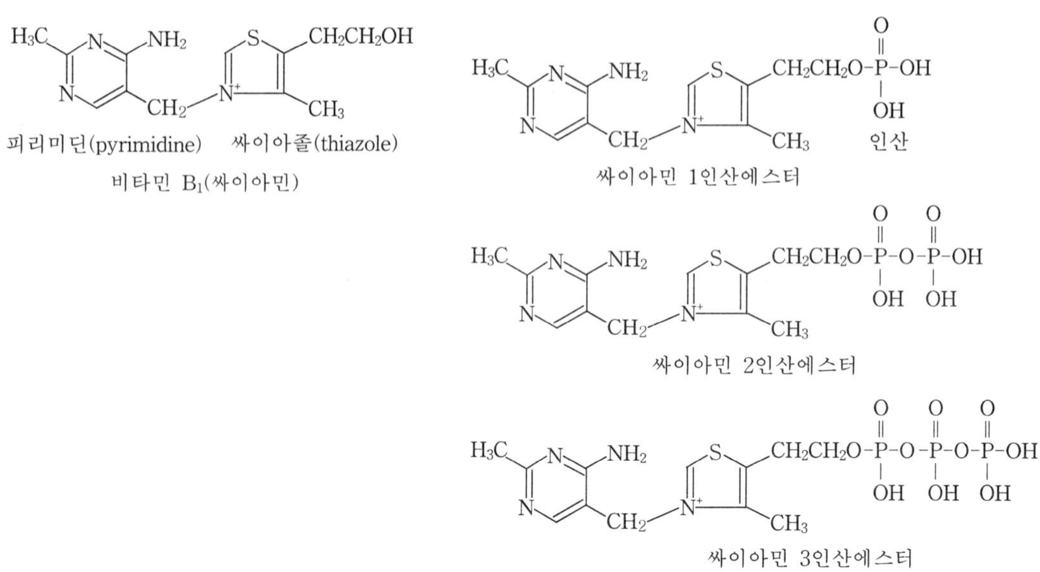

[그림 7-8] 비타민 B_1

작용 : 에스터형의 비타민 B_1은 싸이아민(thiamin)으로 분해, 흡수되어, 다시 2분자의 인산과 결합하여 활성형인 TPP(thiamin pyrophosphate, 피로인산싸이아민)로 전환된다. TPP는 당질을 포도당으로 분해하는 탄수화물 대사의 보효소로 작용한다.

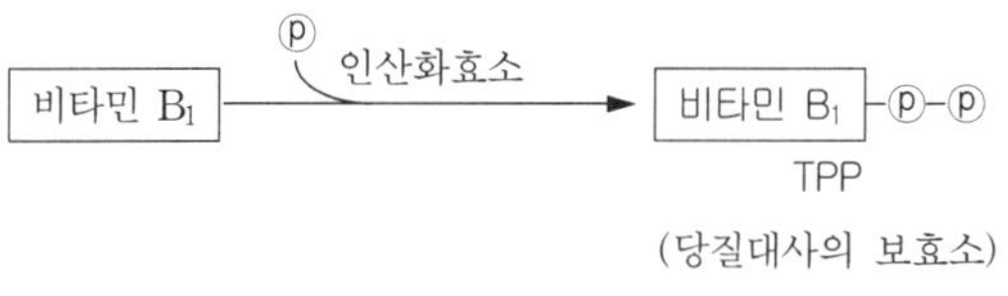

비타민 B_1의 활성화

따라서 탄수화물이 많은 식품의 섭취가 많으면 비타민 B_1의 요구량도 증가한다. 특히 전분과 당류가 많은 인스턴트식품이나 가공식품에 편중된 식생활에서는 비타민 B_1의 결핍을 초래할 수 있기 때문에 주의해야 한다.

또한 당질대사는 에너지 생산기구로서 중추신경과 말초신경의 활동을 정상적으로 유지하는 작용이 있다. 특히 뇌는 대량의 포도당만을 에너지원으로 하기 때문에 비타민 B_1이 부족하면 두뇌활동이 둔해진다.

결핍 및 과잉 : 비타민 B_1은 피로에 가장 큰 영향을 미치는 비타민으로, 결핍시 식욕부진, 피로감, 전신권태감, 각기병 등을 일으킨다. 비타민 B_1, B_2, 나이아신은 당질, 아미노산, 지방대사에 관련하여 알코올 중독자는 이들 비타민이 결핍되기 쉽다. 특히 비타민 B_1이 결핍되기 쉽다.

- 각기병(beriberi) : 비타민 B_1 부족으로 뇌와 신경세포에 포도당이 제대로 공급되지 못해 일어나는 질병으로 각기라고도 한다. 다리가 붓고, 저리거나 마비되며, 다리 힘이 약해지고, 지각 이상으로 제대로 걷지 못하는 증상을 나타낸다. 쌀을 주식으로 하는 지역에서 많이 발생한다.

안정성

① **산, 알칼리, 열** : 산과 열에는 비교적 안정하지만, 알칼리성에서는 분해되기 쉽다. 특히 알칼리성용액 중에 빛을 쪼이면 산화되어 형광물질인 싸이오크롬(thiochrome)을 생성한다(그림 7-9).

비타민 B_1 정량법으로 알칼리성 브롬시안(bromcyan) 산화에 의해 생성된 싸이오크롬의 형광강도를 측정하는 방법이 있다.

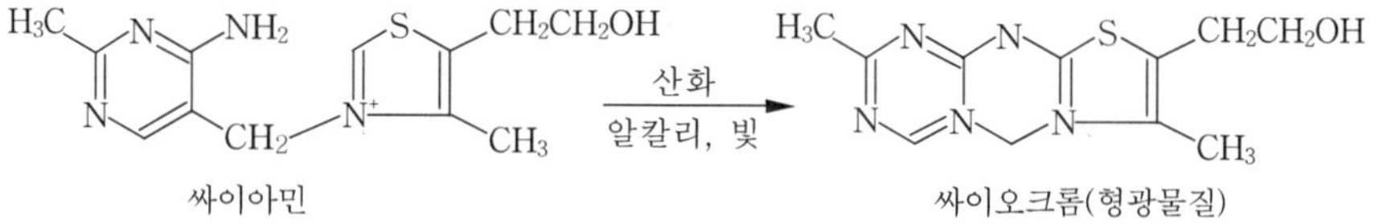

[그림 7-9] 비타민 B_1의 산화

② **비타민 B_1 분해효소** : 조개류, 담수어의 내장, 고사리, 고비 등의 식물에는 비타민 B_1의 분해효소인 싸이아미네이스(thiaminase)가 존재하여, 이들을 먹으면 비타민 B_1의 효력이 없어진다. 그러나 가열하면 효소가 불활성화되기 때문에 보통의 식생활에서는 영향이 없다.

③ **조리방법에 따른 안정성** : 비타민 B_1은 수용성 비타민이기 때문에 물에 침지, 데치기, 찌기 등의 조리작업에 의해 조리수로 이행되어 손실되는 경우가 많다. 그러나 조리식품을 가늘게 써는 것보다 굵게 썰어 조리하거나, 기름에 볶으면 비타민 B_1의 손실을 줄일 수 있다(표 7-7, 표 7-8).

[표 7-7] 조리방법에 따른 비타민 B_1의 잔존율

식 품	절단방법(5시간 방치)	비타민 B_1 잔존율(%)
고구마	굵게썰기 2.0 cm	92.4
	채 썰 기 0.3 cm	84.8
무	굵게썰기 2.0 cm	89.7
	채 썰 기 0.3 cm	73.3

[표 7-8] 조리에 따른 비타민 B_1의 잔존율

식 품	비타민 B_1 잔존율(%)				
	기름에 볶기	기름에 튀기기	찌기	끓이기	굽기
고구마	93	92	88	85	81
감 자	91	87	88	86	79
호 박	–	90	89	81	80
연 근	–	91	–	79	–
시금치	79	–	78	72	–
양 파	81	86	93	80	–
청대완두콩	90	89	88	86	–

권장량 : 성인의 1일 권장량은 남자 1.2 mg, 여자 1.1 mg이다.

비타민 B_1이 풍부한 식품 : 정제되지 않은 곡류, 배아, 대두 등에 많으나, 정백미 등에는 적다. 돼지고기는 동물성식품 중에서도 특히 우수한 공급원이다(표 7-9).

[표 7-9] 식품 중의비타민 B_1 함량(mg/100 g)

식 품	함 량	식 품	함 량
강화미	125	미꾸라지	1.00
해바라기씨	2.29	명태알	1.00
땅 콩	2.04	돼지(뒷다리)	0.92
밀배아	1.82	돼지(안심)	0.91
김	1.20	돼지(삼겹살)	0.68
참 깨	0.56	민물장어	0.66
팥	0.54	닭고기	0.20
대 두	0.53	소고기	0.06

강화미 : 정백미에 비타민 B_1, B_2, 나이아신, 칼슘 등을 흡착시킨 쌀을 강화미라고 한다. 강화미는 비타민 B_1, B_2, 나이아신, 칼슘 등을 흡착시켜 분무건조하여 1차 피막한 후, 단백질 등으로 2차 피막하여 제조하여, 70℃ 이상의 더운 물에 용해된다.

현미와 백미의 비타민 B_1 함량 : 비타민 B_1은 쌀겨에 많기 때문에 백미보다는 현미를 먹는 것이 비타민 B_1의 섭취에 유효한 방법이다. 현미의 비타민 B_1 함량은 백미보다 2배 이상 많다(표 7-10).

[표 7-10] 백미, 현미 및 흑미의 비타민 B_1, B_2 및 나이아신의 함량

	비타민 B_1	비타민 B_2	나이아신
백 미	0.11(0.02)[1)]	0.04(0.01)	1.5(0.3)
현 미	0.23(0.14)	0.08(0.02)	3.6(1.1)
흑 미	0.49	0.13	2.7

[1)] ( )의 수치는 밥을 지었을 때의 함량

비타민 B_1 유도체 : 알리싸이아민(allithiamine)은 싸이아민과 마늘의 향기 성분인 알리인(alliin)과 반응하여 생성된 비타민 B_1 유도체로, 지용성이며, 장내 흡수를 촉진시킨다(제9장 참조).

비타민 B_1 염산염은 수용성이고 열분해에 의해 아민냄새가 나기 때문에 열과 알칼리에 안정하고 물에 불용성인 다이벤조일싸이아민이 합성되었다. 알리싸이아민의 벤조일(benzoyl) 유도체인 다이벤조일싸이아민(DBT, dibenzoyl thiamine)은 물에 녹지 않아 강화미 등의 비타민 B_1 강화에 이용된다. 이외에 비타민 B_1 질산염(thiamine mononitrate) 등이 있다.

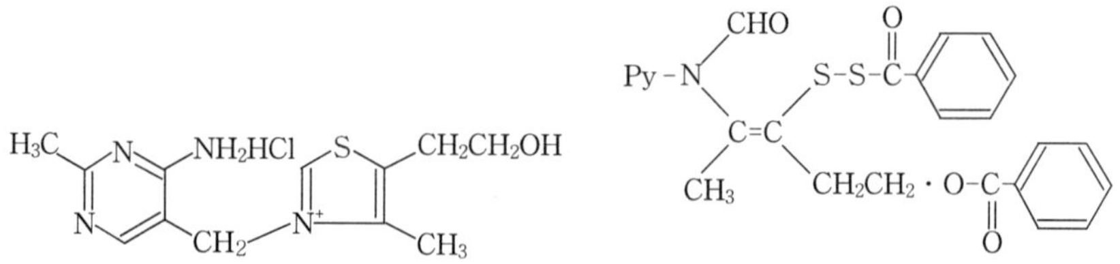

비타민 B_1(염산염)

다이벤조일싸이아민(DBT)

[그림 7-10] 비타민 B_1 유도체

2. 비타민 B_2(라이보플라빈, riboflavin)

라이보플라빈(riboflavin)은 당알코올인 라이비톨(ribitol)에 플라빈(flavin)이 결합된 비타민이다. 생체에서는 대부분 FMN과 FAD의 형태로 존재한다. FMN은 라이보프라빈에 인산이 1개 결합된 형태이고, FAD는 라이보플라빈과 아데닌에 각각 1개의 인산이 결합된 형태이다(그림 7-11).

FMN
flavin mononucleotide

FAD
flavin adenine dinucleotide

작용 : FMN과 FAD는 체내에 흡수될 때 일단 라이보플라빈으로 분해되어 흡수된 후, 다시 인산과 결합하여 FMN과 FAD로 전환된다. FMN과 FAD는 각종 산화환원에 관여하는 많은 효소의 보효소로서 당질, 아미노산, 지방산 대사에 관여한다.

결핍 : 결핍시 발육부진, 결막염, 구각염(입, 입술부위가 허는 질병), 설염 등을 일으킨다. 비타민 B_2는 발육과 관계하기 때문에 발육비타민이라고 한다. 비타민 B_2는 식품 중에 널리 분포되어 있기 때문에 보통의 식사를 취하면 결핍증은 거의 없다.

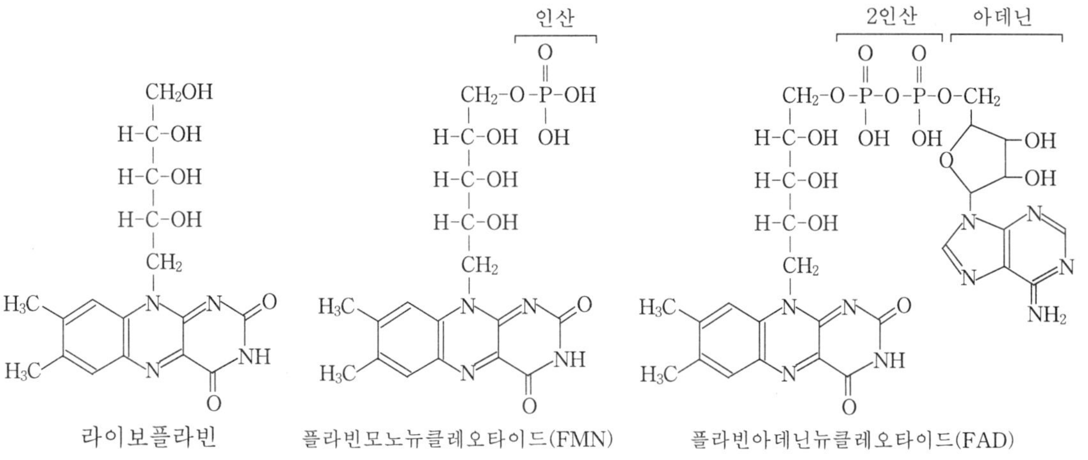

[그림 7-11] 비타민 B_2(라이보플라빈, FMN, FAD)의 구조

안정성

① **산, 알칼리, 열과의 반응** : 비타민 B_1과 마찬가지로 산, 열에 비교적 안정하지만, 빛이나 알칼리성에서는 분해되기 쉽다. 산성이나 중성에서는 빛을 쪼이면 루미크롬(lumichrome)으로 분해하며, 알칼리성에서는 라이비톨에 떨어져 형광물질인 루미플라빈(lumiflavin)으로 되어 비타민 B_2의 효력이 없어진다.

비타민 B_2 정량법으로 라이보플라빈의 광분해에 의해 생성된 루미플라빈의 형광강도를 측정하는 루미플라빈형광법이 있다.

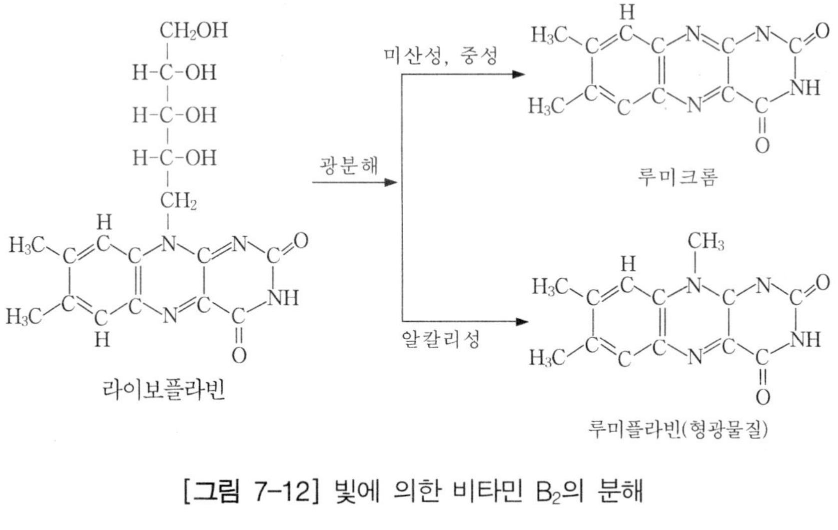

[그림 7-12] 빛에 의한 비타민 B_2의 분해

② **우유의 광증감반응** : 라이보플라빈은 빛에는 매우 불안정하며, 특히 직사광선과 자외선에 쉽게 분해된다. 우유를 2시간 햇빛에 쪼이면 우유 중의 비타민 B_2의 절반 이상이 광분해되어, 불쾌취를 발생한다. 이것은 비타민 B_2가 광증감제(photosensitizer)로 작용하기 때문이다. 따라서 우유나 비타민 B_2 강화식품을 보관할 때는 광선 등에 주의해야 한다.

이러한 광증감반응은 항산화제인 비타민 C의 첨가로 억제할 수 있다.

③ **조리 중의 안정성** : 유리형 비타민 B_2는 물에 잘 녹지 않지만, FAD와 FMN은 대단히 잘 녹는다. 이 때문에 조리나 가공 중의 손실은 분해보다는 조리수 중의 유출이 문제가 된다.

권장량 : 1일 필요량은 성인 남자 1.3 mg, 성인여자 1.0 mg이며, 권장량은 1일 필요량의 120%에 해당하는 성인남자 1.5 mg, 성인여자 1.2 mg이다.

비타민 B_2가 풍부한 식품 : 비타민 B_2는 다량은 아니지만 동물성, 식물성 식품에 널리 분포되어 있다. 특히, 효모, 간장에 많으며, 이 외에 김, 표고버섯, 아몬드, 난황 등에도 비교적 많다.

[표 7-11] 식품 중의 B_2 함량(mg/100 g)

식 품	함 량	식 품	함 량
강화미	5.00	돼지(간)	2.59
건조효모	4.70	소(간)	2.23
김	2.95	메추리알	1.16
표고버섯(건조)	1.57	명태알	0.54
목이버섯(건조)	1.08	미꾸라지	0.65
미역(건조)	1.00	고등어	0.46
아몬드	0.92	난 황	0.40
대 두	0.63	정어리	0.35
		치 즈	0.30

3. 나이아신(niacin, 비타민 B_3)

니코틴산아마이드
니코틴아마이드 또는 나이아신아마이드라고도 함.
아마이드(amide)기 $-CONH_2$

나이아신은 항펠라그라(antipellagra) 인자로서 발견된 비타민으로, 니코틴산(nicotinic acid)과 니코틴아마이드(nicitin amide)의 총칭이다.

니코틴산은 피리딘(pyridine)에 카복실기(-COOH)가 결합된 구조이며, 니코틴아마이드는 피리딘에 아마이드($-CONH_2$)가 결합된 구조이다. 생체 내에서 니코틴산은 쉽게 니코틴아마이드로 전환되며, 이들의 생리작용은 거의 동일하다.

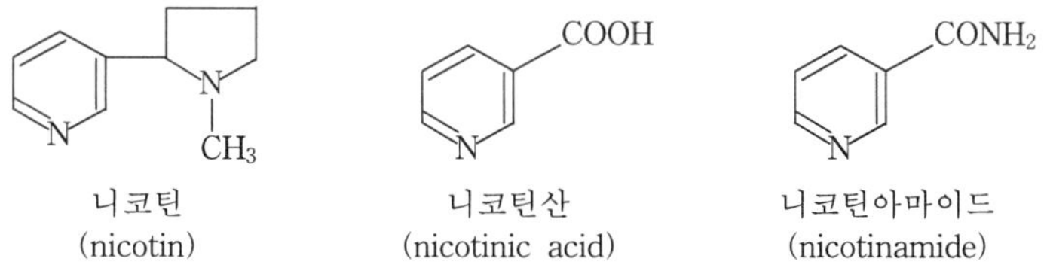

[그림 7-13] 나이아신(niacin)의 구조

• 니코틴과 니코틴산 : 니코틴산은 비타민이 발견되기 전(1867년)에 담배에 함유된 니코틴의 산화에 의해 합성되었다.

작용 : 생체 내에서 NAD와 NADP형태로 전환되어 많은 산화환원반응의 보효소로 작용한다. 식물성식품 중에는 니코틴산과 NAD형태로 함유되어 있다.

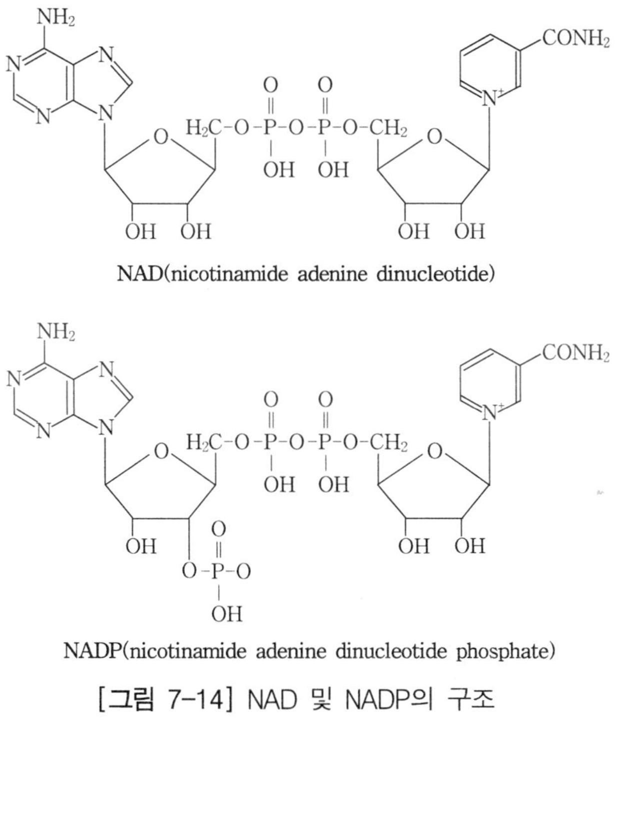

[그림 7-14] NAD 및 NADP의 구조

식품 중의 NAD는 소장에서 니코틴아마이드로 분해되어 흡수된 후 다시 NAD와 NAD에 1개 인산이 결합된 NADP로 전환된다. NAD와 NADP는 여러 생합성대사에서 수소(전자)공여체로 작용하며, 각각 NADH, NADPH로 환원된다.

트립토판과 식품 중의 나이아신 함량 : 나이아신은 필수아미노산인 트립토판에서 합성되며, 이때는 비타민 B_6(피리독살인산)을 필요로 한다. 체내에서 트립토판 60 mg에서 나이아신 1 mg을 생성하기 때문에 트립토판의 섭취량이 많으면 결핍증에 걸리지 않는다.

나이아신 당량(niacin equivalent, NE) : 나이아신의 소요량은 나이아신 당량으로 표시한다. 즉, 나이아신 당량은 나이아신(니코틴산이나 니코틴아마이드) 1 mg 또는 트립토판 60 mg을 의미한다.

나이아신 당량(NE, mg) =
니코틴산(mg) + 니코틴아마이드(mg) + 트립토판(mg)/60

안정성 : 산, 알칼리, 열, 빛, 산화에 안정하지만, 수용성으로 물에 침지, 데치기, 찌기 등의 조리작업 중의 손실에 주의해야 한다.

결핍 및 과잉 : 결핍증으로는 펠라그라 이외의 개의 흑설병(黑舌病)이 있다.

펠라그라(pellagra) : 옥수수를 주식으로 하는 사람에게 많이 발생하는 피부병. 손, 발, 목, 얼굴 등과 같이 햇빛에 쬐는 피부에 생기는 질병으로 홍반, 신경장애, 위장장애를 동반한다. 이탈리아어원으로 pelle는 피부를, agra는 거칠음을 의미한다.

실제로, 옥수수 중의 나이아신 함량은 다른 곡물에 비해 크게 낮지 않지만, 옥수수의 나이아신이 사람의 소화효소로 분해되지 않는 형태로 존재하고, 또 나이아신의 전구체인 트립토판의 함량이 적은 것에 기인된다.

권장량 : 성인의 1일 권장량은 남자 16 mgNE, 여자 14 mgNE이다.

나이아신이 풍부한 식품 : 건조효모, 커피, 간, 육류, 생선, 땅콩 등에 나이아신의 함량이 많다. 특히, 볶은 커피에는 나이아신이 많아 커피 소비량이 많은 지역에서 펠라그라 발생률이 낮다고 한다. 그러나 곡류 중의 나이아신은 대부분 난소화성의 당질결합형으로 존재하여 그 유효성이 낮다.

[표 7-12] 식품 중의 나이아신 함량(mg/100 g)

식 품	함 량	식 품	함 량
건조효모	35.0	소(내장)	17.5
커 피	31.0	소(간)	14.7
표고버섯(건조)	19.0	돼지(간)	11.8
땅 콩	16.7	참다랑어	11.2
붉은 고추(건조)	12.5	고등어	8.2
김	10.4	정어리	8.1
들 깨	7.6	미꾸라지	7.9
참 깨	5.4	돼지고기	4.5
현 미	6.3	소고기	4.1
보 리	3.7		

알칼리처리에 따른 나이아신의 유효성 : 일반적으로 곡물 중의 나이아신은 다당류나 펩타이드와 결합한 것이 많아 유효성이 낮지만, 이것을 알칼리로 처리하면 나이아신이 유리된다.

예를 들어, 멕시코에서 만들어진 토티야(tortilla)는 옥수수를 하룻밤 석회수 처리하여 결합형 나이아신을 유리형으로 전환하여 유효성을 증가시킨 것이다.

토티야(tortilla)
얇은 팬케이크 같은 멕시코산 빵

4. 비타민 B_6(pyridoxine)

항피부염 인자로 발견된 것으로, 피리딘(pyridine)유도체란 의미로 피리독신(pyridoxine)이라고 한다.

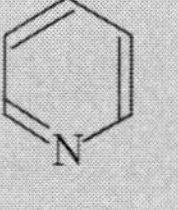

피리딘
(pyridine)

종류 : 피리딘의 4번위치의 치환기(-OH, -CHO, $-NH_2$)에 따라 피리독신(pyridoxine, 또는 pyridoxol), 피리독살(pyridoxal), 피리독사민(pyridoxamine)의 3개의 기본 형태를 갖는다.

비타민 B_6란 피리독신, 피리독살, 피리독사민과 이들의 인산유도체인 피리독신인산, 피리독살인산, 피리독사민인산의 총칭이다. 이들 6개는 생체 내에서 효소작용에 따라 상호 전환되며, 모두 동일한 활성을 나타낸다.

식물성식품에는 피리독신과 피리독신인산이, 동물성식품에는 피리독살과 피리독살인산이 많다. 피리독신염산염은 안정성이 높기 때문에 식품영양 강화제(비타민 B_6 염산염)로 이용된다.

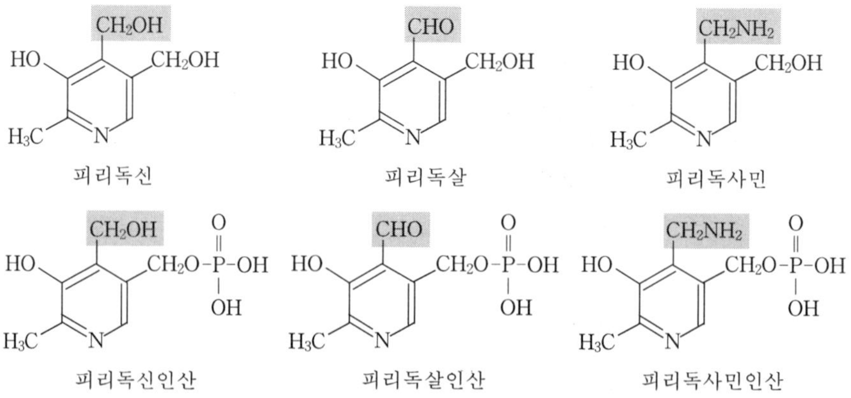

[그림 7-15] 비타민 B_6(pyridoxine)의 구조

작용 : 인산에스터형태는 소화관내에서 인산부분이 분해, 흡수된 후 다시 인산이 결합된 활성형의 피리독살인산로 전환된다.

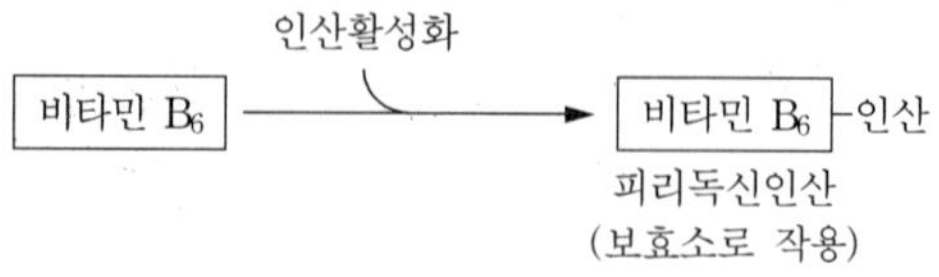

비타민 B_6의 활성화

① 생체에서 보효소(주로 피리독살인산형태)로서 단백질 대사(아미노기 전이반응, 탈탄산반응)에 관여한다, 따라서 비타민 B_6의 필요량은 단백질 섭취가 많으면 증가한다.

피리독살인산(PLP)이 주로 단백질대사에 관여하여 혈장내의 PLP의 함량은 비타민 B_6의 영양 상태를 평가하는 가장 일반적인 지표로 이용된다.

② 적혈구대사, 글라이코젠대사 등에 관여하며, 신경전달물질 생성, 항피부염인자로도 작용한다. 따라서 비타민 B_6가 부족하면, 빈혈, 말초신경

장애, 피부염 등을 일으킨다. 또 운동선수의 경우 에너지원으로 글라이코젠을 이용하고, 고단백식사를 하기 때문에 비타민 B_6의 요구량이 증가하게 된다.

③ 간기능 검사에 이용되는 GOT와 GPT의 보효소로도 알려져 있다.

- GOT(glutamic oxaloacetic transaminase) : 아미노기전이효소의 일종. 글루타민산에서 옥살로아세트산에 아미노기를 옮기고, a-케토글루타민산과 아스파라긴산을 생성하는 반응을 촉매한다. GOT는 심근경색과 간염 조직에서 누출되어 혈중의 활성을 상승시키기 때문에 이들의 질환진단에 사용된다.
- GPT(glutamic-pyruvic transaminase) : 알라닌의 아미노기를 α-케토글루타르산에 전달하여, 피루브산과 글루탐산 생성반응을 촉매하는 효소. 간질환의 진단을 위해 혈액 중의 이 효소의 활성을 측정한다. 알라닌아미노기전달효소(alanine aminotransferase)라고도 한다.

결핍 및 과잉 : 식품 중에 널리 존재하고, 장내세균에 의해 합성되기 때문에 결핍증의 거의 없다. 그러나 육류 등의 단백질의 섭취가 많을 때는 비타민 B_6의 추가 보충이 필요하다.

또 알코올의 과잉섭취는 비타민 B_6의 결핍을 초래할 수 있다. 이는 알코올의 산화로 생성된 아세트알데하이드가 비타민 B_6의 흡수를 저해하여 배설을 촉진시키기 때문이다.

이외에 결핵약(isoniazid) 등)을 장기간 복용하면 길항작용으로 결핍을 초래할 수도 있다.

결핍증으로는 피부염, 빈혈, 신경염, 식욕부진 등이 알려지고 있다.

안정성 : 산에는 안정하지만 산소와 빛에 분해되기 쉽다. 비타민 B_6는 곡류의 도정과정 중에 50~90%, 육류와 생선가공 중에 40~60% 분해된다.

권장량 : 성인 1일 권장량은 남자 1.5 mg, 여자 1.4 mg이다. 과잉섭취하면 감각신경장애가 일어난다는 보고에 따라 상한섭취량은 60 mg이다.

비타민 B_6가 풍부한 식품 : 간, 육류, 해바라기씨, 녹두 등에 많이 함유되어 있다. 동물성식품이 식물성식품보다 더 쉽게 흡수된다.

[표 7-13] 식품 중의 비타민 B_6 함량(mg/100 g)

식물성 식품	함 량	동물성 식품	함 량
쌀겨	4.07	가다랑어	0.85
해바라기씨	0.77	소(간)	0.81
검정깨	0.77	닭(간)	0.65
녹 두	0.52	돼지(간)	0.56
현 미	0.45	닭고기	0.43

5. 비타민 B_{12}(Cobalamin)

항악성빈혈 비타민으로 발견된 것으로, 분자 내에 코발트(Co)를 함유하여 코발아민(cobalamin)이라고도 한다.

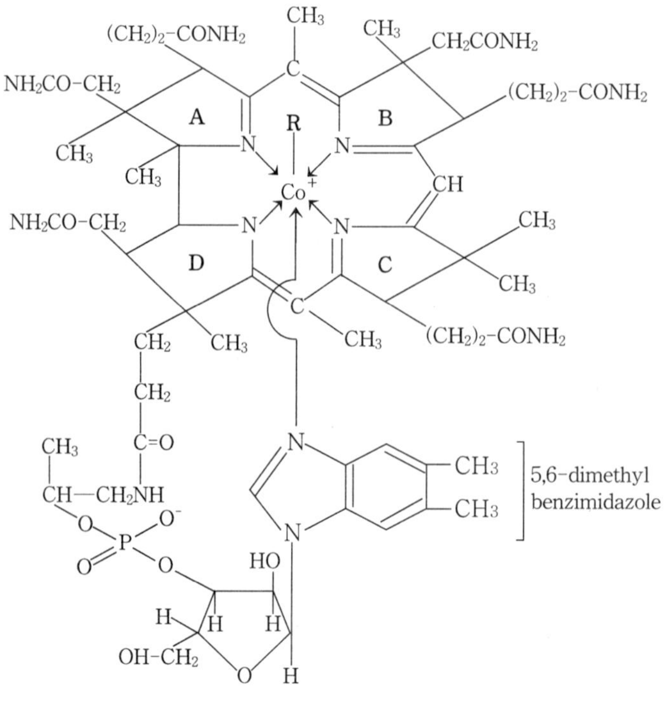

R=CN : 시아노코발아민
R=CH_3 : 메틸코발아민
R=5′-데옥시아데노실 : 데옥시아데노실코발아민

[그림 7-16] 비타민 B_{12}(코발아민)의 구조

구조 : 코발아민은 복잡한 환상구조(코린환) 중심에 1개의 코발트원자가 배위결합된 기본구조를 갖는다. 이 구조는 중심에 철이나 마그네슘을 함유하는 헤모글로빈이나 클로로필의 구조와 유사하다.

코린환(corrin ring)
4개의 환원형 피롤(pyrrole)이 결합된 구조.
피롤(pyrrole)

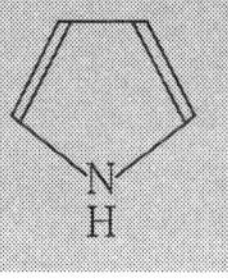

종류 : 코발트(Co)의 배위결합부위의 시아나이드(cyanide, -CN)기, 메틸($-CH_3$)기, 5'-데옥시아데노실(5'deoxyadenosyl)기 등의 치환기에 따라 시아노코발아민(cyanocobalamin), 메틸코발아민(methylcobalamin), 데옥시아데노실코발아민(deoxyadenosylcobalamin)이 있다.

모두 비타민 B_{12}의 활성을 갖는다. 이중에서 시아노코발아민은 합성 비타민 B_{12}로 식품영양 강화제로 이용된다.

작용 : 엽산과의 상호작용에 의한 적혈구 생성에 필수적인 인자이다. 메틸기전이효소의 보효소로 작용하여 핵산, 단백질, 레시틴의 생합성에 관여한다.

결핍 및 과잉 : 결핍증은 악성빈혈이다. 보통의 식사를 하는 한 결핍은 거의 없다.

악성빈혈 : 적혈구의 감소로 나타나는 빈혈로 혈액내에 거대 적혈구가 나타난다.

단, 비타민 B_{12}가 장관(腸管)으로 흡수되는 데는 위벽에서 분비되는 당단백질이 필요하다. 따라서 위를 절단, 제거한 사람, 위축성 위염의 고령자들은 비타민 B_{12}의 결핍으로 악성빈혈을 초래할 수 있다.

또한 비타민 B_{12}는 거의 동물성식품에만 존재하기 때문에 다이어트, 당뇨병, 고혈압 예방을 위한 채식주의자는 비타민 B_{12}의 결핍으로 빈혈을 나타내기 쉽다. 과잉의 보고는 없다.

안정성 : 열에 강하지만, 알칼리성용액에서 가열하면 분해된다.

권장량 : 다른 비타민에 비해 극히 미량으로 유효하다. 성인의 1일 권장량은 남녀 모두 2.4 μg이다. 임신 및 수유부의 경우는 2.6 μg이다.

비타민 B_{12}가 풍부한 식품 : 식물성식물에는 거의 없고, 동물성식품에 많이 함유되어 있다. 특히, 간, 내장, 신장, 육류, 어패류 등에 많다.

[표 7-14] 식품 중의 비타민 B_{12} 함량(㎍/100 g)

식 품	함 량	식 품	함 량
소(양)	250	대 합	28.4
김	77.6	굴	28.1
멸치(자건품 소)	64.5	돼지(간)	25.2
소(간)	52.8	소(콩팥)	22.1
닭(간)	44.4	꽁 치	17.7
아귀(간)	39.1	청 어	17.4

6. 엽산(folic acid, folate, folacin, 비타민 B_9)

사람이나 원숭이의 항빈혈인자로 발견된 것으로, 엽산(folic acid)은 그리스어의 folium(잎)에서 유래되었다. 이름에서 알 수 있듯이 엽산은 푸른 채소(시금치, 파슬리, 아스파라거스 등)에 많이 함유되어 있다.

구조 : 프테리딘(pteridine), 아미노벤조산(aminobenzoic acid), 글루탐산(glutamic acid)이 결합된 기본구조를 갖는다. 식품에 함유되어 있는 엽산은 5,6,7,8-테트라하이드로엽산(tetrahydrofolate)과 그 유도체이다.

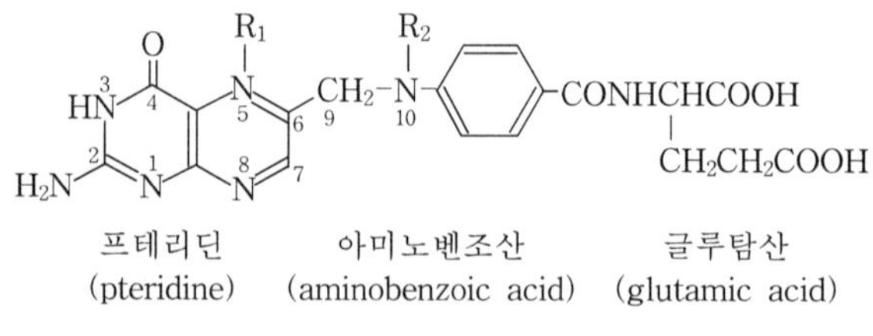

5,6,7,8-테트라하이드로엽산(R_1=-H, R_2=-H
엽산 유도체는 R_1과 R_2에, -H, -CHO, $-CH_3$, -CH=NH 등이 결합한다.

[그림 7-17] 엽산의 구조

신경관 결손 : 척추나 뇌가 불안정하거나 비정상적으로 형성되는 기형. 모체의 엽산이 부족할 때 생긴다.

작용 : 비타민 B_{12} 대사와 관계가 깊은 비타민이다. 적혈구 형성에 중요하며, 핵산, 아미노산, 단백질대사에 관계하는 효소의 보효소로 작용한다.

영양성 빈혈(nutritional anema) : 철, 비타민 B_6, 비타민 B_{12}, 엽산 등의 영양소의 결핍으로 생기는 빈혈

결핍 및 과잉 : 적혈구의 수명은 4개월 정도로 엽산이 결핍되면 빈혈을 유발한다.

또한 임신기에 엽산이 결핍되기 쉽다. 임신기에 엽산이 결핍되면, 신경관

결손을 갖는 기형아를 출산할 수 있다. 이외에 설염, 신경이상 등을 유발한다.

안정성 : 빛, 열, 산화에 불안정하여 쉽게 분해된다.

권장량 : 성인의 1일 권장량은 250㎍, 임산부는 400~600㎍, 수유부는 400~550㎍이다.

엽산이 풍부한 식품 : 녹색채소, 대두 등이며, 동물성 식품에는 간, 난황이다. 과실 등에는 그 함량이 적다.

[표 7-15] 식품 중의 엽산함량(㎍/100 g)

식물성 식품	함 량	동물성 식품	함 량
김	1,530	닭(간)	1,300
녹 두	460	돼지(간)	778.9
대 두	230	소(간)	716.1
파슬리	220	성 게	360
시금치	196	난 황	140
아스파라거스	190	굴	115
딸기	114		

7. 판토텐산(pantothenic acid, 비타민 B_5)

판토텐산은 효모의 생육인자로서 발견된 것으로, 식품 중에는 보효소 A (CoA,coenzyme A)의 구성성분으로 존재하는 경우가 많다. 판토텐산(pantothenic acid)이란 명칭은 그리스어 pantos(everywhere, 어디에나)에서 유래되었다. 명칭에서 알 수 있듯이, 판토텐산은 모든 동식물에 널리 분포되어 있다.

보효소 A형태의 판토텐산은 소화관내에서 판토테인(pantotheine)과 판토텐산까지 분해되어 흡수된 후, 다시 보효소 A형태로 된다.

보효소 A(Co A)의 구조 : 판토텐산은 판토산(pantoic acid)과 β-알라닌이 결합한 구조이며, 여기에 시스티아민(cysteamine 또는 mercaptamine)이 결합한 것이 판토테인(pantotheine)이다. 다시 여기에 아데닐산이 결합한 것이 보효소 CoA이다.

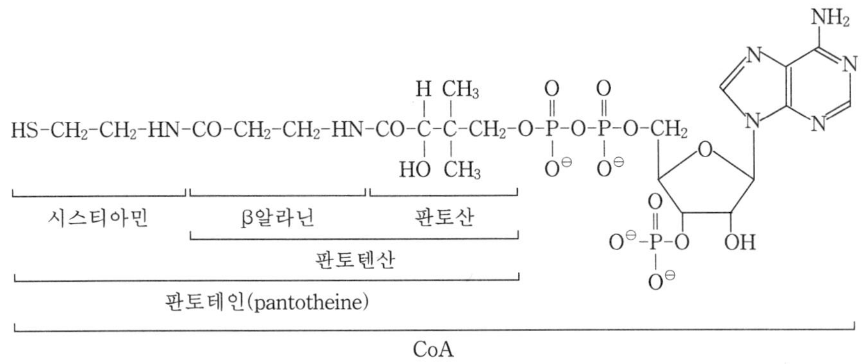

[그림 7-18] 판토텐산과 보효소 A(coenzyme A)의 구조

작용 : 체내에서 CoA와 아세틸 운반단백질의 구성성분으로 여러 대사에 관여한다.

① **에너지 생성** : CoA의 구성성분으로 탄수화물, 단백질, 지방대사로부터 ATP를 생성하는 데 필수적이다.

② **아세틸콜린합성** : CoA 형태로 아세틸기를 운반하는 운반체로 신경전달 물질인 아세틸콜린을 합성한다.

③ **지방산, 콜레스테롤, 스테로이드호르몬 합성** : 아실기 운반단백질(acyl carrier protein, ACP)의 구성성분으로, 지방산, 콜레스테롤, 스테로이드호르몬 합성에 관여한다.

결핍 및 과잉 : 식품에 널리 분포되어 있고, 장내세균에 의해 합성되기 때문에, 보통의 식사를 하는 한 결핍은 거의 없다. 단, 극심한 다이어트, 알코올의 과잉 섭취시 결핍이 일어날 수 있다. 결핍되면 피로, 두통, 불면증, 손발의 통증 등을 유발한다. 과잉의 보고는 없다.

안정성 : 산과 열에 약하지만, 중성부근에서는 안정하다. 가열하거나 산성물질과 접촉할 경우 50%까지 파괴된다.

권장량 : 성인 1일 권장량은 남녀 모두 5 mg이다. 상한섭취량의 설정은 없다.

판토텐산이 풍부한 식품 : 거의 모든 식물성 및 동물성 식품에 유리형 또는 조효소형으로 존재한다. 간, 땅콩, 녹두, 브로콜리, 달걀 등이 있다. 건조효모, 간, 어패류를 비롯한 대부분의 식품에 함유되어 있다.

• 판토텐산 영양강화제에는 판토텐산나트륨(sodium pantothenate), 판토텐산칼슘(calcium pantothenate)이 이용된다.

[표 7-16] 식품 중의 판토텐산 함량(mg/100 g)

식물성 식품	함 량	동물성 식품	함 량
땅콩	2.19	닭(간)	10.10
녹두	1.66	돼지(간)	7.19
해바라기씨	1.66	소(간)	6.40
들 깨	1.65	난 황	4.33
아보카도	1.65	달 걀	1.45
대 두	1.52	돼지고기	1.29
브로콜리	1.12	닭고기	1.05

8. 바이오틴(biotin, 비타민 B_8)

항난백 장해인자로 발견된 비타민으로, 황(S)을 함유하고 있다. 바이오틴은 유리형태 또는 단백질과 결합된 결합형 바이오시틴(biocytin)으로 존재하며, 식품 중에는 결합형 바이오틴이 많다.

결합형의 바이오틴은 소장에 있는 바이오틴분해효소(biotinidase)에 의해 유리 바이오틴으로 분해되어 흡수된 후, 체내에서 다시 단백질과 결합하여 활성화된다.

작용 : 탈탄산효소(carboxylase)의 보효소로서 아미노산, 지방, 탄수화물 대사에 관여한다.

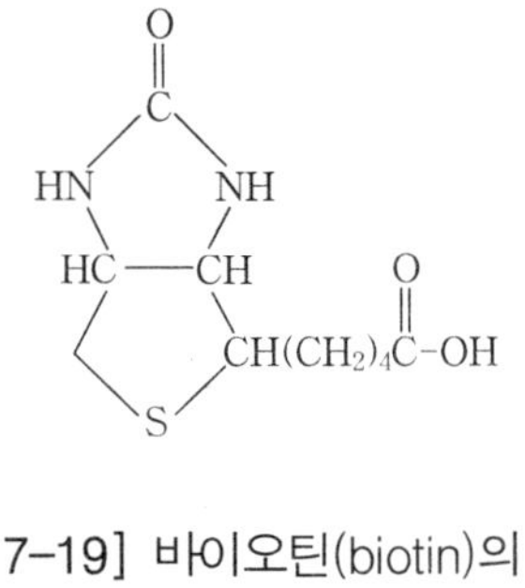

[그림 7-19] 바이오틴(biotin)의 구조

안정성 : 알칼리, 열, 빛, 산화에 안정하다. 그러나 장기간 가열하면 서서히 분해된다.

결핍 및 과잉 : 결핍증으로는 피부염, 탈모, 성장저해 등이 있다.

식품 중에 널리 분포되어 있고, 장내세균에 의해 합성되기 때문에 보통의 식사를 하는 한 결핍은 거의 없다.

그러나 바이오틴은 난백단백질인 아비딘(avidin)과 결합하여 흡수가 저해된다. 실제로 실험쥐에 생난백을 다량 함유한 사료를 주면 피부염이나 탈모를 일으키는 것으로 알려져 있다. 그러나 달걀을 가열하면 아비딘이 변성되기 때문에 문제는 없다.

이외에 항생물질의 장기간 복용시 장내세균에 의한 바이오틴 합성이 감소하거나 선천적으로 바이오틴 분해효소가 결핍되어 태어나는 유아에게서도 결핍이 발생할 수 있다. 과잉의 보고는 없다.

권장량 : 성인 1일 권장량이나 상한섭취량의 설정은 없다. 난치성 피부염 등에는 1일 9mg을 복용시키고 있다.

바이오틴이 풍부한 식품 : 간, 육류, 달걀 등 주로 동물성식품에 풍부하며, 이외에 쌀, 소맥분에 많이 함유되어 있다.

특히, 소간이나 난황에 많이 함유되어 있어 바이오틴 부족에 의한 탈모를 예방할 수 있다. 또, 난황 중의 레시틴은 혈액순환을 촉진하는 프로스타사이클린(prostacyclin)이란 물질을 촉진하여 두피의 혈액순환개선으로 탈모예방에 효과적이다.

9. 비타민 C(아스코브산, ascorbic acid)

비타민 C는 항괴혈병인자로 발견된 비타민으로, 아스코브산이라고도 한다. 아스코브산(ascorbic acid)라는 명칭은 a = anti(항), scorbic = scurvy(괴혈병) 즉, 항괴혈병(anti-scurvy)에서 유래되었다.

포유동물이나 식물은 포도당으로부터 비타민 C를 합성하지만, 사람, 영장동물, 물고기는 체내에서 합성하지 못하므로 식품으로부터 섭취해야만 한다.

환원형, 산화형 비타민 C : 아스코브산(환원형)은 쉽게 산화되어 산화형인 데하이드로아스코브산(dehydroascorbic acid)이 된다. 비타민 C라고 하면 아스코르빈산과 데하이드로아스코르빈산을 모두 포함하며, 이들은 상호 전환된다. 실제로 식품 중에는 2가지가 모두 존재한다.

따라서 총 비타민 함량은 산화형 비타민 C와 환원형 비타민 C의 합으로 표시한다. 그러나 산화형은 환원형에 비해 비타민 C로서의 효과는 1/2 정도로 낮다.

데하이드로아스코브산은 더욱 산화되어 비타민 C 활성이 없는 2,3-다이케토굴론산(2,3-diketoglulonic acid)으로 된다.

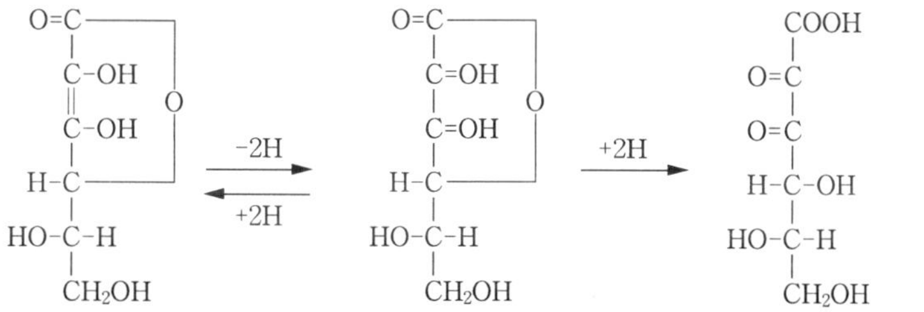

[그림 7-20] 환원형(아스코브산) 및 산화형 비타민 C(데하이드로아스코브산)

작용 : 비타민 C는 항괴혈병 인자로 발견된 비타민이지만, 가장 강력한 항산화물질 중의 하나이다.

① **콜라겐(collagen)의 합성** : 콜라겐은 결체조직, 연골, 모세혈관에 다량 존재하기 때문에, 비타민 C가 부족하면 결합조직이 약해지고, 잇몸이 붓고, 출혈되거나 세균에 감염되기 쉽다

② **철의 흡수 촉진** : 아스코브산은 3가 철을 2가 철로 환원시켜 철의 흡수를 돕는다.

③ **카니틴(carnitine)의 합성** : 카니틴은 에너지생산을 위해 지방산을 세포질로부터 미토콘드리아로 운반하는 역할을 하며, 카니틴활성이 저하되면 혈액에 중성지방이 축적된다.

④ **항산화 작용** : 비타민 E와 협동하여 지질의 산화를 방지하는 항산화제 작용을 한다. 또 생체내의 활성산소로부터 세포를 보호하는 작용을 한다.

한편, 아스코브산의 이성질체인 에리쏘브산(erythobic acid)는 비타민 C 효력은 없지만, 환원력이 있기 때문에 산화방지제, 보존료로 사용된다.

⑤ **그 밖의 작용** : 체내 간해독작용, 백내장 예방효과, 발암성물질인 나이트로사민의 생성억제작용이 있으며, 육제품의 발색시 환원제, 갈변반응에 의한 변색방지 등 식품 가공에서 중요한 역할을 한다.

안정성 : 비타민 중 가장 산소에 의해 파괴되기 쉽다. 특히, 열, 빛, 알칼리성에서 쉽게 산화되어, 조리 중의 손실이 크다. 그러나 산성에서는 매우 안정하다. 따라서 단시간에 조리하고, pH를 산성으로 유지하며 가급적 공기와의 접촉을 피하는 것이 좋다.

또 채소 조리시 소금을 첨가하면 비타민 C의 파괴를 억제할 수 있다. 예를 들어 시금치 끓는 물에 3분간 데치면 잔존율이 76%이지만, 소금(1%)를 첨가하면 잔존율은 94%로 증가한다.

아스코브산 산화효소(ascorbinase) : 양배추, 당근, 오이, 가지, 호박 등에 존재하는 아스코브산 산화효소는 아스코브산을 산화시켜 데하이드로아스코브산을 생성한다. 이 효소는 절단, 마쇄, 각피 등에 의해 조직에 파괴되어 공기 중의 산소와 접촉하여 활성화되기 때문에 과일이나 채소주스에 당근을 가하면 비타민 C가 손실된다.

예를 들어, 무(비타민 C 13 mg/100 g)와 당근을 함께 갈면 산화효소에 의해 비타민 C가 파괴된다. 그러나 단시간에는 많이 파괴되지 않기 때문에 바로 먹으면 상관없다.

아스코브산 산화효소의 최적 pH는 5.5~6.0이며, 최적 온도는 30℃이다. 이 효소는 80℃ 이상에서 1~2분 가열하면 불활성화되지만, 비타민 C는 대부분 파괴되지 않는다.

따라서 오이나 당근을 혼합하고자 할 때는 채소에 뜨거운 물을 뿌리거나 산이나 레몬즙을 뿌려 산성으로 하여 효소를 불활성화시키면 된다.

권장량 : 성인 1일 권장량은 100 mg으로, 다른 비타민(10 mg 이하)에 비해 매우 높다.

그러나 비타민 C의 요구량은 흡연, 음주 등에 의해 더 많은 요구량을 필요로 한다. 예를 들어, 흡연자와 음주자는 혈청 내 비타민 C 농도가 낮다고 한다. 한편, 비타민 C는 복용 후 6시간 후 체외로 배출되기 때문에, 한 번에 많은 양을 섭취하는 것보다 나누어 섭취하는 것이 좋다

[표 7-17] 식품 중의 비타민 C 함량(mg/100 g)

식 품	함 량	식 품	함 량
파슬리	139	구아바	220
파프리카	119	딸 기	71
브로콜리	98	레 몬	70
무말랭이	76	대추(생)	62
냉 이	74	밀 감	48
풋고추	72	오렌지	43
시금치	66	자 몽	35
피 망	53	키 위	27
샐러리	47	멜론(머스크)	22
치커리(적색)	48	참 외	21
호박(주키니)	40	수 박	14
양배추	36	블루베리	13
감 자	36	감	13
쑥	33	바나나	10
고구마	25	사 과	4
파	21	배	4
무	13	포 도	2
콩나물	0.9		

결핍 및 과잉 : 결핍하면 괴혈병을 일으킨다. 채소나 과일에 많이 들어 있고, 대부분의 가공식품에는 산화방지제로 비타민 C를 첨가하고 있기 때문에 결핍증은 없다.

한편 일반적으로 과잉증은 없는 것으로 알려져 있다. 그러나 일부에서 과잉섭취는 철의 흡수를 촉진하여 철 과다증을 유발하거나 백내장을 촉진한다는 보고도 있다. 1일 상한 섭취량은 2,000 mg이다.

비타민 C가 풍부한 식품 : 채소와 과일에 많으며, 곡류, 두류나 동물성식

품에는 거의 없다. 채소 중에서는 파슬리, 파프리카, 브로콜리 등에, 과일 중에서는 구아바, 딸기, 레몬, 감귤류 등에 많다.

8장

식품의 색

8.1. 식품에서의 색의 역할

식품은 각자 고유의 색을 가지며, 색은 식품의 신선도나 상품가치를 판단하는 중요한 요인이다. 색의 퇴색이나 변색정도에 의해 품질의 저하 정도를 알 수 있다. 또 가공이나 저장식품의 색이 암갈색을 나타내는 경우에는 색소의 파괴 이외에 다른 식품성분(예: 비타민 등)의 변화를 간접적으로 추정할 수 있다.

또한 식품의 색은 요리의 채색을 증가시키고, 식욕을 증진시키는 중요한 성분이다. 이 때문에 요리할 때도 착색이 목적인 향신료(강황 등)나 파프리카 등을 첨가하고 있다. 일반적으로 적색이나 오렌지색은 식욕을 증진시키고, 파란색, 회색, 갈색은 식욕을 감퇴시킨다.

이외에도 색은 맛에도 상당히 영향을 준다. 구연산과 설탕의 혼합액을 한쪽은 빨간색으로, 다른 한쪽은 녹색으로 착색했을 때, '빨간색 쪽이 더 달다고 대답한 사람은 80%이었다' 라는 실험보고도 있다. 한편 식탁보나 접시를 파랑색으로 할 때는 식욕을 감퇴시킨다고 한다.

1. 색의 인식

사람이 색으로 인식할 수 있는 가시광선의 범위는 380~760 nm이다. 가시광선을 식품에 쪼이면, 색소성분이 가시광선의 일정파장을 선택적으로 흡수하고, 흡수되지 않은 나머지 파장 광선을 식품의 색으로 감지한다. 예를 들어, β-카로틴은 400~500 nm부근(자색, 청색)의 파장을 흡수하고, 나머지 반사되는 500~760 nm(황색, 주황색, 적색)의 파장을 인식하여 등황색을 나타낸다(그림 8-1).

또, 백색은 빛을 전부 반사하고, 검정색은 빛을 모두 흡수하여 나타난다. 투명한 물체는 빛을 모두 투과시킨다.

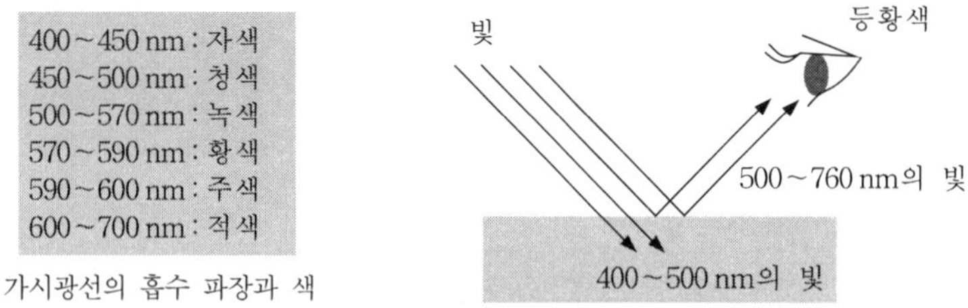

[그림 8-1] 가시광선의 파장과 색의 인식

헤테로원자
탄소와 수소 이외의 원자

발색단 : 일반적으로 색소는 연속적인 발색단(공액 이중결합 등)을 갖고 있어 색을 나타낸다. 발색단의 길이가 길어질수록 장파장의 가시광선을 흡수한다. 또 산소나 질소와 같은 전자대를 갖는 헤테로원자를 함유한 관능기(보조색단, 補助色團)가 결합되면 빛의 흡수는 더 긴 파장 쪽으로 이동한다. 예를 들어, 노란색의 경우 빨간색으로 된다.

8.2. 식품 색소의 분류

식품에 존재하는 색소는 대부분 천연색소이며, 식물성 색소와 동물성 색소로 크게 분류된다.

식물성색소는 화학구조적으로 지용성인 클로로필, 카로테노이드와 수용성의 플라보노이드, 안토시아닌, 타닌 등으로 분류된다. 타닌은 무색이지만 쉽게 산화, 중합되어 흑갈색으로 변하기 때문에 색소에 포함시킨다. 식물성색소는 예로부터 염료로 사용되어져 왔으나 최근에는 이들 색소의 다양한 기능성이 밝혀지면서 관심을 모으고 있다.

동물성 색소로는 마이오글로빈, 헤모글로빈 등이 있다. 합성색소로서는 식용타르색소가 약간 이용되고 있다.

[표 8-1] 식품의 색소성분 및 기원

색소성분	색조	기원식품
클로로필	황녹색~청녹색	녹색채소, 미숙과일, 해조류
카로테노이드	황등색~적색	곡류, 서류, 두류, 종실류, 채소류, 해조류, 향신료, 어패류, 달걀
플라보노이드	황 색	곡류, 두류, 채소류, 과실류, 향신료
안토시아닌	적등색~청자색	곡류, 서류, 두류, 채소류, 과실류
헤모글로빈	적 색	동물의 혈액
마이오글로빈	적 색	동물의 근육
갈변색소		
타닌 산화생성물	흑갈색	타닌의 산화, 중합에 의해 생성
폴리페놀 산화생성물	갈 색	폴리페놀옥시데이스작용, 비효소적 산화에 의해 생성
멜라노이딘	길 색	아미노-카보닐반응에 의해 생성
캐러멜	갈 색	당의 가열에 의해 생성

8.3. 식물성 색소

1. 클로로필(chlorophyll, 엽록소)

녹황색 채소, 미숙과일, 해조류에 존재하는 지용성색소로, 클로로필(chlorophyll)은 그리스어 chloros(녹색), phyllon(잎)에서 유래되었다. 건조 녹엽에 약 1%를 차지하며, 보통 단백질과 결합되어 있어 아세톤에 잘 추출된다. 채소류를 고온에서 가열하면 단백질과의 결합은 쉽게 절단된다.

종류 : 클로로필에는 클로로필 a, b, c, d가 있다. 보통 녹조류(파래, 청각), 고등식물에서는 클로로필 a와 b가 2 : 1~3 : 1의 비율로 존재한다.

클로로필 a는 청록색을, b는 황녹색을 나타내며, 보통 식물체에서는 카로테노이드와 공존하지만 전체적으로 클로로필의 함량이 더 많아 녹색을 나타낸다. 클로로필 c와 d는 일부 해조류에서 발견된다. 갈조류(다시마, 미역, 녹미채 등)에는 클로로필 a와 c가, 홍조류(김, 우뭇가사리)에는 a와 d가 존재한다.

클로로필의 기본골격인 포피린은 4개의 피롤로 구성된다.

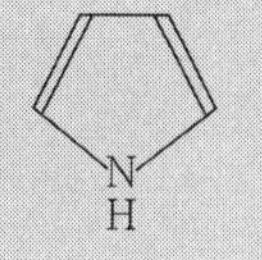

피롤(pyrrole)

1) 클로로필의 구조

클로로필의 기본골격은 피롤(pyrrole) 4개가 공액이중결합된 포피린(porphyrin)환이며, 그 중심에 마그네슘(Mg^{2+})이 존재한다. 클로로필 a, b의 차이는 포피린의 외곽에 붙어있는 치환기가 다를 뿐, 기본적인 화학적 성질에는 차이가 없다(그림 8-2).

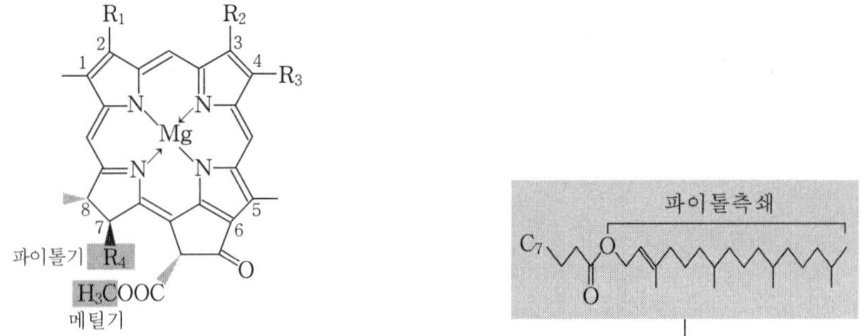

	R1	R3	R2	R4	
클로로필 a(청록색)	$CH{=}CH_2$	CH_2CH_3	CH_3	$CH_2CH_2COOC_{20}H_{39}$	
클로로필 b(황록색)	$CH{=}CH_2$	CH_2CH_3	CHO	$CH_2CH_2COOC_{20}H_{39}$	
클로로필 c_1	$CH{=}CH_2$	CH_2CH_3	CH_3	CH=CHCOOH	$C_7 \sim C_8$: 이중결합
클로로필 c_2	$CH{=}CH_2$	$CH{=}CH_2$	CH_3	CH=CHCOOH	$C_7 \sim C_8$: 이중결합
클로로필 d(청록색)	CHO	CH_2CH_3	CH_3	$CH_2CH_2COOC_{20}H_{39}$	

[그림 8-2] 클로로필 구조

2) 클로로필의 안정성

(1) 산과의 반응

클로로필은 산에 불안정하여 쉽게 마그네슘이 수소와 치환하여 페오파이틴(pheophytin, 갈색)이 되고, 계속 파이톨(phytol)이 분해되어 페오포바이드(pheophorbide, 갈색)를 생성한다(그림 8-3). 이 반응들은 비가역적(irreversible)으로 급속히 진행되며, 채소 가공 시 흔히 볼 수 있는 중요한 변화이다.

조리 중의 클로로필의 변화 : 채소 중의 클로로필은 단백질과 결합되어 있어 산에 비교적 안정하지만 가열에 의해 단백질이 변성되면 산에 의해 쉽게 변색된다.

숙성된 배추김치나 오이지의 색이 갈색으로 변하는 것은 발효 중에 생성된 젖산, 호박산, 초산 등의 유기산에 의해 클로로필이 분해되기 때문이다.

채소를 데칠 때 갈색으로 변하는 이유는 채소 세포의 파괴로 유리되어 나온 유기산에 의해 클로로필이 페오파이틴으로 분해되기 때문이다. 이와 같은 유기산은 채소를 가열하고 처음 수분간 가장 많다.

산성인 된장국 속의 채소가 쉽게 갈색으로 변하는 것도 같은 이유이다.

따라서 녹색채소를 데칠 때는 뚜껑을 열어 채소중의 유기산을 휘발시키는 것이 좋다.

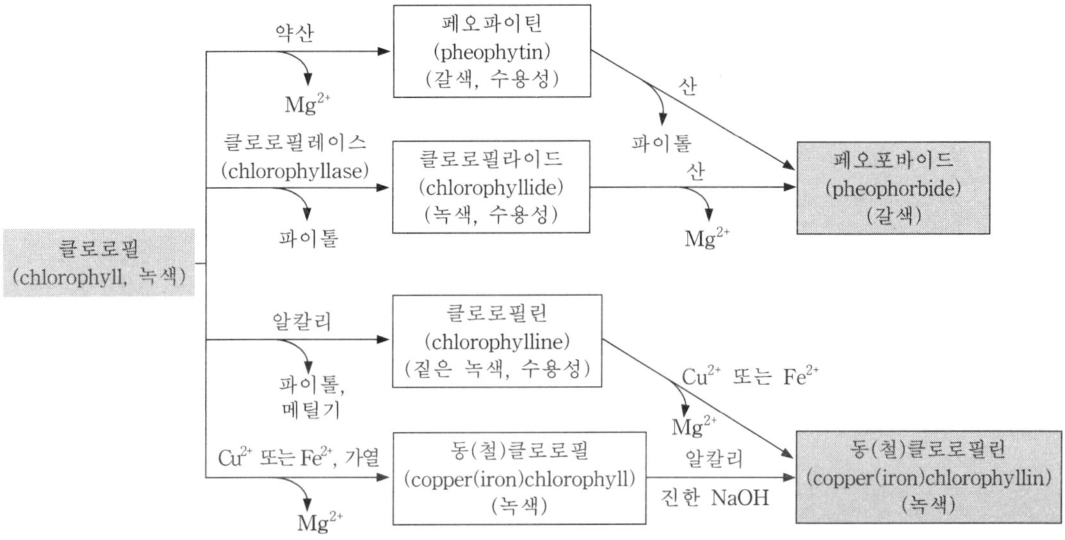

[그림 8-3] 클로로필의 변화와 색

광과민증과 페오포바이드 : 페오포바이드의 과잉섭취는 광민감증(피부염)의 원인이 된다.

쥐의 복강 내에 페오포바이드를 주입하여 빛을 쪼이면 쇼크사를 일으키고, 사람의 경우, 클로렐라정제를 복용한 후 얼굴과 손등에 피부염을 유발시켰다는 보고도 있다. 원인물질은 클로렐라정제의 조제 중에 생성된 페오포바이드로 보고되고 있다.

(2) 클로로필레이스(chlorophyllase)와의 반응

채소의 조직이 파괴되면 클로로필레이스의 작용에 의해 파이톨이 떨어져 클로로필라이드(chlorophyllide, 녹색)를 형성한다(그림 8-3).

산성조건에서는 계속하여 마그네슘이 떨어져 페오포바이드(pheophorbide, 갈색)를 형성한다.

클로로필레이스의 최적 활성온도는 60~80℃로 80℃ 이상에서 가열하면 활성이 저하되기 시작하여 100℃에서 완전 불활성화된다.

클로로필레이스의 작용은 채소의 색깔변화에 영향을 주지 않지만, 클로로필이 수용성의 클로로필라이드로 바뀌어 채소내의 안정된 클로로필의 함량을 감소시킨다. 실제로 조리중에 채소를 데치면 녹색이 용출되어 나오며, 이는 클로로필레이스 작용으로 생성된 수용성 클로로필라이드에 의한 것이다. 따라서 녹색채소를 가공할 때는 블렌칭(blanching)으로 효소를 불활성화하여 퇴색을 막을 필요가 있다.

브렌칭(blanching, 데치기)의 영향 : 블렌칭은 주로 열탕이나 수증기에 의해 채소를 가열하기 때문에, 블렌칭 처리 중에 클로로필이 페오파이틴이나 페오포바이드로 분해될 수 있기 때문에 주의해야 한다.

표 8-2와 같이, 강낭콩을 열탕 블렌칭한 경우, 효소불활성화를 위해서는 88℃에서 3분간의 블렌칭이 필요하고, 이 경우 클로로필은 12% 손실되었으나, 100℃에서 1분간의 블렌칭으로 효소가 불활성화되고, 클로로필의 손실도 6% 정도였다.

[표 8-2] 강낭콩의 블렌칭처리에 의한 클로로필의 변화

열탕 블렌칭				수증기 블렌칭			
온도(℃)	시간(분)	효소활성	클로로필 손실(%)	온도(℃)	시간(분)	효소활성	클로로필 손실(%)
88	1	유	4.2	88	1	유	0.9
	3	무	11.9		3	무	11.7
	4	무	16.9		4	무	15.9
	5	무	18.7		5	무	25.4
93	1	유	4.0	93	1	무	4.3
	2	무	8.5		2	무	9.6
	3	무	13.5		3	무	16.3
	5	무	21.3		5	무	26.0
100	1	무	5.6	100	1	무	5.9
	2	무	10.5		2	무	12.7
	3	무	15.4		3	무	21.7
	5	무	24.5		5	무	37.4

따라서 채소를 데칠 때, 100℃에서 극히 짧은 시간 블렌칭하는 것이 좋다. 또한 충분한 양의 물(채소의 5배 정도)을 사용한다. 100℃로 끓인 물이라도 물의 양이 적으면, 채소를 넣었을 때 50℃ 이하까지 떨어지는 경우가 있다.

한편, 채소를 블렌칭하면 오히려 녹색이 진해지는데 이는 단백질이나 염류

와 결합되어 있는 클로로필(수용성)이 분해되어 채소 표면의 왁스층으로 확산되기 때문이다.

(3) 클로로필과 알칼리의 반응

클로로필은 약알칼리성에서는 안정하여 마그네슘의 수소치환은 일어나지 않고, 녹색이 그대로 유지된다. 알칼리에서 가열하면 메틸기와 파이톨이 떨어져 나가면서 짙은 녹색의 수용성 클로로필린(chlorophyllin)을 형성한다(그림 8-3).

녹색 채소를 데칠 때, 알칼리성인 탄산수소나트륨($NaHCO_3$)이나 글루탐산나트륨(MSG) 등을 넣고 조리하면 녹색을 유지하기 쉬운 이유도 여기에 있다. 실제로 탄산수소나트륨과 같은 알칼리를 가하여 녹색을 유지하는 경우도 있으나, 알칼리는 비타민류, 특히 비타민 B_1, B_2와 C를 파괴시키고, 채소 조직을 연화시키므로 바람직한 방법이 못된다.

일반적으로 자연식품이나 가공식품의 경우에는 알칼리성이 거의 없기 때문에, 실제 식품 중에서는 거의 볼 수 없는 반응이다.

(4) 클로로필과 금속의 반응

클로로필구조 중의 마그네슘(Mg^{2+})은 구리(Cu^{2+})나 철(Fe^{2+})과 치환하여 각각 동클로로필(청녹색)과 철클로로필(녹갈색)을 형성한다(그림 8-3). 동클로로필과 철클롤로필은 지용성이며, 가열에도 매우 안정하다.

동클로로필에 강한 알칼리를 작용시키면, 수용성 동클로로필린(나트륨염)이 된다. 동클로로필린은 클로로필에 비해 가열, 산과 빛에 안정한 색소로, 완두콩 통조림을 비롯한 채소, 과실류 저장품, 다시마, 껌 등의 착색료로 이용되고 있다. 또 탈취효과가 있어 입 냄새 방지용 치약 등에도 사용된다.

한편 완두콩 통조림 등에는 가열살균시의 클로로필의 파괴를 막기 위하여 150 ppm 정도의 황산구리($CuSO_4$)를 첨가하도록 허용되어 있다.

또 채소를 데칠 때 식염(1~2%)을 넣는 이유는 식염 중의 나트륨이 부분적으로 클로로필 중의 Mg과 치환하여 색을 안정화시키고 산화효소의 작용을 억제하는 효과가 있기 때문이다. 그러나 소금은 소량 첨가되기 때문에 효과에는 한계가 있다.

김의 색 : 김에는 색소단백질인 파이코에리쓰린(phycoerythrin, 적색)과 파이코시아닌(phycocyanin)이 클로로필과 함께 공존하여 흑자색을 나타낸다. 그러나 김을 구우면 열에 약한 파이코에리쓰린(적색)이 분해되어 파이코시아닌(청색)이 공존하는 클로로필과 함께 청녹색을 나타낸다.

한편, 방치한 김은 빛과 습기에 의해 클로로필이 파괴되어 파이코에리쓰린의 적색을 강하게 나타낸다. 따라서 보관할 때는 습기를 막고, 어둡고 서늘한 곳에서 보관하는 것이 좋다.

2. 카로테노이드(carotenoid)

1) 식품중의 카로테노이드와 클로로필의 관계

카로테노이드는 황, 오렌지, 적색의 지용성 색소로 동식물에 널리 존재하며, 500여종 이상의 화합물이 발견되고 있다. 카로테노이드는 대부분 클로로필과 공존하고 있기 때문에 녹색채소에 카로테노이드가 함유되어 있어도 녹색으로 보인다. 카로테노이드는 클로로필과 함께 엽록체에 존재하여 빛에 의한 클로로필의 산화를 막아주는 작용을 한다.

이러한 사실은 가을 단풍의 색에서 알 수 있다. 단풍이 생기는 이유는 가을에 기온이 떨어지면서 광합성에 의한 클로로필의 생성이 정지되어 분해되면서 카로테노이드색소가 노출되기 때문이다. 붉은 단풍은 안토시아닌색소의 형성에 기인한다.

녹황색 채소 : 녹황색채소라고 하면 원칙적으로 가식부 100 g 중에 카로틴 600 μg(0.6 mg) 이상을 함유한 것을 말한다.

녹색이 짙은 채소에는 카로테노이드색소가 많고, 그 함량은 녹색의 농도와 높은 상관관계를 갖는다. 따라서 채소의 녹색 농도는 카로테노이드의 함량을 아는 지표로 이용할 수 있다.

녹황색색소를 섭취시 활성산소의 제거, 암 예방에 효과가 있는 것으로 알려져 있는데, 이는 카로테노이드에 기인되는 경우가 많다. 실제로 녹색잎은 황백색잎보다 10~15배 항산화작용이 강하다고 한다.

2) 카로테노이드의 구조

카로테노이드는 아이소프렌(isoprene, C_5H_8) 8개로 이루어진 테트라터펜(tetraterpene) 화합물로, 분자 내에 10개 이상의 공액 이중결합을 갖고 있으며, 이들이 색을 나타내는 발색단이 된다(그림 8-4). 이들 이중결합의 수가 많을수록 색은 적색으로 짙어진다.

카로테노이드는 당근(carrot)에서 유래하여 카로틴(carotene), 다시 카로테노이드(carotenoid)로 이름 붙여졌다.

예를 들면 라이코펜(lycopene)은 β-카로틴보다 이중결합이 2개 더 많기 때문에 β-카로틴보다 더 붉은 색을 나타낸다(표 8-3 참조).

터펜(terpene) 아이소프렌(isoprene) 2개가 결합된 중합체

또한 이중결합수는 같더라도 공액형 이중결합수가 많으면 더 붉은색을 나타낸다. 예를 들어 α-카로틴(공액이중결합수 : 10개)은 노란색을, β-카로틴(공액이중결합수 : 11개)은 오렌지색을 나타낸다.

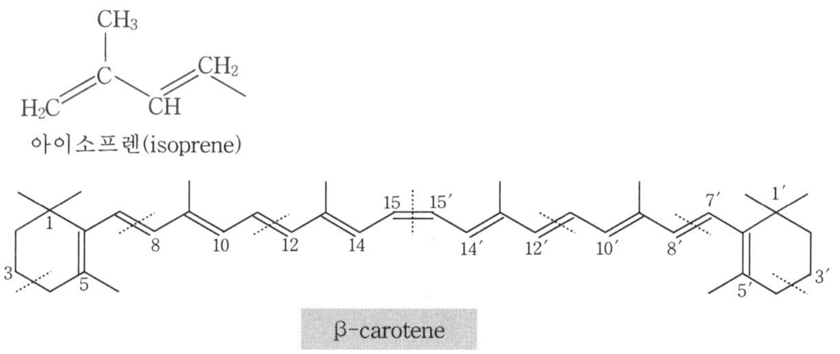

[그림 8-4] 카로테노이드의 구조

3) 카로테노이드의 분류

카로테노이드는 탄소와 수소로만 구성된 카로틴류(carotenes)와 분자 중에 수산기나 카보닐기를 갖는 잔토필류(xanthophylls)로 크게 분류된다.

카로틴류는 물, 에탄올에 잘 녹지 않지만, 석유에테르에 잘 녹는다. 반대로 잔토필류는 석유에테르에는 녹지 않지만 에탄올에는 잘 녹는다.

대표적인 카로테노이드의 구조와 기원은 표 8-3에 정리하였다.

[표 8-3] 대표적인 카로테로이드

	명칭	색	구 조	소 재
카로틴류	α-카로틴 (α-carotene)	황등색	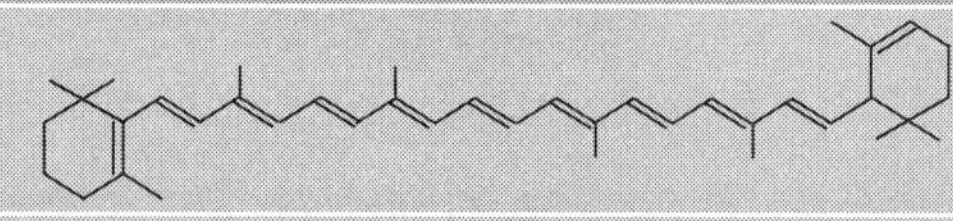	당근, 오렌지, 녹색채소
	β-카로틴 (β-carotene)	황등색	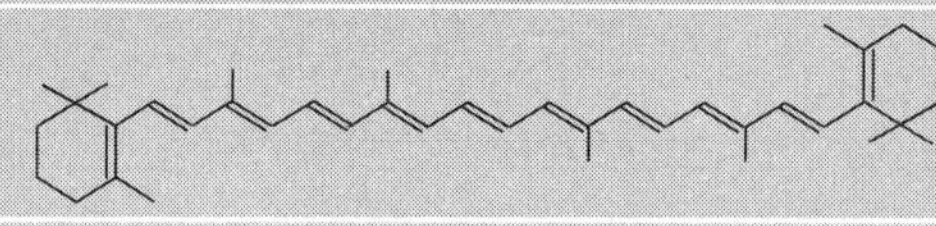	당근, 고구마, 호박, 난황, 오렌지, 녹색채소
	ɣ-카로틴 (ɣ-carotene)	황등색	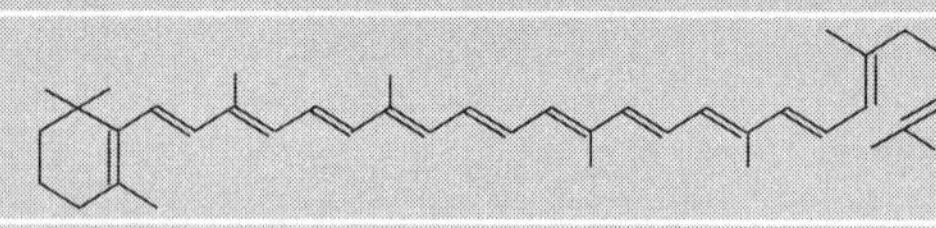	살구
	라이코펜 (lycopene)	적색	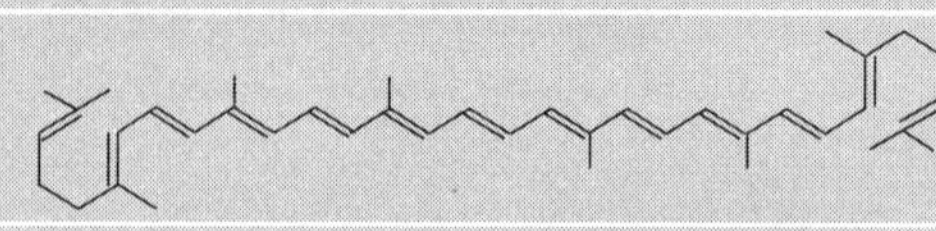	토마토, 수박, 감
잔토필류	크립토잔틴 (cryptoxanthin)	황등색	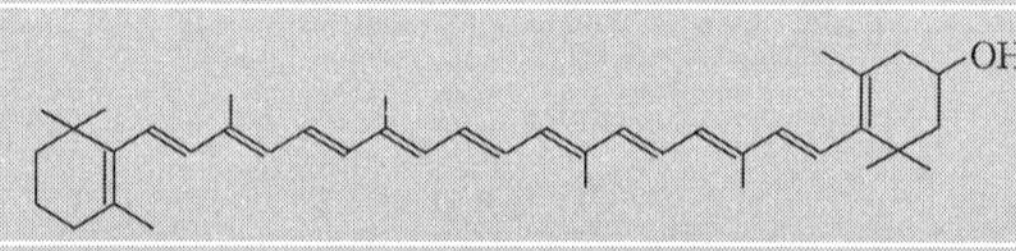	감, 옥수수, 오렌지, 귤
	루테인 (lutein)	황등색	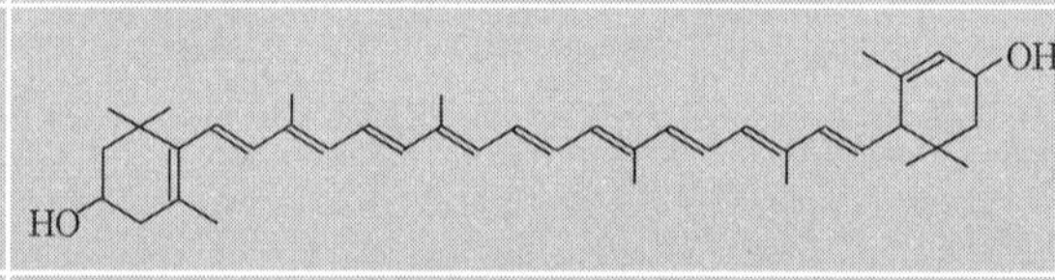	분홍색자몽, 난황, 옥수수, 오렌지, 호박, 마리골드꽃
	제아잔틴 (zeaxanthin)	황등색	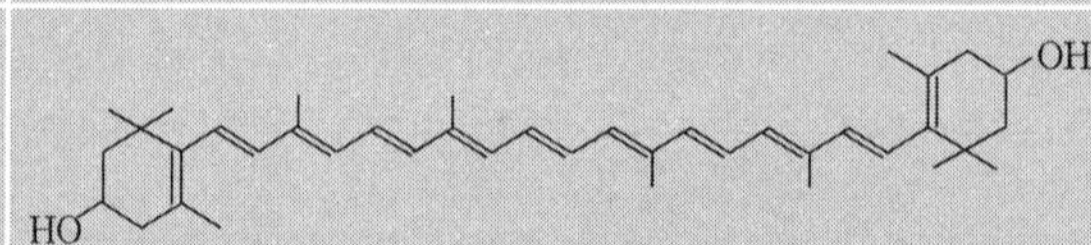	옥수수, 오렌지, 마리골드꽃
	바이오라잔틴 (violaxanthin)	황등색	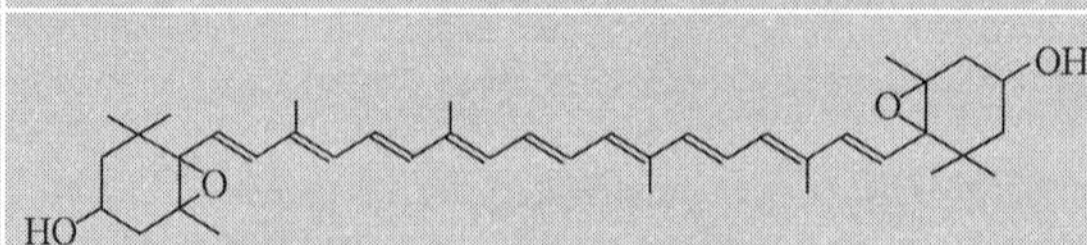	자두, 고추, 감귤류
	캡산틴 (capsanthin)	적색	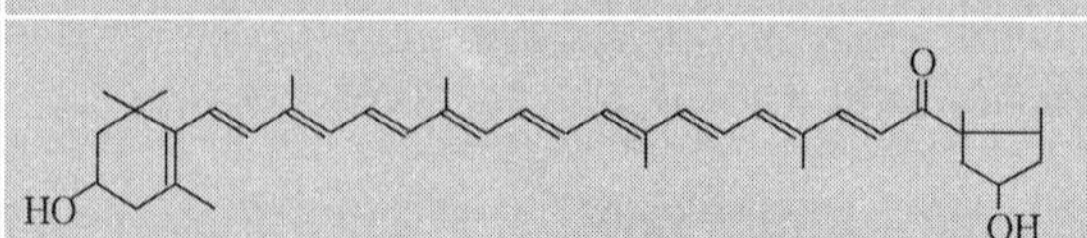	고추, 피망
	칸타잔틴 (canthaxanthin)	적색	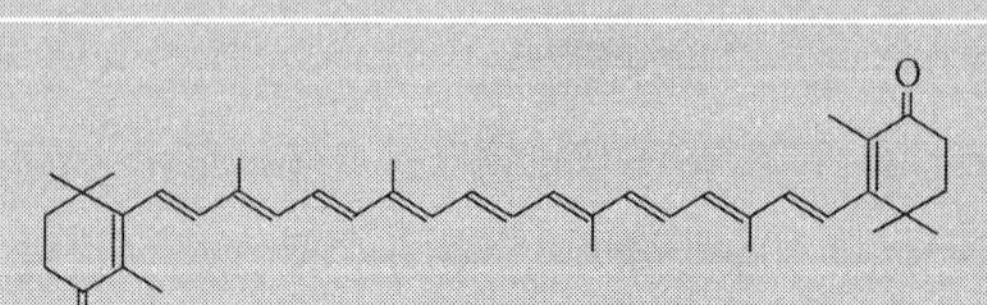	연어, 송어
	아스타잔틴 (astaxanthin)	적색	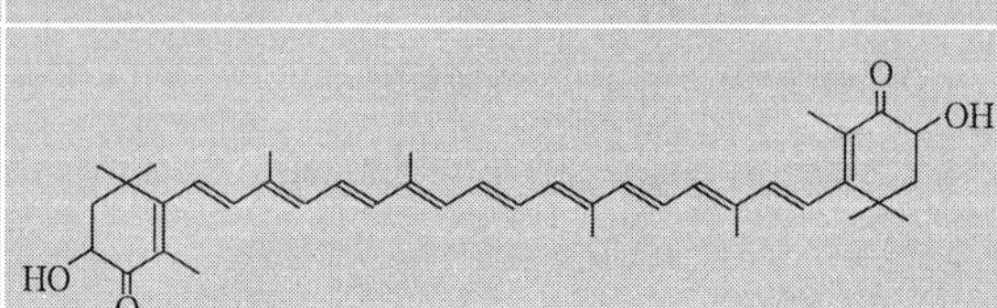	게, 새우, 연어, 송어

[표 8-3] 계 속

명칭		색	구 조	소 재
잔토필류	아스타신 (astacin)	적색	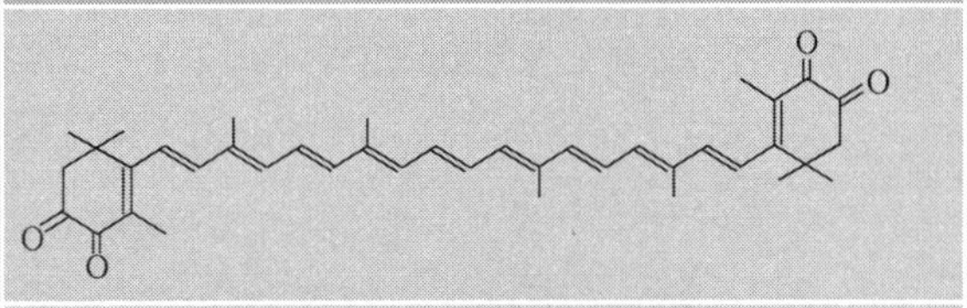	게, 새우, 연어, 송어
	β-아포-8′-카로틴알 (β-apo-8′-carotenal)	적등색	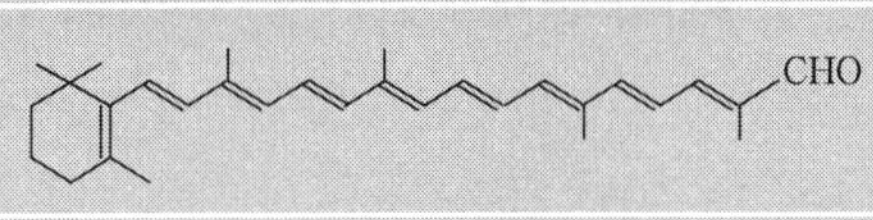	오렌지
	크로세틴 (crocetin)	황등색	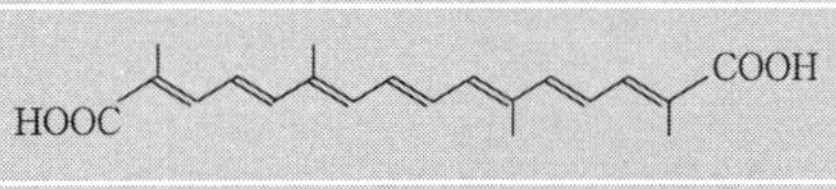	사프란, 치자나무
	푸코잔틴 (fucoxanthin)	황등색	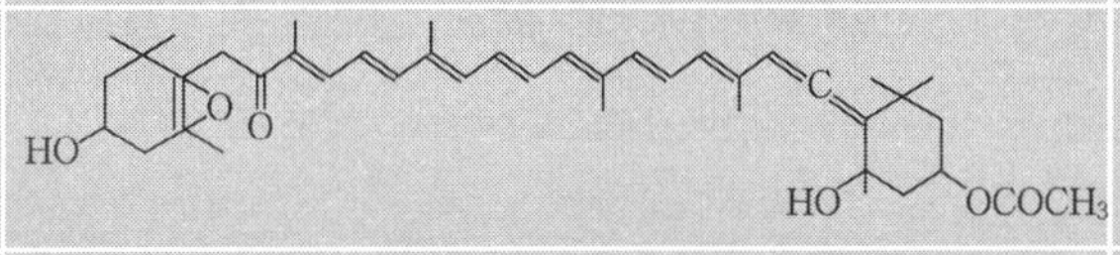	다시마, 미역
	빅신 (bixin)	적색	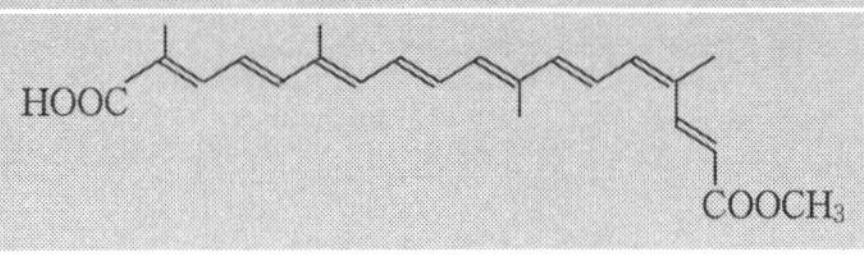	아나토

(1) 카로틴류(carotenes)

주요 카로틴류로는 α-, β-, γ-카로틴과 라이코펜이 있으며, 황등색을 나타낸다. 그러나 이들의 결정은 암적색이다. α-카로틴은 당근, 오렌지 등에 존재하며, β-카로틴은 당근, 고구마, 호박 등에, γ-카로틴은 살구, 팜유(palm oil) 등에 많이 함유되어 있다.

한편 라이코펜은 토마토, 수박, 분홍색 자몽에 많이 함유되어 있다.

[표 8-4] β-카로틴과 라이코펜이 많은 식품의 예(㎍/100 g)

	β-카로틴	라이코펜
자몽(분홍색)	2,343	3,362
수 박	230	4,500
토마토	660	3,100
당 근	7,600	-
시금치	3,300	-

(2) 잔토필류(xanthophylls)

잔토필은 수산기(-OH), 카보닐기(-C=O), 카복실기(-COOH), 메톡실기 ($-OCH_3$) 등의 형태로 산소를 함유하는 카로테노이드의 총칭으로, 카로틴의 산화생성물로 볼 수 있다. 수산기나 카보닐기와 같은 관능기는 보조발색단으로 작용하여 적색을 나타내는 것들이 많다.

주요한 잔토필류로는 크립토잔틴, 루테인, 제아잔틴, 캡산틴, 캔타잔틴, 아스타잔틴, 빅신 등이 있다.

수산기(-OH)를 갖는 잔토필류 : 크립토잔틴(수산기 1개), 루테인(2개), 제아잔틴(2개) 등이 있으며, 황등색이다.

루테인, 제아잔틴과 황반변성 : 루테인과 제아잔틴은 녹색채소에 많이 존재하며, 사람의 체내에는 망막중심부에 있는 황반에 존재한다. 노화되면 황반변성에 의해 시력저하가 일어난다. 또한 황반변성은 장기간의 자외선이나 컴퓨터 모니터의 청색광에 노출되면 일어난다. 따라서 루테인이나 제아잔틴의 충분한 섭취는 황반변성이나 백내장을 예방할 수 있다.

루테인이나 제아잔틴이 풍부한 식품으로는 케일, 시금치, 브로콜리, 키위 등이 있다.

카보닐기를 갖는 잔토필류 : 케톤기(-C=O)를 갖는 잔토필로는 캡산틴(capsanthin, 1개), 칸타잔틴(canthaxanthin, 2개), 아스타잔틴(astaxanthin, 2개) 등이 있으며, 적색을 나타낸다.

캡산틴은 고추, 파프리카의 적색색소로, 매운맛을 나타내는 캡사이신(capsaicin)과는 달리 매운맛이 없다. 칸타잔틴은 연어, 송어의 적색색소이며, 아스타잔틴은 새우나 게를 삶았을 때 껍질의 적색이다.

이외에 알데하이드기(-CHO)를 갖는 잔토필로는 β-아포-8′-카로틴알(β-apo-8′-carotinal)이 있으며, 적등색을 나타낸다. β-아포-8′-카로틴알은 공업적으로 합성되어 착색료로 이용된다.

카복실기를 갖는 잔토필류 : 크로세틴(crocetin)과 아나토 색소의 주성분인 빅신(bixin)이 있다.

① **크로세틴**(crocetin) : 사프론이나 치자에 존재하는 황등색색소이다. 사프론(saffron)이나 치자에는 다이에스터형태인 크로신(crocin)으로 존재한다. 크로신은 카로테노이드이지만, 물에 잘 녹아 단무지 등의 착색에 이용된다.

사프론 : 개화초기의 등적색 꽃 암술을 건조한 것으로, 진정작용과 냉증에 효과가 있어 약용으로도 사용하며, 가장 비싼 향신료이다.

② **아나토(annatto) 색소** : 빅사나무(*Bixa orellarea* L.)의 열매과육에서 추출한 적색색소이며, 유기용매로 추출한 지용성 아나토 색소와 알칼리용액으로 추출하는 수용성 아나토 색소가 있다.

지용성 아나토 색소의 주성분은 빅신(bixin)으로, 버터, 마가린, 식용유지 등의 유지제품의 착색료로 사용된다.

수용성 아나토 색소의 주성분은 노빅신(norbixin)으로, 빅신의 알칼리에 의한 가수분해로 생성되며, 구조 중의 2개의 카복실기(-COOH)를 갖는다. 이들은 칼륨염이나 나트륨염의 형태로 과즙, 아이스크림, 햄, 소시지, 된장 등에 이용된다.

메톡실기를 갖는 잔토필 : 미역이나 다시마에 존재하는 푸코잔틴(fucoxanthin)이 있으며, 황등색이다.

① **미역의 색** : 미역의 갈색은 푸코잔틴(황등색)이 단백질과 결합하여 나타내는 적색과 클로로필의 녹색에 기인된다. 그러나 가열하면 단백질과 결합이 끊어져 황등색이 된다. 이 때문에 미역을 데치면 클로로필의 녹색이 선명하게 보인다.

4) 카로테노이드와 비타민 A

분자 내에 β-요논(β-ionone)구조를 갖는 카로틴류 중의 α-, β-, γ-카로틴과 잔토필류의 크립토잔틴(cryptoxanthin)은 체내에서 비타민 A 효력이 있어 프로비타민 A라고 부른다.

이들 중에서 가장 중요한 것은 β-카로틴으로, 2분자의 레틴올(retinol)이 결합되어 있다. 따라서 β-카로틴을 섭취하면, 소장점막에서 2분자의 레틴올(비타민 A)로 전환, 흡수된다.

그러나 β-카로틴은 장관에서의 흡수가 좋지 않아 체내의 비타민 A효과는 레틴올의 1/6이 된다(단 모유는 예외적으로 흡수되기 쉽다). 카로테노이드는 체내 비타민 A가 부족할 때만 비타민 A로 전환되며, 나머지는 배설되므로 비타민 A의 과잉섭취시와 같은 문제는 없다.

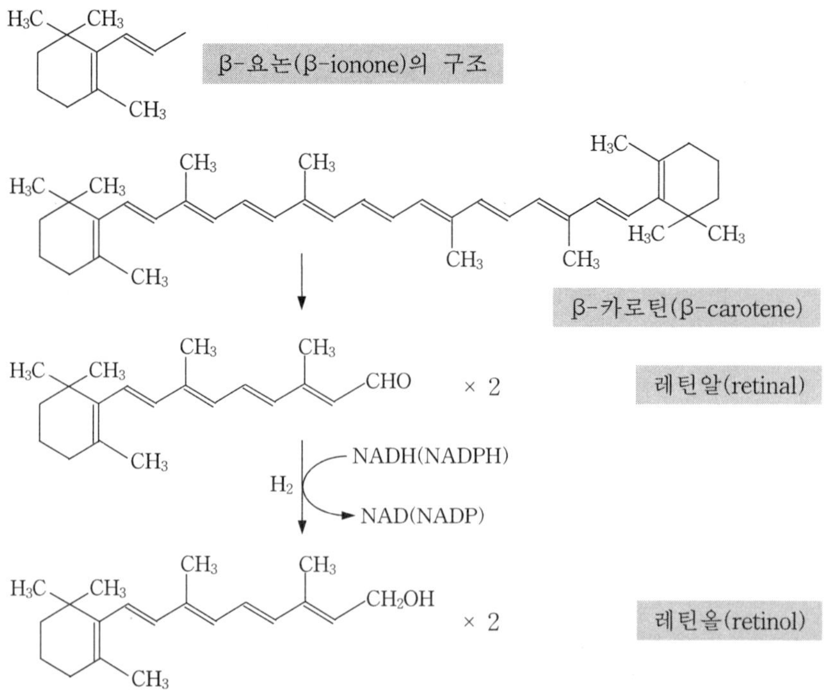

[그림 8-5] β-카로틴으로부터의 비타민 A(레틴올)의 생합성

토마토나 수박의 적색 색소인 라이코펜은 비타민 A 효력이 없다.

그러나 라이코펜은 암예방, 노화방지, 자외선에 의한 피부 홍반억제작용 등이 있으며, 이들의 작용은 카로틴 보다 강한 것으로 알려져 있다.

라이코펜 함량(mg/100 g)

일반 토마토	2~8
가공용 토마토	8~18
토마토 페이스트	55
토마토케첩	20

- **β-카로틴혈증(β-carotenemia)** : β-카로틴함량이 높은 식품을 많이 섭취하거나 β-카로틴 보충제를 30 mg 이상 매일 섭취하면, 피부가 황달에 걸린 것처럼 노랗게 변하는 현상. β-카로틴의 섭취를 중단하면 수일 내에 사라지는 일시적인 현상으로, 건강상의 문제는 없다.

5) 카로테노이드의 안정성

카로테노이드는 구조 중에 많은 공액 이중결합이 존재하며, 모두 트랜스형(trans)이다. 이 때문에 카로테노이드는 쉽게 산화된다. 특히, 빛, 가열, 금속, 효소에 의해 산화가 촉진된다. 그러나 산, 알칼리에서는 안정하다.

예를 들어 밀가루 색은 카로테노이드에 의한 것이며, 자연 방치하여 숙성하면 산화되어 더 희게 된다. 이것은 리폭시제네이스에 의해 생성된 지질의 과산화물이 카로테노이드를 산화시키기 때문이다.

즉, 카로테노이드의 이중결합은 공액형이기 때문에 리폭시제네이스의 기질이 되지 못하지만, 리폭시제네이스에 의해 생성된 지질의 퍼옥시래디칼과 카로테노이드가 반응하여 분해, 퇴색된다. 밀가루의 자연 숙성은 이러한 작용을 이용한 것이다.

또한, 카로테노이드 함량이 높은 식용유는 가열만 하여도 카로테노이드가 파괴되어 색이 엷어진다.

카로테노이드의 변색 방지 : 카로테노이드 색소의 변색은 특히 건조식품에서 심하다. 변색은 빛의 차단, 진공포장, 항산화제(비타민 E 등)에 의해 막을 수 있다. 예를 들어 건조당근을 제조할 때 젤라틴, 전분, CMC(carboxylmethyl cellulose) 등을 혼합하여 분무건조하면, 41℃에서 1년간 저장하여도 80%의 β-카로틴이 잔존된다.

고춧가루의 저장 중 일어나는 퇴색현상은 카로테노이드의 산화에 의한 것이며, 이는 빛의 차단, 냉동보관, 진공포장, 식품 항산화제의 첨가 등으로 억제할 수 있다.

조리과정 중의 카로테노이드의 변화 : 식품 중의 카로테노이드는 단백질이나 당질에 의해 보호되어 있기 때문에 보통의 조리 과정 중에서는 비교적 안정하다. 당근이나 고구마의 조리시간이 길어지면 갈변하는 것은 카로테노이드가 아닌 채소에 존재하는 당의 변화에 의한 것이다.

한편 식품 중의 카로테노이드는 지용성이기 때문에 기름에 볶으면 잘 흡수된다. 생채소를 그대로 먹는 경우, 흡수율은 10% 이하이지만, 샐러드유와 함께 먹거나 기름에 볶으면 흡수율은 20~30%, 최대 60%까지 증가한다.

3. 플라보노이드(flavonoid)

플라보노이드(flavonoid)는 라틴어 flavus(노란색)에서 유래되었으며, 예로부터 염료로 사용된 수용성 색소이다.

antho-xanthin
= flower-yellow

antho-cyanin
= flower-blue

넓은 의미에서의 플라보노이드 화합물은

① 안토잔틴류(anthoxanthins, 花黃素)

② 안토시아닌류(anthocyanins, 花青素)

③ 카테킨류(catechins) 등이 포함된다.

그러나 좁은 의미에서의 플라보노이드는 안토잔신만을 의미한다.

여기에서는 좁은 의미의 안토잔신을 플라보노이드라고 하기로 한다. 플라보노이드는 과일, 꽃 등에 널리 존재하는 무색 또는 담황색의 색소로, 식품색소로서의 가치는 없다.

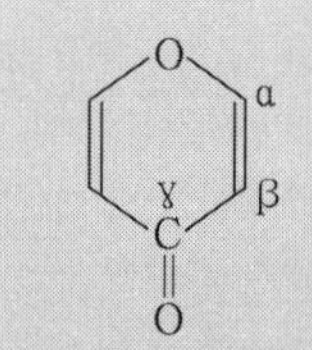

γ-피론(pyrone)

1) 플라보노이드의 기본구조

플라보노이드 화합물이란 C_6(A환)-C_3(C환)-C_6(B환)을 기본골격으로 갖는 화합물의 총칭이다. 플라반(flavane)구조를 기초로 하여 플라바논(flavanone), 플라바논올(flavanonol), 플라본(flavone), 플라본올(flavonol), 아이소플라본(isoflavone)으로 분류된다(그림 8-6).

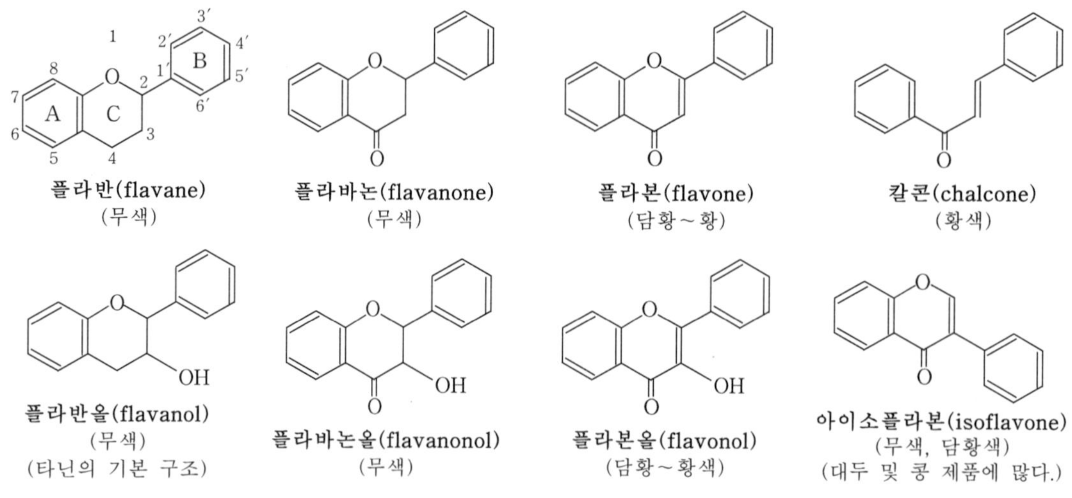

[그림 8-6] 대표적인 플라보노이드의 기본골격

양끝의 벤젠환을 각각 A환, B환이라 부르며, 중간의 벤젠환을 C환이라고 부른다. C환에는 일반적으로 γ-피론(γ-pyrone)이 붙는다.

보통 A환의 5,7위치에 -OH기가 결합한 형태로 존재하거나 B환의 3'번 또는 4'위치에 -OH기가 결합한 것이 많다.

따라서 플라보노이드는 폴리페놀화합물의 일종이다.

플라보노이드 중 가장 중요한 것은 플라본(flavone)과 플라본올(flavonol)

이다. 이들은 모두 탄소 2번과 3번 사이에 이중결합을 갖고 있으며, 대부분 340nm보다 장파장에서 흡수극대를 보이는 담황색~황색을 나타낸다.

한편 플라반올(flavanol), 플라바논(flavanone)과 플라바논올(flavanonol)은 탄소 2번과 3번 사이에 단일결합을 가지며, 가시광선영역에서 흡수되지 않는 무색을 나타낸다.

칼콘(chalcone) : 플라보노이드 기본 구조 중 C환의 탄소구조가 개열되어 생기는 화합물을 칼콘(chalcone)이라고 하며, 천연에서 발견되는 예는 적다. 식용천연색소인 잇꽃(홍화)색소의 사프로민(saffromin, 황색)과 카타민(carthamin, 적색)은 칼콘의 일종이다.

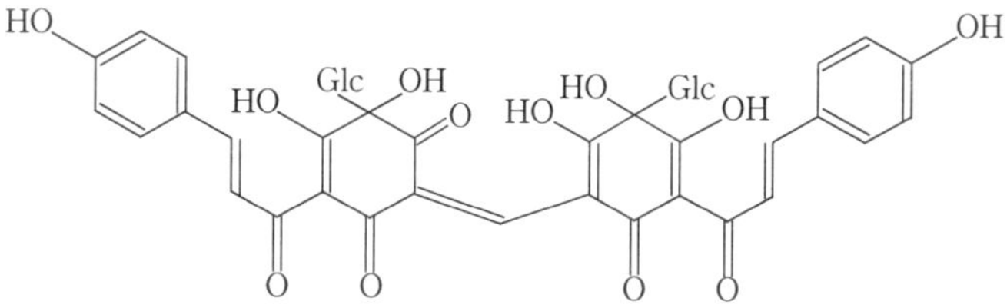

카타민(carthamin)의 구조 : 칼콘 2분자가 결합

플라보노이드 배당체 : 플라보노이드는 대부분 당과 결합한 배당체로 존재한다.

수산(-OH)기는 A환의 5와 7, B환의 3', 4', 5'위치에 있는 경우가 많고, 대부분이 3 또는 7위치에서 당과 결합한 배당체로 존재한다(그림 8-7). 결합 당으로는 포도당, 갈락토오스, 람노오스 등의 단당류와 루티노오스(rutinose), 아피오실글루코오스(apiosyl glucose) 등의 이당류가 있다.

한편, 일부 -OH기가 메틸화된 것과 감귤류에 존재하는 노빌레틴(nobiletin)과 같이 모든 -OH기가 메틸화된 것도 있다.

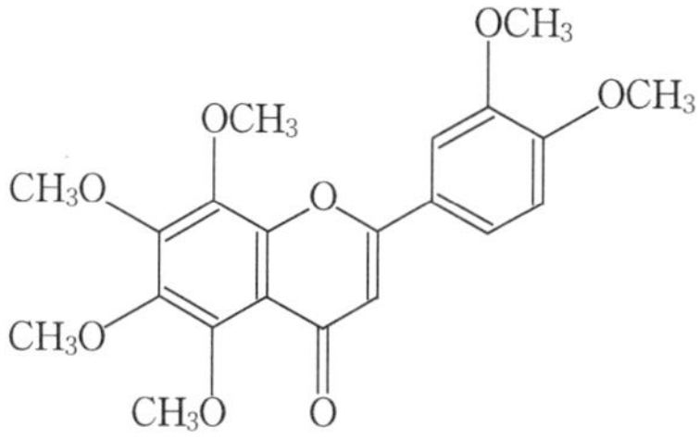

노빌레틴(norbiletin)의 구조

2) 식품 중의 플라보노이드

루틴(rutin) : 루틴은 퀘르세틴의 3위치에 루티노오스가 결합한 배당체이며, 메밀과 양파에 많이 존재한다. 양파 껍질에 8.0 mg/g, 가식부에 0.40 mg/g 정도 함유되어 있으며, 메밀에도 많이 함유되어 있다(0.42 mg/g).

혈압강하작용과 항산화작용이 있다.

나린진(naringin), 헤스페리딘(hesperidin) : 감귤의 주요 플라보노이드는 나린진과 헤스페리딘으로, 이들은 각각 나린제닌(naringenin), 헤스페리틴(hesperitin)의 배당체이다. 나린진은 감귤의 쓴맛을 나타내는 성분이며, 헤스페리딘은 감귤 통조림 중에 석출되어 백탁의 원인이 되는 물질이기도 하다.

항암, 항산화, 항염증작용이 있다.

다이진(daidzin), 제니스틴(genistin) : 대두에 특이적으로 아이소플라본인 다이진과 제니스틴이 많이 존재한다. 이들은 각각 다이제닌(daidzein), 제니스테인(genistein)의 배당체이다. 다이진이 50%, 제니스틴이 약 40%를 차지한다. 이들 배당체는 대두의 떫은맛, 쓴맛 물질 중의 하나이다.

- **아이소플라본의 생리활성** : 아이소플라본은 여성호르몬인 에스트로젠(estrogen)과 유사한 구조로 되어 있어, 에스트로젠과 같은 작용한다. 이 때문에 아이소플라본은 식물성 에스트로젠(phytoestrogen)이라고도 한다. 이외에 혈중 콜레스테롤의 저하효과, 항산화효과가 확인되고 있다.

  미국 식품의약국(FDA)에서는 대두를 1일 25 g 이상 섭취할 것을 권장하고 있다. 쥐눈이콩(서목태)에는 대두에 비해 2배 정도 아이소플라본의 함량이 높다고 한다.

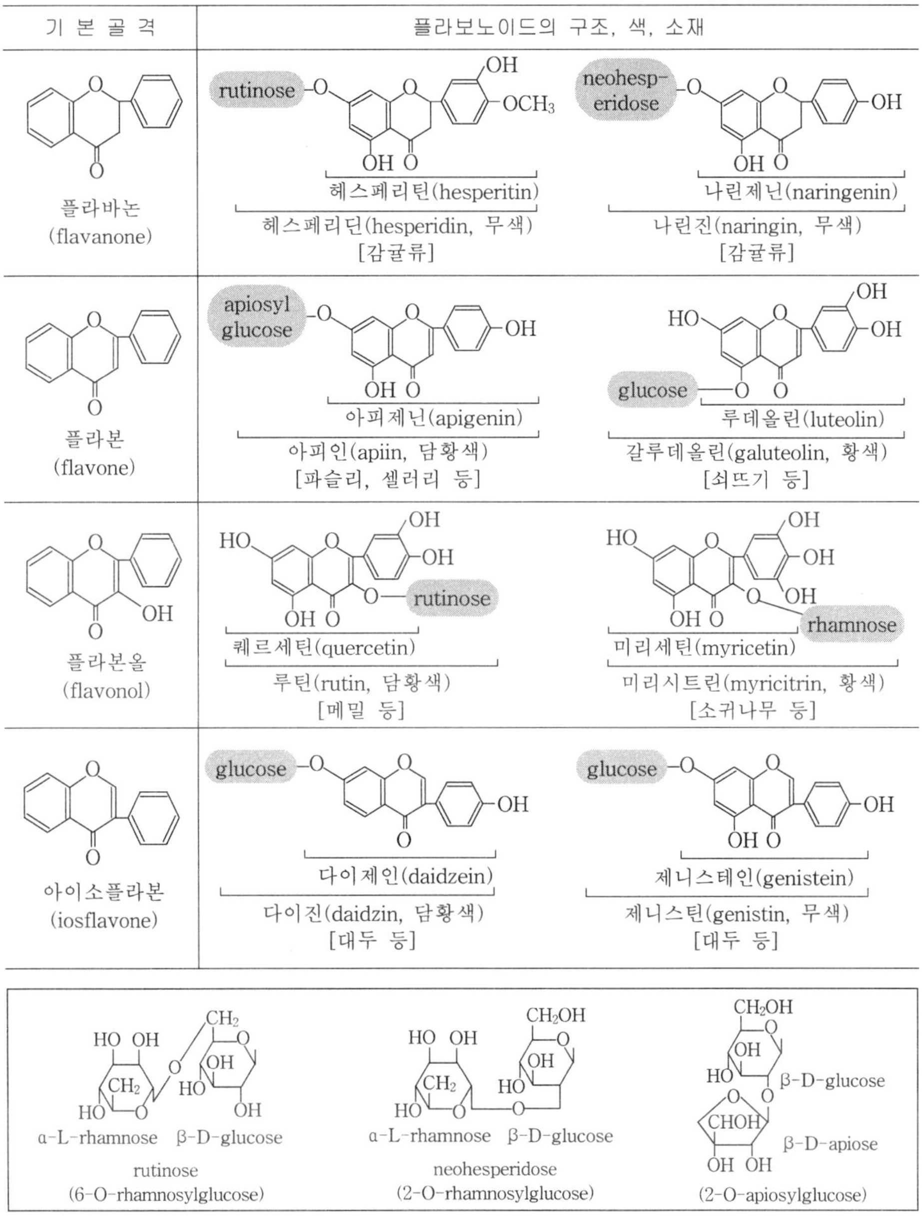

[그림 8-7] 식품 중에 함유되어 있는 주요 플라보노이드

3) 플라보노이드의 안정성

(1) 산, 알칼리와의 반응

배당체의 경우, 산에는 비교적 안정하지만, 알칼리 또는 가열에 의해 아글

리콘(aglycone)으로 가수분해 되어 색깔이 더 선명해진다. 일반적으로 배당체는 무색을, 아글리콘은 황색을 나타낸다.

또 아글리콘은 알칼리성에서 더 가수분해되면 황갈색의 칼콘(chalcone)을 형성한다. 감자, 양파, 고구마 등을 경수(hard water)에서 가열하면 색이 노랗게 변하는 것은 이 때문이다.

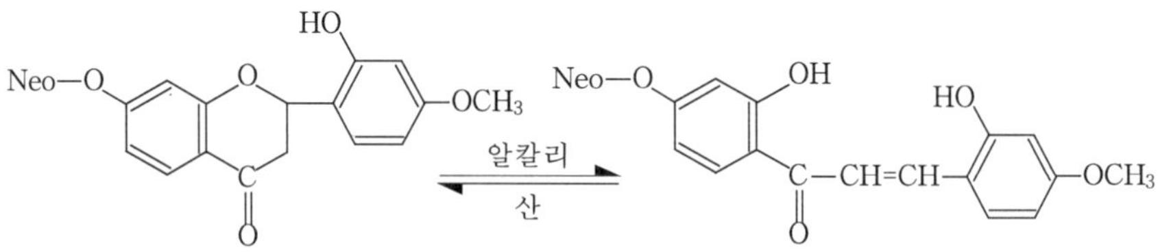

네오헤스페리딘(neohesperidin) **네오헤스페리딘 칼콘**(neohesperidin chalcone)

밀가루에 탄산수소나트륨($NaHCO_3$)을 넣어 빵을 만들 때 황색을 나타내는 것은 알칼리(탄산나트륨)에 의한 칼콘의 형성 때문이다. 그러나 베이킹파우더의 경우, 산성제를 첨가하여 중화시키기 때문에 알칼리에 의한 칼콘형성은 없다.

① 탄산수소나트륨(소다)의 경우

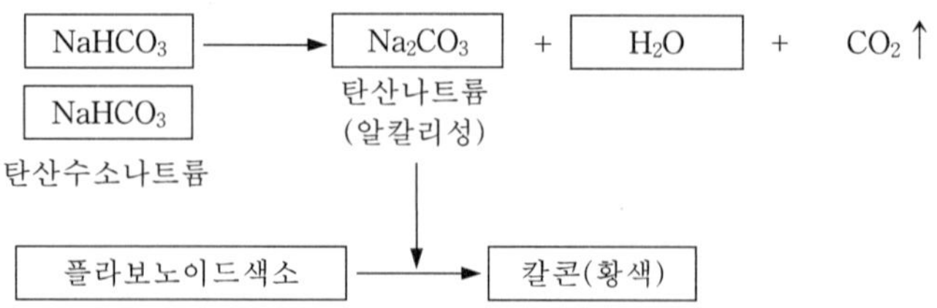

② 베이킹파우더의 경우

$NaHCO_3$ + 산성제(酸性劑) → NaX (중성염) + H_2O + CO_2↑

또 우동이나 국수는 밀가루에 식염과 물만을 넣어 만들지만, 중화면에는 알칼리성의 간수를 넣는다. 중화면 색이 노란 것은 간수의 알칼리성에 의해 밀가루 중의 플라보노이드가 황색의 칼콘으로 변하기 때문이다.

(2) 금속과의 반응

플라보노이드는 많은 페놀성 OH기를 갖고 있기 때문에 금속(Cu, Fe, Al, Zn 등)과 반응하여 불용성 착화합물을 만든다. 특히, 구리(Cu), 철(Fe) 등의 금속과 결합하여 흑갈색의 복합체를 형성한다. 감자를 철제 칼로 썰었을 때 썰은 자리가 청녹색이나 흑갈색으로 변하는 것도 이 때문이다. 주석(Sn)과도 복합체를 형성하나 뚜렷한 색깔변화는 없다.

한편, 이와 같은 플라보노이드의 금속결합능은 식용유지의 산화촉진제인 구리(Cu), 철(Fe)과 결합하여 산화촉진작용을 억제해 주기도 한다(4장 지질 그림 4-32 참조).

4. 안토시아닌(anthocyanin)

안토시아닌은 안토시아니딘(anthocyanidin)에 당이 결합된 배당체이다. 식품 중에는 대부분 배당체인 안토시아닌형태로 존재한다. 안토시안(anthocyan)은 안토시아니딘과 배당체 안토시아닌의 총칭을 말한다.

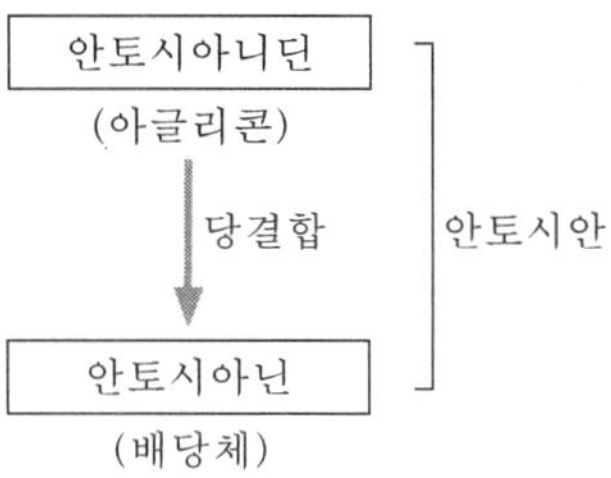

안토시아닌은 포도, 가지의 자색, 딸기의 적색을 나타내는 수용성 색소로 넓은 의미로 플라보노이드에 속한다.

안토시아닌은 항산화작용, 노화방지 이 외에 시력보호, 소염작용, 심장병 예방 등의 생리활성이 밝혀지고 있다.

1) 안토시아닌의 구조

배당체인 안토시아닌은 안토시아니딘(anthocyanidin)의 1번 산소가 옥소늄(oxonium)구조를 갖고 있는 것이 특징이다.

옥소늄(oxonium) 구조
산소가 다른 원자와 3개의 공유결합을 형성하여 1가의 양이온으로 되는 구조

안토시아니딘에는 6개의 기본구조가 있으며, 그 색은 B환의 수산기(-OH)의 수가 많을수록 청(자)색이, 메톡실기(-OCH_3)의 수가 많을수록 적색이 짙어진다(그림 8-8).

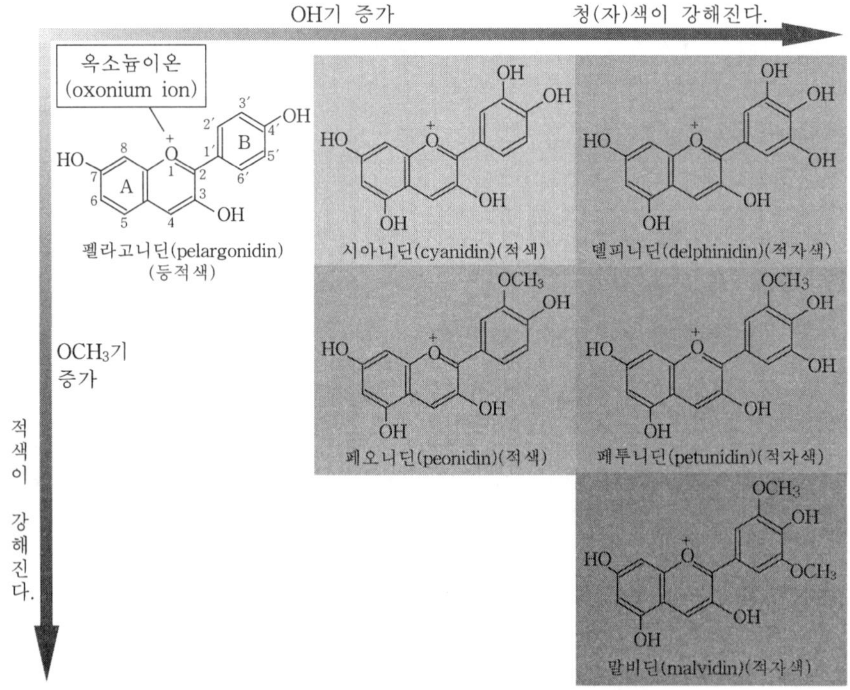

[그림 8-8] 안토시아닌의 기본구조와 아실화안토시아닌의 예

천연에는 보통 배당체형태로 존재하며, 특히 시아닌(cyanin)계 배당체가 가장 많으며, 흑미, 자색옥수수, 팥, 자색고구마, 자색양배추, 자색양파, 차조기, 딸기, 블루베리 등에서 많이 발견된다.

결합당으로는 포도당, 갈락토오스, 람노오스, 아라비노오스 등의 단당과 루티노오스(rutinose), 소포로오스(sophorose) 등의 이당류이다. 당의 결합위치는 아글리콘의 3위치의 -OH기가 가장 많고, 5위, 7위의 -OH기에도 결합한다.

아 글 리 콘	안토시아닌의 구조, 색, 소재	
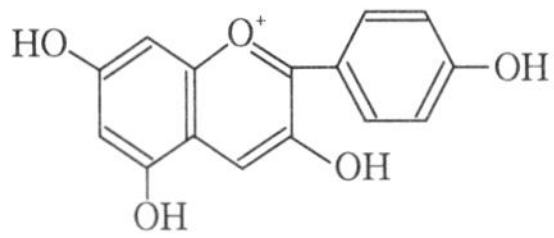 펠라고니딘(pelargonidin)	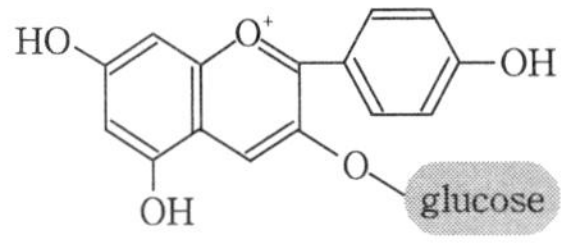 칼리스테핀(callistephin) (등적색)[딸기 등]	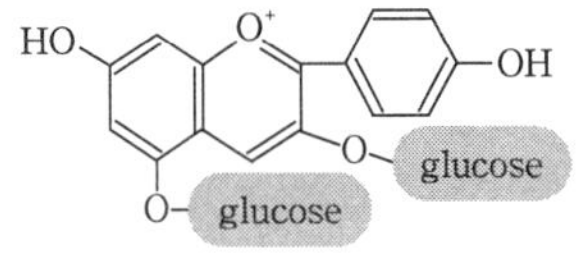 펠라고닌(pelargonin) (주적색)[석류 등]
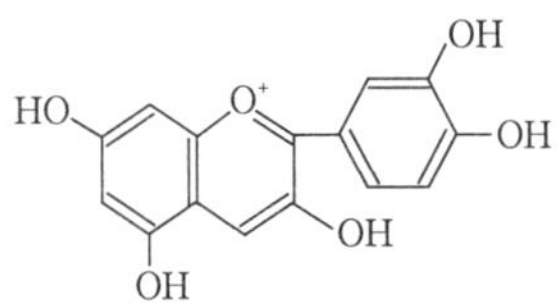 시아니딘(cyanidin)	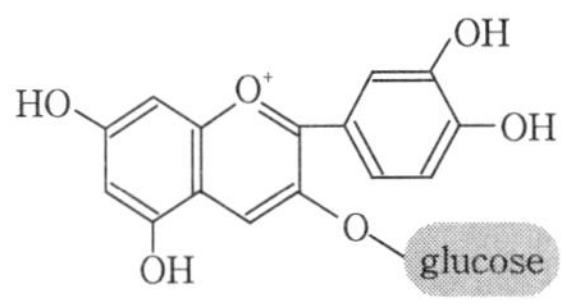 크리산써민(chrysanthemin) (암적색)[검은콩 껍질, 팥, 복숭아 등]	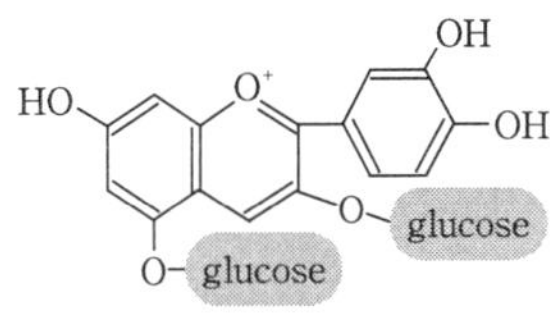 시아닌(cyanin) (적갈색)[빨간순무, 무화과]
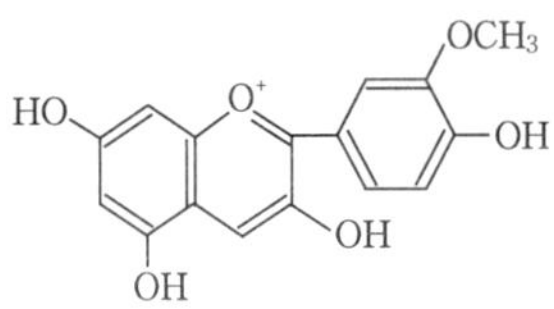 페오니딘(peonidin)	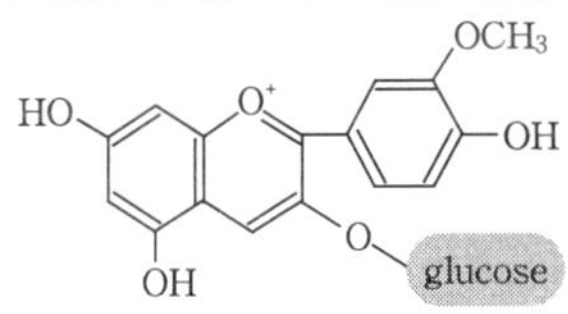 페오니딘-3-배당체 (적자색)[토마토 등]	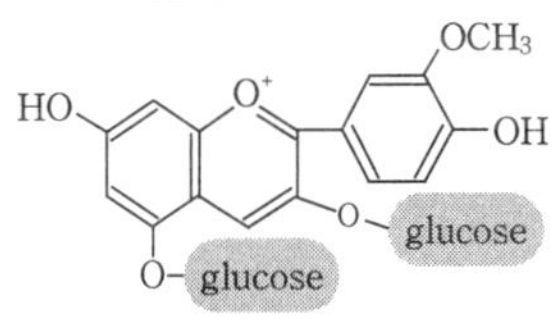 페오닌(peonin) (짙은 자색)[핑크체리 등]
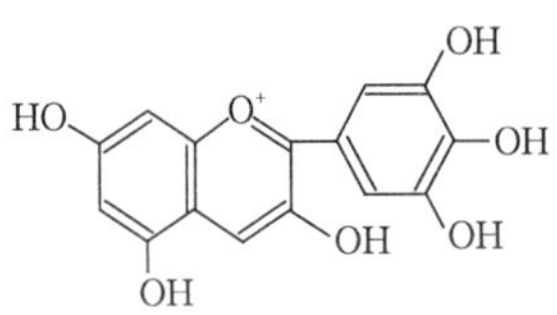 델피니딘(delphinidin)	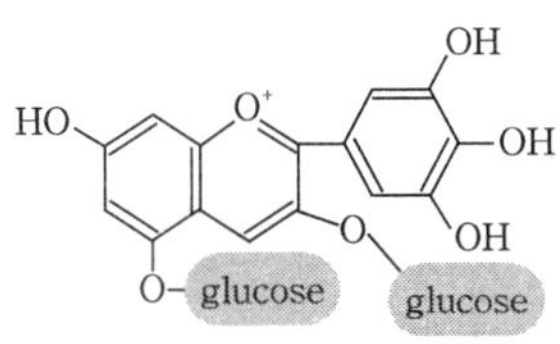 델핀(delphin) (자적색)[포도 등]	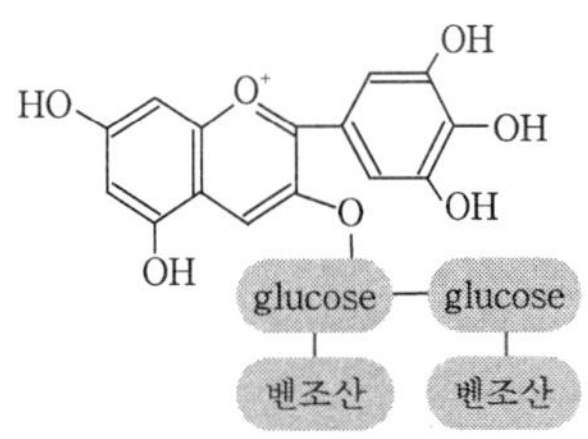 델피닌(delphinin) (짙은 적갈색)[포도 등]
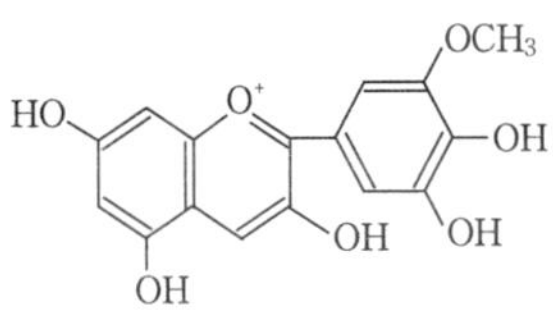 페투니딘(petunidin)	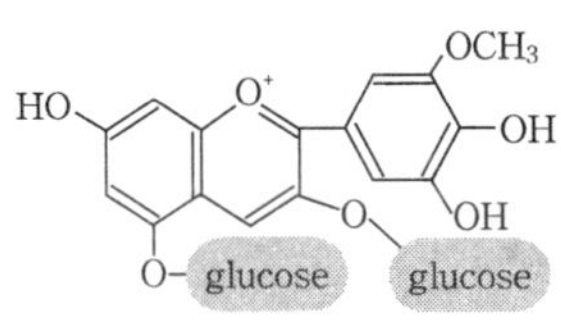 페투닌(petunin) (자적색)[블루벨리 등]	
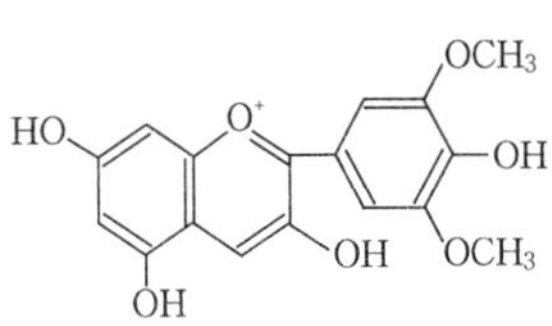 말비딘(malvidin)	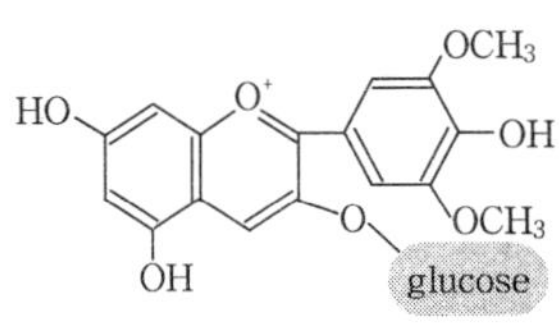 에닌(enin) (짙은 홍색)[포도 등]	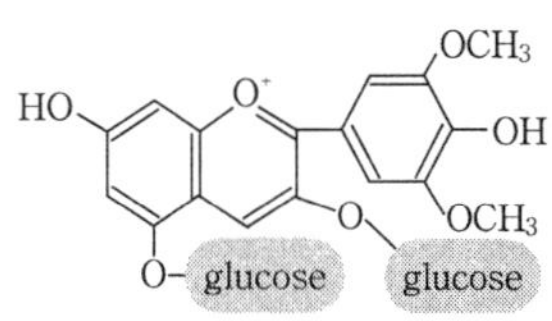 말빈(malvin) (적갈색)[포도 등]

[그림 8-10] 대표적인 안토시아닌

당부분에 방향족 유기산과 지방족 유기산(초산, 말론산 등)이 1분자 이상 에스터 결합한 아실화안토시아닌도 있으며(그림 8-9), 당부분의 6번 -OH기가 에스터 결합하는 경우가 많다.

안토시아닌은 방향족 유기산 등과의 아실화에 의해 열과 빛에 대한 안정성이 증가한다.

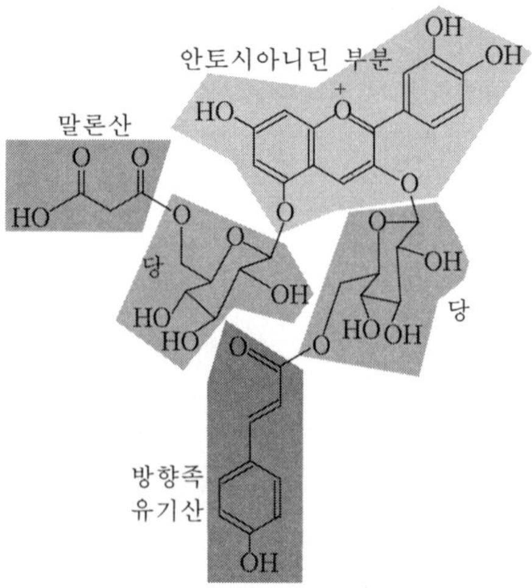

[그림 8-9] 말로닐시소닌(차조기의 안토시아닌색소)의 구조

안토시아닌의 색깔과 pH : 안토시아닌은 pH에 따라 색이 변한다. 즉, 안토시아닌은 분자 내에 공액이중결합을 갖고 있기 때문에, 산소원자가 (+)로 전하되어 공명구조로 변화되고, 이로 인하여 pH에 따라 색이 변하게 된다.

이로 인해 산성 용액(pH 2~3)에서는 붉은 색을, 중성 용액에서는 자색, 알칼리성 용액에서는 청색을 띤다(그림 8-11).

예를 들어 자색 차조기의 색소인 시아닌(cyanin)은 산성에서는 적색, 중성에서는 자색, 알칼리성에서는 청색을 나타낸다. 이러한 변색은 생강에 자색 차조기잎을 넣어 식초에 담글 때, 붉게 변하는 것에서도 볼 수 있다.

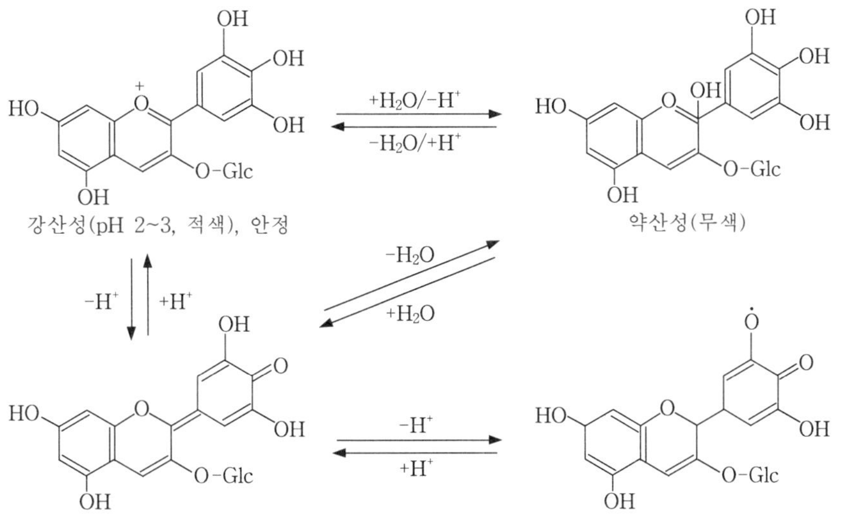

[그림 8-11] 안토시아닌의 pH에 따른 색과 구조의 변화

2) 안토시아닌의 안정성

안토시아닌의 안정성은 여러 요인에 의해 영향을 받는다. 특히, pH, 금속, 당류 분해물, 효소에 의해 영향을 받는다.

(1) pH

안토시아닌 색소는 pH 3.5 이하에서 안정하며, pH 4 이상에서는 급격히 퇴색된다. 따라서 안토시아닌 색소의 안정을 위해서는 가능한 한 pH를 낮추는 것이 중요하다. 예를 들어, 적색 채소를 조리할 때 뚜껑을 덮어 유기산의 휘발을 막아주거나 식초나 레몬을 소량 가하면 좋다. 또 적색 양배추 샐러드를 만들 때 식초에 담그면 고운 적색을 유지하게 된다.

그러나 pH 1.8 이하의 너무 낮은 산성에서는 안토시아닌 자체가 가수분해되어 안정성이 낮은 안토시아니딘(아글리콘)을 형성하기 때문에 오히려 분해가 촉진된다.

(2) 금속

안토시아닌은 철(Fe), 구리(Cu), 주석(Sn), 알루미늄(Al) 등의 금속이 존재하면 불용성의 착화합물 형성하여 흑갈색으로 퇴색된다. 특히, 구리, 철은 안토시아닌의 퇴색을 크게 촉진시킨다. 금속은 안토시아닌의 B환의 2개의 수산기와 결합하기 때문에 이러한 착화합물의 형성은 B환에 2개 이상의 수산기를 갖는 안토시아닌에서만 일어난다.

적색 과일이나 채소를 통조림할 때 통조림 내부에서 흘러나오는 주석(Sn)과도 착화합물을 형성하여 퇴색되기 때문에 통조림 제조시 문제가 된다. 이 때문에 적색 과일이나 채소 통조림 제조 시에는 에나멜칠을 한 캔을 사용한다.

가지절임, 검정콩 조리시 금속 첨가 : 예외적으로 금속과 안정한 착화합물을 형성하여 색을 더 선명하게 하는 경우도 있다. 검정콩 조리나 가지절임에 이 성질을 잘 이용하고 있다.

가지 절임을 할 때 녹슨 쇠조각이나 명반을 넣어주면 선명한 색이 유지되는데, 이는 Fe^{3+} 또는 알루미늄(Al)과 가지의 안토시아닌색소(nasunin)가 반응하여 선명한 청자색의 착화합물을 형성하기 때문이다. 시판 가지절임식품의 경우 색의 안정화를 위하여 명반을 첨가하기도 한다.

명반(alum)
황산알루미늄칼륨의 십이수염

또 검정콩을 삶을 때 탄산수소나트륨($NaHCO_3$)과 녹슨 쇠조각 이나 명반을 넣어 주면 선명한 흑색을 띠게 되는데, 이는 검정콩의 안토시아닌색소(chrysanthemin)가 Fe^{3+} 또는 알루미늄(Al)과 반응하여 착화합물을 형성하기 때문이다.

(3) 당류 또는 당분해물

당류(설탕, 포도당, 과당)와 당류의 분해물질(5-HMF, furfural) 등이 존재하면 안토시아닌색소의 분해가 가속화된다. 특히, 당류분해물의 분해 작용은 당류 자체보다 크다. 따라서 당의 첨가량이 많은 딸기잼이나 포도잼을 제조할 때는 지나친 가열에 주의해야 한다.

(4) 안토시아네이스(anthocyanase)

안토시아닌은 안토시아네이스에 의해 분해되어 무색의 화합물을 형성한다. 이 효소는 딸기나 포도에 오염되는 곰팡이나 효모에 의해 형성되는데 이들 효소 작용은 가열에 의해 쉽게 불활성화할 수 있다.

대부분의 과실이나 과실가공품의 경우, 안토시아닌색소의 함량이 많은 것이 바람직하지만 그 함량이 나무 많아 흑색이나 흑청색을 보이는 딸기 등의 경우, 안토시아네이스에 의한 탈색이 필요하다.

안토시아네이스는 복숭아통조림의 탈색, 백포도주 과즙색의 탈색에 이용한다.

(5) 산소

산소가 없으면 안토시아닌은 안정하지만, 산소가 존재 시 급속히 산화되어 퇴색한다. 오래된 과즙이나 포도주의 색이 갈색을 나타내는 것은 안토시아닌이 산화되어 퇴색되기 때문이다. 가장 적절한 산소제거방법은 아스코브산(비타민 C)을 첨가하는 것이다.

안토시아닌은 아스코브산 산화효소(ascorbinase)의 활성을 억제하는 작용도 있다.

(6) 방향족 유기산 및 플라보노이드

안토시아닌은 방향족 유기산과의 아실화에 의해 열과 빛에 대한 안정성이 증가된다. 안토시아니딘과 방향족 유기산분자는 서로 소수결합에 의해 샌드위치형태의 회합을 하고, 그 바깥쪽을 친수성인 당분자가 감싼다(분자 내 회합). 이 때문에 안토시아니딘의 수화반응이 억제되어 안정성이 증가하게 된다. 실제로 꽃에는 여러 당과 방향족 유기산이 결합된 큰 분자의 안토시아닌(분자량 1500 이상)으로 구성되어 있어 매우 안정하다.

회합(association)
2개 이상의 분자가 수소결합 또는 분자간의 상호작용으로 결합하여 1개의 분자와 같이 행동하는 현상

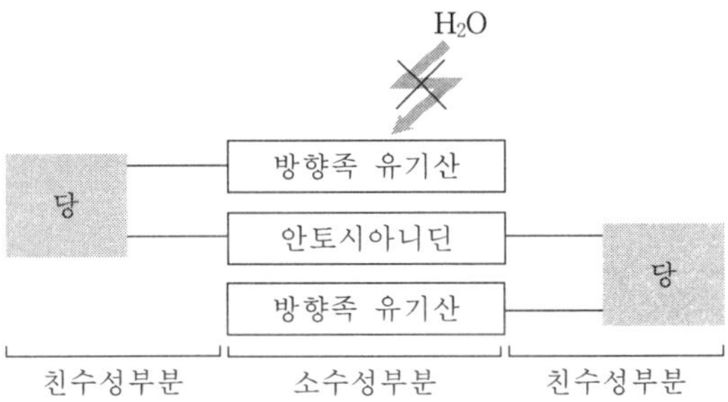

[그림 8-12] 안토시아닌의 샌드위치형 배열의 예

2개의 방향족 유기산이 샌드위치형으로 안토시아니딘에 회합하여, 안토시아니딘의 2번 위치의 수화를 차단한다.

색조상승작용(copigmentation) : 식물체의 플라보노이드나 타닌과의 소수결합, 또는 금속과의 킬레이트 결합으로 안토시아닌을 안정화한다. 이와 같이 안토시아닌색소는 플라보노이드색소나 타닌, 금속과 결합하여 복합체를 형성

하여 본래 색깔보다 더 짙은 청색으로 되고, 색깔의 안정성도 증대된다. 이와 같은 작용을 색조상승작용(copigmentation)이라고 한다.

약산성인 식물체속에서 안토시아닌이 안정하고 아름다운 색조를 나타내는 것은 이 때문이다.

적포도주의 적색은 장기간동안 비교적 안정하게 유지되는데, 그 이유는 포도 페오니딘(peonidin), 페투니딘(petunidin), 말비딘(malvidin) 등과 같이 B 환에 메톡실기(methoxyl group)를 갖는 안정한 안토시아닌으로 구성되어 있고, 또한 공존하는 타닌과 안정한 중합물을 형성하여 색조상승작용을 나타내기 때문이다.

5. 타닌(tannin)

타닌은 떫은 맛 성분으로 녹차, 우엉, 연근 등에 많고, 녹차에는 10~15% 정도 함유되어 있다. 타닌은 원래 무색의 수용성물질이지만 산화에 의해 갈색, 흑색, 붉은색을 나타낸다.

tannin = tannic acid

타닌(tannin)이란 말은 분자량 500~3,000의 폴리페놀화합물이 가죽안의 콜라겐과 수소결합하여 가죽을 견고하고 부드럽게 하는 효과(tanning, 무두질)가 있어 이름이 붙여졌다. 그러나 현재는 일반적으로 식물에 함유되어 있는 폴리페놀화합물을 총칭한다.

1) 타닌(tannin)의 분류

타닌의 종류는 카테킨, 루코안토시아닌, 페놀산의 3가지로 크게 분류된다.

(1) 카테킨(catechin)

카테킨은 물에 잘 녹으나, 에피-카테킨은 물에 잘 녹지 않는다.

플라반-3-올(flavan-3-ol) 유도체를 총칭하는 말로, 타닌의 전구물질이다. 녹차, 카카오콩, 감잎 등의 식물과 딸기, 포도와 같은 과일에도 많이 존재한다.

카테킨류의 가장 대표적인 것이 카테킨이며, 카테킨의 입체 이성질체가 에피카테킨이다.

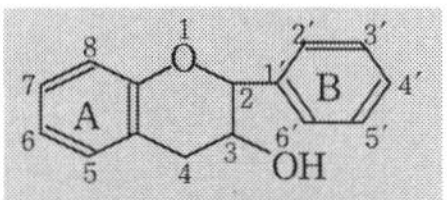

flavanol
(기본골격)

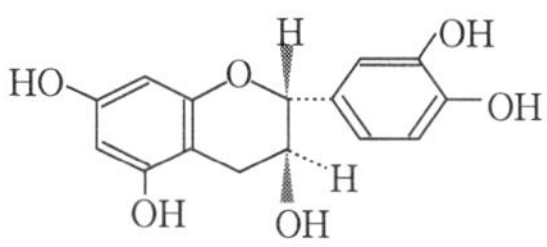

카테킨((+)-catechin)

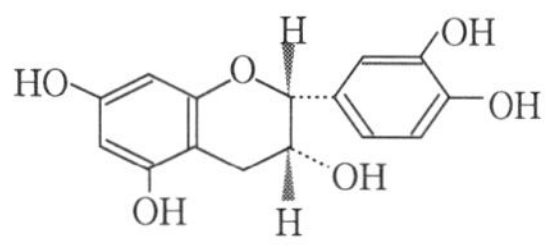

에피카테킨((-)-epicatechin)

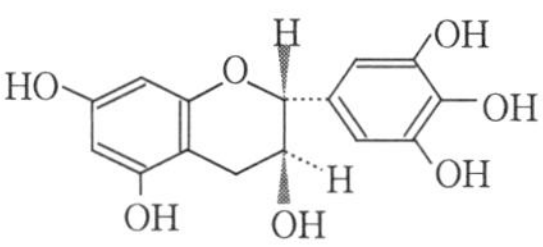

갈로카테킨((+)-gallocatechin)

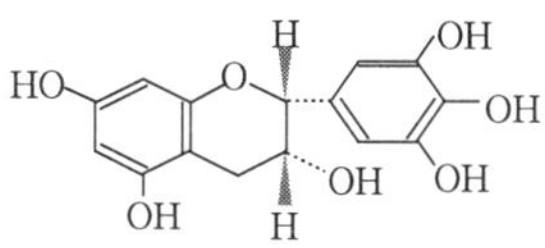

에피갈로카테킨((-)-epigallocatechin)

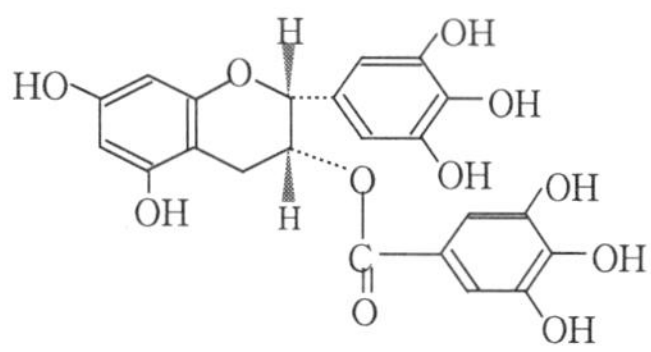

에피갈로카테킨갈레이트(-)-epigallocatechin gallate

[그림 8-13] 녹차 카테킨(catechin)의 구조

녹차의 카테킨 : 녹차의 카테킨은 가장 잘 알려져 있는 대표적인 카테킨으로 떫은 맛을 나타내는 성분이다. 종류로는 EC(epicatechin), EGC(epigallocatechin), ECG(epicatechin-3-gallate), EGCG(epigallocatech-3-gallate) 등이 있다.

녹차의 카테킨 절반 정도는 뜨거운 물에서 추출된다. 홍차는 차잎 중의 카테킨이 발효 중에 효소(폴리페놀옥시데이스)에 의해 산화되어 적색의 테아플라빈을 생성한 것이다(8장 효소적 갈변반응 참조)

카테킨의 생리적 작용 : 카테킨류는 다양한 기능성을 갖는다. 녹차 카테킨의 경우, 항산화작용, 항균작용, 충치예방작용, 항암작용, 항알레르기작용 등이 보고되고 있다.

유지에 대한 항산화활성과 래디칼 소거활성은 EGCG > EGC > ECG > EC의 순으로 녹차 중에 가장 함유량이 많은 EGCG의 활성이 가장 높다. 발암억제 작용도 카테킨류 중에서 EGCG가 가장 유효하다.

카테킨은 무색이지만, 철이온과 결합하여 흑색의 착화합물을 형성하여 침전한다. 이것이 철분 영양제를 차와 함께 먹으면 안 되는 이유이기도 하다.

(2) 루코안토시아닌(leucoanthocyanin)

안토시아닌의 전구물질로 산, 효소의 반응으로 안토시아닌을 생성한다. 이 때문에 프로안토시아닌(proanthocyanin)이라고도 한다.

사과, 복숭아, 배, 포도 등의 과실이나 커피콩, 녹차 등에 함유되어 있다.

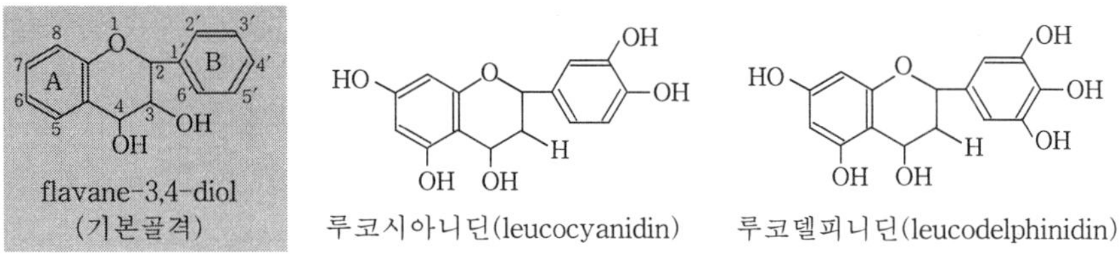

[그림 8-14] 루코안토시아닌(leucoanthocyanin)의 구조

(3) 페놀산(phenolic acid)

페놀기(phenol group)를 갖는 산(acid)을 페놀산이라고 한다.

대표적인 페놀산으로는 갈산(gallic acid), 커피의 카페산(caffeic acid)과 클로로젠산(chlorogenic acid) 등이 있다.

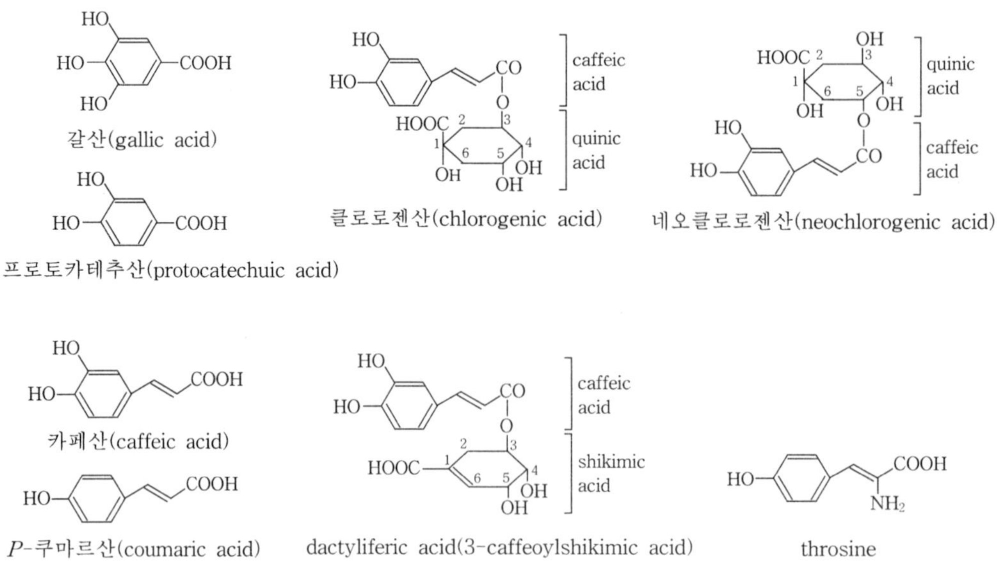

[그림 8-15] 페놀산(phenolic acid)의 구조

2) 타닌의 안정성

(1) 금속과의 반응

타닌도 안토시아닌과 마찬가지로 금속이온과 염을 형성하여 회색, 갈색, 흑청색, 청녹색 등을 띠게 된다. 차나 커피를 경수(硬水)로 끓이면 갈색 또는 적갈색침전을 형성하는데, 이는 타닌과 경수(硬水)속의 금속이온이 불용성염을 형성하기 때문이다.

또한 타닌을 함유한 과일이나 채소의 통조림은 캔에서 녹아나온 철성분에 의해 회색 염(Fe^{2+}-타닌)을 만든다. 그러나 통조림 내부에 산소가 존재하는 경우, 흑청색, 청녹색 염(Fe^{3+}-타닌)을 만들어 급속히 변색된다. 예를 들어 팥밥통조림을 개봉하면 급속히 변색되는 경우가 있는데 이것은 캔 내부에서 흘러나온 철이온이 팥 중의 타닌과 반응하기 때문이다.

즉, 혐기상태의 통조림에서는 철이 2가로 존재하여 그다지 발색하지 않지만, 개봉되면 산소와 접촉하여 3가로 변하면서 타닌과 반응하기 때문이다.

철이온에 의한 변색은 많은 식품에서 나타나지만 포도주와 같은 일부 식품에서는 거의 변색되지 않는 경우도 있다. 이것은 철이온에 의한 변색을 억제하는 구연산, 주석산 등의 금속봉쇄능을 갖는 유기산이 포도주에 함유되어 있기 때문이다.

따라서 철이온에 의한 타닌의 변색은 아스코브산 첨가에 의한 3가 철이온의 환원, 구연산이나 중합인산염 등의 금속봉쇄제의 첨가, 캔 내부에 에나멜 칠을 한 캔의 사용 등으로 막을 수 있다.

한편 Mg^{2+}, Ca^{2+}도 타닌과 불용성 복합체를 형성하지만 비교적 안정하여 현저한 변색은 일으키지 않는다.

(2) 단백질과의 반응

고분자의 타닌은 단백질을 침전시키는 성질이 있다. 이러한 타닌과 단백질과의 침전성질은 효소정제나 효소단백질의 변성에 의해 생기는 청주의 혼탁을 방지하는데 이용된다. 특히, 감 타닌은 분자량(약 20만)이 크기 때문에 청주의 혼탁방지에 이용되고 있다.

6. 그 외의 색소

1) 커쿠민(curcumin)

강황(termeric)에서 추출되는 다이케톤화합물로 지용성 황색색소이다.

안정성 : 열에 안정하며 착색성이 우수하다. 금속이온 특히, 철이온과 결합하여 적갈색을 형성한다. 물에 녹지 않지만, 에탄올용액에서 잘 녹는다.

용도 : 카레(20~30% 함유), 단무지, 마가린, 치즈 등에 이용된다. 천연염료, 두통치료제로도 이용된다.

강황(termeric)

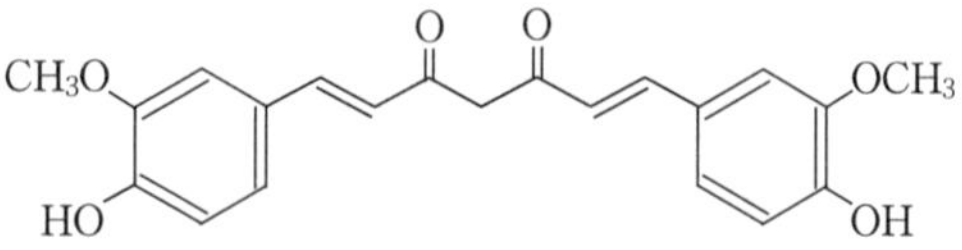

커쿠민색소의 구조

2) 베타레인(betalain)색소

비트(*Beta vulgaris L.*)의 뿌리에서 물 또는 에탄올로 추출하여 얻는 수용성 색소이다. 홍당무(red beet), 맨드라미, 순무의 적색은 베타레인 색소이다.

종류 : 베타시아닌(betacyanin, 빨간색)과 베타잔틴(betaxanthin, 노란색)으로 크게 분류된다.

베타시아닌은 보통 배당체로 존재하며, 이중 중요한 것은 베타닌(betanin)이다. 베타닌은 홍당무(red beet)의 뿌리 조직에 있는 색소로 안토시아닌과 비슷한 특성을 갖고 있으나 질소를 함유하고 있다.

홍당무에서 추출되는 색소는 베타닌 이외에 이성체인 아이소베타닌 및 그의 아글리콘인 베타니딘과 아이소베타니딘이 있다.

한편 베타잔틴 중 가장 중요한 것은 불가잔틴 I와 II(vulgaxanthin I와 II)이다.

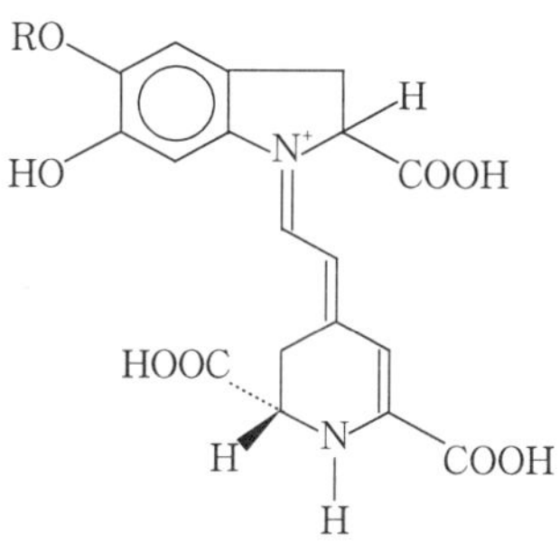

Betanidin R = -H
Betanin R = 포도당

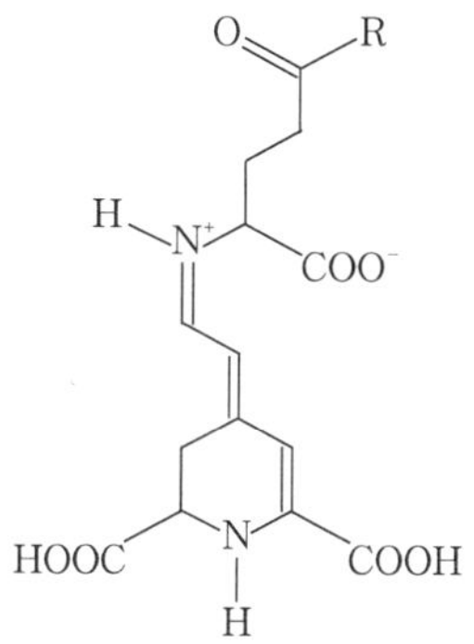

Vulgaxanthin Ⅰ R = $-NH_2$
Vulgaxanthin Ⅱ R = -OH

베타레인 색소의 종류와 구조

안정성 : 베타레인색소는 pH에 의한 색조변화가 적고, pH 4~7(붉은색)에서 대체로 안정하다. 산성에서는 빨간색 또는 노란색을 나타내며, 알칼리성에서는 보라색, 자주색으로 변한다. 단, 열이나 빛에 대하여 불안정하기 때문에 장시간 가열하지 않는 식품의 착색에 이용된다.

3) 퀴논계 색소

(1) 카민산(carminic acid)

카민산(carminic acid)은 중남미지역의 선인장에 기생하는 연지벌레(암컷)에서 뜨거운 물이나 에탄올로 추출되는 적색색소인 코치닐(cochineal)의 주성분이다.

- **코치닐색소** : 10%정도의 카민산이 함유되어 있는 수용성 색소.

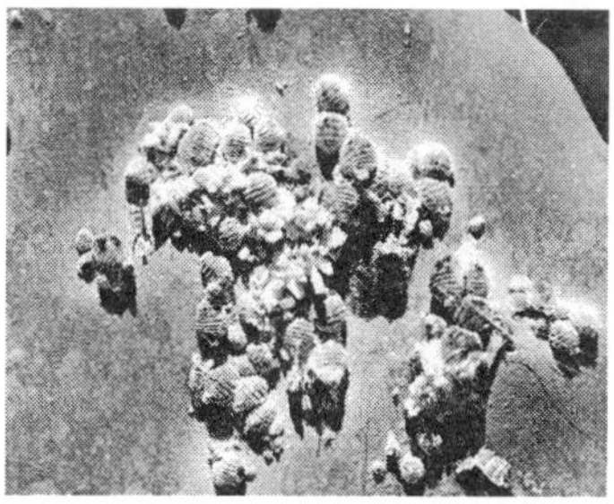

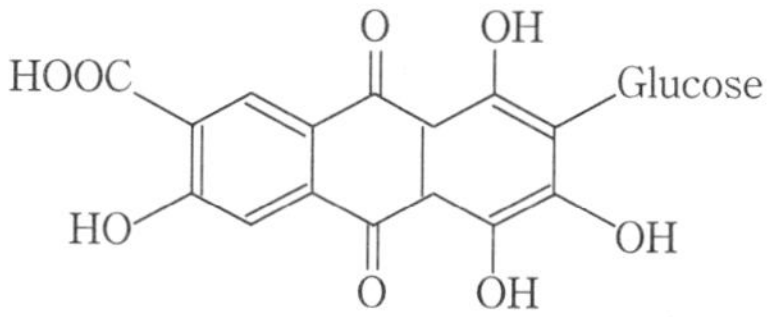

카민산(carminic acid)의 구조

안정성 : 열, 빛에는 비교적 안정하다. 산성에서 주황색, 중성에서 적색,

알칼리성에서는 적자색으로 변한다.

용도 : 단백질과 결합하면 자색으로 변색되어 딸기우유의 착색에 사용된다. 이외에 소시지, 어묵, 명란젓, 팥소의 착색, 과자, 햄, 어묵, 화장품(립스틱 등)과 의약품의 착색제로도 이용된다.

(2) 락카산(Laccaic acid)색소

락카산은 패각충(貝殼蟲)과 락패각충에서 물로 추출되는 수용성 적색색소로, 락색소(lac color)의 주성분이다. 코치닐과 같이 산성에서 주황색, 중성에서 적색, 알칼리성에서는 적자색으로 변한다.

안정성 : 빛과 열에 안정하지만, 금속염과 결합하면 변색, 퇴색되기 때문에 금속염의 혼입에 주의해야 한다. 또 단백질과 결합되면 회색으로 변하기 때문에 우유나 어육연제품의 사용에 주의해야 한다.

용도 : 빛과 열에 안정하여 캔디, 과자, 음료, 햄 등의 착색료로 사용된다. 락 색소는 코치닐색소보다 산성에서 선명한 적색을 나타내므로 요구르트와 같은 산성식품에 이용된다.

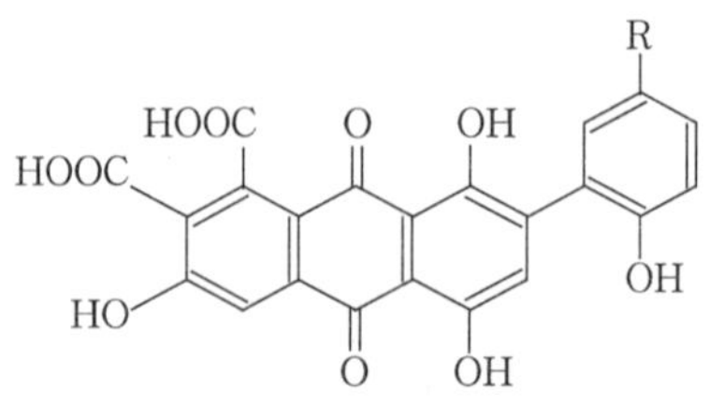

락카산(등~적색) A ($R=CH_2CH_2NHCOCH_3$)
B ($R=CH_2CH_2OH$)
C ($R=CH_2CH(NH_2)COOH$)

락카산 색소의 구조

4) 식품에 이용되는 천연색소 제품

천연색소는 합성착색료와는 달리 사용표시 의무가 없기 때문에 사용이 증가하고 있다 그러나 신선식품에 대한 첨가는 소비자들을 기만할 수 있기 때문에 금지되어 있다.

현재 식품 천연색소는 식물이나 동물에서 용매로 추출, 정제하여 제조한다. 천연색소는 분말 또는 액상형태로 식품에 사용되며, 그 형태에 따라 안정성이 달라진다.

천연색소의 종류 : 현재 널리 사용되고 있는 천연색소 성분으로는 파프리카색소, 치자색소, 포도과피색소, 적색양배추색소, 홍화황색소, 카카오색소, 오징어먹물색소, 캐러멜색소 등이 있다(표 8-5).

[표 8-5] 식품에 이용되는 일부 천연색소제품

종류	특 성	용 도
파프리카 색소	- 파프리카를 유기용매로 추출한 주황~적색의 카로테노이드색소(캡산틴) : 파프리카올레오레진(paprika oleoresin) - 카로티노이드색소 중에 가장 붉은색이 강하다.	육류, 수산가공품(게맛살, 젓갈), 드레싱
치자 색소	- 치자나무 과실에서 추출한 카로테노이드색소(크로신) - 황색, 청색, 적색의 3종류 색소를 얻을 수 있으며, 일반적으로 황색을 사용	단무지, 면류, 바나나 우유
포도과피 색소	- 포도주 제조 중에 생긴 압착 잔류물을 물(pH 2~3)로 추출한 안토시아닌색소	잼, 과일소스, 빙과류, 과자류
적양배추 색소	- 적양배추 잎을 물로 추출한 적색~적자색의 안토시아닌색소 - 안토시아닌색소 중 가장 빛, 열에 안정 - 산성에서 분홍색, 중성에서 자주색, 알칼리성에서 암녹색	잼, 캔디, 젤리, 과일소스
홍화황색소 (잇꽃색소)	- 홍화를 물로 추출한 황색의 플라보노이드색소(saffromin)	음료, 빙과류, 켄디, 젤리, 면류
카카오 색소	- 카카오콩을 발효, 배소시킨 후 물(알칼리)로 추출한 갈색색소(카테킨 성분). 열, 빛에 안정. 염착성이 우수	스낵, 수산가공품, 초콜릿제품
홍국 색소	- 홍국(*Monascus*)균이 생성하는 색소를 에탄올로 추출한 적색색소 - 열에 안정, 빛에 불안정하며, 단백질에 대한 염착성이 우수	축산가공식품(햄 등), 토마토케찹, 냉과
오징어 먹물색소	- 오징어 먹물 주머니의 내용물에서 얻어지는 멜라닌색소	스낵
캐러멜 색소	- 설탕이나 포도당용액을 가열(160~180℃)하여 만든 색소	간장, 주류, 음료, 과자

안정성 : 분말형태의 천연색소는 분무건조나 드럼건조에 의해 제조되며, 액상형태에 비해 안정성은 높지만, 수분을 쉽게 흡수하여 변색되기 쉽다. 따

라서 산화방지제나 가스치환포장, 탈산소제의 사용으로 안정화시킬 필요가 있다.

한편, 액상형태의 천연색소는 작업성은 좋지만, 변질이 되기 쉽다는 단점이 있다.

전체적으로 천연색소는 인체에 대해 안정성은 높지만, 합성색소에 비해 열, 빛에 분해되기 쉽고 착색성이 나쁘다. 또한 금속이나 pH의 변화에 따라 색깔이 변한다는 단점이 있다.

8.4. 동물성 색소

1. 마이오글로빈(myoglobin)

식육이나 참치의 색은 근육 단백질인 마이오글로빈과 혈색소 단백질인 헤모글로빈에서 유래한다.

도살, 방혈한 육류에는 헤모글로빈이 전체 색소의 10% 정도로 적기 때문에, 육류의 색은 주로 마이오글로빈에 의해 기인되며, 근육 중의 마이오글로빈 함량은 동물의 종류, 부위, 연령에 따라 다르다.

육류 및 어류의 마이오글로빈 함량 : 말이나 소의 마이오글로빈 함량은 돼지, 닭에 비해 많기 때문에 육색이 짙다. 소와 말에 0.5~1.0%, 송아지와 돼지에 0.1~0.3% 함유한다.

어류의 경우, 마이오글로빈 함량이 0.01% 이하이면 흰살생선, 그 이상이면 빨간살 생선이라고 한다.

참치의 빨간 살은 0.5%의 마이오글로빈을 함유 한다.

1) 마이오글로빈(myoglobin)의 구조

마이오글로빈은 글로빈(globin)으로 알려진 단백질 부분과 헴(heme)으로 알려진 비단백질부분으로 구성되어 있다. 마이오글로빈은 1분자의 단백질과 1분자의 헴이 결합한 구조로, 분자량은 약 17,000 정도이며, 철의 함량은 0.34%이다.

한편, 헤모글로빈은 4개의 subunit로 구성되어 있는 단백질이며, 1개의

subunit에는 1분자의 헴과 글로빈이 함유되어 있다. 즉, 마이오글로빈 4분자가 결합된 구조이다. 따라서 분자량은 마이오글로빈의 4배 즉, 68,000이다.

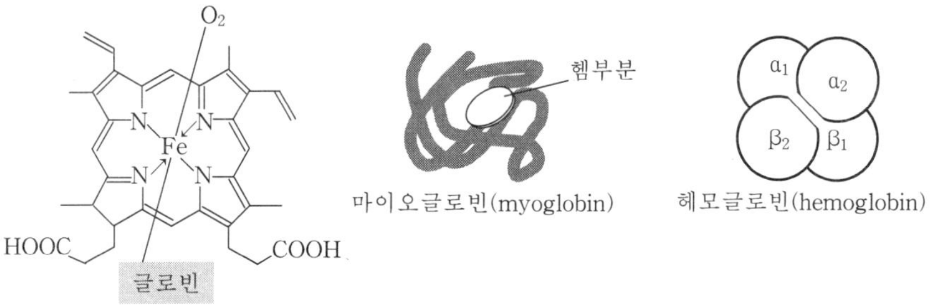

[그림 8-16] 마이오글로빈과 헤모글로빈의 구조

2) 마이오글로빈의 역할

헴 중의 철은 Fe^{2+}로 6개의 배위수를 갖는 정팔면체형의 착이온을 형성한다. 그 중에 4개는 포피린환의 질소와, 1개는 단백질(글로빈)과 배위결합하고 있다. 나머지 1개가 산소와 결합할 수 있고, 헤모글로빈은 산소운반, 마이오글로빈은 산소저장 역할을 한다. 이러한 산소와 결합능력은 육류의 저장이나 가열조리 중에 육류의 색을 변화시키는 원인이 된다.

일산화탄소(CO)의 헤모글로빈과의 결합력은 산소의 210배 정도로 일산화탄소 중독 시 구토, 빈혈, 두통, 심하면 의식불명 등의 증상을 나타낸다.

3) 육류의 저장 및 가열조리에 의한 마이오글로빈의 변화

마이오글로빈 중의 철이온은 산화환원반응에 의해 식육의 색을 변화시킨다. 덩어리고기에서는 마이오글로빈이 산소와 접촉하기 어려워 내부는 암적색을 나타내지만, 육류를 얇게 썰어 두면, 마이오글로빈에 산소가 결합하여 선홍색의 옥시마이오글로빈(oxymyoglobin)을 생성한다.

신선한 생육은 암적색이지만 잠시 공기 중에 방치하면(30분 정도) 선명한 적색이 되는 것은 이 때문이다. 그러나 계속 공기 중에 방치하면 Fe^{2+}가 Fe^{3+}로 산화되어 갈색의 멧마이오글로빈(metmyoglobin)으로 변한다.

또 육류를 가열하면 멧마이오글로빈에 결합되어 있는 글로빈도 변성되어 갈색의 멧마이오크로모젠(metmyochromogen)이 된다.

더욱 가열하면 멧마이오크로모젠의 글로빈이 이탈되어 헤마틴(hematin)이나 헤민(hemin)을 형성한다. 헤마틴은 보통 수산이온(OH^-)과 결합된 형태를 말하며, NaCl이 존재하는 경우에는 염소이온(Cl^-)과 결합하여 염소화합물을 형성하며 이것을 헤민이라 한다.

헤마틴이나 헤민은 계속 가열산화되면 포피린(porphyrin)을 형성한다.

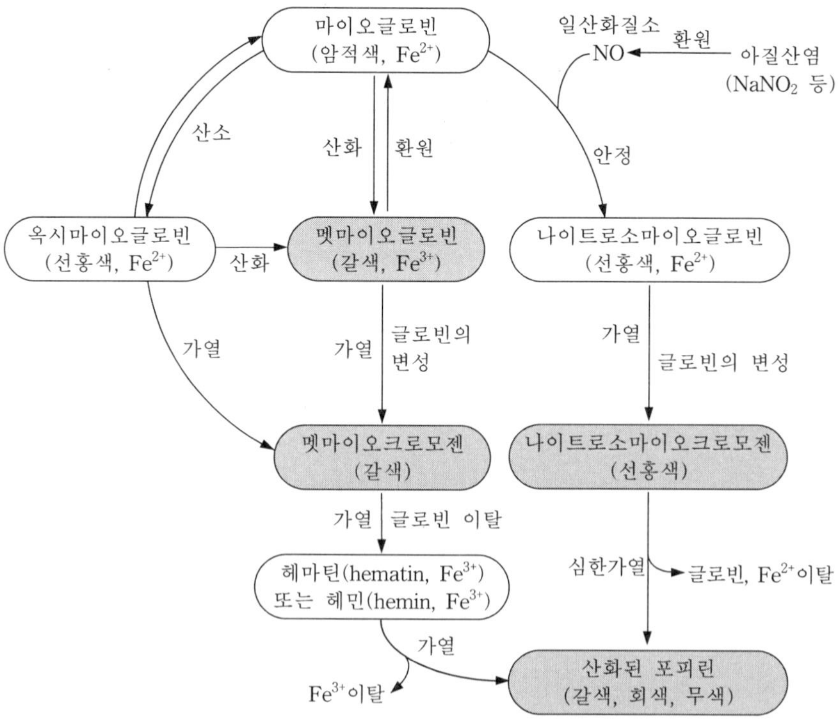

[그림 8-17] 마이오글로빈의 변화와 육류의 색

4) 아질산염에 의한 육류 색소의 고정화

마이오글로빈에 아질산염을 작용시키면, 아질산염이 환원되어 생성한 일산화질소가 마이오글로빈과 결합하여 안정한 선홍색의 나이트로소마이오글로빈(nitrosomyoglobin, NO-Mb)을 생성한다.

한편, 가열조리 시 나이트로소 마이오글로빈에 결합되어 있는 글로빈이 변성되어 가열에도 변색되지 않는 나이트로소마이오크로모젠(nitrosomyochromogen)을 형성하여 육색을 고정한다. 이 현상을 육색의 고정화라고 하며, 햄, 소시지 등의 식육가공식품의 제조공정에 이용되고 있다.

발색제 : 식육의 발색제로는 질산나트륨($NaNO_3$), 질산칼륨(KNO_3) 등의 질산염이 이용되며, 발색에 직접 관계하는 것은 아질산염이다. 즉, 질산염은 육

류에 존재하는 미생물의 작용으로 아질산염으로 환원되어 발색작용을 나타낸다.

$$\underset{\text{질산나트륨}}{NaNO_3} \xrightarrow{\text{미생물의 환원작용}} \underset{\text{아질산나트륨}}{NaNO_2} + H_2O$$

[그림 8-18] 질산염의 환원반응

발색기구 : 식육에 대한 아질산염의 작용은 크게 2가지이다.

① 아질산염은 강력한 산화제이기 때문에 마이오글로빈과 옥시마이오글로빈의 철이온(Fe^{2+})을 산화하여 갈색의 멧마이오글로빈(MMb, Fe^{3+})로 변화시킨다.

그러나 생성된 멧마이오글로빈은 육류 자체의 환원작용과 첨가한 아스코브산의 환원작용으로 원래의 마이오글로빈으로 되돌아가며, 이 반응은 가역적 반응이다.

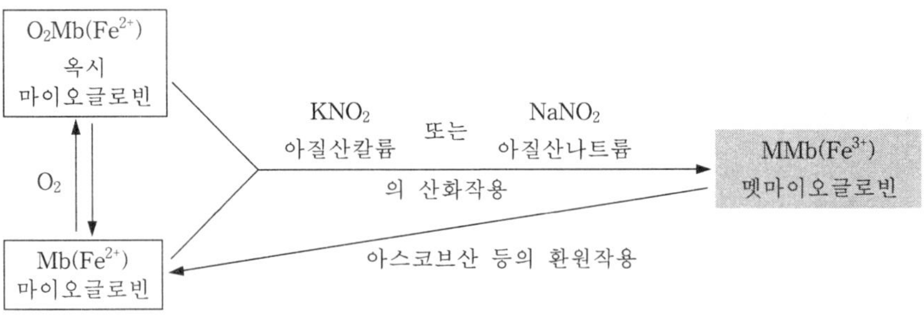

[그림 8-19] 마이오글로빈 철이온의 산화, 환원

② 식육중의 아질산염은 발색촉진제인 아스코브산과 육류중의 젖산에 의해 아질산이 되고 곧 일산화질소(NO)와 이산화질소(NO_2)로 분해된다. 생성된 일산화질소(NO)는 마이오글로빈과 결합하여, 선홍색의 나이트로소마이오글로빈(NOMb)이 된다.

$$\underset{\text{아질산나트륨}}{2NaNO_2} \xrightarrow[\text{아스코브산 (pH 5.4~6.0)}]{\text{젖산}} \underset{\text{아질산}}{2HNO_2} \xrightarrow{\text{환원}} \underset{\text{일산화질소}}{NO} + \underset{\text{이산화질소}}{NO_2} + H_2O$$

[그림 8-20] 아질산염의 일산화질소로의 분해반응

생성된 나이트로소마이오글로빈은 안정하여 마이오글로빈이나 다른 화합물로 변화하지 않는다. 이 때문에 햄, 소시지에 열을 가해도 선홍색을 잃지 않는다. 단 돼지고기로 만들어지는 햄, 소시지 등은 선홍색이 아닌 복숭아색으로 보이는데 이는 돼지고기의 마이오글로빈의 함량(0.1~0.3%)은 소고기, 말고기(0.5~1.0%)에 비해 적기 때문이다.

혈색소인 헤모글로빈도 마이오글로빈과 똑같은 기작에 의해 안정한 나이트로소헤모글로빈을 생성하여 선홍색을 나타낸다.

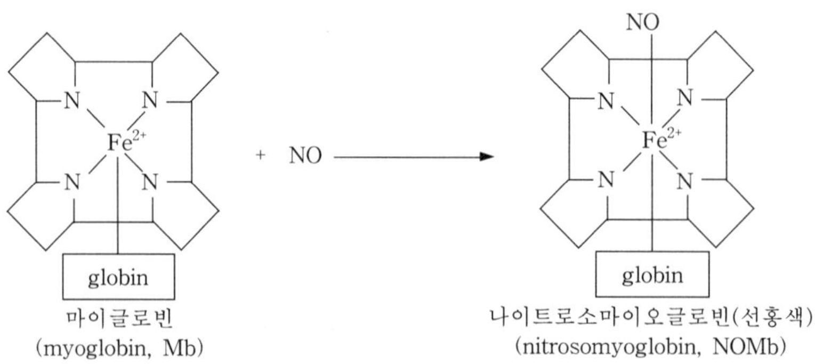

[그림 8-21] 나이트로소마이오글로빈의 생성

가공육의 변색 : 햄, 소시지 등을 절단하여 1시간 정도 빛에 노출시키면 갈색으로 변색하는 경우가 있는데, 이는 나이트로소마이오글로빈은 열에 안정하지만 빛에는 불안정하여 갈색의 멧마이오글로빈으로 되기 때문이다.

단 밀봉된 제품의 경우, 암소에서 냉장보관하면 나이트로소마이오글로빈으로 돌아가는 일도 있다.

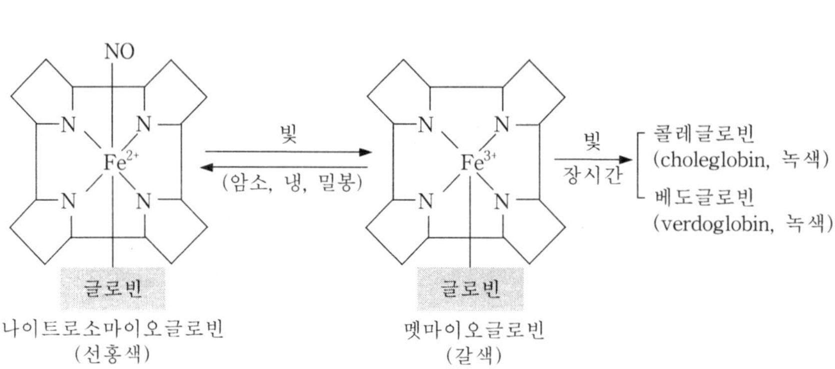

[그림 8-22] 가공육의 변색

그러나 장시간 빛에 노출되면 녹변현상을 일으킨다. 일반적으로 햄이나 소시지의 녹변현상은 세균작용에 의해 나이트로소 마이오글로빈이 포피린환까지 분해되어 생성된 콜레글로빈(choleglobin)이나 베도글로빈(verdoglobin)에 의해 일어난다. 또 콜레글로빈은 과량의 아질산염이나 비타민 C가 존재하거나 젖산균에 의해 생성되는 과산화수소에 의해 생성되기도 한다. 따라서 육제품은 빛과 공기 중에 장시간 두어서는 안된다.

발암성물질인 나이트로사민(nitrosamine)의 형성 : 아질산나트륨은 육류 중의 아민류(특히 제2급 아민)와 반응하여 N-나이트로사민이라는 발암물질을 생성한다. 간장과 폐에서 발암성을 나타내는 나이트로사민은 육제품에 축적될 수 있다.

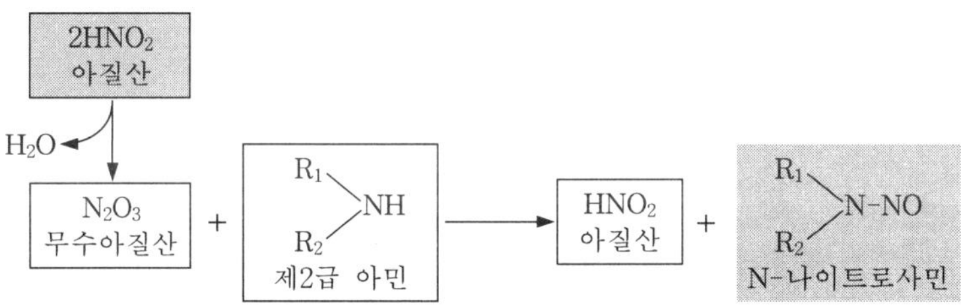

[그림 8-23] N-나이트로사민(nitrosamine)의 생성

또, 아질산은 생체 내(특히 위)에서 섭취한 식품중의 아민류와 반응하여 나이트로사민을 생성한다.

육제품 이외에 채소류에 함유되어 있는 질산염(주로 합성비료, 퇴비 유래)도 미생물이나 구강 내 세균에 의해 환원되어 아질산으로 전환된다.

아질산염의 사용량은 식품위생법으로 엄격히 규제되고 있다.

나이트로사민의 생성은 비타민 C, 비타민 E, BHA, BHT에 의해 억제할 수 있는 것으로 알려져 있다.

그러나 아질산염은 유해미생물(보툴리누스균)의 생육을 억제하는 작용도 갖고 있다.

아질산나트륨(sodium nitrite) : 식육가공품에는 0.07 g/kg, 어육소시지와 어육햄에는 0.05 g/kg, 명란젓과 연어알젓에는 0.005 g/kg 이하로 규정.

5) 어육의 변색

참치캔의 경우, 저장 중에 녹변을 일으키는 경우가 있다. 이것은 멧마이오글로빈, 트리메틸아민옥사이드(TMAO) 및 시스틴(cystine)간의 상호반응에 의해 형성되는 녹색색소에 의한다.

어육의 경우도 멧마이오글로빈의 형성은 온도, 습도, 산소분압, pH, 염류의 농도, 광선 등의 영향을 받아 진행된다.

온도가 낮을수록 진행이 늦어지지만, 냉동상태에서도 생성된다. 그러나 -35℃ 이하에서는 멧마이오글로빈의 생성이 장기간 억제되기 때문에 일반적으로 참치류의 냉동저장은 -50~-55℃로 설정하고 있다.

2. 동물성 카로테노이드

동물은 카로테노이드를 생합성할 수 없지만, 사료로부터 섭취한 카로테노이드가 체내에서 산소와 결합하여 동물특유의 카로테노이드로 변환된다.

1) 식육지방, 유지방 및 달걀 노른자의 카로테노이드

적색의 식육에는 카로테노이드가 존재하지 않지만, 지방에는 약간 존재한다. 소고기의 황색지방 중에는 α-카로틴, β-카로틴, γ-카로틴이 존재하며, 그 중에서 65%가 β-카로틴이다. 유지방에도 카로테노이드가 존재하며, 이것이 버터나 치즈의 색에 관여한다.

달걀노른자의 황색은 모두 사료에서 유래되는 카로테노이드에 의한 것으로, 대부분 루테인(lutein)이며, 그 외에 제아잔틴(zeaxanthin), 크립토잔틴(cryptoxanthin), β-카로틴이 관여한다.

따라서 달걀의 노른자 색을 짙게 하기 위해서는 루테인이 많은 목초를 주는 것이 유효하다. 카로틴의 투여는 그다지 효과가 없다.

2) 연어, 송어의 카로테노이드

연어, 송어의 적색은 아스타잔틴, 칸타잔틴에서 유래한다. 연어나 송어를 가열조리해도 참치와 같이 회갈색으로 변하지 않는 것은 이 때문이다.

송어, 연어의 적색은 품질에 큰 영향을 주기 때문에, 양식송어나 연어의 경우 사료에 아스타잔틴, 칸타잔틴 등을 혼합하기도 한다.

생선의 표피는 적색, 갈색, 청녹색, 흑색 등의 여러 가지 색을 나타내는데, 흑색은 멜라닌, 청색은 빌리베르딘(biliverdin) 등에 의해 나타난다. 이들 색소에 카로테노이드가 합쳐지면 다양한 색을 나타내게 된다.

빌리베르딘(biliverdin)
담즙색소의 일종으로, 헤모글로빈의 분해로 생성. 꽁치표피의 검은 반점의 성분

3) 새우, 게의 카로테노이드

새우나 게 등의 갑각류는 암녹색을 띠고 있으나, 가열하면 선명한 적색으로 변색한다. 이것은 새우나 게에 함유되어 있는 아스타잔틴(astaxanthin)이 단백질과 결합한 형태로 존재하여 회백색 또는 암녹색을 띠고 있으나, 가열을 하면 단백질의 열변성에 의해 유리형의 아스타잔틴으로 유리되고, 계속 산화되어 적색의 아스타신(astacin)으로 되기 때문이다. 새우나 게를 삶거나 찌면 적색으로 변하는 것은 이 때문이다(그림 8-25).

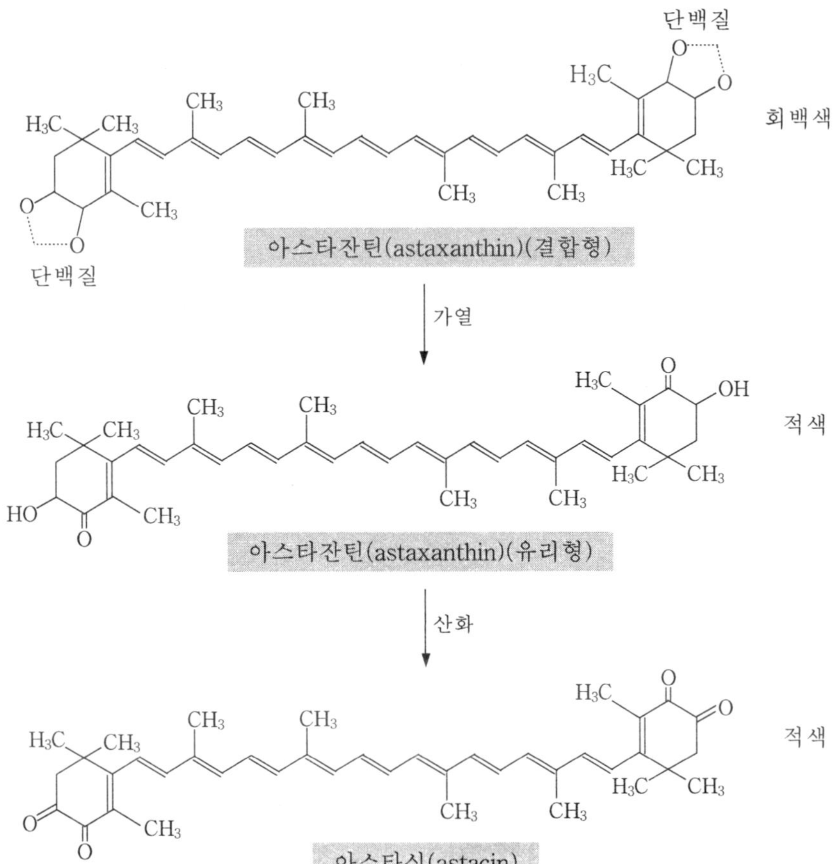

[그림 8-25] 아스타잔틴에 의한 발색기구

아스타잔틴의 생리활성 : 아스타잔틴은 혈중 콜레스테롤이 활성산소에 의해 산화되어 혈관벽에 부착되는 것을 억제하며, 또한 혈관벽에 부착된 콜레스테롤 제거 작용이 있다.

8.5. 합성색소

1. 식용 타르색소

타르(tar)색소는 콜타르에서 얻어진 방향족 탄화수소(벤젠, 톨루엔, 나프탈렌 등)를 주원료로 합성된 착색료이다.

타르색소란 명칭은 석탄에서 얻어지는 부산물인 콜타르를 원료로 하여 유래되었지만, 현재는 다른 합성법에 의해 생산된다. 많은 종류가 합성 가능하지만, 발암성 등의 독성이 판명된 것은 제외하고, 9종의 사용이 허가되어 있다.

타르색소는 수용성이며, 일반적으로 빛과 열에 강하고, 산성에서 잘 착색되는 특징을 갖지만, 발암성 등의 유해성 문제로 현재는 대부분 천연색소를 사용하며, 타르색소의 사용량이 적어지고 있다.

타르색소의 기본적인 화학구조 : 분자 중에 아조기(azo group), 트리페닐메틸기(triphenylmethyl group) 또는 인돌기(indole group) 등을 발색단으로 갖는다.

종류 : 사용이 허가된 타르색소는 식용적색 2호, 3호, 40호, 102호, 황색 4호, 5호, 녹색 3호, 청색 1호, 2호의 9종이다. 또 알루미늄레이크(aluminum lake)로는 식용적색 2호, 3호, 40호, 황색 4호, 5호, 녹색 3호, 청색 1호, 2호로 8종의 알루미늄레이크이다.

알루미늄레이크(aluminum lake) : 수용성 타르색소에 알루미늄을 결합시킨 착화합물로, 물, 유기용매, 유지 등에 거의 녹지 않고 기름에 분산되어 지방질 식품(초콜릿 등)의 착색에 사용된다.

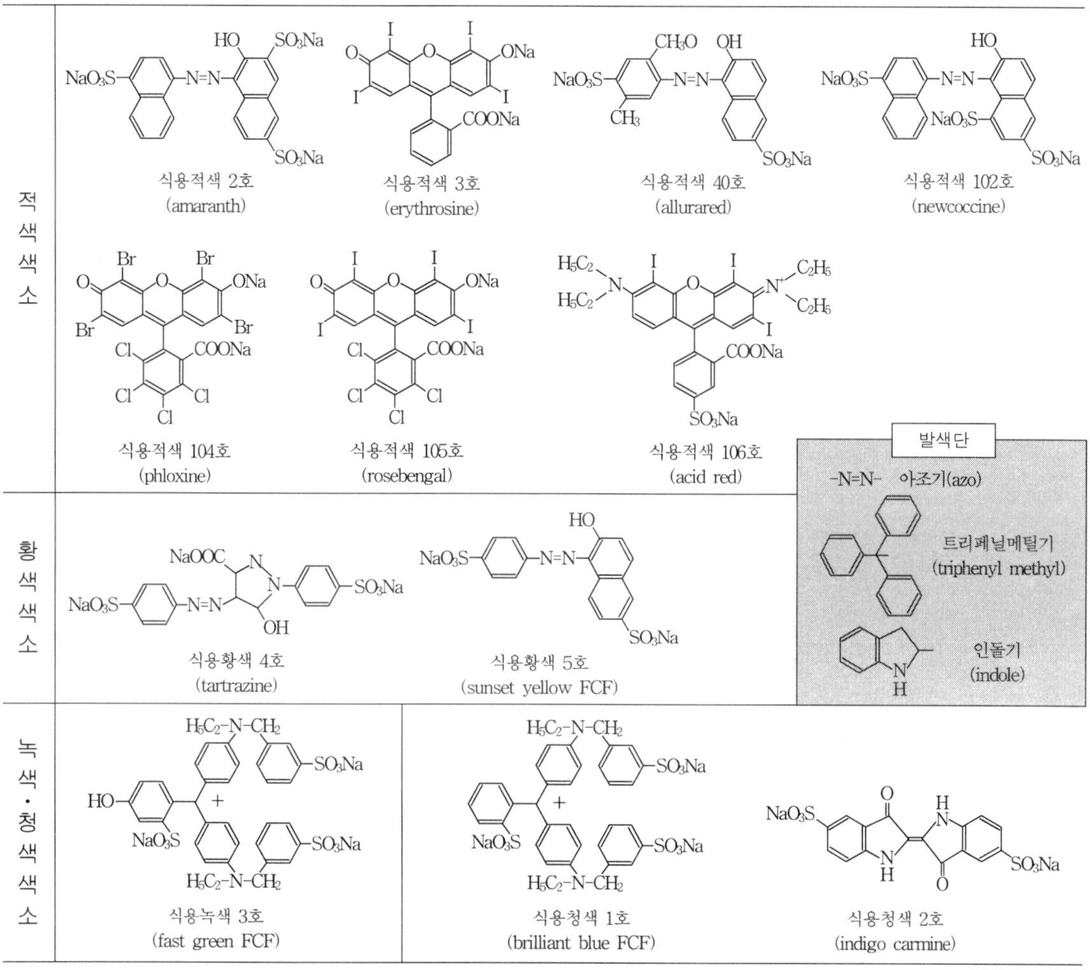

[그림 8-26] 타르색소

2. 그 밖의 합성 착색료

타르색소 이외에 갈색의 삼이산화철(Fe_2O_3), 백색(불투명)의 이산화티탄(TiO_2), 동클로로필, 동클로로필린나트륨, 철클로로필린나트륨염, 수용성 아나토색소(천연 아나토색소는 지용성), 합성법에 의해 생산되는 β-카로틴이 식품위생법에 의해 식품첨가물로 지정되어 있다.

8.6. 비효소적 갈변

1. 비효소적 갈변반응의 종류와 의의

식품의 조리 및 가공시, 색이 갈색으로 착색하는 현상을 갈변이라 하며, 이 변화에 관여하는 화학 반응을 갈변반응(browning reaction, 갈색화반응)이라 한다.

갈변반응의 종류 : 갈변반응은 효소가 관여하는 효소적 갈변반응과 효소의 관여 없이 식품의 어떤 성분 또는 성분 상호간의 화학적인 반응에 의하여 갈색 물질을 형성하는 비효소적 갈변반응으로 크게 나누어진다.

비효소적 갈변 반응은 보통 ① 아미노-카보닐반응, ② 캐러멜반응, ③ 아스코브산의 갈변반응의 3가지로 구분한다.

그러나 식품은 여러 성분으로 구성되어 있기 때문에 비효소적 갈변반응은 대개 이상의 3가지 반응이 혼합되어 일어난다.

갈변반응의 의의 : 갈변반응은 착색물질 이외에 휘발성물질도 생성하기 때문에 향기라는 관점에서도 중요하다.

이와 같이 아미노-카보닐반응은 바람직한 색깔과 향기를 부여하지만, 농축 과일주스, 건조과일, 토마토케첩, 유제품 등의 갈변은 품질을 저하시킨다.

[표 8-5] 아미노-카보닐반응에 의한 착색 식품

바람직한 착색을 나타내는 식품	된장, 간장, 미림, 빵, 쿠키, 비스킷, 튀김, 커피, 보리차
바람직하지 않은 착색을 나타내는 식품	분유, 건조분말달걀, 건어물, 건조육

또 단백질의 영양가라는 의미에서는 아미노-카보닐반응에 의해 필수 아미노산(lysine 등) 잔기가 변형되어 영양가의 저하를 초래하기도 한다.

한편 생성된 갈변색소(멜라노이딘)는 항산화작용과 항균작용 등을 나타내기도 한다.

2. 아미노-카보닐반응

아미노-카보닐반응이란 아미노화합물과 카보닐화합물간에 일어나는 화학반응이다. 이 반응은 1912년 프랑스 화학자인 마이야르(Maillard)에 의해 발견되어 마이야르(마이얄)반응 또는 멜라노이딘(melanoidin)반응이라고 한다.

식품중의 아미노화합물로는 아미노산, 펩타이드, 단백질 이외에 아민, 암모니아, 인지질 등이 있고, 카보닐화합물로는 주로 단당류, 이당류, 올리고당 등이 있다. 이외에 지질의 산화로 생성되는 카보닐 화합물이 있으며, 이들은 환원당과 같은 작용을 하여 아미노-카보닐반응을 일으킨다.

이들 중에서 가장 일반적인 반응이 아미노산이나 단백질과 환원당사이에서 일어나는 아미노-카보닐 반응이다. 이들 화합물들은 식품 중에 일반성분으로 함유되어 대부분 식품에서 일어날 수 있는 반응이다. 또 아미노-카보닐반응은 식품의 가공은 물론 저장 중에도 일어나기 때문에 매우 중요하다.

수산식품의 갈변 : 수산식품에는 고도불포화지방산이 많이 함유되어 있기 때문에 지질의 산화와 더불어 아미노-카보닐반응에 의한 품질저하가 일어나기 쉽다.

지질의 산화로 생성되는 카보닐화합물, 특히 α, β-불포화 카보닐 화합물은 반응성이 높다. 지질의 산화생성물에는 포화알데하이드, 메틸케톤 이외에 2-엔알(2-enal), 2,4-다이엔알(2,4-dienal) 및 말론알데하이드(malonaldehyde) 등이 있다.

또 유화식품의 경우, 지질이 산화되면 단백질과 반응하여 착색되는 예도 있다.

훈연식품의 갈변 : 훈연 육제품의 경우에도 아미노-카보닐반응이 일어난다. 훈연식품의 냄새는 훈연에 사용된 나무속의 리그닌(lignin)이 가열분해되어 생성된 4-비닐 구아이아콜(4-vinyl guaiacol), 방향족 알코올과 알데하이드에서 유래된다(그림 8-27). 이들 연기성분 중에 품알데하이드(formaldehyde), 아세트알데하이드, 아세톤 등의 카보닐 화합물과 단백질의 반응에 의해 육제품 착색에 영향을 준다.

리그닌(lignin, 목질소)
셀룰로오스, 헤미셀룰로오스와 함께 세포벽을 구성하는 방향족 탄화수소의 중합체

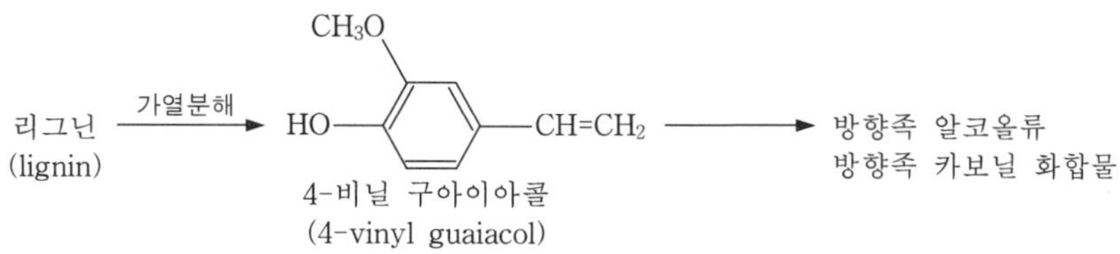

[그림 8-27] 훈연냄새의 생성과정

1) 아미노-카보닐반응 기구

일반적으로 반응과정은 초기, 중간, 최종단계로 나누어진다(그림 8-28).

(1) 초기단계

초기단계에는 당과 아미노화합물의 축합반응과 아마도리전위(amadori rearrangement)를 거쳐 진행된다.

Shiff 염기
알데하이드(또는 케톤)과 제1급아민에 의한 반응 생성물
R-CH=O + R-NH_2
→ RCH=NH

당과 아미노화합물의 축합반응 : 우선 포도당과 같은 환원당의 카보닐기와 아미노산의 아미노기가 축합반응에 의해 Shiff 염기(-C=N)라는 질소배당체(2)를 생성한다.

당류는 환상구조(헤미아세탈 구조)를 갖고 있기 때문에, 당류의 카보닐기는 아미노기와 축합반응을 일으키지 않지만, 수용액상태에서는 일부 환상구조가 사슬상구조로 되면서 아미노산과 축합반응을 일으킨다.

당의 종류와 축합반응 : 비환원당인 설탕은 우선적으로 환원당으로 분해된 후 축합반응을 일으킨다. 따라서 포도당, 과당과 같은 환원당은 비환원당인 설탕보다 갈변반응이 빠르다. 또 과당은 포도당보다 갈변반응이 빠르다.

실제로 과자를 만들 때 과당이나 포도당을 사용하면 지나친 갈변으로 과도한 색을 나타내기 때문에 대부분 설탕을 사용하고, 그 외의 당은 제한적으로 소량 사용한다.

또 과자를 만들 때 상백당을 첨가하면 그래뉴당(granulated sugar)을 첨가한 것 보다 갈변이 빠르게 일어난다. 이는 상백당에 1% 정도의 전화당을 함유한 반면, 그래뉴당에는 전화당을 거의 함유하지 않기 때문이다.

한편 감자튀김의 경우, 환원당의 함량이 0.5% 이상이면 과도한 갈변이 일

어나기 때문에, 이를 방지하기 위해 감자를 물(80~90℃)에 1분간 담가 환원당을 제거한 후에 사용하기도 한다.

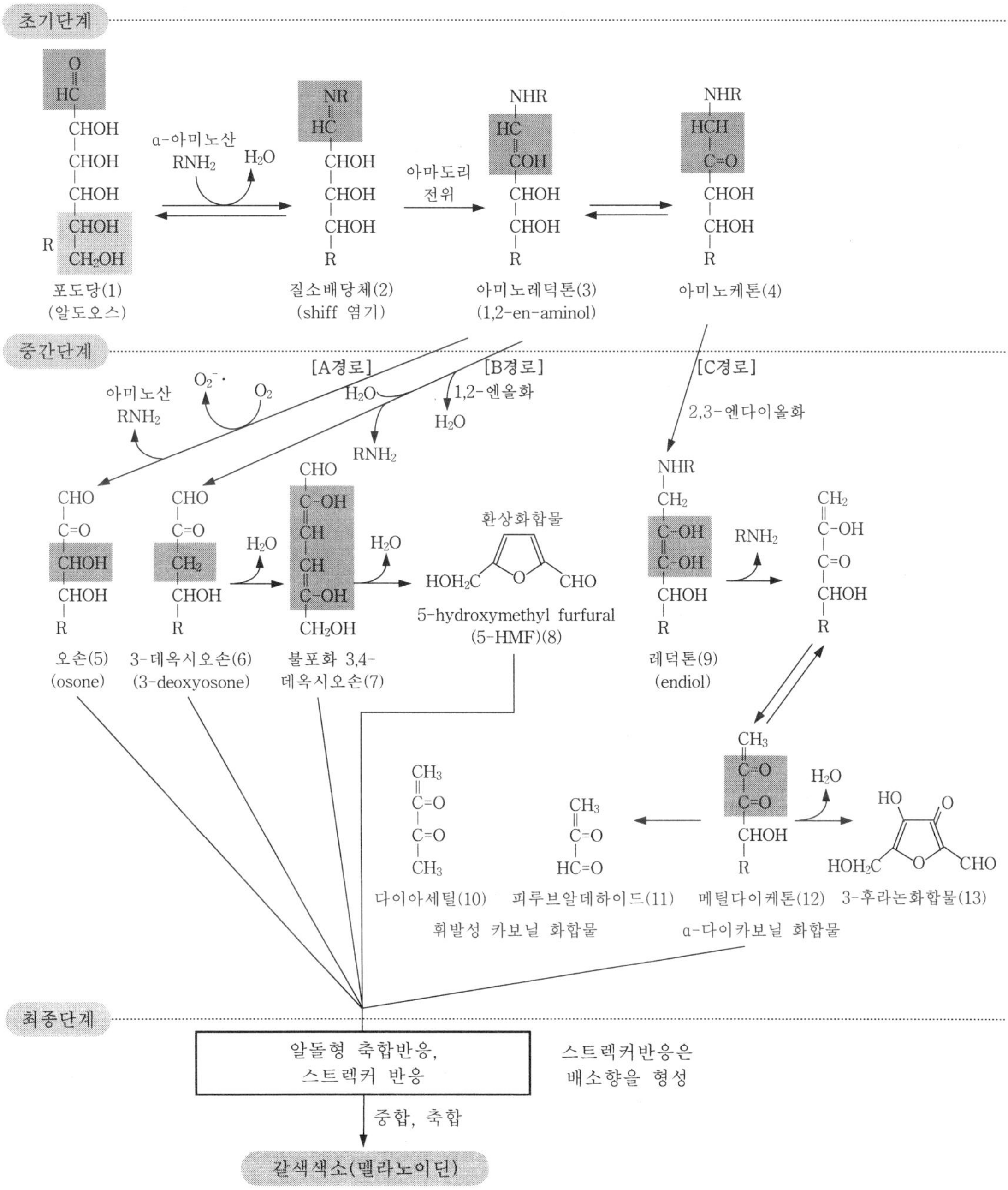

[그림 8-28] 당(포도당)과 아미노산과 반응에 의한 아미노-카보닐 반응

아마도리전위(Amadori rearragement) : 축합반응에 의해 생성된 질소배당체의 이중결합이 전위하여 반응성이 높은 아미노레덕톤(3)과 아미노케톤(4)를 형성한다. 이 반응을 아마도리전위라고 하며, 이 생성물을 아마도리전위 생성물이라고 한다. 아마도리 전위생성물이 되면 원래의 화합물로 되돌아 갈 수 없다.

(2) 중간단계

초기단계에서 생성된 아마도리 전위생성물이 오손(osone), 환상화합물(5-HMF), 레덕톤, 휘발성 카보닐화합물 등을 생성하는 단계이다. 중간단계에서 생성된 화합물은 식품의 색에는 큰 영향을 주지 않지만, 향기 형성에 큰 영향을 준다.

중간단계는 다음의 A, B 및 C 경로로 진행된다.

A 경로(산화적 갈변) : 산소의 존재 하에서 일어나는 반응으로, 초기단계에서 생성된 아마도리 전위 생성물이 오손(글루코오스가 당인 경우, 글루코손)을 생성하여 갈변되는 경로이다. 이 경로에 의한 산화적 갈변반응은 비산화적 반응보다 매우 빠르고, 색과 향미 저하에 관계가 있기 때문에 식품의 품질을 급속히 저하시킨다. 예를 들어, 간장을 공기 중에 방치해 두면, 색이 불투명한 흑갈색으로 급변하여 품질저하를 초래하는 것은 산화적 갈변에 의한 것이다.

B 경로(갈변의 주요반응) : 실온의 무산소 상태에서 진행되는 갈변반응으로, 3-데옥시오손(3-deoxyosone)(6), 불포화 3,4-데옥시오손(7)을 결쳐 5-HMF(5-hydroxymethyl furfural)을 생성한다.

발효 중의 간장이나 된장의 착색은 주로 이 경로에 의해 진행된다. 간장, 된장, 청주는 저장이 오래될수록 3-데옥시글루코손의 함량이 증가하여 향기에 영향을 준다.

또한, 5-HMF(5-hydoxymethyl furfural)는 아미노-카보닐반응 이외에 캐러멜반응에서도 생성되는 반응생성물로, 온도가 높을수록 많아진다.

퍼퓨랄(furfural)은 매우 반응성이 강하여 실온에서도 산화, 중합되어 흑갈색 물질을 생성한다. 결국, 5-HMF의 형성은 갈색물질을 형성하는 갈변반응의 최종단계에 근접했음을 의미한다.

따라서 당 함량이 많은 식품(예: 배퓨레, 토마토페이스트, 꿀 등)의 저장 중의 품질을 평가하는 기준으로 5-HMF를 측정하기도 한다.

C 경로(가열 중에 일어나는 반응) : 고온의 무산소 상태에서 진행되는 갈변반응으로, 초기단계에서 생성된 아미노케톤(4)이 2,3-엔다이올화를 걸쳐 레덕톤(reductone)(9)을 생성한 후 α-다이카보닐화합물(메틸다이케톤 등)(10)을 생성하는 반응이다.

레덕톤류(reductones) 반응성이 큰 환원성물질의 총칭. endiol, enaminol 등이 이에 속한다.

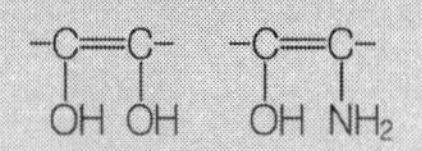

endiol enaminol

이 경로는 갈변과 동시에 바람직한 가열향기의 생성에 매우 중요한 반응이다. 예를 들어, 빵, 쿠키, 커피, 보리차 등의 착색과 향기도 이 경로에 의해 생성된다. 또한 간장을 제품화하기 전에 여과하여 가열할 때도 이 경로에 의해 갈변이 진행되며, 이때 간장의 바람직한 색과 향미를 형성한다. 또 항산화작용을 갖는 레덕톤류가 생성되기 때문에 구운 과자 중의 지질은 산화가 잘 안 일어난다.

(3) 최종단계

중간단계에서 생성된 카보닐화합물 등의 각종 산화분해 생성물들의 상호반응으로, 알돌형 축합반응이나 스트렉커반응이 일어나, 알데하이드나, 파라진과 같은 특유의 향기성분과 멜라노이딘 색소를 형성한다.

알돌형 축합반응 : 중간단계에서 생성된 카보닐화합물, 특히 α-위치에 수소를 갖는 카보닐화합물들이 알돌형 축합반응을 걸쳐 분자량이 큰 불포화 축합반응물을 형성한다.

$$\underset{\text{글라이콜알데하이드}}{HOCH_2CH{=}O} + \underset{\text{아세트알데하이드}}{CH_3CH{=}O} \xrightarrow{-H_2O} \underset{\text{알돌형의 축합반응물}}{HOCH_2CH{=}CHCH{=}O}$$

[그림 8-28] 알돌형 축합반응

수산가공품과 알돌형 축합반응 : 생선 등의 수산가공품의 가공, 저장 중의 갈변현상은 아미노-카보닐반응에 의해 일어난다. 생선 중에는 고도불포화지방산의 함량이 많고, 또 공존하는 마이오글로빈의 촉진작용으로 지질의 산화가 빠르게 일어난다. 이 때문에 카보닐화합물의 축적이 쉽다. 이들 카보닐화합물, 특히, α, β 불포화 알데하이드가 알돌형 축합반응을 일으켜 황색~갈색의 축합생성물을 형성한다. 그러나 알돌형 축합반응만으로는 짙은 갈색이 되지 않으며, 알돌형 축합반응생성물이 아미노산 등의 아미노기와 반응하여 갈색을 나타낸다.

스트렉커반응(strecker reaction) : 아미노-카보닐반응 후기에 일어나는 반응이다.

중간단계(C 경로)에서 생성된 α-다이카보닐화합물과 α-아미노산이 스트렉커반응에 의해 알데하이드, 아미노레덕톤, CO_2 가스를 생성한다. 이들 알데하이드 중 저분자 휘발성 화합물인 경우는 특유의 가열향기를 나타낸다.

또한, 스트렉커반응에서 생성된 아미노레덕톤은 2분자가 축합하여 피라진류(pyrazines)를 생성하여 특유의 가열향기를 나타내며, 일부는 멜리노이딘 색소를 형성한다.

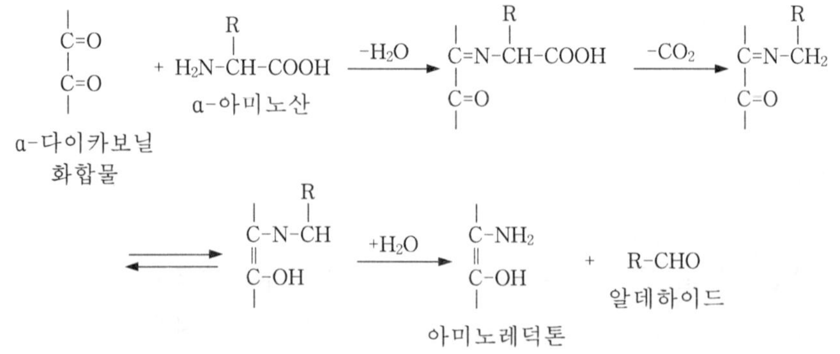

스트렉커반응

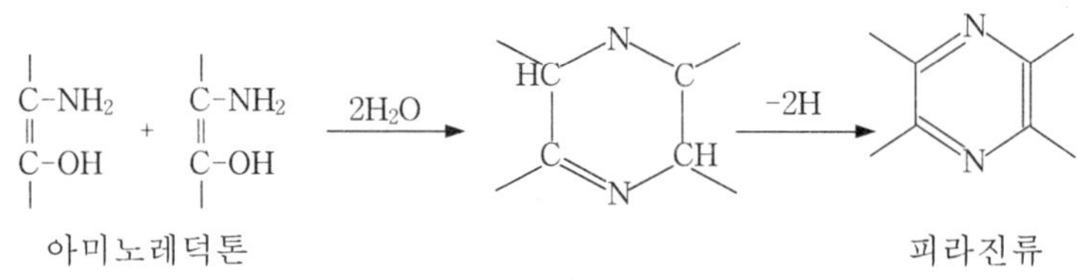

[그림 8-29] 스트렉커반응에 의한 알데하이드와 피라진류의 생성

배소향 : 스트렉커반응에 의해 생성된 알데하이드와 피라진류는 식품을

가열했을 때 생성되는 특유의 향기를 나타내며, 이를 배소향이라고 한다. 특히 피라진은 역가가 매우 낮다는 특징을 갖고 있다.

배소향은 일반적으로 바람직한 향기를 나타내며, 빵을 굽거나, 커피를 볶을 때, 고기를 구울 때 생성되는 향기, 참기름, 누룽지, 보리차 등의 향기도 모두 배소향이다.

이와 같은 배소향은 아미노산의 종류, 가열온도에 따라 각각 다른 특유의 향기를 생성하기 때문에, 복합조미료, 제과 등의 향미료로 이용되고 있다(표 8-6).

예를 들어 포도당과 루신의 혼합액을 100℃, 120℃, 180℃에서 가열하면, 각각 초콜릿 향, 구운 빵의 향, 치즈구운 향이 난다.

[표 8-6] 아미노산과 포도당과의 반응으로 생성되는 향기

$$(\text{아미노산 + 포도당} \xrightarrow{\text{가열(180℃)}} \text{향기성분})$$

아미노산	생성되는 향기성분	아미노산	생성되는 향기성분
글라이신	캐러멜 향	페닐알라닌	제비꽃 향
알라닌	캐러멜 향	메싸이오닌	감자 향
발린	초콜릿 향	프롤린	구운 빵의 향
루신	치즈를 구운 향		

중합, 축합에 의한 멜라노이딘 색소의 형성 : 중간단계에서 생성된 알돌형 축합반응생성물, 스트렉커반응 생성물들은 모두 반응성이 큰 화합물로, 쉽게 고분자 중합체인 멜라노이딘(melanoidin) 색소를 형성한다. 이 반응기구는 매우 복잡하여 아직 충분히 해명되어 있지 않지만, 멜라노이딘색소는 산소, 질소를 함유한 형광성의 고분자 화합물로 알려져 있다.

2) 아미노-카보닐반응에 영향을 주는 요인

아미노-카보닐반응에 영향을 주는 요인으로는 온도, 수분, pH, 당류나 아미노산의 종류, 금속 등이 있으며, 이 중에서 가장 큰 영향을 주는 것은 온도이다.

[표 8-7] 아미노-카보닐반응에 영향을 주는 인자

인 자	영 향
온 도	- 가열온도가 증가할수록 반응속도가 증가. - 반응온도 10℃ 상승으로 약 3~5배 이상 증가(60℃ 이상이 되면 급격히 갈변이 진행되며, 10℃ 이하에서는 갈변의 문제는 없다. -20℃ 이하에서 갈변 완전억제).
수 분	- 수분 10~25%, 수분활성도 0.6~0.85에서 가장 반응성이 높다. - 수분활성도가 낮은 상태에서도 가열 또는 장시간 보존 시 반응은 일어난다. - 완전한 무수상태에서는 반응은 일어나지 않는다.
pH	- 산성에서는 반응은 낮고, 알칼리성에서는 반응성이 높다. - pH 6.5~8.5 > pH 3~5 > pH 1~2
당 질	- 환원당에서는 오탄당이 육탄당보다 반응성이 높다. - 비환원당(설탕)은 포도당과 과당으로 분해된 후 반응. - 오탄당(xylose) > 육탄당(fructose > glucose) > 설탕 > 올리고당 - 오탄당 : ribose > xylose > arabinose - 당알코올은 갈변반응을 일으키지 않는다.
아미노 화합물	- 펩타이드 > 아미노산 > 단백질의 순으로 반응성이 높다. - 아미노산의 경우 라이신등의 염기성 아미노산이 반응성이 높다. 염기성 > 산성 아미노산
금 속	- 철이나 구리이온 등은 갈변을 촉진

3) 아미노-카보닐반응에 의한 영양성분의 변화

식품성분의 아미노-카보닐반응을 영양학적으로 본 경우, 가장 중요한 문제는 단백질의 영양가이다. 가열조리에 의한 유효성 아미노산의 소실은 보통 식사로 각종 식품을 섭취하면 큰 문제는 없지만, 편식이 많은 경우나 특수한 영양관리의 식사를 하는 경우에는 주의해야 한다.

[표 8-8] 식품을 강하게 가열(85~145℃)한 경우에 소실되는 유효성 아미노산

식 품	손상을 받는 아미노산
대 두	라이신, 알지닌, 시스테인, 트립토판, 세린
청어(탈지)	라이신, 알지닌, 메싸이오닌, 트립토판
소혈청 알부민	라이신

4) 생체에서 일어나는 아미노 카보닐반응

식품단백질은 아미노-카보닐반응에 의한 영양소로서의 소실이 문제가 되

지만(특히 라이신 등), 동일한 반응이 생체 내에서도 일어나고 있는 것이 확인되고 있다.

각 조직의 콜라겐 중에 존재하는 형광물질은 노인과 당뇨병환자 중에서 증가되는 것이 확인되고 있고, 그 물질의 상당한 부분이 아미노-카보닐반응에 의한 생성물이라고 생각되고 있다. 이들 생성물은 불용성, 경화성(硬化性)이고 프로테이스(protease)에 대해서 난소화성이기 때문에 생체에서의 대사의 지연을 일으켜 노화와 성인병 발생의 원인이 되는 것이 추측되고 있다.

3. 당의 캐러멜화

설탕이나 시럽을 소량의 산이나 알칼리 존재하에서 가열하면 물엿상의 흑갈색 캐러멜이 생성되는데 이 반응을 캐러멜반응(caramelization)이라고 한다.

따라서 캐러멜반응은 당함량이 많은 식품에서 일어나며, 아미노-카보닐반응과 달리 고온(100℃ 이상)에서 장시간 가열할 때 일어난다. 설탕의 경우, 180~200℃에서 캐러멜을 형성한다.

공업적으로는 당(당밀 등)을 암모니아염이나 알칼리염과 함께 넣어 160~180℃에서 가열하여 제조한다. 캐러멜반응은 산, 알칼리의 조건하에서 급속히 진행된다.

캐러멜색소는 가정에서는 설탕에 물을 넣고 가열하여, 물이 증발되어 적당한 갈색이 생기면 소량의 물을 넣고 가열하여 녹여 만들 수 있다.

캐러멜반응의 기구 : 캐러멜반응의 상세한 반응기구는 아직 불분명하다. 우선 당류는 환원당으로 가수분해되어 환원당이 된 후, 아미노-카보닐반응과 마찬가지로 여러 산화생성물을 형성한 후, 5-HMF 등의 중간생성물이 생성된다. 이들 중간생성물의 축합이 진행되어 갈색물질이 생성된다. 한편 중간생성물의 축합과 분해반응에 의해 휘발성의 향기성분이 생성된다.

캐러멜의 향기성분 : 포도당에서는 5-HMF와 퍼퓨랄(furfural)이, 설탕에서는 사이클로텐(cyclotene)을 생성한다. 말톨(maltol)은 캐러멜향의 특징적 성분이며, 사이클로텐(cyclotene)은 커피, 빵 등의 향기성분도 하다.

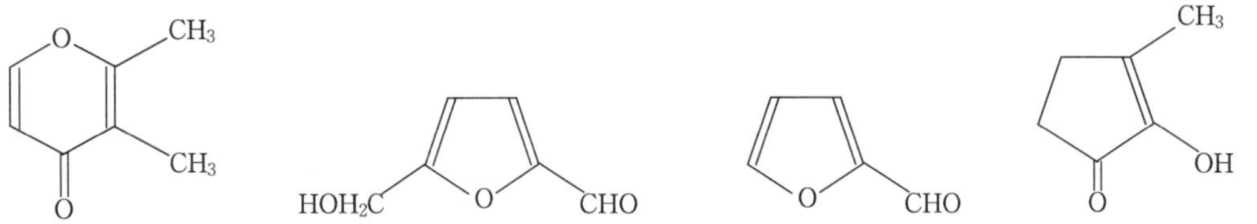

말톨 (maltol) 5-하이드록시메틸퍼퓨랄 (5-hydroxymethyl furfural, 5-HMF) 퍼퓨랄(furfural) 사이클로텐(cyclotene)

[그림 8-30] 포도당, 설탕의 캐러멜반응 생성물

용도 : 캐러멜색소는 감미와 상쾌한 쓴맛이 있어, 가공식품의 착색과 풍미를 위해 사용된다. 설탕으로 만든 캐러멜색소는 제과, 위스키, 청량음료(콜라)에, 포도당으로 만든 캐러멜색소는 간장, 소스에 이용된다.

단, 천연식품(식육류, 어패류, 과실류, 채소류, 해조류, 두류 등), 고춧가루 김치, 고추장, 인삼 또는 홍삼제품 등에는 사용할 수 없다.

콜라용 : 설탕 $\xrightarrow{\text{아황산수소암모늄}(NH_4HSO_3)}$ 산에 안정한 캐러멜

양조용 : 설탕 $\xrightarrow{\text{암모늄완충용액}(NH_4^+\ \text{buffer})}$ 쓴맛이 없는 캐러멜

한편 캔디제조 시 캐러멜반응에 의해 생성되는 갈색과 향미는 품질을 저하시키기 때문에 이러한 경우에는 진공농축기를 이용하여 당의 농축온도를 낮추어 캐러멜반응을 억제하는 것이 효과적이다.

4. 아스코브산에 의한 갈변

아스코브산(비타민 C)은 갈변반응을 억제하는 갈변방지제로, 과일통조림이나 맥주의 갈변방지에 사용되고 있다. 그러나 아스코브산이 일단 산화된 후에는 오히려 갈변반응을 일으킨다. 특히 비타민 C가 많은 식품(농축과즙, 건조채소, 분말주스 등)에서 문제가 된다.

예를 들어, 오렌지 농축과즙의 갈변은 아스코브산의 분해에 의해 일어난다.

1) 아스코브산에 의한 갈변반응의 기구

아스코브산에 의한 갈변반응은 아스코브산만으로 일어나는 갈변반응(A 경로)과 아스코브산과 아미노산의 반응에 의해 일어나는 갈변반응(B 경로)의 2가지가 있다. 주로 농축과즙의 갈변은 A 경로를 통해, 건조채소의 갈변은 B 경로를 통해 일어난다.

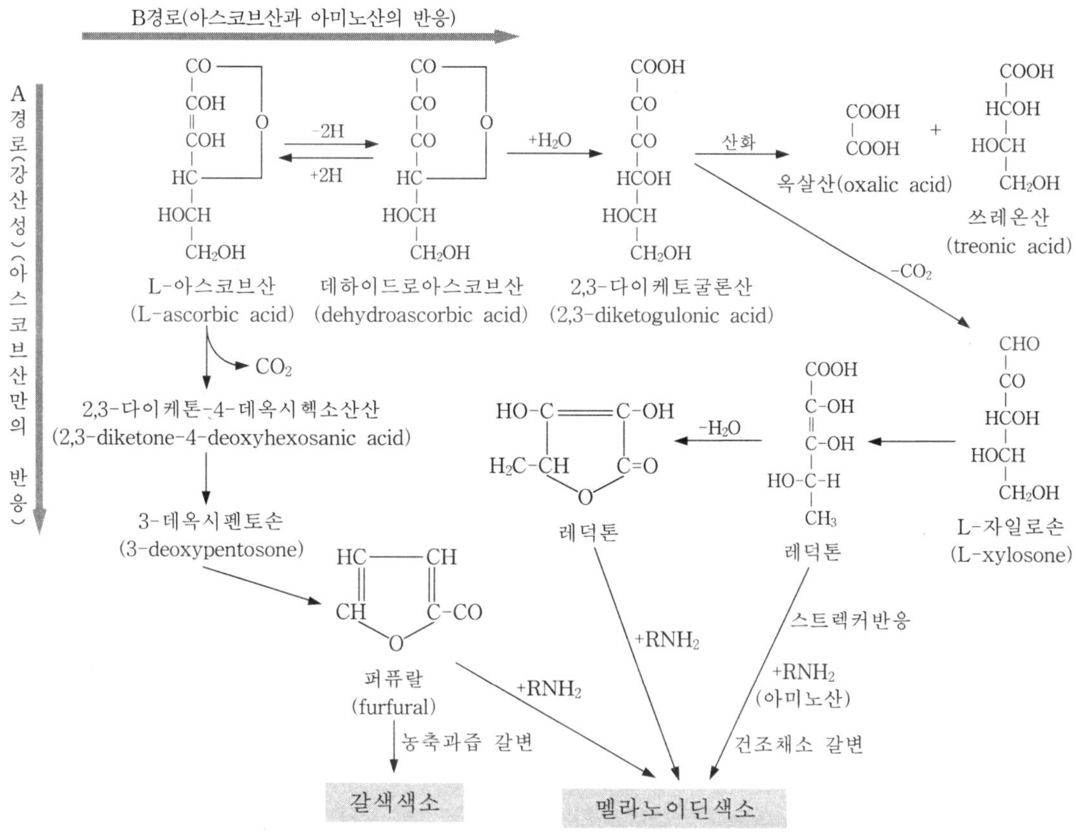

[그림 8-31] 아스코브산의 산화에 의한 갈변반응

A 경로(아스코브산만의 반응) : 이 갈변반응은 과즙의 pH나 아스코브산의 농도와 관계가 있다. 오렌지주스에 아스코브산을 첨가하면 갈변이 현저해지고, 강산성(pH 4 이하)에서 비산화적으로 탈수반응이 진행되어 퍼푸랄(furfural)을 형성한 후 계속 산화되어 갈색색소를 형성한다. 이 반응은 pH

가 낮을수록 반응속도가 증가하여. pH 2 전후에서는 아미노-카보닐반응보다 도 빠르게 진행된다. 농축과즙의 갈변은 주로 이 반응에 의해 일어난다.

B 경로(아스코브산과 아미노산과의 반응) : 아스코브산의 산화에 의해 데하이드로아스코브산을 형성한 후, 계속 분해되어 자일로손(L-xylosone)을 걸쳐 레덕톤을 생성한다. 이들의 중간생성물이 아미노산과의 스트렉트커반응을 통해 멜라노이딘 색소를 생성한다. 건조채소의 갈변은 주로 이 반응에 의해 일어난다.

아스코브산과 아미노산과의 반응에서는 아스코브산의 산화에 의해 생성된 데하이드로아스코브산이 계속 분해되어 카보닐화합물을 형성하고, 형성된 카보닐화합물이 아미노산과 반응하여 스트렉커반응을 걸쳐 적색물질을 생성하며, 이 반응은 건조채소의 갈변원인이 된다.

8.7. 효소적 갈변

채소, 과일(사과, 복숭아, 우엉, 연근, 가지, 버섯, 고구마, 감자 등)을 절단하여 방치하면 갈변현상이 일어난다. 이것은 조직 내의 폴리페놀화합물이 효소에 의해 산화되어 갈색색소를 생성하기 때문에, 효소적 갈변이라고 한다.

효소적 갈변에는 갈변효소, 기질(폴리페놀화합물), 산소의 3요소가 반드시 필요하다. 따라서 갈변효소가 적거나 폴리페놀화합물의 함량이 낮은 식품의 경우에는 효소적 갈변이 잘 일어나지 않는다.

예를 들어 배, 딸기, 당근 등에는 기질인 폴리페놀화합물이나 갈변효소가 적기 때문에 갈변이 잘 일어나지 않는다.

갈변효소(폴리페놀옥시데이스) : 갈변반응에 관여하는 효소로는 크레솔레이스(cresolase), 카테콜레이스(catecholase), 타이로시네이스(tyrosinase) 등의 산화효소가 있으며, 폴리페놀옥시데이스(polyphenol oxidase)라고 하면 이들 효소를 총칭하는 말이다.

크레솔레이스는 모노페놀을 다이페놀로 산화시키는 효소이며, 카테콜레이스는 카테콜(catechol)과 같은 다이페놀을 퀴논으로 산화시키는 효소이다. 타이로시네이스는 크레솔레이스와 카테콜레이스의 총칭이다.

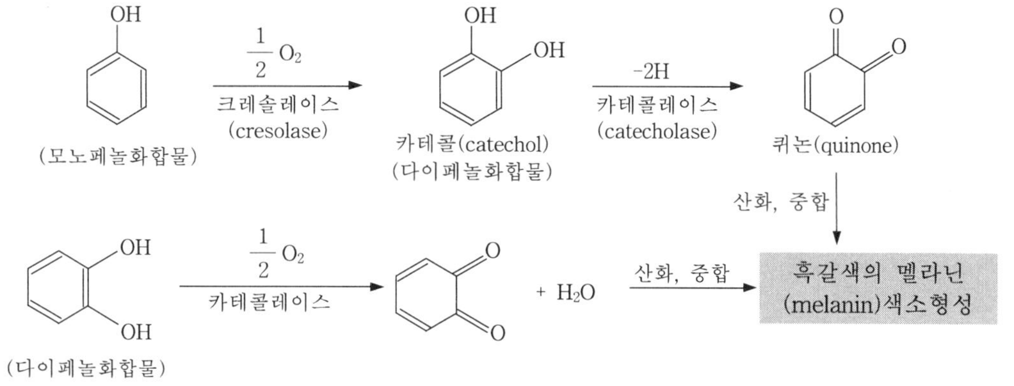

[그림 8-32] 폴리페놀옥시데이스의 작용

폴리페놀화합물 : 일반적으로 과일이나 채소에 존재하는 폴리페놀화합물은 약간 쓴맛을 나타낸다. 효소적 갈변반응에서 기질로 작용하는 폴리페놀화합물은 주로 타닌류의 물질이다. 대표적인 폴리페놀화합물로는 카테킨, 타이로신, 카페산, 클로로젠산 등이 있다(표 8-9). 효소적 갈변반응은 기질의 종류에 따라 다른 색을 부여한다.

[표 8-9] 폴리페놀옥시데이스의 기질과 함유식품

기 질	구 조	식 품
클로로젠산 (chlorogenic acid)	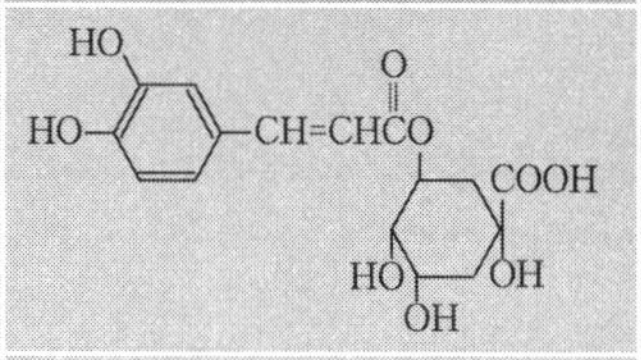	커피콩, 카카오콩, 사과, 복숭아, 배, 가지, 토마토, 고구마, 감자, 버섯, 우엉, 토란
카테킨류 (catechin)	그림 8-34 참조	차, 카카오콩, 사과, 복숭아, 배, 딸기, 연근, 참마
카페산 (caffeic acid)	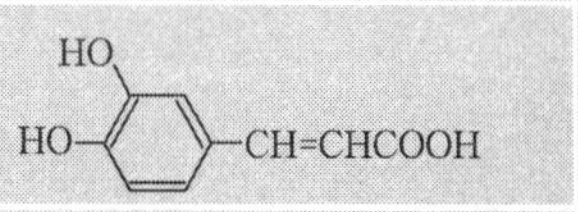	고구마, 카카오콩, 포도
타이로신 (tyrosine)	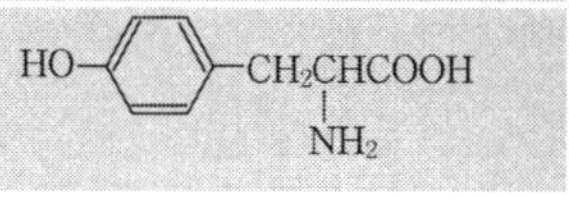	감자, 사탕무, 버섯, 마

1. 사과, 복숭아의 갈변

사과 중의 폴리페놀 화합물(클로로젠산, 카테킨 등)이 카테콜레이스에 의해 산화되어 퀴논을 형성하고, 퀴논(quinone)은 계속 산화, 중합되어 흑갈색의 멜라닌색소를 형성한다.

또한 퀴논은 비타민 C와 공존하면 다이페놀로 환원되기 때문에 갈변반응이 일시적으로 억제된다. 감이나 오렌지의 경우, 거의 갈변반응이 일어나지 않는 이유는 다른 식품에 비해 비타민 C의 함량이 높기 때문이다.

2. 감자, 마의 갈변

껍질을 벗긴 감자나 마의 갈변은 타이로신(tytrosine)이 타이로시네이스(tyrosinase)에 의해 DOPA(3,4-다이하이드록시페닐알라닌)을 생성하고, 계속 산화, 중합되어 흑갈색의 멜라닌색소를 형성한다.

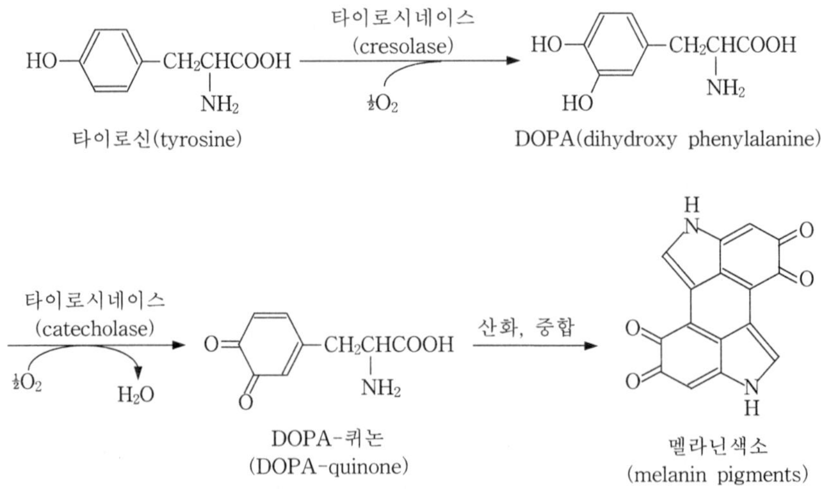

[그림 8-33] 타이로시네이스에 의한 감자의 갈변반응

멜라닌(melanin) 색소 : 멜라닌색소는 사과나 감자 등의 효소적 갈변 이외에도 피부가 자외선에 노출시에도 피부를 보호하기 위해 생성된다. 또 모발 중의 멜라닌은 멜라노사이드(melanoside, 색소세포)에서 생성되며, 타이로시네이스를 함유한 적혈구에서 타이로신과 반응하여 생성된다. 체내에서 멜라닌을 형성하는 과정에 작용하는 타이로시네이스에 문제가 발생하면 색소가 형성되지 않고, 백색증이 유발된다.

또한 멜라닌색소는 문어나 오징어의 먹물의 주성분이기도 하다.

3. 홍차의 발효

채소나 과일에서 일어나는 갈변은 대부분 식품의 품질을 저하시키는 경우가 많지만, 차는 갈변에 의해 특유의 적등색과 향기를 나타내기 때문에, 홍차제조에 이용되고 있다.

찻잎에 많이 존재하는 에피카테킨(epicatechin)과 에피칼로카테킨(epigallocatechin) 등은 발효과정 중에 찻잎의 폴리페놀옥시데이스에 의해 퀴논(qunonoe)으로 산화된 후, 이것이 중합하여 적색의 테아플라빈(theaflavin)을 형성한다. 과도하게 발효시키면 테아플라빈이 갈색의 테아루비진(thearubigin)으로 변하기 때문에 발효과정이 홍차품질에 큰 영향을 준다.

테아플라빈(theaflavin)은 thea(=tea), flavin(=yellow)에서 유래

좋은 홍차는 0.75%의 테아플라빈을 함유한다. 양적으로 테아루비진이 많지만, 테아플라빈의 색이 더 진하다.

또한, 홍차 발효과정 중에 일부 폴리페놀화합물과 유리 아미노산들의 스트렉커반응에 의해 생성되는 휘발성 카보닐화합물도 홍차의 색과 향기에 중요한 역할을 한다.

녹차는 덖음 과정을 통한 효소의 불활성화로, 갈변반응이 억제되어 홍차보다 성분변화가 적고, 비타민 C가 함유되어 있다.

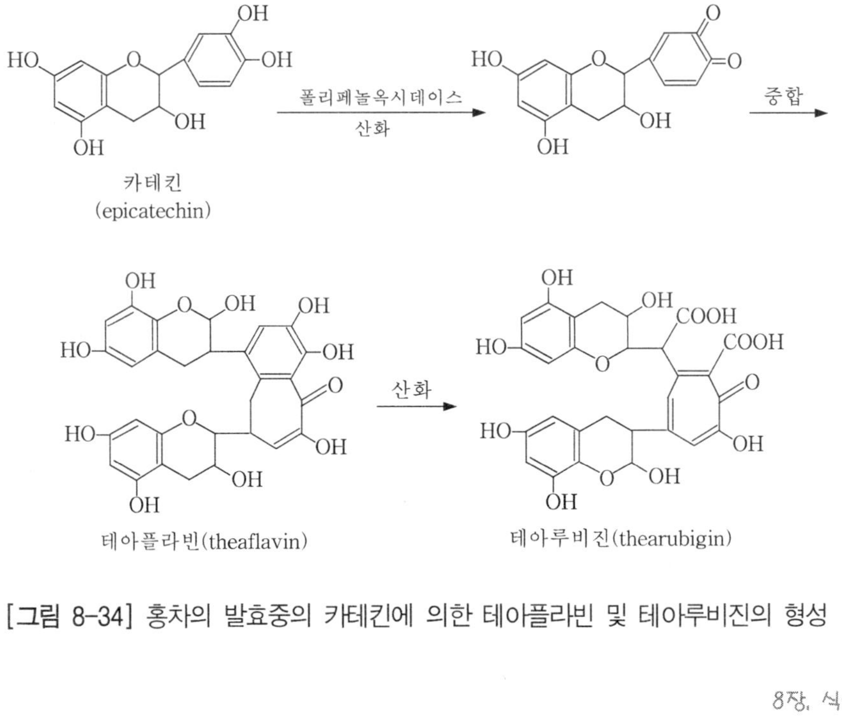

[그림 8-34] 홍차의 발효중의 카테킨에 의한 테아플라빈 및 테아루비진의 형성

4. 냉동새우의 흑변

새우를 냉동 저장하는 동안 검은 반점이 생기는데 이러한 현상을 흑피증(melanosis)이라고 한다. 이것은 새우껍질 중에 존재하는 타이로신이 사후 활성화된 타이로시네이즈에 진행되는 것으로 알려져 왔으나, 산소운반기능을 갖는 헤모시아닌이 페놀 산화효소로서 작용한다는 것이 밝혀지고 있다.

이러한 냉동새우의 흑변은 인체에는 무해하지만 상품적 가치가 떨어지게 된다.

이를 방지하기 위하여 새우를 어획한 직 후 냉동시키거나 아황산처리를 한다.

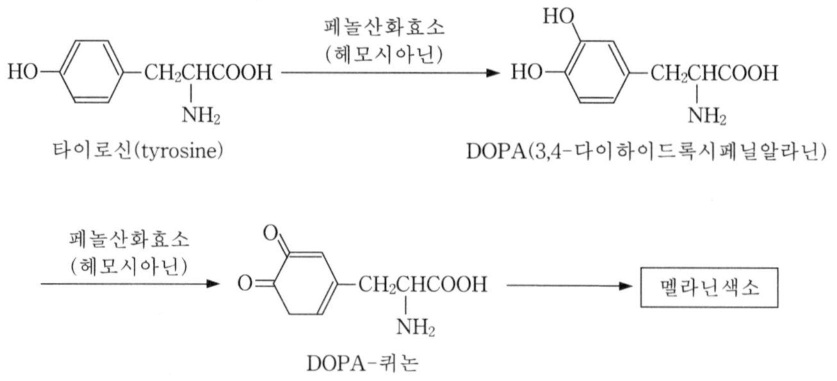

[그림 8-35] 냉동새우의 흑변

5. 효소적 갈변반응 억제법

효소적 갈변반응을 억제하는 방법으로는 갈변효소를 직접 불활성화시키는 방법과 갈변효소의 최적조건을 변동시켜서 효소의 활성을 간접적으로 억제하는 방법이 있다.

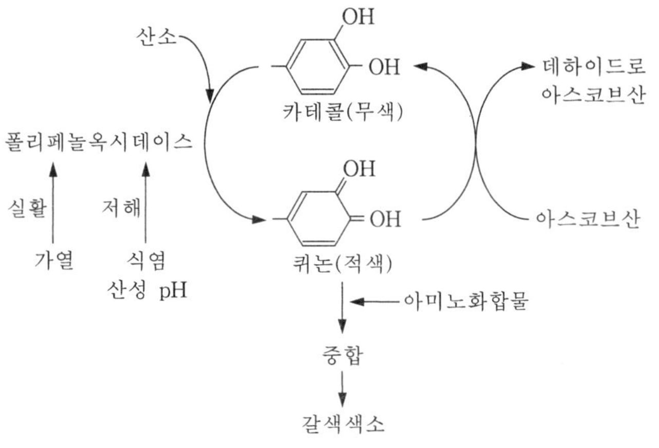

[그림 8-36] 효소적 갈변의 억제

1) 효소의 불활성화

브렌칭 : 효소는 브렌칭(데치기) 등의 열처리에 의해 불활성화한다.

폴리페놀옥시데이스는 열에 대한 저항성이 있어 완전히 실활하기 위해서는 80℃에서 10~20분간 열처리해야 한다. 채소 식품의 경우에는 80℃에서 3분, 또는 100℃에서 1분간 열처리한다.

그러나 브렌칭의 과정 중 조직의 연화, 이취의 발생 등이 발생할 수 있으므로 주의해야 한다.

물 침지 : 수용성의 폴리페놀화합물 기질과 효소를 물에 침지하여 제거한다(예 : 감자, 우엉이나 연근을 물에 담그면 갈변을 억제할 수 있다).

산의 첨가 : 사과 폴리페놀옥시데이스의 최적 pH는 4.2~5.8이며, pH 3에서는 효소작용이 억제된다. 따라서 구연산, 초산, 레몬즙 등을 첨가하여 pH 3 이하로 하여 효소의 작용을 억제시킨다. 실제로, 껍질을 벗긴 감자를 식초물에 담아 밀폐용기에 보관하면 3~4일 정도는 갈변을 억제할 수 있고, 연근이나 우엉도 식초 물에 담그면 갈변을 억제할 수 있으며, 식초에 의해 아삭해지는 효과도 있다.

소금의 첨가 : 폴리페놀옥시데이스의 활성은 구리, 철이온에 의해 증가되고, 염소(Cl)이온에 의해 억제된다.

6%의 소금물은 폴리페놀옥시데이스의 활성을 80% 정도 억제한다. 그러나 실제로 사용되는 소금의 농도는 1% 내외로 어느 정도 갈변을 억제할 수 있으나, 불충분한 경우가 많다.

온도의 저하 : 폴리페놀옥시데이스는 -10℃에서도 작용한다. 따라서 식품의 온도를 -10℃ 이하로 보관한다.

6. 효소적 및 비효소적 갈변반응의 억제

아미노-카보닐반응은 온도, 수분, pH, 금속의 유무에 따라 영향을 받으며, 이들 요인을 제거하여 어느 정도 갈변방지가 가능하다. 그러나 식품에서 이러한 조작을 할 수 없는 경우도 있어 갈변방지는 어려운 문제이다.

이에 대한 유효한 방법이 식품첨가물을 이용하는 방법이다. 효소적 또는 비효소적 갈변반응은 주로 산화과정에 의해 일어나기 때문에, 산소제거제나 환원성물질의 첨가로 갈변반응을 억제할 수 있다. 현재 허용되어 있는 식품첨가물로는 아황산염이 있다.

1) 아스코브산, 아황산염 등의 환원제 첨가

아스코브산이나 아황산염 등의 환원제를 첨가하여 효소반응을 억제한다.

아스코브산과 이성질체인 에리쏘브산 : 아스코브산과 에리쏘브산(erythobic acid)은 강한 환원력으로 폴리페놀옥시데이스에 의해 생성된 퀴논(quinone)을 본래의 카테콜로 환원시켜, 일시적으로 갈변반응을 억제한다.

아황산염 : 아황산염은 타이로신에 의한 효소적 갈변반응을 효과적으로 억제하기 때문에 오래전부터 껍질을 벗긴 감자의 갈변방지를 위하여 사용되어져 왔다. 아황산염은 카보닐화합물과의 부가반응으로 설폰산(sulfonic acid)을 형성하여 카보닐화합물을 반응계에서 제거한다(그림 8-37).

아황산염은 유효한 갈변 억제제로 건조과실(2 g/kg), 물엿(0.3 g/kg), 천연과즙(0.15 g/kg), 과실주(0.35 g/kg)에 이용되고 있다. 이외에 도라지, 연근, 우엉, 감자, 고구마의 갈변억제에도 사용된다.

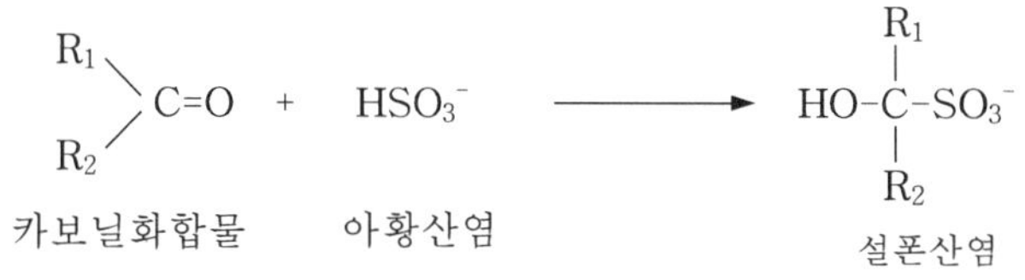

[그림 8-37] 아황산염의 갈변억제

또한 아황산염은 미생물의 번식을 억제하는 작용이 있어, 부패방지를 위해 포도주에 첨가하기도 한다.

그러나 아황산염은 다른 식품성분(예 : 비타민 B_1)을 파괴하는 작용이 있고, 위점막 자극, 천식, 알레르기반응을 일으킬 수 있으므로 사용에 주의하여야 한다.

FDA(미국 식품의약품관리청)에서는 아황산염 사용을 0.05% 이하로 제한하고, 신선채소나 과일에는 사용은 금지하고 있다. 또 10 ppm 이상 함유 가공식품의 경우 표시를 의무화 하고 있다.

2) 산소제거

갈변반응은 일반적으로 산화에 의해 일어나므로 밀폐된 용기에 식품을 넣어 공기를 제거하거나, 용기내의 공기를 탄산가스나 질소가스로 치환하면 갈변을 억제할 수 있다.

이외에 탈산소제(산소제거제)를 사용하여 산소를 제거할 수 있다. 보통 철분을 원료로 한 탈산소제가 사용되고 있으나, 이는 액체와 고체가 혼합된 식품에는 사용할 수 없다는 단점이 있다. 그러나 아스코브산은 산소를 흡수하는 성질이 강하여 갈변억제에 효과적이며, 액체식품에도 사용할 수 있다. 아스코브산 3.3mg은 공기 1 mℓ 중의 산소를 완전히 흡수하여 제거할 수 있다.

이외에도 글루코오스 옥시데이스(glucose oxidase), 카탈레이스(catalase)와 포도당의 혼합물을 이용한 탈산소제 등 여러 탈산소제가 사용되고 있다.

글루코오스 옥시데이스
식품 중에 들어있는 미량의 포도당과 산소를 제거하여 부패방지에도 사용.

glucose + O_2 → gluco-δ-lactone + H_2O_2

$$2\ \text{glucose} + 2H_2O + 2O_2 \xrightarrow{\text{글루코오스 옥시데이스}} 2H_2O_2(\text{과산화수소})$$

$$2H_2O_2 \xrightarrow{\text{카탈레이스}} 2H_2O + O_2$$

3) 주석이온

주석이온(Sn^{2+})은 강한 환원력(표백작용)을 갖고 있으나 갈변 방지 목적으로 첨가되는 일은 없다. 다만, 일반 통조림식품의 경우, 용기에서 녹아 나오는 주석이온이 통조림 내부에 있는 식품의 비효소적 갈변을 억제한다.

따라서 흰색이나 엷은 노란색의 과실이나 채소를 통조림할 경우에는 색깔의 갈변방지를 위해 내부에 에나멜 칠을 하지 않는 것이 좋다.

그러나 육류나 딸기잼과 같이 짙은 색의 식품을 통조림할 때는 이들 색소들이 표백되지 않도록 에나멜 칠을 한 통조림을 사용하는 것이 좋다.

4) 금속이온의 제거

금속이온 중 철(Fe)이온, 구리(Cu)이온 등은 폴리페놀화합물인 타닌과 반응하여 흑갈색의 복합체를 형성하거나 비효소적 갈색화반응을 촉진시킨다. 특히 폴리페놀옥시데이스나 타이로시네이스는 그 효소 자체가 구리이온을 함유하고 있으며, 구리이온에 의해 활성화된다. 따라서 금속킬레이트제를 사용하여 이들 금속을 제거함으로써 갈변반응을 억제할 수 있다.

5) SH화합물(sulfhydryl compound)

일부 SH화합물들은 효소적 또는 비효소적 갈변을 억제해 주는 것으로 알려져 있다. SH화합물이 많이 함유되어 있는 파인애플이 잘 갈변되지 않는 이유가 여기에 있다.

글루타싸이온(glutathion)
글라이신, 글루탐산, 시스테인의 3개의 아미노산으로 구성된 트리펩타이드.

또한 시스테인, 글루타싸이온(glutathion) 등의 SH화합물도 효소적 갈변을 억제해 준다. 이는 클로로젠산, 타이로신 등이 산화하여 형성되는 퀴논과 부가반응물을 형성하여 더 이상 산화가 진행되는 것을 막아주기 때문이다.

이외에 달걀이나 난백에 시스테인을 첨가하여 건조하면 비효소적 갈변과 불용화를 방지할 수 있다.

9장

식품의 냄새

냄새는 맛과는 달리, 음식이 입에 들어오기 전에 감지할 수 있다. 불고기 냄새는 식욕을 촉진하고, 커피 잔에서 감도는 커피의 향은 마음을 편안하게 해준다. 이와 같이 상당히 멀리 떨어져 있어도 냄새를 감지할 수 있는 것은 냄새물질이 휘발성으로 공기 중에 분산되기 때문이다.

냄새는 맛 물질에 비해 매우 미량으로 식별할 수 있다. 혀로 감지할 수 있는 설탕의 최소한계량(역치)은 0.34%, 식염에서는 0.06%이지만, 감귤류의 향기성분인 시트랄(citral)은 0.0000032%, 바닐라의 향기의 주성분 바닐린(vanillin)은 0.00002%가 최소 한계량이다.

한편, 오래된 식품의 이취는 기분을 나쁘게 하여 식욕을 저하시키기 때문에 부패와 변패의 경고 역할도 한다. 또 냄새의 변화에 의해 조리의 진도와 종료를 간접적으로 판단할 수 있는 경우가 많다.

9.1. 냄새를 인식하는 기구

냄새는 식품으로부터 휘발하는 향기성분이 비강(鼻腔)천정부에 있는 후상피(嗅上皮)의 수용체를 자극하는 것을 감지하는 화학 감각이다. 후상피는 냄새를 수용하는 후세포와 그것을 둘러싸는 지지세포와 기저세포(基底細胞)로 구성되어 있다(그림 9-1).

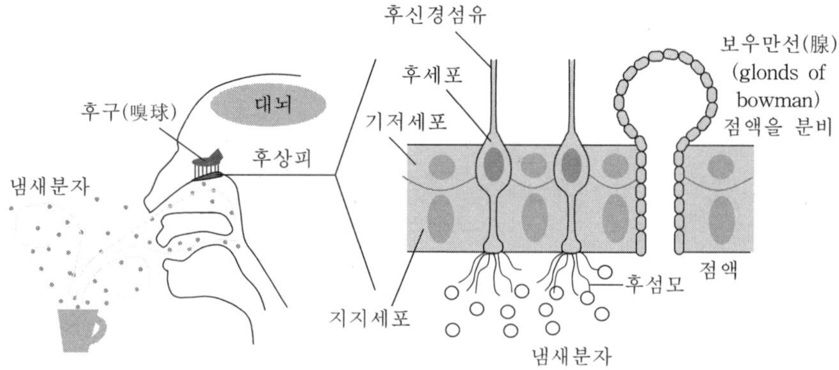

[그림 9-1] 후상피의 구조

후세포의 맨 앞에는 후섬모(嗅纖毛)가 비강 내에 돌출해 있고 이 후섬모에 냄새수용체가 존재한다. 후상피는 전체가 점액으로 덮여져 있다.

음식물로부터 휘발되는 향기성분은 후강 내로 흡수되어 흡입되며 우선 후상피면의 점액에 녹아, 후섬모의 수용체에 흡착된다. 그 자극에 의해 후세포에 전기적 신호가 발생하고 이 신호가 후신경을 통해 대뇌의 후각중추로 전달되어 냄새를 감지한다.

후각신경은 대단히 피로하기 쉽기 때문에 같은 냄새를 맡고 있으면 곧 느낄 수 없게 된다. 그러나 다른 냄새라면 충분히 느낄 수 있다.

향기와 풍미 : 일상적으로 냄새는 향기(aroma)와 풍미(flavor)로 분류된다. 향기는 식품이나 대기 중의 냄새가 코에 전달되어 느끼는 냄새이며, 풍미는 입안에서 느껴지는 냄새를 말한다. 그러나 일반적으로 풍미는 입안에서 느끼는 맛과 텍스쳐을 모두 포괄하는 의미로 사용된다.

냄새의 역치 : 인간이 냄새, 맛 등을 느끼는데 필요한 성분의 최소치를 역치(閾値, threshold value)라고 하며, 냄새성분의 역치는 10^{-8}~1 ppm으로, 맛 성분의 역치 100~1,000 ppm에 비해 만배 이상이나 작다. 결국, 냄새성분은 아주 미량으로 느낄 수 있다. 식품의 향기성분의 예와 냄새의 강도(역치)를 표 9-1과 같다.

[표 9-1] 식품의 향기성분의 강도

화 합 물	역치(㎎/ℓ)	식 품 예
에탄올(ethanol)	100	알코올음료, 간장, 된장
바닐린(vanillin)	0.02	바닐라콩
트랜스-2-헥센알(trans-2-hexenal)	0.017	채 소
헥산알(hexanal)	0.0045	두 유
다이메틸다이설파이드(dimethyl disulfide)	0.0076	부 추
다이메틸설파이드(dimethyl sulfide)	0.00033	파래김, 녹차
소토론(Sotolone)	0.00001	흑설탕, 간장
1-p-멘텐-8-싸이올(1-p-mentene-8-thiol)	0.00000002	자 몽

* Sotolone : 3-hydroxy-4,5-dimethyl-2(5H)-furanone)

싸이올기(thiol group, -SH) 설프하이드릴기(sulfhydryl group) 또는 머캅토기(mercapto group)라고도 함.

9.2. 화학구조와 냄새

식품의 향기성분은 탄화수소를 비롯하여 다양한 관능기를 갖는다. 특정물질이 특징적인 향을 나타내는 경우도 있지만 일반적으로 다수의 화합물에 의해 그 식품의 고유 향이 구성된다.

식품의 향기성분은 그 종류가 매우 많고 냄새도 다양하여 냄새와 화학구조관계의 법칙성도 없다.

따라서 향기성분에 대해서는 기본적인 맛과 같은 화학적 분류가 없다.

향기물질의 화학적 구조에 관한 일반적인 특성은 표 9-2에 나타내었다.

[표 9-2] 향기물질의 특성

- 휘발성이 있다.
- 저분자량(17~300), 비등점이 낮은 것이 많다.
- 포화탄화수소 등의 물에 녹지 않는 물질은 냄새가 없거나 매우 약하다.
- 일반적으로 에스터, 카보닐기, 수산기 등의 관능기나 불포화 결합구조를 갖는다.
- 질소(N)나 황(S)함유화합물, 헤테로환 화합물에 특징적인 냄새를 갖는 것이 많다.
- 물질에 따라 역가가 다르다. 역가가 낮은 것이 많다(표 9-1 참조).
- 입체구조에 따라 냄새가 다른 물질이 있다.
  예) (-)-멘톨 : 강한 박하향, 강한 청량향
  (+)-멘톨 : 강한 박하향, 풋내

9.3. 식품의 향기성분의 생성

식품은 동물과 식물을 원료로 하기 때문에, 원료자체의 생체 효소반응과 가공, 조리중에 생체내성분이 관여한 효소적, 비효소적 반응에 의해 냄새성분이 생성된다.

주요 냄새의 생성요인은 다음과 같다.

① 생합성에 의한 냄새 생성(예 : 터펜류(terpenes), 과일의 성숙향)

② 조리, 가공 중의 냄새 생성

- 세포파괴에 의한 효소반응(예: 오이, 마늘, 겨자의 특유향)
- 미생물의 효소가 관여하는 반응(예: 된장, 간장, 치즈 등의 발효식품 향)
- 가열에 의한 비효소적 생성(예: 육류나 생선구이의 향)
- 산화반응에 의한 비효소적 생성(예: 유지의 산화취, 묵은 쌀의 냄새)

9.4. 식품의 주요 향기성분

식품의 향은 수많은 향기성분의 상호 작용으로 나타난다. 한 개의 식품이라도 그 냄새는 수십~수백 종류의 성분으로 이루어져 매우 복잡하다.

특히 향기가 중요시되는 녹차에서는 300종 이상, 커피에서는 1,000여종 이상의 성분이 서로 작용하여 향기를 형성하고 있다.

키 컴파운드(key compound) : 보통 식품냄새는 수십~수백종류의 냄새성분으로 구성되어 있지만, 특정 향기물질이 식품의 특징적인 향기를 나타내는 경우가 있다. 이러한 물질을 키 컴파운드(key compound)라고 한다. 이러한 향기성분은 화학적으로도 합성되어 착향료로서 식품첨가물로 사용된다.

대표적인 키 컴파운드 물질로는 바나나의 아세트산아이소아밀(isoamyl acetate), 박하의 멘톨(menthol), 건조 표고버섯의 렌싸이오닌(lenthionine) 등이 있다.

식물성 식품의 향기성분은 일반적으로 알코올, 알데하이드, 에스터, 페놀 화합물, 함황화합물, 터펜화합물, 지방산 등이 많다.

[표 9-3] 식품 중의 주요 향기성분

화합물의 종류	구조	다량 함유식품	향기성분과 소재
알코올	R-OH	채소 향신료	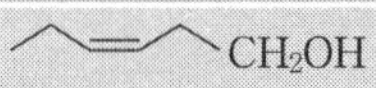 (3Z)-hexenol (청엽알코올)  (2E, 6Z)-nonadienol (오이) 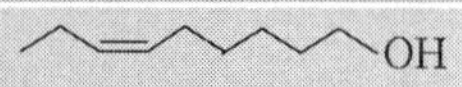 (6Z)-nonenol 멜론 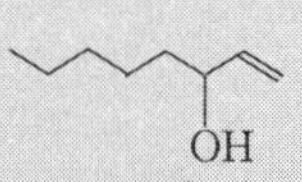 1-octen-3-ol (송이버섯) 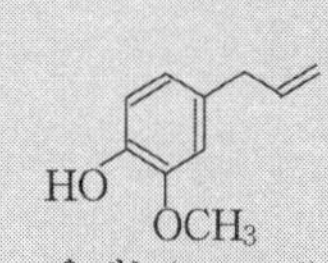 유제놀(eugenol) (글로브, 올스파이스) 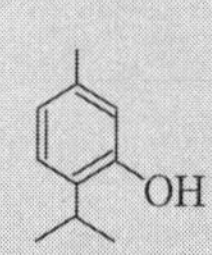 티몰(thymol) (타임) 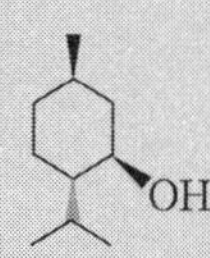 (-)멘톨(menthol) (박하)
락톤 (lactone)	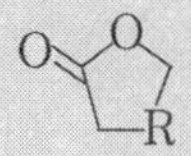	과일 치즈	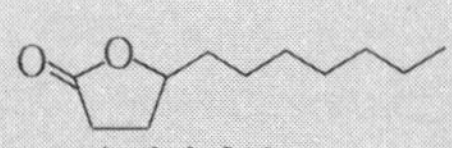 r-운데카락톤 (undecalactone)(복숭아) 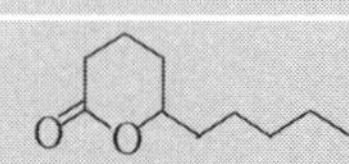 δ-데카락톤(δ-decalactone) (유지방, 치즈)
알데하이드	R-CHO	채소	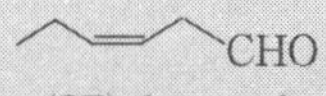 (2Z)-hexenal (청엽알데하이드)  (3Z)-hexenal (대두유 변향)  hexanal (쌀겨) 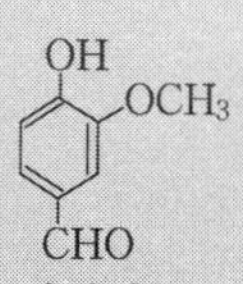 바닐린(vanillin) (바닐라콩)  (2E, 6Z)-nonadienal (오이)  (6Z)-nonenal (멜론)
에스터	R-COOR′	과실	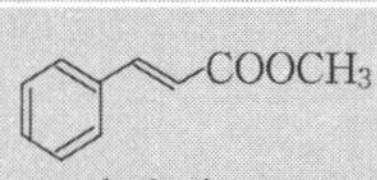 methyl cinnamate (송이버섯) 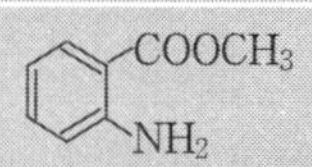 methyl anthranylate (포도) 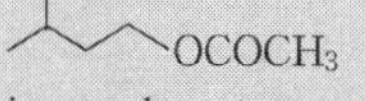 isoamyl acetate (바나나) $CH_3SCH_2CH_2COOCH_3$ methyl-3-methyl thio propionate (파인애플) 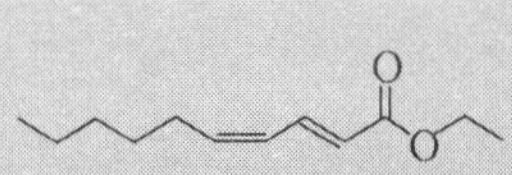 (2E, 4Z)-ethyl-decaenoate (서양배) 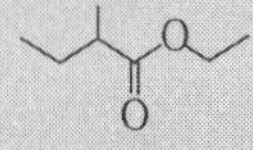 ethyl-2-methyl butyrate (사과)
케톤 (ketone)	R-CO-R	채소 유제품	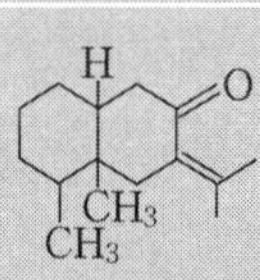 후키논 (머위) 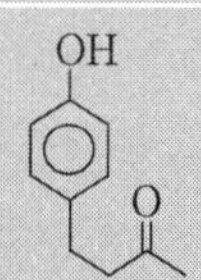 4-(4-하이드록시페닐)-2-부타논(레즈베리) 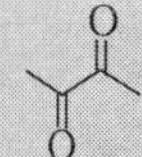 다이아세틸(diacetyl) (발효버터)

(표 9-3) 계속

[표 9-3] 계속

화합물의 종류	구조	다량 함유식품	향기성분과 소재
질소화합물	RNH_2 R_3N	어패류	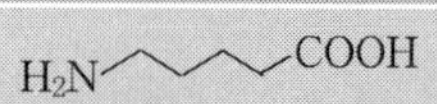 δ-아미노발레르산 (δ-aminovaleric acid)(담수어) 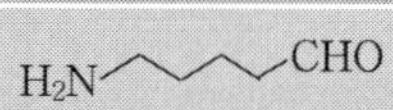 δ-아미노발레르산 (aminovaleric acid)(담수어)  피페리딘(piperidine (담수어) CH_3-N(CH_3)-CH_3 ($H_3C-N-CH_3$) 트리메틸아민 (trimethyl amine)(해수어)
황화합물	R-S-R′ R-S-S-R′ R-(S→O) -S-R	채소 김	$H_3C-S-CH_3$ 다이메틸설파이드(dimethyl sulfide)(김) $CH_2=CHCH_2SCH_2CH=CH_2$ 알릴설파이드(allylsulfide) (마늘) $CH_3CH_2CH_2SH$ 프로필머캅탄(propyl mercaptane)(파) $H_2C=CHCH_2-S(\rightarrow O)-S-CH_2CH=CH_2$ 알리신(allicin) (마늘) CH_3SH 메틸머캅탄(methyl mercaptane)(무, 양파) 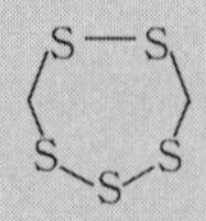 $H_3C-S-S-CH_3$ 다이메틸다이설파이드(dimethyl disulfide)(양배추) 렌싸이오닌(lenthionine) (표고버섯)
유기산	R-COOH	유제품	CH_3COOH 초산 (식초) $CH_3CH_2CH_2COOH$ 부티르산(butyric acid) (치즈) CH_3CH_2COOH 프로피온산(propionic acid) (치즈)
터펜류 (terpenes)		채소 과일 향신료	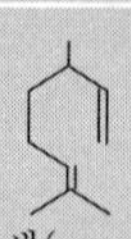 미르센(myrcene) (미나리) 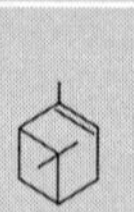 α-피넨(α-pinene) (쑥갓, 육두구)  캄페인(camphene) (생강, 육두구) 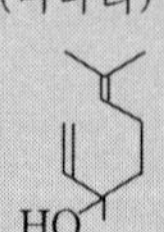 리날로올(linalool) (생강, 라벤더) 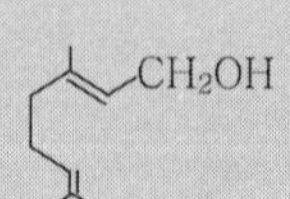 게라니올(geraniol) (생강) 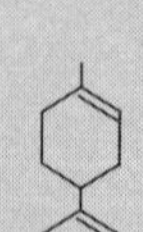 리모넨(limonene) (오렌지) 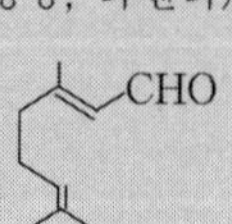 시트랄(citral) (레몬) 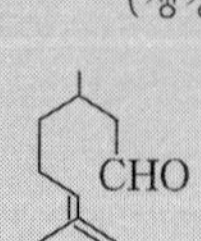 시트로넬알(citronellal) (산초) 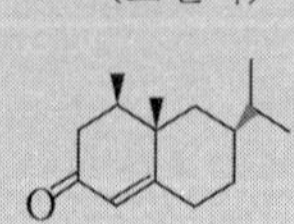 누트카톤(nootkaatone) (자몽)

9.5. 식물성식품의 냄새성분

1. 과실류의 성숙향

과일에는 향기가 강한 것이 많으며. 향기가 매우 중요한 역할을 하는 식품이다.

과일의 주요 향기성분은 에스터류와 락톤이며, 감귤류는 터펜류이다.

1) 에스터류

사과, 바나나, 딸기, 메론 등의 과일이 성숙되면, 생체 내에서 저분자의 유기산과 알코올의 효소적 반응으로 에스터류를 생성한다.

주요 과일 향기성분과 에스터류 : 대부분의 과실에는 여러 에스터류의 종합적인 향기가 고유의 향기를 나타내지만, 특정의 향기성분에 의해 과일의 고유향기를 나타내는 경우도 있다.

예를 들어, 딸기의 경우, 성숙되면, 부티르산메틸(methyl butyrate), 부티르산에틸(ethyl butyrate), 카프르산에틸(ethyl caprate) 등의 에스터류가 증가한다. 또, 바나나의 아세트산아이소아밀(isoamyl acetate), 포도의 안트라닐산메틸(methyl anthranilate), 파인애플의 부티르산에틸(ethyl butyrate) 등이 향기를 나타내는 주요 에스터류이다.

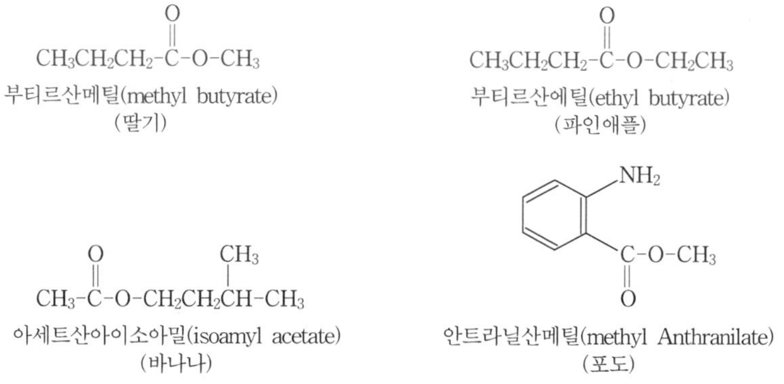

[그림 9-2] 과일의 향기를 나타내는 대표적인 에스터류

과일의 종류에 따라 에스터류의 종류와 함량이 다르고, 각각 고유의 향기를 형성한다. 에스터류는 탄소수 10개 이하인 화합물은 거의 과일향을 나타내며, 탄소수 10개 이상이 되면 향이 진해져 꽃향기를 나타낸다.

이 때문에 에스터류는 화학적으로 합성되어 착향료로서 각종 음료, 아이스크림, 캔디 등에 이용되고 있다. 예를 들어, 바나나향 우유에는 아세트산 아이소아밀이 착향료로 첨가되고 있다.

에스터류와 후숙과일의 향 : 과일은 성숙됨에 따라 에스터류의 생성도 증가하여 향기성분도 증가하지만, 후숙과일의 경우, 후숙 중에도 에스터류가 증가한다. 경우에 따라서는 에틸렌가스(과일 성장촉진 호르몬의 일종)로 강제 후숙하기도 한다.

후숙과일로는 바나나, 사과, 복숭아, 키위, 감귤, 망고, 메론, 서양배, 토마토 등이 있다.

바나나의 경우, 후숙 중에 아세트산아이소아밀(isoamyl acetate) 등의 에스터류가 증가하여 바나나 특유의 향을 나타낸다.

2) 터펜류(terpenes)

감귤, 오렌지 등의 감귤류의 주요 향기성분은 터펜류이다. 터펜류는 여러 개의 아이소프렌으로 구성되어있으며, 이 중에서 향기물질로 잘 알려져 있는 것은 탄소수 10개의 모노터펜(탄소수 10개)과 세스쿼터펜(탄소수 15개)이다. 감귤류의 주요 모노터펜으로는 시트랄(citral), 리모넨(limonene) 등이 있고, 세스쿼터펜으로는 누트카톤(nootkatone)이 있다(표 9-3 참조).

3) 락톤류(lactones)

복숭아의 향기물질의 주성분은 γ-운데카락톤(γ-undecalactone) 등의 락톤류이다.

대부분의 γ-락톤은 식물성식품에 나타나고, δ-락톤은 주로 동물성 식품에 나타나나며, 특히 유제품에서 특징적인 향기를 나타낸다. 치즈의 특유의 향기는 유지방에서 생성된 δ-데카락톤(δ-decalactone)에 의해 기인된다.

- 락톤(lactone)은 고리구조에 에스터기(-OCO-)를 갖는 환상에스터 화합

물을 말하며, 유기화합물 1분자내의 -COOH와 -OH에서 탈수해서 생성 된다. 역치가 0.1 ppm 정도로 낮기 때문에 향미가 강한 편이다.

γ-운데카락톤(undecalactone)
(복숭아형)

δ-데카락톤(δ-decalavtone)
(치즈 향)

[그림 9-3] 락톤류와 과일 및 치즈의 향기

4) 그 밖의 과일의 향기성분

파인애플과 딸기의 경우 성숙함에 따라 생체내의 푸라네올(furaneol)배당체가 효소적으로 가수분해되어 강한 캐러멜향을 갖는 푸라네올을 생성하여, 특징적인 완숙 향을 나타낸다(그림 9-4).

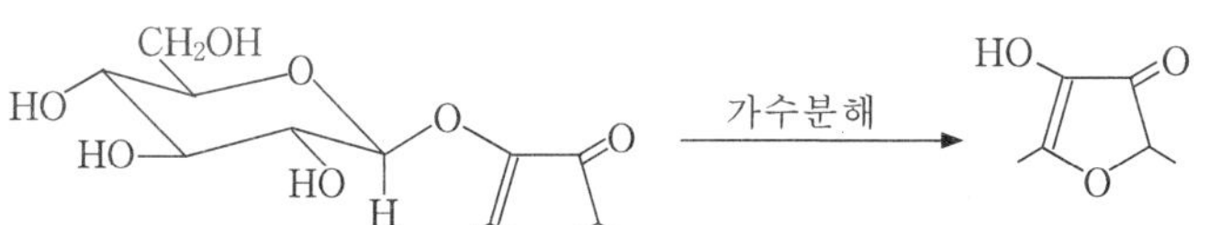

푸라네올(furaneol) 배당체

푸라네올
(2,5-dimethyl-hydroxy-3(2H)-furanone)

[그림 9-4] 완숙딸기의 달콤한 향기성분(푸라네올의 전구체로부터 생성)

2. 채소류의 향기성분

채소에는 알데하이드, 알코올류, 함황화합물, 터펜을 향기성분으로 함유하는 것이 많다. 특히, 토마토나 오이 등의 채소의 특징적인 향기성분은 불포화지방산의 효소분해로 생성되는 알데하이드와 알코올이다.

또 양파, 파, 마늘, 부추 및 겨자과 식물의 경우는 함황화합물이, 향신료의 경우에는 터펜화합물들이 주요 향기성분이다.

1) 토마토의 향기

신선한 토마토 냄새는 주로 탄소 수 6개의 알코올과 알데하이드에 의해 생성된다.

먼저 토마토를 절단하면, 토마토의 지질은 세포내의 라이페이스(lipase)에 의해 리놀레산과 α-리놀렌산이 생성된다(그림 9-5).

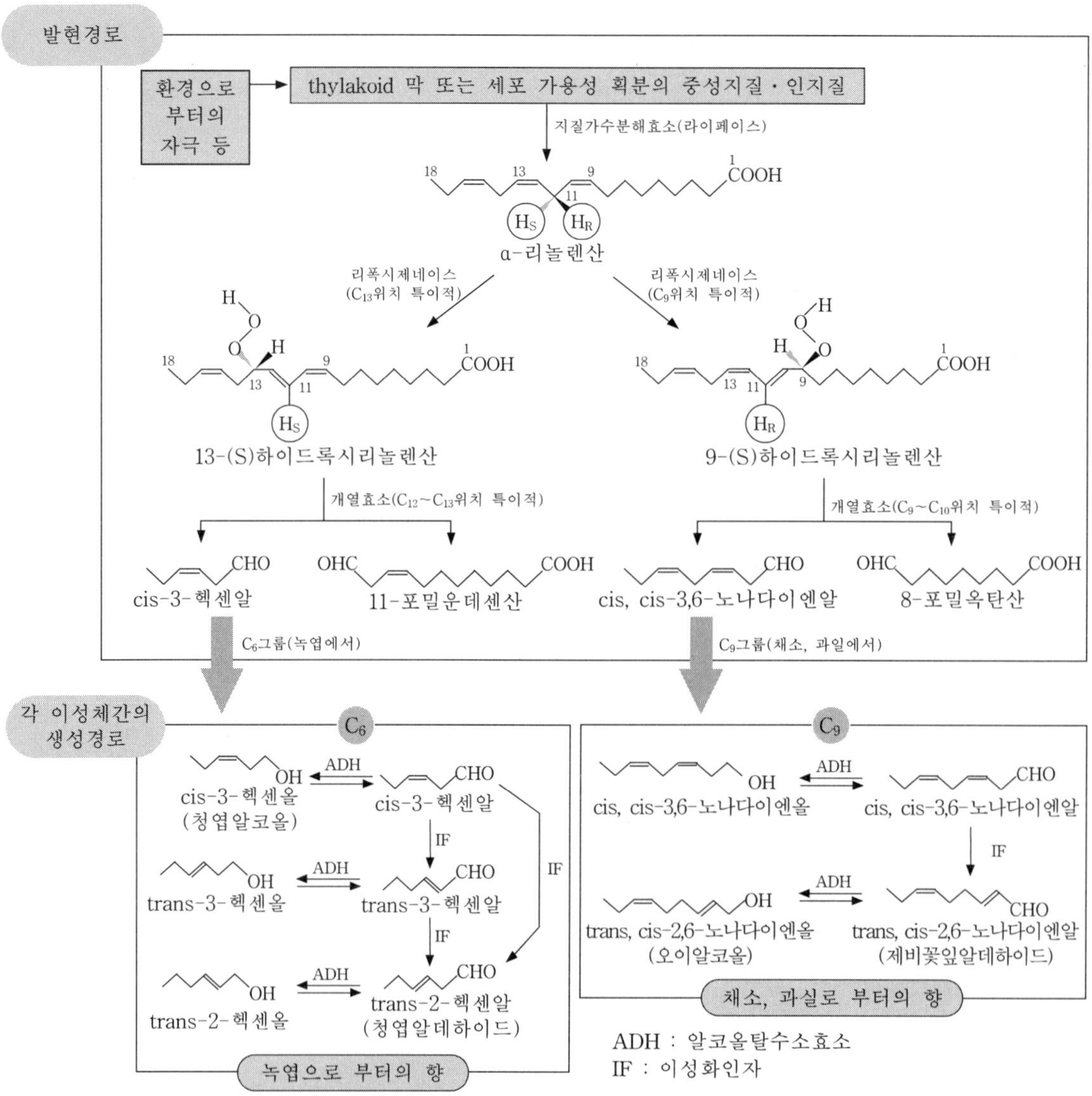

[그림 9-5] 신선한 채소의 특유 향의 생성 경로

이들 리놀레산과 α-리놀렌산은 세포내의 리폭시제네이스에 의한 C_{13}번 위치의 산소첨가반응(하이드록시리놀렌산 형성)과 라이페이스에 의한 하이드로퍼옥사이드의 개열반응으로 채소의 특징적 냄새를 나타내는 cis-3-헥센올

(cis-3-hexenol)이 된다. 이어서 알코올 탈수소효소(ADH)작용과 이성화반응에 의해 trans-2-헥센알(trans-2-hexenal), trans-2-헥센올(trans-2-hexenol)이 생성된다.

이들은 각각 청엽알데하이드, 청엽알코올이라고 불리며, 신선한 토마토, 양배추 등의 채소 냄새를 나타낸다.

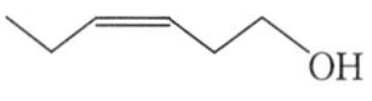

시스-3-헥센올
(cis-3-hexenol, 청엽알코올)

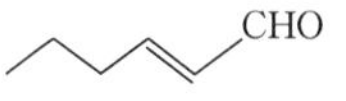

트랜스-2-헥센알
(trans-2-hexenal, 청엽알데하이드)

토마토의 향기성분

2) 오이의 향기

껍질을 벗긴 오이는 토마토보다 약간의 쓴맛을 동반한 특징적 신선한 냄새를 나타내며, 신선한 오이냄새는 주로 탄소 수 9개의 알코올과 알데하이드에 의해 생성된다.

오이의 지질은 세포내의 라이페이스(lipase)에 의해 리놀레산과 α-리놀렌산이 생성된다(그림 9-5).

이들 리놀레산과 α-리놀렌산은 세포내의 리폭시제네이스에 의한 C_9번 위치의 산소첨가반응과 라이페이스에 의한 하이드로퍼옥사이드의 개열반응으로 cis,cis-3,6-노나다이엔알(cis-cis-3,6-nonadienal)이 된다. 이어서 알코올 탈수소효소(ADH)작용과 이성화반응에 의해 trans,cis-2,6-노나다이엔알(trans,cis-2,6-nonadienal), trans,cis-2,6-노나다이엔올(trans,cis-2,6-nonadienol)이 형성된다. 이들은 각각 제비꽃향 알데하이드, 오이알코올이라고 불리며, 오이의 신선한 냄새를 나타낸다.

2,6-노나다이엔알은 신선한 오이뿐만 아니라 절임오이에서도 중요한 향기성분이다.

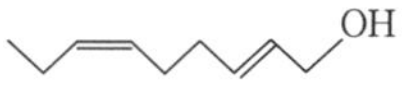

트랜스-시스-2,6-노나다이엔올
(trans,cis-2,6-nonadienol, 오이알코올)

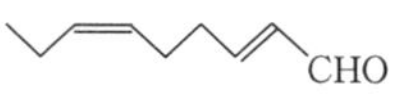

트랜스-시스-2,6-노나다이엔알
(trans,cis-2,6-nonadienal, 제비꽃향 알데하이드)

오이의 향기성분

3) 양파, 마늘, 파, 부추의 향기

알킬기(alkyl group) 지방족 탄화수소에서 수소 원자가 1개 빠져나가 생기는 기

마늘, 양파, 부추, 파에는 함황아미노산의 일종인 알킬시스테인설파이드류가 함유되어 있으며, 이들 함황 아미노산의 알킬기의 종류와 함량에 따라 특징적 향기가 결정된다.

파의 향기성분 : 조직이 파괴되면 알리이네이스(alliinase)에 의해 알킬시스테인설파이드(alkyl cystein sulfide)가 분해되어 특유의 향기물질인 알킬싸이오설파이드와 다이알킬다이설파이드가 생성된다(그림 9-6).

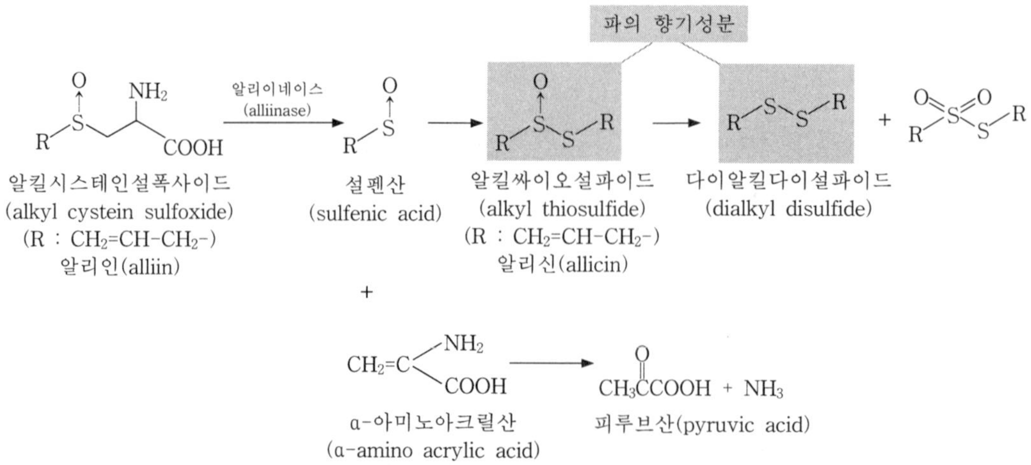

[그림 9-6] 파의 향기성분 생성

양파의 향기성분 : 1-프로페닐시스테인설폭사이드(propenyl cystein sulfoxide)가 주요성분이며, 이들은 효소 알리이네이스에 의해 최루성분인 싸이오프로판알-S-옥사이드(thiopropanal-S-oxide)로 분해된다(그림 9-7).

양파의 주요 향기성분은 다이프로필다이설파이드이다(표 9-4).

머캅탄(mercaptane) SH(sulfhydryl)기를 갖는 탄화수소

양파를 가열하면 단맛이 강해지는데, 이는 향기성분인 다이프로필다이설파이드가 환원하여 생기는 프로필머캅탄(propyl mercaptane)에 의한 것이다. 프로필머캅탄은 설탕의 50배의 단맛을 갖는다.

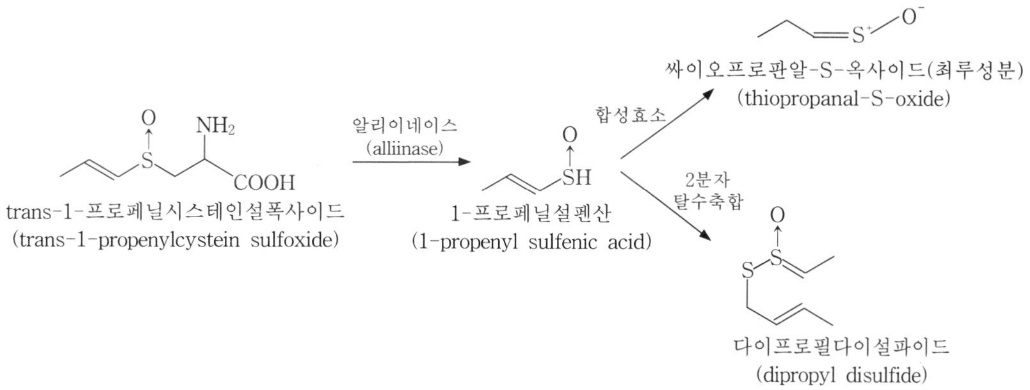

[그림 9-7] 양파의 최루성분의 형성 경로

[표 9-4] 마늘, 파, 양파, 부추의 함황 향기성분의 조성(%)

성 분	부 추	양 파	파	마 늘
다이메틸다이설파이드 (CH_3SSCH_3)	83	2	9	< 1
메틸프로필다이설파이드 ($CH_3SSCH_2CH_2CH_3$)	< 1	4	15	< 1
메틸알릴다이설파이드 ($CH_3SSCH_2H=CH_2$)	16	< 1	2	22
다이프로필다이설파이드 ($CH_3CH_2CH_2SSCH_2CH_2CH_3$)	< 1	86	65	< 1
다이알릴다이설파이드 ($CH=CHCH_2SSCH_2CH=CH_2$)	< 1	< 1	< 1	74

마늘의 향기성분 : 조직이 파괴되면, 마늘의 알리인(alliin)은 효소 알리이네이스에 의해 일차적으로 알리신(allicin)으로 분해된 후, 주요 마늘냄새성분인 다이알릴다이설파이드가 생성된다(그림 9-8).

알릴기(allyl group)
$CH_2=CHCH_2$

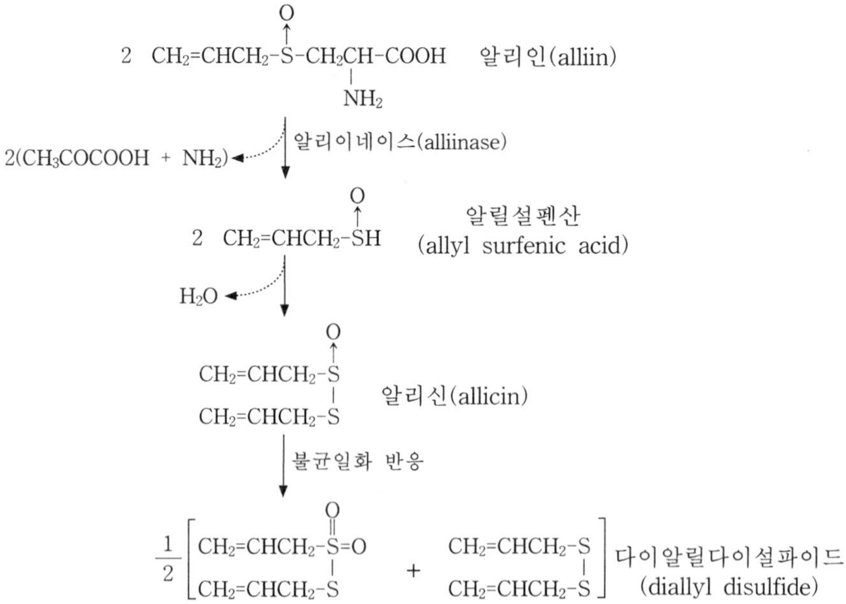

[그림 9-8] 마늘의 향기성분의 생성

알리인과 알리신의 작용 : 알리인과 알리신은 강한 살균력과 혈압 강하효과를 갖는 것으로 알려져 있다. 또한, 알리인과 알리신은 생체내에서 비타민 B_1과 결합하여 알리싸이아민(allithiamine)을 형성하여, 장내 흡수율을 촉진시킨다. 또 마늘 이외에 파, 양파, 부추 등도 비타민 B_1의 흡수를 촉진시키는 것으로 알려져 있다. 따라서 비타민 B_1의 함량이 높은 돼지고기를 마늘, 파, 양파 등과 함께 섭취하면 비타민 B_1의 흡수를 촉진시킬 수 있다.

알리싸이아민(allithiamine) : 마늘의 향기성분인 알리인과 비타민 B_1(싸이아민)을 결합시킨 것이 알리싸이아민이며, 지용성으로 흡수되기 쉽다. 알리싸이아민의 알릴(allyl)기 대신에 프로필(propyl)기 등이 결합시킨 것도 장내의 흡수가 우수하고, 근육과 신경 등의 조직에 잘 이행되어, 알리싸이아민과 함께 비타민 B_1 제재로 잘 사용되고 있다.

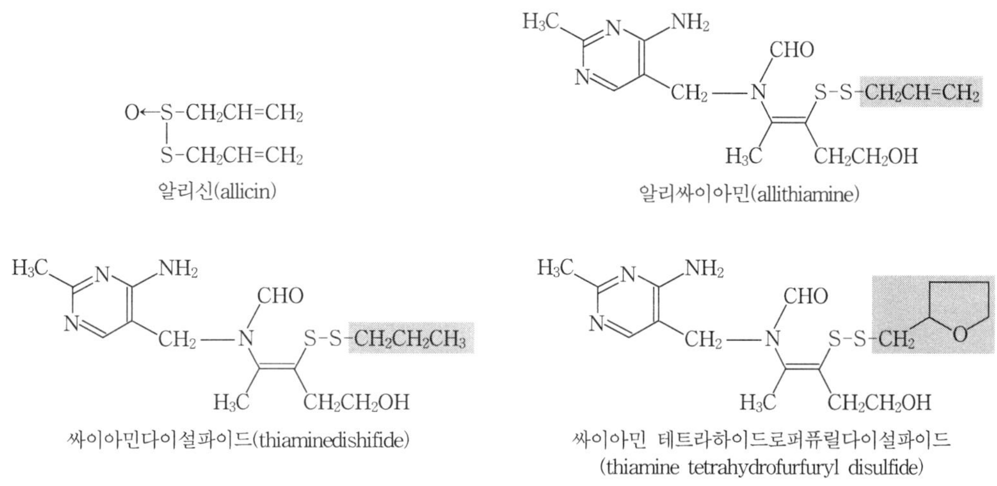

[그림 9-9] 알리신과 비타민 B_1(싸이아민)유도체

4) 겨자과 식물의 향기성분

겨자, 고추냉이의 향기 : 흑겨자, 백겨자, 고추냉이에 존재하는 겨자유배당체는 마이로시네이스(myrosinase)에 의해 분해되어 특유의 매운 향기성분인 아이소싸이오시아네이트(isothiocyanate)가 형성된다.

즉, 고추냉이의 겨자배당체인 시니그린(sinigrin)은 알릴 아이소싸이오시아네이드를, 백겨자 배당체인 시날빈(sinalbin)은 ρ-하이드록시벤질 아이소시아네이트를 생성한다(그림 9-10).

한편, 아이소싸이오시아네이트는 생체 내에서의 요오드의 흡수를 저해하거나 갑상선 호르몬의 형성을 방해하여 갑상선종을 유발시킬 수 있다.

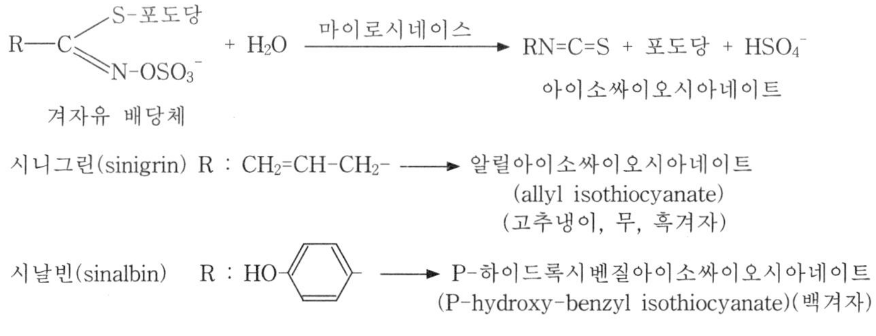

[그림 9-10] 겨자의 향기성분의 생성

• 겨자를 따뜻한 물(40℃)에 개는 이유는 효소(마이로시네이스) 활성을 촉진시켜, 매운맛을 강하게 하기 위해서 이다.

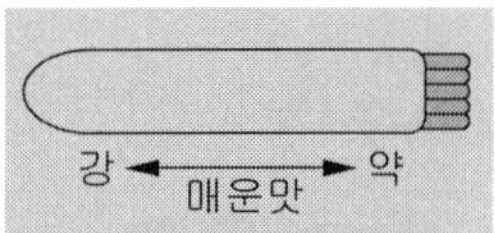

무에는 뿌리쪽이나 껍질에 매운맛을 내는 겨자유배당체가 많기 때문에 무즙을 만들 때는 잎이 붙은 부분쪽을 사용하는 것이 좋다.

무의 향기 : 무즙 특유의 자극취도 마이로시네이스에 의해 분해, 생성되는 트랜스-4-메틸-싸이오-부테닐아이소싸이오시아네이트(trans-4-methyl-thiobutenyl isothiocyanate)에 기인된다. 그러나 무즙을 장시간 방치하면, 이 향기물질이 분해되어 메틸머캅탄과 다이메틸다이설파이드를 생성하여 자극취가 없어진다.

5) 버섯의 향기성분

건조버섯의 향기성분 : 건조표고버섯을 물에 불리면 독특한 냄새가 발생한다. 이것은 시스테인설폭사이드유도체인 렌틴산(lentinic acid)이 파, 마늘과 유사한 효소작용으로 분해되어 렌싸이오닌(lenthionine)을 생성하기 때문이다(그림 9-11).

따라서 생표고버섯에 상처가 나거나 표고버섯을 말리면 렌싸이오닌에 의한 독특한 냄새가 강해진다.

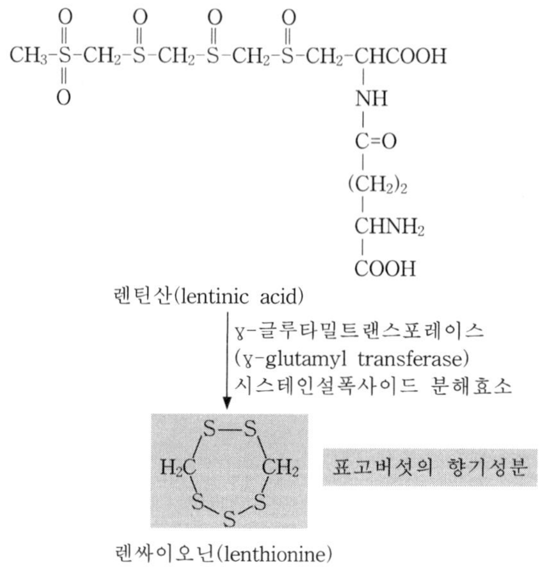

렌싸이오닌(lenthionine)

[그림 9-11] 건조표고버섯의 향기의 생성

송이버섯의 향기 : 송이버섯의 특징적인 향기성분은 리놀레산으로부터 리폭시제네이스(lipoxygenase)의 작용에 의해 C_{10}과 C_{11}의 사이가 개열하여 생성하는 1-옥텐-3-올과 계피산메틸이다(그림 9-12).

송이버섯에는 1-옥텐-3-올(1-octen-3-ol) 이외에 계피산메틸(methyl cinnamate)이 특유의 향을 나타낸다.

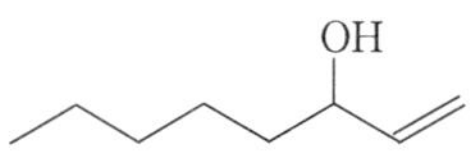

1-옥텐-3-올(1-octene-3-ol)

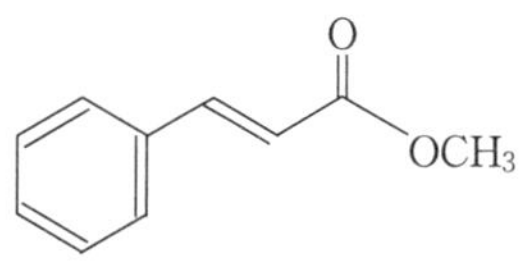

계피산메틸(methyl cinnamate)

[그림 9-12] 송이버섯의 주요 향기성분

6) 향신료의 향기성분

향신료는 냄새가 강한 것이 많고, 또 향기성분 함유량도 많다. 향기성분은 정유(essential oil)이라고도 하며 주로 수증기증류법, 초임계유체 추출법에 의해 추출한다.

> **정유**(essential oil)
> 식물에서 얻는 향기를 갖는 휘발성기름. 터펜계, 방향족 탄화수소, 알코올, 알데하이드, 케톤, 페놀, 에스터류 등의 혼합물로 향료원료로 사용

향신료의 대표적인 향기성분으로는 유제놀(eugenol), 시남알데하이드(cinnamaldehyde, 계피) 등으로 대표되는 페닐프로파노이드와 멘톨(menthol), 티몰(thymol), 커민알데하이드(cuminaldehyde) 등의 모노터펜류가 많다(그림 9-13).

터펜에는 방향성을 갖는 것이 많고 식물성식품의 향기성분으로 대부분 함유되어 있다. 모노터펜(monoterpene)은 세스퀴터펜(sesquiterpene) 보다 향기가 강하며, 다이터펜(diterpene) 이상의 경우는 향기를 나타내지 않는다.

고등식물에서는 아이소프렌(isoprene, C_5H_8)을 기본단위로 하는 탄소수 10개의 모노터펜(monoterpene)과 15개의 세스퀴터펜(sesquiterpene)가 메바론산(mevalonic acid)을 걸쳐 생합성되어 저장된다(그림 9-14).

향기성분의 특징은 매우 미량에도 감지할 수 있다는 것이다. 바닐라의 향기성분인 바닐린과 민트의 멘톨은 1 μg/100 g의 초미량에서도 감지할 수 있다.

향신료의 정유 성분들은 항산화작용, 항균 또는 살균작용을 갖고 있어, 고기의 산화방지나 천연식품의 보존에 유효하다.

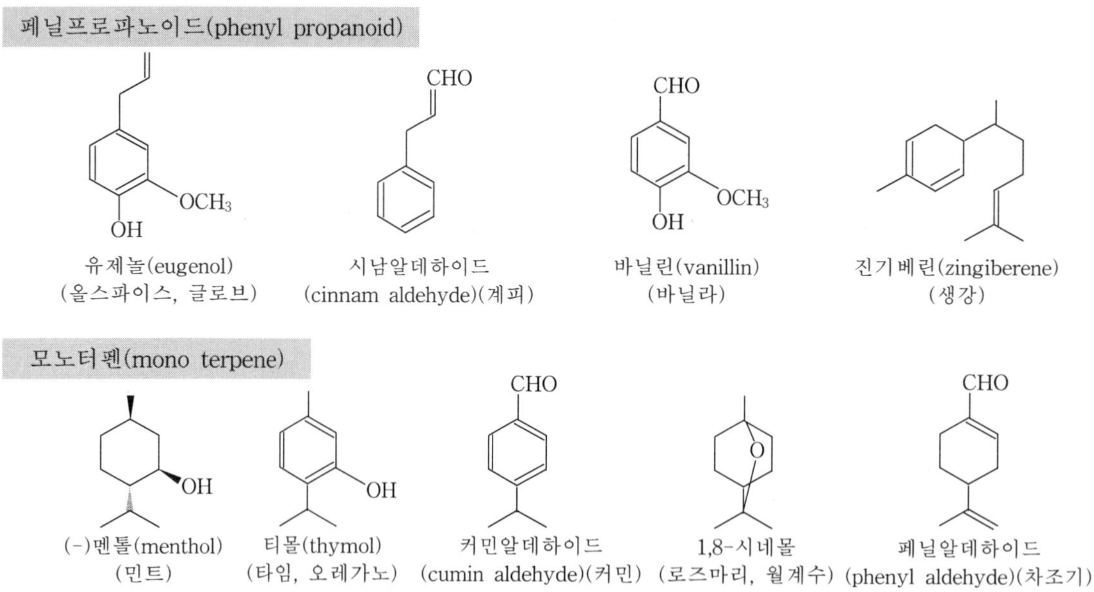

[그림 9-13] 향신료의 주요 향기성분

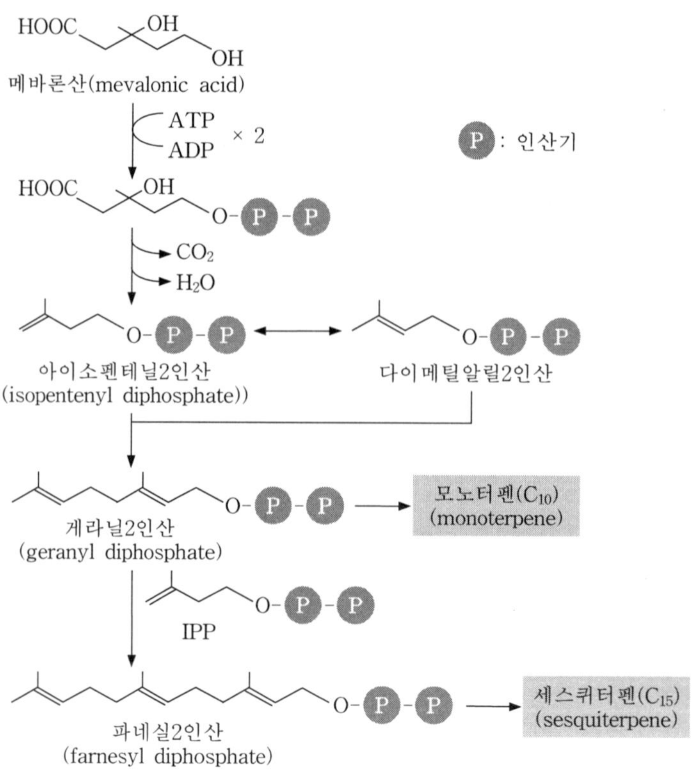

[그림 9-14] 터펜화합물의 생합성

7) 가열된 배추, 양배추, 무의 냄새성분

배추, 양배추, 무 등에서 비교적 많은 함황 아미노산을 함유하고 있다. 이들 채소류는 가열, 조리 전에는 그다지 강한 냄새를 갖지 않지만, 가열, 조리 중에 특유한 냄새를 나타낸다. 이는 함황 아미노산이 분해되어 형성된 황화수소(H_2S)에 의한 것이다.

양배추에는 위궤양 등의 위장장애에 유효한 S-메틸 메싸이오닌(S-methyl methionine, 비타민 U)성분을 많이 함유.

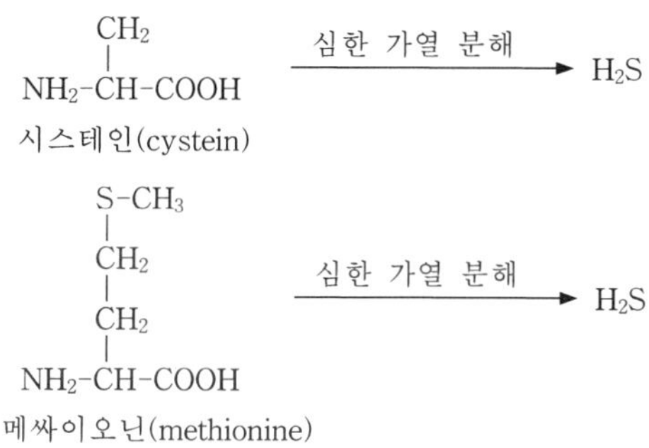

[그림 9-15] 가열된 배추, 양배추, 무에 형성되는 냄새성분

9.6. 동물성식품의 냄새성분

1. 어류의 냄새

어류의 냄새는 신선도의 저하나 가열 등에 의해 변화하기 쉬우며, 주요 냄새성분으로는 TMA(트리메틸아민), 카보닐화합물, 아미노산 등이 있다.

1) 바닷물고기의 비린내

(1) 트리메틸아민

일반적으로 신선한 바닷물고기는 무취이지만, 선도가 떨어지면 비린내가 강해진다. 바닷물고기의 비린내는 트리메틸아민옥사이드(TMAO)가 세균의 효소작용에 의해 환원되어 생기는 트리메틸아민(TMA)에 의해 발생한다(그림 9-16).

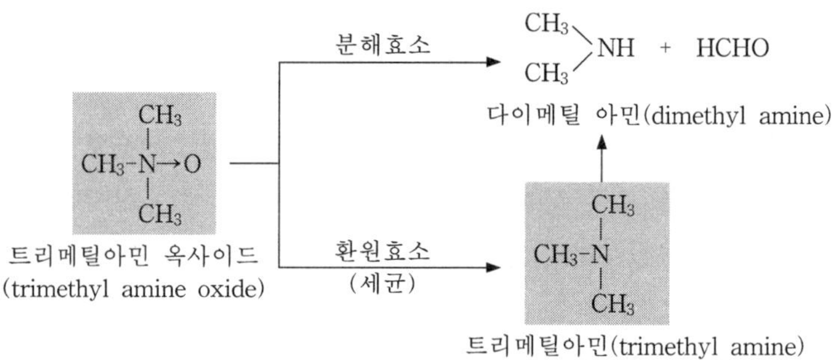

[그림 9-16] 바닷물고기의 비린내성분의 생성

TMA는 TMAO의 열분해로도 생성되며, 헤모글로빈과 마이오글로빈은 열분해를 촉진한다. 따라서 헤모글로빈과 마이오글로빈이 많은 생선은 비린내가 강하다.

TMAO는 물고기가 체내 염도를 조절하는데 이용된다. 한편, TMA는 효소와 반응하여 다이메틸아민(dimethylamine, DMA)으로 바뀌며, 이는 암모니아 냄새의 원인이 된다.

트리메틸아민은 물고기가 죽은 후 증가하기 때문에 선도의 지표가 되지만, 어종에 따라 트리메틸아민옥사이드(TMAO)의 함유량이 다르기 때문에 트리메틸아민옥사이드의 함유량이 적은 담수어에는 적용할 수 없다(표 9-5).

또, 바닷고기의 경우 트리메틸아민(TMA)이 4~6 mg%일 때 부패초기로 보지만, 어종에 따라 다르다. 예를 들어 청어는 7 mg%, 가다랑어는 1.5~2.0 mg% 이다.

[표 9-5] 어류 중의 트리메틸아민옥사이드(TMAO)의 함량

종 류	TMAO의 함량(mg%)
민물고기	4~6
경골 바닷고기	40~100
연골 바닷고기	700~900

흰살 생선
지방함량이 5% 이하
(예 : 명태, 갈치, 조기)

붉은살 생선
지방함량이 5~20%
(예 : 고등어, 꽁치)

(2) 카보닐화합물

붉은살 생선은 흰살 생선보다 비린내 발생이 쉽다. 그 이유는 붉은살 생선에는 고도불포화지방산(DHA나 EPA)이 많이 함유되어 있어 리폭시제네이스에 의한 이들의 산화로 프로판알(propanal), 헥산알(hexanal), 1-펜텐-3-올

(1-pentene-3-ol) 등의 냄새성분을 생성하기 때문이다.

카보닐화합물에 의한 냄새 생성은 신선한 생선보다는 건조 또는 냉동생선에 의해 크게 작용한다.

2) 민물고기의 비린내

민물고기의 비린내는 염기성 아미노산인 라이신의 탈탄산반응이나 탈아미노반응에 의해 생성되는 피페리딘(piperidine)에 의해 발생한다(그림 9-17).

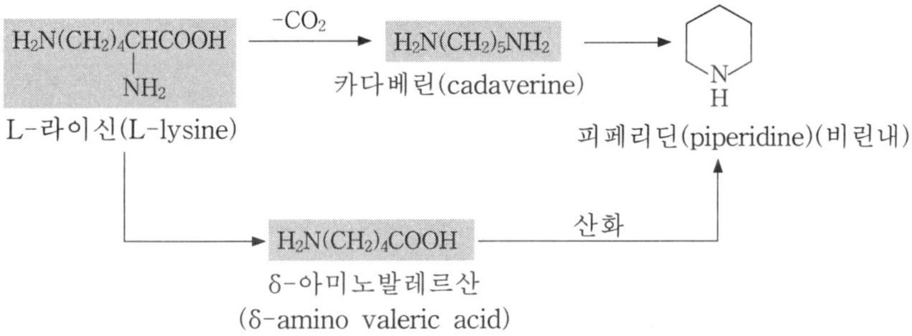

[그림 9-17] 민물고기의 비린내성분의 생성

3) 상어, 홍어 등의 암모니아 냄새

어류가 부패하면 단백질과 아미노산의 분해에 의해 암모니아를 생성하기도 한다(그림 9-18). 특히, 상어와 홍어 등의 연골어에는 요소(urea)가 많이 함유되어 있어 요소가수분해효소(urease)에 의해 분해되어 암모니아 냄새가 강해진다.

유리에이스(urease)
요소(urea)를 암모니아와 이산화탄소로 가수분해하는 효소

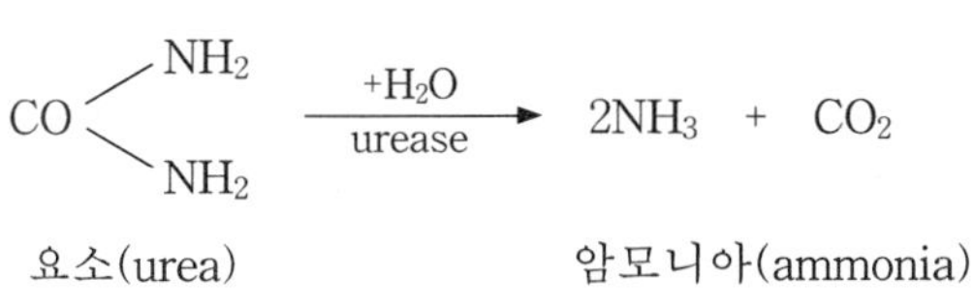

[그림 9-18] 상어나 홍어의 요소분해에 의한 냄새

4) 그 밖의 민물고기의 냄새

잉어의 이취 : 민물고기에서 나타나는 흙이나 곰팡이와 같은 냄새는 물속의 남조류(藍藻類)나 방선균이 생산하는 지오스민(giosmin)을 물고기가 먹기 때문이다. 잉어 등에서 이러한 이취로 문제가 되는 일이 있다.

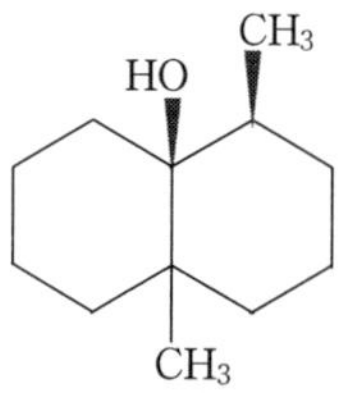

지오스민(giosmin)

잉어의 이취

은어의 향 : 천연 은어는 특유의 향기를 갖고 있다. 은어에는 EPA의 함유량이 많고, 또 C_9위치에 작용하는 리폭시제네이스를 갖고 있어 오이와 같은 경로로 오이 향과 비슷한 트랜스,시스-2,6-노나다이엔알(nonadienal)을 생성하고, 이것이 자연 은어의 특유향이 된다. 양식 은어는 향기성분 경로 중의 효소활성의 강도가 천연은어와 다르다. 양식 은어는 수박과 같은 향을 나타내지만, 역치가 높은 시스,시스-3,6-노나다이엔올(nonadienol)이 알데하이드류 보다도 많이 존재하여 냄새가 약하다.

2. 생선 비린내를 제거하는 방법

우유나 된장 : 우유나 된장, 고추장 중의 단백질은 강한 흡착력으로 비린내성분을 흡착하여 제거하는 작용이 있다.

산의 첨가 : 레몬즙, 식초 등의 산이나 술(청주, 포도주 등)을 첨가하여 비린내를 제거할 수 있다. 즉, 비린내성분은 대부분 염기성으로, 술 중의 호박산이나 주석산이나 식초 중의 초산과 반응하여 잘 휘발되지 않는다. 생선조림을 할 때 식초를 넣거나 회에 식초를 뿌려 먹는 것도 이러한 이유 때문이다. 또한 산은 단백질의 변성을 촉진하여 조직감을 단단하게 하고, 살균효과도 나타낸다.

향신료 : 생강, 파, 고추 등의 매운 맛 성분은 혀의 미뢰감각을 변화시키고, 냄새성분을 변형시켜 생선비린내 제거에 효과적이다. 생육보다는 가열육에 더 효과적이다. 실제로 장어구이나 생선조림에 생강을 이용한다. 또 가열육의 경우는 익은 후에 넣는 것이 효과적이다.

알코올의 첨가 : 알코올은 조리 과정 중에 비린내 성분과 함께 휘발되어 비린내가 제거된다. 생선요리에 청주나 맛술을 첨가한다.

9.7. 냄새성분의 변화

1. 가열조리, 저장, 가공에 의한 냄새성분

1) 오프후레바(off flavor)

식품을 장기간 저장할 때 본래식품에 없었던 이취(異臭)가 발생하는 경우가 있는데, 이를 오프후레바(off flavor)라고 한다. 특히, 지질함량이 많은 식품에서 나타나며, 불포화지방산의 자동산화에 의해서 생성되는 알데하이드류가 원인인 경우가 많다.

쌀의 저장 중 지방의 산패로 생성된 유리지방산은 카보닐 화합물을 형성하여 이취(오프후레바)를 발생시키거나, 전분과 결합하여 밥의 윤기나 탄력성을 저하시킨다.

묵은 쌀이나 쌀겨에서 생성되는 n-펜탄알과 n-헥산알, 대두의 변향취로 알려져 있는 시스-3-헥센알은 모두 잘 알려진 오프후레바이다.

또 냉동식품의 경우도 블렌칭이나 저장법을 적절히 행하지 않으면 아세트알데하이드 등의 저급 알데하이드류가 이취로 발생하는 경우가 있다.

2) 우유 및 유제품의 냄새

우유와 유제품 : 생우유의 냄새성분은 아세톤, 아세트알데하이드, 부티르산(butyric aicd) 및 메틸설파이드이다. 부티르산 등의 저급지방산은 원료유 중이나 미생물이 생산하는 라이페이스의 작용으로 생성된다.

가열우유 : 시유는 가열공정을 통해 가열취가 더해지며, 시유의 가열취 성분인 다이메틸설파이드는 생유 중의 S-메틸메싸이닌설폰산염으로부터 생성되거나 아미노-카보닐반응에 의해 생성된다.

발효버터 : 발효버터의 주요 향기인 다이아세틸(diacetyl)과 아세토인(acetoin)은 유산균에 의해 생성된다. 이것은 유당이 포도당을 걸쳐 구연산으로 된 후 분해되어 생성되며, 버터 중에서의 다이아세틸과 아세토인은 평형을 유지하고 있다.

$$CH_3CH(OH)COCH_3 \underset{+H_2}{\overset{-H_2}{\rightleftharpoons}} CH_3COCOCH_3$$

아세토인(acetoin) 다이아세틸(diacetyl)

다이아세틸은 마가린이나 팝콘의 버터향 성분으로 첨가되고 있고, 아세토인은 버터, 치즈, 간장 등의 향료로 사용된다.

3) 그 밖의 냄새

해삼의 독특한 향기성분은 2,6-노나다이엔올(2,6-nonadienol)이며, 오징어를 구울 때의 냄새는 타우린(taurine)에 의한 것이다.

10장

식품의 맛

입안에서 느끼는 식품의 맛은 식품 중의 정미성분(呈味成分)뿐 아니라 색, 향, 조직감, 음식의 온도 등 여러 인자가 합쳐져 종합적으로 파악된다. 그러나 여기에서는 미각신경에 직접자극을 주는 정미물질에 대하여 설명한다.

10.1. 맛의 분류

맛에는 기본 맛과 보조 맛이 있다. 기본 맛은 혀의 미각신경을 자극하여 느끼는 맛이며, 단맛, 짠맛, 쓴맛, 신맛, 감칠맛의 5가지가 있다. 보조 맛은 혀 표면의 신경자극을 통한 통증으로 느끼는 맛이며, 떫은맛, 매운맛, 아린맛 등이 있다.

맛의 역치(threshold value, **한계값**) : 맛을 느낄 수 있는 최소농도를 맛의 역치라고 한다. 기본 맛의 역치는 단맛 > 짠맛 > 감칠맛 > 신맛 > 쓴맛의 순으로, 쓴맛의 역치가 가장 낮고, 그 다음으로 신맛이 낮다.

즉, 사람은 쓴맛에 가장 민감하고, 다음으로 신맛에 민감하다. 이러한 이유는 쓴맛성분에는 생리적 작용과 독성(예: 감자의 솔라닌)을 나타내는 것이 많고, 또 신맛은 부패한 식품에서 나타나는 경우가 많아 다량섭취에 의한 위험성을 방지하기 위한 것으로 생각된다.

반면, 단맛과 짠맛은 섭취를 필요로 하는 경우가 많기 때문에 역치가 높다고 생각된다.

단맛, 신맛, 짠맛, 쓴맛의 대표적인 물질인 설탕, 초산, 식염, 카페인 등의 역치를 표 10-1에 나타내었다.

알칼로이드(alkaloid)
질소를 함유한 염기성의 식물성분. 소량으로 현저한 약리작용을 나타낸다.

[표 10-1] 대표적인 맛 성분의 역치

	단맛	짠맛	감칠맛	신맛		쓴맛	
대표물질	설탕	식염	글루탐산 나트륨	주석산	초산	황산키닌	카페인
역치 (g/100 ㎖)	0.20	0.056	0.013	0.0014	0.0012	0.000075	0.015

미맹(taste blindness) : 정상적인 사람이 느끼는 맛을 못 느끼거나 다른 맛으로 느끼는 현상을 미맹이라고 한다. PTC(phenyl thiocarbamide)는 대부분의 사람은 쓴맛의 물질이지만, 무미 또는 다른 맛으로 느끼는 사람이 있다. 이러한 현상을 PTC 미맹이라고 한다.

PTC 이외에 PETC(phenethoxyl thiocarbamide)도 유사한 작용을 갖는다. 미맹물질은 -NCS-라는 독특한 구조를 갖는다. 미맹의 사람들은 미맹물질에 대해 미각능력이 없는 것뿐이며, 이외의 물질에 대해서는 정상으로, 생활에 지장이 없다. 미맹은 백인이 30%로 가장 많고, 황색인이 5%, 흑인이 3% 정도 이다.

PTC(phenyl thiocarbamide)　　PETC(phenethoxyl thiocarbamide)

미맹물질인 PTC와 PETC

10.2. 맛을 인식하는 기구

음식을 먹을 때 맛을 느끼는 가장 중요한 기관이 혀이다. 혀의 표면에는 까끌까끌한 유두(乳頭)가 있고, 이 유두 안에는 맛을 느끼는 기관인 미뢰(味

蕾)가 존재한다. 미뢰는 수십개의 미세포(味細胞)가 모여 형성된 봉오리모양의 미각수용체로 구성된다(그림 10-1).

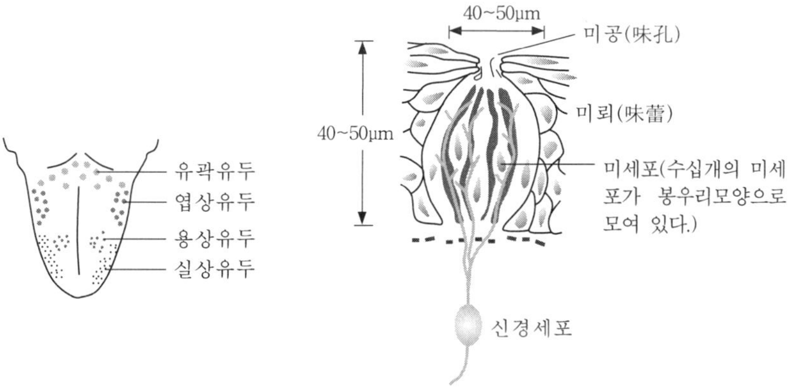

[그림 10-1] 혀의 구조

식품중의 미각물질이 이 미각 수용체와 접촉하여 미세포가 자극되면, 그 전기적 자극이 대뇌에 전달되어 맛을 인지하게 된다.

미뢰의 미세포에는 각각 전문으로 하는 1종류의 맛에 대응함과 동시에, 2종류 또는 그 이상의 맛 자극에 대응한다.

미뢰의 분포 : 입안의 미뢰 중 2/3는 혀의 유두에 존재하지만, 나머지 1/3은 입천장의 뒤쪽부분(軟口蓋), 인두(咽頭), 후두(喉頭)에 존재한다. 또 볼과 입술점막에도 존재한다. 맥주를 목으로 넘길 때의 상쾌한 맛은 후두에 분포하는 미뢰에 의한 맛이다.

기본 맛의 감수성 : 일반적으로, 혀의 앞부분과 옆부분에는 미뢰의 수가 많아 예민하며, 중앙부분과 혀뿌리 부분은 둔하지만, 기본 맛에 대한 감수성은 혀의 부위에 따라 다르다.

단맛은 혀의 앞 부위, 신맛은 혀의 옆 부위, 쓴맛은 혀의 뿌리부위에서 예민하게 느끼며, 짠맛은 혀의 중앙부 이외의 모든 부분에서 거의 동일하게 느낀다. 감칠맛의 감수성은 엽상후두 후방부에 특이적으로 높다.

미각장애 : 미뢰를 구성하는 미세포는 신진대사가 활발한 세포로, 많은 단백질을 합성하여 만든다. 이들 단백질 합성에는 아연을 함유하는 효소가 필요하기 때문에 아연이 결핍되면 단백질을 합성할 수 없어 맛을 느끼지 못한다. 최근 이러한 미각장애자가 젊은 층에서 늘고 있다.

10.3. 맛의 감수성에 영향을 미치는 요인

맛에 대한 감수성은 온도, 식품의 형태, 연령, 성별 등에 따라 다르다.

(1) 온도

단맛과 짠맛은 온도에 영향을 받기 쉬우며, 신맛은 온도에 큰 영향을 받지 않는다. 즉, 단맛은 체온에 가까운 온도일 때 가장 강하게 느끼며, 짠맛과 쓴맛은 체온보다 낮은 온도에서 더 강하게 느낀다. 예를 들어, 냉커피는 따뜻한 커피보다 단맛이 약하게 느껴지기 때문에 더 많은 설탕을 넣어야 한다. 또한 식은 된장국이 뜨거운 된장국보다 더 짜게 느껴지며, 또 식은 한약은 뜨거운 한약보다 더 쓰게 느껴진다.

(2) 연령

입안에는 약 만개의 미뢰가 존재하지만 나이가 들면(50세 부근) 감소한다. 즉, 나이가 들어 미각이 저하되는 것은 미뢰의 수가 감소하기 때문이다. 나이가 들면 단맛, 짠맛, 신맛, 쓴맛에 대한 감수성이 모두 저하되지만, 특히 단맛의 감수성이 크게 저하된다. 단맛은 약 1/2 정도 감소하고, 짠맛과 쓴맛은 각각 1/3 정도 감소한다. 신맛은 거의 변화가 없다.

(3) 식품의 형태

수용성상태의 식품이 기포성 식품이나 젤리상의 식품보다 맛을 느끼기 쉽다. 이는 맛 성분은 물에 녹아 미각세포와 반응하여 맛을 느끼기 때문이다. 예를 들어, 아이스크림은 처음에는 맛을 못 느끼지만 녹은 후에는 맛을 느낀다.

(4) 성별

여자가 남자보다 맛을 잘 느낀다.

10.4. 미각물질의 상호작용

식품에 2종 이상의 미각물질이 존재하면 상호작용을 나타내는 경우가 있다. 그 예를 표 10-2에 나타내었다.

[표 10-2] 미각물질의 상호작용

종 류	정 의	예
맛의 대비현상 (강화)	어떤 맛 성분에 다른 맛 성분을 소량 가하면 맛이 강해지는 현상	- 단팥죽에 소금(0.5%)을 가하면 단맛 증가 - 수박에 소금을 뿌리면 단맛 증가 - 다시국물에 소금을 넣으면 감칠맛 증가
맛의 상쇄현상 (소실)	어떤 맛 성분에 다른 맛 성분을 가하면 맛이 약해지는 현상	- 커피에 설탕을 가하면 쓴맛이 감소 - 초무침이나 초밥에 소금을 가하면 신맛 감소 - 젓갈 중의 아미노산, 유기산은 젓갈 짠맛을 감소 - 간장의 감칠맛은 간장의 신맛(pH 4.0~5.0)을 감소
맛의 상승작용	같은 맛 성분을 혼합하면 단독의 경우보다 맛이 강해지는 현상	- MSG에 핵산조미료를 혼합하면 감칠맛 증가 - 멸치와 다시마로 함께 국물을 내면 감칠맛 증가 - 설탕과 사카린을 혼합하면 단맛 증가
맛의 변조	어떤 맛 성분을 먹은 직후 다른 맛 성분을 먹으면 맛이 다르게 느껴지는 현상	- 마른오징어를 먹은 후 귤을 먹으면 쓴맛 - 양치질한 후 귤을 먹으면 쓴맛 - 쓴맛, 신맛 강한 짠맛 뒤 후 물을 마시면 단맛

맛의 순응 : 1가지 맛을 오래 맛보면, 그 맛에 대한 감각이 둔해지는 현상을 맛의 순응이라고 한다. 예를 들어, 짠맛이나 단맛 등을 오래 맛보면 각각의 맛에 대한 감각이 둔해진다. 특히 농도가 짙은 것을 맛본 후에는 감각의 회복이 느리다. 그러나 하나의 맛, 예를 들면, 짠맛에 둔감하게 되어도 다른 맛, 즉 단맛에 대한 감각에는 영향을 주지 않는다.

10.5. 미각변혁물질

맛의 감각을 변화시키는 물질을 미각변혁 물질(taste modifying substance)라고 한다. 예를 들어, 미라큘린(무미)이란 물질을 먹고 나서 신맛성분을 먹으면 단맛을 느낀다. 대표적인 미각 변혁물질로는 미라큘린(miraculin), 커쿠린(curculin), 김넴산(gymnemic acid) 등이 있다.

1) 미라큘린(miraculin)

서아프리카원산인 미라클후루츠(miracle fruit)라는 빨간 과일에 들어있는 당단백질로, 그 자체는 무미이지만 이것을 먹은 후 신맛 물질을 먹으면 달게 느껴진다. 이것은 미라큘린의 당부분이 혀의 단맛 수용체와 작용하고, 단백질 부분이 그 주변에 결합하기 때문인 것으로 알려져 있다.

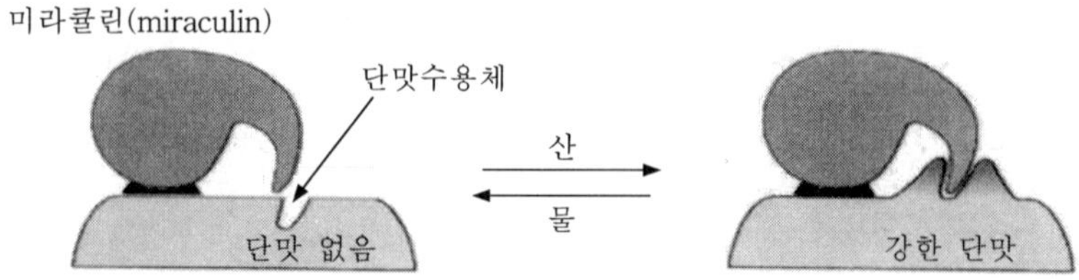

[그림 10-2] 미라큘린의 미각변혁 기구

미라큘린과 신맛이 혀의 단맛 수용체와 반응하여, 뇌에서 달다는 전기적 신호를 보내기 때문에 달다고 느껴진다.

2) 커쿠린(curculin)

말레이시아원산인 *Curculigo latifolia*라는 백색과일에 들어있는 단백질로 그 자체도 단맛이 있지만, 이것을 먹은 후 신맛 물질을 먹으면 더 달게 느껴진다.

3) 김넴산(gymnemic acid)

인도원산인 김네마 실베스타(Gymnema sylvestre)의 잎에 있는 트리터펜

배당체로 이것을 먹으면 단맛을 느끼지 않게 된다. 김넴산은 장관벽으로의 당의 흡수를 억제하는 작용이 있어 당뇨병환자의 급격한 혈당상승을 억제하는 물질로 주목받고 있다.

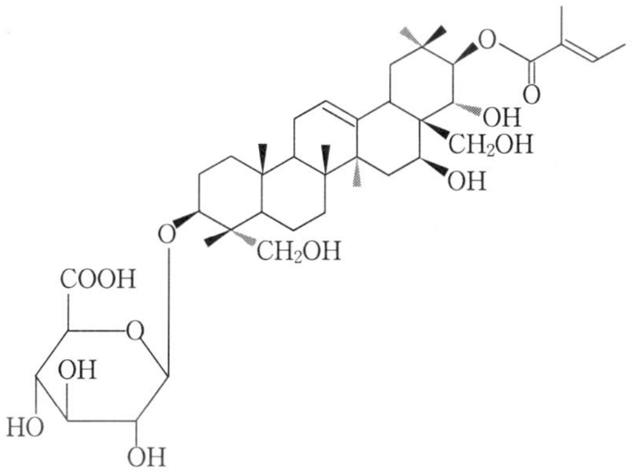

[그림 10-3] 김넴산(gymnemic acid)의 구조

[표 10-3] 미각변혁물질

명　칭	종　류	소　재	작　용
미라큘린(miraculin)	24,000의 이량체 단백질	*Richadella dulcifica*의 과일 (miracle fruit, 서아프리카)	신맛 → 단맛
커쿠린(curculin)	12,000의 이량체 단백질	*Curculigo latifolia* (말레이시아)	신맛 → 단맛
김넴산(gymnemic acid)	트리터펜 배당체	김네마실베스타(*Gymnema sylvestre*)의 잎(인도)	단맛 → 무미

10.6. 단맛

단맛을 갖는 물질에는 당류, 당알코올, 올리고당, 아미노산, 펩타이드, 감미단백질, 터펜배당체 및 사카린 등의 합성 감미료가 있다. 이들 감미물질 사이에는 화학구조의 공통점이 없지만, 같은 종류의 감미물질에 대해서는 감미발현과 화학구조에 관련성이 있다.

단맛의 작용 : 단맛은 짠맛처럼 생리적 기호가 강하다. 단맛은 신맛이나 쓴맛을 억제하는 작용이 있다. 또 알코올 등의 강한 자극적인 맛이나 불쾌한

맛을 억제하여 부드럽게 하는 작용이 있다. 소주나 생선, 육류 등의 가공식품 등에 단맛을 첨가하는 것은 이러한 작용 때문이다.

1. 단맛의 발현 기구

감미물질의 화학구조상의 특징은 2.4~4 Å(평균 3 Å)의 거리를 두고 있는 AH그룹(수소공여기)과 B그룹(수소수용기)을 갖고 있는 것이다. 이러한 감미물질은 혀의 감미수용단백질과 수소결합을 하여, 감미를 나타낸다. 또한 강한 감미의 발현에는 AH-B부분이외에 강한 X그룹(소수성기)가 필요하다.

또, 같은 X그룹이라고 X그룹의 위치에 따라 단맛의 강도가 달라진다.

AH그룹, B 그룹 및 X-그룹에는 다음과 같은 것이 있다.

AH그룹 : -OH, -NH, $-NH_2$

B그룹 : -COO, -CO, -OH

X그룹 : 메틸렌기($-CH_2$), 메틸기($-CH_3$), 페닐기($-C_6H_5$)

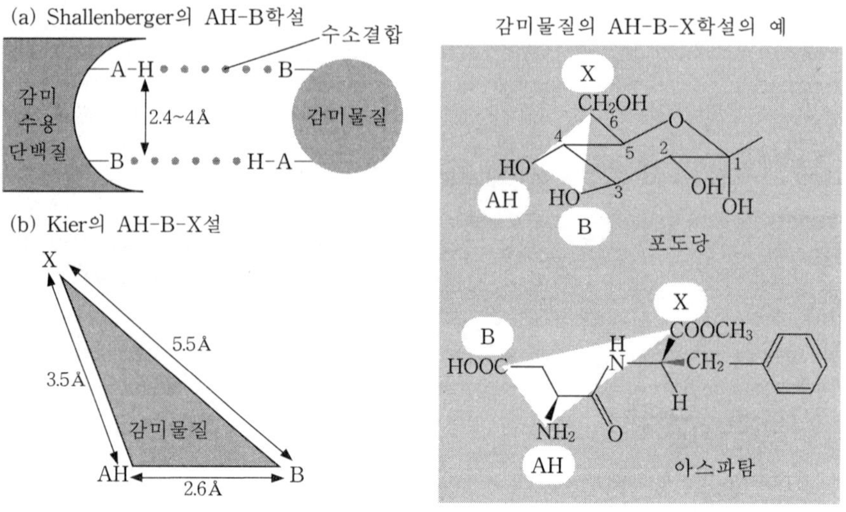

[그림 10-4] 감미발현의 화학구조상의 특징

당류의 단맛 발현 : 포도당이나 설탕과 같은 일반 당류는 보통 AH와 B그룹만으로 단맛을 나타내지만, AH, B, X그룹의 3부위가 모두 존재하면 감미도가 더 강해진다. 당류는 여러 개의 수산기(-OH)를 갖고 있기 때문에 수산기는 AH 또는 B그룹의 역할을 모두 할 수 있어 단맛을 나타낸다.

아미노산의 단맛 발현 : 아미노산은 아미노기(-NH_2)가 AH그룹으로 작용하고, 카복실기(-COOH)가 B그룹으로 작용하여 단맛을 나타낸다.

그러나 D형 아미노산은 대부분 단맛을 나타내며, L형은 단맛이 없거나 쓴맛을 나타낸다. 이는 D형과 L형 아미노산은 모두 AH그룹과 B그룹을 갖고 있으나 D형 아미노산은 AH그룹과 B그룹이 수소결합을 할 수 있는 반면, L형 아미노산은 대부분 입체구조상 수소결합을 할 수 없기 때문이다.

- D-트립토판은 설탕의 30배의 강한 단맛을 나타내지만, L형 트립토판은 카페인의 1/2배의 쓴맛을 나타낸다.

2. 단맛 성분

1) 과당, 설탕, 포도당, 맥아당, 유당

단당류와 이당류는 대부분 단맛을 갖고 있으나 단맛의 강도는 당의 종류에 따라 다르다. 식품가공에 이용되는 주요 당류는 설탕, 포도당, 과당, 맥아당, 유당 등이다. 이중에서 설탕은 사탕수수(sugar cane)나 사탕무(sugar beet)에서 손쉽게 순수한 상태로 얻을 수 있다.

[표 10-4] 각종 당질의 감미도(설탕을 1로 하였을 때)

당 질	감미도	당 질	감미도
설탕	1	맥아당	0.3
D-포도당	0.6	유당(락토오스)	0.2~0.4
α-D-포도당	0.74	트레할로오스(trehalose)	0.45
β-D-포도당	0.48	팔라티노오스(palatinose)	0.42
D-과당	1.2~1.5	말토트리오스	0.3
α-D-과당	0.6	래피노오스	0.23
β-D-과당	1.8	말토테트라오스	0.2
α-갈락토오스	0.32	말토펜타노오스	0.15
β-갈락토오스	0.21	에리쓰트리톨	0.8
α-만노오스	0.32	자일리톨	0.85
β-만노오스	0	만니톨	0.6
L-람노오스	0.32	솔비톨	0.6~0.7
α-L-람노오스	0.4	말티톨	0.8
β-L-람노오스	1	락티톨	0.3~0.4
D-자일로오스	0.4	팔라티니톨	0.45

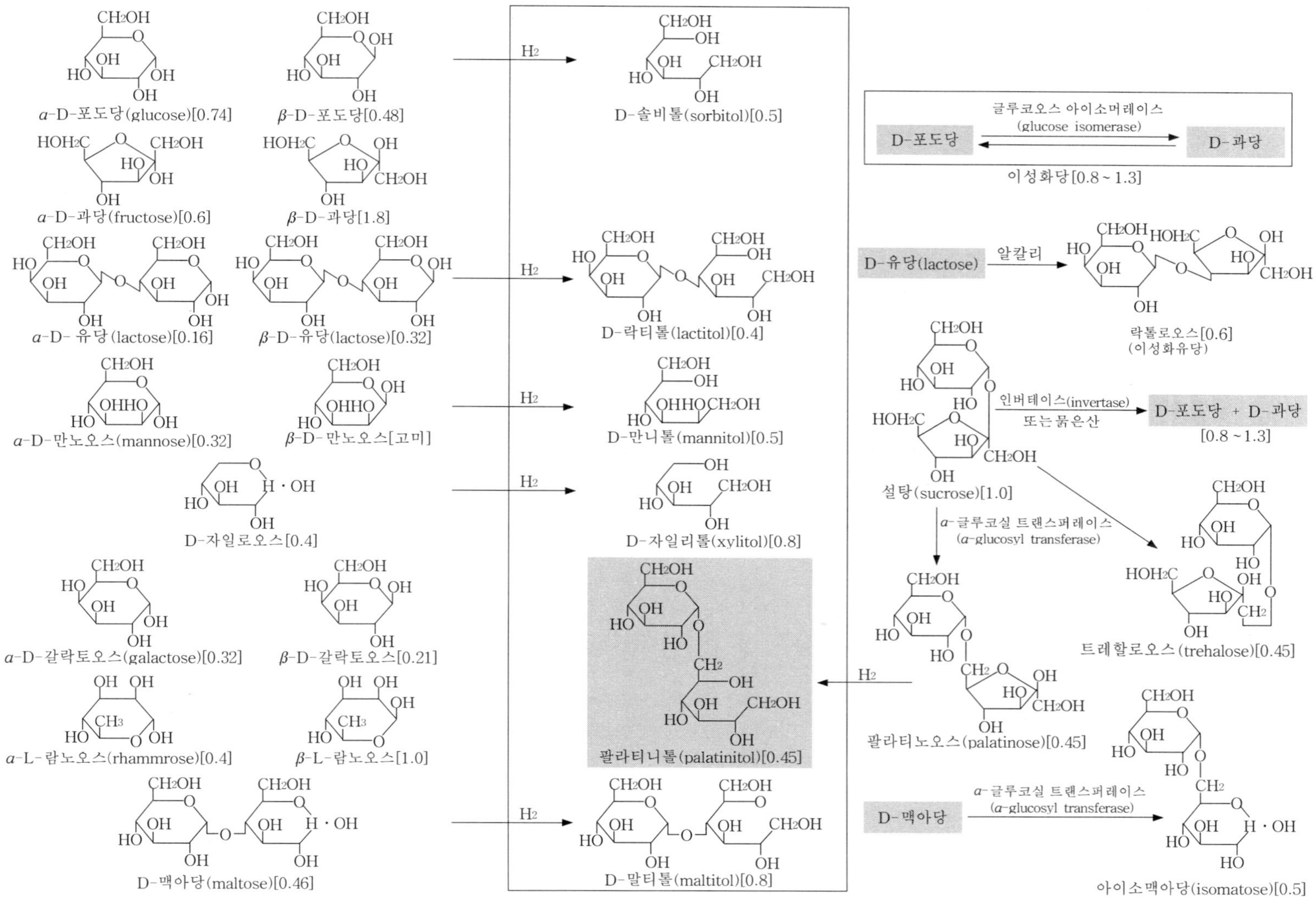

<그림 10-5> 단당류와 이당류 및 당알코올의 종류와 구조([ ]안은 설탕을 1로 했을 때의 감미도)

또한 설탕에는 α-형, β-형의 이성질체가 존재하지 않아 동일온도와 농도에서는 일정한 단맛을 갖는다. 이러한 이유로 설탕은 다른 감미물질들의 상대적인 감미도를 측정하는 표준물질이 되고 있다.

감미도의 순서는 대체로 과당(1.2~1.5) > 설탕(1.0) > 포도당(0.6) > 맥아당(0.3) > 유당(0.2~0.4)의 순서이다(표 10-4).

과일이 숙성됨에 따라 단맛이 증가하는 것은 숙성 중의 유기산의 감소와 포도당이 과당으로 변환되기 때문이다.

2) 당알코올

당알코올은 설탕보다 감미도는 낮지만, 다이어트식품과 당뇨병환자용의 저칼로리감미료 또는 충치예방용으로 이용된다.

당알코올은 체내 흡수가 느리고 열량이 낮으며, 또 흡수된 당알코올의 70%는 포도당으로 전환되지 않아, 혈당치 상승도 거의 없고 인슐린분비도 증가하지 않기 때문에 다이어트용이나 당뇨병 환자용으로 사용된다.

한편, 당알코올은 170℃의 고온에서도 분해되지 않고 캐러멜화와 같은 갈변반응도 일어나지 않는다.

성인의 혈당치
혈액 중에 포도당을 혈당이라고 하며, 공복 시의 혈당치는 약 80(70~110) mg/dℓ로 일정.
식후, 30~60분 뒤에 혈당은 최고로 되지만, 140 mg/dℓ를 초과하는 일은 적다. 공복 시의 혈당이 140 mg/dℓ 이상이면 당뇨병이다.

당알코올의 충치 억제 작용 : 구강 내의 충치균(*Streptococcus mutans*)은 설탕으로부터 불용성의 글루칸을 합성하는 GTase(glucosyltransferase)를 생산한다. 이 효소의 작용으로 생성된 글루칸은 점착성이 강하여 다른 세균과 함께 치아표면에 부착하여 치석을 형성한다. 이 치석 중의 세균이 발효에 의해 산을 생성하여 치아의 에나멜층을 녹여 충치가 발생한다. 그러나 당알코올은 충치균에 의해 분해되지 않고, 불용성 글루칸과 산을 형성하지 않기 때문에 충치를 예방할 수 있다. 이러한 이유로 당알코올은 껌, 캔디, 치약, 시럽약 등에 사용된다.

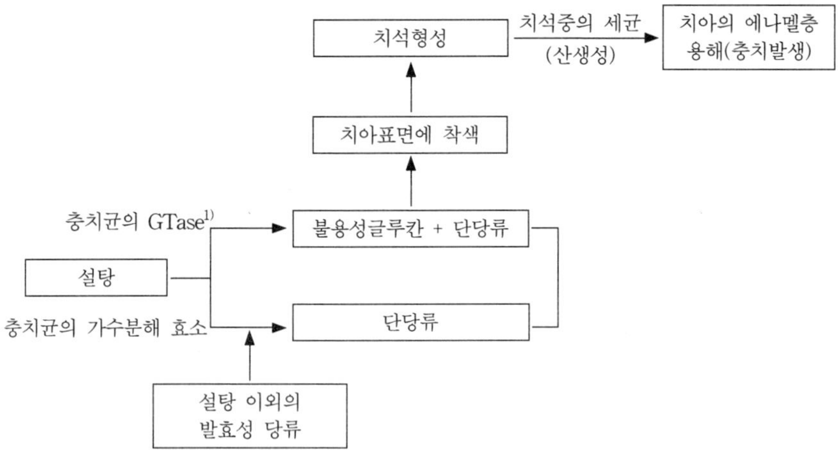

1) GTase(glucosyltransferase) : 설탕으로부터 불용성 글루칸(주로 α-1,3결합)을 형성하는 효소

[그림 10-6] 충치균에 의한 충치발생 과정

[표 10-5] 당알코올의 종류 및 특징

종 류	감미도 (설탕=1)	칼로리 (kcal/g)	청 량 감	제 조 법
솔비톨(sorbitol)	0.6~0.7	2.6	강함	포도당의 수소첨가
자일리톨(xylitol)	0.85	2.4	매우 강함	자일로오스의 수소첨가
에리쓰리톨(erythritol)	0.8	0.2	강함	효모발효법
말티톨(maltitol)	0.8	2.1	없음	맥아당의 수소첨가
락티톨(lactitol)	0.3~0.4	2.0	약함	유당의 수소첨가
만니톨(mannitol)	0.6	1.6	강함	만노오스의 수소첨가
팔라티니톨(palatinitol)	0.45	-	-	팔라티노오스의 수소첨가

당알코올의 종류와 성질

> 시판 당알코올 캔디의 성분 예
> 말티톨 73%, 자일리톨 23%, 솔비톨 1% 혼합(일반캔디 칼로리의 35% 감소)

① 자일리톨 : 감미도가 다른 당알코올에 비해 높고, 양질의 감미와 강한 청량감을 나타낸다. 자일리톨은 솔비톨보다 설사작용이 크기 때문에 많은 양은 사용하지 않는다.

② 솔비톨 : 보습성이 있고, 각종 식품의 품질유지에 이용된다.

③ 말티톨 : 설탕의 가까운 양질의 단맛을 갖는 저칼로리 감미료로, 무설탕 식품에 이용되고 있다.

④ 락티톨 : 감미도가 낮지만, 양질의 단맛을 갖고 있어 초콜릿에 이용된다.

⑤ 팔라티니톨 : 하드캔디에 사용된다.

⑥ 에리쓰리톨 : 상대습도 90%에서도 흡습되지 않아, 사용이 편리하고, 당알코올 중 가장 낮은 칼로리(0.2 kcal/g)를 갖는다. 또한, 분자량이 설탕의 1/3 정도(분자량 122)로 중량농도에 해당하는 수분활성도(Aw) 저하에도 매우 효과적이다.

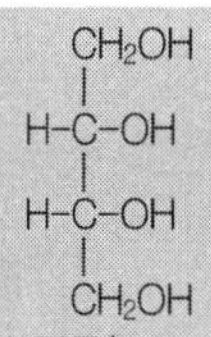

에리쓰리톨(erythritol)
분자량 : 122

당의 온도에 따른 감미도 변화 : 포도당, 과당 등의 환원당에는 α형과 β형이 존재하며, 그 감미도도 다르다(표 10-4). 포도당은 α형이 β형보다 1.5배, 과당은 β형이 α형보다 3배 더 달다.

또 수용액에서는 온도에 따라서도 감미도가 변한다(그림 10-7).

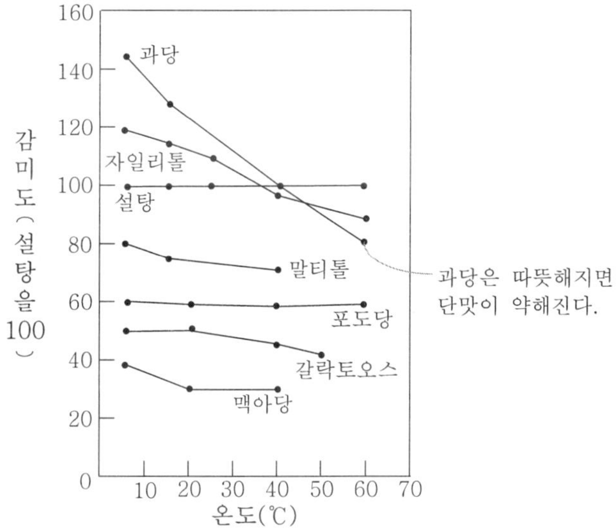

[그림 10-7] 온도에 따른 감미도의 변화

설탕을 기준(100)으로 했을 때, 포도당, 갈락토오스, 말티톨, 맥아당의 감미도는 온도상승에 따라 약간 감소한다.

그러나 과당은 실온에서 감미도가 약 130 정도이지만, 온도가 60℃로 상승하면 80으로 감미도가 급격히 저하되고, 10℃로 온도가 저하되면 감미도가 140 이상으로 증가한다. 따라서 과일이나 꿀을 차게 하면 단맛이 더 강해진다. 이는 온도저하에 의해 α형 과당이 단맛이 더 강한 β형 과당으로 바뀌기 때문이다.

예를 들어 α형 : β형의 비율은 0℃에서 3 : 7이지만, 80℃에서는 7 : 3이다. 또 자일리톨도 온도상승과 함께 감미도가 저하한다.

3) 전분당

전분을 산이나 효소로 가수분해하면 포도당, 맥아당과 함께 각종 덱스트린이 얻어지는데, 이때 가수분해물중 포도당과 맥아당의 함량이 높은 것을 전분당이라고 한다.

(1) 전분당의 분류

전분당은 가수분해정도에 따라 결정포도당, 분말포도당, 고형포도당, 액상포도당, 물엿으로 분류되며, 감미도, 흡습성, 점도 등의 성질이 각각 다르다(표 10-6).

[표 10-6] 전분당의 종류와 일부 특성

종 류	포도당 당량(DE)	감미도	점 도	빙점 강하	갈변성	얼음결정 억제	광택성
결정포도당	100	크다	적다	크다	크다	크다	적다
분말포도당	92~94	↑	↓	↑	↑	↑	↓
고형포도당	80~85	↑	↓	↑	↑	↑	↓
액상포도당	55~65	↑	↓	↑	↑	↑	↓
물 엿	35~50	↑	↓	↑	↑	↑	↓
분말물엿	20~40	작다	크다	작다	작다	작다	크다

포도당 당량(DE, dextrose equivalent) : 전분의 가수분해정도는 보통 포도당당량(DE, dextrose equivalent)으로 표시된다. 물엿은 DE 35~50, 액상포도당은 DE 55~65, 고형포도당은 DE 80~85, 정제포도당은 DE 97~98, 결정포도당은 DE 100이다.

$$\text{포도당당량(DE)} = \frac{\text{포도당으로 표시된 전분가수분해물중의 환원당의 총량}}{\text{전체고형성분 함량}} \times 100$$

(2) 전분당의 제조

전분당은 산당화법이나 효소당화법에 의해 제조된다.

산당화법 : 전분당, 예를 들어, 전분을 당화하여 물엿을 제조하는데 적당한 pH는 1.8~2.0로, 보통, 염산, 황산, 옥살산이 이용되고 있다. 가수분해 후에는 알칼리로 중화한다. 산당화법으로 제조된 물엿은 포도당함량이 높아 가열에 의해 착색되기 쉽다.

[표 10-7] 산당화물엿에 이용되는 산의 종류 및 중화제

산의 종류	중 화	비 고
염 산	$2HCl + Na_2CO_3 \rightarrow 2NaCl + H_2O + CO_2 \uparrow$	짠맛
황 산	$H_2SO_4 + Na_2CO_3 \rightarrow Na_2SO_4 + H_2O + CO_2 \uparrow$ $H_2SO_4 + BaCO_3 \rightarrow BaSO_4 + H_2O + CO_2 \uparrow$	쓴맛 중화시 제거용이, 가격이 비쌈
옥살산	$H_2C_2O_4 + CaCO_3 \rightarrow CaC_2O_4 + H_2O + CO_2 \uparrow$	제품의 색, 투명도가 우수 산 중에서 가장 가격이 비쌈

효소당화법 : 예로부터 전분으로 물엿이나 엿을 제조할 때는 α- 및 β-아밀레이스가 많이 함유되어 있는 맥아(엿기름)를 주로 사용하였다. 이렇게 제조한 엿은 맥아당과 덱스트린이 주성분이다. 그러나 포도당함량이 높은 전분당은 맥아로 만들 수 없고, 정제된 전분 가수분해효소를 사용한다. 효소당화법은 산당화법과 달리 당화 후 중화할 필요가 없는 장점이 있다.

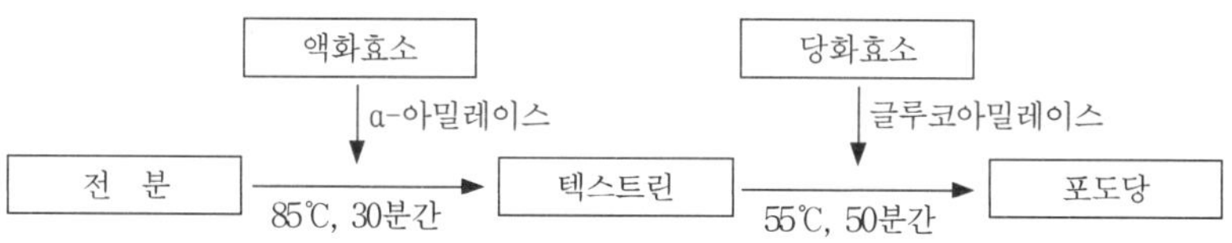

[그림 10-8] 효소당화법에 의한 전분당의 제조

전분당 제조에 이용되는 효소로는 α- 및 β-아밀레이스, 글루코아밀레이스 등이 있다(표 10-8).

한편, 다이아스테이스(diastase)는 엿기름에서 추출하여 만든 효소제품으

로, 식품공장에서 널리 사용되며, 보통 α-아밀레이스와 β-아밀레이스가 모두 함유되어 있다.

[표 10-8] 전분당 제조에 이용되는 가수분해효소

효 소	작 용	이 용
α-아밀레이스 (α-amylase)	전분의 α-1,4결합을 무작위로 가수분해하여 덱스트린, 맥아당, 포도당을 생성	전분의 당화
β-아밀레이스 (β-amylase)	전분의 비환원성 말단으로부터 α-1,4결합을 맥아당 단위로 가수분해하여 β-맥아당을 생성	맥아당의 제조
글루코아밀레이스 (glucoamylase)	전분을 비환원당말단으로부터 포도당 단위로 가수분해	포도당의 제조

군고구마의 단맛 : 고구마를 저장하거나 구울 때 단맛이 증가하는 것은 β-아밀레이스 등의 전분분해효소의 작용으로 전분당(맥아당, 포도당 등)이 생성되기 때문이다. 또 햇볕에 말린 고구마의 단맛이 증가하는 것도 같은 이유이다. β-아밀레이스의 최적온도는 50~75℃로 굽는 온도가 너무 높으면 오히려 효소의 불활성화를 초래한다.

(3) 물엿

물엿은 포도당 이외에 맥아당, 덱스트린을 함유하고 있으며, 이중에서 덱스트린은 물엿의 굳기, 점도 등에 큰 영향을 준다. 이 때문에 물엿은 감미료로도 사용되지만, 식품의 점도를 조절하거나 각종 설탕 제품의 설탕의 결정화에 의한 석출을 억제하는 등 다양하게 이용되고 있다.

물엿의 종류 : 물엿은 제조방법에 따라, 산당화물엿, 맥아물엿, 환원물엿 등으로 나누어진다. 맥아물엿의 경우, 농축정도에 따라 물엿, 조청, 엿으로 나누어진다. 환원물엿은 물엿에 수소를 첨가하여 만든 당알코올의 일종이다.

4) 이성화당(isomerized sugar)

전분으로 포도당을 제조한 후, 글루코오스 아이소머레이스(glucose isomerase)로 이성화시켜 만든 포도당과 과당의 동량혼합물을 말한다. 이 용액을 이온교환수지로 처리하면 포도당과 과당의 비율을 조절할 수 있다.

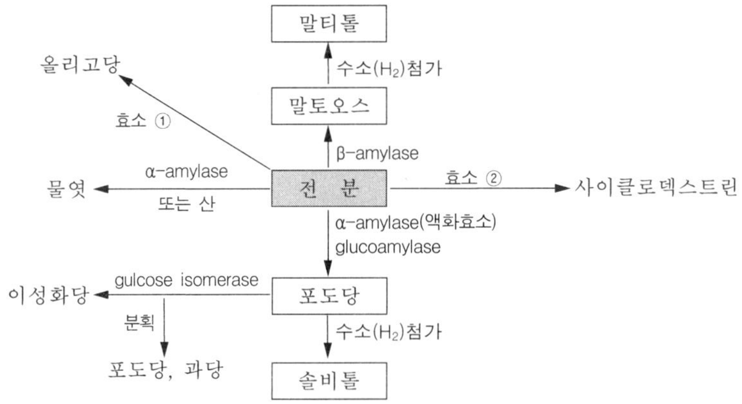

[그림 10-9] 효소를 이용한 각종 전분당의 제조
(효소 ① : 올리고당 합성효소, 효소 ② : 사이클로덱스트린 합성효소)

고과당시럽(HFCS, high fructose corn syrup) : 이성화당 중에서 포도당의 비율이 과당보다 많은 것을 포도당과당시럽, 과당의 비율(55% 이상)이 많은 것을 고과당시럽(HFCS, 과당포도당시럽)이라고 한다.

과당은 포도당, 설탕보다 감미도가 높고, 물에 대한 용해도 크기 때문에 이성화당으로부터 제조한 고과당시럽은 각종 음료, 과자류의 감미료로 널리 이용된다.

물에 대한 당류의 용해도는 과당 > 설탕 > 포도당 > 맥아당 > 유당의 순이다.

당의 용해도(물 100㎖)
- 과당(375 g/20℃)
- 설탕(204 g/20℃)
- 포도당(83 g/20℃)
- 맥아당(79 g/21℃)
- 유당(22 g/25℃)

이성화당이나 꿀을 저온에서 장시간 보관하면 결정이 석출되는 경우가 있는데, 이는 과당보다 용해도가 낮은 포도당이 결정으로 석출되기 때문이다. 석출된 포도당결정은 60℃ 정도로 가열하면 다시 용해되어 큰 문제는 없다.

5) 전화당(invert sugar)

설탕용액을 가열하거나 산, 알칼리, 효소(invertase)처리하여 만든 포도당과 과당(1 : 1)의 혼합물을 전화당이라고 한다. 전화당은 설탕의 1.2배의 감미를 가지며, 설탕에 비해 물에 대한 용해도가 좋다.

벌꿀의 단맛은 전화당에 의한다. 꽃에 함유되어 있는 당분은 설탕, 포도당, 과당의 3종류이지만, 꿀벌이 꽃의 당분을 모을 때, 설탕은 꿀벌의 타액 중에 함유되어 있는 인버테이스(invertase)에 의해 분해되어 전화당이 된다.

인버테이스(invertase) 설탕을 포도당과 과당으로 가수분해하는 효소. sucrase, saccharase라고도 한다.

$$C_{12}H_{22}O_{11} + H_2O \xrightarrow{\text{산, 가열, 효소}} \underset{\text{포도당}}{C_6H_{12}O_6} + \underset{\text{과당}}{C_6H_{12}O_6}$$

가공식품중의 전화당 : 설탕을 첨가한 많은 가공식품의 경우, 설탕의 일부가 전화당으로 되어 단맛과 용해도를 증가시킨다.

예를 들어 딸기잼을 만드는 과정 중에 첨가된 설탕(65~70%)은 딸기 중의 유기산과 가열에 의해 전화당으로 된다. 설탕의 최대용해도는 0℃에서 64%이지만, 65~70%의 설탕이 첨가된 잼을 냉장고에 보관해도 설탕이 석출되지 않는 이유는 설탕의 일부가 전화당으로 되어 용해도를 증가시키기 때문이다.

6) 새로운 올리고당 감미료

올리고당은 단당류가 2~10개 결합된 것으로, 감미를 갖는 것이 많다. 구성 단당류의 종류와 수, 결합방식과 결합위치의 차이에 따라 종류도 많으며, 지금까지 알려진 종류만도 1,000여종 이상이 된다.

난소화성 올리고당 : 올리고당은 소화, 흡수되어 에너지원이 되는 것도 있지만, 인간의 소화효소로 소화되지 않고, 대장에 도달하는 난소화성 올리고당도 있다.

난소화성 올리고당은 대장의 장내세균에 의해 초산, 프로피온산(propionic acid), 부티르산(butyric acid) 등으로 분해 흡수되며, 이들은 장내 유해균의 생육을 억제하고, 비피더스 유산균을 활성화하여 장내 균총을 좋게 하는 작용을 한다.

장내세균과 비피더스 유산균 : 인간의 장내에는 약 100종류, 100조개의 세균이 존재하여 섭취한 식품이나 소화관내의 분비물과 생성물을 이용하여 증식한다. 최종적으로 변(고형물의 약 50%는 균체)로서 배설된다. 이와 같은 세균을 장내세균이라고 하며, 그 집단을 장내 균총이라고 한다.

건강한 유아의 장내에는 비피더스균이 우세하지만, 이유기를 지나 식사내용이 변하면, 균총도 변한다. 즉, 성장기까지는 비피더스균이 우세하지만, 노년기가 되면, 식중독균이나 대장균 등의 장내 유해균이 급증하고 비피더스균이 감소한다.

고령자의 변의 냄새가 심한 것은 이들 부패균의 생성물에 의한 것이다. 또한 이들 생성물 중에는 발암성물질과 독소가 존재하는 경우도 있다.

비피더스균의 작용 : 비피더스균은 유산균의 일종으로, ① 당으로부터 젖산, 초산을 생성하여 장내를 산성으로 하여 유해균의 증식을 억제하고, ② 장내 부패생성물인 인돌(indole), 스카톨(skatole), 아민, 암모니아 생성을 막아 발암물질의 생성을 억제, ③ 비타민 B군을 합성하고, 면역력을 개선(감염증 예방) 등의 작용을 한다.

스카톨(skatole) : 트립토판과 타이로신이 미생물에 의해 분해되어 생성되는 물질. 에멘탈치즈의 중요 향기성분, 사람의 대변(大便)의 악취성분이기도 하다.

올리고당의 종류 : 올리고당은 식물체에 널리 분포되어 있으나, 그 함량이 적기 때문에 효소를 이용하여 대량 생산하고 있다. 현재 공업적으로 생산되는 올리고당으로는 표 10-9와 같으며, 올리고당의 제조 원료로는 설탕, 전분, 유당 등이다.

[표 10-9] 원료별로 분류한 올리고당의 종류

종 류	원 료	구 조
팔라티노오스	설탕	포도당 + 과당(α-1,6결합)
수크랄로오스	설탕	설탕의 염소(Cl) 유도체
프락토올리고당	설탕	설탕 + 과당(1~3개)
커플링슈가	설탕, 전분	설탕 + 포도당(1~3개)
락토수크로오스	설탕, 유당	설탕 + 갈락토오스(삼당류)
락툴로오스	유당	갈락토오스 + 과당
갈락토올리고당	유당	유당 + 갈락토오스(1~3개)
아이소말토올리고당	전분	포도당(α-1,6결합, 2~3개)
대두올리고당	대두 유청	래피노오스, 스타키노오스
자일로올리고당	자일란	자일로오스(2~7개)

(1) 팔라티노오스(palatinose)

설탕(α-1,2결합)에 효소(α-glucosyl transferase)를 작용시켜 팔라티노오스(α-1,6결합)를 만든다. 감미도는 설탕의 0.45배로, 충치예방효과가 있다. 산과 열에 안정하다. 단, 설탕과 달리 환원당이기 때문에 설탕보다 가열에 의한 갈변이 용이하다. 껌, 제빵 등에 이용하며, 코팅성이 우수하여 코팅과자에도 이용된다.

> **트레할로오스** : 포도당과 과당이 α-1,1결합한 이당류이며, 비환원당. 3장. 탄수화물(당질) 참조

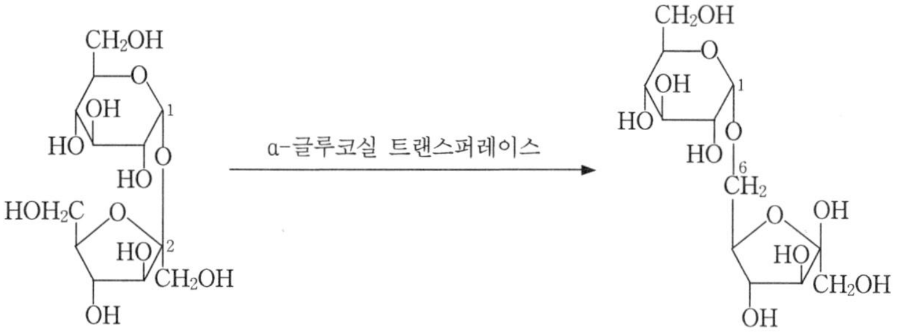

설탕(sucrose) 팔라티노오스(palatinose)

(2) 수크랄로오스(sucralose)

설탕 분자의 OH기에 3개의 염소(Cl)를 치환시켜 만든 것으로, 설탕으로 제조되어 설탕과 유사한 단맛을 나타낸다. 감미도는 설탕의 600배이다.

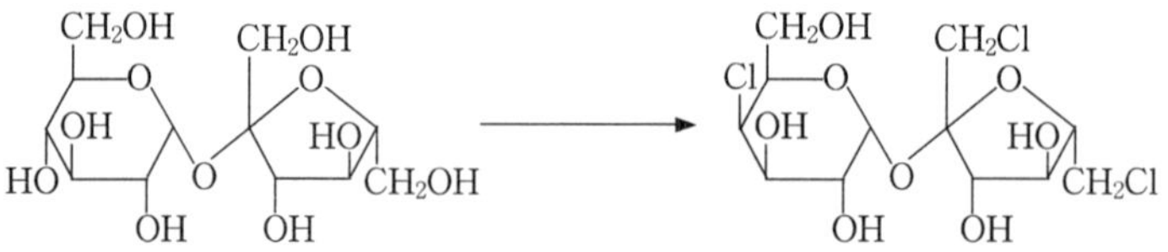

설탕(sucrose) 수크랄로오스(sucralose)

특성

① 체내에서 흡수되지 않고 그대로 배설되어 칼로리가 거의 없다.
② 다른 감미료와 혼합하면 상승효과가 있다.
③ 열에 안정하여 제빵 등의 고온에서 가공하는 식품에서도 그대로 단맛을 유지한다. 신맛, 쓴맛, 짠맛을 마스킹하는 효과도 있다.
④ 낮은 pH에서도 안정하며, 충치예방효과가 있다.

용도 : 어린이용 요구르트, 과자, 껌, 음료 등 폭넓게 이용된다.

(3) 락툴로오스(lactulose, 이성화유당)

갈락토오스와 과당이 β-1,4결합한 이당류로, 유당을 알칼리 처리(수산화칼슘이나 수산화바륨)하여 만든다. 가열 살균된 우유에서 발견되기 때문에 이성화유당, 밀크유당이라고도 한다. 감미도는 설탕의 0.6배이다.

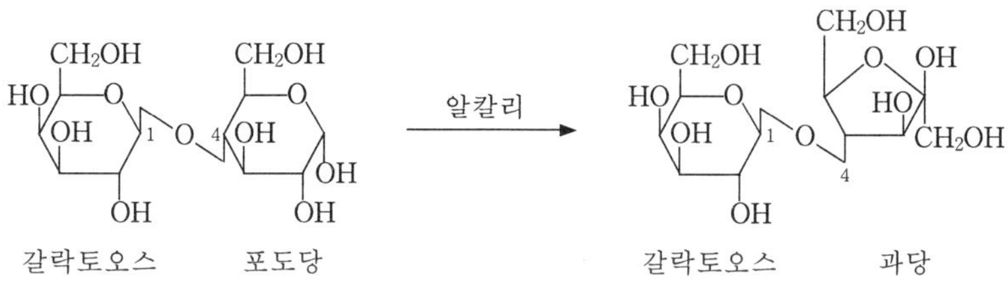

D-유당 락툴로오스(이성화 유당)

특성

① 체내에서 흡수되지 않고 그대로 배설되어 칼로리가 거의 없다.

② 비피더스균의 증식을 촉진하며, 충치예방 효과도 우수하다.

③ 장내 세균에 의해 흡수되지 않는 유기산을 형성한다. 이러한 유기산은 삼투효과를 나타내어 변비를 예방한다.

용도 : 장내 비피더스균 증식을 위한 유아용분유, 변비치료제

(4) 락토수크로오스(lactosucrose, β-galctosylsucrose)

유당과 설탕혼합액에 β-fructofuranose(설탕 가수분해효소)를 작용시키고, 당이전반응을 이용하여 만든다. 락토수크로오스는 갈락토오스, 포도당, 과당이 결합한 삼당류이다. 감미도는 설탕의 0.3배이다.

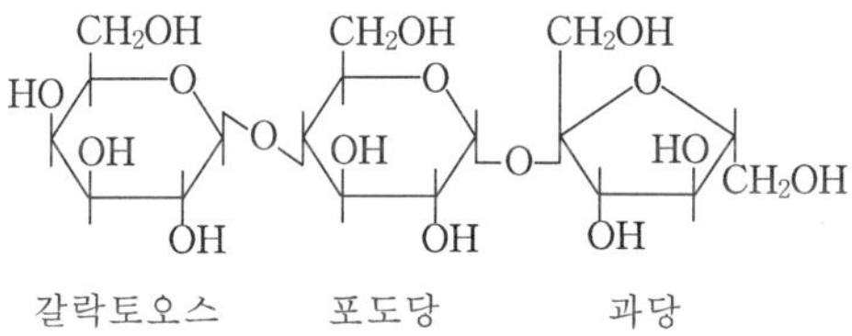

락토수크로오스(lactosucrose)의 구조

특성

① 내산성과 내열성은 설탕과 비슷하다. 예를 들어 pH 4.0 이하의 고온에서는 유당과 과당으로 분해된다.

② 유당과 달리, 설사가 잘 일어나지 않기 때문에 유당 대체용으로 사용한다.

③ 난소화성이며, 비피더스균의 증식효과가 우수하다.

용도 : 유제품 과자, 빵, 캔디, 음료 등의 가공품에 저칼로리 감미료로 이용된다.

(5) 커플링슈가(coupling sugar)

전분과 설탕 혼합용액에 글루코실트랜스퍼레이스(glucosyl transferase)를 작용시켜, 전분의 일부를 포도당으로 전환시킨 후, 전환된 포도당 1~3개를 설탕에 결합(α-1,4결합)시켜 만든다. 감미도는 설탕의 0.5배이다. 충치예방 효과가 있으며, 소화되어 에너지원이 된다.

용도 : 풍미가 좋아 잼, 과자, 팥소 등에 널리 이용된다.

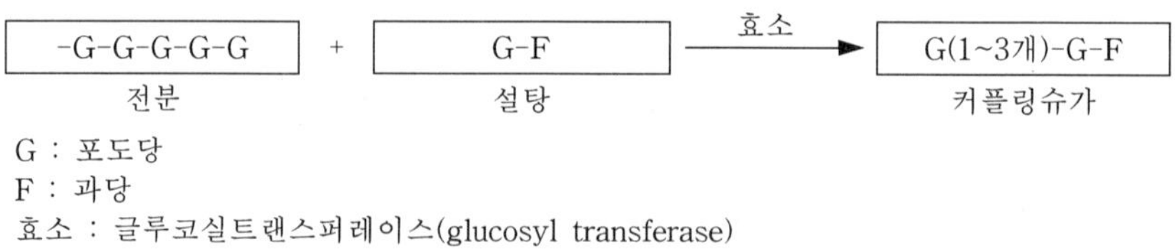

커플링슈가(coupling sugar)의 구조

(6) 프락토올리고당

설탕(사탕수수)에 1~3개의 과당을 결합시킨 올리고당이다. 즉, 고농도 설탕에 프럭토실트랜스퍼레이스(fructosyl transferase)를 작용시켜, 설탕 일부를 포도당과 과당으로 분해하고, 동시에 같은 효소의 작용으로 설탕의 과당 부분에 과당을 1~3개 결합시킨 것이다. 감미도는 설탕의 0.3~0.6배이며, 칼로리는 2.4 kcal/g이다.

특성

① 70℃ 이상에서 가열하면 감미도가 급격히 감소한다. 따라서 제빵 등의 고온에서 가공하는 식품이나 볶음, 구이 등의 조리에는 적합하지 않다.
② 설탕과 유사한 상쾌한 단맛을 갖는다.
③ 난소화성, 충치예방, 비피더스균 증식작용이 있다. 이외에 칼슘 등의 무기질의 흡수를 촉진한다.

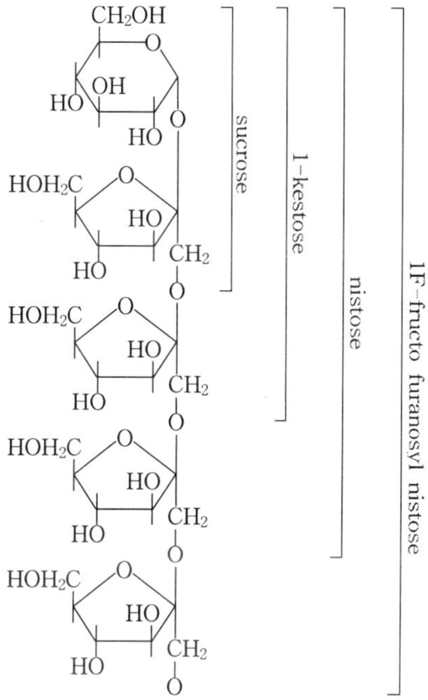

프락토올리고당의 구조

용도 : 올리고물엿 등의 감미료, 시럽음료 등에 이용한다. 현재 시판되고 있는 올리고물엿은 프락토올리고당이나 아이소말토올리고당을 40% 이상 혼합하여 제조한다. 아이소말토올리고당에 비해 단맛이 강하다.

(7) 아이소말토올리고당

전분(옥수수)을 β-아밀레이스(β-amylase)로 분해하여 말토오스를 생성한 후, 여기에 글루코실 트랜스페레이스를 작용시켜 만든다. 포도당이 α-1,4결합 및 α-1,6결합으로 2~3개가 결합되어 있다. 감미도는 설탕의 0.2~0.3배이며, 칼로리는 2.8 kcal/g이다.

특성

① 산과 열에 안정하여 거의 분해되지 않는다. 볶음이나 구이 등에 이용이 가능하다.

② 흡습성이 우수하여 식품의 보습성 개선에 이용된다.

③ 비피더스균 증식작용, 충치예방효과가 있으나, 이를 위해서는 다른 올리고당에 비해 다량 섭취해야 한다.

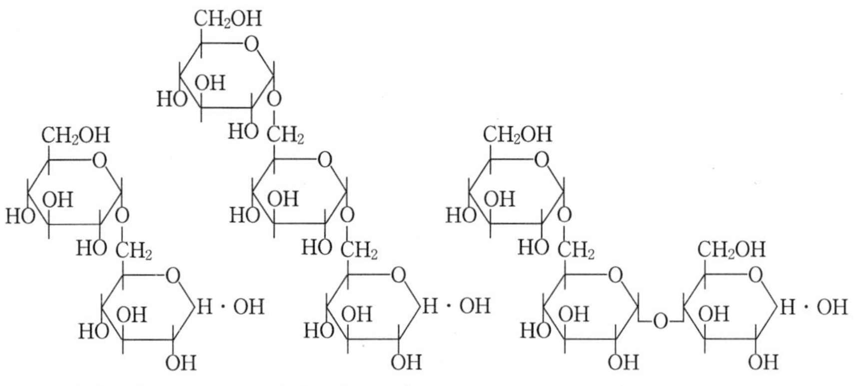

아이소말토올리고당의 구조

용도 : 올리고물엿, 제빵, 과자, 유제품, 수산, 축산가공품 등에 저칼로리 감미료로 널리 이용된다. 된장, 간장 등 전통 발효 식품에도 이용된다.

시판 올리고물엿에는 제품의 40% 이상을 혼합하여 시판된다.

(8) 갈락토올리고당

유당을 β-갈락토시데이스(β-galactosidase)를 작용시켜, 갈락토오스(1~3개)를 결합시킨 올리고당이다. 감미도는 설탕의 0.4배이다.

모유에는 우유의 100배의 올리고당이 함유되어 있으며, 그 중에는 난소화성 갈락토올리고당인 4-갈락토실락토오스(4-galactosyl-lactose)가 존재한다.

특성

① 다른 올리고당에 비해 산이나 열에 안정성이 우수하다.
② 비피더스균의 증식효과, 충치예방, 칼슘 등의 무기질의 흡수를 촉진하는 작용이 있다.
③ 유당과 비슷한 감미도를 가진다.

용도 : 유산균발효유, 분유, 캔디, 푸딩, 잼 등에 이용된다.

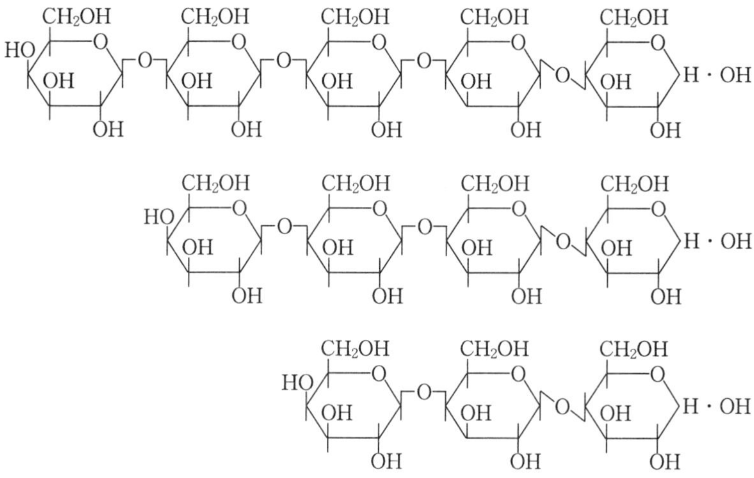

4′-galactosyl-lactose

갈락토올리고당의 구조

(9) 대두올리고당

두부 등의 대두단백질 제품을 제조할 때 부산물로 생기는 대두 유청에서 만들어지는 천연올리고당이다. 즉, 대두 유청에서 알코올로 추출하여 여과, 탈염, 탈색과정을 걸쳐 감압농축하여 얻는다.

주성분은 삼당류인 래피노오스(raffinose)와 사당류인 스타키오스(stachyose)이다. 대두 중에는 래피노오스 1%, 스타키오스 4% 정도가 함유되어 있다.

감미도는 설탕의 0.7배이며, 칼로리는 설탕의 1/2인 저칼로리 감미료이다.

특성

① 산과 열에 강하여 가공 상의 장점이 있으며, 청량감이 있다.

② 비피더스균의 증식효과는 다른 올리고당보다 크기 때문에, 소량으로 효과를 나타낸다(1일 2~3 g).

③ 인돌(indole), 스카톨(skatole) 등의 발암성 물질의 생성을 억제한다. 단, 과잉 섭취시에는 설사를 유발할 수 있다.

용도 : 대두올리고당시럽 등의 음료나 가공식품의 감미료로 이용되며, 특히 두유 등의 유아식품이나 분유첨가물로 이용된다.

(10) 자일로올리고당

식이섬유의 일종인 자일란(xylan)을 자일라네이스(xylanase)로 분해하여 얻는다. 자일로올리고당은 자일로오스가 2~7개 결합(β-1,4)되지만, 실제로는 2~3개 결합된 것이 많다. 감미도는 설탕의 0.3~0.4배이다.

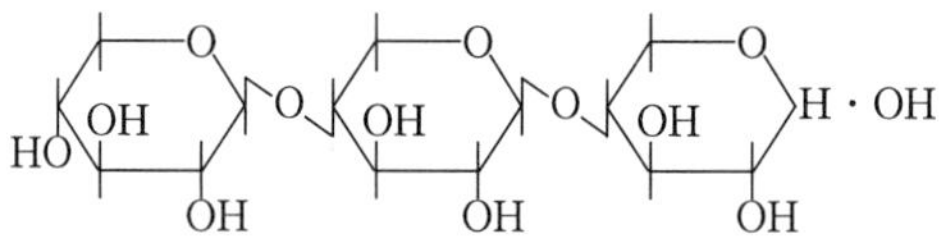

자일로트리오스(xylotriose, 자일로오스 3개가 β-1,4결합)

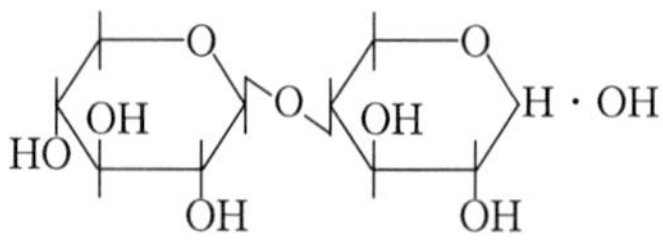

자일로비오스(xylobiose, 자일로오스 2개가 β-1,4결합)

자일로올리고당의 구조

특성

① 산과 열에 안정하며, 상쾌한 단맛을 갖는다.

② 착색되기 쉬운 성질이 있다.

③ 비피더스균의 증식작용과 충치예방 효과가 있다.

용도 : 음료, 과자, 냉과, 빵, 잼 등에 저칼로리 감미료로 이용된다.

7) 터펜배당체 및 스테로이드 배당체

천연 감미물질 중에서 터펜배당체에 강한 감미를 나타내는 것이 있다. 저칼로리 감미료로서, 된장, 간장 등의 장류식품, 음료, 과자, 절임 등에 널리 이용되고 있다.

(1) 스테비오사이드(stevioside), 레바우디오사이드(rebaudioside)

파라과이 원산인 스테비아(Stevia rebaudiana)의 잎은 파라과이와 브라질 원주민들이 400년 이상 사용해 온 천연감미료로, 감미도는 설탕의 200~300배 정도이며, 칼로리가 거의 없다.

스테비아의 감미성분은 스테비올(steviol)에 포도당이 결합된 다이터펜배당체로, 스테비오사이드와 레바우디오사이드 A, C, D, E 등이 있다. 이중에서 스테비오사이드와 레바우디오사이드 A가 주요 감미성분이다. 스테비오사이드에서 당을 제거하면 단맛이 사라진다.

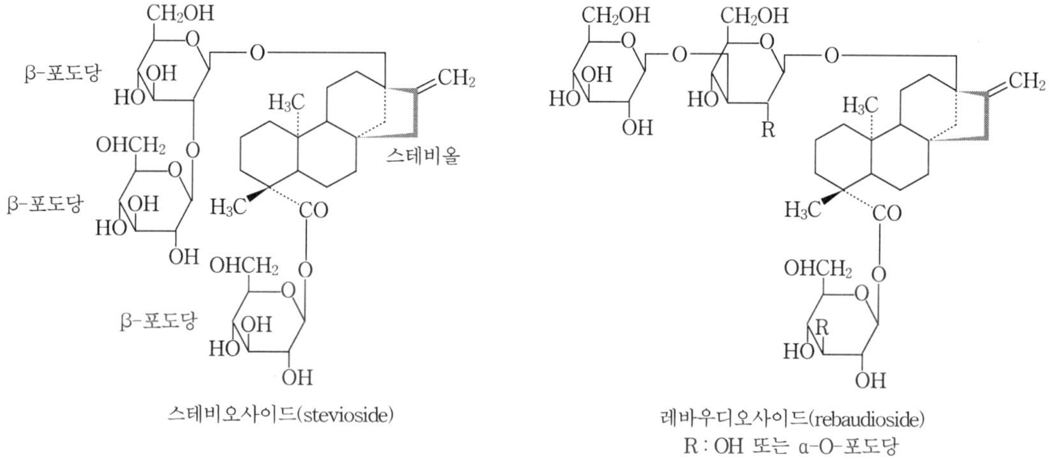

스테비오사이드와 레바우디오사이드의 구조

한편, 레바우디오사이드 A의 감미도나 단맛의 질이 스테비오사이드보다 좋아, 레바우디오사이드 A를 보다 많이 함유한 품종이 개발되어 실용화되고 있다. 또 효소처리에 의해 단맛을 개선한 제품이 시판되고 있다.

효소처리 스테비아 : 효소처리에 의해 스테비오사이드의 쓴맛을 제거하여 단맛의 질을 개선시킨 효소처리 스테비오사이드제품도 개발되고 있다. 스테비오사이드의 당부분(포도당)에 당전이효소(CGTase, cyclodextrin glucanotransferase)을 이용하여 포도당을 결합시킨 글루코실 스테비오사이드 제품이다. 감미성분은 α-글루코실스테비오사이드와 α-글루코실레바우디오사이드이지만, 주성분은 α-글루코실스테비오사이드이다.

특성

① 산, 염류, 열에 안정하고, 갈변반응을 일으키지 않는다. 따라서 설탕이나 사카린의 경우, 산이나 염류에 의해 감미도가 저하되는 단점을 보완할 수 있다.

② 쓴맛과 떫은맛을 갖는 단점이 있다. 쓴맛은 포도당, 과당, 설탕과 같은 당류, 염류, 유기산, 유기산염, 아미노산과의 병용 사용으로 개선할 수 있다. 실제로 시판되는 스테비오사이드는 포도당과 혼합(예 스테비오사이드 : 포도당 = 25 : 75)하여 쓴맛을 개선하고 있다.

③ 미국 식품의약국(FDA)으로부터 다이어트보조제로 승인되어 있지만, 알코올과 반응하면 유해물질(스테비올, 발암성)을 형성할 수 있다고 하여 논란이 되고 있다.

용도 : 갈변현상이 없고, 염에 안정하여, 간장, 된장 등의 장류식품에 가장 많이 사용된다. 또한 산, 열에 안정하여, 산성이 강한 음료(콜라 등)나 절임류 식품, 소스, 케찹, 수산연제품, 빙과류, 과자류에도 사용된다.

(2) 글리실리진산(glycyrrhizinic acid), 글리실리진(Glycyrrhizin)

감초(*glycyrrhiza glabra* L.)의 뿌리에는 글리실레틴산(glycyrrhetinic acid)과 2개의 글루쿠론산(glucuronic acid)이 결합된 글리실리진산(glycyrrhizinic acid)이 존재하며, 감초추출물로서 천연감미료로 사용 한다.

글리실리진은 글리실리진산의 나트륨염으로, 합성감미료로도 이용되고 있다.

감미도는 설탕의 200~250배이며, 감초 특유의 단맛을 갖는다.

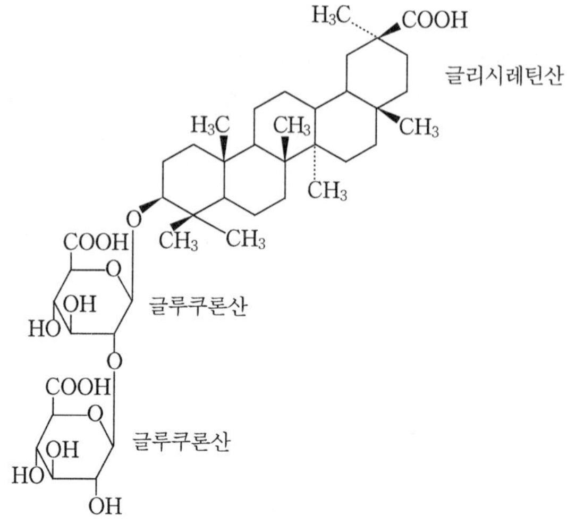

글리실리진산

특성

① 열에 안정하며, 갈변반응을 일으키지 않고, 짠맛과 잘 조화되기 때문에 된장, 간장 등의 향미강화제로 이용된다.

② 산(pH 4.5)에 침전을 일으키므로, 산성식품에서의 사용이 어렵다.

③ 쓴맛, 떫은맛이 있으며, 다른 당류(아세설팜 K 등)와 병용하면 맛이 개선된다.

용도 : 된장(0.03~0.07 g/kg)과 간장(0.015 g/ℓ)에만 향미강화제로 첨가할 수 있다. 미국에서는 담배, 의약, 빵류, 초콜릿, 크림, 쿠키, 디저트, 음료, 어육연제품, 소스 등에 첨가하도록 허가되어 있다.

(3) 오스라딘(osladin)

미역고사리(Polypodium vulgare) 뿌리에는 설탕의 3,000배의 감미도를 갖는 오스라딘이 발견되고 있다.

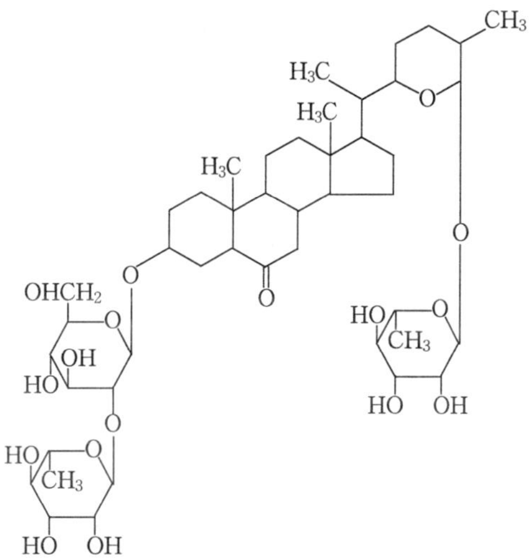

오스라딘(osladin)

8) 아미노산, 펩타이드 및 단백질

(1) 아미노산

천연에 존재하지 않는 D-아미노산은 모두 단맛을 갖는다. 특히 D-트립토판은 강한 단맛을 갖는다.

천연에 존재하는 L-형 아미노산 중 알라닌 등이 단맛을 가지며, 이외의 L-형 아미노산은 쓴맛을 갖는다. 예를 들어 L-트립토판은 카페인의 1/2 정도의 쓴맛을 갖는다. 또 글라이신도 단맛을 갖는다(5장 단백질 참조).

문어, 오징어, 게에 함유되어 있는 감미성분은 아미노산 유도체인 베타인(betaine)이다.

글라이신(glycin)[0.9] L-알라닌(alanine)[1.0] D-트립토판(typtophan)[35] 베타인(betaine)

[그림 10-10] 단맛을 나타내는 아미노산, 펩타이드, 단백질

[ ]안은 설탕을 1로 했을 때의 감미도

(2) 아스파탐(aspartame)

시판 아스파탐제품의 성분 조성의 한 예

성 분	함량(%)
유당	96
아스파탐	1.0
아세설팜 K	0.44
CD*	2.5
설탕후레버	0.15

* CD : 사이클로덱스트린

L-아스파트산과 L-페닐알라닌으로 구성된 다이펩타이드의 메틸에스터이며, 감미도가 설탕의 200배이다.

아스파탐의 칼로리는 4 kcal/g로 설탕과 같지만, 설탕의 1/200로 동일한 감미도를 나타내기 때문에 저칼로리 감미료이다.

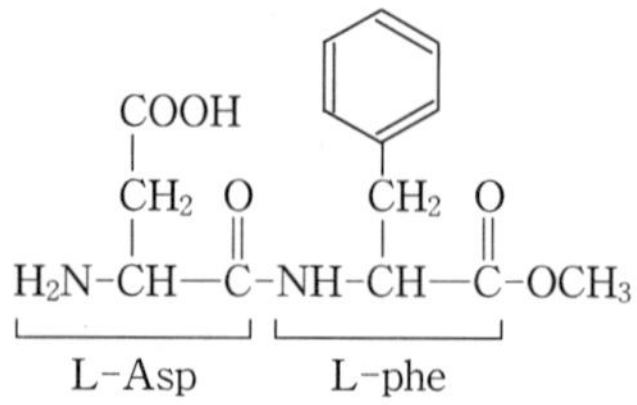

α-asparatyl-L-phenylalanine methyl ester

아스파탐(aspartame)의 구조

특성

① 가열에 의해 쉽게 분해되는 단점이 있다. 아스파탐을 가열하면, 다이케토페라진으로 분해된 후, 다시 각각 아미노산으로 분해되어 단맛을 상실한다. 120℃에서 30분 가열하면 10%, 150℃에서 10분 가열하면

80%가 분해된다. 따라서 제빵과 같이 고온에서 가공하는 식품에는 사용을 피하는 것이 좋다.

② 수용액 중에 장기간 두면, 메틸에스터결합이 분해되어 무미의 다이펩타이드(아스파틸페닐알라닌)로 되어 감미도가 감소한다.

또한 수용액 중에서도 온도, pH에 따라 영향을 받는다. 온도가 낮을수록 안정하며, pH는 4~5에서 가장 안정하며, pH 7에서 가장 불안정하다. 실제로 실온에서 저장된 탄산음료의 경우, 6개월 정도 단맛을 유지한다고 한다.

③ 설탕, 포도당, 과당, 유당, 사카린, 아세설팜 K 등과 혼합 사용하면 상승작용에 의해 감미도를 향상시킨다. 예를 들어, 아스파탐과 아세설팜 K의 감미도는 각각 설탕의 200배이며, 이들을 혼합하였을 때는 감미도가 250배로 증가한다.

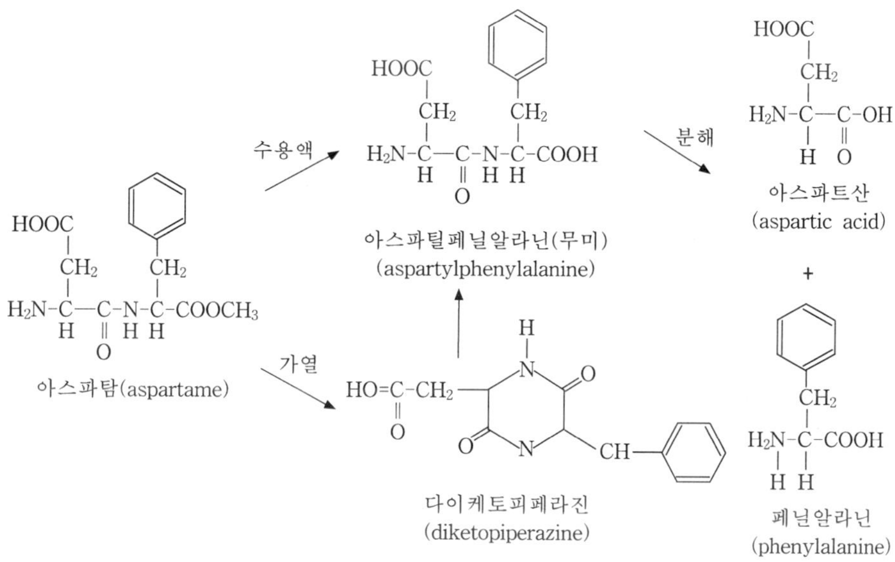

[그림 10-11] 아스파탐의 분해기구

페닐케톤뇨증 : 페닐알라닌을 타이로신으로 전환시키는 효소활성의 장애로 인해 페닐알라닌이 과잉 축적되면서 지능장애, 담갈색의 모발, 흰 피부색 등을 유발하는 질병을 페닐케톤뇨증이라고 한다. 페닐케톤뇨증 환자는 아스파탐의 섭취에 주의해야 한다.

현재, 아스파탐 함유식품의 경우에는 '페닐알라닌 함유'라는 표시를 의무화하고 있다.

용도 : 콜라, 사이다 등의 청량음료, 막걸리(0.01%), 소주 등의 주류, 요구르트, 빙과류 등에 널리 이용되고 있다.

(3) 네오탐(neotame)

아스파탐의 L-아스파트산 부분의 아미노기에 3,3-다이메틸부틸기가 치환한 N-아킬화체로서, 설탕의 7,000~13,000배의 감미도를 갖는다.

아스파탐에 비해 20~30배의 강한 감미도를 갖기 때문에 제로 칼로리 식품에 이용할 수 있다.

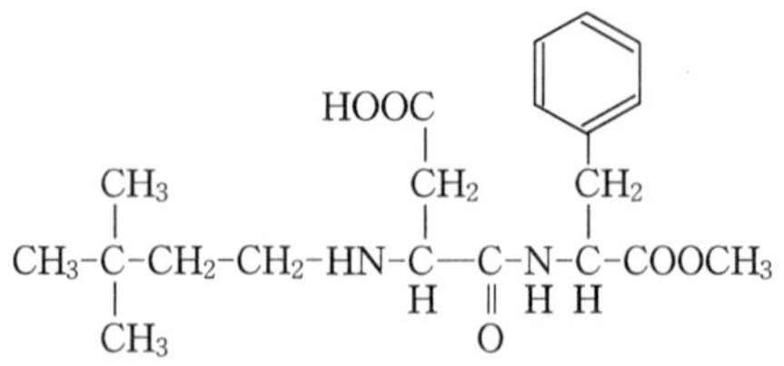

네오탐(neotame)의 구조

(4) 알리탐(alitame)

L-아스파트산과 D-알라닌으로 구성된 다이펩타이드의 아마이드유도체로 설탕보다 2,000배 강한 단맛을 가지며, 맛 특성도 깨끗하다. 우리나라에서는 아직 허가되지 않고 있으나, 호주, 뉴질랜드에서는 사용이 허가되고 있다.

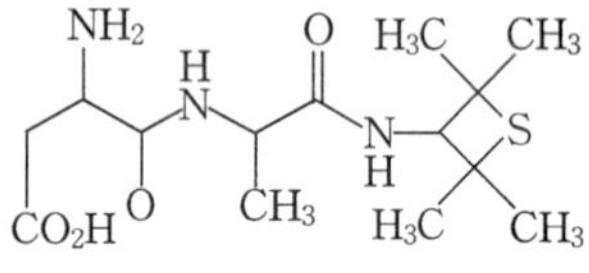

알리탐(alitame)의 구조

(5) 쏘마틴(thaumatin)

서아프리카의 식물(Thaumatococcus Danielli)의 과실에서 얻어지는 쏘마틴은 설탕의 2,500~3,000배의 감미도를 갖는 단백질로, 207개의 아미노산으로 구성되어져 있다(분자량 약 20,000).

서아프리카에서는 오래 전부터 야자술과 빵 등의 감미료로 사용하여 왔다.

특성

① 쓴맛이나 냄새가 없으며, 상쾌한 단맛을 갖는다.

② 단백질임에도 불구하고 열에 안정하다. 80~100℃의 가열에도 단맛을 그대로 유지한다.

③ 설탕보다 단맛을 나중에 느끼고, 지속시간이 길다.

④ 넓은 범위의 pH(2.7~7.0)에서 안정하다.

⑤ 첨가 식품의 향미 증진효과와 불쾌한 냄새를 제거해주는 효과가 있다.

용도

① 커피, 홍차의 향미 향상 : 커피의 향미성분을 증진시키고, 신맛, 쓴맛 등을 조화시키는 효과가 있다. 또 홍차의 떫은맛을 감소시켜, 부드러운 향미를 증진시킨다.

② 산에 대한 작용 : 구연산, 초산, 젖산, 비타민 C의 강한 신맛과 향을 감소시킨다. 이는 소마틴이 혀의 미뢰세포와 결합하여, 산으로부터 해리된 수소이온과 미뢰세포와의 결합을 억제하기 때문인 것으로 생각된다. 젖산, 초산 등을 함유한 발효유 및 초산을 사용한 식품의 신맛을 조절하는데 유용하다.

③ 감칠맛, 단맛에 대한 작용 : MSG(monosodium glutamate)와 5'-IMP 등의 감칠맛이나 합성감미료와 사용시 상승작용을 갖는다. 예를 들어, 아스파탐에 10 ppm만 첨가해도 아스파탐의 사용량을 30% 절약할 수 있다고 한다.

[표 10-10] 단맛을 나타내는 단백질

단 백 질	감미도	분 자 량	소 재
쏘마틴 (thaumatine)	2,500~3,000	21,000과 24,000의 이량체	*Thaumatococuus daniellii* Benth miraculous berry(서아프리카)
모넬린 (moneline)	3,000	10,700	*Dioscoreophyllum cumminsii* Diels wild red berry(서아프리카)

(6) 모넬린(monellin)

서아프리카원산인 과실(Discrephyllum cumminsii)에서 얻어지는 모넬린은 분자량 10,700의 단백질로 설탕의 3,000배의 감미도를 갖는다. 열매로부터의 추출이 어렵고, 열안정성도 좋지 않아 상업적으로 이용되지 않고 있다.

9) 다이하이드로칼콘류(dihydrochalcones)

다이하이드로칼콘류는 트리로바틴(trilobatin), 플로리진(phlorizin) 같이 천연에 존재하는 것도 있지만, 감귤류에 있는 나린진과 네오헤스페리딘을 환원하여 얻을 수 있다.

당부분이 네오헤스페리도오스나 포도당이며, B환에 -OH기를 갖는 다이하이드로칼콘류에는 단맛을 갖는 것이 많다. 또한 O-알킬기가 있는 쪽이 단맛이 강하다. 또 당부분이 루티노오스로 구성된 다이하이드로칼콘은 단맛을 나타내지 않는다.

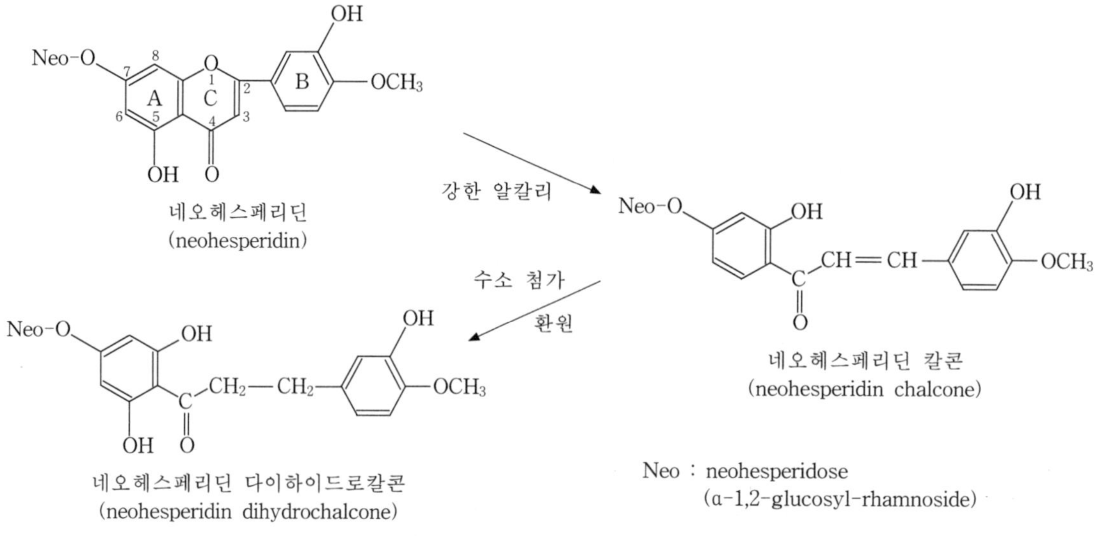

[그림 10-12] 강한 단맛을 나타내는 네오헤스페리딘의 다이하이드로칼콘 구조

[표 10-11] 단맛을 나타내는 다이하이드로칼콘류

명칭	2′위치	3′위치	6′위치	2위치	3위치	4위치	감미도*	소재
나린진다이하이드로칼콘 (naringin dihydrochalcone)	OH	O-네오헤스페리도오스	H	H	H	OH	100	나린진(플라반올 유도체)에서 합성
네오헤스페리딘다이하이드로칼콘 (neohesperidin dihydrochalcone)	OH	O-네오헤스페리도오스	H	H	OH	OCH_3	950	
호모네오헤스페리딘다이하이드로칼콘 (homoneohesperidin dihydrochalcone)	OH	O-네오헤스페리도오스	H	H	OH	OCH_2CH_3	1,100	
트릴로바틴(trilobatin)	OH	O-포도당	OH	H	H	OH	단맛	사과 잎, 줄기, 뿌리
플로리진(phlorizin)	O-포도당	OH	OH	H	H	OH	단맛	

* 설탕을 1로 했을 때의 감미도

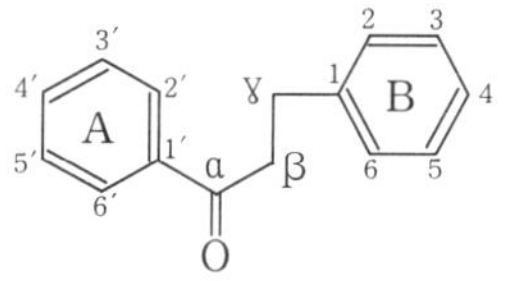

다이하이드로칼콘(기본골격)

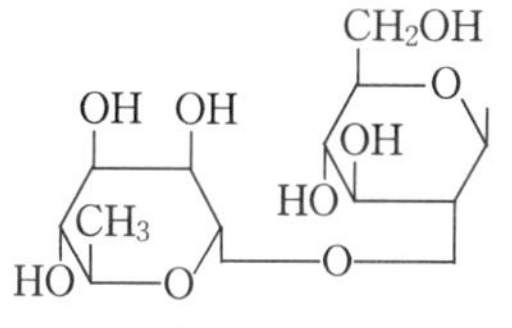

네오헤스페리도오스
(2-O-람노실글루코오스)

10) 그 외의 감미료

(1) 사카린(saccharin)과 사카린나트륨

사카린은 1900년대부터 사용되어온 가장 역사가 긴 합성감미료로서, 일부 가공식품에 사용이 허용되어 있다. 사카린(saccharin)이란 이름은 라틴어의 설탕을 의미하는 saccharum에서 유래되었다.

사카린은 물에 대한 용해성이 나쁘기 때문에, 사카린나트륨의 형태로 시판되고 있다. 감미도는 설탕의 300배이다.

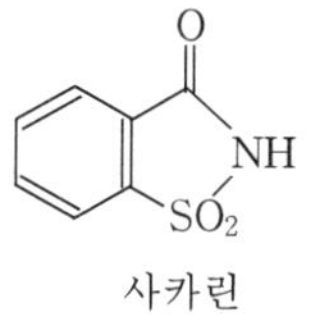

사카린
용해도(0.45g/100㎖ 물)

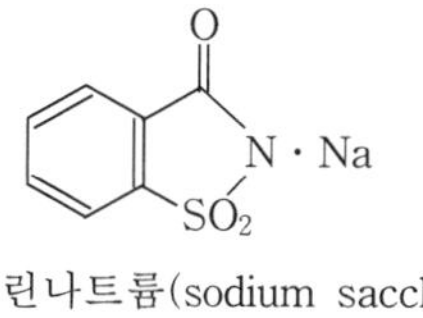

사카린나트륨(sodium saccharin)
용해도(67g/100㎖ 물)

사카린과 사카린나트륨의 구조

특성

① 산, 알칼리, 열에 약하다. 특히, 산(pH 3~6)에 의해 서서히 분해되어 감미를 잃고, 쓴맛을 나타낸다.

② 식품에 0.05% 이상 사용시에는 쓴맛을 나타낸다. 쓴맛은 해리되지 않은 사카린분자에 기인된다. 사카린의 쓴맛은 포도당이나 글라이신과 병용하면 경감된다. 실제로 시판되는 사카린나트륨제품은 포도당과 사카린나트륨을 70 : 30 또는 95 : 5의 비율로 혼합하여 판매하고 있다.

용도 : 김치류를 제외한 절임식품류(치킨 무 등), 유산균음료를 제외한 청량음료, 치약, 당뇨병환자의 설탕대용품 등 일부 식품에 허용되고 있다. 식빵, 이유식, 사탕류에는 사용이 금지되어 있다.

(2) 아세설팜 K(acesulfame K)

1967년 독일에서 비만방지의 목적으로 개발된 합성감미료로, 아세설팜의 칼륨염을 아세설팜 K라고 하며, 구조는 사카린과 비슷하다.

감미도는 설탕의 200배이며, 체내에서 대사되지 않아 칼로리가 거의 없다.

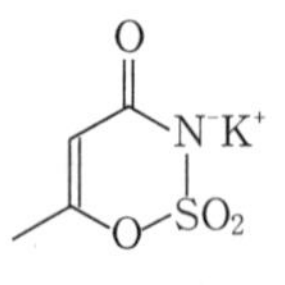

아세설팜 K(acesulfame K)의 구조

특성

① 비슷한 구조의 사카린과는 달리, 산, 열에 안정하여 고온에서 가공하는 식품이나 청량음료에 사용이 가능하다.

② 쓴맛과 떫은맛을 동반하지만, 설탕, 포도당, 솔비톨, 스테비오사이드, 아스파탐, 수크랄로오스 등과 병용하면 양질의 감미를 얻을 수 있다.

(3) 덜신(dulcin)

덜신은 진통제를 개발하던 중 우연히 발견된 감미료로, 감미도는 설탕의 250배이다. 1967년 독성문제로 사용이 금지되었다.

특성 : 사카린과 병용하면 감미도가 증가되고, 설탕과 비슷한 맛을 나타내어, 청량음료, 과자, 절임류 등에 널리 사용되었다. 덜신은 장기간 사용하면, p-아미노페놀(p-aminophenol)로 분해된다. p-아미노페놀은 혈액독으로, 적혈구 생산의 억제나 간 종양을 유발시킨다.

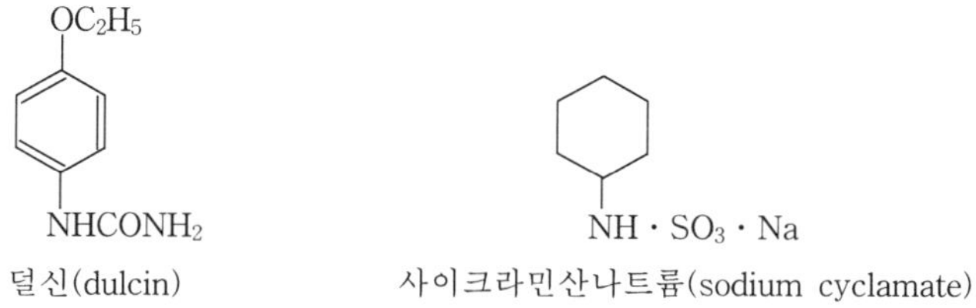

덜신과 사이크라민산나트륨의 구조

(4) 사이클라민산나트륨(sodium cyclamate)

1937년 해열제를 개발하는 도중 우연히 발견된 감미료로서, 감미도는 설탕의 40~50배이다. 과실음료를 중심으로 널리 사용되었으나, 발암성 등의 안전성 문제로 1969년 사용이 금지되었다.

특성 : 설탕의 맛과 비슷하고, 청량한 맛을 주며, 자극적인 맛을 중화시키는 특징이 있다. 또한 열과 pH(2.0~10.0)에 안정하여 각종 식품에 사용이 가능하다.

(5) 페릴라틴(Perillartin)

페릴라틴은 차조기의 잎에 함유되어 있는 단맛물질로, 자소당(perilla sugar)이라고도 하며, 감미도는 설탕의 약 2,000배이다.

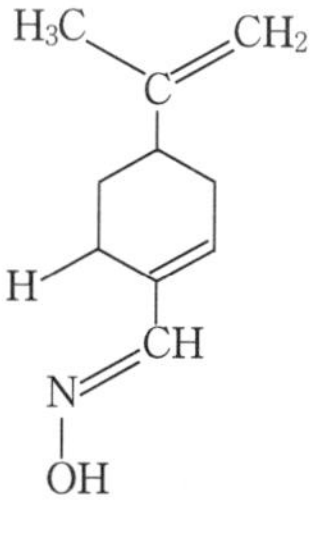

페릴라틴(perillatin)의 구조

특성 : 페릴라틴은 페닐알데하이드 옥사임(perilladehyde oxime, -CH=N-OH)의 불안정한 구조를 갖고 있어 페닐알데하이드로 분해된다. 페릴알데하이드(perillaldehyde)는 강한 독성으로 신경장애를 일으켜, 식품에 감미료로 사용할 수 없다. 단, 단맛을 갖는 향료나 담배향료로 일본 등에서 사용되고 있다.

10.7. 신맛

식품 중의 신맛은 청량감을 주고, 식욕을 증진시키는 작용을 한다. 신맛은 쓴맛에 의해 증가하지만, 단맛과 짠맛, 감칠맛에 의해 감소한다.

특히, 신맛은 단맛과 조합되어 다양한 풍미를 나타내기 때문에 매우 중요하다. 실제로 과일의 맛은 함유되어 있는 당류의 단맛과 유기산의 신맛이 어떤 비율로 조합되었는가에 따라 다른 풍미를 나타낸다. 이 때문에 과일이나 과일주스의 경우, 당과 산의 비율이 그 품질을 결정하는데 매우 중요하다.

신맛의 발현 기구 : 신맛은 식품 중의 유기산이나 무기산이 해리되어 생기는 수소이온(H^+)에 의해 느끼는 맛이다. 즉, 신맛성분 중의 수소이온이 혀의 수소이온 수용기와 결합하면, 수용기 세포막을 통한 K^+의 투과성이 감소하고, 결국, 미각수용체의 세포막은 급격한 전위차의 감소를 일으킨다. 이러한 전위차의 감소를 미각신경을 통해 대뇌로 전달되어 신맛을 인지한다.

신맛의 강도와 비해리산의 농도 : 신맛이 수소이온(H^+)의 농도에 관계하지만, 비해리산의 농도도 중요하다.

예를 들어 동일 pH에서 유기산은 무기산 보다 신맛이 더 강하다. 이러한 이유는 무기산은 대부분 해리되어 있어 수소이온(H^+)이 혀에 닿으면 곧 중화되어 신맛이 사라지는 반면, 유기산은 대부분 비해리되어 있고, 해리되어 있는 수소이온이 혀에 닿아 중화되면 비해리산이 수소이온을 해리하여 신맛을 지속시키기 때문이다.

신맛의 종류 : 신맛성분은 일반적으로 무기산과 유기산으로 나누어진다.

일반적으로 무기산이나 유기산 모두 수소이온에 의해 신맛을 나타내지만, 신맛의 질은 음이온의 종류에 따라 영향을 받기 때문에 산의 종류에 따라 다르다. 일반적으로 무기산의 음이온은 쓴맛이나 떫은맛을 나타내며, 유기산의 음이온은 상쾌한 맛이나 감칠맛을 부여하여 식욕을 촉진시킨다.

따라서 무기산은 산미료로서는 부적당하고, 식품에는 탄산과 인산만이 이용된다.

식품에 이용되는 탄산(청량음료, 맥주)와 인산(청량음료)은 모두 약산으로, 상쾌한 신맛을 준다. 탄산(H_2CO_3)의 경우, 물에 용해되면 $H_2CO_3 \rightleftharpoons 2H^+ + CO_3^{2-}$로 해리되어 상쾌한 신맛을 주기 때문에 청량음료에 많이 사용된다.

유기산으로는 초산(식초), 호박산(청주, 조개), 사과산(과실), 주석산(포도), 구연산(레몬, 매실), L-아스코브산(채소, 과실), 락트산(요구르트, 김치) 등이 있다. 식품첨가물이나 산미료로 이용되는 것은 주로 유기산이다.

[표 10-12] 식품 중의 신맛성분의 구조와 그의 기원

유기산	구조	기원식품	유기산	구조	기원식품
초산	CH_3COOH	식초	주석산	HO-$CHCOOH$ HO-$CHCOOH$	포도
프로피온산	CH_3CH_2COOH	발효식품			
락트산 (젖산)	$CH_3CHCOOH$ OH	유산발효음료, 요구르트, 치즈	구연산	CH_2COOH HO-C-COOH CH_2COOH	매실, 레몬, 감귤류 등
옥살산 (수산)	COOH COOH	시금치			
호박산	CH_2COOH CH_2COOH	조개, 과실, 청주	아스코브산	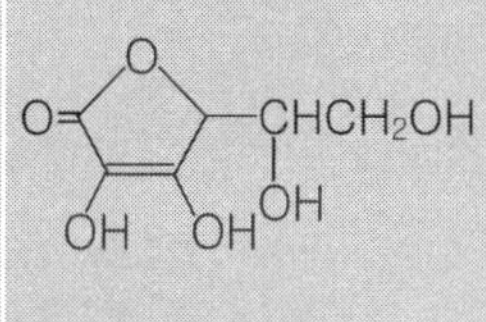	채소, 과실
사과산	HO-$CHCOOH$ CH_2COOH	사과, 복숭아, 딸기 등			

* 신맛의 강도(0.05N 농도) : 주석산 > 사과산 > 인산 > 초산 > 젖산 > 구연산 > 프로피온산

식초의 종류 : 식초는 크게 합성식초와 발효식초로 분류한다.

① 합성식초는 합성하여 만든 빙초산을 물에 희석한 식초를 말하며, ② 발효식초는 과일이나 곡류를 발효하여 만든 식초를 말한다. 발효식초는 다시 순수발효식초와 주정식초로 나누어진다. 순수발효식초는 과일이나 곡류를 알코올발효, 초산발효시켜 만든 식초이며, 주정식초는 주정을 초산발효시켜 만

든 식초이다. 예를 들어, 사과발효식초는 순수발효식초를 말하며, 사과식초는 주정에 사과를 섞어 만든 식초를 의미한다.

10.8. 짠맛

짠맛의 가장 대표적인 맛은 소금이다. 실제로 대부분의 식품의 짠맛은 소금의 맛에 기인된다. 짠맛은 생리적인 기호가 강한 맛이다. 체내에는 Na^+이온이 거의 일정한 농도로 유지되고 있다. 이 농도의 증감에 의해 짠맛의 기호가 좌우된다. 예를 들어, 땀을 많이 흘렸을 때는 짠 음식이 맛있게 느껴진다. 또 습관적으로 짜게 먹으면, 음식이 짜지 않으면 맛있게 느끼지 못한다.

짠맛의 종류 : 짠맛 물질은 염화나트륨, 염화칼륨, 염화암모늄 등의 무기염, 사과산나트륨, 글루콘산나트륨 등의 유기산염으로 분류된다. 이들 염류의 짠맛에는 주로 음이온이 관여하지만, 양이온도 짠맛에 미묘한 영향을 미친다.

예를 들어 염화나트륨은 순수한 짠맛을 나타내지만, 염화칼륨은 쓴맛을 동반하는 짠맛이다. 이것은 염화칼륨 중의 칼륨이온에 기인한다.

보통 무기염을 구성하고 있는 양이온과 음이온의 직경의 합이 6.5 Å보다 작으면 짠맛을 나타낸다. 그러나 직경의 합계가 6.5 Å보다 커질수록 쓴맛이 증가한다(표 10-13).

[표 10-13] 알칼리 할로겐염의 화학적 특성에 따른 짠맛과 쓴맛

염	이온직경의 합(Å)	염	이온직경의 합(Å)
염화리듐(짠맛)	4.82	브롬화칼륨(짠맛, 쓴맛)	6.56
염화나트륨(짠맛)	5.52	요오드화칼륨(쓴맛)	6.98
염화칼륨(짠맛)	6.28	염화마그네슘(쓴맛)	8.54

식염의 종류

성 분	NaCl
천일염 (굵은소금)	70% 이상
제제염 (꽃소금)	88% 이상
정제소금	95% 이상

그러나 순수한 짠맛을 나타내는 것은 소금뿐이며, 그 외의 염류들은 쓴맛을 동반하는 경우가 많다.

일반적으로 짠맛의 강도는 양이온의 경우, $NH_4^+ > K^+ > Ca^+ > Na^+ > Li^+ > Mg^{2+}$이며, 음이온의 경우, $SO_4^{2-} > Cl^- > Br^- > I^- > HCO_3^- > NO_3^-$의 순으로 알려져 있다.

저나트륨소금 : 소금에 의한 고혈압을 예방하기 위한 소금 대체물의 연구가 널리 행해지고 있다. 그중에서도 가장 많이 사용되고 있는 것은 염화칼륨(KCl)이다. 소금에 염화칼륨(28~62%)을 혼합하여 저나트륨소금으로 판매되고 있다.

[표 10-14] 시판 저나트륨소금의 성분 예

시판 저나트륨소금	성 분		
	염화나트륨(NaCl)	염화칼륨(KCl)	황산마그네슘($MgSO_4$)
예 1	56.0	28.0	12.0
예 2	50.4	38.3	3.5

유기산염 : 사과산나트륨, 글루콘산나트륨, 사과산암모늄 등의 유기산 염은 식염과 맛도 비슷하며, 유기산 나트륨의 경우 식염이나 탄산수소나트륨($NaHCO_3$)과는 달리, 완전 해리되지 않기 때문에 상대적으로 나트륨이온의 농도가 낮다. 따라서 무염간장의 제조와 식염 섭취량을 제한해야 하는 환자 치료식으로 이용되고 있다.

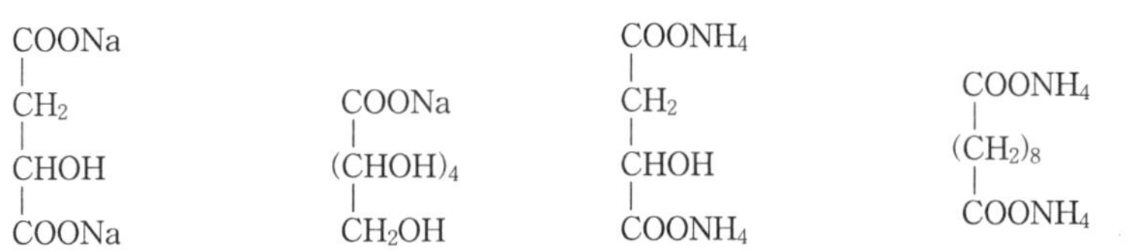

사과산이나트륨 (disodium malate) 글루콘산나트륨 (sodium gluconate) 사과산암모늄 (ammonium malate) 말론산암모늄 (ammonium malinate)

[그림 10-13] 짠맛을 주는 유기산염

고혈압, 신장병환자들의 소금 대체품 또는 무염간장 제조에 사용

10.9. 쓴맛

쓴맛은 일반적으로 바람직하지 않은 맛이지만, 식품에 함유되는 미량의 쓴맛성분은 기호성, 습관성을 높이고, 식욕을 촉진시킨다. 녹차, 커피, 맥주 등이 그 예이다.

그러나 쓴맛은 기본 맛 중에서 가장 쓴맛은 역치가 가장 작아, 맛을 좋게 하는 농도 폭도 작다. 따라서 쓴맛 물질을 사용할 때는 그 사용량에 세심한 배려가 필요하다.

한편, 쓴맛은 단맛에 의해 완화된다. 쓴 약을 먹고 난 후 사탕을 먹거나, 커피에 설탕을 넣어 먹는 것은 이러한 이유 때문이다.

쓴맛성분을 구조상 분류하면, 무기염, 알칼로이드, 터페노이드, 플라보노이드 배당체, 펩타이드 등으로 크게 분류할 수 있다.

1) 무기염

두부를 만들 때 첨가하는 응고제의 주성분은 염화마그네슘($MgCl_2$)이나 황산마그네슘($MgSO_4$)이며, 모두 쓴맛을 준다. 또 요오드화칼륨(KI)은 쓴맛을 나타내지만, 브롬화칼륨(KBr)은 쓴맛과 짠맛을 나타낸다.

2) 알칼로이드(alkaloid)

알칼로이드는 식물체내에 질소를 함유한 염기성 유기물의 총칭으로, 카페인(caffein), 테오브로민(theobromine), 퀴닌(qunine), 니코틴(nicotin), 스트리키닌(strychnine), 브루신(brucine), 솔라닌, 몰핀 등이 있다. 주로 독성을 나타내지만, 생리적 활성을 보이는 경우도 있다.

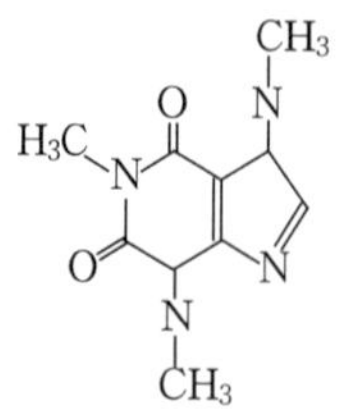

카페인(caffeine)
[7×10^{-4}]

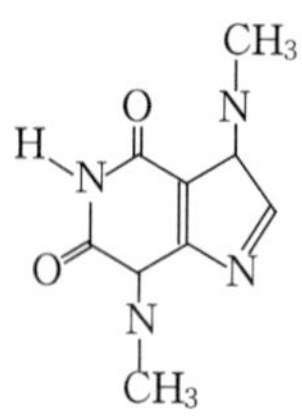

테오브로민(theobromine)

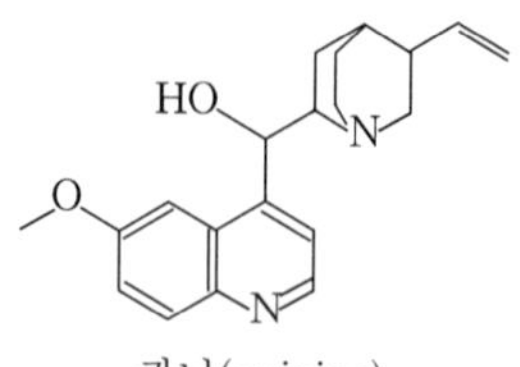

퀴닌(quinine)
[8×10^{-6}~3×10^{-5}]

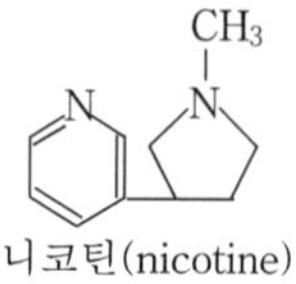

니코틴(nicotine)
[1.9×10^{-5}]

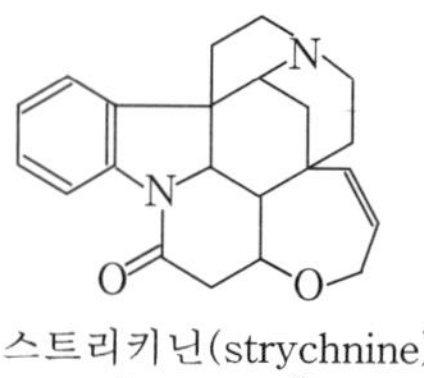

스트리키닌(strychnine)
[1.6×10^{-6}]

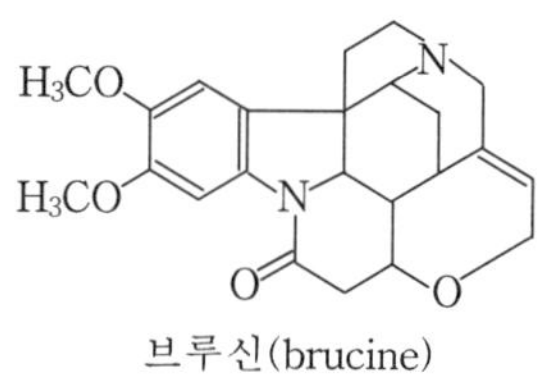

브루신(brucine)
[7.0×10^{-8}]

[그림 10-14] 쓴맛을 나타내는 알카로이드

[ ]안의 수치는 역치(몰농도)

(1) 카페인(caffeine)

커피, 차에 함유되어 있으며, 흥분작용과 이뇨작용이 있다. 식품첨가물로 콜라나 고카페인음료에 사용된다.

카페인의 섭취량이 50~300 mg 정도인 경우는 집중력 향성 등에 도움을 주지만, 과량섭취하면, 불면증이나 급격한 혈압상승의 원인이 된다.

커피(150 ㎖)의 카페인 함량은 70~220 mg, 홍차 30~50mg, 콜라 15~30 mg 정도이다.

카페인의 1일 섭취 권장량은 성인 남자 400 mg 이하, 임신부 300 mg 이하이다.

(2) 테오브로민(theobromine)

초콜릿, 코코아 등에 함유되어 있으며. 구조와 생리작용은 카페인과 비슷하여, 흥분작용과 이뇨작용이 있다.

(3) 퀴닌(qunine)

키나나무 껍질에 함유되어 있으며, 키니네라고도 한다. 예로부터 해열제, 강장제, 진통제, 특히 말라리아 치료제로 사용되어져 왔다. 토닉워터는 퀴닌을 넣어 만든 탄산음료로 진에 섞어 마신다.

(4) 니코틴(nicotin)

담배에 들어 있는 알칼로이드로, 동물의 신경을 마비시키는 독성이 강한 물질이다. 소량의 경우 일시적인 신경 안정효과를 나타내지만, 다량의 경우는 고혈압, 동맥경화를 유발할 수 있다. 또 니코틴은 체내에서 활성산소를 생성하고, 비타민(B, C 등)의 흡수를 저해한다. 보통 담배 1개피에는 1 mg의 니코틴을 함유하고 있다.

(5) 스트리키닌(strychnine)

흥분제, 쥐약성분으로 사용되어져 왔다.

스트리키닌은 소량 복용하면, 흥분제, 각성제로 작용하지만, 과량 복용하면 근육 경련으로 질식사한다. 도핑 규제 대상물질이기도 하다.

(6) 브루신(brucine)

브루신은 다이메톡실 스트리키닌(dimethoxy strychinine)이라고도 하며, 스트리키닌과 구조와 작용이 비슷하다. 도핑 규제 대상물질이기도 하다.

3) 플라보노이드 배당체

자몽, 오렌지의 감귤류에는 플라바논의 7위치의 수산기에 당이 결합한 배당체가 존재한다. 결합하고 있는 당의 종류에 따라 정미성이 다르다. 루티노오스가 결합된 헤스페리딘은 무미이지만, 네오헤스페리도오스(neohesperidose)가 결합된 나린진, 네오헤스페리딘 등은 쓴맛을 나타낸다.

나린진은 감귤 과피에 많으며, 과육에도 약간 존재한다. 감귤통조림 가공시, 가열처리에 의해 가용성 나린진이 증가하여 그 쓴맛이 문제가 된다.

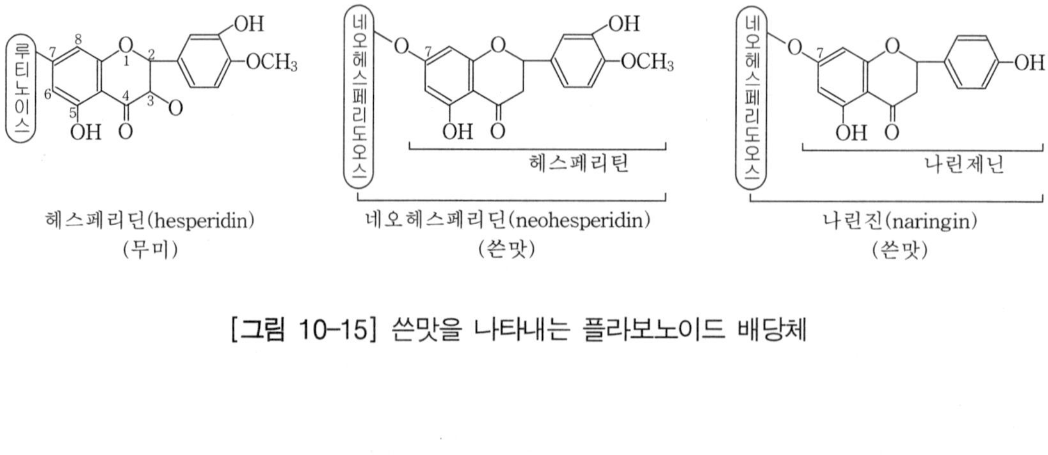

헤스페리딘(hesperidin)
(무미)

네오헤스페리딘(neohesperidin)
(쓴맛)

나린진(naringin)
(쓴맛)

[그림 10-15] 쓴맛을 나타내는 플라보노이드 배당체

나린진의 쓴맛제거 : 나린진을 함유한 감귤류의 과즙의 경우, 나린지네이스(naringinase)의 첨가로 쓴맛을 제거할 수 있다(그림 10-16).

또 β-사이클로덱스트린(3장 탄수화물 참조)은 플라보노이드의 B환의 같은 페놀기를 포접하는 성질을 갖고 있어, 이것을 감귤류의 과즙에 0.3% 첨가하면 거의 쓴맛을 제거할 수 있다.

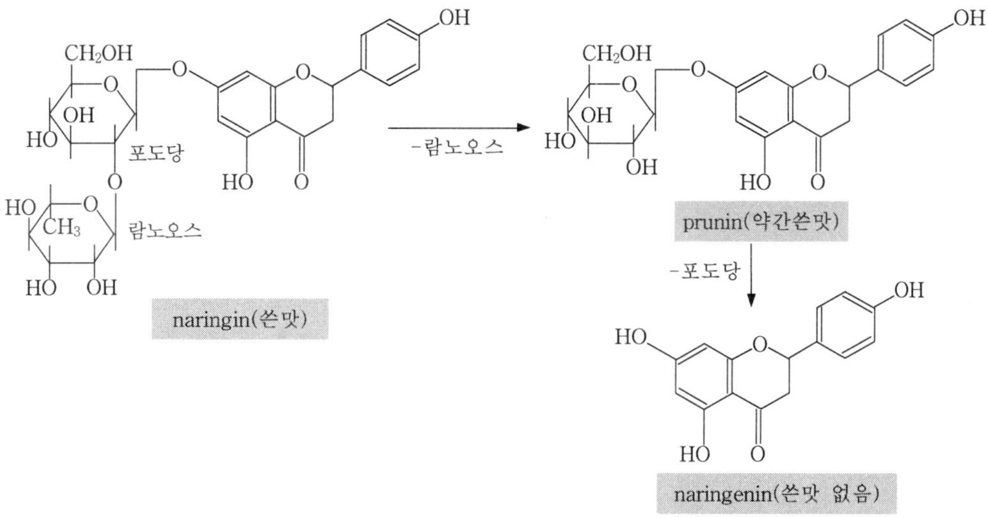

[그림 10-16] 나린지네이스에 의한 나린진의 분해와 쓴맛의 변화

4) 터페노이드(terpenoid)

(1) 감귤류의 쓴맛 성분

오렌지, 자몽 등의 쓴맛성분으로 나린진, 헤스퍼리진 이외에 리모닌(limonin)이 있다. 오렌지 중에는 무미성분인 리모닌락톤의 형태로 함유되어 있으나, 주스 등을 제조하는 가열공정 중에 유기산에 의해 쓴맛이 강한 리모닌으로 가수분해되어 과즙 가공품의 특이한 쓴맛을 형성하여 제품품질에 큰 영향을 준다.

오렌지는 숙성에 따라 리모닌이 감소하지만, 자몽은 숙성에 관계없이 일정량을 나타낸다.

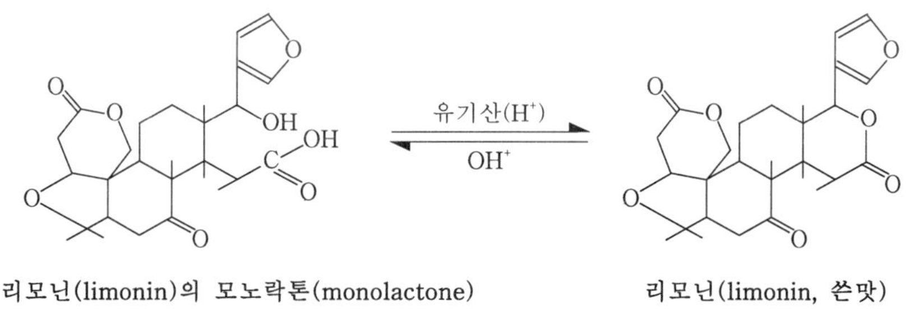

리모닌(limonin)의 모노락톤(monolactone) 리모닌(limonin, 쓴맛)

(2) 오이의 쓴맛성분

오이, 멜론 등의 오이과의 식물에는 큐커비타신(cucurbitacin)이라는 쓴맛

성분을 함유하고 있다. 오이의 쓴맛은 미숙한 오이 또는 저온에서 생육이 나쁘거나 건조가 심할 때 많이 생기며, 꼭지 쪽이 더 쓰다. 그러나 개량형 오이는 쓴맛이 거의 없다. 오이의 쓴맛성분은 수용성이기 때문에 물에 담그거나 가열하면 제거할 수 있다.

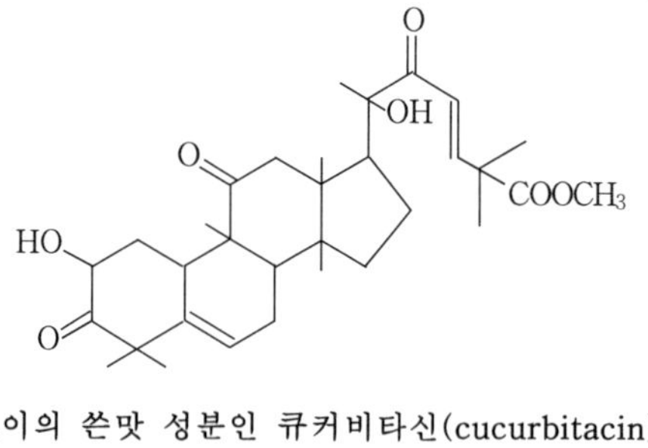

오이의 쓴맛 성분인 큐커비타신(cucurbitacin)

(3) 호프의 쓴맛 성분

맥주 호프에는 α-산인 휴물론(humulone), 코휴물론(cohumulone), 아두휴

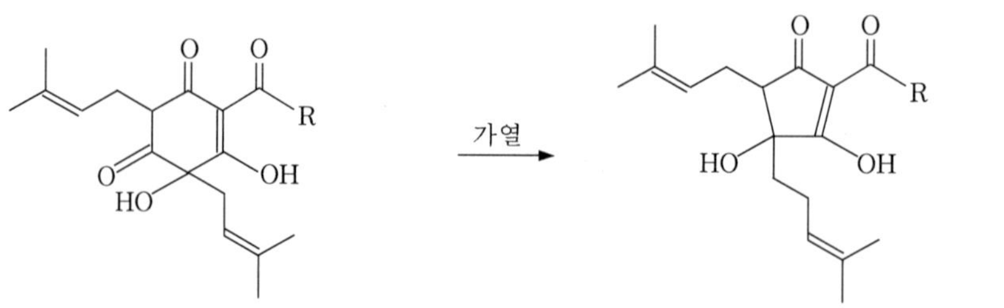

α-산(α-acids)
R = $CH_2CH(CH_3)_2$: 후몰론(humulone)
= $CHCH(CH_3)_2$: 코휴몰론(cohumulone)
= $CH(CH_3)CH_2CH_3$: 아두휴몰론(adhumulone)

아이소-α-산(iso-α-acids)
아이소-α-후몰론(humulone
아이소-α-코휴몰론(cohumulone)
아이소-α-아두휴몰론(adhumulone)

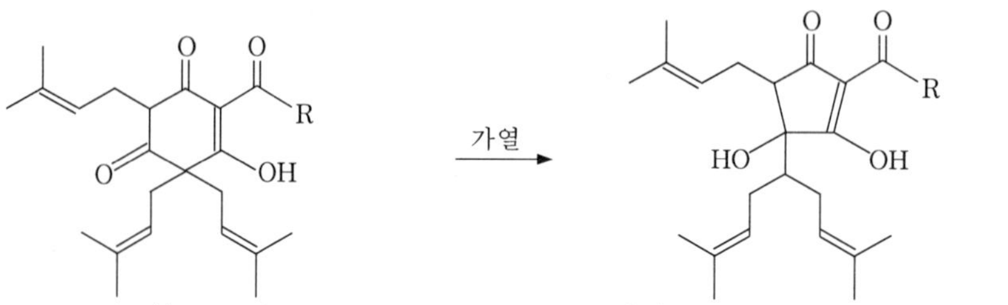

β-산(β-acids)
R = $CH_2CH(CH_3)_2$: 루풀론(lupulone)
= $CHCH(CH_3)_2$: 코루풀론(colupulone)
= $CH(CH_3)CH_2CH_3$: 아두루풀론(adlupulone)

아이소-β-산(iso-β-acids)
아이소-β-루풀론(lupulone)
아이소-β-코루풀론(colupulone)
아이소-β-아두루풀론(adlupulone)

[그림 10-17] 호프에 존재하는 α-산의 쓴맛 형성

물(aduhumulone)과 β-산인 루풀론(lupulone), 코루풀론(colupulone), 아두루풀론(adlupulone) 등이 함유되어 있다.

이들 α-산과 β-산은 물에 녹지 않아 쓴맛이 없지만, 맥주의 맥아즙가열 과정에서 수용성인 아이소휴물론(isohumulone), 아이소루풀론(isolupulone) 등의 아이소-α-산으로 이성화되어 호프 특유의 쓴맛을 형성한다.

이들 화합물들은 쓴맛 이외에 거품형성, 단백질에 의한 혼탁을 방지하고, 또 강한 항균효과를 갖고 있어 잡균의 번식을 억제해 주는 역할을 한다.

(4) 상치, 치커리의 쓴맛성분

치커리, 상치의 쓴맛성분인 락투신(lactucin)이 있다. 락투신은 상추 줄기에 있는 우유빛 유액에 함유된 매우 강한 쓴맛 성분으로 신경 진정작용, 최면, 진통작용이 있다. 따라서 상추를 많이 먹게 되면 졸리게 된다.

5) 펩타이드

소수성이 높은 아미노산인 발린, 루신, 아이소루이신, 메싸이오닌, 트립토판, 페닐알라닌과 염기성 아미노산인 알지닌, 히스타민은 쓴맛이 있다.

펩타이드는 생체 내에서 생리활성작용을 나타내거나, 식품 중에서 진미와 고미 등을 나타내는 경우가 많다. 예를 들어 치즈와 염장품의 숙성 중에 프로테이스(protease)의 작용으로 각종의 쓴맛 펩타이드가 생성한다.

치즈나 된장, 간장 등에 함유되어 있는 대두 가수분해물 중의 쓴맛 펩타이드에 공통으로 존재하는 아미노산 배열은 Pro-Phe- Pro-Gly-Pro-Ile-Pro 이다.

이들 펩타이드의 쓴맛은 구성아미노산 측쇄의 소수성에 의해 영향을 받는 것으로 알려져 있다.

10.10. 감칠맛

다시마, 말린 가다랑어, 표고버섯 추출물은 대표적인 감칠맛 성분이다.

1908년 일본의 이케다(池田)가 다시마의 추출물에서 감칠맛 성분인 L-글루탐산을 분리하였다. 그 후 1913년 코타마(小玉)가 말린 가다랑어로부터 5′

-IMP(5′-이노신산)를, 1958년에는 쿠니나카(國中)가 표고버섯으로부터 5′-GMP(5′-구아닌산)를 발견했다.

1980년대에는 이들 성분들이 우마미(umami, うま味)란 이름으로 세계에 통용되는 미각으로 인정되었다.

1. 감칠맛의 종류

감칠맛성분은 크게 아미노산계, 핵산계, 유기산계 감칠맛의 3종류로 분류된다.

1) 아미노산계 감칠맛성분

아미노산계 대표적인 감칠맛성분은 글루탐산(glutamic acid)이며, 글루탐산나트륨형태의 화학조미료로 널리 이용되고 있다.

또, 테아닌은 녹차, 특히 옥로차의 감칠맛성분으로, 글루탐산의 에틸아마이드(ethyl amide)이다. 옥로차에는 약 1%의 테아닌이 함유되어 있다. 죽순과 버섯류에는 이보텐산(inotenic acid), 트리콜롬산(tricholomic acid) 등이 있다.

한편, 육류의 감칠맛성분 중에는 카노신(carnisine, β-알라닐-히스티딘), 참치 등에는 안세린(anserine, β-알라닌-메틸히스티딘)등이 알려져 있다(제5장 단백질 참조).

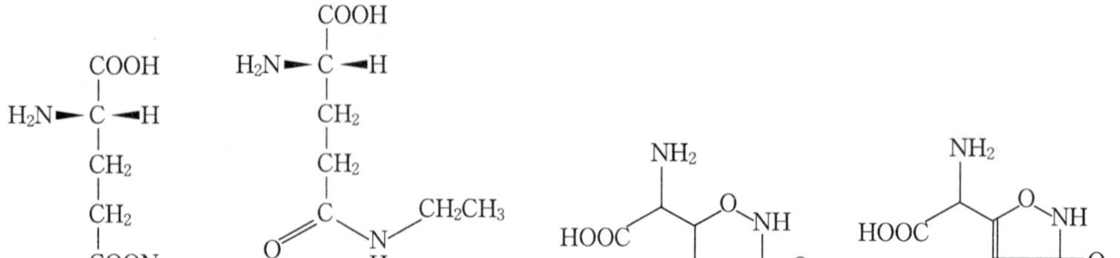

[그림 10-18] 아미노산계 감칠맛 성분

(1) 글루탐산나트륨(MSG, monosodium glutamate)

MSG는 처음에는 소맥이나 대두단백질을 가수분해하여 제조하였으나,

1956년 포도당을 원료로 미생물(*Micrococcus glutamicus*)을 이용한 발효법이 개발되어 대량생산이 가능하게 되었다. 현재는 주로 당밀을 원료로 발효, 정제되어 제조된다.

글루탐산은 그 자체로도 감칠맛을 갖고 있으나, 신맛이 강하고 용해성이 나쁘기 때문에, 글루탐산 나트륨염 형태로 시판되고 있다(그림 10-19).

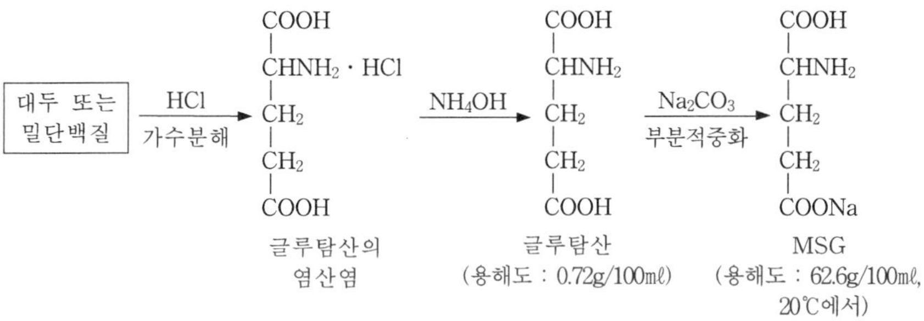

[그림 10-19] 단백질의 가수분해에 의한 MSG의 제조

조리 중의 글루탐산나트륨의 변화 : 알칼리성에서는 글루탐산이나트륨염이 되어 감칠맛이 없어진다. 또 MSG를 장시간 가열하면 γ-위치에 붙은 -COOH와 α-위치의 $-NH_2$가 폐환되어 무미의 피로글루탐산(pyroglutamic acid)이 생성된다. 이러한 경향은 pH 4 이하에서 쉽게 일어난다. 따라서 글루탐산나트륨은 조리 전에 첨가하는 것보다는 조리 완료 직후에 첨가하는 것이 좋다.

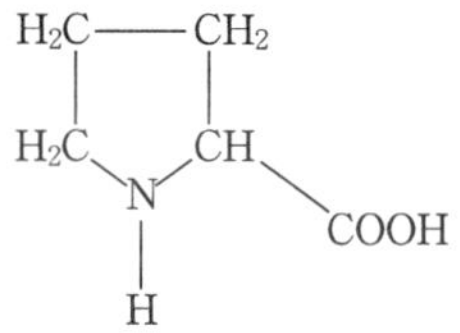

피로글루탐산(pyroglutamic acid)

MSG와 중국 음식점 증후군(Chinese Restaurant Syndrome) : 1968년 중국계 미국인 의사가 뉴욕의 한 중국 음식점에서 식사를 한 후 목, 팔이 저리고, 구토, 현기증 증상을 보여, 이 증상을 '중국음식점증후군'이라고 명명하였고, 이는 중국 음식 제조 중에 사용된 MSG에 의한 것으로 추정되었다. 그

후, 생후 4일된 쥐에게 MSG를 다량으로 투여하자, 뇌세포가 손상되는 장애가 일어나고, MSG 20% 함유된 먹이를 먹은 실험쥐들은 시력을 잃었다는 실험결과가 나오면서 MSG에 대한 불안감이 확산되었다.

현재 세계보건기구(WHO)와 식품농업기구(FAO)에서는 글루탐산과 글루탐산나트륨염에 대한 1일 섭취 허용량은 정하지 않고 있지만, 미국 식품의약국(FDA)에서는 MSG의 과다사용이나 공복에 섭취하지 말고, 어린이에게는 먹이지 말 것을 권고하고 있다.

한편, 고혈압을 유발할 수 있는 나트륨(Na)의 관점에서 보면, MSG 중에 나트륨함량은 식염과 비교하여 약 1/3, 또 식품으로의 사용량은 나트륨함량의 1/20~1/30 정도이다.

글루탐산유도체의 감칠맛 : 글루탐산의 구조가 일부 변화하는 것으로 맛이 변한다. 예를 들어 글루탐산의 α-수소를 메틸화하면 감칠맛이 없어진다(그림 10-20 a). β-위치의 메틸렌 수소의 한쪽을 OH기로 치환한 경우, threo형은 감칠맛이 증가하고, erythro형은 감칠맛이 없어진다(그림 10-20 b).

한편, γ-카복실기를 설폰산(sulfonic acid, $-SO_3H$)로 치환하면 감칠맛이 증가된다.

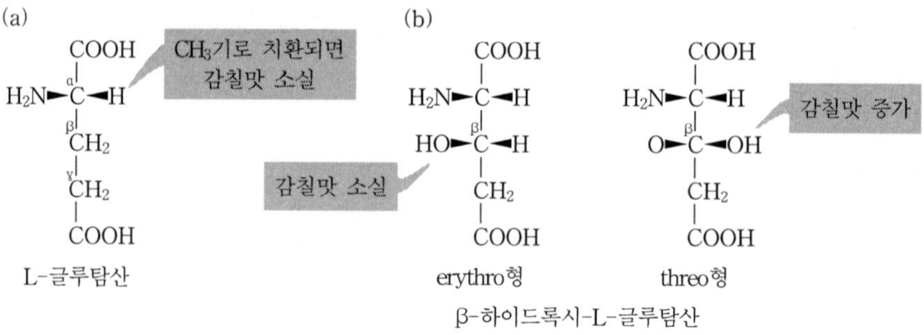

[그림 10-20] 글루타민산 유도체에 따른 감칠맛의 변화

글루탐산을 많이 함유한 식품 : 글루탐산은 대부분의 식물성식품의 주요한 감칠맛성분으로, 동물성식품보다는 식물성식품에 많이 존재한다. 동물성식품 중에는 가리비, 전복 등의 조개류와 대게에도 함유되어 있다.

[표 10-15] 식품 중의 유리 글루탐산의 함유량

식품명	유리 글루탐산 (mg/100 g)	식품명	유리 글루탐산 (mg/100 g)
치 즈	1,680	말린 가다랑어	23
다시마	1,603	닭고기	22
표고버섯(건조)	1,060	양 파	21
토마토	246	소고기	10
가리비(조개)	140	감 자	10
양배추	102	돼지고기	9
표고버섯(생)	71	오징어	3
브로콜리	30		

2) 핵산계 감칠맛성분(뉴클레오타이드류)

뉴클레오타이드에는 이노신산(inosinic acid), 구아닐산(guanylic acid)로 대표되는 퓨린(purine)계와 사이티딜산(cytidylic acid)과 유리딜산(uridylic acid) 등의 피리미딘(pyrimidine)계의 2가지가 있지만, 감칠맛을 나타내는 것은 퓨린계 뉴클레오타이드 뿐이다. 또 뉴클레오타이드를 구성하고 있는 뉴클레오사이드(nucleoside)류도 감칠맛을 나타내지 않는다.

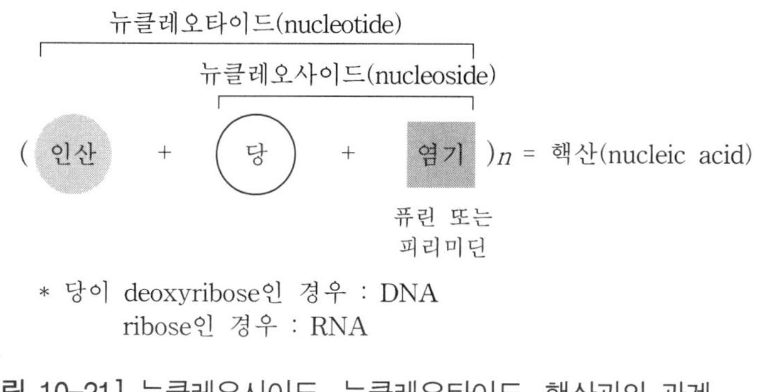

[그림 10-21] 뉴클레오사이드, 뉴클레오타이드, 핵산과의 관계

핵산관련물질 중에, 라이보오스의 5′위치에 인산이 결합한 5′-라이보리보뉴클레오타이드에 감칠맛을 나타내는 화합물이 많다. 라이보오스의 2′이나 3′위치에 인산이 결합된 2′-, 3′-뉴클레오타이드는 감칠맛을 나타내지 않는다.

대표적인 감칠맛성분으로는 5′-IMP(5′-이노신산)와 5′-GMP(5′-구아닐산)가 있다.

5′-IMP는 말린 가다랑어, 육류(소고기, 돼지고기 등)에 많이 함유되어 있

다. 또, 5′-GMP는 표고버섯, 송이버섯 이외에 많은 버섯류에 함유되어 있다.

이들 5′-라이보뉴클레오타이드류의 감칠맛의 크기는 다음과 같은 순서이다.

5′-GMP > 5′-IMP > 5′-XMP

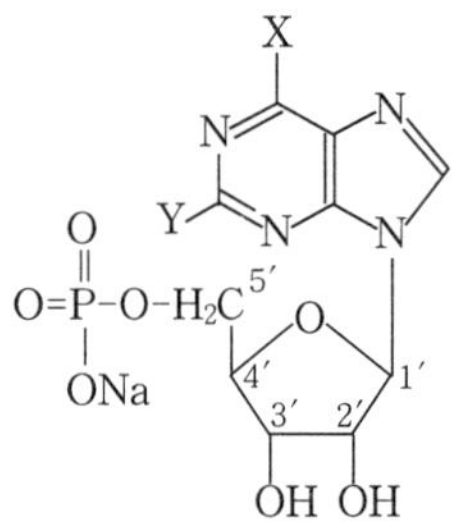

퓨린뉴클레오타이드(purine nucleotide)
[정미성]

아데닐산(adenylic acid) X=NH_2, Y=H
구아닐산(guanylic acid) X=OH, Y=NH_2
이노신산(inosinic acid) X=OH, Y=H
잔틸산(xanthylic acid) X=OH, Y=OH

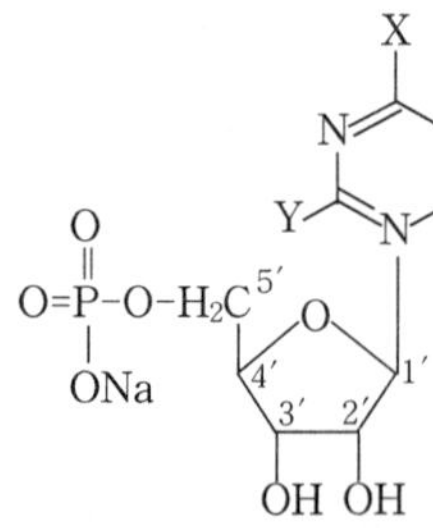

피리미딘뉴클레오타이드
(pyrimidine nucleotide)
[비정미성]

사이티딜산(cytidylic acid) X=NH_2, Y=OH
유리딜산(uridylic acid) X=OH, Y=OH

[그림 10-22] 5′-뉴클레오타이드의 화학적 구조

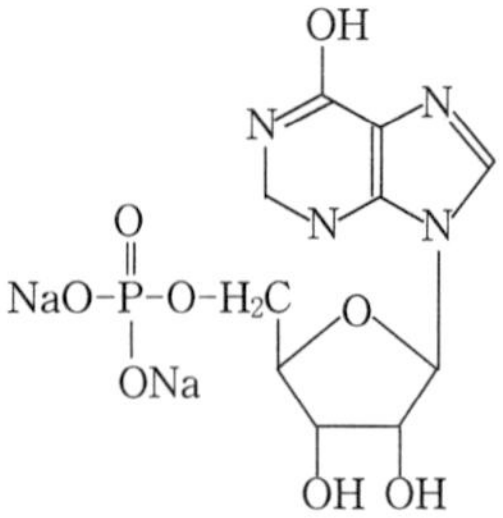

5′-IMP · Na_2
(sodium inosine 5′-monophosphate)
[육류, 생선, 말린가다랑어]

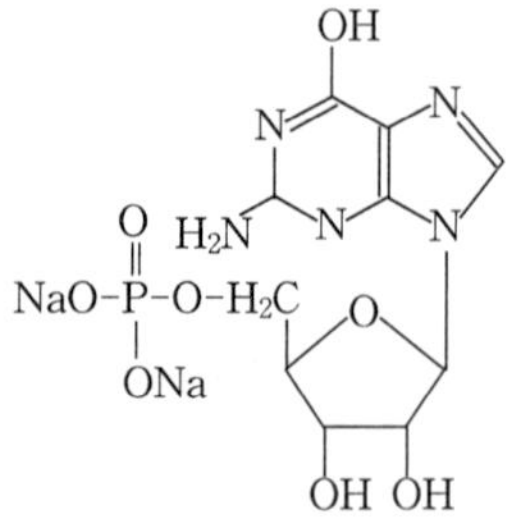

5′-GMP · Na_2
(sodium guanosine 5′-monophosphate)
[표고버섯]

[그림 10-23] 핵산계의 감칠맛 성분

[표 10-16] 식품 중의 5′-이노신산 및 5′-구아닐산의 함량

식품명	5′-이노신산 (mg/100 g)	식품명	5′-구아닐산 (mg/100 g)
멸 치	863	표고버섯(건조)	156.5
꽁 치	242	송이버섯	64.5
도 미	215	팽이버섯	21.8
고등어	215	표고버섯(생)	16~45
정어리	193	돼지고기	2.5
돼지고기	122	소고기	2.2
소고기	107	닭고기	1.5
닭고기	76		

(1) 핵산조미료의 제조

종래에는 효모 RNA를 핵산분해효소(5′-phosphodiesterase)로 분해하여 제조하였지만 현재는 발효법으로 생산하고 있다.

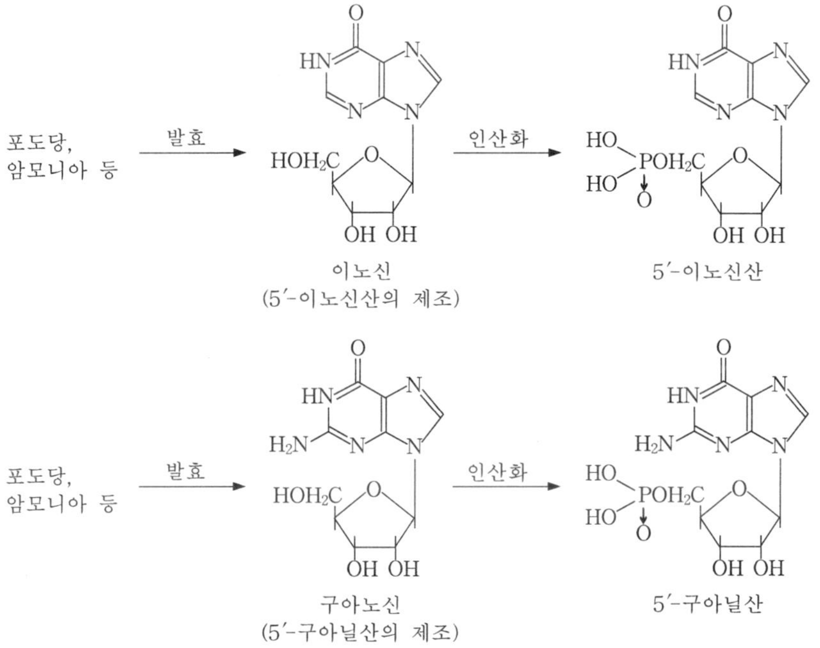

[그림 10-24] 발효에 의한 핵산계 조미료의 제조공정

그림 10-24는 핵산조미료를 생산하는 발효법의 한 예이다. 이노신산(inosinic)의 경우, 먼저 포도당과 암모니아를 주성분으로 하는 배양액을 특

수 미생물로 발효시켜 5′-이노신을 만든다. 그 후 이노신(inosine)에 인산을 붙여 5′-이노신산을 만든다. 구아닐산(guanylic acid)의 경우, 포도당과 암모니아를 세균의 작용으로 구아노신(guanosine)을 생성시켜 여기에 인산을 붙여 5′-구아닐산을 만든다.

핵산 조미료는 IMP의 Na염(이노신산이나트륨)이나 GMP의 Na염(구아닐산이나트륨)의 형태로 시판되고 있다.

(2) 감칠맛 성분의 상승효과

감칠맛성분은 단독보다 MSG와 핵산계조미료를 병용하면, 상승작용에 의해 감칠맛이 강해진다. 혼합하는 양에 따라서도 감칠맛의 강도가 변화한다(표 10-17). 그러나 핵산계 감칠맛성분 간의 상승효과는 나타나지 않는다.

다시마와 말린 멸치를 혼합사용하면 단독 사용의 경우보다 감칠맛이 증가하는 것은 상승효과 때문이다.

시판 맛소금은 정제염에 MSG와 핵산조미료를 혼합하여 판매.
예) 정제염 90%, MSG 9.9%, 5′-IMP 0.05%, 5′-GMP 0.05%

또 간장에 핵산계 조미성분을 첨가하면 감칠맛이 증가한다.

예를 들어 MSG : 5′-IMP = 10 : 1에서 MSG 단독의 경우보다 5배, MSG : 5′-GMP = 10 : 1에서 19배나 증가한다. 시판 조미료에는 MSG에 5′-라이보타이드류를 혼합하여 복합조미료라는 이름으로 시판하고 있다.

[표 10-17] MSG와 5′-라이보타이드류의 감칠맛의 상승효과

혼합비(중량)	혼합물의 감칠맛의 강도(단위중량 당)	
MSG : 5′-IMP나트륨염 (또는 5′-GMP나트륨염)	5′-IMP나트륨염	5′-GMP나트륨염
1 : 0	1	-
1 : 2	6.5	13.3
1 : 1	7.5	30.0
2 : 1	5.5	22.2
10 : 1	5.0	19.0
50 : 1	2.5	6.4
100 : 1	2.0	5.5

[표 10-18] 상승효과를 이용한 시판 화학조미료의 배합 예

시판화학조미료	MSG(%)	IMP(%)	GMP(%)
예 1	96	-	4
예 2	95	2.5	2.5

(3) 식품과 핵산

생선, 육류중의 ATP는 사후강직 후, 빠르게 분해되어 5′-IMP을 생성하기 때문에 식미가 향상된다. 즉, 생선, 육류 중의 ATP는 ATPase 및 마이오키네이스(myokinase)의 작용에 의해 AMP를 생성하고, 생성된 AMP는 AMP 데아미네이스(AMP deaminase)의 작용으로 감칠맛성분인 IMP를 생성한다(그림 10-25).

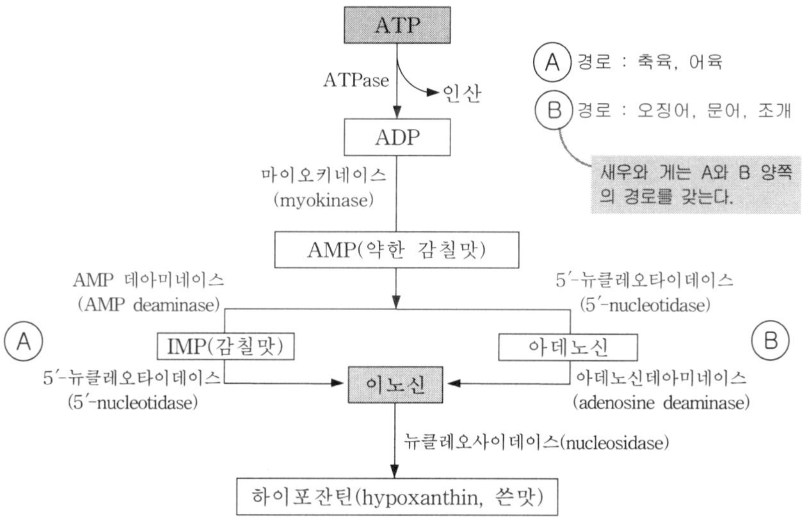

[그림 10-25] ATP에 의한 5′-이노신산(-5′-IMP)의 생성

그 후 생성한 IMP는 5′-뉴클레오타이데이스(nucleotidase)의 작용으로 인산이 떨어져 이노신이 되고, 계속하여 하이포잔틴(hypoxanthin)이 된다.

이노신과 하이포잔틴에는 감칠맛이 없으며, 선도가 저하하면 이노신 등이 생성되기 때문에, 이들 물질은 선도판정의 지표가 된다(그림 10-26).

닭고기의 IMP는 숙성 3일경까지 증가하고 이후 감소한다. 이와 같이 식육, 어육의 감칠맛(IMP)은 사후(死後)의 효소작용으로 생성되므로 감칠맛이라는 점에서 보면, 이들 식품은 IMP의 함량이 많을 때 먹는 것이 좋다.

한편 오징어, 문어, 조개에는 AMP 데아미네이스가 없기 때문에 IMP를 생성하지 못하며, 감칠맛 성분으로는 AMP, 베타인(betain, trimethyl glycine),

호박산, 펩타이드 등이 있다.

AMP는 단독으로는 약한 감칠맛을 나타내지만, 글루탐산과 상승효과가 있다.

$$K값 = \frac{HxR + HX}{ATP + ADP + AMP + IMP + HxR + Hx} \times 100$$

ATP : 아데노신3인산(adenosine triphosphate)
ADP : 아데노신3인산(adenosine diphosphate)
AMP : 아데노신3인산(adenosine monophosphate)
IMP : 이노신산(inosinic acid)
HxR : 이노신(inosine)
Hx : 하이포잔틴(hypoxanthin)

K값	생선의 상태
0~10%	사후직후의 생선
10~20%	회로도 적당
20~30%	신선한 생선
30~40%	조림, 구이용
40~60%	부패 직전
60%~	부패

[그림 10-26] K값의 측정방법 및 K값과 생선의 상태

(4) 핵산과 통풍(痛風)

핵산을 다량 섭취하면 퓨린염기의 아데닌, 구아닌에 유래하는 요산(尿酸)이 혈중에 증가하게 된다.

요산은 물에 잘 녹지 않기 때문에 생산량이 많아지면 체내에 축적된다. 체내에 축적된 요산은 관절에 침작하여 통풍(痛風)을 일으키며, 남성에게 많이 일어난다.

통풍(gout)
혈액에 요산이 과량 존재하고, 관절에 요산염 결정이 쌓여 일어나는 급성 관절염

또 위장 등에 침착하면 위장결석의 원인이 되기도 한다. 따라서 식품으로부터 핵산을 지나치게 섭취하지 않도록 주의해야 한다.

3) 유기산

모시조개, 바지락 등의 조개류에 많이 들어 있는 호박산도 감칠맛을 나타낸다. 호박산은 동식물에 널리 존재하며, 청주의 감칠맛에도 관여하는 성분으로, 호박산나트륨염 형태로 시판되고 있다.

히레주(복어 지느러미 술)의 감칠맛은 일본 청주의 호박산과 복어 지느러미의 이노신산의 상승작용에 기인한다.

호박산나트륨 이외에 구연산나트륨염도 복합조미료로서 이용되고 있다. 오징어. 문어의 감칠맛 성분은 5′-IMP가 아니고, 베타인(betain, trimethyl glycine)에 기인한다.

호박산 [조개]　　trimethyl glycine(betain) [오징어, 문어]

[그림 10-26] 유기산계의 감칠맛 성분

10.11. 매운맛

매운맛은 혀 점막의 자극을 통한 통각으로 생기는 맛으로 타액 분비를 촉진하여 식욕을 증진시키며, 식품의 부패를 억제하는 작용을 한다.

또 매운맛은 불쾌한 맛을 마스킹(masking)하는 작용이 있기 때문에, 냄새가 있는 음식물에 매운 향신료가 사용된다.

매운맛 성분을 화학적 구조상 1) 구아이아콜 유도체, 2) 산아미드류, 3) 아이소싸이오시아네이트류, 4) 유황화합물(sulfide), 5) 아민류로 분류한다.

1) 구아이아콜(guaiacol) 유도체

(1) 고추

고추의 매운맛 성분인 캡사이신(capsaicin)은 고추씨가 붙어있는 태좌부분에 많이 들어 있으며, 무색을 띈다. 고추의 빨간색은 카로테노이드 색소인 캡산틴(capsanthin)에 기인되며, 매운 맛과는 아무런 관계가 없다.

고춧가루는 통각이나 온도감각을 자극하여 느껴지기 때문에, 혀의 접촉 면적이 클수록 맵게 느껴진다. 따라서 같은 양의 고춧가루라도 입자가 작을수록 더 맵게 느껴진다.

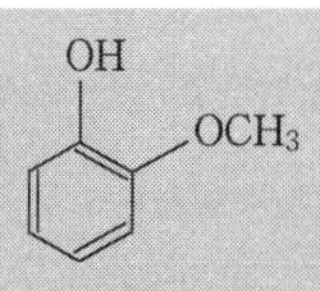

구아이아콜(guaiacol)

고추의 매운맛은 대개 지용성으로 물을 마셔도 매운맛은 없어지지 않는다. 특히 뜨거운 물을 마시면 매운맛이 통각을 자극하여 더 맵게 느껴진다.
우유, 식빵이나 지방이 많은 버터, 마요네즈, 아이스크림을 먹으면 매운맛이 사라진다.

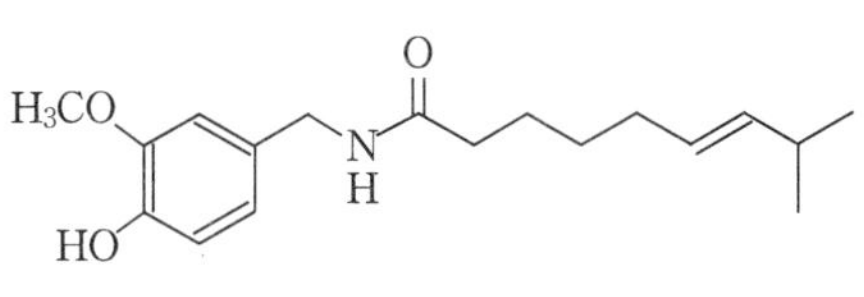

캡사이신(capsaicin)의 구조

[표 10-19] 고추종류에 따른 매운맛의 강도

종 류	스코빌지수[1]	종 류	스코빌지수
파프리카	0	타바스코소스	2,500~5,000
피망	300	청양고추	1만
일반고추	4,000	부트졸리키아	100만

[1] 스코빌(Scoville) 지수 = 캡사이신함량(ppm) x 15

캡사이신은 매운맛을 부여하는 이외에 체내의 에너지대사를 촉진하는 작용을 갖고 있다. 캡사이신은 고감신경계를 자극하여 지방연소를 촉진시키고, 체온상승을 유발시켜 에너지의 소비를 증가시킨다.

캡사이신 유사물질인 캡시에이트(capsiate) : 최근 감미품종인 고추에서 매운맛이 없는 캡사이신 유사물질인 캡시에이트(capsiate)가 발견되었다. 캡사이신의 아마이드결합($-CONH_2$)이 에스터 결합으로만 변한 구조로 매운맛이 없다. 그러나 체내에서는 캡사이신과 동일한 체열증진 작용을 갖고 있다.

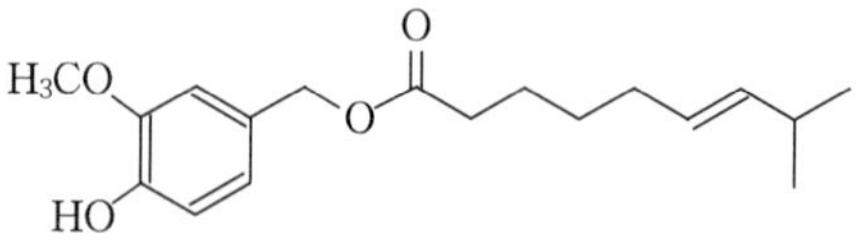

캡시에이트(capsiate)의 구조

(2) 생강

생강의 매운맛 성분으로는 진저롤(gingerol)과 쇼가올(shogaol)이 있다. 신선한 생강에서는 진저롤이 주성분이지만, 정유로 가공한 경우는 쇼가올이 주성분이 된다.

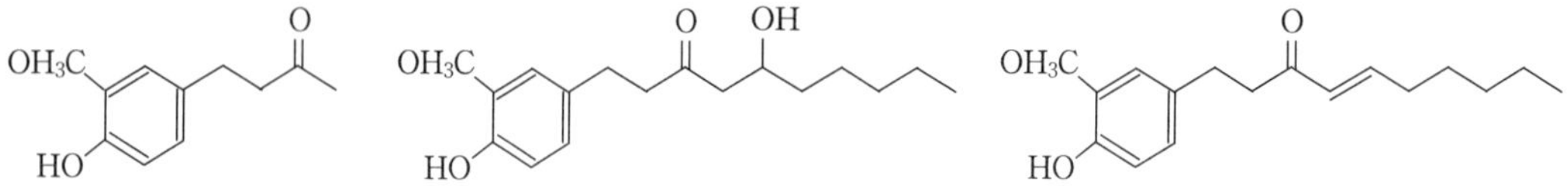

진저론(gingerone) 진저롤(gingerol) 쇼가올(shogaol)

생강의 매운맛 성분

생강의 가공, 저장 중에 진저롤은 탈수소반응에 의해 쇼가올을 형성하며, 분해되면 진저론(zingerone)이 생성된다. 매운 맛은 쇼가올이 진저롤보다 2배 강하며, 진저론은 향기를 줄 뿐, 매운 맛을 나타내지 않는다.

2) 산아마이드류(acid amides)

(1) 후추

후추의 매운맛은 차비신(chavicine), 피페린(piperine)에 의한 것이며, 차비신이 피페린보다 강한 매운맛을 갖는다.

후추에는 흑후추와 백 후추가 있다. 흑후추는 덜 익은 열매를 뜨거운 물에 담근 후, 건조한 것이며, 흰 후추는 다 익은 후추열매를 발효시키면서 과피를 제거해서 건조한 것이다. 흑후추는 백후추 보다 4배 정도 매운맛이 강하며, 매운맛은 대부분 차비신에 의해 기인된다.

후추는 오래 가열하거나 장기간 보관해 두면, 본래의 향을 잃게 되는 데, 이는 차비신(시스형)이 열역학적으로 안정한 피페린(트랜스형)으로 전환되어 매운 맛이 감소하기 때문이다.

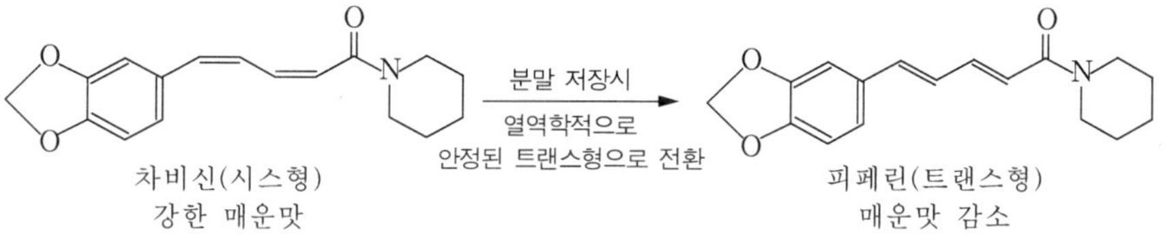

3) 아이소싸이오시아네이트류(isothiocyanate)

겨자나 고추냉이(와사비) 중의 시니그린(sinigrin)이 있다. 시니그린는 물에 개는 것에 의해 공존하는 효소작용으로 알릴아이소싸이오시아네이트라는 매운맛을 생성한다(9장 냄새 참조).

4) 유황화합물

마늘, 파, 양파 등에는 다양한 다이알릴 설파이드(diallyl sulfide)의 휘발성 유황화합물들이 존재하여 매운맛을 나타낸다(9장 냄새 참조).

10.12. 떫은맛

떫은맛은 혀의 점막단백질의 일시적인 응고로 미각신경이 마비되어 일어나는 맛이다. 타닌류가 주요 떫은맛 물질이며, 알데하이드나 유리지방산도 떫은맛의 원인이 된다.

주요 떫은맛 성분으로는 감의 시부올(shibuol 또는 diospyrin), 차류의 카테킨, 커피의 클로로젠산, 밤의 엘라그산(ellagic acid) 등이 있다.

> 떫은 감에는 시부올(shibuol)이 약 1.5%, 미숙 감에는 0.9%, 익은 감에는 0.2% 정도 함유되어 있다.

밤의 엘라그산은 갈산(gallic acid) 2분자가 축합된 형태이며, 감의 시부올은 안토시아닌의 루코델피니딘(leucodelphinidin)의 배당체이다.

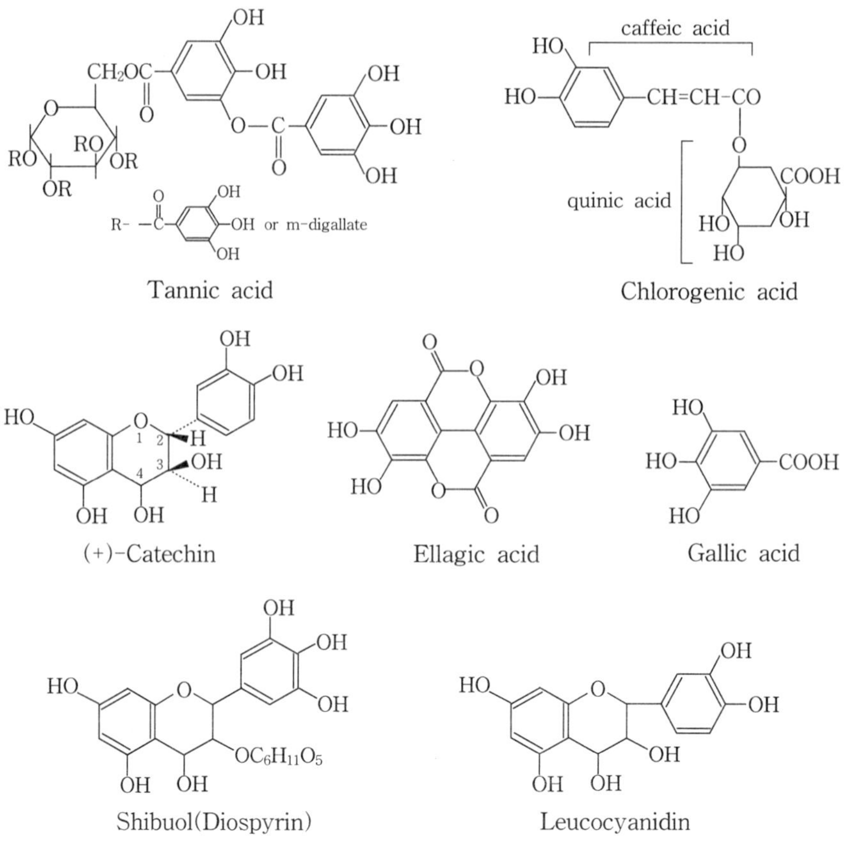

[그림 10-27] 식품의 중요한 떫은 맛 성분

덜 익은 감의 시부올은 수용성으로 타액에 녹아 떫은맛을 나타낸다.

떫은맛은 감이 익어감에 따라 사라지는데, 이는 감 숙성으로 생성되는 알코올이나 알데하이드가 시부올과 중합하여 타액에 녹지 않는 불용성 시부올을 형성하기 때문이다. 단감 안의 검은 점은 수용성 타닌이 중합하여 생긴 불용성 타닌이다.

현재 단감을 만드는 방법으로는 열탕법(40℃, 12~24시간), 주정을 뿌려 밀봉하는 알코올법, CO_2가스 중에 보관하는 탄산법, 에틸렌가스법 등이 있다. 보통 타닌은 과일이 익어감에 따라 산화되어 안토시아닌이나 플라보노이드로 되고, 일부는 중합되어 불용성 물질로 변하여 타닌의 쓴맛이나 떫은맛은 사라진다.

10.13. 아린맛

떫은맛과 쓴맛이 혼합된 것과 같은 매우 불쾌한 맛으로 죽순, 토란, 고사리, 고비 등의 채소나 산나물을 물에 담갔을 때 용출되어 나오는 맛이다.

죽순에는 타이로신으로부터 유래된 호모젠티드산(homogentidic acid)이 아린 맛을 나타낸다.

또 토란의 아린맛 성분은 호모젠티드산과 옥살산칼슘(calcium oxalate)이다. 아린맛 성분은 수용성이므로 물에 담그거나 삶으면 대부분 제거된다.

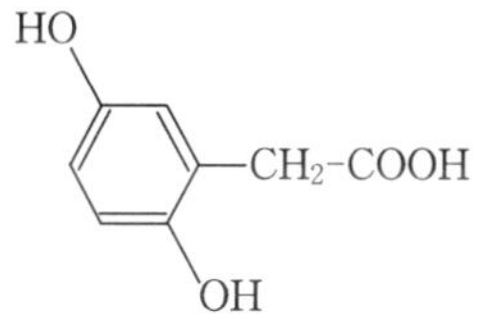

[그림 10-28] 호모젠티드산

11장 식품속의 독성물질

식품의 가공기술과 유통기구의 발달에 의해 미생물오염에 의한 농축산물의 식중독은 감소했지만, 신종의 미생물독과 광우병의 문제, 잔류농약과 미허가 식품첨가물 등의 새로운 유해성분 혼입이라는 국면을 맞이하고 있다.

또한 화학분석 기술이 향상되고, 화학성분의 생체에 미치는 새로운 유해성이 분명해지는 가운데 유해성분의 장기섭취에 의한 만성독성에 대해 위험성이 문제시 되고 있다.

식품중의 유해(유독)성분은 크게 4가지로 분류할 수 있다. 여기에서는 천연독과 가공, 조리 중에 생성되는 유해성분에 대해 주로 논한다.

만성독성
장기간(20~24개월) 경과 후 나타나는 독성

준 만성독성
섭취 후 3개월 정도 후 나타나는 독성

급성독성
섭취 후 몇분~몇십분 후에 나타나는 독성

[표 11-1] 식품 중의 유해성분의 분류

독의 종류		예
천연독	식품 자체에 들어 있는 유해성분	솔라닌, 복어독
미생물독	미생물 오염에 의해 생성된 독소성분	아플라톡신
유해화학물질	미생물독 이외에 외부에 의해 식품에 혼입(오염), 또는 위법 첨가된 것	BHT, 공해물질
유기유해성분	가공, 조리 중 생성된 새로운 유해성분	나이트로사민

11.1. 천연독

1. 식물성식품의 유해 성분

1) 청매실의 청산배당체

청매실, 살구, 모과 등의 미숙 종자, 아몬드 중에는 아미그달린(amygdalin)

이라는 청산 배당체가 함유되어 있고, β-글루코시데이스(에멀신, emulsin)에 의해 분해되어 맹독성의 청산(HCN)을 생성한다. 청산의 성인에 대한 치사량은 200 mg 정도이다. 청매실을 그대로 먹지 말아야 하는 것은 이 때문이다.

그러나 매실을 술에 담그면 효소가 불활성화되어 청산이 형성되지 않기 때문에 매실주에는 문제가 없다.

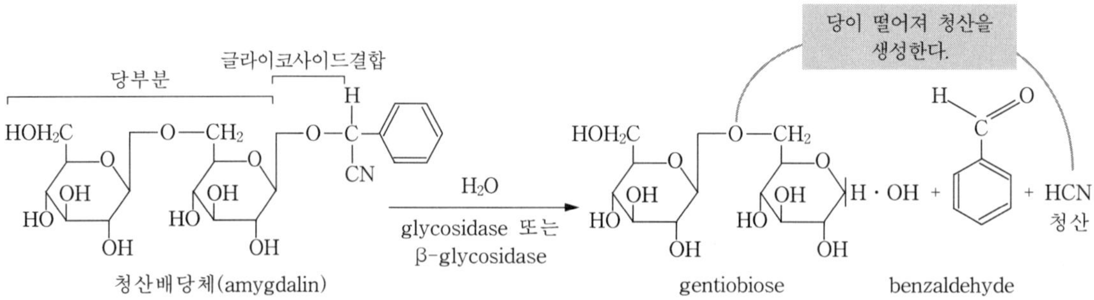

[그림 11-1] 청산배당체로 부터의 청산(HCN) 생성

2) 리마콩, 카사바의 리나마린(linamarin)

리마콩, 카사바(casaba)에는 리나마린이라는 청산배당체가 함유되어 있다. 모두 β-글루코시데이스(리나마레이스, linamarase)에 의한 배당체의 가수분해로 급성 중추신경마비를 일으키는 청산을 생성한다.

리마콩은 남미 등에서 앙금 원료로서 수입되며, 카사바는 타피오카(tapioca)전분의 원료로서 이용된다. 따라서 이들을 이용할 때는 물에 담그어 충분히 세척한 후 사용할 필요가 있다.

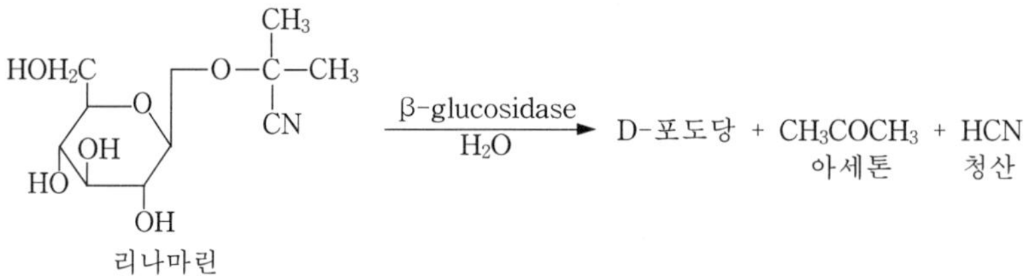

[그림 11-2] 리나마린으로 부터의 청산 생성

3) 감자의 솔라닌(solanine)

솔라닌은 감자의 싹, 토마토, 고추 등에 함유되어 있는 알칼로이드 배당체이다. 특히 감자의 싹이나 녹색부위에 많이 존재하며, 두통과 현기증 등의 급성중독을 일으킨다. 가열해도 쉽게 분해되지 않기 때문에(분해온도 285℃), 조리할 때 미리 제거하는 것이 바람직하다. 식중독을 일으키는 양은 사람의 경우 25 mg, 치사량은 100 mg 정도이다.

보통 감자에는 2~13mg/100g 함유되어 있으나, 싹이나 녹색부분에서는 80~100 mg/100 g 까지 증가한다.

함유량이 20 mg/100 g 이상이면 감자에 아린 맛을 주고, 구토, 식중독, 현기증 등의 중독을 유발할 수 있으므로 주의해야 한다. 가수분해하면 아글리콘인 솔라니딘(solanidine)과 당을 생성한다.

토마토, 고추에는 극미량 존재하기 때문에 문제는 없다.

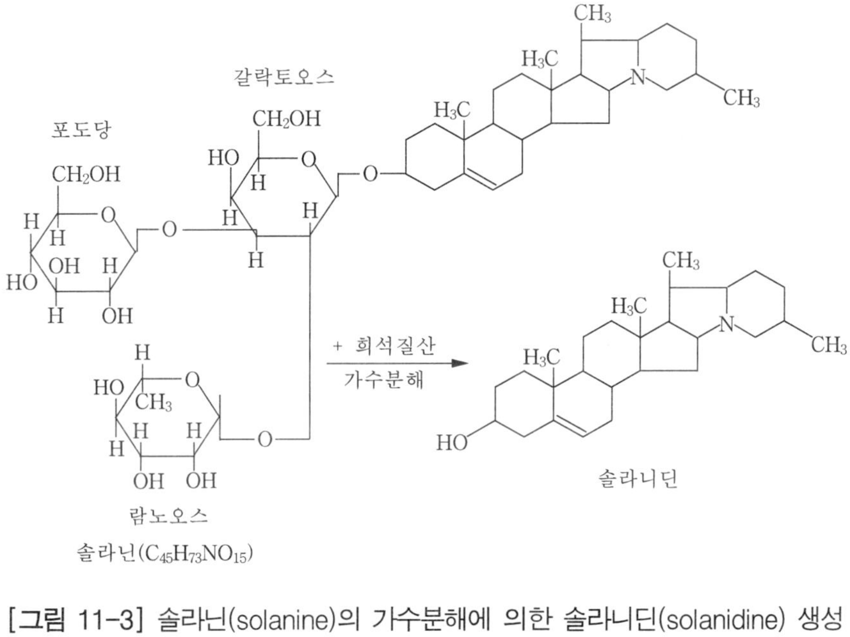

[그림 11-3] 솔라닌(solanine)의 가수분해에 의한 솔라니딘(solanidine) 생성

4) 사포닌(saponin)

> **사포닌(saponin)**
> 그리스어의 sapona(비누)에서 유래, 즉 물에 녹으면 비누처럼 미세한 거품을 낸다는 의미.

일반적으로 사포인은 용혈작용이 있어 어류나 냉혈동물에 높은 독성을 나타낸다. 그러나 생체 내 독성작용은 중요하지 않은 것으로 생각된다.

사포닌은 예로부터 강심제와 거담제로 이용되어져 왔으며, 인삼, 대두, 감초, 도라지에 많이 함유되어 있다.

인삼 사포닌 : 다른 사포닌과 구별하기 위하여 인삼(ginseng) 배당체(glycoside)란 의미로 진세노사이드(ginsenoside)라고 한다. 인삼사포닌은 뿌리에 많고, 줄기, 잎에도 함유되어 있다. 지질산화의 억제작용, 간 기능강화, 고지혈증 방지 기능이 있다.

5) 누에콩의 비신(vicine), 콘비신(convicine)

누에콩(잠두)에는 비신과 콘비신이라는 배당체가 존재하고, β-글루코시데이스에 의해 각각 다이비신(divicine)과 아이소우라밀(isouramil)이라는 용혈물질을 생성한다. 누에콩을 조리할 때는 충분한 가열이 필요하다.

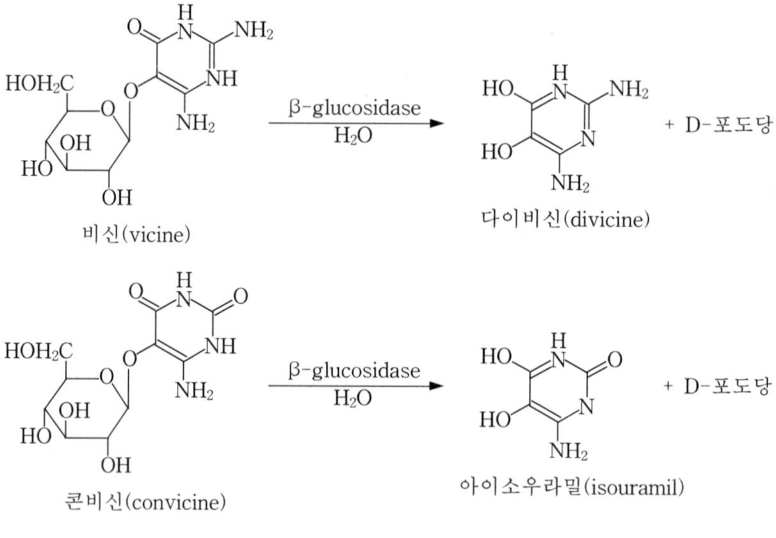

[그림 11-4] 비신(vicine), 콘비신(convicine)으로 부터의 용혈물질의 생성

6) 고사리의 프타퀼로사이드(ptaquiloside)

고사리에는 고사리 독으로 알려진 프타퀼로사이드가 배당체로 존재한다. 알칼리 조건에서 간단하게 당 사슬 부분이 절단되어, 다이엔온(dienone)구조(그림 11-5)를 가진 독으로 변하며, 간장 등에서 발암을 일으킨다. 미리 충분히 삶고 우려내면, 보통의 섭취량에서는 문제되지 않는다.

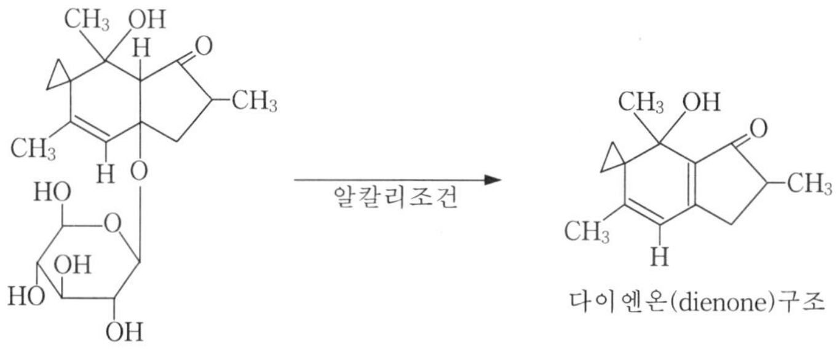

[그림 11-5] 고사리독, 프타퀼로사이드로 부터의 발암물질 생성

7) 고이트린(goitrin)

양배추나 평지씨(유채꽃씨) 등에 존재하는 프로고이트린(progoitrin)은 마이로시네이스(myrosinase)작용으로 고이트린(그림 11-6)을 생성한다. 고이트린은 갑상선 호르몬의 일종인 싸이록신(thyroxine)의 분비를 억제하여, 갑상선종과 갑상선비대를 유발시킨다.

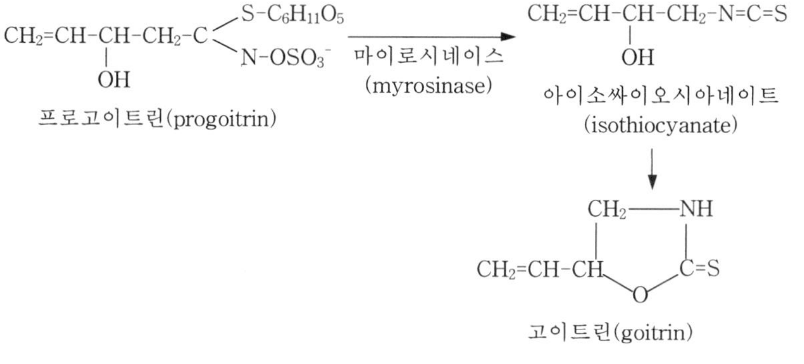

[그림 11-6] 고이트린의 생성

8) 사이카신(cycacin)

약용과 식용으로 쓰이는 소철 열매에는 사이카신이 함유되어 있다. 섭취 후에 장내세균의 β-글루코시데이스에 의해 메틸아조시메탄올(methyl azoxymethanol)을 생성하고, 계속하여 다이아조메탄으로 비효소적으로 분해한다. 이 다이아조메탄은 DNA 등의 알코올화(메틸화)제로서 작용하여 대장암과 간암 등을 일으킨다.

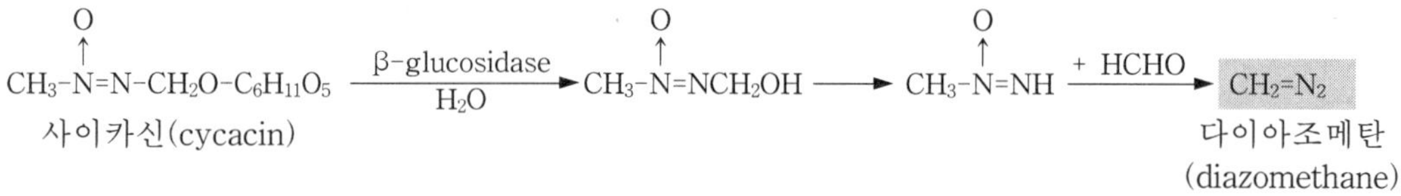

[그림 11-7] 사이카신으로 부터의 발암물질 다이아조메탄의 생성

9) 고구마의 이포메마론(ipomemarone)

이포멘올(ipomeanol)의 유도체인 이포메마론은 고구마의 상처 부위에 곰팡이가 기생, 번식할 때 자체 방어목적으로 형성되는 쓴맛성분이다. 이 독성물질들은 외부로부터 오염되어 들어오는 곰팡이를 방어할 목적으로 형성되는 항미생물성 물질이지만, 실험동물의 간과 폐에 독성을 나타낸다.

LD_{50}(lethal dose 50%) : 50% 치사량

쥐에 대한 LD_{50}은 230 mg/kg으로 상당히 강한 독성성분이다. 이포메마론 이외에 4-이포멘올(4-ipomeanol), 이포메닌(ipomenine)도 독성을 가진다.

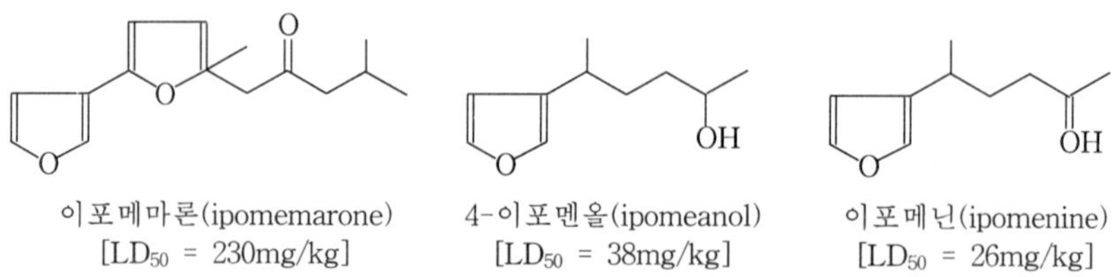

[그림 11-8] 고구마에서 생성되는 이포메마론과 그 유도체의 독성

10) 죽순과 토란의 독성 물질

죽순에는 시아노젠(cyanogen)이란 유독물질이 함유되어 있어 반드시 삶아 익히고, 물에 잘 우려내어 독성을 제거한 후 먹어야 한다.

토란은 시아노글루코사이드(cyanoglucoside), 옥살산칼슘(calcium oxalate), 호모젠티드산(homogentidic acid) 등 독성물질이 많다.

토란의 껍질을 벗길 때 손이 가려운 것은 옥살산칼슘 때문이다. 또 옥살산칼슘이 체내에 많이 축적되면 신장결석, 담석증을 유발시킬 수 있다. 토란국을 끓일 때 다시마를 넣으면 다시마 중의 알진산과 요오드가 옥살산칼슘의 체내흡수를 억제한다.

토란의 독은 열이나 산에 분해되기 때문에 토란을 조리할 때는 식초물에

담그거나, 충분히 삶아 데쳐야 한다.

한편 토란껍질을 벗길 때 나오는 점액질성분은 갈락탄(galactan)으로, 체내에서 소화되지 않는 식이섬유의 일종이다.

2. 동물성식품의 유독성분

1) 복어의 테트로도톡신(tetrodotoxin)

복어의 생식기관(난소 등)과 내장, 껍질, 간장에 많이 존재하는 테트로도톡신은 맹독성의 신경독이다. 섭취 후 수분내로 증상이 나타나며, 현기증이 나고 입술과 혀가 따끔거린다. 심하면 손발의 마비, 발작, 호흡곤란증상을 보이고, 사망에 이르는 경우도 있다. 환자의 60% 이상이 수 시간 내에 사망하며, 24시간 이상 생존하면 회복될 가능성이 높다. 열에 강하여 100℃에서 30분간 가열하여도 20% 밖에 파괴되지 않다.

복어는 일반적으로 산란기인 5~6월에 독성이 높아지며, 조리 전에 독성부위는 반드시 제거해야 한다. 인체 치사량은 약 2mg/체중 50kg이다. 이 독소는 해조류(*Shewanella alga*)에 부착된 세균에 의해 생성되어 먹이사슬을 통해 복어 안에 축적된다.

복어나 조개의 독은 먹이사슬을 통해 체내에 축적되기 때문에 양식복어나 조개 등에는 독성성분의 함량이 적다.

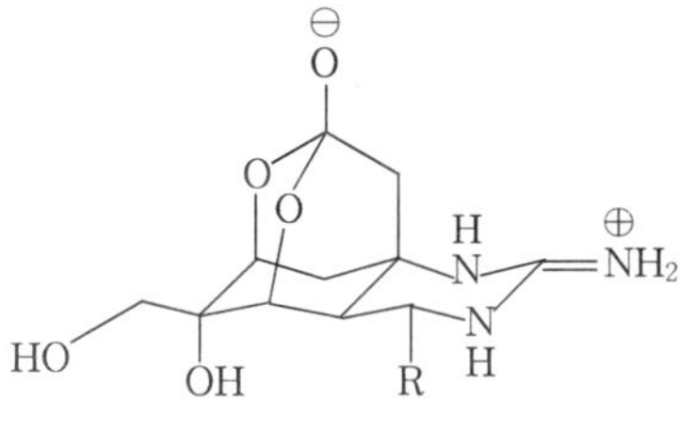

[그림 11-9] 복어독 테트로도톡신(tetrodotoxin)의 구조

2) 고등어류의 유독성분(scombroid poisoning)

신선하지 않은 고등어, 참치, 전갱이, 가다랑어 등의 등푸른 생선을 먹었을 때, 주로 발생하며, 다른 종류의 생선에서도 발생할 수 있다. 이는 고등어 내에 존재하는 세균에 의해 히스티딘 등의 아미노산이 데카복실레이스의 작용

히스타민(histamine)
모세혈관 확장작용, 혈관 투과성 증진작용이 있으나 지나치면 알레르기를 유발한다. 어류의 신선도 저하, 부패에 의해서도 생성.

으로 탈탄산되어 생성된 히스타민이나 카다베린(cadaverine)에 의한 것으로 여겨지며, 가려움증, 구토, 두통 등의 히스타민 알레르기 증상을 나타낸다. 이러한 증상들은 보통 12시간 이내에 없어진다.

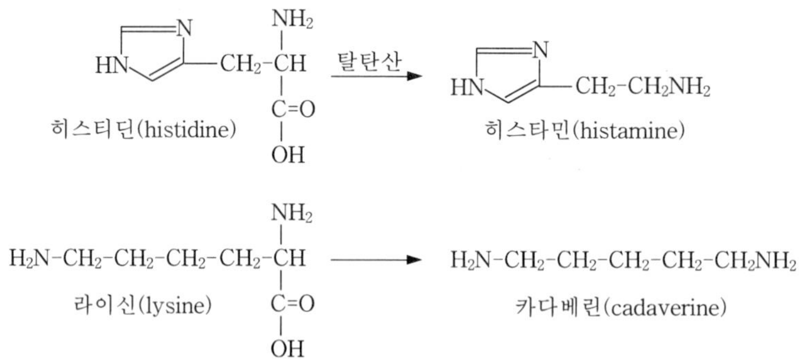

[그림 11-10] 고등어류의 유독성분인 아민류의 생성

3) 시구아테라(ciguatera)의 원인 독소인 시구아톡신

열대, 아열대 바다에 서식하는 오염된 생선을 섭취할 때 일어나는 중독증을 시구아테라라고 한다. 원인물질로는 시구아톡신(ciguatoxin)이 있다. 시구아톡신은 내열성, 지용성 독소로 위산, 조리 등에 의해 파괴되지 않는다. 따라서 의심되는 물고기나 조개류는 아예 먹지 않는 것이 좋다.

독성은 치명적이지 않아 치사율은 0.1% 이하이다. 시구아테라에 중독되면 6시간 내에 구토, 설사, 복통과 같은 위장관 증상이 시작되어, 하루나 이틀이 지나면 없어진다. 시구아톡신도 유독성 플랑크톤으로부터의 먹이사슬에 의해 생선에 축적된다.

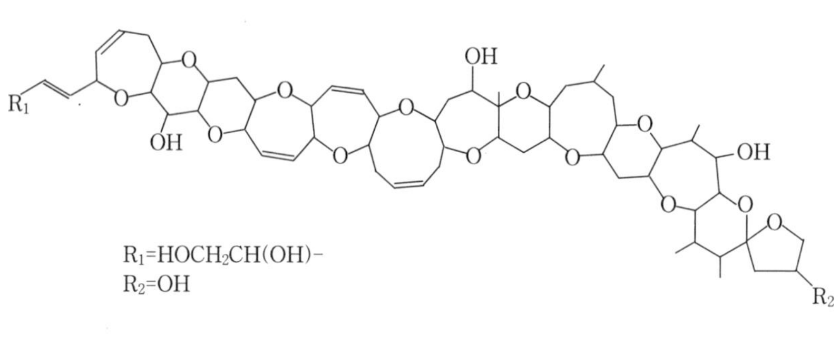

[그림 11-11] 어패류의 독성성분인 시구아톡신(ciguatoxin)의 구조

4) 조개류의 유독성분

조개류 중독을 일으키는 원인물질로는 복어독과 유사한 유독을 일으키는 마비성 조개독(예: saxitoxin), 난수용성의 설사성 조개독(예: okadaic acid), 신경성 조개독(예: neosurugatoxin), 기억상실성 조개독(예: domoic acid) 등이 있다.

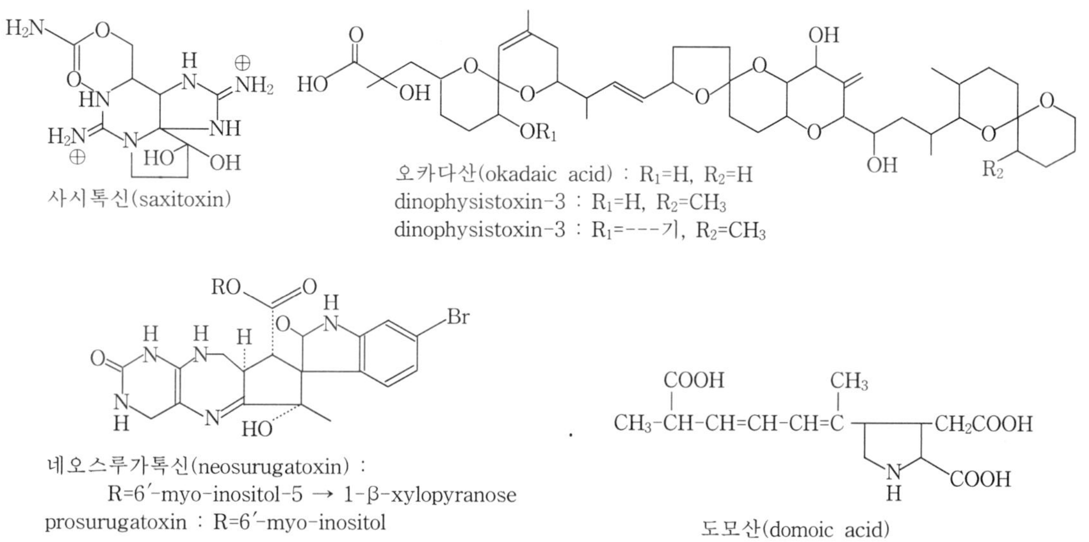

[그림 11-12] 조개독의 종류

조개류의 독성물질은 독성이 있는 일부 식물 플랑크톤을 먹은 조개류에 축적되거나, 또는 독소가 축적된 조개를 먹이로 한 육식성 조개와 갑각류(게 등)의 내장에 축적된다.

[표 11-2] 조개독의 종류

종류	원인 조개류	독성물질	중독 증상
마비성 조개독	홍합, 가리비, 모시조개, 섭조개	saxitoxin	입술, 손발의 마비, 운동장래, 호흡곤란
설사성 조개독	보라홍합, 모시조개, 가리비, 백합, 섭조개	okadaic acid	설사, 구토, 복통
신경성 조개독	고동	neosurugatoxin	안면지각이상, 근육통
기억상실성 조개독	섭조개, 홍합, 굴	domoic acid	기억상실, 발작, 혼수

5) 광우병(bovine spongiform encephalopathy, BSE)

광우병은 소에서 발생하는 전염성 뇌질환의 일종으로, 감염된 소의 뇌가 스폰지상으로 변한다고 하여 소해면상뇌증(BSE)이라고도 한다.

증상은 성격이 포악해지고 정신이상 및 난동과 같은 비정상적인 행동을 보이는 것이 특징이다.

광우병에 걸린 소의 고기나 뇌를 먹은 사람이 이 병에 걸린다는 직접적인 증거는 없으나, 영국에서 매년 50명 정도가 이 질환으로 사망함으로써 소와 인간의 해면상뇌질환이 병리조직학적으로 똑같다는 가능성을 강하게 시사하고 있다.

광우병의 발병원인은 소뼈가루를 사료로 주는 것에 기인될 가능성이 높다.

3. 알레르기항원(allergen, 알레르기의 원인물질)

알레르기항원으로는 먼지, 진드기, 꽃가루, 식품 등이며, 식품의 주요 알레르기항원은 달걀, 우유, 대두이다.

아토피성 피부염
선천적으로 민감한 알레르기성 만성피부염. 발병기작은 사람에 따라 다르고, 복잡하여 근본적인 치료법은 개발되지 않고 있다.

일반 식소재의 섭취에서 알레르기를 일으키는 사람이 매년 증가하고 있다. 쌀, 소맥, 옥수수, 메밀 등의 곡류 등이 알레르기항원이 되며, 조리과정에서는 이 항원이 제거되지 않는다.

이 중에서 메밀에 의한 알레르기증상이 많다. 쌀도 알레르기항원이 되고 있으며, 저알레르기항원 쌀의 연구도 진행되고 있다.

또한 새우, 게 등의 갑각류와 고등어 등의 어류, 달걀과 우유 등의 동물성 식품에도 단백질성 알레르기항원이 존재하며, 특정사람에 대해서는 아토피성 피부염의 원인이 되는 경우도 있다.

우유의 β-락토글로불린은 모유에는 없는 단백질로서 항원성이 높아 알레르기의 원인이 된다. 우유알레르기는 우유단백질이 알레르기항원이 되어, 다양한 증상을 나타내는 식품알레르기이다.

일반적으로 우유알레르기는 유아기에 발병하며, 대부분 아동기까지는 내성이 생겨 우유를 섭취하더라도 알레르기를 일으키지 않게 된다.

4. 미생물 독

1) 곰팡이에 의해 생산되는 유독성분(mycotoxin)

(1) 아플라톡신(aflatoxin)

아플라톡신은 *Aspergillus flavus*에 오염된 땅콩과 옥수수 등에서 발견되는 곰팡이 독으로, 대단히 강한 경구발암작용이 있어 간암을 일으킨다.

아플라톡신 B_1, B_2, G_1, G_2, M_1 등 17종이 있으며, 특히 B_1형은 강한 발암성을 보인다. 강산이나 강알칼리에 의해 분해되어 독성이 약한 유도체로 된다. 280℃ 이상에서 분해되기 때문에 일반살균공정에서는 파괴되지 않는다.

또 아플라톡신의 유도체인 스테리그마토시스틴(sterigmatocystin)를 생산하는 곰팡이(*Aspergillus versicolor*)가 쌀에서 검출되고 있다. 이것도 아플라톡신과 마찬가지로 열에 강하기 때문에, 곡류와 땅콩이나 호두 등의 유지종자의 저장에 주의할 필요가 있다.

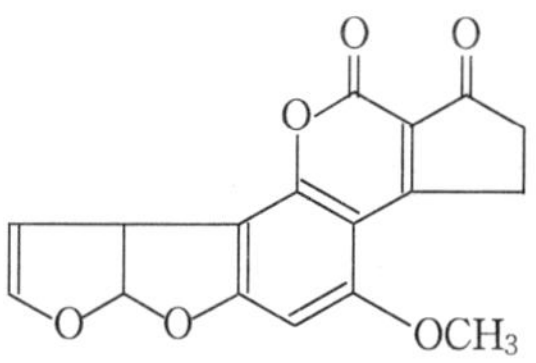

아플라톡신 B_1
(aflatoxin B_1)

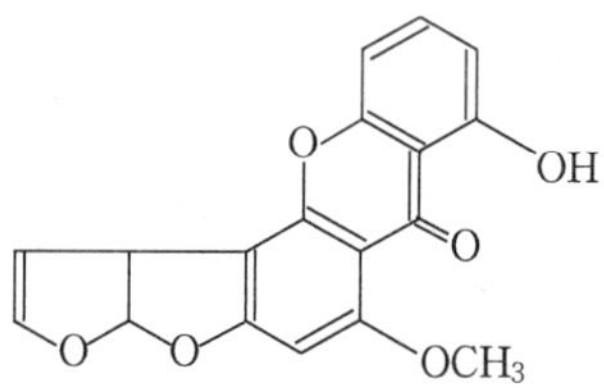

스테리그마토시스틴
(sterigmatocystin)

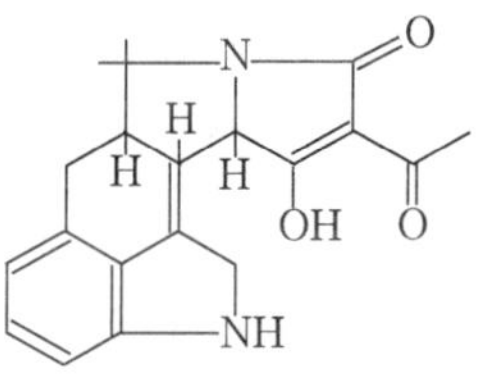

사이클로피아존산
(cyclopiazonic acid)

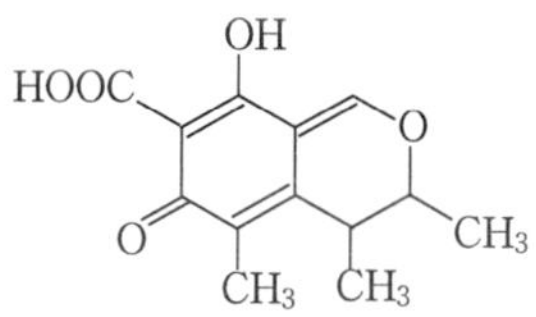

시트리닌
(citrinin)

[그림 11-13] 식품 중에서 검출되는 일부 곰팡이 독

(2) 황변미

습도가 높은 조건에서 쌀을 보관하거나 건조 상태가 불량한 쌀을 저장하는 중에, 발생하는 곰팡이에 의해 독성물질이 생성되는 경우이다. 이는 *Peni-*

*cillium*속의 곰팡이가 생산하는 시트리닌(citrinin)이 원인으로 신경장애와 위장장애를 일으킨다.

(3) 그밖의 곰팡이독

*Aspergillus*속과 *Penicillium*속의 곰팡이가 생산하는 미생물독으로는 사과의 부패된 부분에서 발생하는 파툴린(patulin), 곡류, 두류의 오염부분에서 발생하는 오크라톡신(ochratoxin), 땅콩, 옥수수, 치즈 등의 오염부분에서 발생하는 사이클로피아존산(cyclopiazonic acid) 등이 있다.

2) 세균에 의해 생산되는 유독성분

유독성분 또는 세균의 감염기구에 의해 독소형식중독, 감염형식중독 및 혼합형(또는 중간형)식중독으로 분류된다. 그 차이는 세균이 생산하는 독을 섭취하여 식중독을 유발하는 형과 유독세균 자체를 섭취하여 유발하는 형, 그리고 양쪽의 혼합형이다.

(1) 세균의 독소형 식중독

황색 포도상구균, 클로스트리디움, 바실루스 세레우스과 같은 비침투성 병원균이 장관 내에서 독소를 생산하여 일으키는 식중독을 말한다.

포도상 구균이란
그람양성균으로 염색되었을 때 포도송이처럼 모인다고 하여 이름 붙여졌다.

황색 포도상구균(*Staphylococcus aureus*) : 독소형 식중독의 대표적인 균이며, 사람의 피부, 구강, 코점막, 특히 감염된 상처, 피부손상부위에 많이 존재하는 통성혐기성균이다. 주로 우유, 유제품, 곡류제품 등의 식품 중으로 오염되어 엔테로톡신(장관독)을 생산한다. 황색포도상구균은 가열에 의해 사멸되지만, 독소(엔테로톡신)는 열에 안정하여 보통의 가열처리에 의해 분해되지 않는다.

따라서 섭취 전에 가열하여도 예방효과가 없고, 식품의 오염원을 배제하여야 한다. 증상으로 심한 복통, 구토, 설사를 동반한다. 잠복기는 2~4시간으로 짧고, 1~3일 정도면 치유된다.

현재 식품공전에는 가열조리하지 않고 그대로 섭취하는 김밥, 햄버거, 선식 등의 즉석섭취식품, 즉석조리식품 및 샐러드, 새싹채소 등의 신선편의식품에 대해 식품 1g당 황색포도상구균 100개 이하로 정하고 있다.

클로스트리디움 보툴리눔(*Clostridium botulinum*) : 혐기성 세균인 클로스트리디움 보툴리눔은 맹독의 신경독인 보툴리누스독소(botulin)을 생산한다. 원인식품으로는 햄, 소시지 등의 육가공품이나 살균이 덜 되어 독소가 남아있는 통조림 등이다.

보툴리누스균의 포자(아포)의 내열성은 대단히 높지만, 균체 외로 나온 독소는 100℃에서 3분 이상, 80℃에서 30분의 가열로 파괴된다. 12~36시간의 잠복 후에 신경독소에 의한 마비증상을 보이고 적절한 치료가 없으면 사망률이 높다.

> **보툴리누스독소**
> 맹독성 신경독이지만, 안면경련치료나 주름제거 등의 미용목적으로 사용되며, 보톡스(Botox)란 이 신경독소를 말한다.

바실루스 세레우스(*Bacillus cereus*) : 바실루스 세레우스가 소장에서 아포를 형성할 때 독소를 생성하며, 독소는 내열성이 약해, 60℃, 5분간 가열로 활성을 잃는다. 그러나 아포는 100℃에서 30분 가열해도 사멸되지 않는다. 주로 잘 익히지 않은 쌀을 통해 감염되어 식중독을 일으킨다.

(2) 세균의 감염형 식중독

장염비브리오, 살모넬라, 캄필로박터균 등과 같은 침투성 병원균이 직접 장관 점막층의 상피세포를 침투하여 일으키는 식중독을 말한다.

살모넬라균 : 사람과 가축 등의 포유동물에 널리 분포하고 있는 균이며, 주 감염원은 육류나 우유, 그리고 특히 달걀 등이다. 실제 식중독 발생사례를 보면 특정 식품에 국한되지 않고, 다양한 양상을 보인다. 이는 도시락 반찬이나 급식에 사용되는 다양한 육류, 달걀 가공품, 유제품 등이 오염원으로 작용하기 때문으로 생각된다.

식육 또는 달걀유통에 있어서 온도관리와 가공조리시의 충분한 가열로 예방할 수 있다. 살모넬라 식중독의 잠복기간은 8~48시간이며, 주요 증상은 복통, 설사, 발열이며, 구토와 어지러움을 동반하기도 한다.

장염 비브리오균 : 장염 비브리오 식중독은 우리나라에서 여름철에 발생하는 식중독의 대부분을 차지하며, 어패류나 해산물을 날로 먹었을 때 잘 발생한다. 증상은 설사, 복통, 구토가 수일간 계속되고 나서 회복된다. 예방법으로 10℃ 이하의 저온 유통과 여름철의 철저한 온도관리가 필요하다.

그 외 : 캄필로박터균(*Campylobacter jejuni*)균은 대장염을 일으키는 식중독균으로, 살모넬라균과 마찬가지로 가축, 애완용 동물 등에 넓게 분포되어 있는 균이다. 특히, 닭고기가 감염 원인이 되는 경우가 많다.

(3) 세균의 혼합형(또는 중간형) 식중독

> **O-157의 정식명칭**
> O-157 :H7이며, 이는 157번째 발견된 'O'항원과 7번째 발견된 'H'항원을 가지고 있는 대장균이라는 뜻이다.

병원성 O-157 대장균 : 대장균의 대부분은 병원성이 없고, 비타민 K를 합성하는 등 유익한 균이지만, 일부 대장균의 경우, 사람에게 식중독을 일으키며, 이를 병원성 대장균이라고 한다.

이중에서 O-157 대장균은 강한 독성을 가지고 있기 때문에 일반 식중독의 원인균인 살모넬라균의 1/10만 침투해도 발병한다. 증상은 설사, 발열 등 일반식중독과 비슷하지만, 균이 대장 내에서 증식하여 배출하는 독소로 인하여 장출혈과 용혈성 요독증을 일으킨다.

주 오염원은 덜 익힌 육류(특히 소고기)나 오염된 우유 등이다. O-157 대장균은 열에 약하고(60℃ 이상, 45초 사멸), 비누, 알코올에 의해서도 쉽게 사멸되기 때문에 조금만 주의하면 예방할 수 있다.

5. 유기유해물질

1) 다이옥신(polychlorinated dibenzo-p-dioxins, PCDD)

다이옥신의 기본골격은 2개의 벤젠고리가 산소원자 2개와 결합된 구조에, 1~8개의 염소(Cl)가 결합한 형태로, 염소(Cl)의 수와 치환위치에 따라 75종의 이성체가 존재한다.

한편 다이옥신과 유사 물질로 2개의 벤젠고리사이에 1개의 산소원자가 결합된 퓨란류가 있으며, 그의 염화물(polychlorinated dibenzofuran : PCDF)도 다이옥신과 유사한 성질을 갖고 있어 일반적으로 다이옥신이라고 하면 이들을 통칭한다. 이중 가장 독성이 강한 것은 2,3,7,8-사염화디벤조-파라-다이옥신(일명 TCDD)이다.

다이옥신의 독성은 청산가리(KCN)보다 1만배 강한 독성을 지니고 있다. 다이옥신은 가장 강력한 발암물질이며, 정자수 감소, 남성호르몬 감소 등이 초래할 수 있다

사람은 음식물을 통하여 97~98%의 다이옥신을 섭취하고 있으며, 호흡을 통한 섭취는 2~3% 정도인 것으로 알려져 있다. 소고기와 낙농 유제품, 우유, 닭고기, 돼지고기를 통해 섭취하는 것이 대부분이다.

다이옥신은 지용성으로 주로 지방에 축적되며, 체내에 축적되면 잘 배출되지 않는다. 모유나 우유에서 다이옥신이 검출되는 이유가 여기에 있다.

모유 중에도 다이옥신이 존재하지만, 모유의 수유기간이 1년 이내로 짧기 때문에 유아에 대한 영향은 없다.

이 외에도 염소 표백된 종이제품에서도 다이옥신이 검출되기 때문에 음식물 포장재로부터 음식에 오염될 수 있다. 또 담배연기를 통해서도 다이옥신이 섭취될 수 있다. 쓰레기 소각로에서 생기는 다이옥신의 양은 쓰레기 중의 염소의 함량에 따른다.

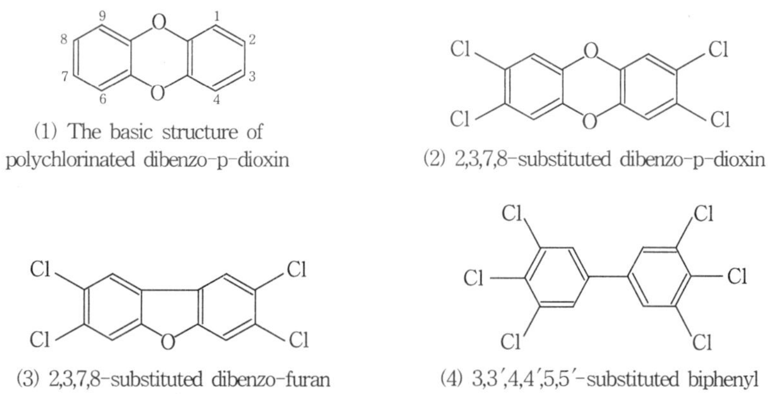

[그림 11-14] 일부 다이옥신의 구조

2) 벤조[α]피렌(benzo[α]pyrene)

훈제육제품, 생선구이, 배기가스, 담배연기 등에 함유되어 있는 발암물질로서 벤조[α]피렌(BP)이 있다. DNA 중의 구아니딘(guanidine)잔기와 결합하여 강한 변이원성을 나타낸다.

또한 대기 중의 벤조[α]피렌이 식품으로 이행되거나, 미량이지만 토양 중에서의 흡수에 인해 채소류 등으로 이행되기도 한다. 벤조[α]피렌의 생성은 300℃ 이상의 고온에서 촉진되기 때문에 숯불구이에서도 검출되는 것으로 알려지고 있다. 벤조[α]피렌은 식품중의 탄수화물, 지방, 단백질의 불안전연소에 의해 생성된다. 현재 식용유지류(올리브유, 참기름, 들기름 등)에도 2.0

μg/kg 이하로 규제하고 있다.

최근에는 심각한 해양오염에 의해 굴과 해조류에서도 검출되어, 오염의 지표가 되고 있다.

이 같은 발암성의 위험성이 높은 물질은 구조적으로 방향족 다환탄화수소(polycyclic aromatic hydrocarbon, PAH)에 속하는 것이 많다.

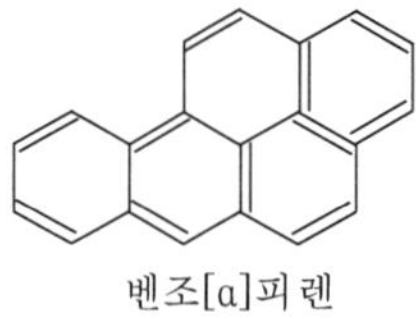

벤조[a]피렌
(benzo[a]pyrene)

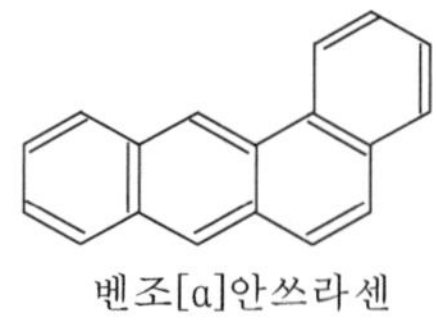

벤조[a]안쓰라센
(benzo[a]anthracene)

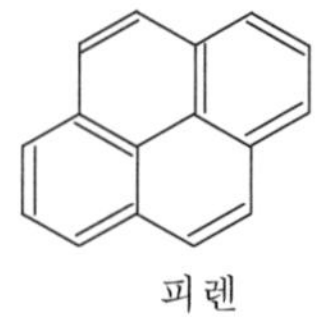

피렌
(pyrene)

[그림 11-15] 벤조피렌을 비롯한 일부 방향족다환탄화수소

3) 헤테로사이클릭아민(heterocyclic amine)

구운 생선이나 고기의 탄 부분과 아미노산의 가수분해물 중에는 강한 변이원성을 갖는 헤테로사이클릭아민류가 함유되어 있다.

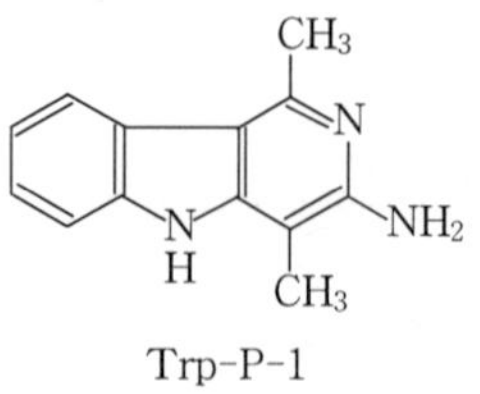

Trp-P-1

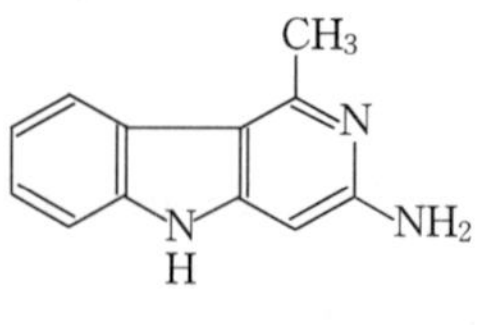

Trp-P-2

트립토판의 가열분해

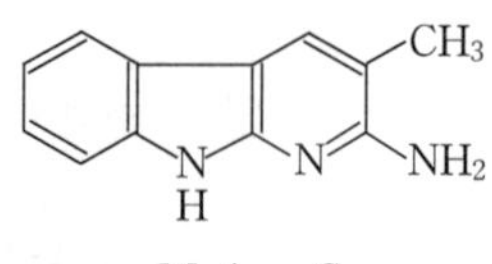

MeA α C

대두글로불린의 가열분해

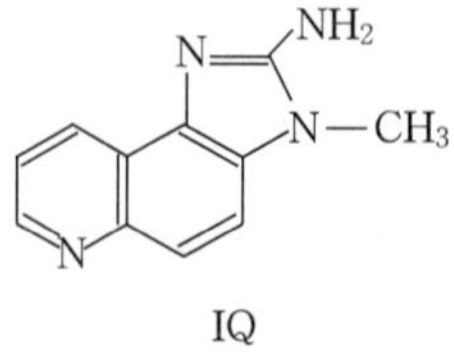

IQ

당, 구아닌, 아미노산,
크레아티닌프롤린

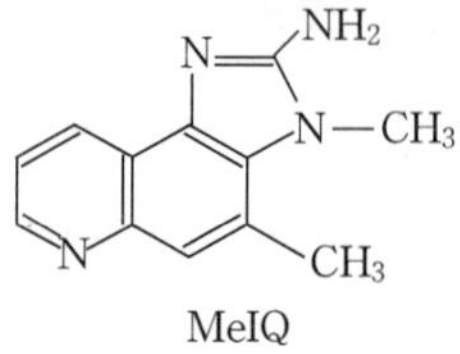

MeIQ

아미노산-카보닐반응물과
크레아틴(creatinine)

[그림 11-16] 가열분해에 의해 생성되는 발암물질 헤테로사이클릭아민

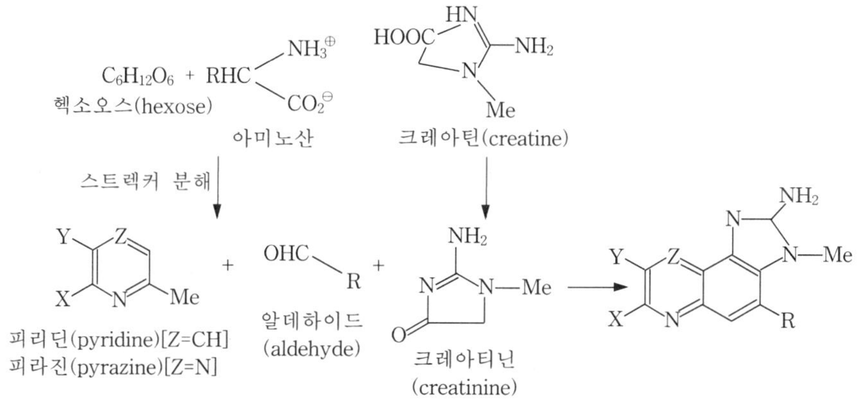

[그림 11-17] 발암물질 헤테로사이클릭아민의 생성과정

Trp-P-1, Trp-P-2, IQ, MeIQ 등이 그 대표적인 예이다. 헤테로사이클릭 아민류의 생성에는 아미노-카보닐반응이 관여하고, 섭취 후, 약물산화효소에 의해 산화되어 하이드록시아민이 되고, 이들 하이드록시아민으로부터 활성산소가 발생하여, DNA절단 및 변형손상에 관여하는 것으로 생각된다.

약물산화효소
약물 등을 섭취했을 때, 각 장기에서 유도되는 대사효소의 하나. 주로 지용성 물질을 수용화(소변으로의 배설을 위해)하기 위하여 하이드록시화와 탈메틸기 등의 반응을 촉매하는 효소가 많다.

4) MCPD(3-monochloro-1,2-propandiol), DCP(1,3-dichloro-2-propanol)

산분해간장의 원료로 사용되는 탈지대두를 산(HCl)으로 가수분해하면 단백질은 아미노산으로 분해되고, 지방은 지방산과 글리세롤로 분해된다. 이 때 분해된 글리세롤이 염산과 결합하여 염소화합물을 생성하는데, 이것이 MCPD와 DCP이다. 이들 성분들은 정자의 생산저하, 불임의 원인물질이 되는 것으로 알려져 있다.

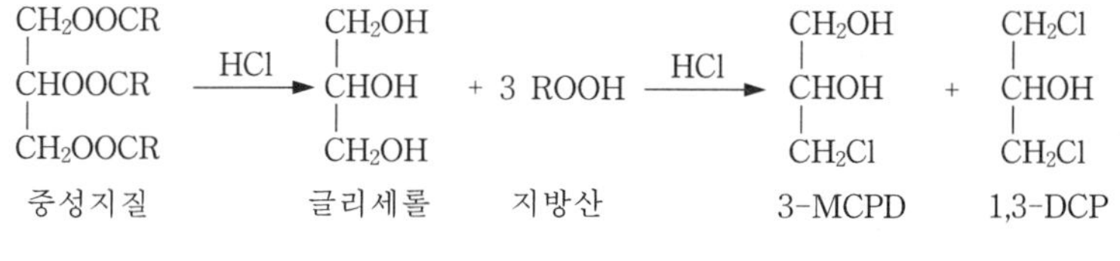

[그림 11-18] 중성지질의 분해에 의한 MCPD형성

5) 지질산화에 의해 생성되는 유해물질

식품중의 불포화지방산은 자동산화에 의해 각종 유해 알데하이드 성분을 생성한다. 과산화반응에서 생성된 과산화물(하이드로퍼옥사이드)은 생체 내에서도 유해성을 나타낸다.

산화생성물인 말론알데하이드(-OHC=CH=CHO-)는 강한 발암성을 나타내는 물질이다. 주로 고도불포화지방산의 산화에 의해 생성되는 4-하이드록시-2-논엔알(nonenal)과 아크롤레인 등의 알데하이드도 생체독성에 관여하고 있고, 단백질과 DNA의 부가화합물 형성을 통하여 생리활성 저하와 장애를 일으킨다. 또한 질병과 노화에 관여하고 있는 산화스트레스의 주요 원인이다.

6) 유지의 가열에 의해 생성하는 유해성분

지질산화에 의해 생성하는 유독물질과 같이, 유지를 가열하면 유해한 알데하이드(특히, 이중결합을 갖는 알데하이드)가 생성된다. 가열유지 중에서 여러 알데하이드가 생성되고, 그중에서도 아크롤레인은 생체에 대하여 강한 독성을 갖는다.

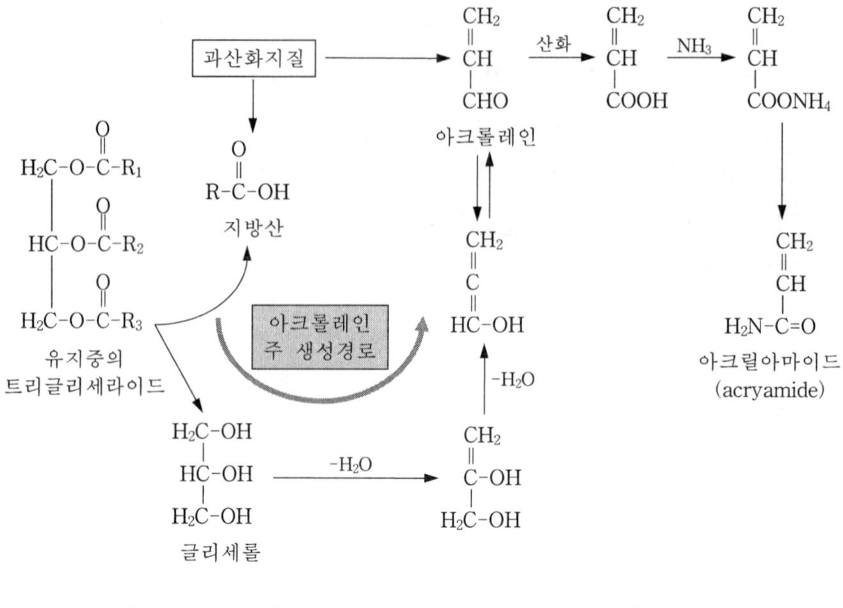

[그림 11-19] 가열유지 중의 아크롤레인의 생성경로

아크롤레인은 지질 과산화물보다는, 주로 가열에 의한 글리세롤 부분의 탈수반응으로 생성된다. 아크롤레인은 발암성이 있는 것으로 알려져 있는 아크릴아마이드 생성에도 관여하는 유독물질이다.

한편 아크롤레인은 튀김(deep frying) 중에 형성되는 이외에, 아미노-카보닐반응을 통해서도 형성되는 것으로 보고되고 있다. 2002년 미국의 FDA(식품의약품국)이 튀김식품 중의 아크릴아마이드 함량의 실태조사를 지시하고, 현재도 이 조사는 계속되고 있다.

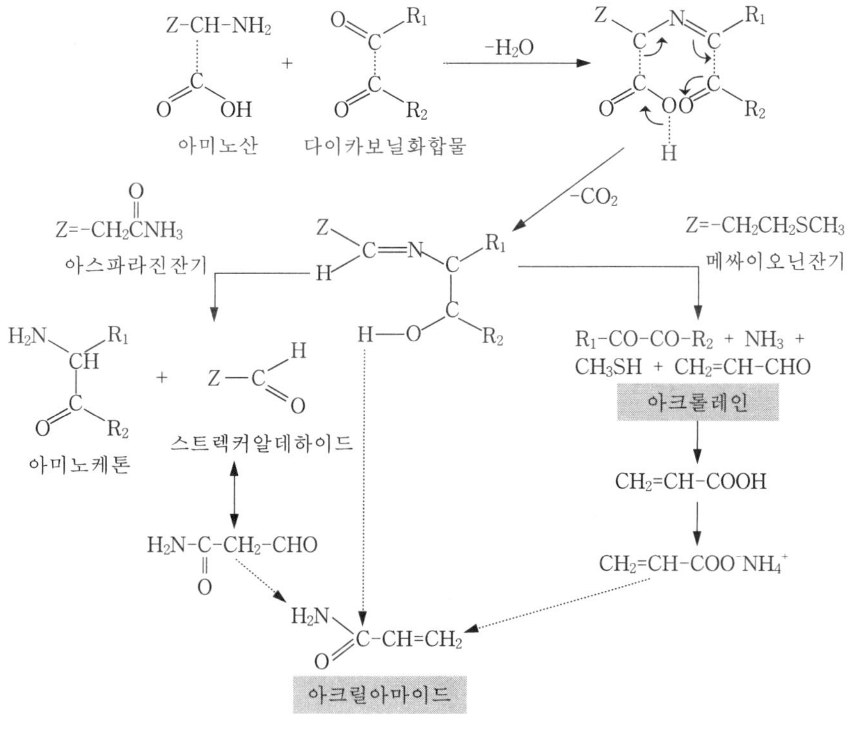

[그림 11-20] 아미노-카보닐반응을 통한 발암물질 아크릴아마이드 생성

7) 라이시노알라닌(lysinoalanine)의 생성

단백질을 가열하면 영양상의 문제가 되는 라이시노알라닌을 형성하는 경우가 있다. 이것은 시스틴 잔기에서 생성된 다이하이드로알라닌잔기와 라이신잔기가 반응하여 생기며, 유효성 라이신의 감소로 단백질의 영양가가 저하된다.

이 변화는 특히, 알칼리성 조건에서 단백질(예: 대두단백질)을 가열 추출할 때 많이 일어나지만, 가열만으로도 일어난다.

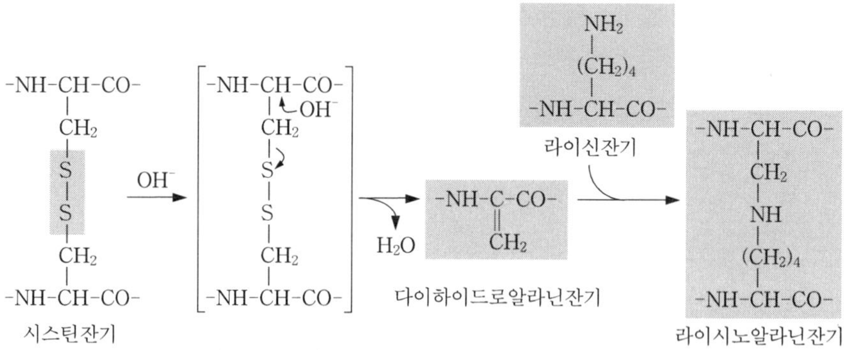

[그림 11-21] 라이시노알라닌잔기의 생성

6. 유해중금속

유해중금속은 자연적으로도 존재하며, 산업 환경오염물질로서 식품 중에 유입된다. 대표적으로 것으로 수은, 납, 카드뮴이 있으며, 만성중독을 나타내는 경우가 대부분이다.

1) 납중독(lead poisoning)

납에 대한 환경오염은 주로 휘발유의 산화촉진제로 사용되는 테트라에틸납이 대기 중에 방출되면서 발생하지만, 근래에는 무연휘발유가 사용되고 있어 감소되고 있는 추세이다.

납의 섭취원은 식품과 음료수이며, 생선 중의 납함량은 0.3 ppb 수준으로 환경오염의 지표로 사용된다. 테트라에틸납과 같은 유기납은 소장에서 쉽게 흡수되어(>90%) 주로 뼈, 간, 신장, 근육에 축적된다.

> **테트라에틸납**(tetraethyl lead)
> $Pd(C_2H_5)_4$

무기납은 성인의 경우 잘 흡수되지 않고(5~10%), 흡수된 양의 90%는 소변과 대변으로 배출된다. 그러나 유아와 어린이의 경우, 무기납의 흡수율은 40~50%로 성인에 비해 높다.

만성중독은 권태감, 체중감소 등을 일으키지만, 주요증상으로는 빈혈을 들 수 있다.

2) 수은중독(mercury poisoning)

수은은 공장폐수를 통해 배출되기 때문에 물고기에 대한 수은 오염도가 높다. 수은은 물속의 세균에 의해 독성이 강한 유기수은 즉, 메틸수은으로 전환되어, 사람이 음식으로 먹는 물고기나 다른 수중생물에 농축된다. 동물조직에 축적되는 수은의 99%가 메틸수은이다.

메틸수은(methyl mercury) 일반적으로 염화메틸수은(CH_3HgCl)을 말한다.

식품위생법상 어류 중의 수은함량은 2.0 mg/kg 이하로 규제하고 있다.

대표적인 수은 식중독 사건은 미나마타병으로, 1950년대 초반 일본의 미나마타 만에서 발생했기 때문에 미나마타병(Minamata disease)이라고 부른다. 그 원인은 메틸수은의 농도가 높은 미나미타만에서 잡은 물고기와 조개이며, 시력상실, 대뇌의 기능장애, 사지마비 등의 증상이 나타내었다. 수은의 출처를 추적한 결과, 공장의 유출물이 원인임이 밝혀졌다.

3) 카드뮴중독(cadmium poisoning)

카드뮴 또는 그 화합물이 인체에 접촉, 흡수됨으로써 생기는 장애이다. 종래에는 직업성 중독으로 알려졌으나 최근에는 공장폐수 등에 함유되어 있는 카드뮴에 의한 식품오염 특히, 쌀의 오염이 공해문제로 대두되고 있다.

카드뮴은 섭취했을 때 쉽게 흡수되며, 독성이 강하다.

대표적인 카드뮴 식중독사건은 1940년대 일본의 도야마현에서 발생한 이타이이타이병으로 카드뮴을 함유한 폐수를 이용하여 생산한 쌀을 먹고 발생하였다.

이 병에 걸린 사람들이 심한 통증을 호소한다고 하여 일본말로 아프다 아프다 뜻의 이타이이타이병으로 불리게 되었다. 이타이이타이병은 카드뮴의 체내에 축척되어 골연화증이 생기는 병이다.

[INDEX]

Q

R

S

T

U

V

W

X

[찾아보기]

마

바

사

하

인 지
생 략

2차 수정판

최신 식품화학

2008년 10월 27일 초 판 발행
2010년 2월 15일 개정판 발행
2015년 2월 16일 개정증보판 발행
2018년 7월 30일 1차 수정판 발행
2022년 8월 10일 2차 수정판 발행

저 자 : 손 종 연
발행인 : 임 종 철
발행처 : 도서출판 **진 로**
등록 : 제305-2003-28호
주소 : 서울특별시 동대문구 고미술로 49
(의증빌딩 3층)
TEL : 02-2215-0203
FAX : 02-2216-0208
ISBN : 978-89-86877-00-7(93590)

정가 22,000 원